4

四庫農學著作彙編

廣陵書社

欽定授時通考卷三十六

功作

耘耔

詩小雅或耘或耔黍稷薿薿

傳耘除草也耔附根也疏食貨志云苗葉以上稍耨壠草因隤其土以附苗根比成壠盡而根深能風與旱故薿薿而盛也

左傳農夫之務去草芟夷蘊崇之絕其本根勿使能殖則善者伸矣

又是穮是蔉必有豐年

管子為國者使民寒耕而熱耘

荀子耘耨失歲

呂氏春秋莖生於地者五分之以地莖生有行故遫長弱不相害故遫大衡行必得縱行必術正其行通其風夬心中央帥為冷風苗其弱也欲孤長也欲相與居其熟也欲相扶是故三以為族乃多粟

又凡禾之患不俱生而俱死是故先生者美米後生者為粃是故其耨也長其兄而去其弟樹肥無使扶疏樹墝不欲專生而族居肥而扶疏則多粃（根扇迫也）墝而專居則多死（不能自蔭潤其根故多枯死）不知稼者其耨也去其兄而養其弟不收其粟而收其粃上下不安則禾多死

漢書高五王傳劉章曰深耕穊種立苗欲疏非其種者鋤而去之

鹽鐵論農夫不畜無用之苗無用之苗苗之害也鋤一害而衆苗成

齊民要術鋤耨以時諺云鋤頭三寸澤古人云耕鋤不以水旱息功必獲豐年之收

又凡五穀惟小鋤為良（小鋤者非直省功穀亦倍勝大鋤者草根繁茂用功多而收益少）良田率一尺留一科（諺云迴車倒馬擲衣不下皆十石收言大稀大穊之收皆均平也）薄地尋壠躡之（故不耕）苗出隴則深鋤鋤不厭數周而復始勿以無草而暫停（鋤者非止除草乃地熟而穀多糠薄米息鋤得十遍便得八米）

也春鋤起地夏為鋤草故春鋤不用觸溼六月已後雖溼亦無嫌春苗既淺陰未覆地濕鋤則地堅夏苗陰厚地不見日故雖濕亦無害也

陳旉農書耘除之草和泥渥漉深埋禾苗根下漚罨既久則草腐爛而泥土肥美嘉穀蕃茂矣

纂文養苗之道鋤不如耨耨不如鏟

農桑通訣稂莠不除則禾稼不茂種苗者不可無鋤芸之功也說文云鋤助也以助苗也凡穀須鋤乃可滋茂第一次撮苗曰鏃第二次平壠曰布第三次培根曰擁

第四次添功曰復一次不至則稂莠之害秕稗之雜入之矣諺云穀鋤八遍餓殺狗為無糠也其穀畝得十石斗得八米此鋤多之效也其所用之器自撮苗後可用以代耰者名曰耬鋤其功過鋤功數倍所辦之田日不啻二十畝或用劐子其制頗同如耬鋤過苗間有小豁眼不到處及隴間草薉未除者亦須用鋤理撥一遍為佳別有一器曰鏟營州以東用之又異於此

又凡耘苗之法亦有可鋤不可鋤者旱耕塊撥苗薉同孔出不可鋤治此耕者之失難責鋤也

又大抵耘治水田須用芸爪荊揚厥土塗泥農家皆用此法又有足耘為木杖如拐子兩手倚之以用力以趾塌撥泥上草薉擁之苗根之下則泥沃而苗興其功與芸爪大類亦各從其便也徐光啓曰不如手芸之細今創有一器曰芸盪以代手足工過數倍宜普效之徐光啓曰芸盪是二事俱不可已

又鋤後復有薅拔之法稂莠荑稗雜其稼出鋤後莖葉漸長便可分別非薅不可徐光啓曰薅即芸也故有薅鼓薅馬之

說北方村落之間多結為鋤社十家為率先鋤一家之田本家供其飲食其餘次之旬日之間各家田皆鋤治自相率領樂事趨功無有偷惰間有患病之家共力助之故田無荒穢歲皆豐熟秋成之後豚蹄盂酒遞相犒勞名為鋤社甚可效也今採摭南北耘耨之法備載於篇庶善稼者相其土宜擇而用之以盡鋤治之功也

各種耘耔法

稻

淮南子蘺先稻熟而農夫薅之者不以小利害大穫也

注蘺水稗

齊民要術水稻苗長七八寸陳草復起以鐮浸水芟之草悉膿死稻苗漸長復須薅

又旱稻苗長三寸耙勞而鋤之鋤惟欲速稻苗性弱不能扇草故宜速鋤之苗高尺許則鋒大雨無所作宜冒雨薅之

陳旉農書耘田之法必先審度形勢自下及上旋乾旋耘先於最上處收滀水勿令水走然後自下旋放令乾而旋耘不問草之有無必先以手排摝務令稻根之傍液液然而後已次第從下放上耘之即無鹵莽滅裂之病草死土肥水不走失今見農者不先自上滀水頓然放令乾了及工夫不逮泥乾堅難耘摝則必率略水已走失不幸無雨遂致旱枯無所措手如是失者十常八九

農桑通訣苗高七八寸則耘之苗既長茂復事薅拔以去稂莠

羣芳譜稻初發時用摥耙於稞行中摥去稗草易耘摉鬆稻根則易旺摥後用水耘去草盡淨

黍

齊民要術凡黍穄田鋤三遍乃止鋒而不耩苗晚耩即多折也

又候黍粟苗未與壟齊即鋤一遍黍經五日更報鋤第二遍候未蠶老畢報鋤第三遍如無力則止如有餘力秀後更鋤第四遍

稷

齊民要術苗生如馬耳則鏃鋤諺曰欲得粟馬耳鏃稀豁之處鋤而補之苗高一尺鋒之耩者非不壅本苗深殺草益實然令地堅硬乏澤鋤得五遍不須耩

又穀第一遍科定每科只留兩莖更不得留多每科相去一尺兩壟頭空務欲深細第一遍鋤未可全深第二遍惟深是求第三遍較淺於第二遍第四遍較淺穀科大則根浮故也

農桑通訣耘苗之法第一次曰撮苗第二次曰布第三

次曰擁第四次曰復俗曰添功一功不至則稂莠之害秕糠之雜入之矣撮苗後用一驢帶籠觜挽耬鋤初一人牽之慣熟不用止一人輕扶入土二三寸其深痛過鋤力三倍所辦之田日不啻二十畝今燕趙用之名劐子

麥

氾勝之書麥生黄色傷於太稠稠者鋤而稀之秋鋤以棘柴耬之以壅麥根故諺曰子欲富黄金覆謂秋鋤麥曳柴壅麥根也至春凍解棘柴曳之突絶其乾黄須麥

生復鋤之到榆莢時注雨止候土白背復鋤如此則收必倍

齊民要術種麥正月二月勞而鋤之三月四月鋒而更鋤鋤麥倍收皮薄麵多而鋒勞各得再遍為良也

農桑通訣麥苗既秀不須再鋤

農桑撮要防霧傷麥但有沙霧將檾麻散拴長繩上侵晨令兩人對持其繩於麥上牽拽抹去沙霧則不傷麥

天工開物凡麥耕種之後勤議耨鋤凡耨草用潤面大鎛麥苗生後耨不厭勤有三遍四遍者餘草生機盡誅鋤下則竟畝菁華盡聚嘉實矣功勤易耨南與北同也

豆

氾勝之書大豆生五六葉鋤之小豆生布葉鋤之生五六葉又鋤之大豆小豆不可盡治也古所不盡治者豆生布葉豆有膏盡治之則傷膏傷則不成而民盡治故其收耗折也

齊民要術大豆鋒耩各一鋤不過再小豆鋒而不耩鋤不過再

陳旉農書種豆耘鋤如麻

農桑通訣大豆當及時鋤治上土使之葉蔽其根庶不畏草

羣芳譜豆纔出便鋤草淨為佳

種樹書種諸豆不及時去草必為草所蠹耗結實不多諺云豆耘花豆雖開花亦可耘也

脂麻

氾勝之書胡麻生布葉鋤之

齊民要術油麻鋤兩遍止亦不厭早鋤

又胡麻鋤不過三遍

陳旉農書油麻纔甲拆即耘鋤令苗稀疎一月凡三耘

鋤則茂勝

天工開物種胡麻或治畦圃或壟田畝耨草之功惟鋤

是視

種樹書種麻若不及時去草必為草所蠧耗雖結實亦

不多諺云麻耘地言麻須初生時耘也

耘耔具各圖說

錢鎛

耨

櫌鉏

鏟

耬鋤

劃

鐙鋤

耘爪

耘杷

耘盪

薅馬

蓑笠

臂篝

覆殼

扉

薅鼓

錢

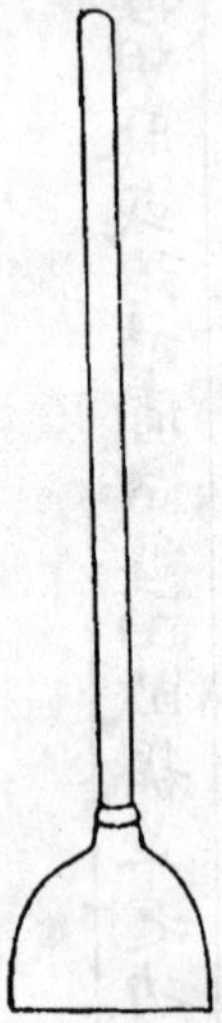

鎛

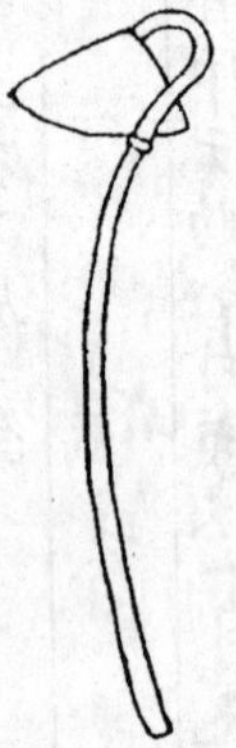

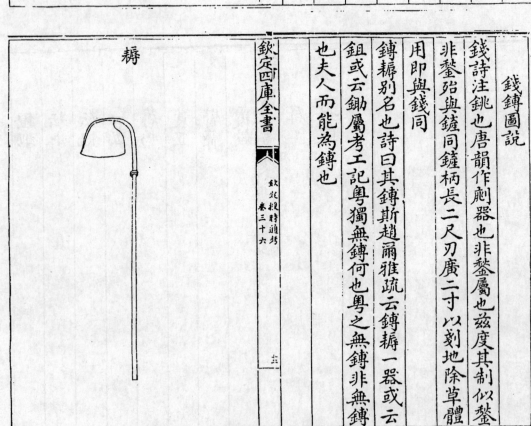

錢鎛圖說

錢詩注銚也唐韻作剷器也非鏊屬也兹度其制似鏊非鏊殆與鏟同鏟柄長二尺刃廣二寸以剗地除草體用即與錢同

鎛耨別名也詩曰其鎛斯趙爾雅疏云鎛耨一器或云鉏或云鋤屬考工記粵獨無鎛何也粵之無鎛非無鎛也夫人而能為鎛也

耨

耨圖說

耨除草器呂氏春秋曰耨柄尺其耨六寸高誘注云耨芸苗也六寸所以入苗間廣雅又云定謂之耨古農法云苗生葉以上稍耨壟草因隤其土以附苗根此耨之功也

耰鉏

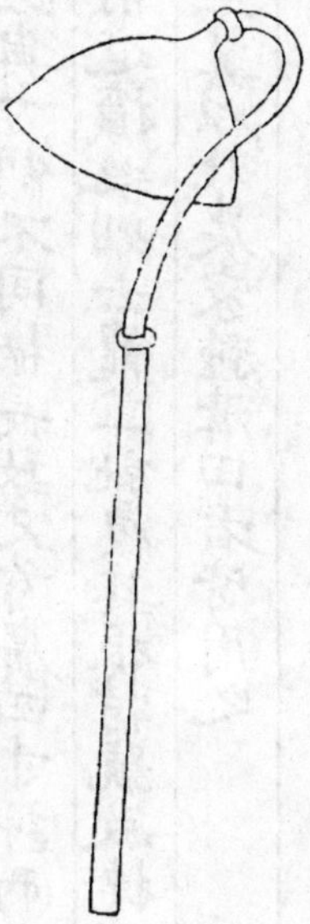

耰鉏圖說

耰鉏櫌為鉏柄也說文鋤立薅也其刃如半月比禾壟稍狹上有短銎以受鋤鉤鉤如鵝項下帶深袴以受木柄鉤長二尺五寸柄亦如之北方陸田舉皆用此江淮間雖有陸田習俗水種但用直項鋤頭刃雖鋤也其用如斸是名钁鋤故陸田多不豐收今表此耰鋤之效并其制度庶南北通用

鏟

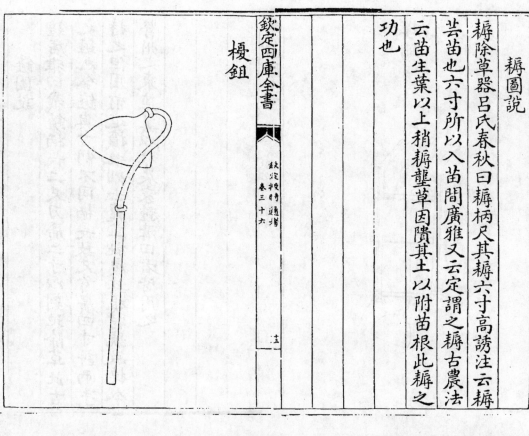

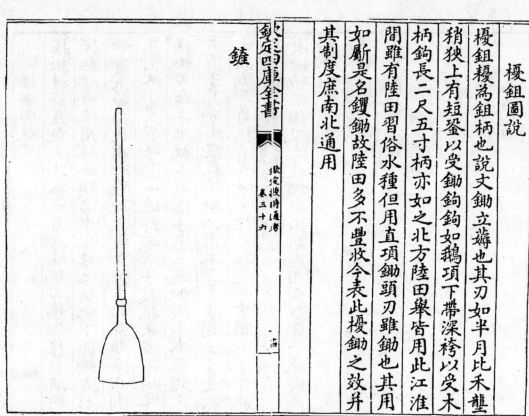

鏟圖說

鏟廣雅曰剗鏟柄長二尺刃廣二寸以剗地除草此古之鏟也今鏟與古制不同柄長數尺首廣四寸許兩手持之但用前進攛之剗去壟草就覆其根特號敏捷今營州之東燕冀以北農家種溝田者皆用之

耬鋤

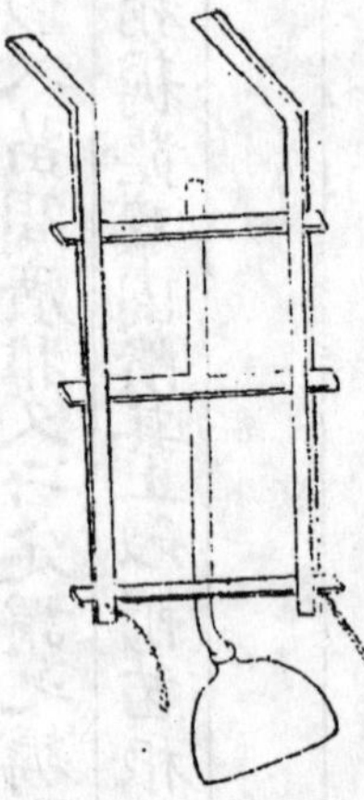

耬鋤圖說

耬鋤種蒔直說云此器出自海壖號曰耬鋤耬制頗同獨無耬斗但用耬鋤鐵柄中穿耬之橫桄下仰鋤刃形如杏葉撮苗後用一驢輓之過鋤力三倍燕趙名曰劐子制又小異劐子第一遍即成溝子穀根未成不耐旱耬鋤刃在土中故不成溝子第二遍加擗土木雁翅方成溝子其分土壅穀根擗土用木厚三寸濶三寸長八寸取成三角樣前為尖中作一竅長一寸濶半寸穿於鐵鋤柄壓鋤刃上耬鋤有不到處用鋤理撥一遍即為全功也

劐

劐圖說

劐燕趙之間用之如鑱而小中有高脊長四寸許濶三寸插於耬足背上兩竅以繩控於耬之下桄其金入地三寸許

鐙鋤

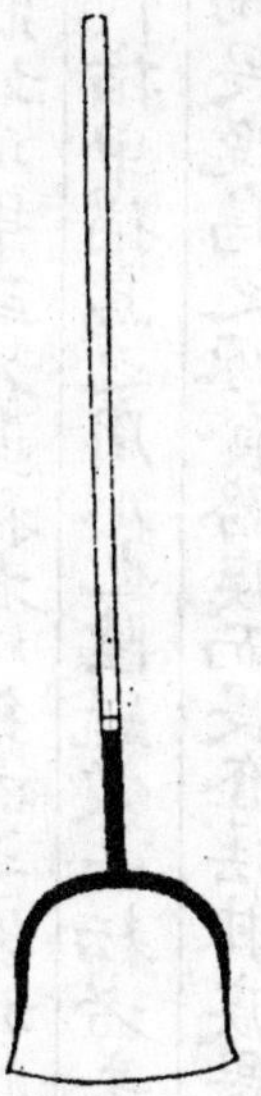

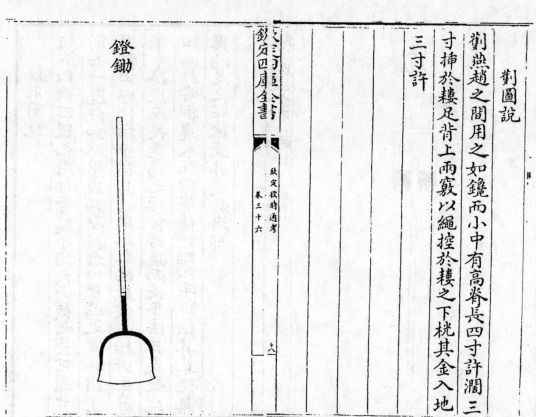

鐙鋤圖說

鐙鋤剗草具也形如馬鐙其踏鐵兩旁作刃甚利上有圓銎以受直柄用之剗草故名鐙鋤柄長四尺比常鉏無刃角不致動傷苗稼根莖或遇少旱或熇苗之後壠土稍乾荒薉復生非耘耙耘爪所能去者故用此剗除特為健利此創物者隨地所宜偶假其形而取便於用也嘗見江東農家用之

耘爪

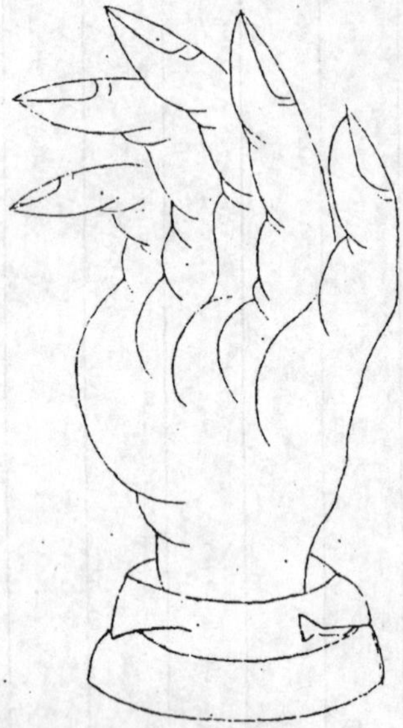

耘爪圖說

耘爪耘水田器也用竹管隨手指大小截之長可逾寸削去一邊狀如爪甲或好堅利者以鐵為之穿於指上用耘田以代指甲猶鳥之用爪也陸龜蒙云耘者去莠舉手務疾而畏晚鳥之啄食務疾而畏奪法其疾畏故曰鳥耘嘗觀農人在田傴僂伸縮以手爪耘其草泥無異鳥足之爬抉豈非鳥耘者耶

耘杷

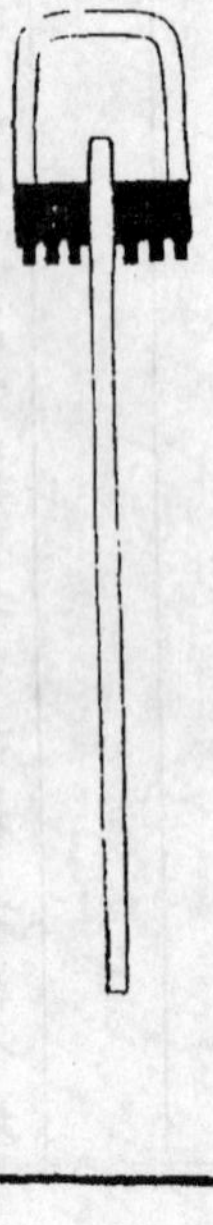

耘杷圖說

耘杷以木為柄以鐵為齒用耘稻禾王褒詩所謂鐵作渠疏代爪耘者也

耘盪

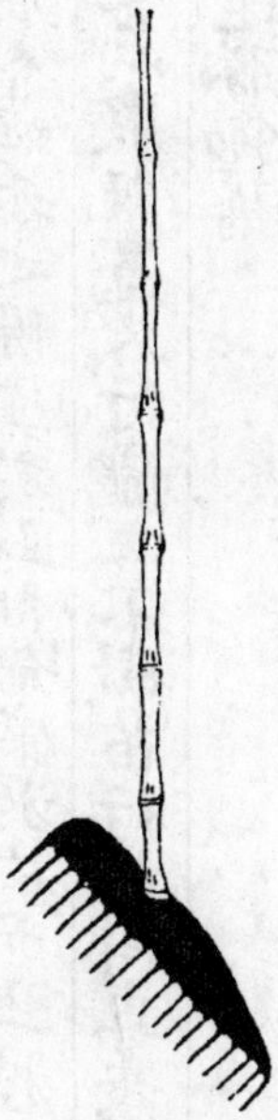

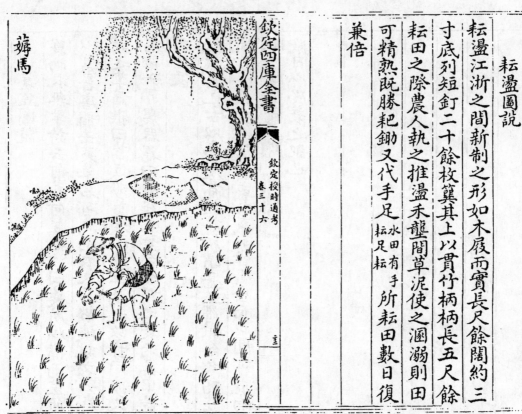

耘盪圖說

耘盪江浙之間新制之形如木屐而實長尺餘闊約三寸底列短釘二十餘枚簨其上以貫竹柄柄長五尺餘耘田之際農人執之推盪禾壟間草泥使之溷溺則田可精熟既勝耙鋤又代手足（水田有手耘足耘）所耘田數日復兼倍

薅馬

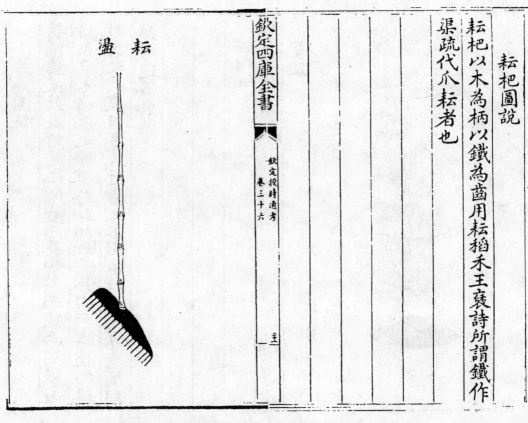

薅馬圖說

薅馬薅禾所乘竹馬也似籃而長如鞍而狹兩端拳以竹系農人薅禾之際實於跨間斂裳於內而上控於腰畔乘之兩股既寬又行隴上不礙苗行故得專意摘剔稂莠速勝鋤薅

蓑笠

蓑笠圖說

蓑雨衣無羊詩云何蓑何笠毛注曰蓑所以備雨笠所以禦暑唐韻云蓑草名可為雨衣又名襏襫說文云秦謂之萆爾雅曰蒿侯莎蓑衣以沙草為之故音同莎又名薜六韜農器篇曰蓑薜簦笠今總謂之蓑雨具中最為輕便

笠戴具也古以臺皮為笠詩所謂臺笠緇撮今之為笠編竹作殼裹以籜箬或大或小皆頂隆而口圓可庇雨蔽日以為蓑之配也

臂篝

臂篝圖說

臂篝狀如魚笱篾竹編之又呼臂籠江淮之間農夫耘苗或刈禾穿臂於内以𢂁衣袖猶北俗芟刈草禾以皮為袖套皆農家所必用者

覆殼

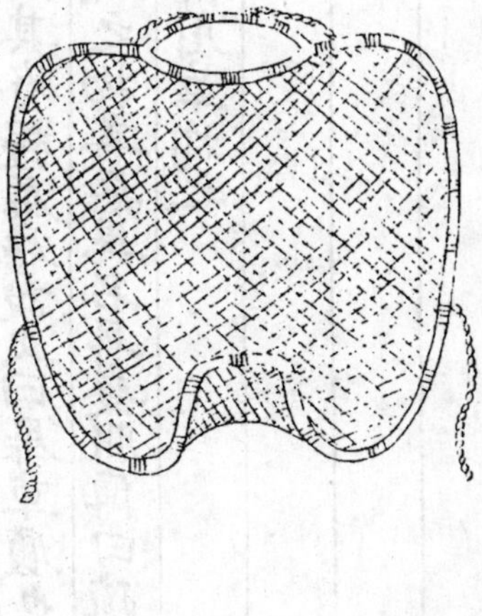

覆殼圖說

覆殼一名鶴翅一名背篷篾竹編如龜殼加以篺箬覆於人背繩繫肩下耘耨之際以禦畏日兼作雨具下有卷口可通風氣又分雨溜適當盛暑田夫得此以免曝烈之苦亦一壺千金之比也

扉

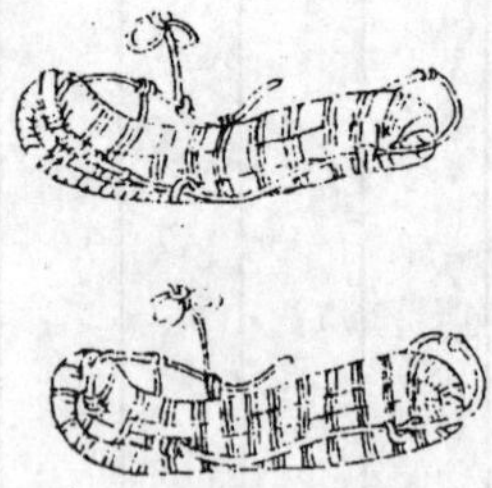

扉圖說

扉草履也左傳曰共其資糧扉屨說文曰扉草履也孔疏云扉屨俱是在足之物善惡異名耳喪服傳曰疏屨者粗蒯之扉也是扉用草為之

媷鼓

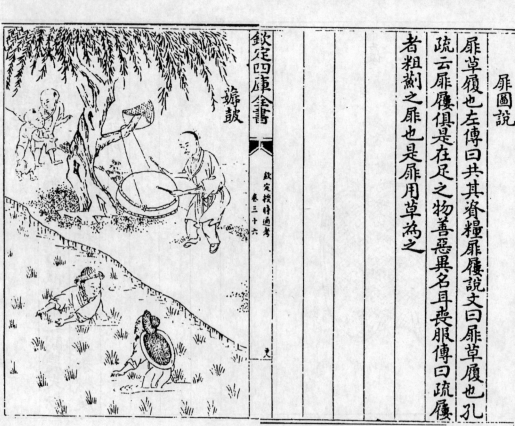

薅鼓圖說

薅鼓曾氏農書序云薅田有鼓自入蜀見之始則集其來既來則節其作既作則防其所以笑語而妨務也其聲促烈清壯有緩急抑揚而無律呂朝暮曾不絕響

欽定授時通考卷三十六

欽定授時通考卷三十七

功作

灌溉

周禮地官遂人治野夫間有遂遂上有徑十夫有溝溝上有畛百夫有洫洫上有涂千夫有澮澮上有道萬夫有川川上有路以達於畿

註遂溝洫澮皆所以通水於川也遂廣深各二尺溝

倍之洫倍溝澮廣二尋深二仞以南畝圖之遂從溝橫洫從澮橫九澮而川周其外焉

又稻人以瀦畜水以防止水以溝蕩水以遂均水以列舍水以澮寫水

註瀦者畜流水之陂也防瀦旁隄也遂田首受水小溝也列田之畦畛也澮田尾去水大溝疏舍為止舍之舍寫是去水舍是止水

考工記匠人為溝洫一耦之伐廣尺深尺謂之甽廣二

尺深二尺謂之遂廣四尺深四尺謂之溝廣八尺深八
尺謂之洫廣二尋深二仞謂之澮專達於川
註通利田閒之水道達猶至也疏遂注溝溝注洫洫
注澮澮注入川
凡溝逆地防謂之不行水屬不理孫謂之不行梢溝三
十里而廣倍
註溝謂造溝防謂脈理屬讀為注孫順也不行謂決
溢也梢溝謂水漱齧之溝

凡行奠水磬折以參伍欲為淵則句於矩
註謂行停水溝形當如磬直行三折行五以引水大
曲流轉則其下成淵
凡溝必因水勢防必因地勢善溝者水漱之善防者水
淫之
註漱齧也淫謂水淤泥土留著助之為厚
凡為防廣與崇方其閷參分去一大防外閷
註方猶等也閷者薄其上外閷又薄其上厚其下疏
三分去一之外又去也
凡溝防必一日先深之以為式里為式然後可以傳衆
力
註為溝為防程人功也里讀為已
氾勝之書稻欲溼溼者缺其塍令水道相直夏至後大
熱令水道錯
齊民要術水稻薅訖決去水曝根令堅量時水旱而溉
之將熟又去水

陳旉農書大抵秧田愛往來活水怕冷漿死水青苔薄
附即不長茂又須隨撒種潤狹更重圍繞作塍貴潤則
約水深淺得宜
又所芸之田隨於中間及四旁為深大之溝俾水竭泥
坼次第灌溉已乾燥之泥驟得雨即蘇碎不三五日稻
苗蔚然殊勝用糞也
農桑通訣昔禹決九川距四海濬畎澮距川然後播奏
艱食烝民乃粒此禹平水土因井田溝洫以去水也後

井田之法大備於周周禮遂人匠人之治夫間有遂十夫有溝百夫有洫千夫有澮萬夫有川遂注入溝溝注入洫洫注入澮澮注入川故田畝之水有所歸焉此去水之法也若夫古之井田溝洫脈絡布於草野旱則灌溉潦則泄去故說者曰溝洫之於田野可決而決則無水溢之害可塞而塞則無旱乾之患又荀卿曰修隄防通溝洫之水潦安水藏以時決塞則溝洫豈特通水而已哉

又周禮稻人稼下地畜水止水均水舍水寫水之制與遂人匠人異後世灌溉之利昉於此秦廢井田開阡陌於今數千年遂人匠人所營之蹟無復可見惟稻人之法低濕水多之地猶祖述而用之天下農田灌溉之利大抵多古人之遺迹如關西有鄭國白公六輔之渠關外有嚴熊龍首渠河內有史起十二渠自淮泗及汴通河自河通渭則有漕渠郎州有右史渠南陽有召信臣鉗盧陂廬江有孫叔敖芍陂潁川有鴻隙陂廣陵有雷陂浙左有馬臻鏡湖興化有蕭何堰西蜀有李冰文翁穿江之跡皆能灌溉民田為百世利興廢修壞存乎其人言水利者不必他求但能修復故跡足為興利

又南方熟於水利官陂官塘處處有之民間所自為溪堨水蕩難以數計大可灌田數百頃小可溉田數十畝若溝渠陂堨上置水閘以備啓閉若塘堰之水必置涵竇以便通泄此水在上者若田高而水下則設機械用之如翻車筒輪戽斗桔槔之類挈而上之如地勢曲折

而水遠則為槽架連筒陰溝浚渠陂柵之類引而達之此用水之巧者若不灌及平澆之田為最或用車起水者次之或再車三車之田又為次之其高田旱稻自種至收不過五六月其間或旱不過澆灌四五次此可力致其常稔也傅子曰陸田者命懸於天人力雖修水旱不時則一年功棄水田制之由人人力苟修則地利可盡天時不如地利地利不如人事此水田灌溉之利也方今農政未盡興土地有遺利夫海內江淮河漢之外

復有名水數萬支分派别大難悉數内而京師外而列郡至於邊境脉絡貫通俱可利澤或通為溝渠或蓄為陂塘以資灌溉安有旱暵之憂哉

又近年懷孟路開浚廣濟渠廣陵復引雷陂廬江重修芍陂似此等處畧見舉行其餘各處陂渠川澤廢而不治不為不多倘能循按故跡或創地利通溝瀆蓄陂澤以備水旱使斥鹵化而為膏腴汚藪變而為沃壤國有餘糧民有餘利然考之前史後魏裴延儁為幽州刺史

范陽有舊督亢渠漁陽縣郡有故戾諸堰皆廢延儁營造而就溉田萬餘頃為利十倍今其地京都所在尤宜疏通導達以為億萬衣食之計夫舉事興工豈無今日之延儁倘有成效不失本末先後之序庶灌溉之事為農務之大本國家之厚利也

大學衍義補井田之制雖不可行而溝洫之制則不可廢今京畿之地地勢平衍率多洿下一有數日之雨即便淹沒不必霖潦之久輒有害稼之苦農夫終歲勤苦盻盻然望此麥禾以為衣食之計賦役之需垂成而不得者多矣良可憫也北方地經霜雪不甚懼旱惟水潦之是懼十歲之間旱者十一二而潦恒至六七也為今之計莫若少倣遂人之制每郡以境中河水為主又隨地勢各為大溝廣一丈以上者以達於大河又各隨地勢各開小溝廣四五尺以上者以達於大溝又各隨地勢開細溝廣二三尺以上者委曲以達於小溝其大溝則官府為之小溝則合有田者共為之細溝則人各自為於其田每歲二月以後官府遣人督其開挑而又時

常巡視不使淤塞如此則旬日之間縱有霖雨亦不能為害矣朝廷於此遣治水之官疏通大河使無壅滯又於夾河兩岸築為長隄高一二丈許則衆溝之水皆有所歸不至溢出而田禾無淹沒之苦生民享收成之利矣是亦王政之一端也

農政全書古之立國者必有山林川澤之利斯可以奠基而畜衆川主流澤主聚川則從源頭達之澤則從委

處蓄之川流淤阻其害易見人皆知濬治者萬頃之湖千畝之蕩隄岸頽壞鮮知究心甚有縱豪强阻塞規免小利者不知澤不得川不行川不得澤不止二者相為體用為上流之壑為下流之源全繫乎澤澤廢是無川也況國有大澤瀦可為容不致驟當衝溢之害旱可為蓄不致遽見枯竭之形必究晰於此而水利之說可徐圖矣

又荒政要覽論曰水利之在天下猶人之血氣然一息

之不通則四體非復為有矣故大而江河川澤微而溝洫畎澮其小大雖不同而其疏通導利不可使一息壅閼則一也故成周溝洫之制與井田並行其捐膏腴之地以為溝洫損賦税之重以治溝洫者凡幾也成周之君豈不愛膏腴之地賦税之入而棄以為無用之溝洫哉誠以所棄者小而所利者大也然其所以得溝洫之利者治之者非一官領之者非一人營溝行水之制則職之匠人俾任濬導之功止水蓄水之令則領之稻人俾專儲蓄之利夫既有以浚之復有以積之此所以旱潦均無患也

又取水之術有四一曰括二曰過三曰盤四曰吸括之道有二一曰獨括急流水中加逼脫可括上數丈也二曰遮括不論急緩但有流水以三輪遮括可利出入也過之道有二一曰全過今之過上龍必上水高於下水則可為之至則止二曰二過以人力節宣隨氣呼吸苟上流高於下流一二尺便可激至百丈以上也盤之法

至多遞互輸瀉交輪叠盤可至數里上嶺但括法必須流水過法不論行止必須上流高於下流盤法在流水用水力在止水必須風及人畜之力獨吸法不論行止緩急不拘泉池河井不須風水人力只用機法自然而上但所取不能多止可供飲倘用溉田必須多作龎亦易辦

又灌溉圖譜曰灌溉之利大矣江淮河漢及所在川澤皆可引而及田以為沃饒之資但人情狗於常見不能

通變間有知其利者又莫得其用之具今特多方搜摘既述舊以增新復隨宜而制物或設機械而就假其力或用挑浚而永賴其功大可下潤於千頃高可飛流於百尺架之則遠達穴之則潛通世間無不救之田地上有可興之雨其用水有法概可見故緝諸篇庶賚農事云

灌溉具各圖説

水栅

水閘

陂塘

水塘

翻車

牛轉翻車

水轉翻車

筒車

驢轉筒車

高轉筒車

水轉筒車

連筒

架槽

戽斗

刮車

桔槔

轆轤

瓦竇

石籠

浚渠

陰溝

水井

缶

綆

水篣

大水柵

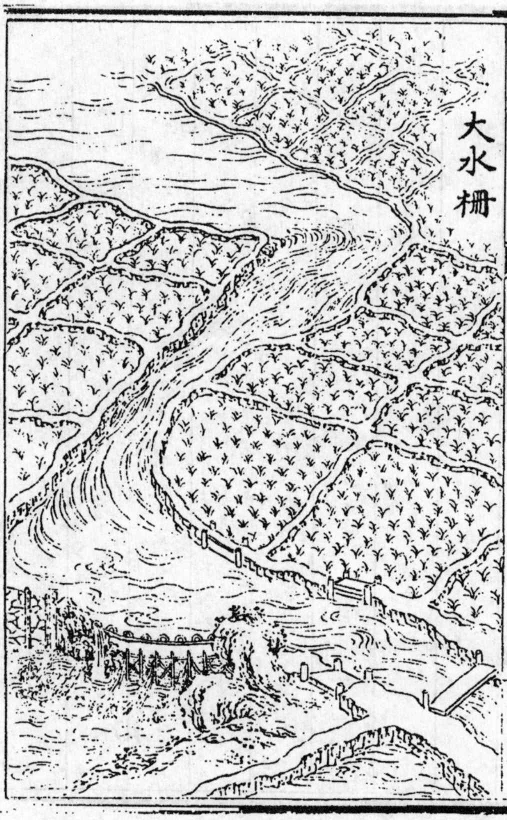

水柵圖說

水柵排木障水也若溪岸稍深田在高處水不能及則於溪上流作柵遏水使之旁出下溉以及田所其制當流列植竪樁樁上枕以伏牛擗以粒木仍用塊石高壘衆楗斜以邀水勢此柵之小者秦雍之地所拒川水率用巨柵其蒙利之家歲例量力均辦所需工物乃深植樁木列置石囤長或百步高可尋丈以横截中流使旁入溝港凡所溉田畝計千萬號為陸海此柵之大者其餘境域雖有此水而無此柵非地利素不彼若蓋工力所未及也

水閘

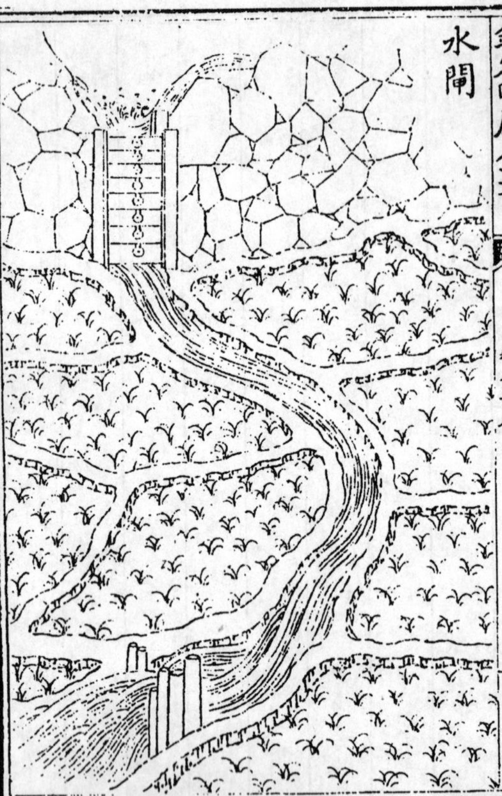

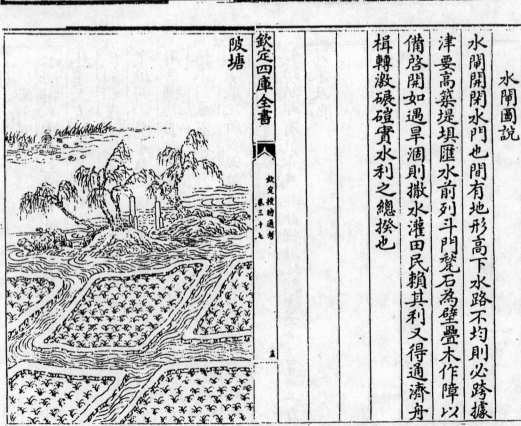

水閘圖說

水閘開閉水門也間有地形高下水路不均則必跨據津要高築堤堰匯水前列斗門甃石為壁疊木作障以備啓閉如遇旱涸則撤水灌田民賴其利又得通濟舟楫轉激碾磑實水利之總揆也

陂塘

陂塘圖說

陂塘說文曰陂野池也塘猶堰也陂必有塘故曰陂塘其溉田大則數千頃小則數百頃考之書傳廬江有芍陂潁川有鴻隙陂廣陵有雷陂愛敬陂陽平沛郡有鉗廬陂餘難徧舉故跡猶存因以為利今人有能別度地形亦效此制足溉田畝千萬比作田圍特省工費又可畜育魚鱉栽種菱藕之類其利可勝言哉

水塘圖說

水塘即洿池因地形坳下用之瀦蓄水潦或修築圳堰以備灌溉田畝兼可畜育魚鱉栽種蓮芡俱各獲利累倍大凡陸地平田別無溪澗井泉以溉田者救旱之法非塘不可江淮之間在在有之然官民異屬各為永業

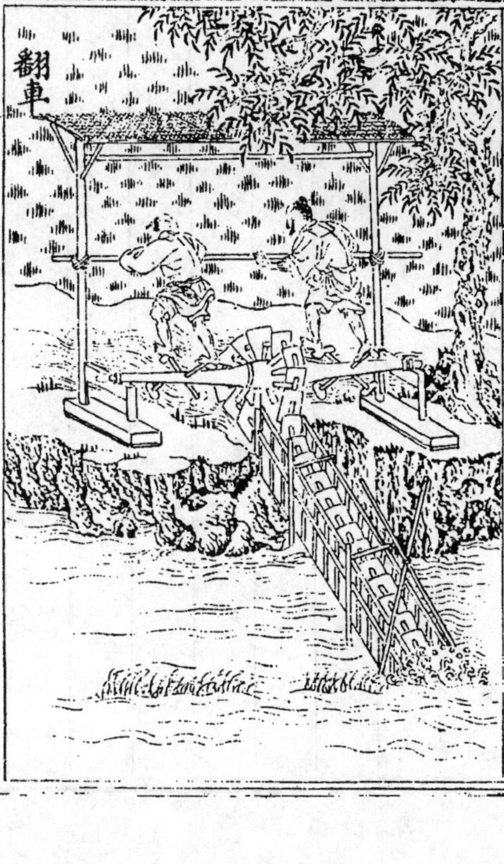

翻車圖説

翻車今龍骨車也魏畧曰馬鈞居京城有田園無水以灌作翻車又漢靈帝使畢嵐作翻車設機引水灑南北郊路今農家用之其制車身用板作槽長可二丈濶不等或四寸至七寸高約一尺槽中架行道板隨槽濶狹兩頭短尺許用置大小輪軸同行道板上下遍以龍骨板上大軸兩端各帶拐木四置岸上木架間人憑架上踏動拐木則龍骨板隨轉循環刮水上岸闗楗頗多必

用木匠成造若岸高可用三車中間小池搬水上之足救三丈已上之田機巧為最

牛轉翻車

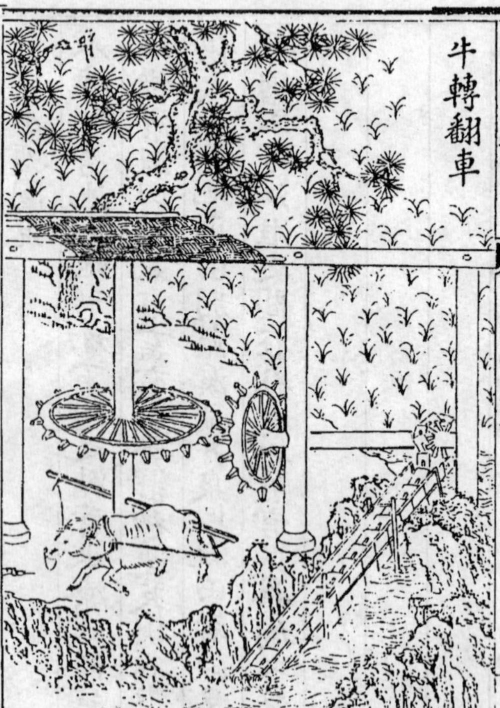

牛轉翻車圖說

牛轉翻車如無流水處用之其車比水轉翻車卧輪之制但去下輪置於車傍岸上用牛拽轉輪軸則翻車隨轉比人踏功將倍之

水轉翻車

水轉翻車圖說

水轉翻車其制與踏翻車俱同但於流水岸邊掘一狹塹置車於内車之踏軸外端作一竪輪竪輪之旁架木立軸置二卧輪其上輪適與車頭竪輪輻支相間乃擗水旁激下輪既轉則上輪隨撥車頭竪輪而翻車隨轉倒水上岸此是卧輪之制若作立軸當别置水激立輪其輪輻之末復作小輪輻頭稍寬以撥車頭竪輪此立輪之法也然亦當視其水勢隨宜用之其水日夜不止

絕勝踏車徐光啓曰此却未便水勢太猛龍骨板一受齟齬即決裂不堪與今風水車同病若長流水中不如筒車為穩平流用風别有一法

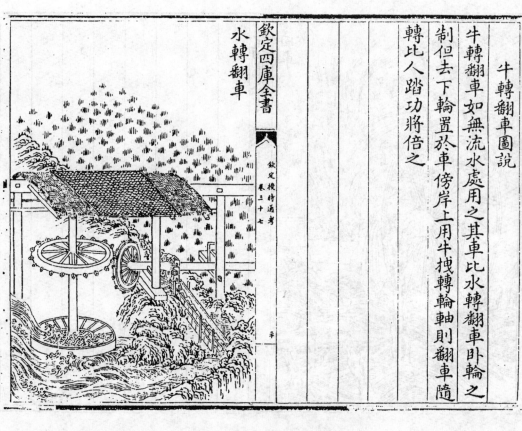

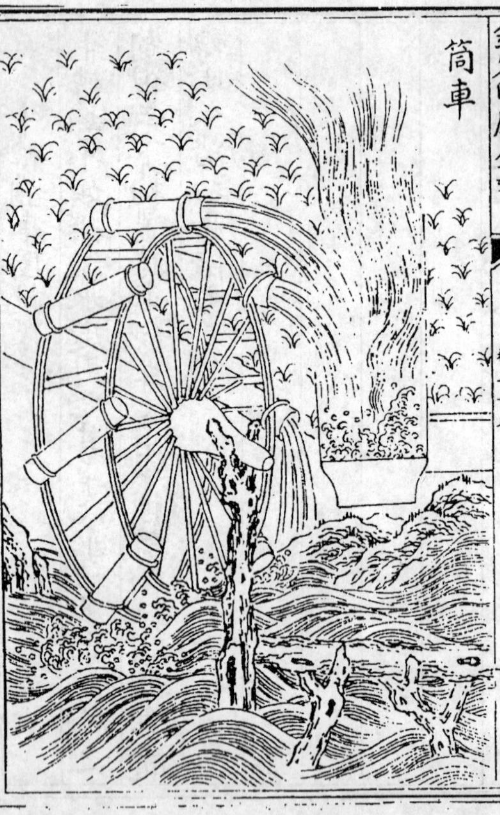

筒車

筒車圖說

筒車流水筒輪凡制此車先視岸之高下定輪之大小須輪高於岸筒貯於槽方為得法其車之所在自上流排作石倉斜擗水勢急湊筒輪其輪就軸作轂軸之兩旁閣於椿柱山口之内輪軸之間除受水板外又作木圈縛繞輪上就繫竹筒或木筒於輪之一週水激轉輪衆筒兜水次第傾於岸上所横木槽謂之天池以灌田稻日夜不息絶勝人力若水力稍緩亦有木石制為陂

柵横約溪流旁出激輪又省工費或遇流水狭處但壘石斂水湊之亦為便易

驢轉筒車

驢轉筒車圖說

驢轉筒車即前水轉筒車但於轉軸外端別造豎輪豎輪之側岸上復置卧輪與前牛轉翻車之制無異凡臨坎井或積水淵潭可澆灌園圃勝於人力汲引（徐光啓曰此却太拙筒車之妙妙在用水若用人畜之力是水行迂道比於翻車枉費十分之三）

欽定四庫全書
欽定授時通考 卷三十七

高轉筒車

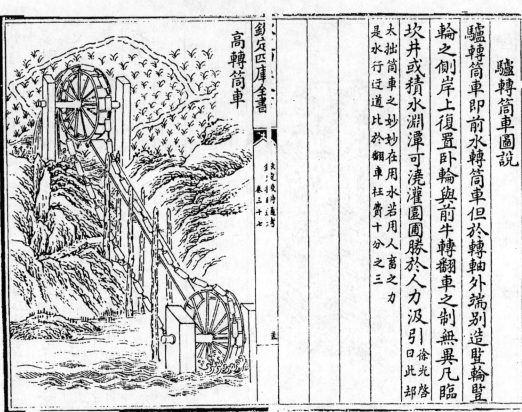

高轉筒車圖說

高轉筒車其高以十丈為準上下架木各豎一輪下輪半在水內各輪徑可四尺輪之一周兩旁高起其中若槽以受筒索其索用竹均排三股通穿為一隨車長短如環無端索上離五寸俱置竹筒筒長一尺筒索之底托以木牌長亦如之通以鐵線縛定隨索列次絡於上下二輪復於二輪旁索之間架刳木平底行槽一連上與二輪相平以承筒索之重或人踏或牛拽轉上輪則

筒索自下兜水循槽至上輪輪首覆水空筒復下如此循環不已日所得水不減平地車戽若積為池沼再起一車計及二百餘尺如田高岸深或田在山上皆可及也所轉上輪形如轆轤制易繳筒索用人則如輪軸一端作掉枝用牛則制作豎輪如牛轉翻車之法或於輪軸兩端造作拐木如人踏翻車之制若筒索稍慢則量移上輪其餘措置當自忖度不能悉陳

徐光啓曰此製却可用之急流㪺水雖少而行地頗高若在平水亦須用人畜之力然猶勝㪺戽也但車戽之制獨平水為難耳若果係迅流即數里可激而上此區區者何足以云別有水轉筒車與高轉筒車之制同故著其說於後

圖不再見

水轉筒車遇有流水岸側欲用高水可立此車其車亦高轉筒車之制但於下輪軸端別作豎輪旁用卧輪撥之與水轉翻車無異水輪既轉則筒索兜水循槽而上餘如前例又須水力相稱如打碾磨之重然後可行日夜不息絕勝人牛所轉此誠秘術今表暴之以諭來者

連筒

連筒圖說

連筒竹通水也凡所居相離甚遠不便汲用乃取大竹內通其節令本末相續連延不斷閣之平地或架越澗谷引水而至又能激而高起數丈注之池沼及庖湢之間如藥畦蔬圃亦可供用杜詩所謂連筒灌小園徐光啓曰豈有激而高起之理若能高起必是上流受處高於下流洩處故也果高則百丈亦可不高則分寸不能但是上流高於下流一二尺即能取水至百丈之上此則制作之巧耳

架槽圖說

架槽木架水槽也間有聚落去水既遠各家共力造木為槽遞相嵌接不限高下引水而至如泉源頗高水性趨下則易引也或在窪地則當車水上槽亦可遠達若遇高阜不免避礙或穿鑿而通若遇坳險則置之叉木駕空而過若遇平地則引渠相接又左右可移鄰近之家足得借用非惟灌溉多便抑可瀦蓄為用暫勞永逸同享其利

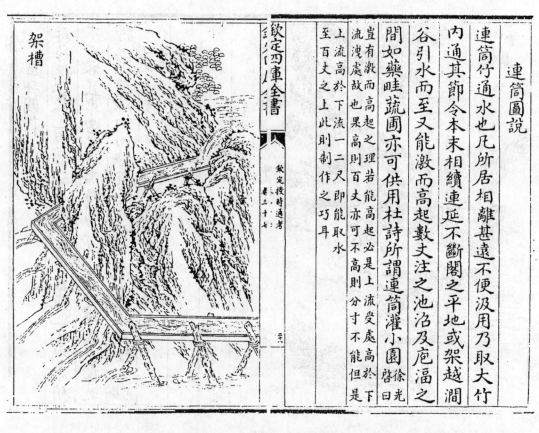

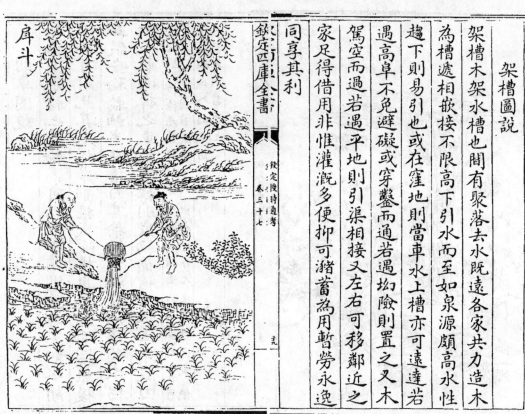

戽斗圖說

戽斗挹水器也唐韻云戽抒也抒水器挹也凡水岸稍下不容置車當旱之際乃用戽斗控以雙綆兩人挈之抒水上岸以溉田稼其斗或柳筲或木罌從所便也徐光啓曰此是岸下不必置車或所用水少權作此耳若以溉田即岸下亦是置車為妙

刮車

刮車圖說

刮車上水輪也其輪高可五尺軸頭闊至六寸如水頗下田可用此其先於岸側掘成峻槽與車輻同闊然後立架安輪輪軸半在槽內其輪軸一端擐以鐵鉤木拐一人執而掉之車輪隨轉則眾輻循槽刮水上岸溉田便於車戽徐光啓曰此必水與岸相去止一二尺方可用若歲潦用以出水圩外尤便若並流水便可激輪出入則不煩人畜其利甚博也

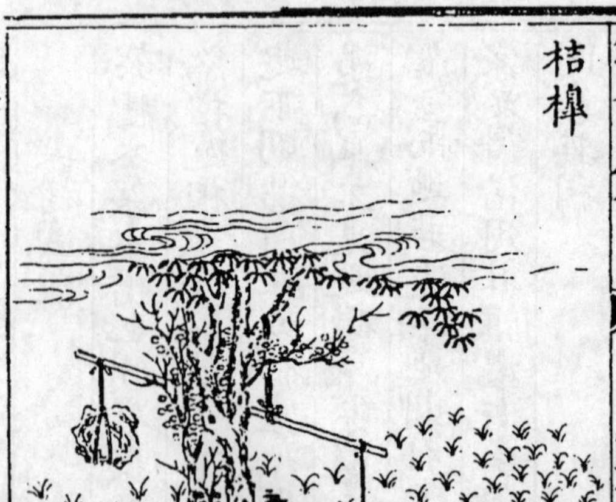

桔槔

桔槔圖說

桔槔挈水械也通俗文曰桔槔機汲水也說文曰桔結也所以固屬槔皐也所以利轉又曰槔緩也一俯一仰有數存焉不可速也然則桔其植者而槔其俯仰者歟莊子曰子貢過漢陰見一丈人方將為圃畦鑿隧而入井抱甕而出灌搰搰然用力甚多而見功寡子貢曰有械於此一日浸百畦鑿木為機後重前輕挈水若抽數如泆湯其名曰槔又曰獨不見夫桔槔者乎引之則俯舍之則仰今瀕水灌園之家多置之實古今通用之器用力少而見功多者

轆轤

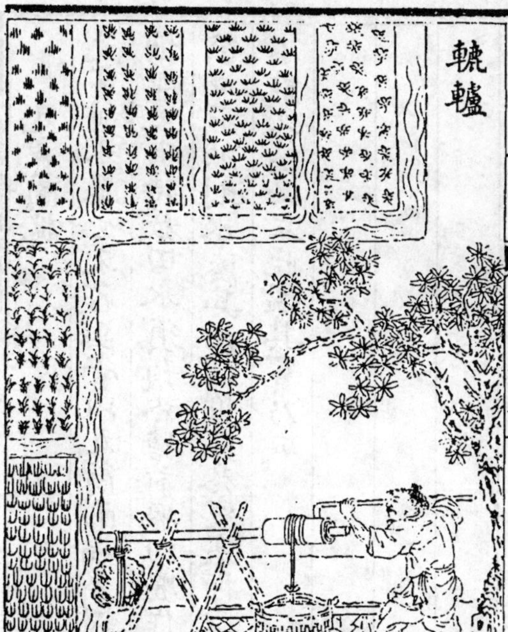

轆轤圖說

轆轤纏綆械也唐韻云圓轉木也集韻作犢轆汲水木也井上立架置軸貫以長轂其頂嵌以曲木人乃用手掉轉纏綆於轂引取汲器或用雙綆而順逆交轉所懸之器虛者下盈者上更相上下次第不輟見功甚速凡汲於井上取其俯仰則桔槔取其圓轉則轆轤皆挈水械也然桔槔綆短而汲淺獨轆轤深淺俱適其宜也 徐光啓曰此大拙不如吸法爲妙吸法有二一用人力工費力省一不用人力作之少費工科用之却甚利益

瓦竇

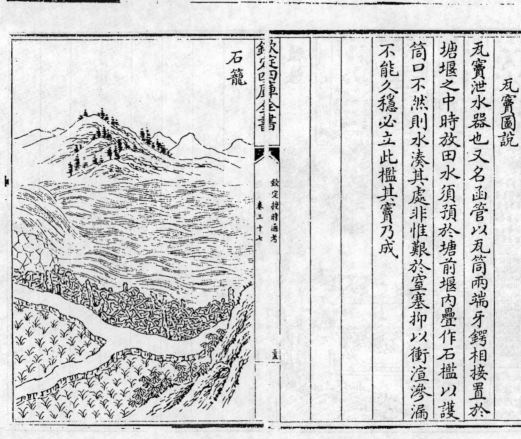

瓦竇圖說

瓦竇泄水器也又名函管以瓦筒兩端牙鍔相接置於塘堰之中時放田水須預於塘前堰內疊作石檻以護筒口不然則水湊其處非惟艱於窒塞抑以衝渲滲漏不能久穩必立此檻其竇乃成

石籠

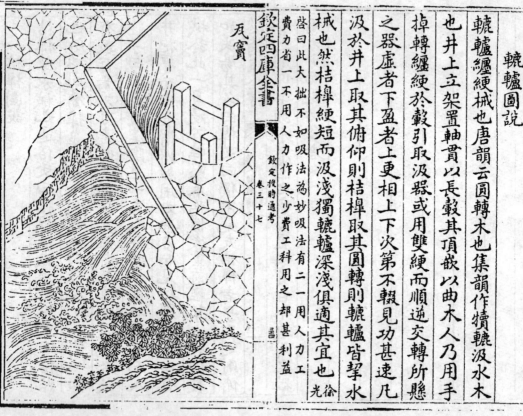

石籠圖說

石籠又謂之卧牛判竹或用藤蘿或木條編作圈眼大籠長可二三丈高約四五尺以籖椿止之就置田頭内貯塊石以擗暴水或相接連延遠至百步若水勢稍高則壘作重籠亦可遏止如遇隈岸盤曲尤宜周折以禦奔浪併作洄流不致衝傷埂岸農家瀕溪護田多用此法比於起疊隄障甚省工力

浚渠

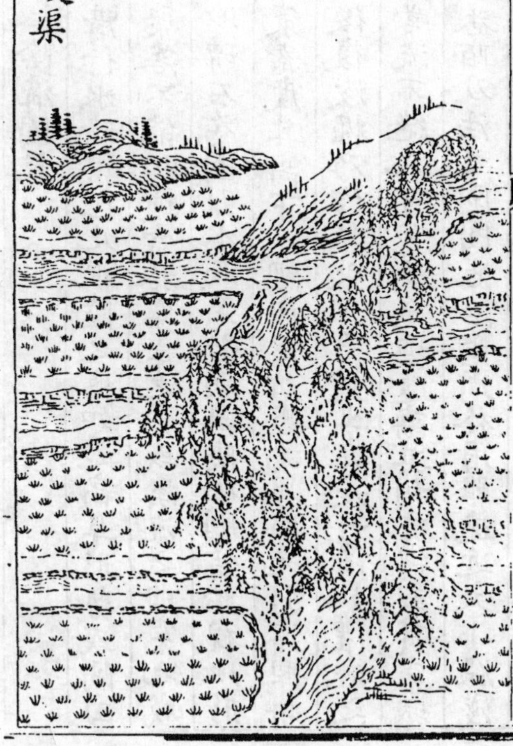

欽定四庫全書

浚渠圖說

浚渠凡川澤之水必開渠引用可入於田考之古有溝洫畎澮以治田水書云濬畎澮距川是也疏鑿已遠井田變古後世則引水為渠以資沃灌按史記秦鑿涇為渠又關西有鄭國白公六輔之渠外有龍首渠河内有史起十二渠今懷孟有廣濟渠俱各溉田千百餘頃利澤一方永無旱暵

欽定授時通考　卷三十七

陰溝

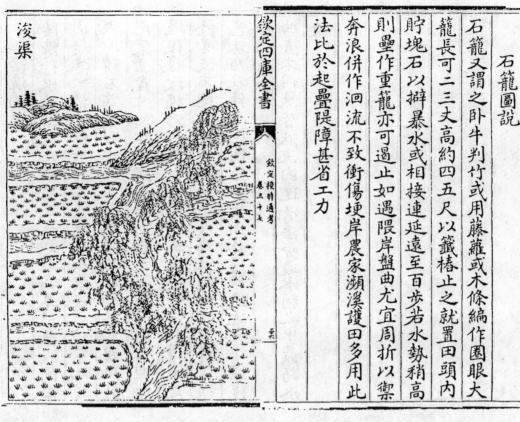

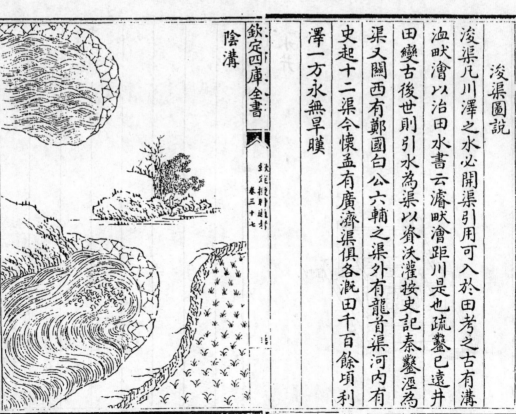

陰溝圖説

陰溝行水暗渠也凡水陸之地如遇高阜形勢或隔田園聚落不能相通當於穿岸之旁或溪流之曲穿地成穴以磚石為圈引水而至若別無隔礙則當踏視地形用策索度其高下及經由處所畫為界路先引濬犁耕過後復浚掘乃作甃穴上覆元土亦是一法如灌溉之餘常流不絶又可畜為魚塘蓮蕩其利亦博或貫穿城邑巷陌及注之園囿池沼悉周於用雖遠近大小深淺曲直不同然皆狀流内達膏澤旁通水利之中最為永便

水井

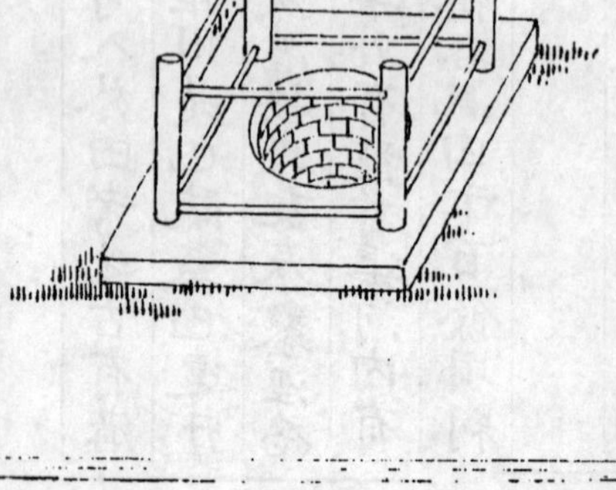

井圖說

井地穴出水也說文曰清也故易曰井洌寒泉食甃之以石則潔而不泥汲之以器則養而不窮井之功大矣

按周書云黃帝穿井又世本云伯益作井堯民鑿井而飲湯旱伊尹教民田頭鑿井以溉田今之桔槔是也此皆人力之井也若夫巖穴泉竇流而不窮汲而不竭此天然之井也皆可灌溉田畝水利之中所不可闕者

缶

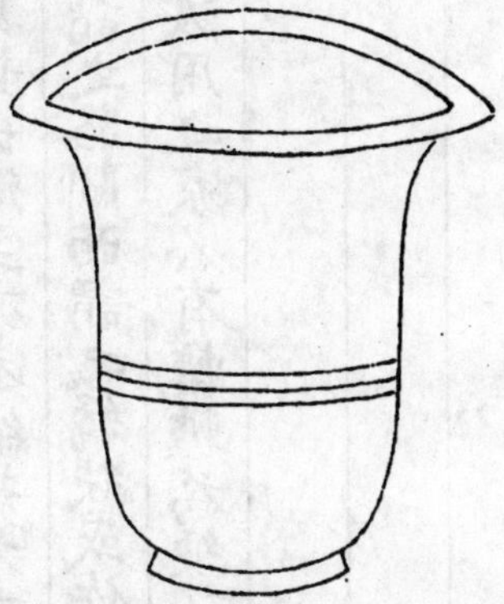

缶圖說

缶汲水器左傳宋災樂喜為政具綆缶杜註缶汲器爾雅疏云比卦初爻有孚盈缶註云辰在爻木上值東井井之水人所汲用缶楊惲傳曰田家作苦歲時伏臘烹羊炰羔斗酒自勞酒後耳熱仰天擊缶而呼烏烏應劭曰缶瓦器也今汲器用瓦缶之遺制也

綆

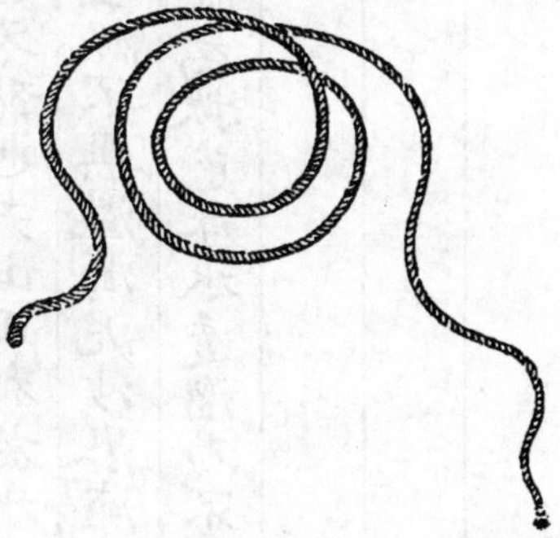

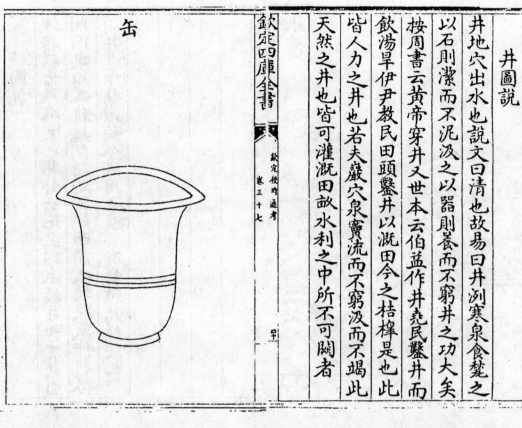

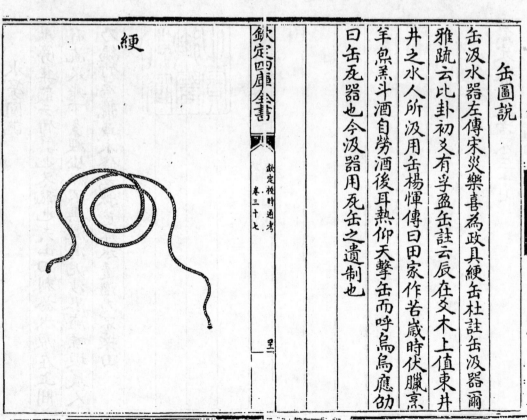

綆圖說

綆郭璞云汲水索也易卦云汔至亦未繘井方言繘自關而東周洛韓魏間謂之絡關西謂之繘綆或作航俗謂井索下繫以鉤今汲用之家必有轆轤為綆設也

水簩

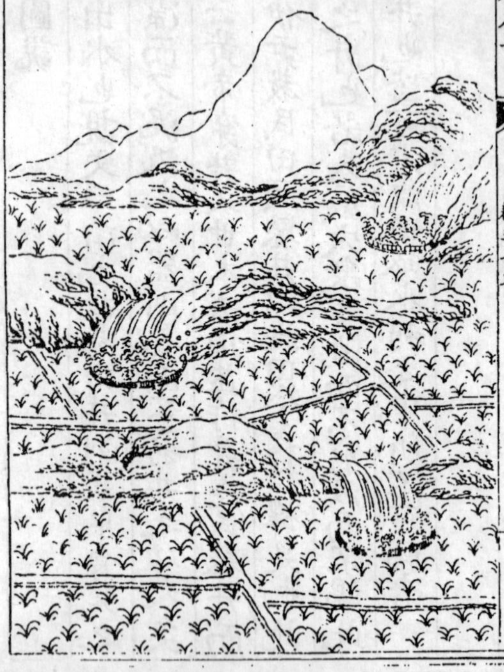

水簩圖說

水簩集韻云竹箕也又籠也夫山田利於水源在上間有流泉飛下多經磴級不無混濁泥沙淤壅畦埂農人乃編竹為籠或木條為捲芭承水透溜乃不壞田

欽定授時通考卷三十七

欽定四庫全書

欽定授時通考卷三十八

功作

泰西水法

龍尾車記

用江河之水為器一種

龍尾車者河濱挈水之器也治田之法旱則挈江河之水入焉潦則挈田間之水出焉治水之法淺涸則挈水

而入方舟焉疏瀹則挈水而出畚鍤焉不有水之器不得水之用三代而上僅有桔槔東漢以來盛資龍骨龍骨之制曰灌水田二十畝以四三人之力旱歲倍焉高地倍焉駕馬牛則功倍費亦倍焉溪澗長流而用水大澤平曠而用風此不勞人力自轉矣枝節一蔞全車悉敗焉然而南土水田支分櫛比國計民生于焉是賴即茲器所在不為無功已獨其人終歲勤動尚憂衣食至北土旱災赤地千里欲拯斯患宜有進焉今作龍尾車

物省而不煩用力少而得水多其大者一器所出若決渠焉累接而上可使在山是不憂高田築為堤塍而出之計日可盡是不憂潦歲與下田去大川數里數十里鑿渠引之無論水稻若諸水生之種可以必濟即黍稷菽麥木棉蔬菜之屬悉可灌溉是不憂旱濬治之功出水當五分之一今省十九焉是不憂疏鑿龍蟠之斗旱熯之年上源枯竭穿渠旁引多用此器下流之水可令復上是不憂漕也蓋水車之屬其費力也以重水車之

重也以障水以帆風以運旋本身龍尾者入水不障水出水不帆風其本身無銖兩之重且交纏相發可以力轉二輪遞互連機可以一力轉數輪故用一人之力常得數人之功又向所言風與水能敗龍骨之車也在鶴膝斗板龍尾者無鶴膝無斗板器居水中環轉而已湍水疾風彌增其利故用風水之力而常得人之功若有水之地悉皆用之竊計人力可以半省天災可以半免歲入可以倍多財計可以倍足方于龍骨之類大畧勝

之然而千慮之一以當起予可也智士用之曲盡其變不盡方來或者無煩覼縷焉

龍尾一圖

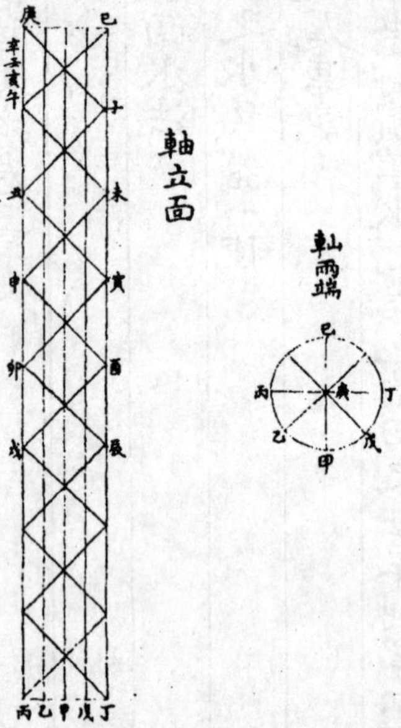

龍尾二圖

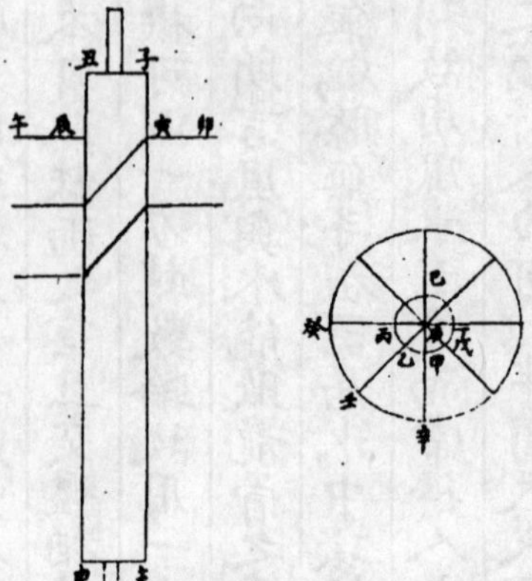

龍尾三圖

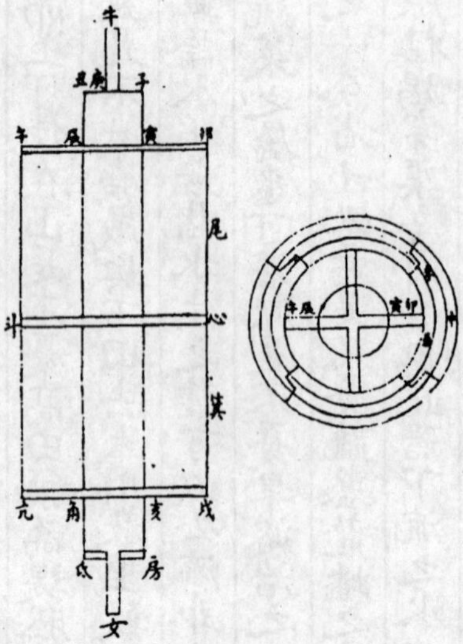

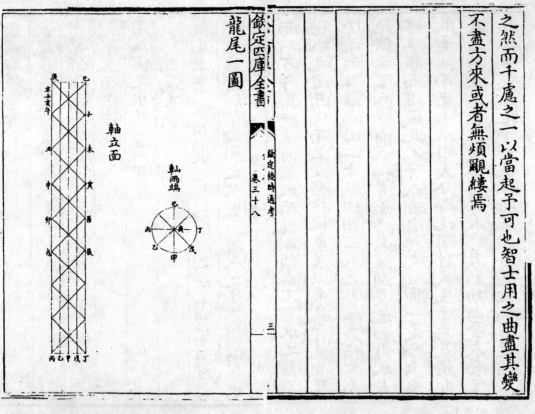

龍尾四圖

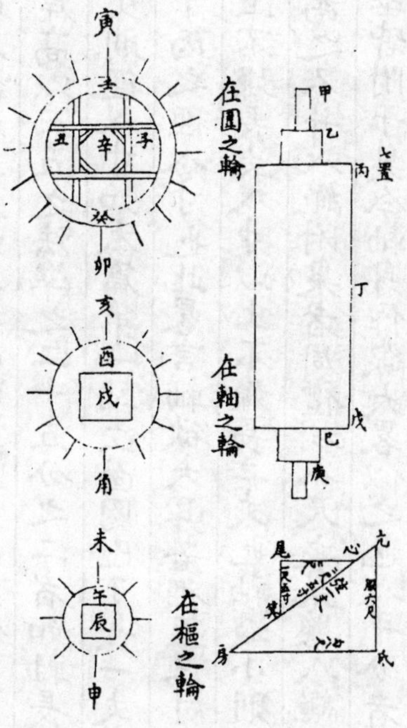

龍尾五圖

龍尾圖說

龍尾者水象也象水之宛委而上升也龍尾之物有六一曰軸軸者轉之主也水所由以下而為上也二曰墻墻者以束水也水所由上也三曰圍圍者外體也所以為固抱也四曰樞樞者所以為利轉也五曰輪輪者所以受轉也六曰架架者所以制高下也承樞而轉輪也六物者具斯成器矣或人焉或水焉風焉馬牛焉巧者運之不可勝用也

一曰軸

圜木為軸長短無定度視水之淺深斟酌焉而為之度二十五分其軸之長以其二為之徑木之圜必中規而上下等以八繩附臬之法八平分其軸之周直繩而施之墨軸之兩端因直繩之兩端而施之墨八繩之交得軸之心也以八平分之一分為度以度八繩之墨皆平行相等而為之界以句股求弦之法兩界斜相望而墨為之弦弦之竟軸而得一螺旋之墨因螺旋之墨而立

之墻為螺墻墻之間而得螺旋之溝為螺溝螺溝者水道也軸得一墨焉則得一墻焉一溝焉水得一道焉或二之或三之四之以上同于是多則均一則專惟所為之既墻而圍之既建而迤之而轉之水則自螺旋之孔入也水之入於螺旋之孔也水自以為已下也而不自知其已上也故曰軸者轉之主也水所由以下而為上也

注曰圜與圓同量水淺深者下文言句四股三弦五

則岸高九尺者軸之長當一丈五尺也凡作軸皆度岸高以三五之法準之二十五分之二者如軸長一丈則徑八寸如本篇第一軸立面圖巳丁長一丈則丁丙之徑八寸也此畧言軸欲大耳若徑至三寸以上不嫌長丈八寸以上不嫌長二丈也軸過小則水為之不升八繩附臬者周禮樹八尺之臬縣八繩下垂皆附于臬今軸身作線大畧似之也八平分者如軸兩端圖甲乙丙丁戊圜為軸之周所分甲乙乙丙等八分者平分度也軸之兩端卧其軸各作巳甲過心線依法分之即上下合也次于軸兩端之邊依所分各界兩兩相對各作平行直線八線附木皆平直是為八平分軸之周如立面圖巳丁庚丙諸線是也次于丙端各作甲巳丁丙諸線則得軸兩端之各庚心也以八平分之一為度者謂以甲乙為度從庚至辛作庚辛辛壬等短界線至丙而止八線皆如之各線之短界線皆平行皆相等也墨為之弦者從庚向

癸以句股法作庚癸斜弦線内纏之至子外纏之至丑至寅至卯至辰斜纏軸而竟軸而止則得一螺旋線也單線則為單墻單溝也若欲為雙溝者則平分庚丑線得午從午外上向巳内下向未亦依法作螺旋線也若作四槽者又平分庚午于壬依法作之欲作三槽六槽九槽者先分軸為九平分欲作五槽十槽者先分軸為十平分依法作之

二曰墻

軸之上因各螺旋之繩而立之墻墻之法或編之或累之皆塗之墻之兩端不至于軸之兩端其至也無定度惟所為之以樞之短長稱之八分其軸長以其一為墻之高可減也不可加也墻其累之也欲堅而無隳也其編之也欲密而平也其塗之也欲均而無罅也兩墻之間謂之溝溝水道也水行溝中而墻制之使無下行也故曰墻者所以束水也水所由上

注曰編墻之法削竹為柱依螺旋之線而立之每立

一柱即與軸面之八平分長線為直角如立柱于本篇一圖之午即柱為垂線與庚丙長線為直角也而又與軸兩端之丙丁為一直線也若本篇二圖之癸丙是也削柱欲均安柱欲正列柱欲順立柱欲齊既畢則以繩編之畧如織箔之勢繩以麻或紵或管或布或篾惟所為之既畢以瀝青和蠟或和熟桐油和石灰瓦灰塗之或以生漆和石灰瓦灰塗之凡瀝青加蠟與桐油取和澤而止石瓦灰相半桐油或漆和之取燥濕得宜而止累墻之法取柔木之皮如桑槿之屬剥取皮裁令廣狹相等以瀝青和蠟依螺旋之線層層塗而積之累畢如前法塗之既畢而兩墻之間成螺旋之溝水從溝行而墻不漏者是墻之善也八分之一者如軸長八尺則墻高一尺此亦畧言高之所至也一以下任意作之故曰可減不可增一法若欲為長軸則墻之高與軸之徑等

三曰圍

墻之外削版而圍之版欲無厚墻之兩端順墻柱之勢穿軸而立四柱焉依墻之高而束之環圍板之端入于環圍之外以鐵為環而約之長者中分圍之長以鐵環約之又長者三分其長以兩環約之圍之版其相合也與其合于墻之上也皆合之以塗墻之齊圍之外皆塗之以受雨露也圍其合也欲無罅圍之合于墻也欲無罅有圍故水入螺旋之孔而不絶無罅故水行于螺旋之溝而不洩則水旋而上也故曰圍者外體也所以為

固抱也
注曰圜之板量圜徑之大小與其長酌全體之重輕而制厚薄焉其長竟墻其廣一寸以上視圜徑之小大增損之太廣而合之則角見也其内面稍剞之以就墻之圓外面者圜既合而削之當墻之盡穿軸為四柱者所以居環而受圜也如本篇三圖之卯寅辰午等是也環以堅韌之木為四弧弧各加于環柱之上合之成環焉環之下方或為溝焉居中以受圜板

之端或居外或居内為刻而受之如為溝于末此居中也為刻于中此居外也于酉居内也鐵環之束在兩端者與木環相抵卯午也戌亢也或中分約之者心斗是也若兩中環者則在尾與箕也或不用鐵環以繩約之而塗之齊與剞同合以塗墻之剞者瀝青和蠟或油灰或漆灰也若塗圜之周者則漆灰為上油灰次之瀝青和蠟者恐不耐暑日也為下而欲速成則用之欲解而時修則用之是者暑日架之則以苫蓋之水入于螺旋之孔者孔在環之内軸之外四柱之中戌亥角亢之間是也雖下向必入者以迤故水趨於圜也既其出則在卯寅辰午之間矣一法墻之兩端以二圓版蓋之開圜板之下端而水入之開上端之圓板而出之其效同焉

四曰樞

軸之兩端鐵為之樞當心而立之樞之用在圜輪在圜若在軸者皆圜之輪在上樞方其上樞之上輪在下樞方其下樞之下方之者以居輪立樞欲正欲直不正不

直者輕重不倫也既正既直輕重均轉之如將自轉焉則雖大而無重也故曰樞者所以為利轉也
注曰當心者本篇一圖之庚心也樞之大小長短無定度量全體之輕重制大小焉量輪之所在與地之所宜制短長焉輪所在者有七下方詳之也方則止故可以居輪正者當庚之心直者與軸端圓面為直角與軸上八平分線俱為一直線也求正尚有軸端

諸線可憑求直稍難焉今立一試法視一圖軸兩端
諸分線以規一抵軸端邉之乙一抵樞之頂心為度
次去乙抵戊量之又去戊抵巳量之皆至于樞之頂
心者即樞直也如將自轉者成速之甚也

五曰輪

輪有七置輪有三式七置者當圜之中焉圜之兩端焉
軸之兩端焉兩樞焉在圜者夾其圜而設之輻輻之末
周之以輞焉輞樹之齒焉在軸與樞者方其處而入之

轂轂樹之齒焉凡輪皆以他輪之齒發之其疾徐之數
視輪與他輪之大小焉其齒之多寡焉故輪欲密附而
少為之齒輪附而齒少他輪大而齒多則其出水也必
疾矣故曰輪者所以為受轉也

注曰輪有七置者因地勢也量物力也相大小而制
疾徐也在圜之中者本篇四圖之丁是也在圜之兩
端者丙與戊是也在軸之兩端者乙與巳是也在兩
樞者甲與庚是也若車大而軸長出水之地高則在
丁矣若平地受水而用人力畜力風力者當在甲乙
丙矣用水力當在戊巳庚矣夾圜之輻子丑之類是
也辛者容圜之空也壬癸輞也寅卯之類齒也方其
處者軸與樞當受轂之處也辰入樞之空也戌入軸
之空也午轂也酉亦轂也未申亥角之類皆齒也他
輪者或人車或馬牛贏車或風車或水車之輪也此
諸車之輪者非謂其大卧輪也葢指接輪焉接輪者
農家所謂撥子是也試言人車則有卧軸也卧軸之

一端有接輪卧軸之上有拐木也今于甲乙丙任置
一輪焉如置在軸之乙輪即以卧軸之接輪交于乙
輪人踐拐木而轉之接輪與乙輪相發也若馬牛贏
車及風車則有卧軸也卧軸之兩端皆有接輪今以
其一交于乙輪以其一交于彼車之大卧輪駕畜焉
驅風焉而轉之接輪與乙輪相發也若水轉之車則
有卧軸也卧軸之一端有接輪卧軸之上有立輪立
輪之外有受水之箑也今于戊巳庚任置一輪焉如

置在軸之已輪即以臥輪之接輪交于已輪水激于筳而卧軸爲之轉接輪與已輪相發也疾徐之數與他輪相視者如乙巳之輪齒十二人車之接輪齒十二是拐木一轉而得一轉也如樞輪之齒八而人車之接輪齒十六是拐木一轉而得二轉也人車之接輪齒二十四是一轉而得三轉也若樞輪之齒八而駕畜颿風之卧輪齒七十二是一轉而得九轉也故曰輪欲密附密附則齒爲之少他輪欲大大則齒多

然而密者過密焉則力爲之不任大者過大焉則遲故曰因地勢量物力相大小而制徐疾焉今圖樞輪之齒八軸輪十二圜輪十六約畧作之非定率也趣欲使兩輪之交跡密相等焉長短相入焉相關相發而不滯則足矣其小者欲無用輪方其樞之末別爲衡衡之一端入于樞焉其一端植之柱焉柱之體圓又爲之棹枝而首爲圓孔焉以棹枝之圓孔入于柱而轉之若大者而欲無用輪則以兩棹枝同加于柱兩人對執而轉之最大者兩棹枝之末各爲持衡四人或六人對持其衡而轉之

六曰架

架者一上一下皆爲砥柱或木焉或石焉或瓴甋焉柱之植欲堅以固也下柱居水中以鐵爲管施之柱首迤而上向以受下樞之末制管高下量水之勢令得入于螺溝之下孔而止也上者居岸以鐵爲管施之柱首迤而下向以受上樞之末若輪與衡在上樞之末者則中

樞而設之頸以鐵爲山口而架樞其上出其樞之末以受輪與衡也制高下之數以句股爲法而軸心爲之弦弦五焉則句四焉股三焉過偃則不高過高則不升

注曰瓴甋磚也堅者其本體堅固者其立基固也上柱者本篇五圖之甲乙是也下柱者丙丁是也上管以受上樞戊也下管以受下樞巳也句股法者一高一下如四圖之亢房線而置之令上樞之末在亢下樞之末在房也三四五者如上樞之末爲亢至下樞

之末爲房長一丈如法置之則自下樞之末房依地平作平行線自上樞之末亢作垂線而兩線相遇于氐其亢氐線必長六尺氐房線必長八尺也若迤建于岸之側謂無從作垂線者則以句股法反用之以圜板爲倒弦別作一尾箕垂線爲股尾爲直角作尾心横線爲倒句若尾箕長一尺五寸偃仰移就之令尾心長二尺即心箕必二尺五寸而亢房線必合三四五之句股法也凡圜板長一丈水高必六尺求多

焉不可得相水度地制器者以此計之若水過深岸過高器不得過長則累接而上之累接之法亦以接輪交而相發也

用井泉之水爲器二種

玉衡車記

玉衡車者井泉挈水之器也既遠江河必資井養井汲之法多從綆缶褰飱朝夕未覺其煩所見高原之處用井灌畦或加轆轤或藉桔槔似爲便矣乃俛仰盡日潤不終畝聞三晋最勤汲井灌田旱暵之歲八口之力晝夜勤動數畝而止他方習惰既見其難不復問井灌之法歲旱之苗立視其槁饑成以後非殍則流吁可憫矣今爲此器不施綆缶非藉轆轤無事桔槔一人用之可當數人若以灌畦約省夫力五分之四高地植穀家有一井縱令大旱能救一夫之田數家共井亦可無饑餓流亡之患若資飲食則童幼一人足供百家之聚矣且不須俛仰無煩提挈畧加幹運其捷若抽故烟火會集

之地一井之上尚可活一㸑民也

玉衡一圖

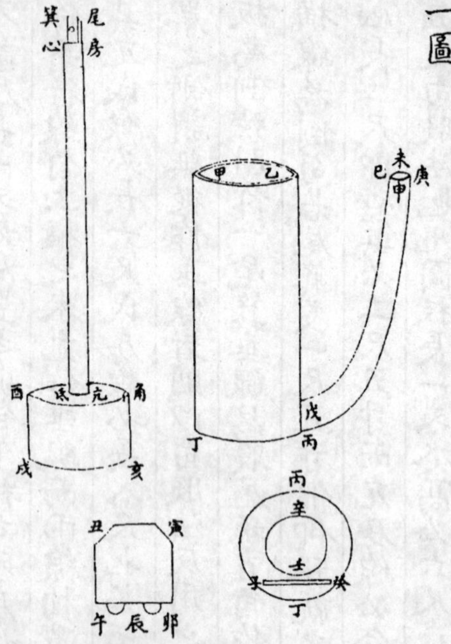

玉衡二圖

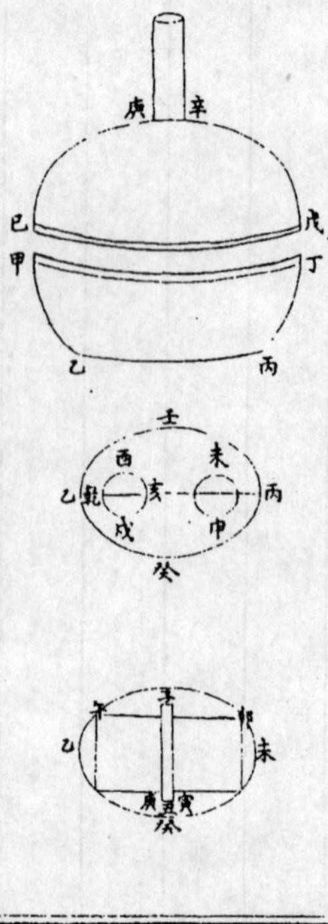

玉衡三圖

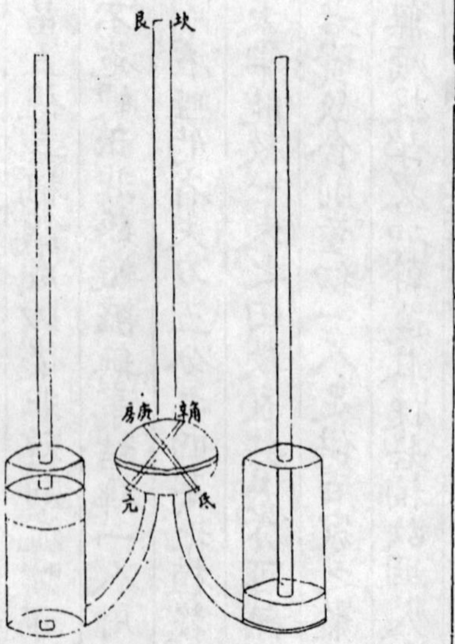

玉衡四圖

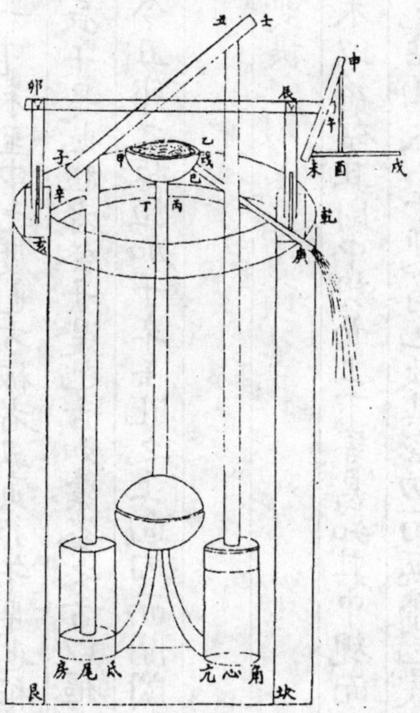

玉衡圖説

玉衡者以衡挈柱其平如衡一升一降井水上出如趵突焉玉衡之物有七一曰雙筩雙筩者水所由代入也二曰雙提雙提者水所由代升也三曰壺壺者水之總也水所由續而不絶也四曰中筩中筩者壺水所由上也五曰盤盤者中筩之水所由出也六曰衡軸衡軸者所以挈雙提下上之也七曰架架者所以居庶物也七物者備斯成器矣更為之機輪焉巧者運之不可勝用也

注曰趵突泉水上出也

一曰雙筩

練銅或錫為雙筩其圜中規而上下等半其筩之長以為之徑下有底中底而為之圜孔以其底之半徑為孔之徑筩之旁齊于底而樹之管管外出而上迤也管之容其圜中規管之下端抒之以合於筩開筩之下端為椭孔融錫而合之于管管之上端亦抒之既樹之則與

筩之邊為平行三分其底之徑以其一為管之徑底之圜孔為之舌以揜之舌者方版方版之旁為之樞底孔之旁為之紐樞入於紐如戶焉而開闔之舌之開闔與管之孔無相背也紐居左則管居右舌其合于底也欲密管之孔合于筩之孔欲利而無罅樞紐之動也欲不滞凡水入也必從其底之孔也有舌焉而開闔之開之則入闔之則不出左開則右闔矣是左入而右不出也是恒有一孔焉入而終無出也故曰雙筩者水所由代

入也

注曰凡徑皆言圓孔也內不與焉如本篇一圖甲至乙丙至丁是也半長為徑者徑三寸則筩長六寸如丁丙廣三寸則甲丁長六寸也半徑為孔者徑三寸孔徑一寸五分如丁丙三寸則辛壬一寸五分也上迤者斜迤而上如戊至巳丙至庚也抒者斜削之如戊至丙巳至庚是也揗長圓也欲與戊丙之孔合也融錫合之小釺也管之上邊與筩邊平行將以合于

壺之下孔也巳庚是也三分之一者底徑三寸則管徑一寸未至申之度也方板者丑寅卯午是也樞者卯辰午是也紐者癸子是也舌如橐籥之舌以樞合紐令丑卯之板恒加于辛壬孔之上向內而開闔之也

二曰雙提

旋竪木以為砧其圜中規而上下等曷知其中規而上下等也砧之大入于雙筩也欲其密切而無滯也展轉之上下之猶是也斯之謂中規而上下等當砧之心而立之柱三分其砧之徑以其一為柱之徑柱之短長無定度以水之深也井之高也斟酌焉而為之度柱之上端為之方枘而入于衡凡水之入也入于雙筩之孔也孔有舌焉砧升則舌開而水為之入砧降則舌合而水為之不出水之入而不出者舌也舌之開闔者砧也砧之上下者柱也舌闔矣水不出矣砧又下焉水將安之則由筩之管而升于壺左右相禪也故曰雙提者水所

由代升也

注曰砧形如截蔗本篇一圖酉戌亥角是也其高不言度者趣其入于筩也不轉側動搖而已矣若為鼎足之柱以固之即無厚可也三分之一者砧徑三寸則柱徑一寸如酉角三寸則亢氐一寸也凡雙筩入井近下則水濁近上則水竭故柱之短長宜量水深與井高也枘筍也當房心之上刻而方之為尾箕是也

三曰壺

鍊銅以為壺壺之容半加于雙筩之容其形揹圜腹廣而上下弇之弇之度視廣之度殺其十之二當其弇而設之蓋壺之底為揹圜之長徑設二孔焉皆在其徑孔之揹圜其大小也與管之上端等融錫而合之壺之兩孔各為之舌而擀之舌之制如筩中之舌也壺之內當兩孔之中而設之紐兩舌之樞悉係焉而開闔之左右相禪也當蓋之中為圜孔焉而合于中筩蓋之合于壺

也欲其無罅也既成以鐵為雙環而交纏束之當其合而錮之錫以備繕治也夫水之入于管也左右禪也而終無出也水從管入者以提柱之逼之也則上衝而壺之舌為之開以入于壺水勢盡而彼舌開則此闔矣是代入于壺也而終無出也其代入也壺為之恒滿而上溢其終無出也而有筩之容以俟其底之入也故曰壺者水之總也水所由續而不絕也

注曰半加容者如之又加半焉如雙筩共容四升則壺容六升也弇歛也腹廣而上下弇如本篇二圖甲乙丙丁形是也蓋者戊巳庚辛也揹圓之長徑底圜之乙丙是也二孔者未申也酉戌也皆在其徑者二孔之心在乙丙線之上也二孔揹圓者如酉戌短乾亥長以合于一圖之未申巳庚也二舌者寅卯也辰午也紐者子丑也以樞合紐令寅卯之板恒加于未申孔之上向丙而開闔之也辰午加于酉戌亦如之左右相禪也蓋之圓孔庚辛是也蓋合于壺者巳戊

加于甲丁也雙環纏束者本篇三圖之角亢氐房是也既錮之又束之者水力大而易滐也

四曰中筩

鍊銅或錫以為中筩中筩之徑與長筩旁管之徑等中筩之下端為敞口以關于蓋上之孔融錫而合之其長無定度量水之出于井也斟酌焉而為之度或銅錫之中筩裁數寸其上以竹木焉續之竹木之筩之徑必與下筩之徑等其上出之徑寧縮也無贏也水之入于壺

也代入也而終無出也則無所復之也必由中筩而上故曰中筩者壺水所由上也

注曰中筩者本篇三圖之坎艮庚辛是也上出之徑必縮于下合之徑者所以為出水之勢也

五曰盤

鍊銅或錫以為盤中盤之底而為之孔以當中筩之上端融錫而合之盤底之旁為之孔而植之管管外出而下迤也盤之容與壺之容等管之徑與中筩之徑等管

之長無定度其下迤也及于索水之處也中筩之水其上溢也盤畜之管洩之故曰盤者中筩之水所由出也

注曰本篇四圖之甲乙丙丁盤也丙丁為孔以合于中筩之上端上端者三圖之坎艮也底旁之孔者戊巳也下迤者巳庚也

六曰衡軸

直水為衡衡之長無過井之徑雙提之柱其相去也視雙筩雙提之上枘入于衡之兩端其相去也視雙提直水為軸軸長于衡而無定度圜其尾去首二尺而圜其頸當頸尾之中而設之鑿當衡之中而設之枘衡衡也軸縱也鑿枘而合之欲其固也軸展側焉衡低昂焉提上下焉左右相禪也故曰衡軸者所以挈雙提上下之也

注曰衡之長本篇四圖之壬辛是也枘入于衡者子丑是也軸之長卯午是也卯尾午首辰頸也衡軸鑿枘之合寅是也鑿孔也衡横軸縱卯辰子丑之交加也

七曰架

井之兩旁為之柱或石焉或瓴甋焉或木焉柱之上端為山口山口者容軸之圜也以利轉也軸之首設之小衡與衡平行也長二尺或三尺小衡之兩端設二木而三合之如句股以小衡為弦句股之交立之柄持其柄而搖之以轉軸也水之中穿井之腸而設之梁横亘焉梁之上為二陷以居雙筩之底欲其固也中其陷而設之孔稍大於雙筩之底孔水所從以入也梁居水中其

木必揄揄之為木也無味水不受之變梁在其下而柱
在其上車所由孔安而利用也故曰架者所以居庻物
也

注曰本篇四圖之卯亥也辰乾也柱也當辰卯為山
口者所以容軸之圓也小衡者申未也三合者未申
酉為三角形也酉戌柄也立之柄者立柄於酉戌酉
未為直角也坎艮梁也角亢氐房陷也心尾陷中孔
也

若欲為專筩之車則為專筩專柱而入之中筩如恒升
之法而架之而升降之其得水也當玉衡之半井狹則
為之

注曰專一也架法見恒升篇

恒升車記

恒升車者井泉挈水之器也其用與玉衡相似而更速
焉更易焉以之灌畦治田致為利益矣若為之複井井
之底為竇而通之以大井瀦水以小井為筩而出之則
無用筩也若江河泉澗索水之處過高龍尾之力有不
能至則用是車焉挈水以升架槽而灌之或迤而建之
以當龍尾

恒升一圖

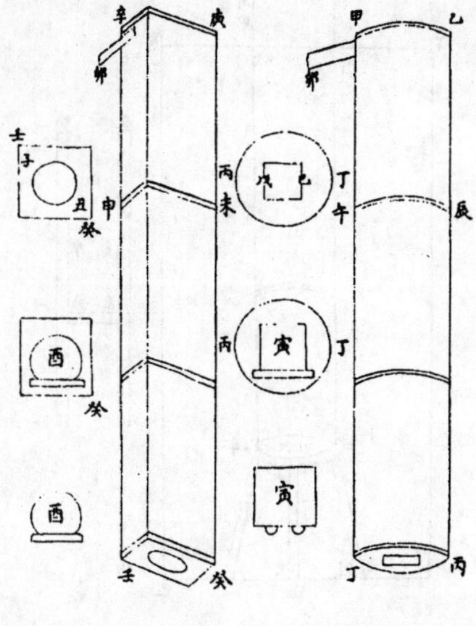

欽定四庫全書

欽定授時通考　卷三十八

恒升二圖

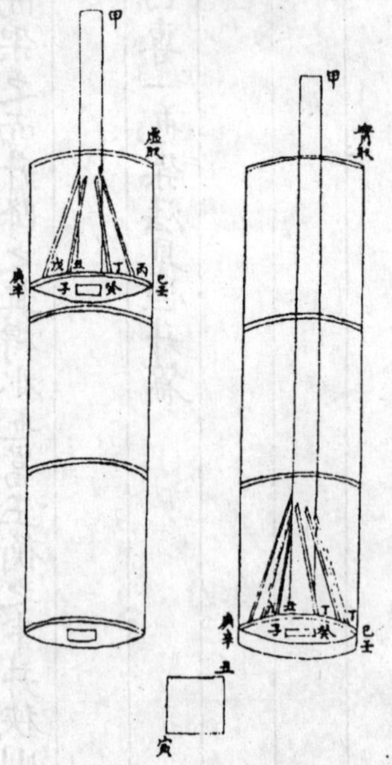

恒升三圖

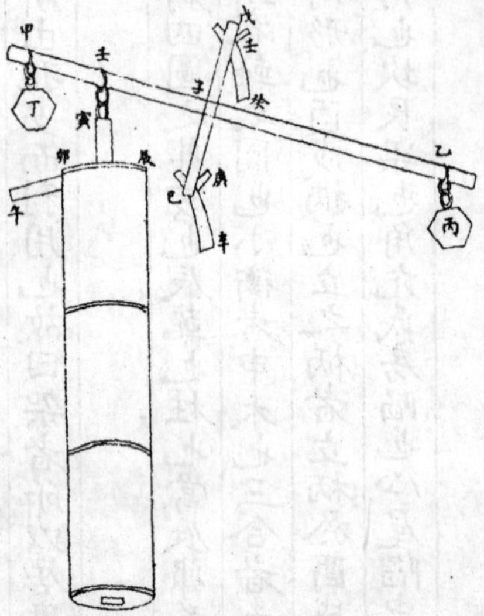

欽定四庫全書

欽定授時通考　卷三十八

恒升四圖

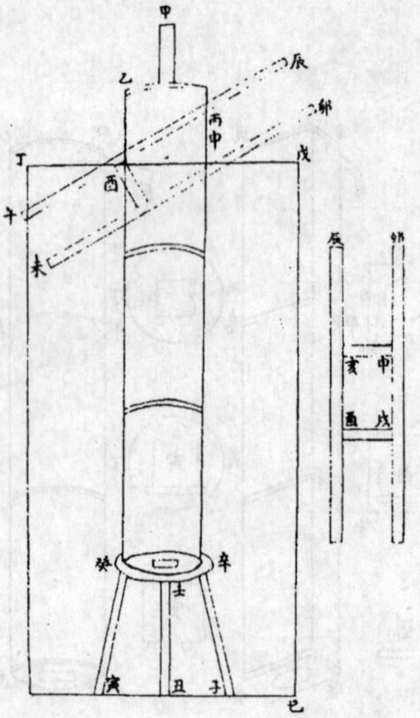

恒升圖說

恒升者從下入而不出也從上出而不息也恒升之物有四一曰筩筩者水所由入也所以束水而上也二曰提柱提柱者水所由恒升也三曰衡軸衡軸者所以挈提柱上下之也四曰架架者所以居庶物也四物者備斯成器矣更爲之機輪焉巧者運之不可勝用也

一曰筩

刳木以爲筩筩之長無定度下端所至居水之中巳上

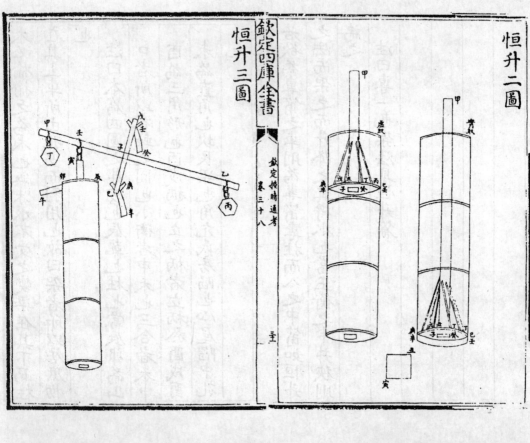

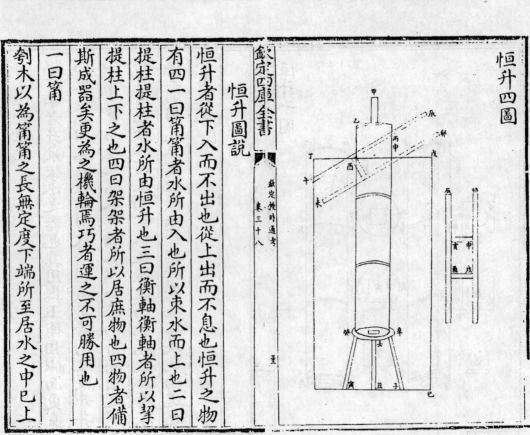

則易竭已下則易濁上端所至出井之上度及於索水之處而止筩之徑無定度因井之大小索水之多寡斟酌焉而為之度筩之容任圜與方其圜中規其方中矩而上下等筩之周以鐵環約之環無定數視筩短長斟酌焉而為之數筩之下端為之底欲其密而無漏也中底而為之孔孔之方圜反其筩若圜筩而方孔七分底之徑以其四為孔之徑若方筩而圜孔七分底之徑以其五為孔之徑孔之上象孔之方圜為之舌而掩之如

玉衡之雙筩掩之欲其密而無漏也開闔之欲其無滯也筩之上端為之管管外出而下迤也本廣而末狹也水從孔出焉既入而提柱之勢能以舌掩之既掩而提之提之則從管而出也故曰筩者水所由入也所以束水而上也

注曰玉衡之雙筩與中筩為二此則合之筩入於井量井淺深筩長短而置之近上趨恒得水而止近下趨無受濁而止與玉衡同也圜筩用竹尤簡用木則方筩為易焉如本篇一圖甲乙丙丁圜筩也丙丁其底也戊己底方孔也庚辛壬癸方筩也壬癸其底也子丑底圜孔也寅方舌也酉圜舌也甲卯辛卯管也辰午未申之屬環也環之多寡疎密趣不漏而止餘見玉衡篇

二曰提柱

鍊銅以為砧圜者中規方者中矩砧之大入于筩也欲其密切而無滯也展轉之上下之猶是也當砧之心而

設之孔孔之方圜方之徑皆與筩底之孔等孔之上為之舌以掩之舌之制如筩底之舌也直木以為柱柱有二式一用長一用短用長者為實取之柱用短者為虛取之柱實取之柱其砧入于水而升降焉其長之度下及於筩之底上出於筩之口其出於筩之口無定度趣及於衡而止虛取之柱無用長入筩數尺而止升降於無水之處以氣取之欲挈之先注水於砧之上高數寸以閉其罅而噏之凡井淺者實取焉井深者虛取焉五

分其筩之徑以其一爲柱之徑砧之合於柱也鍊銅或鐵爲四足隅立於方砧之四維方孔之四旁而皆上聚之聚之度趨不害於舌之開闔而止以其聚合於柱之下端合之欲其固也砧之厚以其枝於隅足也可無厚既合而入於筩砧降而底之舌爲之掩砧升則開之開之則水入掩之則水不出一升一降是水恒入而不出也既入之水而砧降焉則無復之也則上衝於舌而入於砧之孔砧升而砧之舌爲之掩一升一降是水恒入

而不出也兩入而不出則溢於筩而出常如是虛者實者同於是故曰提柱者水所由恒升也

注曰玉衡之提柱與壺之孔之舌爲二此則合之又玉衡之水皆實取此有虛取之法焉氣法也凡砧之入於筩求密切而無滯也求密切之法成砧而入之能無漏者國工也不能無漏者稍弱其砧之徑以氊罽之屬皮革之屬附於砧之四周焉附之法若砧厚者稍剡其周之上下如鼓木當其剡而刻爲臨環既附而堅束之砧薄者則爲兩重之砧夾其氊或革以隅足貫之而縶之柱如本篇二圖之甲乙是也四足者丙丁戊酉也砧者巳庚辛壬也砧之孔癸子也其舌丑寅也砧可無厚無厚則輕餘見玉衡篇

三曰衡

直木以爲衡衡之長無定度量筩之大小水之淺深多寡焉長則輕衡之兩端皆綴之石以爲重其兩重等五分其衡二在前三在後而設之鑿直木以爲軸軸之長

無定度圜其兩端中分其長而設之枘衡衡也軸縱也鑿枘而合之欲其固也軸之兩端各爲山口之木而架之中分其衡之前而綴之提柱綴之欲其密切而利轉也抑其後重而提柱爲之升揚其後重則前重降而提柱隨之也提柱之降也實取者挹水而升于砧也其升也則下入于筩而上出於筩也虛取者降而得氣焉氣盡而水繼之故曰衡者所以挈提柱之上下也

注曰氣盡而水繼之者天地之間悉無空際氣水二

行之交無間也是謂氣法是謂水理凡用水之術率此一語為之本領焉本篇三圖之甲乙衡也丙丁兩石重也戊已衡也子衡軸之交也庚辛壬癸山口之木也寅提柱也綴之于丑卯辰筩上端也午管也餘見玉衡篇

四曰架

木為井幹以持筩持之欲其固也筩之下端為盤以承之盤與筩合之欲其固也中盤而為之孔孔之徑稍强于筩底之孔之徑盤之下為鼎足而置之井底

注曰本篇四圖之卯未辰午井幹也加于地平之上申戌酉亥之閒為正方之空夾筩而持之丁戊井面地平也巳庚井底也辛壬癸盤也辛子壬丑癸寅盤足也

若欲為雙升之車則雙筩焉如玉衡之法而架之而升降之此升則彼降用力一而得水二也是倍利於恒升也尤宜於江河

注曰力一水二者一升一降各得水一焉無虛用力也恒升者一升一降而得水一也架法見玉衡篇

鶴飲圖

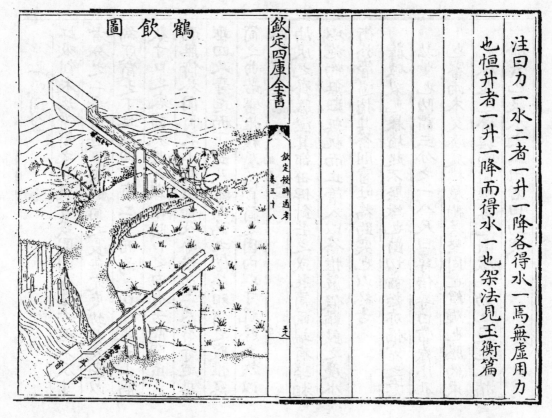

鶴飲圖說

鶴飲者爲長槽或竹或木其長無度以水深淺爲度尾殺於首三之一首施戽樸屬爲良戽之容則以斛（一斗二升）戽臂（下面覆處）施木刀如棹末之制俾與水無忤中其槽設兩耳函軸迺於岸側菑（樹立也）兩楹（柱也）高地僅尺俾毋杌楹之顛對設以軛（小穿也）貫軸其中惟治昂其尾入之戽也水滿則首一昂而流之奔於槽外也其孰禦視桔槹之功孳無虛而旋也

虹吸圖

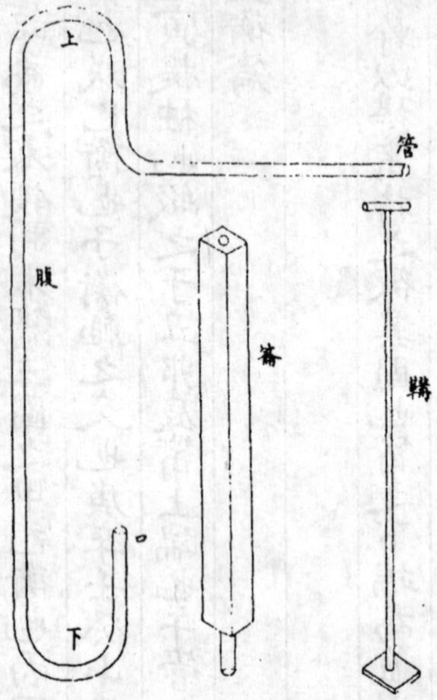

虹吸圖說

虹吸刳木爲筩筩之容或方或圜圜徑寸方徑不及寸者分之二毋辟毋暴毋齘筩之長無定度坳井及泉以爲度筩之下端橫曲尺有二寸而爲之口口迤而上高數寸口之容弱於腹之容惟防口之內有舌開闔戚速而無倚於圜筩之上端出井及尋橫曲二尺有奇迤垂垂四尺奇迤而下長及常而爲之管管視筩之腹惟窓筩之曲若審惟樸屬爲良筩之圜內以寸緄縢之斂以

油灰之齊腥塗其郤毋俾針芒之或耗筩兩端有榘相以施約無𤬪無杌而止管入以籥惟嚴假韝鼓之度水衝於管端捎其籥則霤吐爲趵突也以終古

辟破裂也暴墳起不堅緻也齘切齒怒亦偏窄之意坳量也防謂三分之一八尺曰尋倍尋曰常窓小孔也審兩木交湊處樸屬附著堅固也緄繩也縢約束也斂塞也齊與劑同腥厚也𤬪壞杌動也端速也捎除去也泉水之上出者曰趵突

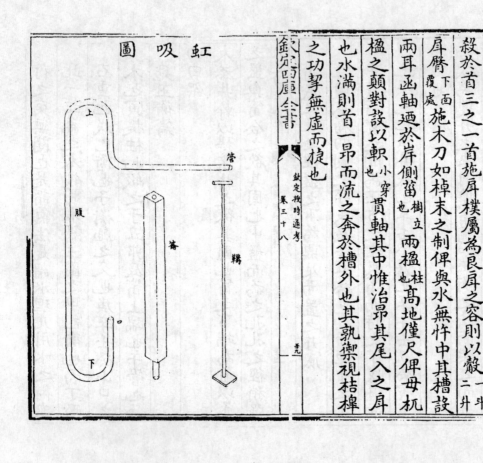

欽定授時通考卷三十八

欽定四庫全書

欽定授時通考卷三十九

功作

收穫

詩豳風八月其穫

傳禾可穫也

十月穫稻

本草注粳糯通名為稻糯溫十月熟

黍稷重穋禾麻菽麥嗟我農夫我稼既同

傳後熟曰重先熟曰穋箋既同言已聚也

詩小雅既方既皁既堅既好不稂不莠

傳實未堅曰皁稂童粱也莠似苗也箋方房也謂孚甲始生而未合時也盡生房矣盡成實矣盡堅熟矣盡齊好矣而無稂莠擇種之善民力之專時氣之和所致疏衆穀既秀穗上已有孚甲盡生房矣稍復結粒盡成實矣粒又稍成盡堅熟矣並無死傷盡齊好

矣不有童粱之稂不有似苗之莠是五穀大成也
又彼有不穫穉此有不斂穧彼有遺秉此有滯穗伊寡婦之利
傳秉把也箋成王之時百穀既多種同齊熟收刈促遽力皆不足而有不穫不斂遺秉滯穗聽矜寡取之以為利正義穧者禾之鋪而未束者秉刈禾之把也
大雅實發實秀實堅實好實穎實栗
傳發盡發也不榮而實曰秀穎垂穎也栗其實栗栗

然疏苗至秋分禾又出穗實盡發于管實生粒皆秀更復少時其粒實皆堅成實又齊好實穗重而垂穎實成就而栗栗然收入弘多焉
恒之秬秠是穫是畝恒之穈芑是任是負
箋種之成熟則穫而畝計之抱負以歸
周頌奄觀銍艾
傳銍穫也
禮記月令孟夏之月農乃登麥天子乃以彘嘗麥仲夏之月農乃登黍天子乃以雛嘗黍孟秋之月農乃登穀天子嘗新命百官始收斂仲秋之月乃以犬嘗麻（麻始熟也）命有司趣民收斂季秋之月農事備收天子乃以犬嘗稻（稻始熟也）
內則黍稷稻粱白黍黃粱稰穛
注孰穫曰稰生穫曰穛集韻稰禾子落貌說文穛早取禾也
呂氏春秋不舉銍艾大飢乃來野有寢耒或談或歌旦

則有昏喪粟甚多
博雅秆稈稭稾也黍穰謂之䅖稻穰謂之稈稷穰謂之穄
小爾雅藁謂之稈稈謂之芻生曰穀謂之粒禾穗謂之穎截穎謂之銍拔心曰揠拔根曰擢把謂之秉秉四曰筥筥十曰稯
農桑通訣孔氏書傳曰種曰稼斂曰穡種斂者歲事之終始也食貨志云收穫如寇盜之至蓋謂收之欲速也

記曰種而不耨耨而不穫譏其不能圖功收終也是知收穫者農事之終為農者可不趨時致力以成其終而自廢前功乎大抵北方禾黍其收頗晚而稻熟或宜早南方稻秫其收多遲而陸禾亦宜早通變之道宜審行之今按古今書傳所載南北習俗所宜具述而備論之庶不失早晚先後之節也

各種收穫法

稻

齊民要術稻將熟去水霜降穫之 早刈米青而不堅 晚刈零落而損收

農桑通訣南方水地多種稻秫早禾則宜早收六月七月則收早禾其餘則至八月九月詩云十月穫稻齊民要術云稻至霜降穫之此皆言晚禾大稻也故稻有早晚大小之別然江南地下多雨上霖下潦劉刈之際則必假之喬扦多則置之笐架待晴乾曝之可無耗損之失

天工開物凡秧既分栽後早者七十日即收穫最遲者歷夏及冬二百日方收穫其冬季播種仲夏即收者則廣南之稻地無霜雪故也

粱秫

齊民要術粱秫收刈欲晚 性不零落 早刈損實

農桑通訣粱與粟同熟收割之法一同

又薥秫熟時收刈成束攢而立之

黍

齊民要術刈穄欲早刈黍欲晚 穄晚多零落 黍早米不成 皆即濕踐

之穄踐訖即蒸而裛之 不蒸者難舂米碎蒸則易舂米堅香氣經夏不歇 黍宜曬之令燥 濕聚則鬱 凡黍黏者收薄穄味美者亦收薄難舂

稷

尚書考靈曜稷秋虛昏中以收斂

大戴禮夏小正八月粟零零也者降也零而後取之也

齊民要術熟速刈乾速積刈早則鎌傷刈晚則穗折遇風則收減濕積則藁爛積晚則耗損連雨則生耳

農桑通訣凡北方種粟秋熟當速刈之南方收粟用粟

鑒摘穗北方收粟用鎌并藁取之田家刈畢䌷而束之
以十束積而為穲然後車載上塲為大積積之視農功
稍隙解束以旋旋鑱穗撻之
羣芳譜刈稷欲早八九月熟便刈遇風即落

麥

禮記月令孟夏之月麥秋至
孟子今夫麰麥播種而耰之其地同樹之時又同至于
日至之時皆熟矣

齊民要術青稞麥與大麥同時熟
農桑通訣農家所種宿麥早熟最宜早收故韓氏直說
曰五六月麥熟帶青收一半合熟收一半若候齊熟恐
被急風暴雨所摧必至拋費每日至晚即便載麥上塲
堆積用苫密覆以防雨作如搬載不及即於地內苫積
天晴乘夜載上塲即攤一二車薄則易乾碾過一遍翻
過又碾一遍起稭下塲揚子收起雖未淨直待所收麥
都碾盡然後將未淨稭稈再碾如此可一日一塲比至
麥收盡已碾訖三之二矣大抵農家忙併無有似蠶麥
古語云收麥如救火（梅天雨更多故）若少遲慢一值陰雨即為
災傷遷延過時秋苗亦誤鋤治今北方多用麥釤麥綽
釤麥覆于腰後籠內籠滿則載而積于塲一日可收十
餘畝較之南方以鎌刈者其速十倍

豆

氾勝之書穫豆之法莢黑而莖蒼輒收無疑其實將落
反失之故曰豆熟於場于場穫豆則青莢在上黑莢在
下

齊民要術大豆收刈欲晚（此不零落刈早損實）九月中候近地葉
有黃落者速刈之葉少不黃必浥鬱刈不速逢風則葉
落盡遇雨滯爛不成
又小豆葉落盡則刈之（葉未盡者難治而易濕也）豆莢三青兩黃拔
而倒豎籠從之生者均熟不畏嚴霜從本至末全無秕
減乃勝刈者
農桑通訣豌豆三四月熟蠶豆蠶時熟

天工開物菉豆種有二一曰摘綠莢先老者先摘人逐日而取之一曰拔綠則至期老足竟畝拔取也

脂麻

齊民要術胡麻刈束欲小（束大則難燥打手復不勝）以五六為一叢斜倚之（不爾則風吹倒損收也）候口開乘車詣田斗藪（倒豎以小杖微打之）還叢之三日一打四五遍乃盡耳（若乘濕橫積蒸熱速乾雖曰鬱裛無風吹虧損之慮浥者不中為穀子然於油無損也）

蕎麥

齊民要術蕎麥下兩重子黑上一重子白皆是白汁滿似如濃即須收刈之但對梢相答鋪之其白者日漸黑如此乃為得所若待上頭總黑半已下黑子盡總落矣農桑輯要蕎麥待霜降收恐其子粒焦落乃用推鐮穫之

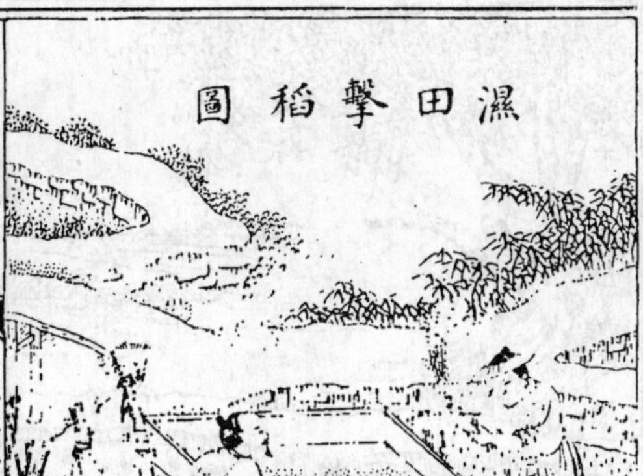

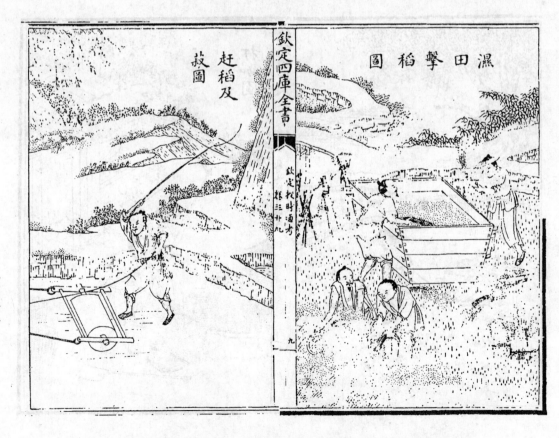

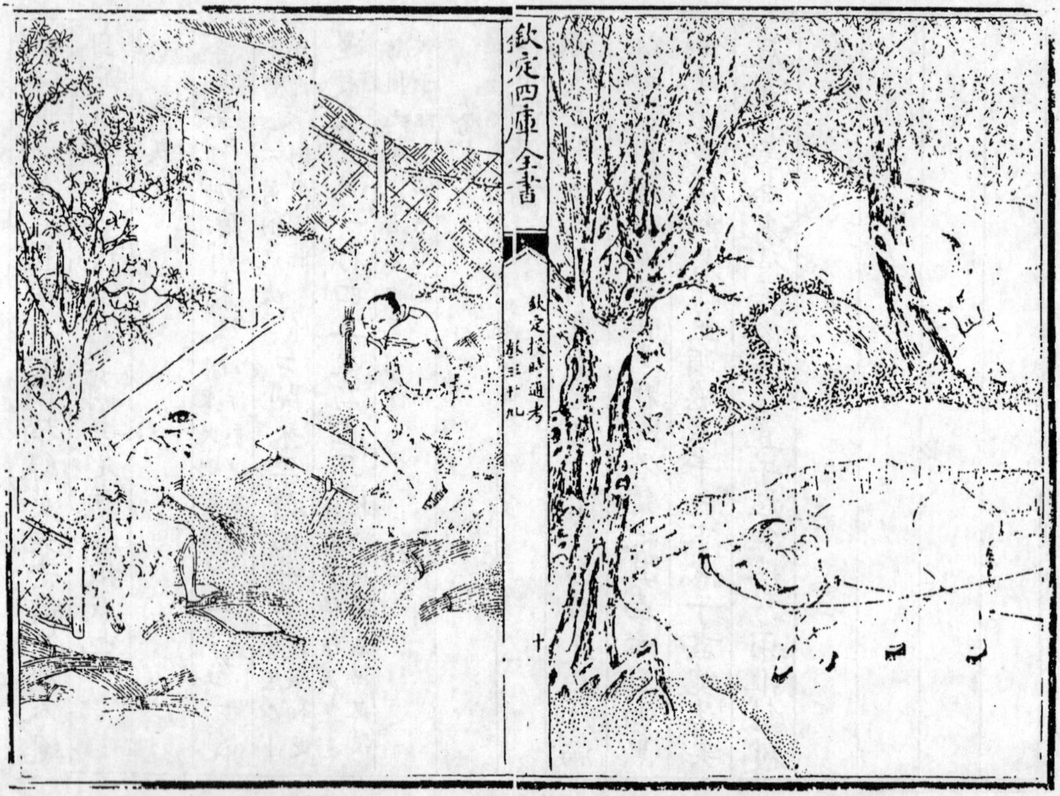
欽定四庫全書
欽定授時通考
卷三十九
十

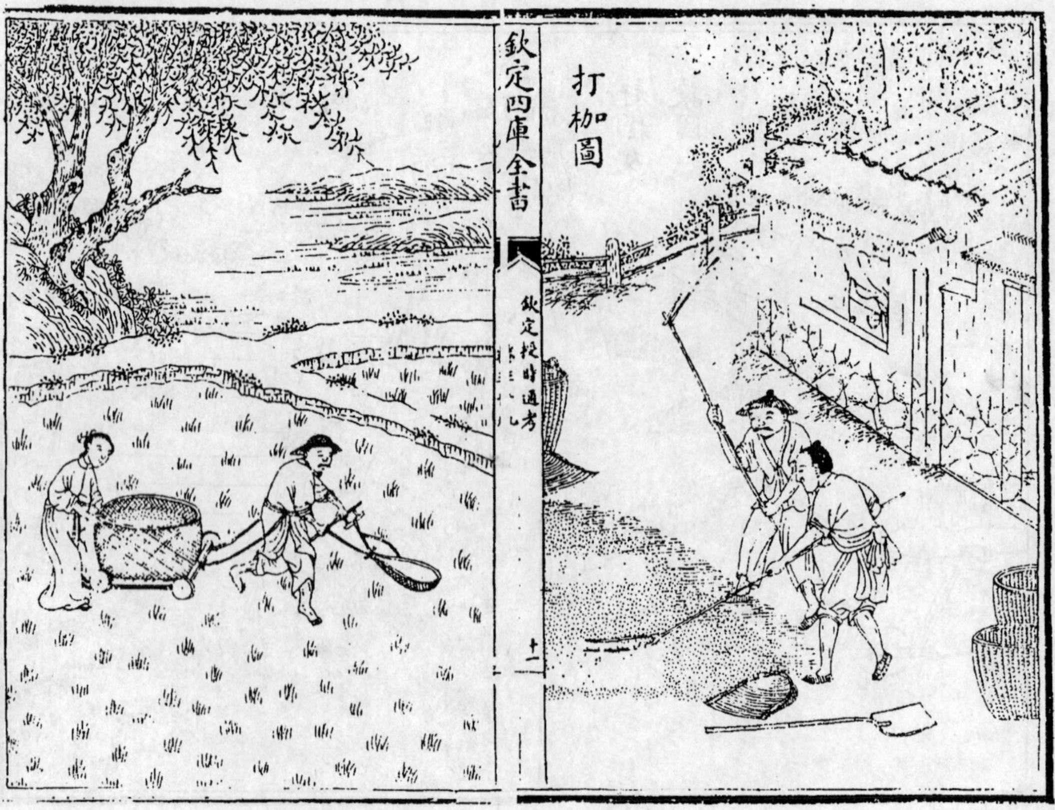
打枷圖
欽定四庫全書
欽定授時通考
卷三十九
十一

收穫具各圖說

銍艾

鐮

粟鋻

鏍

麥䥽

据刀

推鐮

禾鉤

禾擔

搭爪

杈

笐

喬扦

摜稻簟

麥綽

麥籠

抄竿

拖杷

積苫

連耞

銍

艾

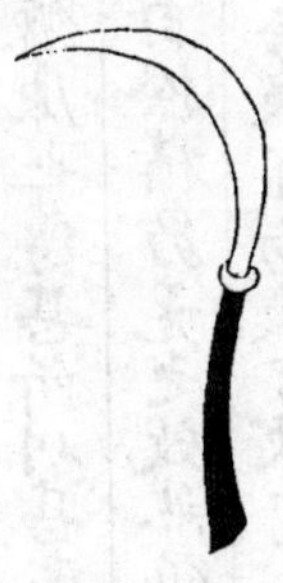

銍艾圖說

銍穫禾穗刃也書禹貢曰二百里納銍小爾雅云截穎謂之銍截穎即穫也據陸詩釋文云銍穫禾短鎌也纂文曰江湖之間以銍為刈說文云此則銍器斷禾聲也故曰銍

艾穫器今之刨鎌也方言曰刈釋音乂韻作艾芟草亦作刈貫策若艾草菅注艾讀曰刈古艾從草今刈從刀宜通用

鎌

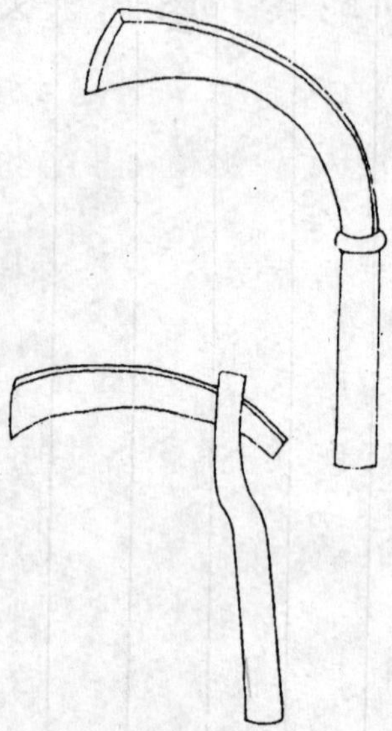

鎌圖說

鎌艾禾曲刀也釋名曰鎌廉也薄甚所刈甚廉考工記又作鐮風俗通曰鎌刀自揆積芻荛之效然鎌之制不一有佩鎌有兩刃鎌有袴鎌有鉤鎌有鎌桐之鎌皆古今通用芟器也

粟鋻

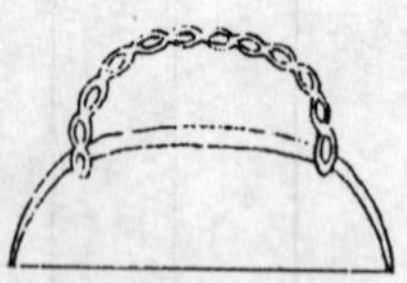

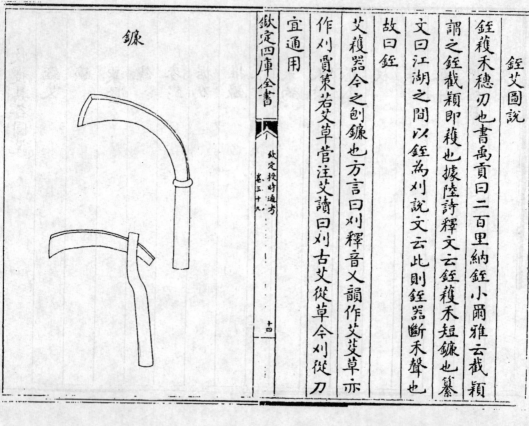

粟鋻圖說

粟鋻截禾穎刃也集韻云鋻剸也其刃長寸餘上帶圓銎穿之食指刃向手内農人收穫之際用摘禾穗與銍鎌制不同而名亦異然其用則一此特加便捷耳

鐰

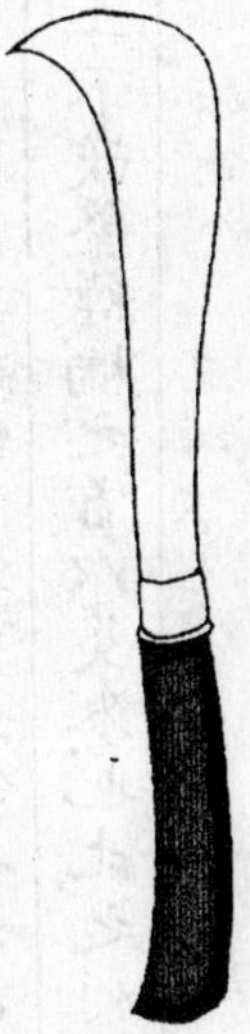

鐰圖說

鐰似刀而上彎如鎌而下直其背指厚刃長尺許柄盈二握江淮之間恒用之方言云自關而西謂之鉤江南謂之鍥鍥鐰集韻通用又謂之彎刀以刈草禾或斫柴篠以代鎌斧一物兼用農家便之

麥釤

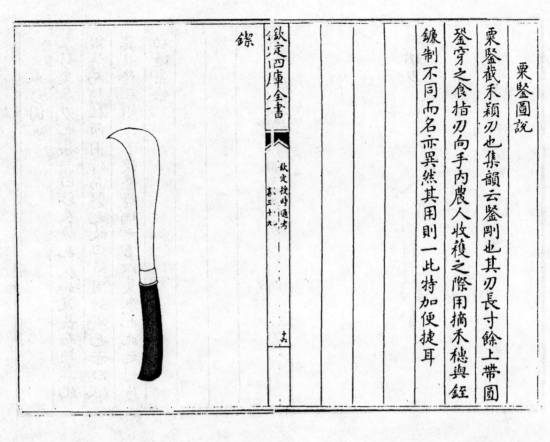

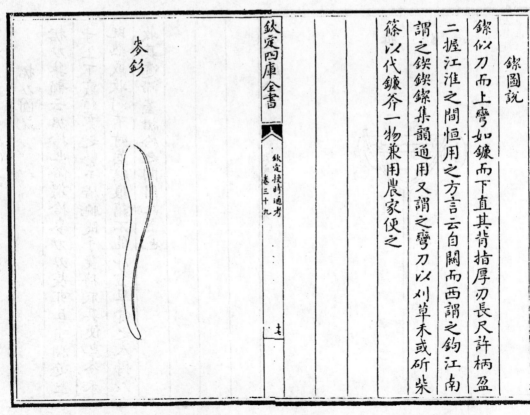

麥釤圖說

麥釤芟麥刃也集韻曰釤長鐮也狀如鐮長而頗直比鏺薄而稍輕所用斫而劖之故曰釤用如鏺也亦曰鏺其刃務在剛上下嵌繫絆柄之首以芟麥也比之刈穫功過累倍

捃刀

捃刀圖說

捃刀集韻云捃拾也俗謂拾麥刀刃長可五寸闊近二寸上下竅繩穿之繫于指腕隨手芟稗取其便也麥禾既熟或收刈不時莖穗狼籍不能淨盡單貧之人得以收其遺滯蓋捃拾之間用此器也

推鐮

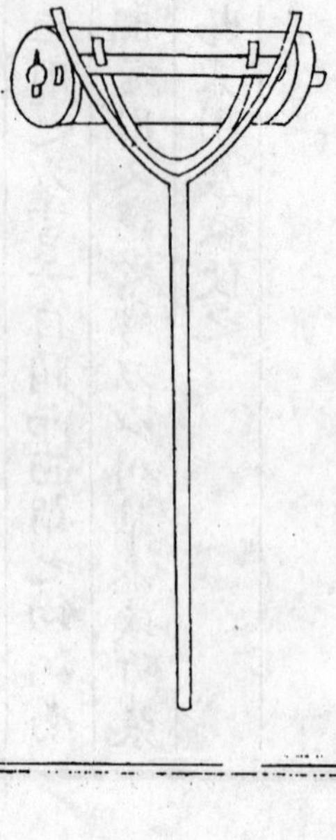

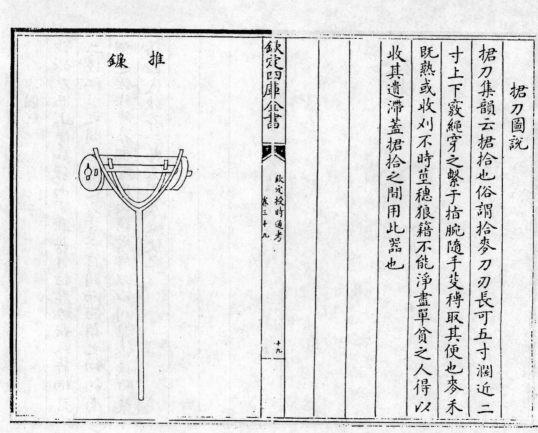

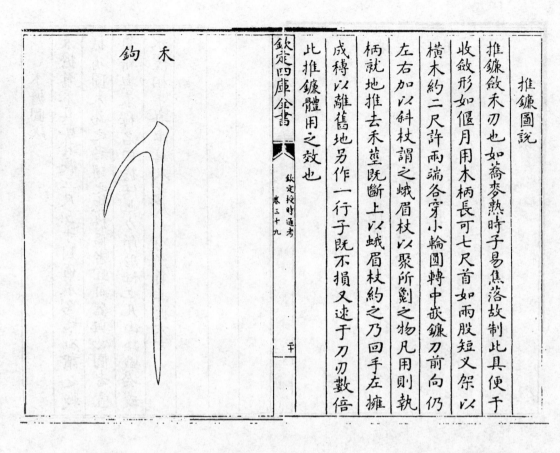

推鐮圖說

推鐮斂禾刃也如蕎麥熟時子易焦落故制此具便于收斂形如偃月用木柄長可七尺首如兩股短叉架以横木約二尺許兩端各穿小輪圓轉中嵌鐮刃前向仍左右加以斜杖謂之蛾眉杖以聚所劖之物凡用則執柄就地推去禾莖既斷上以蛾眉杖約之乃回手左擁成稕以離舊地另作一行子既不損又速于刃刃數倍此推鐮體用之效也

禾鉤

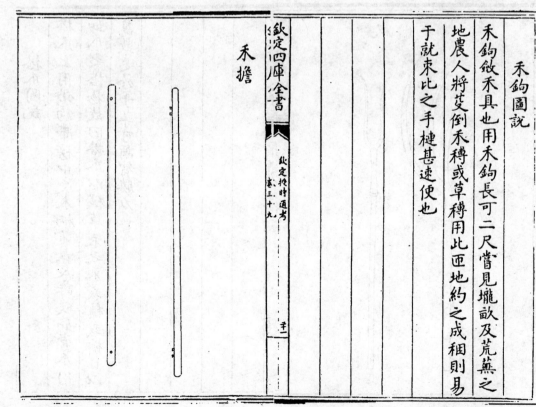

禾鉤圖說

禾鉤斂禾具也用禾鉤長可二尺嘗見壠畝及荒蕪之地農人將芟倒禾稕或草稕用此匝地約之成稛則易于就束比之手攏甚速便也

禾擔

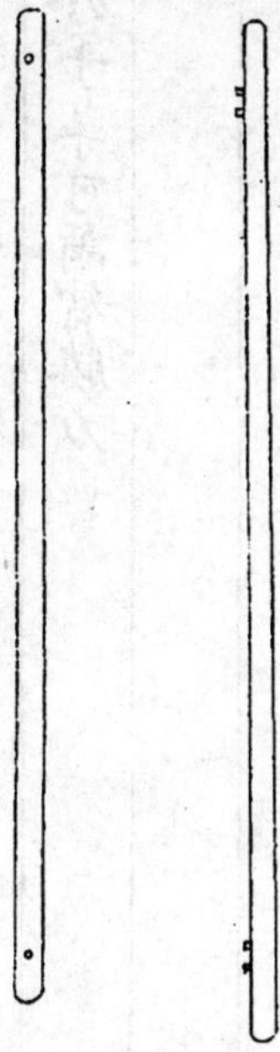

禾擔圖說

禾擔負禾具也其長五尺五寸剡匾木為之者謂之輭擔斫圓木為之者謂之楤擔匾者宜負器與物圓者宜負薪與禾釋名曰擔任也力所勝任也凡山路巇嶮或水陸相半舟車莫及之處如有所負非擔不可

搭爪

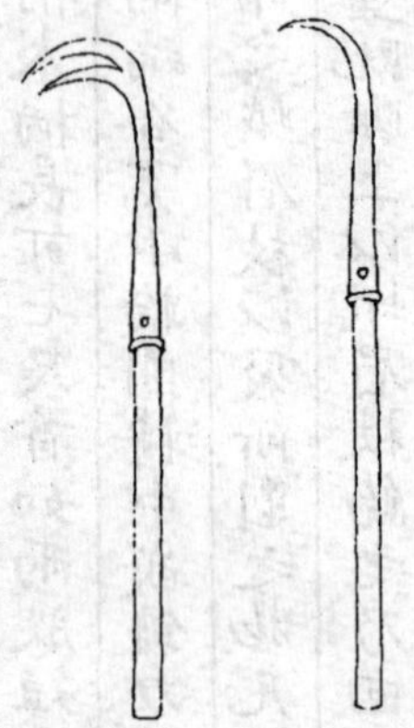

搭爪圖說

搭爪上用鐵鉤帶榜中受木柄通長尺許狀如彎爪用如爪之搭物故曰搭爪以樏草禾之束或積或擲日以萬數速於手挈可謂智勝力也

杈

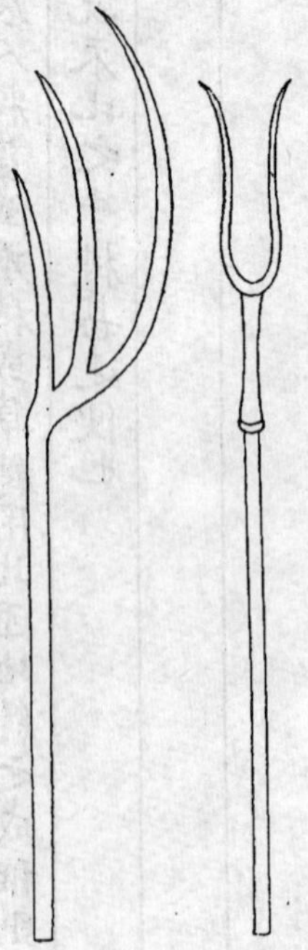

杈圖說

杈箝禾具也揉木為之通長五尺上作二股長可二尺上一股微短皆形如彎角以犨取禾稈也又有以木為幹以鐵為首二其股者利如戈戟唯用叉取禾束謂之鐵禾杈

笐

笐

笐架也集韻作筕竹竿也或省作笐今湖湘間收禾並用笐架懸之以竹木構如屋狀若麥若稻等稼穫而棨（音蔫）之悉倒其穗控于其上久雨之際比於積垛不致鬱浥江南上雨下水用此甚宜北方或遇霖潦亦可倣此庶得種糧勝于全廢今特載之冀南北通用

喬扦

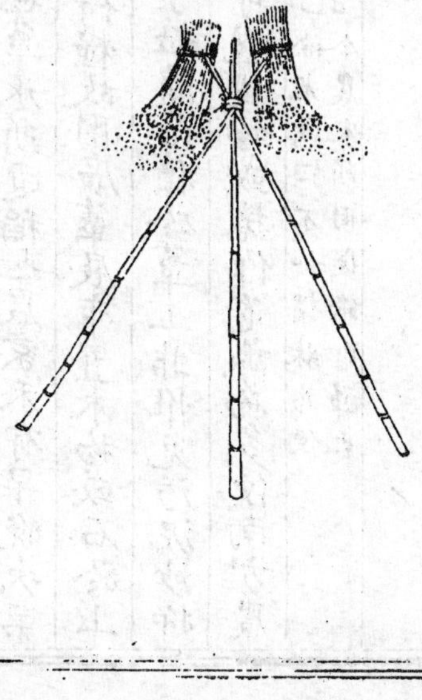

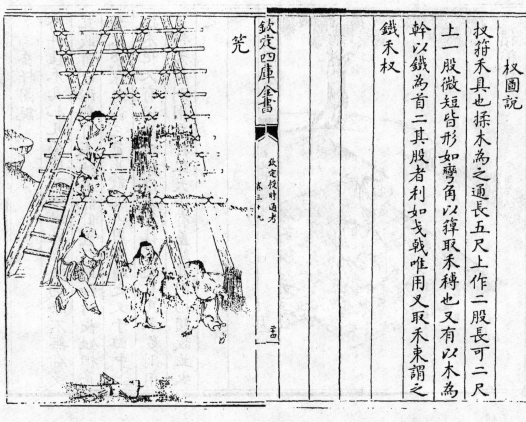

喬扦圖說

喬扦挂禾具也凡稻皆下地沮濕或遇雨潦不無浛浸其收穫之際雖有禾穧不能卧置乃取細竹長短相等量水淺深每以三莖為數近上用篾縛之叉于田中上控禾把又有用長竹横作連脊挂禾尤多凡禾多則用笐架禾少則用喬扦雖大小有差然其用相類故並次之

摜稻簟

摜稻簟圖說

摜稻簟摜抖擻也簟承所遺稻也農家禾有早晚次第收穫即欲隨手得糧故用廣簟展布置木物或石於上各舉稻把摜之子粒隨落積於簟上非惟免汚泥沙抑且不致耗失又可曬穀物或捲作笔誠為多便南方農種之家率皆置此 徐光啟曰不如摜牀為便今農家所用撥條即簟也

麥綽

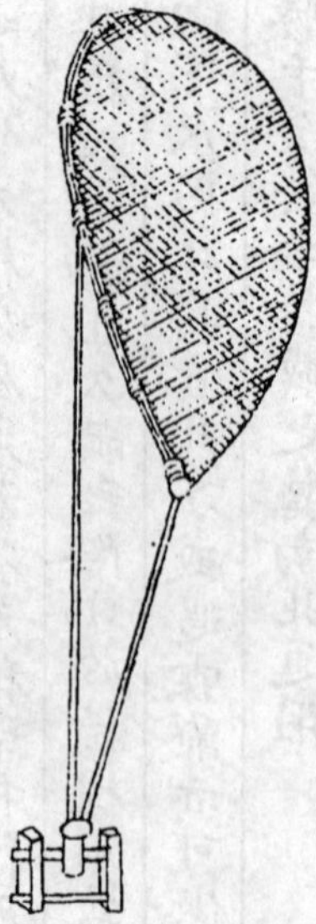

麥綽圖說

麥綽抄麥器也篾竹編之一如箕形稍深且大旁有木柄長可三尺上置釤刀下横短拐以右手執之復於釤旁以繩牽短軸左手握而掣之以兩手齊運芟麥入綽覆之籠也嘗見北地芟取蕎麥亦用此具但中加密耳

麥籠

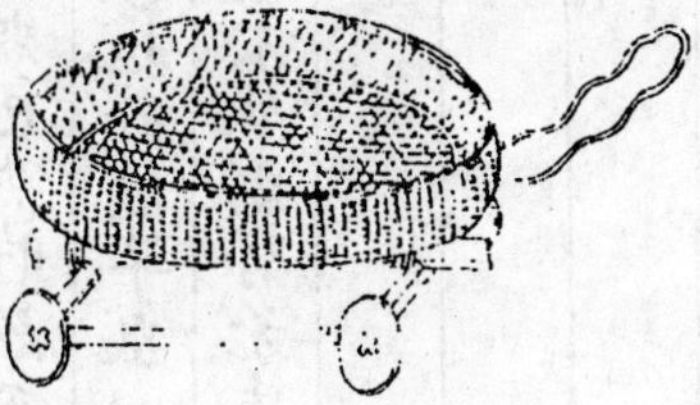

麥籠圖說

麥籠盛芟麥器也判竹編之底平口綽廣可六尺深可二尺載以木座座帶四碣用轉而行芟麥者腰繫鉤繩牽之且行且曳就借使刀前向綽麥乃覆籠內籠滿則舁之積處往返不已一籠日可收麥數畝又謂之腰籠

抄竿

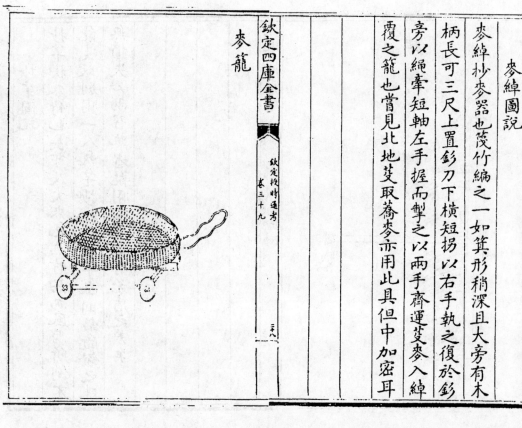

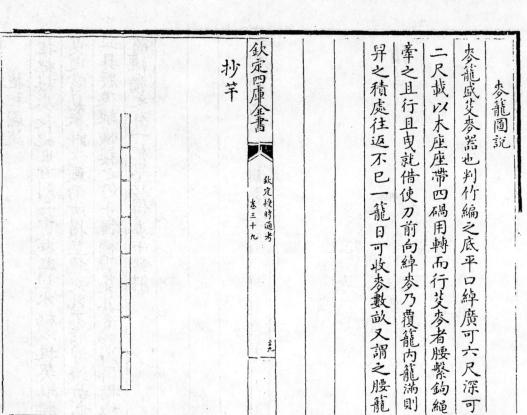

抄竿圖說

抄竿扶麥竹也長可及丈麥已熟時忽為風雨所倒不能芟取別用一人執竿抄起臥穗竿舉則釤隨鏺之殊無損失必兩習熟者能用不然則有矛盾之差矣

拖杷

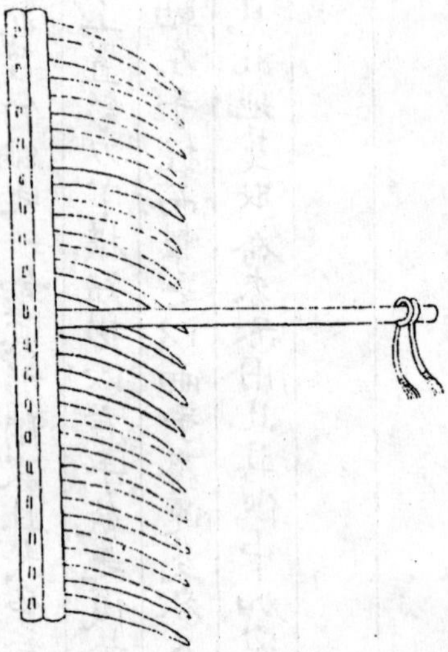

拖杷圖說

拖杷耬麥長杷也首列二十餘齒短木柄以杙契維腰曳之當見麥野為風雨所損莖穗交亂不能淨鏺故制此具腰後縱橫耬之仍手握柄鑣芟其遺餘所得稭穗隨擁積之有一杷畢功得麥十餘斛

積苫

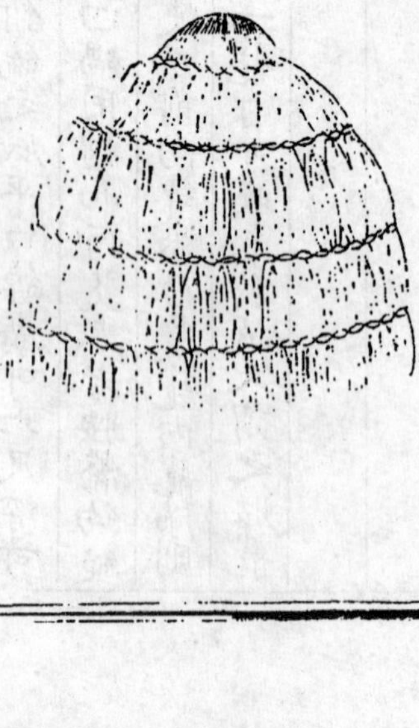

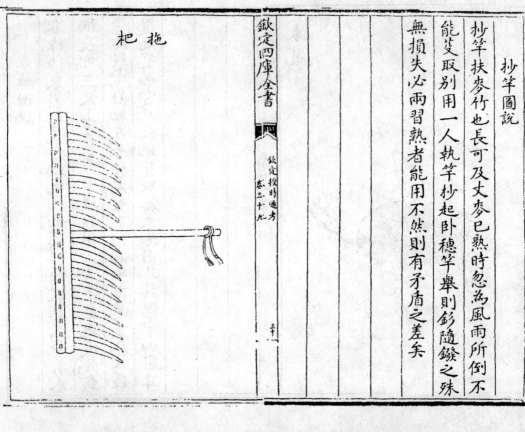

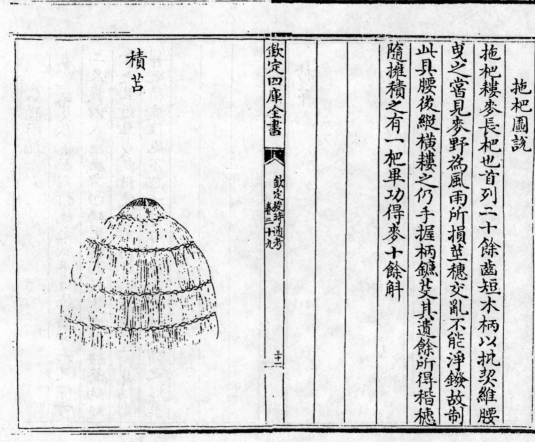

積苫圖說

積苫芟麥既積編草覆之也農桑輯要云苫須於農隙時備下以防雨作農桑直說云作苫用穀草黄野草皆可但紐作腰緊一頭留稍者為苫凡露積須苫緻蓋不為雨所敗也嘗見農家有以麻經或草索織之又可速就

連耞

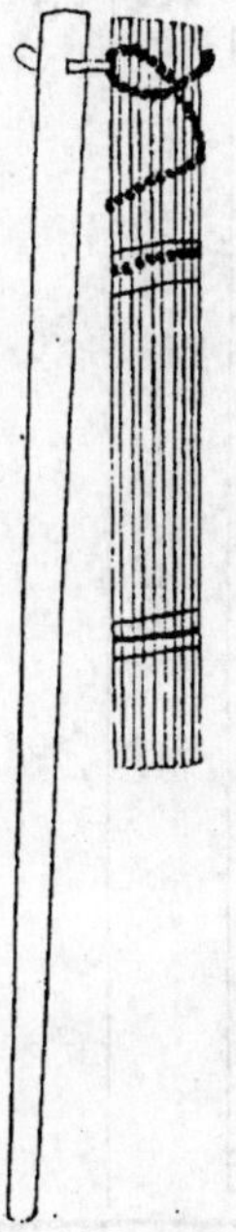

連耞圖說

連耞擊禾器國語曰權節其用耒耜耞芟廣雅曰拂謂之架說文曰拂架也拂擊禾連架釋名曰架加也加杖於柄頭以撾穗而出穀也其制用木條數莖以生革編之長可三尺闊可四寸又有以獨挺為之者皆於長木柄頭造為擐軸舉而轉之以撲禾也

欽定授時通考卷三十九

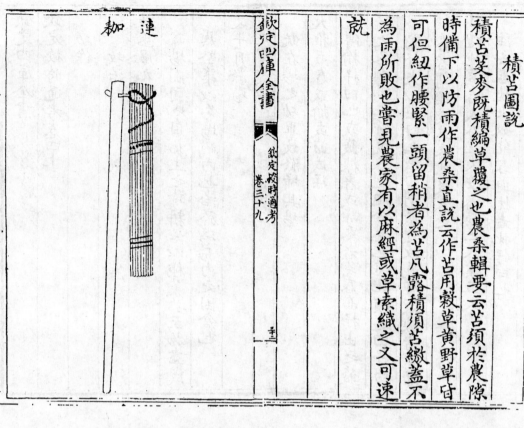

欽定四庫全書

欽定授時通考卷四十

功作

攻治

詩豳風九月築場圃十月納禾稼

疏場圃同地自物生之時耕治以種菜茹至物盡成熟堅築以為場納内也治於場而内之囷倉也

又十月滌場

疏在場之功畢故滌埽其場

大雅或舂或揄或簸或蹂

傳揄抒臼也或簸糠者或蹂黍者釋舂而抒出之簸之又潤濕之將復舂之趣於鑿也疏孔穎達曰抒臼謂抒米以出臼也出臼則簸之故或有簸糠者或蹂黍者謂蹂踐其黍然後舂之

周禮地官舂人奄二人女舂抌二人奚五人

注女舂抌女奴能舂與抌者抌抒臼也

春秋運斗樞粟五變以陽化生而為苗秀為禾三變而粲謂之粟四變入臼米出甲五變而蒸飯可食

鄭氏詩箋疏麤也謂糲米也米之率糲十粺九鑿八侍御七

疏正義曰言米之率其術在九章粟米之法云粟率五十糲米三十粺二十七鑿二十四御二十一言粟五升為糲米三升以下則米漸細故數益少四種之米皆以三約之得此數也

通鑑前編外紀黃帝作杵臼而穀粟始鑿

新論桓譚曰宓犧之制杵臼萬民以濟及後人加功因延力借身重以踐碓而利十倍杵舂又復設機關用驢騾馬牛及役水而舂其利且百倍

方言凡以火乾五穀之類出自山東齊楚以往曰熬隴冀以往曰𤈦秦晉之間曰焣

說文米穀實也麪麥末也

齊民要術凡穀成熟有早晚苗稈有高下收實有多少

質性有强弱米味有美惡粒實有息耗早熟者苗短而收多晚熟者苗長而收少强苗者短黄穀之屬是也弱苗者長青白黑者是也收少者美而耗收多者惡而息

事物原始世本曰公輸般作磨磑之始編竹附泥破穀出米曰礱鑿石上下合研米麥為粉曰磨二物皆始於周

菽園雜記吳中民家計一歲食米若干石至冬月舂白蓄之名冬舂米嘗疑開春農務將興不暇為此及冬預為之聞之老農云不特為此春氣動則米芽浮起米粒

亦不堅此時舂者多碎而為粞折耗頗多冬月米堅折耗少故及冬舂之

書蕉舂米一石得四斗曰精得三斗曰鑿得二斗曰粹

嶺表録異記舂堂者以渾木刳為槽一槽兩邊排十杵男女間立以舂稻粱敲磕槽舷皆有遍拍

閩部疏閩中水碓最多然多以木櫃運輪不駛急溪中壅激為之則佳

會稽志山家藉水力以舂有三制平流則以輪鼓水而轉峻流則以水注輪而轉又有木杓碓碓幹之末刳為杓以注水水滿則傾而碓舂之唐白居易詩雲碓無人水自舂是也

篷櫳夜話歙人工製腐磨皆紫石細稜菽受磨絕膩滑無滓有自然之甘

本草綱目李時珍曰糠諸粟穀之殼也其近米之細者為米粃味極甘儉年人多和劑蒸煮以救饑云

各種攻治法

稻

齊民要術藏稻必須用簞久居者如䴱麥法舂稻必須冬時積日燥曝一夜置霜露中即舂若冬舂不乾即米青赤脉起不經霜不燥曝則米碎矣秫稻法一切同

天工開物攻稻篇凡稻刈穫之後離稾取粒束稾於手而擊取者半聚稾於場而曳牛滾石以取者半凡束手而擊者受擊之物或用木桶或用石板收穫之時雨多霽少田稻交濕不可登場者以木桶就田擊取晴霽稻

乾則用石板甚便也凡服牛曳牛滚壓場中視人手擊取者力省三倍但作種之穀恐磨去殼尖減削生機故南方多種之家場禾多藉牛力而來年作種者則寧向石板擊取也凡稻最佳者九穰一秕倘風雨不時耘耔失節則六穰四秕者容有之凡去秕南方盡用風車扇去北方稻少用颺法即以颺麥黍者颺稻蓋不若風車之便也凡稻去殼用礱去膜用舂用碾然水碓主舂則兼併礱功燥乾之穀入碾亦省礱也凡礱有二種一用

木為之截木尺許斲合成大磨形兩扇皆鑿縱斜齒下合植筍穿貫上合空中受穀木礱攻米二千餘石其身乃盡凡木礱穀不甚燥者入礱亦不碎故入貢軍國漕儲千萬皆出此中也一土礱析竹匡圍成圈實潔淨黄土於內上下兩面各嵌竹齒上合篘空受穀其量倍於木礱穀稍滋濕者入其中即碎斷土礱攻米二百石其身乃朽凡木礱必用健夫土礱即孱婦弱子可勝其任庶民饔飧皆出此中也凡既礱則風扇以去糠秕傾入篩中團轉穀未剖破者浮出篩面重復入礱凡篩大者圍五尺小者半之大者其中心偃隆而起健夫利用小者弦高二寸其中平窪婦人所需也凡稻米既篩之後入臼而舂臼亦兩種八口以上之家堀地藏石臼其上臼量大者容五斗小者半之横木穿插碓頭足踏其末而舂之不及則粗太過則粉精糧從此出焉晨炊無多者斷木為手杵其臼或木或石以受舂也既舂以後皮膜成粉名曰細糠以供犬豕之豢荒歉之歲人亦可食

也細糠隨風扇播揚分去則膜塵淨盡而粹精見矣凡水碓山國之人居河濱者之所為也攻稻之法省人力十倍人樂為之引水成功即筒車灌田同一制度也設臼多寡不一值流水少而地窄者或兩三臼流水洪而地室寬者即並列十臼無憂也江南信郡水碓之法巧絶蓋水碓所愁者埋臼之地卑則洪潦為患高則承流不及信郡造法即以一舟為地撅樁維之築土舟中陷臼於其上中流微堰石梁而碓已造成不煩椓木壅坡

之力也又有一舉而三用者激水轉輪頭一節轉磨成麪二節運碓成米三節運水灌於稻田此心計無遺者之所為也凡河濱水碓之國有老死不見礱者去糠去膜皆以臼相終始惟風節之法則無不同也凡磑砌石為之承藉轉輪皆用石牛犢馬駒惟人所使蓋一牛之力日可得五人但入其中者必極燥之穀稍潤則碎斷也

粱秫

羣芳譜蜀秫黏者可作餌不黏者可作糕煑粥可濟饑

莖可織箔編席夾籬供爨稍可作筅帚有利於民最博

黍稷

天工開物凡攻治小米颺得其實舂得其精磨得其碎風颺車扇而外簸法生焉其法篾織為圓盤鋪米其中擠匀揚播輕者居前簸棄地下重者在後嘉實存焉凡小米舂磨揚播制器詳見稻麥

羣芳譜黍刈後乘濕即打則稃易脫遲則稃著粒上難脫黍米性黏可作餳可蒸煑為糕糜稷有薄殼粒米稍大可作飯

麥

齊民要術大小麥立秋前治訖立秋後則蟲生蒿艾簞盛之良多種久居供食者宜作劁麥倒刈薄布順風放火火既著即以掃帚撲滅仍打之如此者夏蟲不生然唯中作麥飯與麪用耳

又瞿麥渾蒸曝乾舂去皮米全不碎炊作飧甚滑細磨

下絹篩作餅亦滑美

又青稞麥治打時少難唯伏日用碌碡碾磨總盡無麩

羣芳譜小麥實居殼中芒生殼上性有南北之異北地麥晝花薄皮多麪食之宜人南方麥夜花食之難消地氣使然也大麥芒長殼與粒相黏未易脫小麥磨麪大麥堪碾米作粥飯煑粥甚滑磨麪作醬甚甘

天工開物小麥收穫時束藁擊取如擊稻法其去秕法北土用颺蓋風扇流傳未遍率土也凡颺不在宇下必

待風至而後為之風不至雨不收皆不可為也凡小麥既颺之後以水淘洗塵垢淨盡又復曬乾然後入磨磨大小無定形大者用肥健力牛曳轉其牛曳磨時用桐殼掩眸不然則眩暈其腹繫桶以盛遺不然則穢也次者用驢磨斤兩稍輕又次小磨則止用人力推挨者凡牛力一日攻麥二石驢半之人則強者攻三斗弱者半之若水磨之法其詳已載攻稻水碓中制度相同其便利又三倍於牛犢也凡牛馬與水磨皆懸袋磨上上寬

下窄貯麥數斗於中陷入磨眼人力所挨則不必也

又凡麥經磨之後幾番入羅勤者不厭重復羅匡之底用絲織羅地絹為之湖絲所織者羅麪千石不損若他方黃絲所為經百石而已朽也

又凡麪既成後寒天可經三月春夏不出二十日則鬱壞為食適口貴及時也

豆

天工開物凡豆菽刈穫少者用枷多而省力者仍鋪場烈日曬乾牛曳石趕而壓落之凡打豆枷竹木竿為柄其端錐圓眼拴木一條長三尺許鋪豆於場執柄而擊之凡豆擊之後用風扇颺去莢葉篩以繼之嘉實灑然入廩矣是故春磨不及麻礚碓不及菽也

羣芳譜黑豆堪食用作豉及喂牲畜黃豆稍肥可食可醬可豉可油可腐腐之滓可喂猪荒年人亦可充饑油之滓可糞地萁可然火葉名藿嫩時可為茹綠豆可作粥飯煼食炒食水泡磨為粉澄濾作餌蒸糕盪皮壓索

為食中要物

脂麻

羣芳譜取油以白者為勝服食以黑者為良

雞肋篇芝麻炒焦壓榨方可得油

家塾事親油生笮者良有潤燥解毒止痛消腫之功蒸炒者可食用及燃點不入藥

又麻餅笮去油麻滓也亦名麻籸可食荒歲人以救饑入鹽作醬甚滑膩又可養魚肥田周禮疆槩用蕡亦此

意也

蕎麥

羣芳譜蕎麥舂取米可作飯磨為麪滑膩亞於麥麪北人作餅餌日用以供常食南人作粉餌食

攻治具各圖說

土礱

木礱

水礱

礱磨

颺扇

風扇車

杵臼

碓

堈碓

水碓

槽碓

清青碾

小碾

水碾

水碾三事

磨

水磨

連二水磨

水轉連磨

油榨

麪羅

水打羅

晒槃

穀杷

䴬

簸箕

颺籃

⿱⺮差
箕
筲
升斗
古斛今斛
擊壤圖

土礱

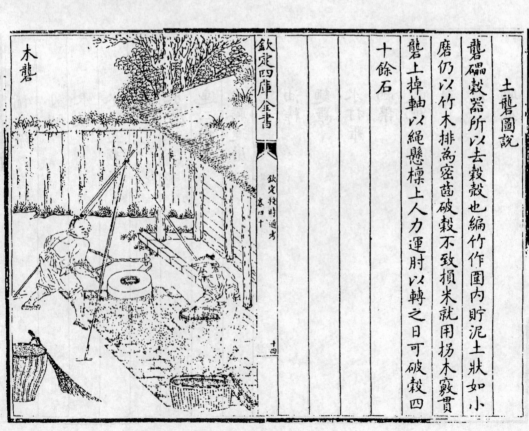

土礱圖說

礱礧穀器所以去穀殼也編竹作圍內貯泥土狀如小磨仍以竹木排爲密齒破穀不致損米就用拐木竅貫礱上掉軸以繩懸檁上人力運肘以轉之日可破穀四十餘石

木礱

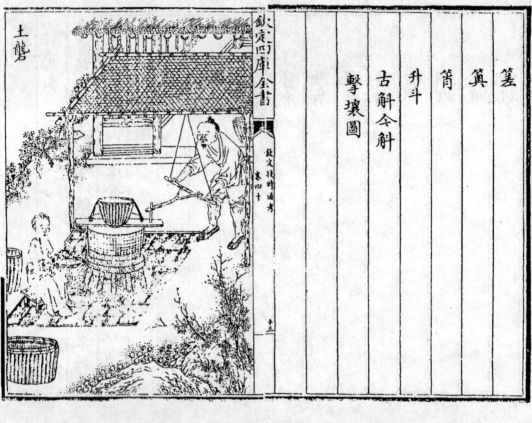

木礱圖說

木礱多用松木為之形如大磨兩扇皆鑿齒下合植筍穿貫上合塲中植架懸掉軸以衆力曳轉去穀出米殷殷如雷聲田家通力合作雜以倡和之聲慶成事也

水礱圖說

水礱水轉礱也礱制上同但下置輪軸以水激之一如水磨日夜所破穀數可倍人畜之力水利中未有此制今特造立庶臨流之家以憑倣用可為永利

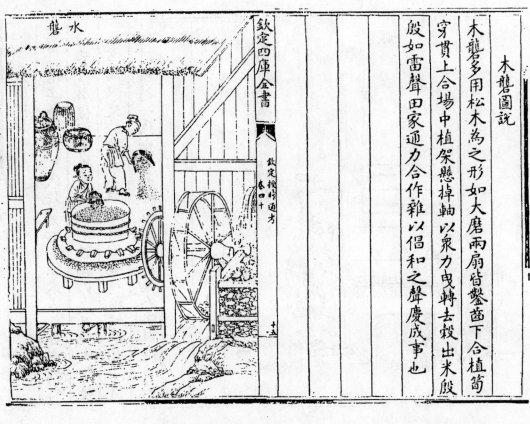

礱磨圖說

有廢磨上級已薄可代穀礱亦不損米或人或畜轉之謂之礱磨復有畜力輓行大木輪軸以皮弦或大繩繞輪兩周復交於礱之上級輪轉則繩轉繩轉則礱亦隨轉計輪轉一周則礱轉十五餘周比用人工既速且省

颺扇

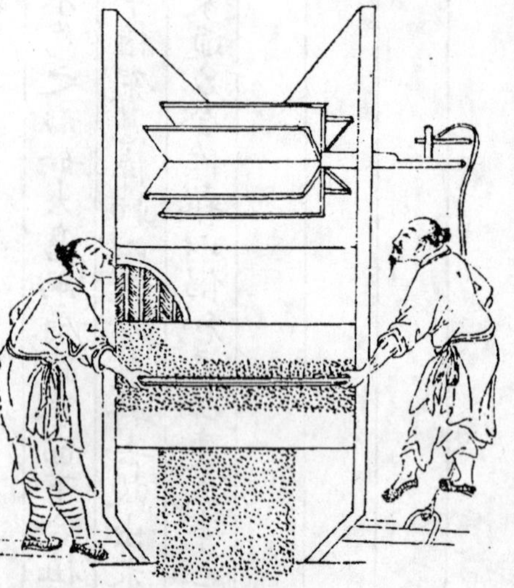

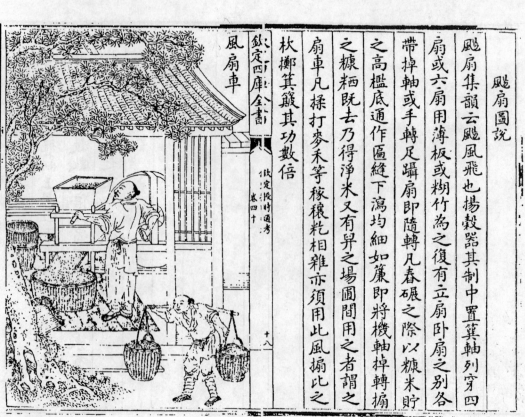

颺扇圖說

颺扇集韻云颺風飛也揚穀器其制中置簨軸列穿四扇或六扇用薄板或糊竹為之復有立扇卧扇之别各帶掉軸或手轉足躡扇即隨轉凡舂碾之際以糠米貯之高檻底通作匾縫下瀉均細如簾即將機軸掉轉搧之糠粞既去乃得淨米又有舁之場圃間用之者謂之扇車凡揉打麥禾等稼穰秠相雜亦須用此風搧比之杴擲箕簸其功數倍

風扇車

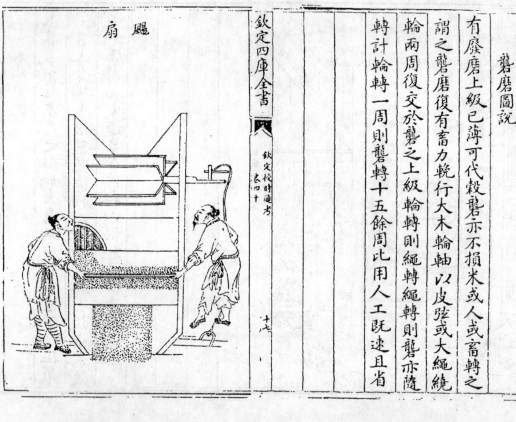

風扇車圖說

風扇車與颺扇功用畧同而制尤備以木為四柱周以板穴其尾以出糠高可六尺廣五尺餘其腹左為圜形以内箕軸及扇著其柄於外右為方斗盛穀實底作匾縫承以小門門之樞亦見於外其下作斜木斗二正側並列形如箕皆斜下向人以一手運軸一手啟門以寫穀實穀實重者從正面木斗直下粞稍輕從旁列木斗出糠灰最輕即從尾穴隨扇飛出農家攻治米穀最為便利

舂臼

杵臼圖說

杵臼舂也按古舂之制秙百一十斤稻重一秙為米二十斗為米十斗曰毇為米六斗大半斗曰粲又曰糲米一石舂為九斗曰糳糳米之精者斯古舂之制自杵臼始也

碓圖說

碓舂器用石杵臼之一變也廣雅曰砏碓也方言云碓梢謂之碓機自關而東謂之梴桓譚新論曰杵臼之利後世加巧因借身重以踐碓而利十倍

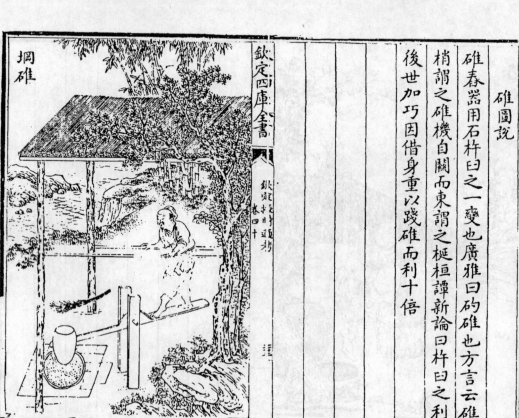

堈碓圖説

堈碓掘埋堈坑深逾二尺下木地釘三莖置石於上後將大磁堈穴其底向外側嵌坑内取碎磁灰泥和之窒底孔令圓滑候乾透用半竹篾長七寸徑四寸如合脊瓦樣下稍闊以熟皮圍之倚堈下唇篾下兩邊石壓之或兩竹竿剌定隨注糙於堈用碓木杵擣於篾内堈既圓滑米自翻倒簸篾内然木杵既輕動防狂迸須踏碓時已起而落隨以左足躧其碓腰方穩順一堈可舂米三石始於浙又名浙碓今多於津要米商輳集處置設上農之家用米多亦宜置之

水碓

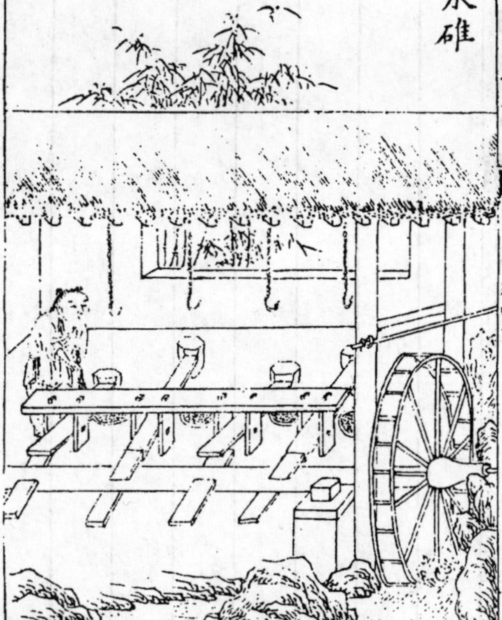

水碓圖說

機碓水搗器也通俗文云水碓曰翻車碓孔融論水碓之巧勝於聖人斷木掘地則翻車之類愈出後世之機巧令人造水輪輪軸長尺列貫横木相交如滾搶之制水激輪轉則軸間横木打所排碓梢一起一落舂之即連機碓也凡流水岸傍俱可設置度水勢高下如水下岸淺用陂柵平流用板木障水俱使傍流急注貼岸置輪高丈餘自下衝轉名撩車碓若水高岸深則輪減小

而闊以板為級上用木槽引水直下射轉輪板名曰斗碓又曰鼓碓隨地所制也

槽碓

槽碓圖說

槽碓碓梢作槽受水以為舂也凡所居之地間有泉流稍細可選低處置碓一區一如常碓之制但前頭減細後稍深闊為槽可貯水斗餘上庇以厦槽在厦乃自上流用筧引水下注於槽水滿則後重而前起水瀉則後輕而前落即為一舂如此晝夜不止可㲉米兩斛日省二工以歲月積之知非小利

海青輾

海青輾圖說

輥輾世呼曰海青輾喻其速也但比常輾減去圖槽就碢幹栝以石輥（輥徑可三尺長可五尺）上置板檻隨輾幹圓轉作窽下㲉不計多寡旋輾旋收易於得米較之碢輾疾過數倍故比於鷙鳥之尤者人皆便之（徐光啟曰江右木作槽輾山右石作搖輾皆取機勢倍勝常輾）

小碾

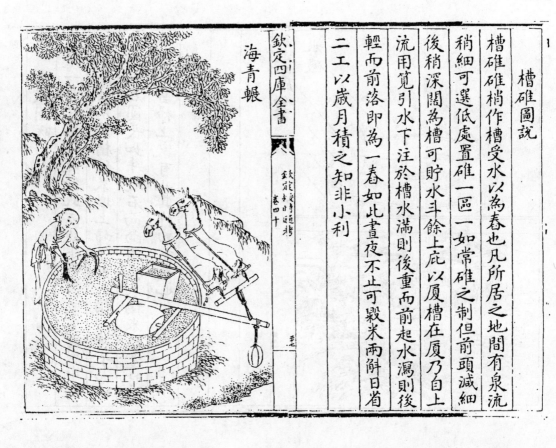

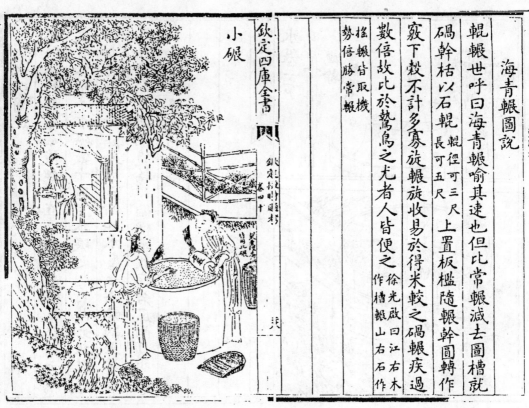

小碾圖說

小碾一制在稻麥之外北方攻小米者家置石墩中高邊下邊沿不開槽鋪米墩上婦子兩人相向接手而碾之其碾石圓長如牛赶石而兩頭插木柄米隨邊時隨手以小篘掃上家有此具杵臼竟懸也

水碾

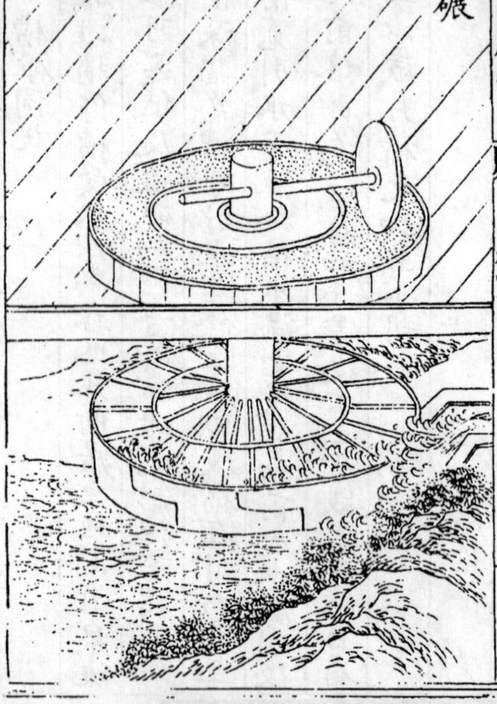

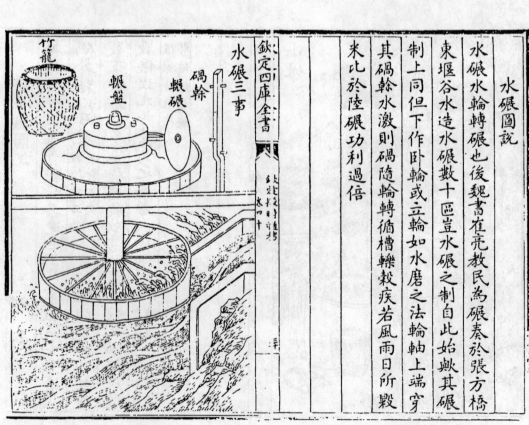

水碾圖說

水碾水輪轉碾也後魏書崔亮教民為碾奏於張方橋東堰谷水造水碾數十區豈水碾之制自此始歟其碾制上同但下作卧輪或立輪如水磨之法輪軸上端穿其碣幹水激則碣隨輪轉循槽轢穀疾若風雨日所穀米比於陸碾功利過倍

水碾三事

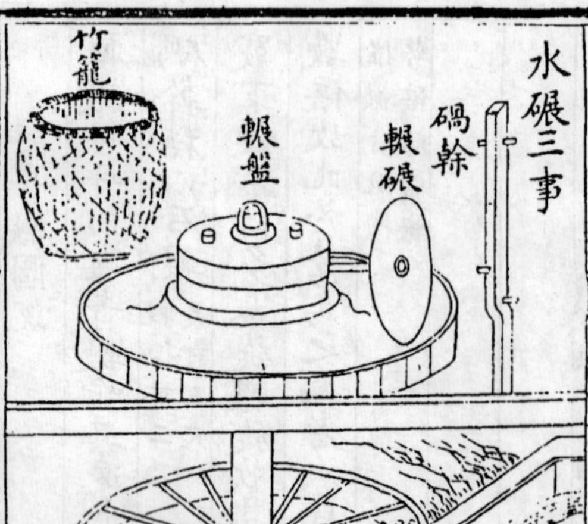

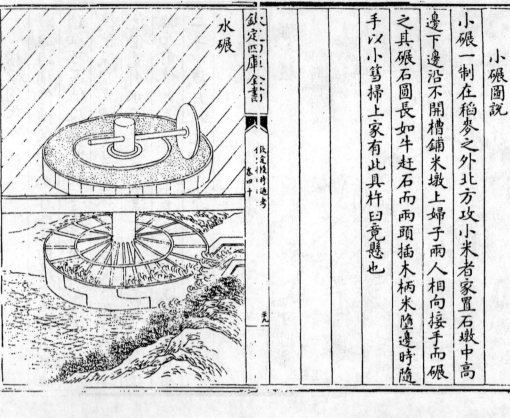

水輾三事圖說

水輾三事謂水轉輪軸可兼三事磨礱輾也初則置立水磨變麥作麪一如常法復於磨之外周造輾圓槽如欲毀米惟就水輪軸首易磨置礱既得糲米則去礱置輾碢幹循槽輾之乃成熟米夫一機三事始終俱備變而能通兼而不乏省而有要誠便民之活法造物之潛機今創此制幸識者述焉

磨

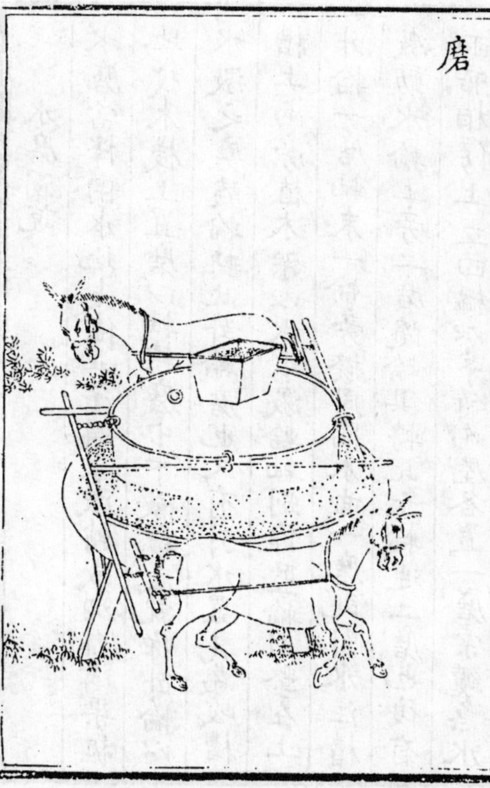

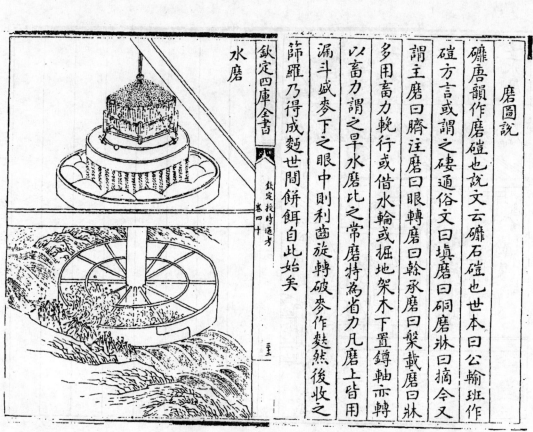

磨圖說

礳唐韻作磨硙也說文云礳石硙也世本曰公輸班作硙方言或謂之䃺通俗文曰填磨曰硐磨牀曰摘令又謂主磨曰臍注磨曰眼轉磨曰斡承磨曰槃載磨曰牀多用畜力輓行或借水輪或掘地架木下置鐏軸亦轉以畜力謂之旱水磨比之常磨特為省力凡磨上皆用漏斗盛麥下之眼中則利齒旋轉破麥作麩然後收之篩羅乃得成麪世間餅餌自此始矣

水磨

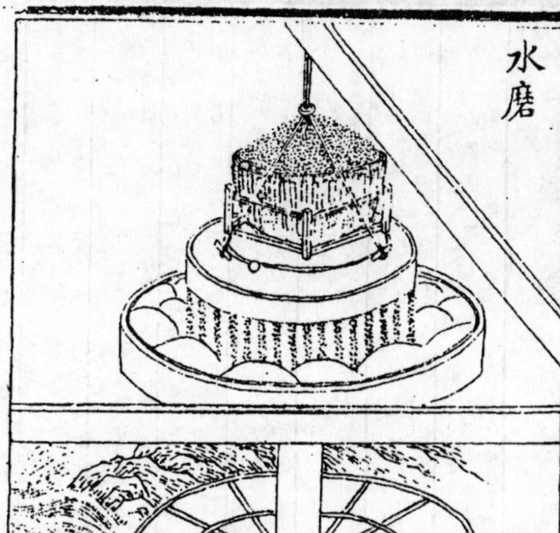

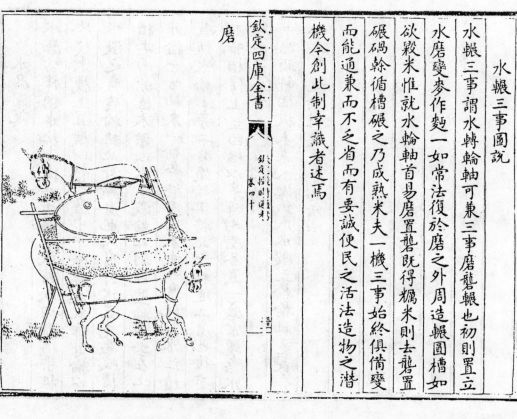

水磨圖說

水磨當擇用水地先儘並岸擗水激轉或别引溝渠掘地棧木棧上置磨以軸轉磨中下徹棧底就作卧輪以水激之磨隨輪轉此卧輪磨也又有引水置𦉥為峻槽槽上兩旁植木架以承水激輪軸别作竪輪用擊在上卧輪一磨軸末一輪旁撥周圍木齒一磨既引水注槽激動水輪上旁二磨隨輪俱轉此立輪連二磨也復有兩船相傍上立四楹以茅竹為屋各置一磨索纜急水中船頭斜插板木湊水抛鐵爪水激立輪輪軸通長旁撥二磨泛漲則遷近岸為活法

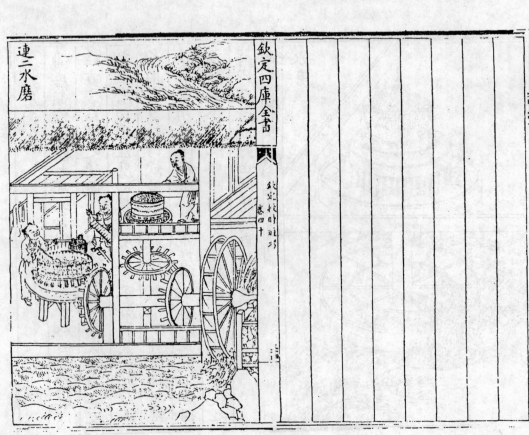

連二水磨

連二水磨圖說

連磨連轉磨也其制中置巨輪輪軸上貫架木下承鐏臼復於輪之周回列遶八磨輪輻近與各磨木齒相間一牛拽轉則八磨隨輪輻俱轉用力少而見功多後魏崔亮在雍州讀杜預傳見其為八磨嘉其有濟時用劉景宣作磨奇巧特異策一牛之任轉八磨之重竊謂此雖並載前史然世罕有傳者今乃尋繹搜索度其可用述此制度庶來者倣之以廣食利

水轉連磨

水轉連磨圖說

水轉連磨制與陸轉連磨不同須用急流大水以湊水輪其輪高闊軸圍至合抱長隨宜中列三輪各打大磨一架磨高匝列木齒磨在軸上閣以板木磨旁留一狹孔透輪軸以打上磨木齒此磨既轉其齒復傍打帶齒二磨三輪之功互撥九磨軸首一輪既上打磨齒復下打碓軸可兼數碓或遇天旱旋於大輪一週列置水筒晝夜溉田數頃此一水輪可供數事其利甚博陸轉連

磨下用水輪亦可

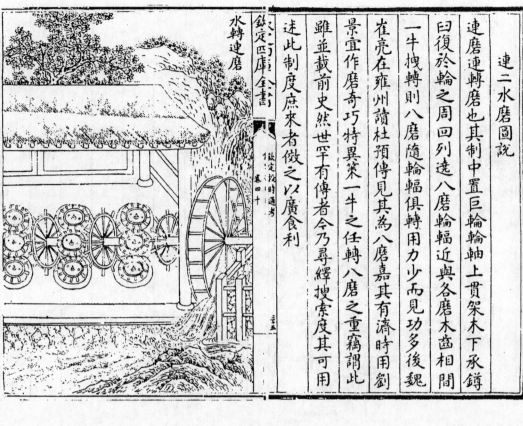

油榨

油榨圖說

油榨取油具也用堅大四木各圍可五尺長可丈餘疊作卧枋於地其上作槽其下用厚板嵌作底槃槃上圓鑿小構下通槽口以注油於器凡欲造油先用大鑊爨炒芝麻既熟即用碓舂或輾碾令爛上甑蒸過理草為衣貯之圈内累積在槽横用枋桯相拶復竪插長楔高處舉碓或椎擊擗之極緊則油從槽出此横榨謂之卧槽立木為之者為之立槽傍用擊楔或上用壓梁得油甚速

麪羅

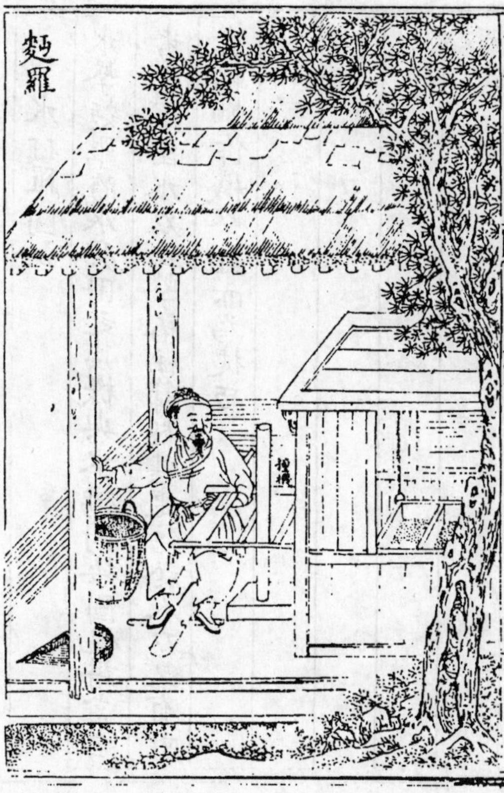

麪羅圖說

麪羅以木為箱中懸羅而著撞機於外立直木以括之機之首又貫以直木下拄於軸軸有兩耳可容人足人倚於機而踏其軸軸搖則機動而麥末從羅下去麩成麪矣麤從之屬多以竹治粉者或以絹惟麪羅之容最多而底最細其絹直以羅底名從所用也麪之上者羅至再曰重羅麪殆以精而益求其精者歟

水打羅

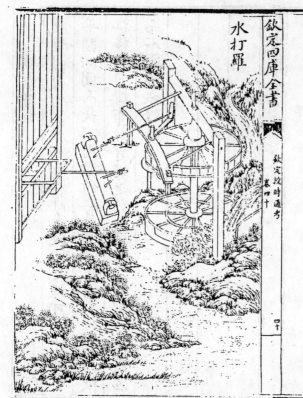

水打羅圖說

水擊麪羅隨水磨用之其機與水排同按圖視譜當自考索羅因水力互擊椿柱篩麪甚速倍於人力又有就磨輪軸作機擊羅亦為捷巧

曬槃

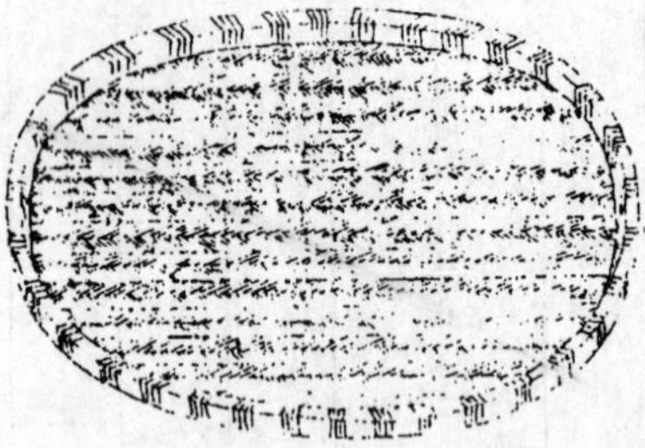

曬槃圖說

曬槃曝穀竹器廣可五尺許邊緣微起深可二寸其中平闊似圓而長下用溜竹二莖兩端俱出一握許以便扛移趁日攤布穀實曝之蠶時農家兼用為篚但底密而不通風氣終非蠶具

穀杷

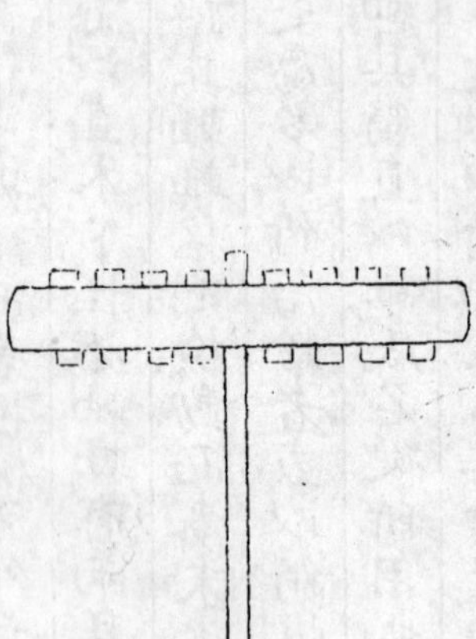

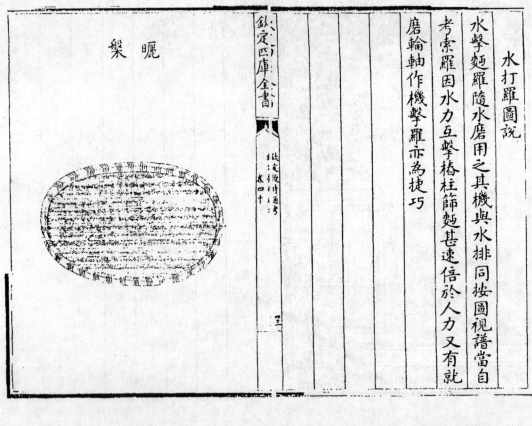

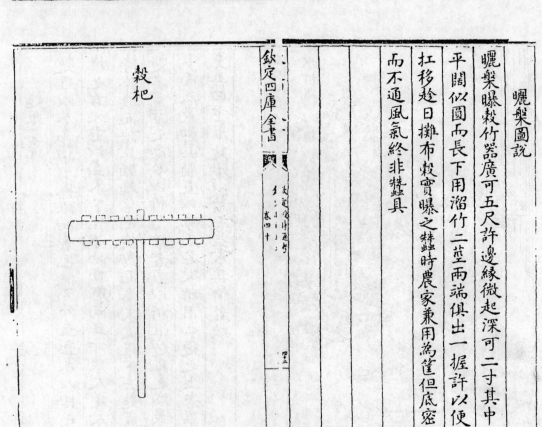

穀杷圖說

穀杷或謂透齒杷用攤曬穀王褒詩云曬盤留跡以杷
名反覆能令五穀平

籭

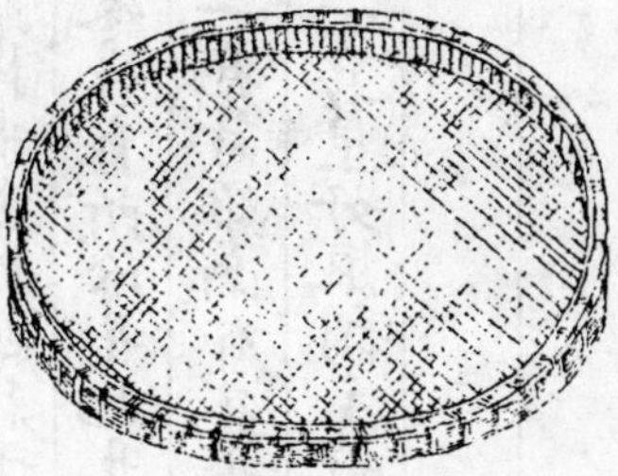

籭圖說

籭竹器用篩穀物說文云可以除麤取精集韻作簁又
作簁或作篩其制有疎密大小之分疎而深者用於樸
禾之後同稃穗子粒貯而篩之上餘穰藁下留穀物密
者稍淺礱穀之後用之尤密者舂碓之後用之大者懸
於架而運之小者全以人力

箕

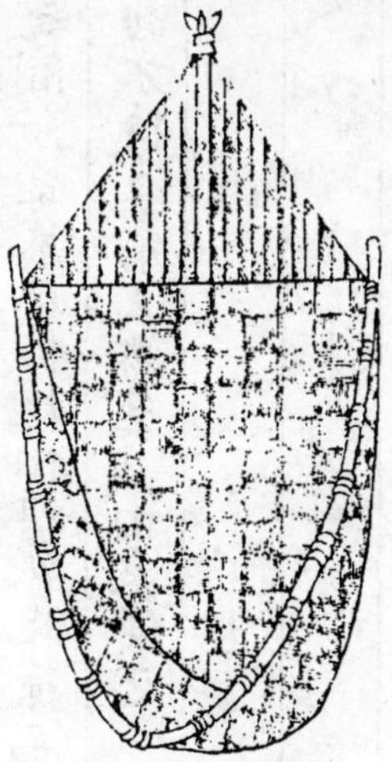

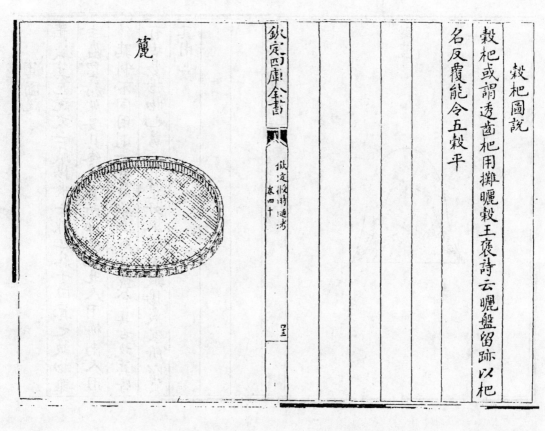

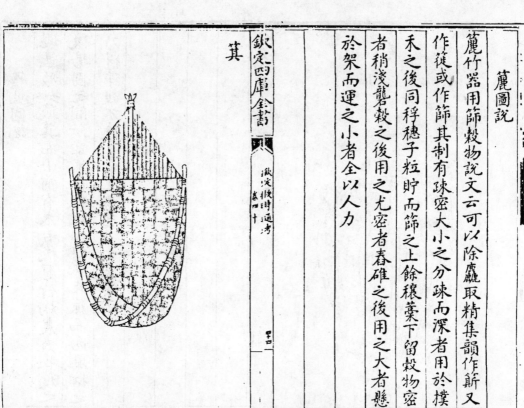

箕圖說

箕簸箕也說文云簸揚米去糠也莊子曰箕之簸物雖去麤留精然要其終皆有所除是也北人用柳南人用竹其制不同用則一也詩維南有箕載翕其舌故箕皆有舌易揚物也諺云箕星好風謂主簸揚農家所以資其用也

颺籃

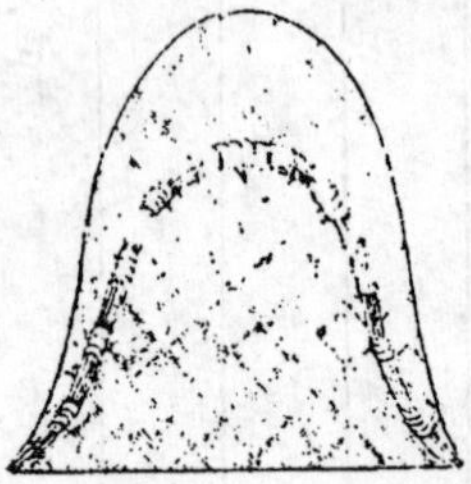

颺籃圖說

颺籃形如簸箕而小前有木舌後有竹柄農夫收穫之後場圃之間所踩禾穗糠粃相雜執此篠而向風擲之乃得淨穀不待車扇又勝箕簸田家便之

⿱竹差

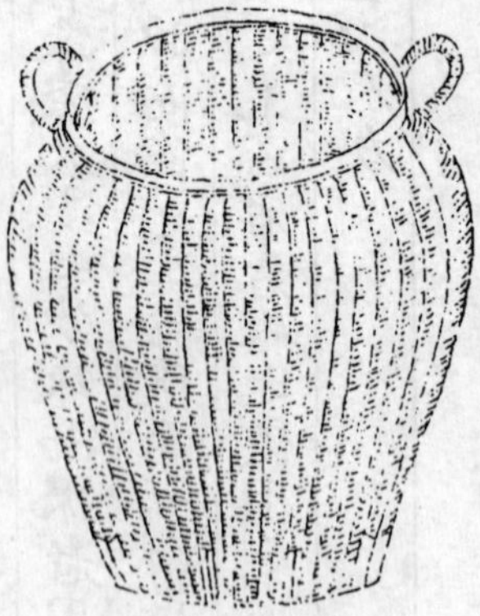

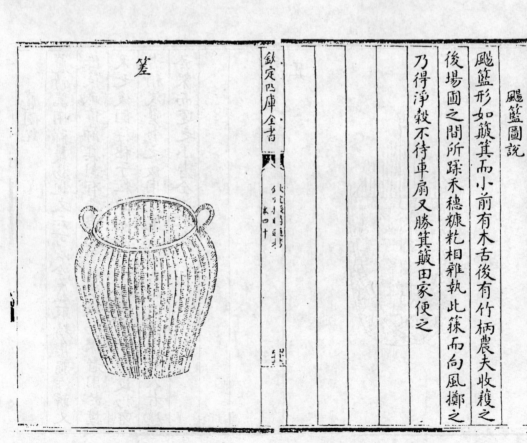

⿱竹差圖說

⿱竹差亦籮屬比籮稍匾而用亦不同⿱竹差則造酒造飯用之漉米又可盛食物蓋籮盛其粗者而⿱竹差盛其精者精粗各適所受不可易也

䉛

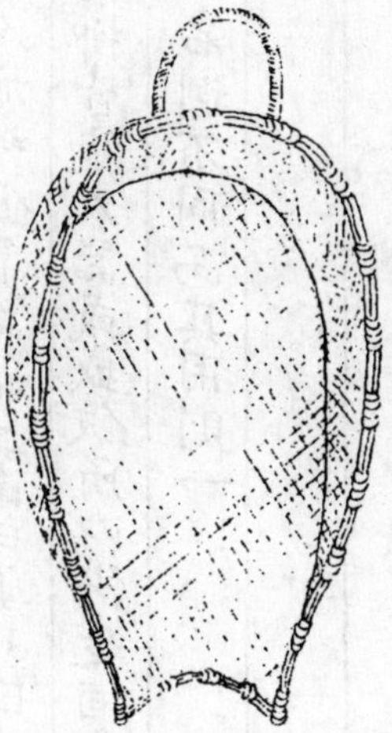

䉛圖說

䉛漉米器說文淅箕也又云漉米籔又炊䉛也廣雅曰淅䉛匼䉛方言云炊䉛謂之縮或謂之篗或謂之匼江東呼為淅籔也蓋今炊米日所用者

筲

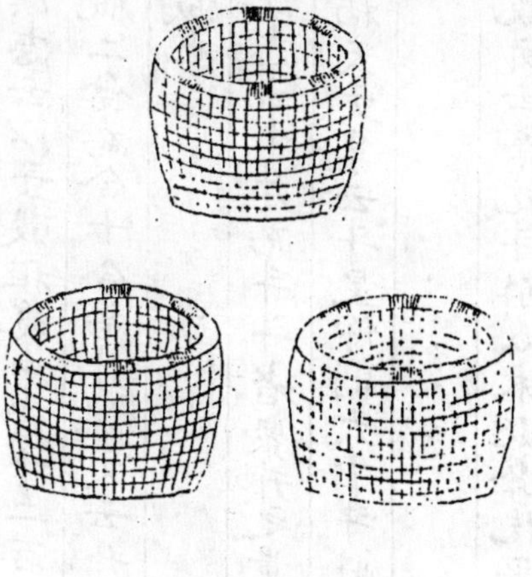

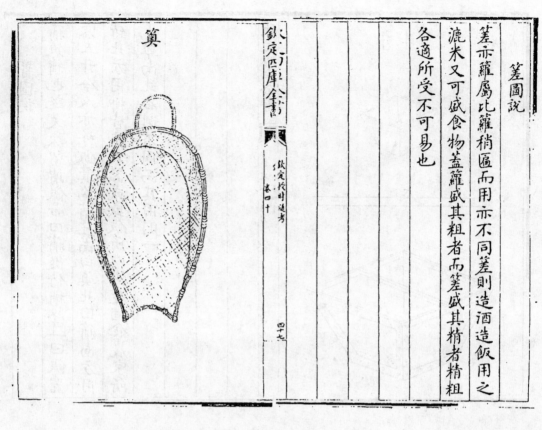

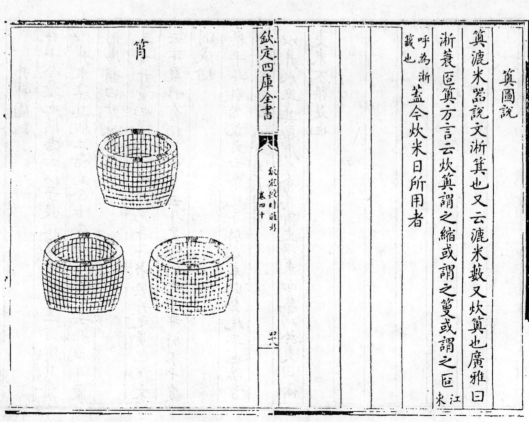

箵圖説

箵飯箵也説文陳留謂飯帚曰箵從竹捎聲一曰飯器容五升今人亦呼飯箕為箵箕南曰箕北曰箵南方用竹北方用柳皆漉米器或盛飯所以供造酒食農家所先雖南北名制不同而其用則一

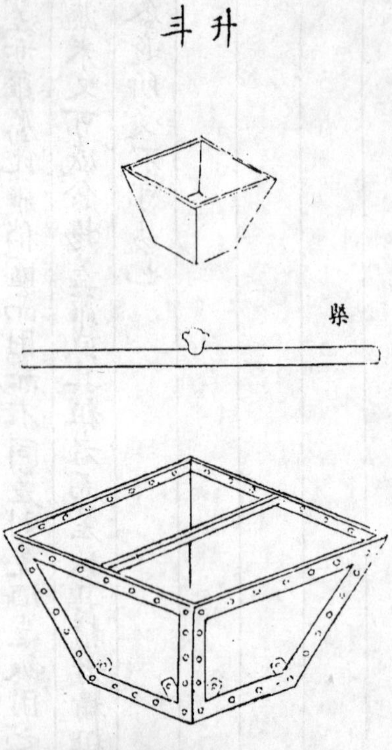

升斗圖説

升十合量也漢志云以子穀秬黍中者千二百實其龠以井水準其槩二龠為合十合為升説文云升從斗象形唐韻曰升成也

斗十升量也漢志云十升為斗斗者聚升之量也説文云斗象形有柄天文集云斗星仰則天下斗斛不平覆則歲稔

槩平斗斛器説文云槩杚斗斛从木既聲杚平也漢書

以井水準其槩唐李畲為御史得米而贏詢於吏曰御史米不槩是也

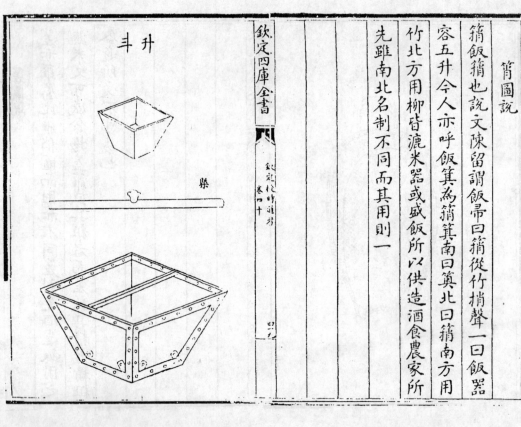

古斛今斛

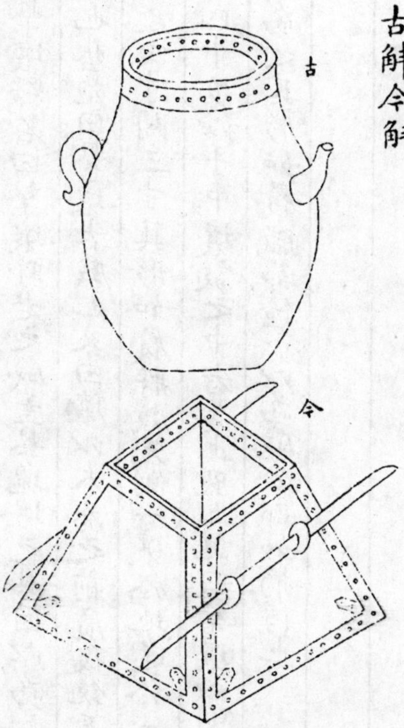

古斛今斛圖說

斛十斗量也漢志云十斗為斛斛者角升斗多少之量也周禮曰㮚氏為量改煎金錫則不耗漢法五量用銅方尺而圓其外旁有庣焉上為斛下為斗左耳為升右耳為合龠廣雅曰斛謂之鼓方斛謂之角

擊壤圖

擊壤圖說

擊壤釋名曰擊壤野老之戲蓋擊塊壤之具因以為戲也藝苑曰擊壤古戲也又曰壤以木為之前廣後銳長尺四寸闊三寸其形如履將戲先側一壤於地遙於三四十步以手中壤敲之中者為上風土記曰擊壤以木為之其形如履臘節僮少以為戲分部如摘博也

欽定授時通考卷四十

欽定授時通考卷四十一

功作

牧事

詩小雅誰謂爾無牛九十其犉

又爾牛來思其耳濕濕

集註牛病則耳燥濕濕潤澤也安則潤澤

爾雅犘牛犦牛犤牛犩牛犣牛犝牛犑牛角一俯一仰

觭皆踊觢黑脣犉黑眥牰黑耳犚黑腹牧黑脚犈其子犢體長牬絕有力欣犌

漢書龔遂傳遂為渤海太守見民有帶持刀劍者使賣劍買牛賣刀買犢曰何為帶牛佩犢

後漢書王景傳景遷廬江太守先是百姓不知牛耕致地力有餘而食常不足景乃驅率吏民修用犂耕由是墾闢倍多境內豐給

鄭樵牛耕耦耕辨古之耕也以耦耦則二人併力以發

一耜令之耕也以牛牛則用力少而耕倍求之六經古
牛惟以服車不用以耕書曰肇牽車牛遠服賈又曰放
牛於桃林之野易曰服牛乘馬詩曰睆彼牽牛不以服
箱皆以服車為言否則用以祭祀而已又否則如田單
之縱火齊王之釁鐘而已以牛為耕泰漢以上未之前
聞也禹式耦耕月令季冬令民計耦耕事語曰長沮桀
溺耦而耕皆兩人併力以發一耜此三代井田之制不
用牛耕明矣史稱趙過始教民牛耕牛耕之利自趙過

代田始前乎此者鼂錯募民耕實塞下廬舍蒺藜之具
無不備後乎此者充國上屯田簿器用橋亭之物無不
詳獨不以牛為急者蓋牛耕之利未開也三代井田之
制行而天下有惰農後世阡陌之法行而天下無惰農
其教牛耕之力與不可以不辨
農政全書山海經曰后稷之孫叔均始作牛耕世以為
起於三代愚謂不然牛若常在畎畝武王平定天下胡
不歸之三農而放之桃林之野乎故周禮祭牛之外以

享賓駕車犒師而已未及耕也不然牽以蹊田正使藉
稻何足為異乃設奪而罪之之喻即在詩有云載芟載
柞其耕澤澤又曰有畧其耜俶載南畝以明碣作於春
皆人力也至於穫之積之如墉如櫛然後殺時犉牡有
捄其角以為社稷之報若果使之耕曾不如迎貓迎虎
列於蜡祭乎蓋牛之耕起於春秋之間故孔子有犂牛
之言而弟子冉耕字伯牛禮記呂氏月令季冬出土牛
示農耕早晚前漢趙過增其制度三犁一牛後世因之

生民粒食皆其力也然知資其力而不知養其力力既
竭矣曾不知審寒暑之異宜疫癘之救藥有冬需春租
冀免芻豆之費壯鞭老殺猶圖皮肉之貲今勸農有官
牛為農本而不加勸以致生不滋盛價失康平田野小
民歲多租賃以揭日前計其所輸已過半直是以貧者
愈貧由不恤農之本故也若為民牧者當先知愛重祈
報使不敢慢易絕其妄殺憫其羸瘠豐其萊牧潔其欄
牢則無不字育蕃息札瘥不作耕種不失足致豐盈此

誠善政務本之意也

又居近湖草廣之處買小牛三十頭大㹀牛三五頭搆草屋數十間使二人掌管牧養二人仍各授一便業以為日用飲食之資久而羣聚增人牧守湖中自可任以休息養之得法必至蕃息且得多糞可以壅田

齊民要術服牛乘馬量其力能寒溫飲飼適其天性如不肥充繁息者未之有也

又一墺牛總營得小畝三頃經冬須加料餧

陳旉農書夫善牧養者必先知愛重之心以革慢易之意然何術而能俾民如此哉必也在上之人貴之重之使民不敢輕愛之養之使民不敢殺然後慢易之意不生矣視牛之饑渴猶已之饑渴視牛之困苦羸瘠猶已之困苦羸瘠視牛之疫癘若已之有疾也視牛之孚育若已之有子也苟能如此則牛必蕃盛滋多奚患田疇之荒蕪而衣食之不繼乎且四時有溫暑涼寒之異必順時調適之可也於春之初必盡去牢欄中積滯蓐糞亦不必春也但旬日一除免穢氣蒸鬱以成疫癘且浸漬蹄甲易以生病又當祓除不祥以淨爽其處乃善方舊草朽腐新草未生之初取潔淨藁草細剉之和以麥麩穀糠或豆使之微濕槽盛而飽飼之豆仍破之可也藁草須以時暴乾勿使朽腐天氣凝凜即處之燠煖之地煮糜粥以啖之即壯盛矣亦宜預收豆楮之葉與黃落之桑舂碎而貯積之天寒即以米泔和剉草糠麩以飼之春夏草茂放牧必恣其飽每放必先飲水然後與

草則不腹脹又刈新芻雜舊藁剉細和勻夜餧之至五更初乘日未出天氣涼而用之即力倍於常半日可勝一日之功日高熱喘便令休息勿竭其力以致困乏時其饑渴以適其性則血氣常壯皮毛潤澤力有餘而老不衰矣其血氣與人均也勿犯寒暑情性與人均也勿使太勞此要法也當盛寒之時宜待日出晏溫乃可用至晚天陰氣寒即早息之太熱之時須夙餧令飽健至臨用時不可極飽飽即役力傷損也如此愛護調養尚

何困苦羸瘠之有所以困苦羸瘠者以茍目前之急而不顧恤之也古人卧牛衣而待旦則牛之寒蓋有衣矣飯牛而牛肥則牛之瘠餒蓋啖以菽粟矣衣以褐薦飯以菽粟古人豈重畜如此哉以此為衣食之根本故也彼藁秸不足以充其饑水漿不足以禦其渴天寒嚴凝而凍慄之天時酷暑而曝暴之困瘠羸劣疫癘結瘴以致斃踣則田畝不治無足怪者且古者分田之制必有萊牧之地稱田而為等差故養牧得宜博碩肥腯不疾

瘯蠡也觀宣王考牧之詩可知矣其詩曰誰謂爾無牛九十其犉爾牛來思其耳濕濕以見其牧養得宜故字育蕃息也或降於阿或飲於池或寢或訛以見其水草調適而遂性也爾牛來思矜矜兢兢揮之以肱畢來既升以見其愛之重之不驚擾之也後世無萊牧之地動失其宜又牧人類皆頑童茍貪嬉戲往往慮其奔逸繫之隱蔽之地其肯求牧於豐芻清澗俾無饑渴之患耶饑渴莫之顧恤及其瘦瘠從而役使困苦之鞭撻趁逐以徇一時之急日云莫矣氣喘汗流其力竭矣耕者急於就食往往逐之水中或放之山上牛困得水動輒移時毛竅空疎因而乏食則瘦瘠而病矣放之高山筋骨疲乏遂有顛跌僵仆之患愚民無知乃始祈禱巫祝以幸其生而不知所以然者人事不修以致此也

又周禮獸醫掌療獸病凡療獸病灌而行之以發其惡然後藥之養之其來尚矣然牛之病不一或病草脹或食雜蟲以致其毒或為結脹以閉其便溺冷熱之異須

識其端其用藥與人相似也但大為之劑以灌之即無不愈者其便溺有血是傷於熱也以便血溺血之藥大其劑灌之冷結即鼻乾而不喘以發散藥投之熱結即鼻汗而喘以解利藥投之脹即疏通毒即解利若每能審理以節適何病之足患哉今農家不知此說謂之疫癘方其病也薰蒸相染盡而後已俗謂之天行唯以巫祝禱祈為先至其無驗則置之於無可奈何又已死之肉經過村里其氣尚能相染也欲病不相染勿令與不

病者相近能適時養治如前所説則無病矣

雲陽雜記青齊間遇春耕則飼牛以天麻飯仍用錦縷繫於角上

農桑通訣北方旱田陸地一犁必用兩牛三牛或四牛以一人執之量牛强弱耕地多少其耕皆有定法南方水田泥耕其田高下濶狹不等以一犁用一牛挽之作止回旋惟人所便又有一等水田泥淖極深能陷牛畜則以禾杠横亘田中人立其上而鋤之南方人畜耐暑

其耕四時皆以中晝

又餵養牛法農隙時入暖屋用場上諸糠穰鋪牛脚下謂之牛鋪牛糞其上次日又覆糠穰每日一覆十日除一次牛一具三隻每日前後餉約飼草三束豆料八升或用蠶沙乾桑葉水三桶浸之牛下餉噍透刷飽飯畢辰巳時間上槽一頓可分三和皆水拌第一和草多料少第二比前草減半少加料第三草比第二又減半所有料全繳拌食盡即往使耕噍了牛無力夜餵牛各帶一鈴草盡牛不食則鈴無聲即拌之飽即使耕俗諺云三和一繳須管要飽不要噍了使去最好水牛飲飼與黄牛同夏須得水池冬須得煖厰牛衣

牧牛

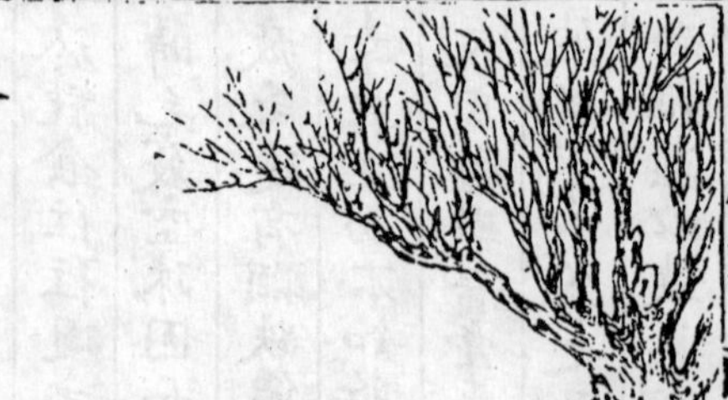

牧牛具各圖說

耕索

鞙

料桶

草籃

牛衣

牛室

呼鞭

牧笛

耕索

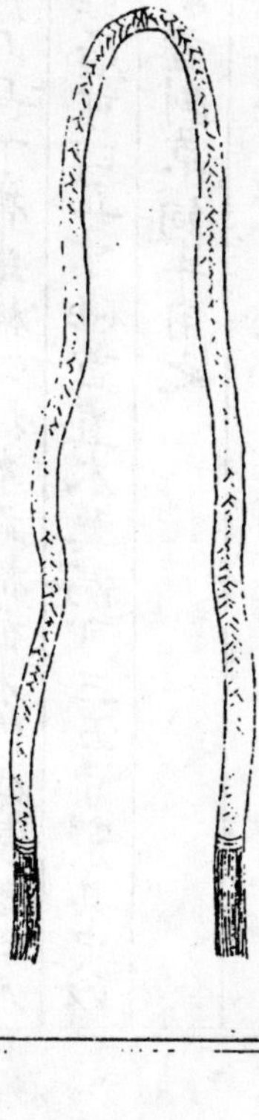

耕索圖說

耕索牛所輓繩也古名綯牛索也爾雅曰綯絞也謂糾絞繩索也詩云宵而索綯郭注云綯繩之別名農家細麻合之以輓耕犁按舊說遼東耕犁轅長可四尺回轉相妨今秦晉之地亦用長轅犁其轅端横木如古之制以駕二牛然平田則可至於山隈水曲轉折費力如山東及淮漢等處用三牛四牛大小不等高下不齊既難並駕動作之間終不若用索之便也

鍘

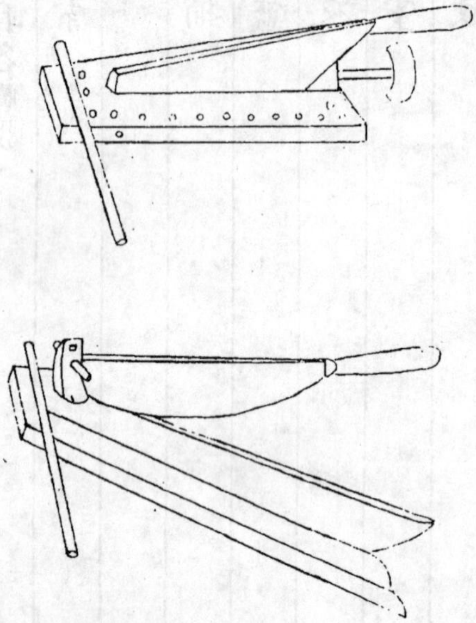

鍘圖說

鍘切草也又作剕凡造鍘先鍛鐵為背厚可指許内嵌鍘刃如半月而長下帶鐵袴以插木為柄截木作碪長可三尺有餘廣可四五寸碪首置木簨高可三五寸穿其中以受鍘首剉草飼牛用之

料桶

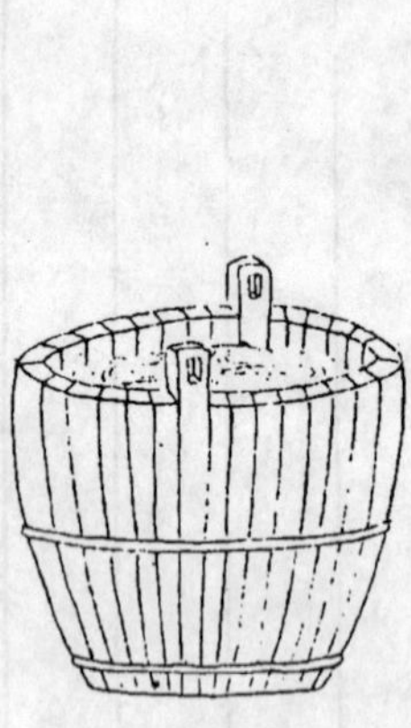

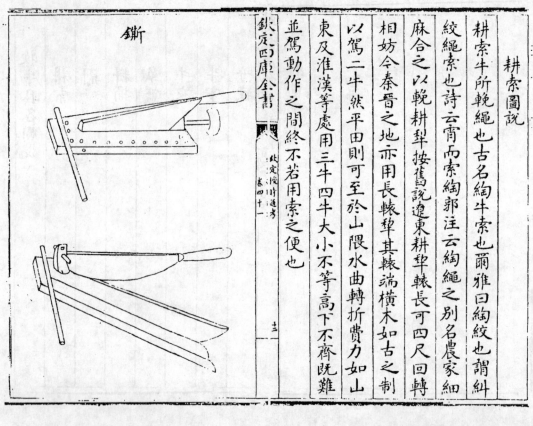

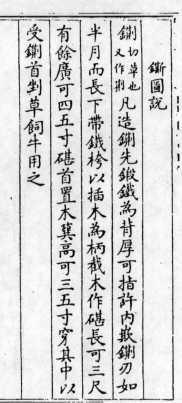

料桶圖說

料桶以木為之用盛料以飼牛也說文云桶木方器博雅方斛謂之桶今桶之制多圓亦不觚之觚也歟

草籃

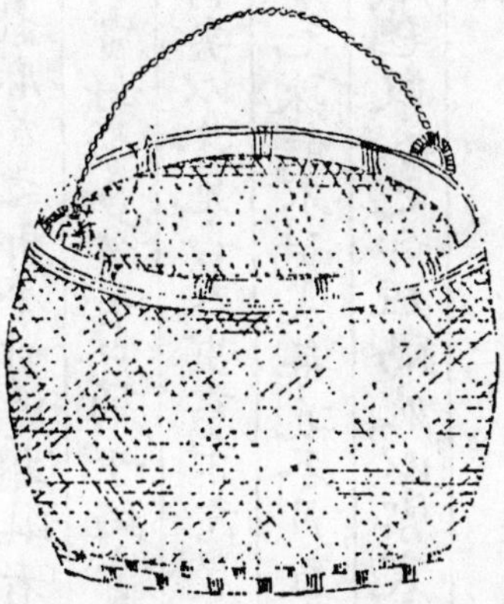

草籃圖說

草籃以竹為之所以盛草也或疏或密制有不同携之負之惟其所便

牛衣

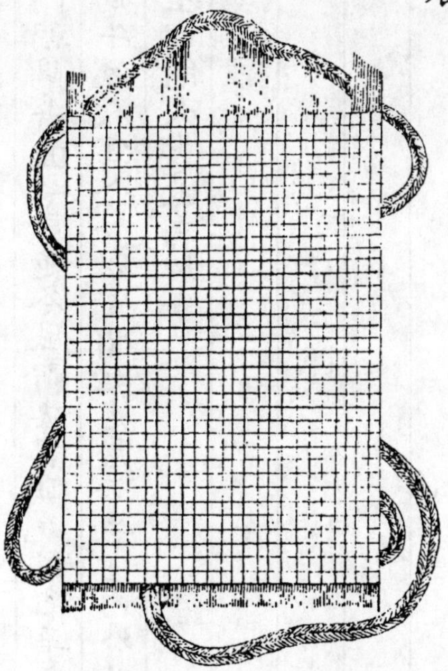

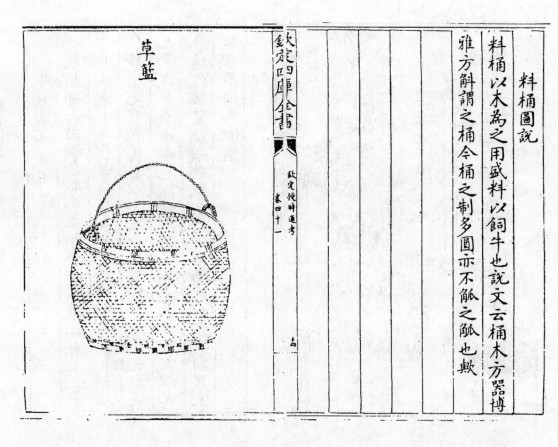

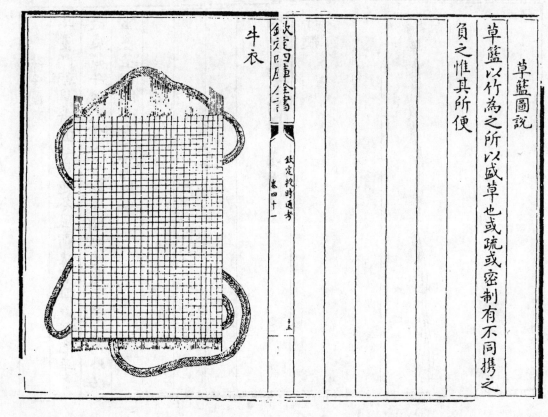

牛衣圖說

牛衣顏師古曰編亂麻爲之即今呼爲龍具者漢王章嘗卧牛衣中晉劉實好學少貧苦口誦手繩賣牛衣以自給牛之有衣舊矣以此見古人重畜不忘農之本故也今牧養中唯牛毛疎最不耐寒每近冬月皆宜以宂麻績作紝緊編織毯段衣之如短褐然以禦寒冽農家不可不預爲儲備

牛室

牛室圖說

牛室門朝陽者宜之歲逼冬風霜淒凜獸既氄毛卒多穴處獨牛依人宜入養密室閫之老農云牛室内外必事塗塈以備火災最爲切要

呼鞭

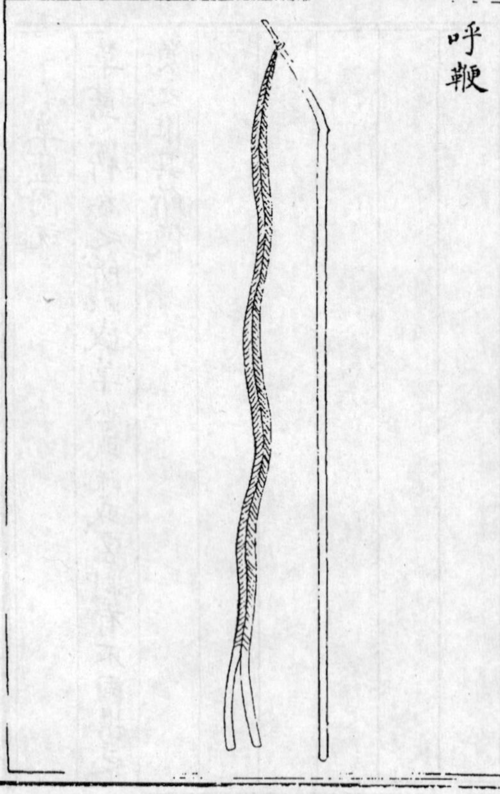

呼鞭圖說

呼鞭驅牛具也字從革從便曰策曰鞋曰鞘備則成之春秋傳云鞭長不及馬腹此御車鞭也今牛鞭犂後用亦如之農家細麻合鞭鞭有鳴鞘人則以聲相之用警牛行不專於撻故曰呼鞭

牧笛

牧笛圖說

牧笛牧牛者所吹早暮招來羣牧猶牧馬者鳴笳也嘗於村野間聞之則知時和歲豐寓於聲也每見模爲圖畫詠爲歌詩實古今太平之風物也

欽定授時通考卷四十一

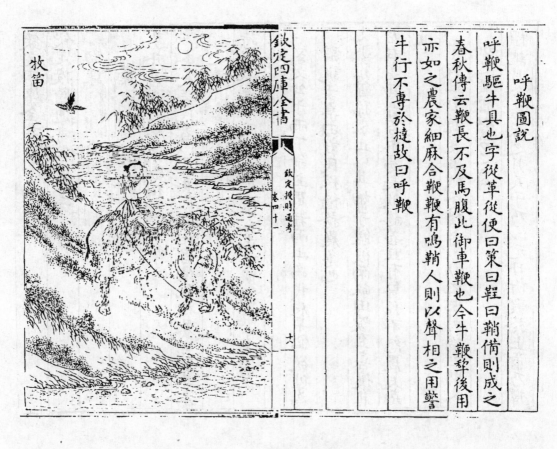

欽定授時通考卷四十二

勸課

彙考

易井君子以勞民勸相

本義勞民者以君養民勸相者使民相養皆取井養之義

詩鄘風靈雨既零命彼倌人星言夙駕說于桑田

箋文公于雨下命主駕者雨止為我晨早駕欲往為辭說于桑田教民稼穡務農急也

又小雅曾孫來止以其婦子饁彼南畝田畯至喜攘其左右嘗其旨否禾易長畝終善且有曾孫不怒農夫克敏

箋成王出觀農事饋食耕者以勸之也司穡至則又加之酒食以勞之爾

禮記月令孟春之月天子乃以元日祈穀於上帝乃擇元辰天子親載耒耜措之於參保介之御間帥三公九卿諸侯大夫躬耕帝藉天子三推三公五推卿諸侯九推反執爵於太寢三公九卿諸侯大夫皆御命曰勞酒

疏孟獻子曰夫郊祀后稷以祈農事也是故啟蟄而郊郊而後耕郊用上辛耕用亥日

又王命布農事命田舍東郊皆修封疆審端徑術善相丘陵阪險原隰土地所宜五穀所殖以教導民必躬親之田事既飭先定準直農乃不惑

註田田畯也主農之官舍東郊順時氣而居以命其事也步道曰徑術周禮作遂小溝也直謂封疆徑遂也

又仲秋之月乃勸種麥毋或失時

集說麥所以續舊穀之盡而及新穀之登尤利於民故特勸種而罰其惰者

又祭義天子為藉千畝冕而朱紘躬秉耒諸侯為藉百畝冕而青紘躬秉耒

管子春出原農事之不本者謂之游

楚箴民生在勤勤則不匱

亢倉子農道篇古先聖王之所以理人者先務農業農業非徒為地利也貴行其志也古先聖王之所以茂耕織者以為本教也是以天子躬率諸侯耕籍田大夫士第有功級勸人尊地産也后妃率嬪御蠶於郊桑公田勸人力婦教也男子不織而衣婦人不耕而食男女貿功資相為業此聖王之制也故敬時愛日埒實課功非老不休非疾不息一人勸之十人食之當時之務不興土功不料師旅男不出御女不外嫁以妨農也

漢書食貨志三考黜陟進業曰登再登曰平三登曰泰平

後漢書和帝永元五年令郡縣勸民蓄蔬食以助五穀

拾遺記力勤十頃能致嘉穎

文心雕龍昔伊祈氏始蜡以祭八神其辭云土反其宅水歸其壑昆蟲毋作草木歸其澤則上皇祝文爰在茲

矣舜之祠田云荷此長耜耕彼南畝四海俱有利民之志頗形於言矣

舊唐書開元二十二年上自苑中種麥率皇太子已下躬自收穫謂太子等曰此將薦宗廟是以躬親亦欲令汝等知稼穡之難也因分賜侍臣謂曰比歲令人巡檢苗稼所對多不實故自種植以觀其成且春秋書麥禾豈非古人所重也

册府元龜德宗貞元五年初以二月為中和節詔文武百辟進農書獻種稑

五代史唐明宗長興四年三月帝幸龍門七里亭農事方春田民遍野帝見其剗桑稼樹枉駕勞問親自勸課其月太原石敬塘進耒耜一具時帝嘗巡近郊見農民田具細弱而犂耒尤拙曰農器若此宜其無所穫也因詔河東河北進農具以為式樣太原首有是進降詔褒之

宋史太祖紀開寳六年五月幸玉津園觀刈麥十月幸

玉津園觀稼八年四月幸玉津園觀種稻
又太宗紀太平興國三年四月幸城南觀麥九年五月
車駕出南薰門觀稼召從臣列坐田中令民刈麥咸賜
以錢帛雍熙二年五月上幸城南觀麥賜田夫布帛有
差謂近臣曰耕耘之夫最可矜憫
玉海宋眞宗天禧四年詔館閣校勘四時纂要齊民要
術二書鏤本摹賜又出繪龍封鴑祈穰祕法令長吏遵
行

宋史高宗本紀紹興十九年七月頒諸農書於郡邑十
一月立州縣墾田增虧賞罰格
朱文公文集當職久處田間習知穡事茲忝郡寄職在
勸農竊見本軍已是地瘠稅重民間又不勤力耕種耘
耨鹵莽滅裂較之他處大段不同所以土脈踈淺草盛
苗稀雨澤稍愆便見荒歉皆緣長吏勸課不勤使之至
此深懼無以下固邦本仰寬顧憂今有合行勸諭下項
一大凡秋間收成之後須趁冬月以前便將戶下所有
田段一例犁翻凍令酥脆至正月以後更多著徧數節
次犁耙然後布種自然田泥深熟土肉肥厚種禾易長
盛水難乾
一耕田之後春間須是揀選肥好田段多用糞壤拌和
種子種出秧苗其造糞壤亦須秋冬無事之時預先剗
取土面草根曬曝燒灰施用大糞拌和入種子在內然
後撒種
一秧苗既長便須及時趁早栽插莫令遲緩過却時節

一禾苗既長稈草亦生須是放乾田水仔細辨認逐一
拔出踏在泥裏以培禾根其塍畔斜生茅草之屬亦須
節次芟削取令淨盡免得分耗土力侵害田苗將來穀
實必須繁盛堅好
一山原陸地可種粟麥麻豆去處亦須趁時竭力耕種
務盡地力庶幾青黃未交之際有以接續飲食不致饑
餓
一陂塘之利農事之本尤當協力興修如有怠惰不趁

時工作之人仰衆列狀申縣乞行懲戒如有工作浩瀚去處私下難以糾集即仰經縣自陳官為修築如縣司不為措置即仰經軍投陳切待別作行遣

一桑麻之利衣服所資切須多種桑麻柘苧婦女勤力養蠶織紡造成布帛其桑木每遇秋冬即將旁生拳曲小枝盡行斬削務令大枝氣脈全盛自然生葉厚大餧蠶有力

一大凡農桑之務不過前項數條然鄉土風俗亦自有

不同去處尚恐體訪有所未盡更宜廣詢博訪謹守力行只可過於勤勞不可失之怠惰傳曰民生在勤勤則不匱經曰惰農自安不昏作勞不服田畝越其罔有黍稷此皆聖賢垂訓明白凡厥庶民切宜遵守

右令印榜勸諭民間各請體悉前件事理父兄教誨子弟子弟遵承教誨務敦本業耕耘收斂以養父母毋或惰遊賭博喫酒妨廢農桑庶幾衣食給足禮義興行感召和平共躋仁壽

又竊惟民生之本在食足食之本在農此自然之理也若夫農之為務用力勤趨事速者所得多不用力不及時者所得少此亦自然之理也本軍田地磽埆土肉厚處不及三五寸設使人戶及時用力以治農事猶恐所收不及他處而土風習俗大率懶惰耕犂種蒔既不及時耕耨培糞又不盡力陂塘灌溉之利廢而不修桑柘麻苧之功忽而不務此所以營生足食之計大抵疎畧是以田疇愈見瘦瘠收拾轉見稀少加以官物重大別無資助之術一有水旱必至流移下失祖考傳付之業

上虧國家經常之賦使民至此則長民之吏勸農之官亦安得不任其責哉當職久在田園習知農事到官日久目覩斯弊恨以符印有守不得朝夕出入阡陌與諸父兄率其子弟從事於耘耔耒耜之間使其婦子含哺鼓腹無復饑凍流移之患庶幾有以上副聖天子愛養元元夙夜焦勞惻怛之意昨去冬嘗印榜勸諭管内人戶其於農畝桑蠶之業孝弟忠信之方詳備悉至諒已

聞知然近以春初出按外郊道旁之田猶有未破土者
是父兄子弟猶未體當職之意而不能勤力以趨時也
念以教訓未明未忍遽行笞責今以中春舉行舊典奉
宣聖天子德意仍以舊榜并呈子知縣王文林種桑等
法再行印給凡我父兄及汝子弟其敬聽之哉試以其
說隨事推行於朝夕之間必有功效當職自今以往更
當時出郊野巡行察視有不如教罰亦必行先此勸諭
各宜知悉

又契勘生民之本足食為先是以國家務農重穀使凡
州縣守倅皆以勸農為職每歲二月載酒出郊延見父
老喻以課督子弟竭力耕田之意蓋欲吾民衣食足而
知榮辱倉廩實而知禮節以共趨於富庶仁壽之域德
至渥也當職幸來此承攝敢墜彝章今有勸諭事件開
具如後
一今來春氣已中土膏脈起正是耕農時節不可遲緩
仰諸父老教訓子弟遞相勸率浸種下秧深耕淺種趨
時早者所得亦早用力多者所收亦多無致因循自取
饑餓
一陂塘水利農事之本今仰同用水人協力興修務令
多蓄水泉準備將來灌溉如事干衆即時聞官糾率人
功借貸錢本日下修築不管誤事
一耘犁之功全藉牛力切須照管及時餧飼不得輒行
宰殺致妨農務如有違戾準敕科決脊杖二十每頭追
賞五十貫文錮身監納的無輕恕今仰人戶遞相告戒
毋致違犯

一種田固是本業然粟豆麻麥菜蔬茄芋之屬亦是可
食之物若能種植青黃未交得以接濟不為無補今仰
人戶更以餘力廣行栽種
一蠶桑之務亦是本業而本州從來不宜桑柘蓋緣民
間種不得法今仰人戶常於冬月多往外路買置桑栽
相地之宜逐根相去一二丈間深開窠窟多用糞壤試
行栽種待其稍長即與削去細碎拳曲枝條數年之後

必見其利如未能然更加多種吉貝麻苧亦可供備衣
著免被寒凍
一鄉村小民其間多是無田之家須就田主討田耕作
每至耕種耘田時節又就田主生借穀米及至秋冬成
熟方始一併填還佃戶既賴田主給佃生借以養活家
口田主亦藉佃客耕田納租以供贍家計二者相須方
能存立今仰人戶遞相告戒佃戶不可侵犯田主田主
不可撓虐佃戶如當耕牛車水之時仰田主依常年例

應副穀米秋冬成熟之時仰佃戶各備所借本息填還
其間若有負頑不還之人仰田主經官陳論當為監納
以警頑慢
一本州管內荒田頗多蓋緣官司有倚寄之擾象獸有
踏食之患是致人戶不敢開墾今來朝廷推行經界向
去產錢官米各有歸著自無倚寄之擾本州又已出榜
勸諭人戶陷殺象獸約束官司不得追取牙齒蹄角今
更別立賞錢三十貫如有人戶殺得象者前來請賞即
時支給庶幾去除災害民樂耕耘有欲陳請荒田之人
即仰前來陳狀切待勘會給付永為己業仍依條制與
免三年租稅
一今來朝廷推行經界本為富家多置產業不受租產
貧民業去產存枉被追擾所以打量步畝從實均攤即
無增添分文升合雖是應役人戶日下不免小勞然實
為子孫永遠無窮之利其打量紐算之法亦甚簡易昨
來已印行曉示今日又躬親按試要使民戶人人習熟

秋成之後依此打量不過一兩月間即便了畢想見貧
民無不歡喜只恐豪富作弊之家見其不利於己必須
撰造語言妄有扇搖今仰深思彼此一等皆是王民豈
可自家買田收穀卻令他人空頭納稅非惟官法不容
亦恐別招陰譴不須如此計較行事沮撓良法
一本州節次行下諸縣不得差人下鄉乞覓騷擾科斂
抑配強買物色及以補發經總制錢發納上供銀罷科
茶等為名科發人戶錢物所以上體朝廷寬恤之意欲

使民得安居不廢農業今恐諸縣奉行違戾仰被擾人
指定實跡前來陳訴切待追究重作行遣
一本州印給榜文勸諭人戶莫非孝弟忠信禮義廉恥
之意今恐人戶未能遍知別具節畧連黏在前請諸父
老常為解說使後生子弟知所遵守去惡從善取是舍
非愛惜體膚保守家業子孫或有美質即遣上學讀書
學道修身興起門戶
右令出榜散行曉諭外更請父老各以此意勸率鄉閭
教戒子弟務令通曉毋致違犯

元史食貨志世祖中統元年頒農桑輯要之書於民又
命各路宣撫司擇通曉農事者充隨處勸農官
又世祖至元二十八年頒桑雜令
明史吳元年上出視圜丘世子從行上因命左右導之
徧歷農家觀其居處飲食器用還謂之曰汝知農之勞
乎夫農惟五穀身不離畎畝手不釋耒耜終歲勤動不
得休息其所居不過茅茨草榻所服不過練裳布衣所
飲食不過菜羹糲飯而國家經費皆其所出故令汝知
之凡一居處服用之間必念農之勞取之有制用之有
節使之不苦於饑寒方盡為上之道若復加之橫斂則
民不勝其苦矣故為民上者不可不體下情
又明太祖嘗幸鍾山自獨龍岡步至淳化門謂侍臣曰
朕不歷田畝久適見田者冒烈暑而耕心惻然憫之不
覺徒步至此

欽定授時通考卷四十二

欽定授時通考卷四十三

勸課

詔令

漢書文帝紀二年詔曰農天下之大本也民所恃以生也而民或不務本而事末故生不遂朕憂其然故今茲親率羣臣農以勸之其賜天下民今年田租之半

又十二年詔曰道民之路在於務本朕親率天下農十

年於今而野不加辟歲一不登民有饑色是從事焉尚寡而吏未加務也吾詔書數下歲勸民種樹而功未興是吏奉吾詔不勤而勸民不明也且吾農民甚苦而吏莫之省將何以勸焉其賜農民今年租稅之半

又景帝紀後二年詔曰雕文刻鏤傷農事者也錦繡纂組害女紅者也農事傷則飢之本也女紅害則寒之原也夫飢寒並至而能亡為非者寡矣朕親耕后親桑以奉宗廟粢盛祭服為天下先不受獻減大官省繇賦欲天下務農蠶素有蓄積以備災害彊毋攘弱衆毋暴寡老耆以壽終幼孤得遂長今歲或不登民食頗寡其咎安在或詐偽為吏吏以貨賂為市漁奪百姓侵牟萬民縣丞長吏也奸法與盜盜甚無謂也其令二千石各修其職不事官職耗亂者丞相以聞請其罪布告天下使明知朕意

又後三年詔曰農天下之本也黃金珠玉饑不可食寒不可衣以為幣用不識其終始間歲或不登意為末者

衆農民寡也其令郡國務勸農桑益種樹可得衣食物吏發民若取庸采黃金珠玉者坐贓為盜二千石聽者與同罪

又昭帝紀元平元年詔曰天下以農桑為本日者省用罷不急官減外繇耕桑者益衆而百姓未能家給朕甚愍焉其減口賦錢

又宣帝紀本始四年詔曰蓋聞農者興德之本也今歲不登已遣使者賑貧困乏其令大官損膳省宰樂府減

樂人使歸就農業丞相以下至都官令丞上書入穀輸長安倉助貸貧民以車船載穀入關者得毋用傳

又成帝紀陽朔四年詔曰夫洪範八政以食為首斯誠家給刑錯之本也先帝劭農薄其租稅寵其彊力令與孝弟同科間者民彌惰怠鄉本者少趨末者衆將何以矯之方東作時其令二千石勉勸農桑出入阡陌致勞來之書不云乎服田力穡乃亦有秋其勗之哉

後漢書光武帝紀建武五年詔曰久旱傷麥秋種未下

朕甚憂之將殘吏未勝獄多冤結元元愁恨感動天地乎其令中都官三輔郡國出繫囚罪非犯殊死一切勿案見徒免為庶人務進柔良退貪酷各正厥事焉

又六年詔曰往歲水旱蝗虫為災穀價騰躍人用困乏朕惟百姓無以自贍惻然愍之其命郡國有穀者給稟高年鰥寡孤獨及篤癃無家屬貧不能自存者如律二千石勉加循撫無令失職

又明帝紀永平三年詔曰夫春者歲之始也始得其正則三時有成有司其勉順時氣勸課農桑去其螟蜮以及蝥賊詳刑慎罰明察單辭夙夜匪懈以稱朕意

又十年詔曰昔歲五穀登衍今茲蠶麥善收其大赦天下方盛夏長養之時蕩滌宿惡以報農功百姓勉務桑稼以備災害吏敬厥職無令愆惰

又章帝紀建初元年詔曰比年牛多疾疫墾田減少穀價頗貴人以流亡方春東作宜及時務二千石勉勸農桑弘致勞來羣公庶尹各推精誠專急人事罪非殊死須立秋案驗有司明慎選舉進柔良退貪猾順政令理

冤獄五教在寬帝典所美愷悌君子大雅所歎布告天下使明知朕意

又七年詔曰車駕行秋稼觀收穫因涉郡界皆精騎輕行無他輜重不得輙修橋道遠離城郭遣吏逢迎刺探起居出入前後以為煩擾動務省約但患不能脫粟瓢飲耳所過欲令貧弱有利無違詔旨

又元和元年詔曰王者八政以食為本故古者急耕稼

之業致耒耜之勤節用儲蓄以備凶災是以歲雖不登而人無飢色自牛疫以來穀食連少良由吏教未至刺史二千石不以為負其令郡國募人無田欲徙他界就肥饒者恣聽之到在所賜給公田為雇耕傭賃種餉貰與田器勿收租五歲除算三年其後欲還本鄉者勿禁

又二年詔曰三老尊年也孝弟淑行也力田勤勞也國家甚休之其賜帛人一匹勉率農功

又三年詔曰追惟先帝勤人之德厎績遠圖復禹弘業

聖澤滂流至於海表不克堂構朕甚慚焉月令孟春善相丘陵土地所宜今肥田尚多未有墾闢其悉以賦貧民給與糧種務盡地利勿令游手所過縣邑聽半入今年田租以勸農夫之勞

又和帝紀永元十三年詔曰深惟四民農食之本惨然懐矜其令天下半入今年田租芻稾有宜以實除者如故事貧民假種食皆勿收責

三國志孫權傳赤烏二年詔曰君非民不立民非穀不生頃者以來民多征役歲又水旱年穀有損而吏不良侵奪民食以致飢困自今以來督軍郡守其勤察非法當農桑時以役事擾民者舉正以聞

又孫休傳永安二年詔曰管子有言倉廩實知禮節衣食足知榮辱自頃年以來良田漸廢見穀日少亦由租入過重農人利薄使之然乎今欲廣開田業輕其賦稅使家給戶贍足相供養則愛身重命不犯科法雖太古盛化未可卒致漢文昇平庶幾可及諸卿尚書可共咨

度務取便佳田桑已至不可後時事定施行稱朕意焉

晉書食貨志武帝泰始二年詔曰百姓年豐則用奢凶荒則窮匱是相報之理也故古人權量國用取贏散滯有輕重平糴之法理財鈞施惠而不費政之善者也今者省徭務本并力墾殖欲令農功益登耕者益勸而猶或騰踊至於農人並傷今宜通糴以充儉法主者平議具為條制

又四年詔曰使四海之內棄末反本競農務功能奉宣

朕意令百姓勸事樂業者其惟郡縣長吏乎先之勞之在於不倦每念其經營職事亦爲勤矣其以中左典牧種草馬賜縣令長相及郡國丞各一匹

又禮志泰和四年詔曰夫國之大事在祀與農是以古之聖王躬耕帝籍以供郊廟之粢盛且以訓化天下令修千畝之制當與羣公卿士躬稼穡之艱難以率先天下主者詳具其制下河南處田地於東郊之南洛水之北若無官田隨宜更換而不得侵人也

又食貨志五年詔以司隸校尉石鑒所上汲郡太守王宏勤恤百姓導化有方督勸開荒五千餘頃遇年普饑而郡界獨無匱乏可謂能以勸教時同功異者矣其賜穀千斛

宋書文帝紀元嘉八年詔曰自頃農桑惰業遊食者衆荒萊不闢督課無聞一時水旱便有罄匱不深存務本豐給靡因郡守賦政方畿縣宰親民之主宜思獎訓導以良規咸使肆力地無遺利耕蠶樹藝各盡其力若有力田殊衆歲竟條名列上

又元嘉二十年詔曰國以民爲本民以食爲天故一夫輟稼飢者必及倉廩既實禮節以興自頃所在貧罄家無宿積政役暫偏則人懷愁墊歲或不稔而病乏比室誠由德政弗孚以臻斯弊抑亦耕桑未廣地利多遺宰守微化導之方萌庶忘勤分之義永言弘濟明發在懷雖制令亟下終莫懲勸而坐望滋殖庸可致乎有司其班宣舊條務盡敦課遊食之徒咸令附業考覈勤惰行

其誅賞觀察能殿嚴加黜陟

又二十一年詔曰比年穀稼傷損淫亢成災亦由播殖之宜尚有未盡南徐兖豫及揚州浙江西屬郡自今悉督種麥以助闕乏速運彭城下邳郡見種委刺史貸給徐豫土多稻田而民間專務陸作可符二鎮履行舊陂相率修立並課墾闢使及來年凡諸州郡皆令盡勤地利勸導播殖蠶桑麻枲各盡其方不得但奉行公文而已

又二十九年詔曰今農事行興務盡地利若須田種隨
宜給之
又孝武帝紀大明二年詔曰去歲東土多經水災春務
已及宜加優課糧種所須以時貸給
齊書武帝紀永明三年詔曰守宰親民之要刺史案部
所先宜嚴課農桑相土揆時必窮地利若耕蠶殊衆足
厲浮惰者所在即便列奏其違方驕矜佚事妨農亦以
名聞將明賞罰以勸勤怠校覈殿最歲竟考課以申黜

陟
又明帝紀建武二年詔曰食為民天義高姬載蠶寶生
本教重軒經前哲盛範後王茂則布令審端咸必由之
朕肅扆巖廊思引風訓深務八政永鑒在勤靜言日昃
無忘寢興守宰親民之主牧伯調俗之司宜嚴課農桑
罔令游惰揆景肆力必窮地利固修堤防考校殿最若
耕蠶殊衆具以名聞游怠害業即便列奏主者詳為條
格

梁書武帝紀普通四年詔曰夫耕籍之義大矣哉粢盛
由之而興禮節由之以著古者哲王咸用此作眷言八
政致茲千畝公卿百辟恪恭其儀九推畢禮馨香靡替
兼以風雲叶律氣象光華屬覽休辰思加獎勸可班下
遠近廣闢良疇公私畎畝務盡地利若欲附農而糧種
有乏亦加貸卹每使優遍孝弟力田賜爵一級預耕之
司尅日勞酒
又元帝紀承聖三年詔曰食乃民天農為治本垂之千
載貽之百王莫不敬授民時躬耕帝籍是以稼穡為寶

周頌嘉其樂章禾黍不成魯史書其方冊秦人有農力
之科漢氏開屯田之利一廛曠務勞心日仄一夫廢業
舄鹵無遺國富刑清家給民足其力田之身在所蠲免
外即宣勒稱朕意焉
陳書文帝紀天嘉元年三月詔曰守宰明加勸課務急
農桑庶鼓腹含哺復在茲日
又八月詔曰菽粟之貴重於珠玉朕哀矜黔庶念康弊

俗思俾阻飢方存富教麥之為用要切斯甚今九秋在節萬寶可收其班宣遠近並令播種守宰親臨勸課務使及時其有尤貧量給種子

魏書太宗紀泰常二年詔曰令東作方興或有貧窮失農務者其遣使者巡行天下省諸州觀民風俗問民疾若察守宰治行諸有不能自申皆因以聞

又世祖紀太平真君四年詔曰朕承天子民憂理萬國欲令百姓家給人足興于禮義而牧守令宰不能助朕

宣揚恩德勤恤民隱至乃侵奪其產加以殘虐非所以為治也今復民貲賦三年其田租歲輸如常牧守之徒各厲精為治勸課農桑不得妄有徵發有司彈糾勿有所縱

又正平二年初恭宗監國曾令曰任農以耕事貢九穀其制有司課畿內之民使無牛家以人牛力相貿墾殖鋤耨其有牛家與無牛家一人種田二十二畝償以私鋤功七畝如是為差至於小老無牛家種田七畝小老者償以鋤功二畝皆以五口下貧家為率各列家別口數所勸種頃畝明立簿目所種者於地首標題姓名以辨播殖之功

又高祖紀太和元年正月詔曰今牧民者與朕共治天下也宜簡以徭役先以勸獎相其水陸務盡地利使農夫外布桑婦內勤若輕有徵發致奪民時以侵擅論民有不從長教惰于農桑者加以罪刑

又三月詔曰去年牛疫死傷大半今東作既興人須肄

業其敕在所督課田農有牛者加勤于常歲無牛者倍庸於餘年一夫制田四十畝中男二十畝無令人有餘力地有遺利

又十六年詔曰務農重穀王政所先勸率田疇君人常事今四氣休序時澤滂潤宜用天分地悉力東畝然京師之民遊食者衆不加督勸或耘耨失時可遣明使檢察勤惰以聞

又二十年詔曰農為政首稷實民先澍雨豐洽所宜敦

勵其令畿內嚴加督課墮業者申以楚撻力田者具以
名聞
又世宗紀景明三年詔曰民本農桑國重蠶籍粢盛所憑冕織攸寄比京邑初基耕桑暫缺遺規往旨宜必祗修令寢殿顯成移御維始春郊無遠拂羽有辰便可表營千畝開設宮壇秉耒援筐躬勸兆億
又正始元年詔緣淮南北所在鎮戍皆令及秋播麥春種粟稻隨其土宜水陸兼用必使地無遺利民無餘力比及來稔令公私俱濟也

北齊書武成帝紀河清三年令每歲春月各依鄉土早晚課民農桑自春及秋男子十五以上皆就田畝桑蠶之月婦女十五以上皆營蠶桑孟冬刺史聽審邦教之優劣定殿最之科品使地無遺利人無游手焉
北周書武帝紀建德四年詔曰陽春布氣品物資始敬授民時義兼敦勸詩不云乎弗躬弗親庶民弗信刺史守令宜親勸農百司分番躬自率導事非機要並停至

秋
冊府元龜唐高祖武德五年謂羣臣曰太平之基在于家給人足今茲麥既大熟宜停庶務每司別留一二人守曹局餘皆宜休暇親事務農流罪以下囚罪名定者亦放收穫
又六年詔曰令風雨順節苗稼實繁普天之下咸同茂盛五十年來未嘗有此倉箱之積指日可期時為溽暑方資耕耨靡而不修歲功將闕宜從優縱肆力千頃州縣牧宰明加勸導咸使戮力無或失時務從簡靜以稱

朕意
又太宗貞觀三年詔曰朕祗承大寶憲章典故令將履千畝於近郊復三推於舊制宜令有司式遵典禮二十一日親祭先農籍於千畝之甸
又中宗景龍二年七月敕戒諸州郡督刺史縣令務盡地利禁游食
又玄宗開元四年詔曰關中田苗令正成熟若不收刈

便恐飄零緣頓差科時日尚遠宜令併功收拾不得妄
有科喚致妨農業仍令左右御史撿察奏聞
又十二年詔曰有國者必以人為本固本者必以食為
先先王於是務其三時前聖所以分其五土勸農之道
實在於斯朕撫圖御歷殆踰一紀旰食宵衣勤乎兆庶
故兢兢翼翼不敢荒寧頃歲以來雖稍豐稔猶恐地有
遺利人多廢業游食之徒未盡歸生穀之疇未均墾以
是軫念遺使臣恤編户之流亡閱大田之衆寡其先是

逋逃並宜自首仍能服勤壟畝肆力耕耘所在閑田勸
其開闢逐土任宜收税勿令州縣差科征役租庸一皆
蠲放且天下風壤多有不同地既異宜俗亦殊習固當
因利制事不可違人立法賦役差科于人非便者並量
事處分續狀奏聞
又十七年詔曰獻歲發生陽和在候乃睠甿庶方就農
桑其力役及不急之務一切並停百姓間有不穩便事
須處置者宜令中書門下與所司喚取朝集使審問商
量奏聞
又二十九年制曰古之為理必順時行令獻歲發春仁
氣育物直叶陽和之德以勤播種之務天下諸州委刺
史縣令加意勸課仍令採訪使勾當非灼然要切事不
得妄有追擾其令月諸色當番人有單貧老弱者所司
即揀擇量放營農
又天寶九載詔曰農為政本食乃人天必禾稼之及期
遂京坻之厚積是以愛人存乎重穀勤政在乎厚生俗

之所資何急于此如聞遠近每至秋中穀禾熟時即責
充馬藁苟規求利之心殊害生成之性静言斯弊實資
懲革自今已後不得更然牓示要路咸使聞知
又肅宗上元二年正月詔王者設教務農為首今土膏
方起田事將興敦本勸民實為政要宜令天下刺史縣
令各於所部親勸農桑
又九月詔曰田功在謹農事惟勤不有司存何成種穀
諸州等各置司田參軍一人主農事每縣各置田正二

人於當縣揀明嫻田種者充務令勸課
又代宗永泰元年制曰農政本也食人天也方春之首重於東作除軍興至急餘一切並停百姓專營農事其逃戶復業及浮客情願編附者仰州縣長吏親就存撫特矜賦役全不濟者量貸種子務令安集
又德宗貞元二十年詔曰理化之本係乎京師副朕憂民屬於長吏宜勉務農桑各安生業以舒朕懷
又宣宗大中二年制云君以人為本人以食為天有國

有家捨此無急如聞州府之內皆有閒田空長蒿萊無人墾闢與其虛棄曷若濟人宜令所在長吏設法召募貧民課勵耕種所收苗子以備水旱
又後唐明宗長興三年詔富民之道莫尚於務農力田之資必先於利器器苟不利民何以安閒諸道監治所賣農器或大小異同或形狀輕怯纔當開闢旋致損傷近百姓秋稼雖登時物頗賤既艱難於置買遂抵犯於條章苟利錐刀擅興爐冶稍聞彰露須議誅夷欲使上不奪山澤之利下皆遂畎畝之宜務在從長庶能經久自今後不計農器燒器動使諸物並許百姓逐便自鑄
又後周太祖廣順元年勅農桑之務衣食所資一夫不耕有艱食之慮一夫不織有無褐之虞今氣正陽春候當生發宜勤用天之業將覩望歲之心諸道州府長吏宜勸課耕桑以豐儲積編民樂業仍倍撫綏
又二年敕諸道府州吏六府允修無先重穀九扈分職嚴惟勤農今則東作聿興西成係望我有羣后政在養

民苟不懈於行春諒倍登於多稼卿分憂事任道俗廉平樹以風聲靡如草偃必汙萊之地並作百屢游惰之民咸勤四體用洽帶牛之化更彰棲畝之謠養恬之懷瘠興斯切詔到卿可散下管內勸課鄉縣百姓依時耕種栽接桑棗勿縱游惰務在精勤
玉海宋太祖建隆三年詔曰生民在勤所寶惟穀先王明訓也陽和在辰播種資始宜行勸誘廣務耕耘
又乾德二年詔農為政本食乃民天今土膏將起宜課

東作之勤使地無遺利人有餘糧
又太宗雍熙四年九月出御札曰王者上事穹蒼下臨
黎獻遵執古御令之道推子民育物之心必務穡以勸
分庶家給而人足朕嗣守大寶惟懷永圖發一言必念
生靈嘗一膳必思稼穡雖燔柴告類紫壇屢薦於至誠
而執耒親耕青輅未行於盛禮其以來年正月擇日有
事於東郊行籍田之禮
文獻通考太宗至道元年詔曰近歲以來天災相繼民

多轉徙田卒汙萊招誘雖勤逋逃未復宜申勸課之旨
更示捐復之恩應州縣曠土並許民請佃為永業仍蠲
三歲租三歲外輸三分之一州縣官吏勸民墾田之數
悉書於印紙以俟旌賞
宋史真宗紀景德三年詔渭州鎮戎軍收獲蕃部牛送
給內地耕民
又大中祥符元年詔東封道路軍馬毋犯民稼
又五年江淮兩浙旱詔給占城稻種教民種之八月淮

南旱詔減運河水灌民田仍寬租限州縣不能存恤致
民流者罪之
又六年七月詔天下勿稅農器
又天禧元年八月詔京城禁圍草地聽民耕牧又免牛
稅一年十月諭諸州非時災沴不以聞者論罪
又食貨志天禧四年詔諸路提點刑獄朝臣為勸農使
使臣為副使所至取民籍視其差等不如式者懲革之
勸恤農民以時耕墾招集逃散檢括稻稅凡農田事悉

領焉置局案鑄印給之凡奏舉親民之官悉令條析勸
農之績以為殿最黜陟
又仁宗天聖六年詔民流積十年者田聽人耕三年後
收減舊額之半流民能自復者亦如之諸州長吏能勸
民修陂塱荒增稅二十萬以上者議賞
又神宗元豐元年詔開廢田水利民力不能給役者貸
以常平錢穀流民買耕牛者免征
宋史徽宗紀政和元年詔立守令勸農黜陟法

又二年詔縣令以十二事勸農於境内躬行阡陌程督勤惰

玉海高宗建炎二年詔給流民官田牛種

又紹興二年詔曰朕聞祖宗時禁中有打麥殿令於後圃令人引水澮畦種之亦欲知稼穡之艱難

宋史高宗紀紹興七年詔諸路歸業民墾田及八年始輸全稅

玉海紹興十七年詔曰朕親耕籍田以先黎庶三推復

進勞賜耆老嘉與世俗躋於富厚

宋史孝宗紀乾道九年飭監司守令勸農

又淳熙八年詔監司守令勸課農桑以奉行勤怠為賞罰

又淳熙十一年詔諸州歲買稻種備農民之闕

又寧宗紀慶元元年二月詔兩淮諸州勸民墾闢荒田

又嘉定二年七月命兩淮轉運司給諸州民種麥十月給諸路民稻種

又理宗紀寶慶三年詔郡縣長吏勸農桑抑末作戒苛擾

又端平三年詔勸農桑

遼史太祖紀天贊元年詔分北大濃兀為二部程以樹蓺諸郡效之

又太宗紀會同元年詔有司勸農桑

又興宗紀重熙二年八月詔曰朕於早歲習知稼穡力辦者廣務耕耘罕聞輸納家食者全虧種植多至流亡

宜通檢括普為均平禁諸職官不得擅造酒糜穀有婚祭者有司給文字始聽

又道宗紀清寧二年詔遣使分道勸農桑

金史太宗紀天會四年詔曰朕惟國家四境至遠而兵革未息田野雖廣而畎畝未闢百工畧備而祿秩未均方貢僅修而賓館未贍是皆出乎民力苟不務本業而抑游手欲上下皆足其可得乎其令所在長吏敦勸農功

又章宗紀明昌五年詔定長吏勸課能否賞罰格
又泰和二年諭尚書省諸路禾稼及雨多寡令州郡以
聞
又宣宗紀興定三年諭三司行部官勸民種麥無種粒
者貸之
元史世祖紀中統二年詔十路宣撫使量免民間課程
命宣撫司官勸農桑抑游惰禮高年問民疾苦
又三年命管民官勸誘百姓開墾田土不得擅興不急

之役妨奪農時
又至元六年命中書省采農桑事列為條目仍令按察
司與州縣官相風土之所宜講究可否别頒行之
又二十三年詔以大司農司所定農桑輯要書頒諸路
又成宗紀元貞元年詔以農桑水利諭中外
又大德二年詔諸郡凡民播種怠惰及有司勸課不至
者各道廉訪司治之
又食貨志武宗至大三年詔大司農總挈天下農政修

明勸課之令
又仁宗紀皇慶元年諭司農曰農桑衣食之本汝等舉
諳知農事者用之
又延祐二年詔印農桑輯要萬部頒降有司遵守勸課
又英宗紀至治二年詔畫蠶麥圖於鹿頂殿以時觀之
又泰定帝致和元年頒農桑舊制十四條於天下
又順帝紀至正元年詔守令選立社長專一勸課農桑
明史太祖紀洪武元年諭曰欲財用之不竭國家之常

裕鬼神之常享必也務農乎故后稷樹藝稼穡而生民
之詩作成王播厥五穀而噫嘻之頌興古者天子籍田
千畝所以供粢盛備饋膳自經喪亂其禮已廢上無以
教下無以勸其命來春舉行耕籍田禮
明會典洪武四年詔府州縣用心勸諭農民趁時種植
明史太祖紀洪武八年詔曰農桑衣食之本學校道理
之原朕嘗設置有司頒行條章使敦篤教化務欲使民
豐衣足食理道暢焉何有司不遵朕命往往給由赴京

者皆無桑株數目學校緣由甚與朕意相違特敕中書令有司今後敢有無農桑學校者論擬違制民有不奉天時而負地利者如律究焉

聖學格物通洪武十二年諭曰中原民所恃者二麥九月正當播種之時而役之是奪其時也過此則天寒地凍種不得入土來年何以續食敕至其即放還俟農隙之時赴工未為晚也

明史太祖紀洪武十三年諭戶部令天下人民每村置

一鼓凡遇農桑時月晨起擊鼓會田所怠惰者里老督責之里老不勸督者罰

又洪武十八年諭曰人皆言農桑衣食之本然棄本逐末鮮有救其弊者蓋世野無不耕之民室無不蠶之女水旱無虞飢寒不至自什一之制湮奇巧之技作而後農桑之業廢一農執耒而百家待食一婦作織而百夫待衣欲民無貧人得乎朕思足食在於禁末作足衣在於禁華靡爾宜申明天下四民各守其業不許游食庶民之家不許衣錦繡庶幾可以絕其弊也

明史成祖紀永樂二年諭曰朕惟事天以誠敬為本愛民以實惠為先書曰惟天惠民又曰安民則惠然天之視聽皆因於民能愛民即所以事天今春和時東作方興宜各究心務實申明教術勸課農桑問其疾苦卹其飢寒革苛刻之風崇寬厚之政以迓天休臻於治理欽哉

聖學格物通永樂二十二年諭曰農者生民衣食之源

耕耘收穫不可失時自今一切不急之役有當用人力者皆俟農隙前代蓋有不恤農事而以徭役妨農作名亂亡者不可不謹

明史宣宗紀宣德元年諭曰天氣向炎正農夫耕耘之時因誦聶夷中詩曰吾每誦此未嘗不念農夫又曰朕八九歲讀書皇考親寫是詩以示問曰解否對曰稼穡艱難在此也自是常教以農事銘於心不敢忘

明會典景泰三年令丁多田少之人開墾田地

又天順三年令各處軍民有新開無額田地及願佃種
荒閒地土者俱照減輕則例起科
又嘉靖六年詔通行所屬府州縣原設有治農官處不
許營幹別差專一循行勸課原無官處委佐貳一員帶
管

欽定授時通考卷四十三

欽定授時通考卷四十四

勸課

章奏

國語周宣王不籍千畝虢文公諫曰夫民之大事在農
上帝之粢盛於是乎出民之蕃庶於是乎生事之共給
於是乎在和協輯睦於是乎興財用蕃殖於是乎始敦
厖純固於是乎成是故稷為大官古者大史順時覛土
陽癉憤盈土氣震發農祥晨正日月底於天廟土乃脈

發先時九日太史告稷曰自今至於初吉陽氣俱烝土
膏其動弗震弗渝脈其滿眚穀乃不殖稷以告王曰史
帥陽官以命我司事曰距今九日土其俱動王其祗祓
監農不易王乃使司徒咸戒公卿百吏庶民司空除壇
于籍命農大夫咸戒農用先時五日瞽告有協風至王
即齋宮百官御事各即其齋三日王乃淳濯饗醴及期
鬱人薦鬯犧人薦醴王祼鬯饗醴乃行百吏庶民畢從

及籍后稷監之膳夫農正陳籍禮大史贊王王敬從之王耕一墢班三之庶人終於千畝其后稷省功大史監之司徒省民大師監之畢宰夫陳饗膳宰監之膳夫贊王王歆大牢班嘗之庶人終食是日也瞽率音官以省風土廩於籍東南鍾而藏之而時布之於農稷則徧戒百姓紀農協功曰陰陽分布震雷出滯土不備墾辟在司寇乃命其旅曰徇農師一之農正再之后稷三之司空四之司徒五之大保六之太師七之大史八之宗伯

九之王則大徇耨穫亦如之民用莫不震動恪恭於農脩其疆畔日服其鎛不解於時財用不乏民用和同是時也王事唯農是務無有求利於其官以干農功若是乃能媚於神而和於民矣

前漢書食貨志賈誼說上曰管子曰倉廩實而知禮節民不足而可治者自古及今未之嘗聞古之人曰一夫不耕或受之饑一婦不織或受之寒生之有時而用之無度則物力必屈古之治天下至孅至悉也故其畜積足恃漢之為漢幾四十歲矣公私之積猶可哀痛失時不雨民且狼顧歲惡不入請賣爵子既聞耳矣安有為天下阽危者若是而上不驚者世之有饑穰天之行也禹湯被之矣即不幸有方二三千里之旱國胡以相恤今敺民而歸之農皆著於本使天下各食其力末技游食之民轉而緣南畝則畜積足而人樂其所矣可以為富安天下而直為此廩廩也竊為陛下惜之

又晁錯說上曰聖王在上而民不凍饑者非能耕而食

之織而衣之也為開其資財之道也故堯禹有九年之水湯有七年之旱而國無捐瘠者以畜積多而備先具也民貧生於不足不足生於不農不農則不地著不地著則離鄉輕家民如鳥獸雖有高城深池嚴法重刑猶不能禁也夫寒之於衣不待輕煖饑之於食不待甘旨饑寒至身不顧廉恥人情一日不再食則饑終歲不製衣則寒夫腹饑不得食膚寒不得衣雖慈母不能保其子君安能以有其民哉明主知其然也故務民於農桑

薄賦斂廣蓄積以實倉廩備水旱故民可得而有也粟米布帛生於地長於時聚於力非可一日成也數石之重中人弗勝不為奸邪所利一日弗得而饑寒至是故明君貴五穀而賤金玉今農夫五口之家其服役者不下二人其能耕者不過百畮百畮之收不過百石春耕夏耘秋穫冬藏伐薪樵治官府給繇役春不得避風塵夏不得避暑熱秋不得避陰雨冬不得避寒凍四時之間無日休息又私自送往迎來弔死問疾養孤長幼在

其中勤苦如此尚復被水旱之災急政暴虐賦斂不時朝令而暮改當其有者半賈而賣亡者取倍稱之息於是有賣田宅鬻子孫以償債者矣方今之務莫若使民務農欲民務農在於貴粟貴粟之道在於以粟為賞罰粟有所渫可時赦勿收農民租如此德澤加於萬民民愈勤農

又董仲舒說上曰春秋他穀不書至於麥禾不成則書之以此見聖人於五穀最重麥與禾也今關中俗不好種麥是歲失春秋之所重而損生民之具也願陛下幸詔大司農使關中民益種宿麥令毋後時

後漢書魯恭傳永初元年盛夏斷獄恭上疏諫曰永元十五年來刺史太守以盛夏徵名農人拘對考驗連滯無已司隸典司京師四方是則而近於春月分行諸部託言勞來貧人而無隱惻之實煩擾郡縣廉考非急逮捕一人罪延十數上逆時氣下傷農業比年水旱傷稼人饑流冗今始夏百穀權輿陽氣胎養之時自三月以

來陰寒不煖物當化變而不被和氣月令孟夏斷薄刑出輕繫行秋令則草木零落人傷於疫夫斷薄刑者謂其輕罪已正不欲令久繫故時斷之也臣愚以為今孟夏之制可從此令其決獄案考皆以立秋為斷以順時節育成萬物

又東平憲王蒼傳永平四年春車駕校獵河內蒼上書曰臣聞時令盛春農事不聚衆興功臣知車駕今出事從約省所過吏人諷誦甘棠之德惟陛下因行田野循

視稼穡消搖仿佯弭節而旋

又黃瓊傳瓊上疏曰自古聖帝哲王莫不敬恭明祀增致福祥故必躬郊廟之禮親籍田之勤以先羣萌率勸農功今廟祀適闋而祈穀絜齋之事近在明日臣恐左右之心不欲屢動聖躬以為親耕之禮可得而廢臣聞先王制典籍田有日司徒咸戒司空除壇先時五日有協風之應王即齋宫饗禮載耒誠重之也自癸巳以來仍西北風甘澤不集寒涼尚結迎春東郊既不躬親先

農之禮所宜自勉以逆和氣以致時風易曰君子自強不息斯其道也

三國吳志華覈傳孫皓時倉廩無儲華覈上疏曰先王治國惟農是務軍興以來已向百載農人廢南畝之務女工停機杼之業推此揆之則蔬食而長饑薄衣而履冰者固不少矣且饑者不待美饌寒者不俟狐貉今事多而役繁民貧而俗奢百工作無用之器婦人為綺靡之飾不勤麻枲並繡文黼黻轉相倣效恥獨無有兵民之家猶復逐俗內無擔石之儲而出有綾綺之服至於富賈商販之家重以金銀奢資尤甚夫天下未平百姓不贍宜一生民之原豐穀帛之業而乃棄功於浮華之巧妨日於侈靡之事上無尊卑等級之差下有耗財費力之損漢之文景承平繼統天下已定四方無虞猶以彫文之傷農事錦繡之害女工開富國之利杜饑寒之本況今六合分爭豺狼充路兵不離疆甲不解帶而可不廣生財之原充府藏之積哉

晉書食貨志宣帝督諸軍伐吳鄧艾以為大兵征舉運兵過半功費巨億陳蔡之間土下田良令淮北二萬人淮南三萬人分休且佃且守水豐常收三倍於西計除眾費歲完五百萬斛以為軍資六七年間可積三千萬餘斛於淮北此則十萬之衆五年食也

又杜預上疏曰臣輒思維今者水災東南特劇非但五稼不收居業並損下田所在停汙高地皆多磽埆此即百姓困窮方在來年雖詔書切告長吏二千石為之設

計而不廓開大制定其趣舍之宜恐徒文具所益蓋薄水去之後塡淤之田畝收數鍾至春大種五穀五穀必豐東南以水田為業人無牛犢可分種牛三萬五千頭以付二州將吏士庶使及春耕穀登之後頭責三百斛是為化無用之費得運水次成穀七百萬斛

又晉元帝大興元年後軍將軍應詹表曰夫一人不耕天下必有受其饑者而軍興以來征戰運漕朝廷宗廟百官用度既已殷廣下及工商流寓僮僕不親農桑而遊食者以十萬計不思開立美利而望國足人給豈不

難哉間者流民奔東吳東吳今儉皆以還反江西良田曠廢來久火耕水耨為功差易宜簡流民興復農官功勞報賞皆如魏氏故事一年中與百姓二年分稅三年計賦稅以使之公私兼濟則倉盈庾億可計日而待也

又齊王攸傳臣聞先王之教莫不先正其本務農重本國之大綱當今方隅清穆武夫釋甲廣分休假以就農業然守相不能勤心恤公以盡地利昔漢宣嘆曰與朕理天下者惟良二千石乎勤加賞罰黜陟幽明於時翕然用多名守計今地有餘羡而不農者衆加附業之人復有虛假通天下之謀則饑者必不少矣今宜嚴敕州郡撿諸虛詐害農之事督實南畝上下同奉所務則天下之穀可復古政豈患於暫一水旱便憂饑餒哉

又束晳傳晳上議曰農穰可致所由者三一曰天時不愆二曰地利無失三曰人力咸用若必春無霢霂之潤秋繁滂沱之患水旱失中雩禜有請雖使羲和平秩后稷親農理疆畎於原隰勤藨蔉於中田猶不足以致倉

庾盈億之積也然地力可以計生人力可以課致詔書之旨亦將欲盡此理乎今天下千城民多游食廢業占空無田課之實較計九州數過萬計可申嚴此防令監司精察一人失課負及郡縣此人力之可致也又州司十郡土狹人繁三魏尤甚而豬羊馬牧布其境內宜悉破廢以供無業業少之人雖頗割徙在者猶多或謂北土不宜畜牧此誠不然案古今之語以為馬之所生實

在冀北大賈牂羊取之清渤放豕之歌起於鉅鹿是其效也可悉徙諸牧以充其地使馬牛猪羊齕草於空閒之田游食之民受業於賦給之賜此地利之可制者也又如汲郡之吳澤良田數千頃泞水停洿人不墾植聞其國人皆謂通泄之功不足為難瀉鹵成原其利甚重而豪强大族惜其魚捕之饒搆說官長終於不破此亦谷口之謡載在史篇謂宜復下郡縣以詳當今之計荆揚兖豫汙泥之土渠堨之宜必多此類最是不待天時

而豐年可獲者也以其雲雨生於畚鍤多稌生於決泄不必望朝隮而黄潦臻禜山川而霖雨息是故兩周爭東西之流史起惜漳渠之浸明地利之重也宜詔四州刺史使謹按以聞

又温嶠傳時國用不足嶠因奏軍國要務其二曰一夫不耕必有受其饑者今不耕之夫動有萬計春廢勸課之制冬峻出租之令下未見施惟賦是聞賦不可以已當思令百姓有以殷實司徒置田曹掾州一人勸課農桑察吏能否今宜依舊置之必得清恪奉公足以宣示惠化者則所益實弘矣

宋書袁湛傳時建議大田湛弟豹上議曰國因民以為本民資食以為天脩其業則教興崇其本則末理實為治之要道致化之所階也夫設位以崇賢疏爵以命士上量能以審官不取人於浮譽則比道周息遊者言歸遊子既歸則南畝闢矣分職以任務置吏以周役職不以無任立吏必以非用省冗散者廢則萊荒墾矣器以

應用商以通財勦靡麗之巧棄難得之貨則彫偽者賤穀稼重矣耕耨勤悴力殷收寡工商逸豫用淺利深增賈販之税薄疇畝之賦則末技抑而田畯喜矣居位無儀從之徒在野靡兼幷之黨給賜非可恩致力役不入私門則游食者反本肆勤自勸游食省而肆勤衆則東作繁矣密勿者甄異怠慢者顯罰明勸課之令峻糾違之官則嬾惰無所容力田有所望力者欣而惰者懼則穡人勸矣凡此數事亦務田之端趣也莅之以清心鎮

之以無欲助之以無倦翼之以廉謹舍日計之小成期遠致於暮歲則澆薄自淳大化有漸矣

又周朗傳宋孝建中周朗疏曰農桑者實民之命為國之本有不足則禮節不興若重之宜罷金錢以穀帛為賞罰凡自淮以北萬匹為市從江以南千斛為貨亦不患其難也今且聽市至千錢以還者用錢餘皆用絹布及米其不中度者坐之如此則墾田自廣民資必繁又田非膠水皆播麥菽地堪滋養悉藝麻苧蔭巷緣藩必

樹桑柘列庭接宇惟植竹栗若此令既行而善其事者庶民則叙之以爵有司亦從而加賞令自江以南在所皆穫有食之處須官興役宜募遠近能食五十口一年者賞爵一級不過千家故近食十萬口矣使其受食者悉令就佃淮南多其長帥給其糧種凡公私游手悉發佐農令堤湖盡修原陸並起仍量家立社計地設閭檢其出入督其游惰須待大熟可移之復舊

魏書高允傳允領著作郎時多禁封良田又京師遊食者衆允因言曰古人云方一里則為田三頃七十畝百里則三萬七千頃若勤之則畝益三升不勤則畝損三升方百里損益之率為粟二百二十萬斛況以天下之廣乎若公私有儲雖遇饑年復何憂哉

又李安世傳疏曰今雖桑井難復宜各均量審其徑術令分藝有準力業相稱細民獲資生之利豪右靡餘地之盈則無私之澤乃播均於兆庶如阜如山可有積於比戶矣又所爭之田宜限年斷事久難明悉屬今主然

後虛妄之民絕望於覬覦守分之士永免於凌奪矣

又韓麒麟傳太和十一年京都大饑麒麟表陳時務曰古先哲王經國立治積蓄九稔謂之太平故躬籍千畝以勵百姓用能衣食滋茂禮教興行逮於中代亦崇斯業入粟者與斬敵同爵力田者與孝弟均賞實百王之常軌為治之所先今京師民庶不田者多游食之口三分居二蓋一夫不耕或受之饑況於今者動以萬計故頃年山東遭水而民有餒終今秋京都遇旱穀價踴貴

實由農人不勸素無儲積故也愚謂凡珍玩之物皆宜禁斷吉凶之禮備為格式令貴賤有別民歸樸素制天下男女計口受田宰司四時巡行臺使歲一按檢勤相勸課嚴加賞罰數年之中必有盈贍雖遇災凶免於流亡矣往年校比戶貫租賦輕少臣所統齊州租粟纔可給俸略無入倉雖於民為利而不可長久脫有戎役或遭天災恐供給之方無所取濟可減絹布增益穀租年豐多積歲儉出賑所謂私民之穀寄積於官官有宿積

則民無荒年矣

又蘇綽傳周文方欲革易時政務宏強國富民之道其三盡地力曰人生天地之間衣食為命食不足則饑衣不足則寒饑寒切體而欲使人興行禮讓者此猶逆坂走丸勢不可得也是以古之聖主知其若此先足其衣食然後教化隨之夫衣食所以足者由於地利盡地利所以盡者由於勸課有方主此教者在乎牧守令長而已民者冥也智不自周必待勸教然後得盡其力諸州郡縣每至歲首必戒敕部人無問少長但能操持農器者皆令就田墾發以時勿失其所及布種既訖嘉苗須理麥秋在野蠶停於室若此之時皆宜少長悉力男女併功若揚湯救火寇盜之將至然後可使農夫不失其業蠶婦得就其功若游手怠惰早歸晚出好逸惡勞不勤事業者則正長牒名郡縣守令隨事加罰罪一勸百此則明宰之教也夫百畝之田必春耕之夏種之秋收之然後冬食之此三時者農之要月也若失其一時則

穀不可得而食故先王之戒曰一夫不耕天下必有受其饑者一婦不織天下必有受其寒者若此三時不務省事而令人廢農者是則絕人之命驅以就死然單劣之戶及無牛之家勸令有無相通使得兼濟三農之隙及陰雨之暇又當教人種桑植果藝其蔬菜修其園圃畜育雞豚以備生生之資以供養老之具夫為政不欲過碎碎則人煩勸課亦不容太簡簡則人怠善為政者必消息時宜而適煩簡之中故詩曰不剛不柔布政優

優百禄是遺如不能爾則必陷於刑辟矣
唐書食貨志德宗貞元四年宰相陸贄上疏其三條言廉使奏吏之能者一曰戸口增加二曰田野墾闢夫貴戸口加增詭情以誘姦浮苛法以析親族則有州縣破傷之病貴田野墾闢率民殖荒田限年免租新畝雖闢舊畬蕪矣人以免租年滿復為汚萊有稼穡不增之病此州若損客戸彼郡必減居民增處邀賞而稅數加減處懼罪而稅數不降國家設考課之法非欲崇聚斂也宜命有司詳考課績州稅有定徭役有等如此不督課而人人樂耕矣
又權德輿傳貞元八年關東淮南浙西大水權德輿建言江淮田一善熟則旁資數道故天下大計仰於東南今霪雨二時農田不闢宜擇羣臣明識通方者持節勞徠問人所疾苦蠲其租入與連帥守長講求所宜
册府元龜唐天福三年六月金部郎中張鑄奏臣聞國家以務農是本勸課為先用廣田疇乃資倉廩竊見所

在鄉村浮戸方思墾闢正切耕耘種木未滿於十年樹穀未臻於三頃似成產業微有生涯便被縣司繫名定作鄉村色役懼其重斂畏以嚴刑遂舍所居却思他適觀茲阻隔何以舒蘇既乖撫卹之門徒有招攜之令伏乞明示州府應所在無主空閑荒地一任百姓開種候及五頃以上三年外即許縣司量戸科徭如未及五頃以上者不在騷擾之限荒榛漸少賦稅增多非惟下益蒸黎實亦上資邦國從之
玉海周世宗顯德三年留心農稼思廣勸課之道命國工刻木為耕夫織婦蠶女之狀於禁中名近臣觀之學士承旨陶穀為贊以美其事其序曰耕於歷山重華之德也蠶於岐陽太姒之美也我后在宥之四載以為化民成俗者莫如身率乃命有司刻木為耦人耕耘之象又為織婦蠶女之類置於紫庭亦几杖盤盂座右之義也志在足食豈同流馬之運人皆有褐且殊昆明之石同穎八蠶可翹足而望豈比獲玉鉤於山陽空有採桑

之號陳金根於鈎盾但為弄田之戲哉贊曰寒耕暑織
上感皇情帝梧景轉遲遲欲行宫簾風度扎扎有聲疲
俗是念侈心不萌
宋史食貨志至道二年太常博士陳靖上言先王之欲
厚民生莫先於積穀而務農鹽鐵榷酤斯為末矣按天
下土田除江淮湖湘兩浙隴蜀河東諸路地里敻遠雖
加勸督未遽獲利今京畿周環二十三州幅員數千里
地之墾者十才二三税之入者又十無五六復有匿里

舍而稱逃亡棄耕農而事游惰賦額歲減國用不充詔
書累下許民復業蠲其租調寬以歲時然鄉縣擾之每
一戶歸業則刺報所由朝耕尺寸之田暮入差徭之籍
追胥責問繼踵而來雖蒙蠲其常租實無補於捐瘠況
民之流徙始由貧困或避私債或逃公税亦既亡遯則
鄉里檢其資財至於室廬什器桑棗材木咸計其直或
鄉官用以輸税或債主取以償逋生計蕩然還無所詣
以兹浮蕩絶意歸耕如授以閒曠之田廣募遊惰誘之

耕墾未計賦租許令別置版圖便宜從事酌民力之豐
寡農畝肥磽均配督課令其不倦其逃民歸業丁口授
田煩碎之事並取大司農裁決耕桑之外令益種雜木
蔬菓孳畜羊犬雞豚給授桑土潛擬井田營造室居使
立保伍養生送死之具慶弔問遺之資並立條制候至
三五年間生計成立即計戶定徵量田輸税若民力不
足官借糴錢或以市餱糧或以營耕具凡此給授委於
司農比及秋成乃令償値依時價折納以其成數關白

戶部
又司馬光疏曰四民之中惟農最苦寒耕熱耘霑體塗
足戴日而作戴星而息蠶婦治繭績麻紡緯縷縷而積
之寸寸而成之其勤極矣而又水旱霜雹蝗蜮間為之
災幸而收成則公私之債交爭互奪穀未離場帛未下
機已非己有所食者糠籺而不足所衣者綈褐而不完
直以世服田畝不知捨此之外有何可生之路耳而況
聚斂之臣於租税之外巧取百端以邀功賞青苗則强

散重斂給陳納新免役則刻剝窮民收養浮食保甲則勞於非業之作保馬則困於無益之費可不念哉今者濬發德音使畎畝之民得上封事雖其言辭鄙雜皆身受實患直貢其誠不可忽也

又紹興二十六年通判安豐軍王時升言淮南土皆膏腴然地未盡闢民不加多者緣豪强虚占良田而無徧耕之力流民襁負而至而無開耕之地望凡荒閒田許人剗佃

又乾道四年知鄂州李椿奏州雖在江南荒田甚多請佃者開墾未幾便起毛税度田追呼不任其擾旋即逃去今欲召人請佃免税三年三年之後為世業三分為率輸苗一分更三年增一分又三年全輸歸業者别以荒田給之

又七年知揚州晁公武言朝廷以沿淮荒殘未行租税民復業與創户者雖阡陌相望然聞之官者十纔二三咸懼後來税重昔晚唐民務稼穡則增其租故播種少吳越民墾荒田而不加税故無曠土望詔兩淮更不增賦庶民知勸

又淳熙六年提舉浙西顔師魯奏設勸課之法欲重農桑廣種植也今鄉民間於已田連接閒曠磽确之地墾成田園用力甚勤或以未陳起税為人所訟即以盗耕罪之何以勸力田哉止宜實田起税非特可戢告訐之風亦見盛世重農之意

又九年著作郎袁樞振兩淮還奏民占田不知其數二

税既免止輸穀帛之課力不能墾則廢為荒地他人請佃則以疆界為詞官無稽考是以野不加闢户不加多而郡縣之計益窘望詔州縣畫疆立券占田多而輸課少者隨畝增之其餘閒田給與佃人庶幾流民有可耕之地而田萊不至多荒

又朱熹知漳州會臣僚請行閩中經界乃奏言經界最為民間莫大之利紹興已推行處公私兩利獨泉漳汀未行臣不敢先一身之勞逸而後一州之利病切獨任

其必可行也然必推擇官吏委任責成度量步畝算計精確畫圖造帳費從官給隨產均稅特許過鄉過縣均紐庶幾百里之內輕重齊同今欲每畝隨九等高下定計產錢而合一州租稅錢米之數以產錢為母每文輸米幾何錢幾何止於一倉一庫受納既輸之後却視原額分隸為省計為職田為學糧為常平各撥入諸倉庫版圖一定則民業有經矣但此法之行貧民下戶固所深喜然不能自達其情豪家猾吏實所不樂皆善為說辭以惑羣聽賢士大夫之喜安靜厭紛擾者又或不深

察而望風阻怯此則不能無慮

古今治平略范祖禹以經筵進疏曰天下之人至勞苦而常困窮者農民是也周公作無逸戒王以先知稼穡之艱難又言商之逸王不知稼穡之艱難不聞小人之勞苦唯耽樂之從夫稼穡之艱與小人之勞人君不可以不知天生時而地生財自一粒一縷以上皆出於民力然後人得而用人臣之祿受之於君故不可不報君人君之奉取之於民故不可不愛民天子者合天下之力而共尊之凡宮室車馬服食器用無非取於天下皆百姓之膏血也其作之甚勞其成之也甚難安而享之不可不思其所從來思其所從來則愛之而有不忍貴財之心憂之而有不忍勞民之意以此之心行此之政而天下不安者未之有也先王豈能人人而食之人人而衣之哉推其仁心修其仁政以及天下則所被者廣矣臣願陛下當食則思天下有饑而不得食者當衣則思天下有寒而不得衣者凡於每事莫不皆然唯推至

誠以召和氣庶幾皇天報應降豐年之祥使百姓皆家給人足則太平矣昔漢昭帝耕鉤盾弄田其事至微史臣書之蓋以昭帝欲知稼穡之艱難與周公戒成王之意同也周世宗留心農事常刻木為耕夫蠶婦置之殿庭欲見之而不忘國朝祖宗以來尤重農穡太宗謂近臣曰耕耘之夫最可矜憫春蠶既登併功績紡而繒帛不及其身田禾大稔充其腹者不過疏糲若風雨乖候

稼穡不登將如之何眞宗於内殿植稻麥臨觀刈穫欲知田畝之勞至今遵之惟陛下深留意於農政而常以保惠小民為先則天下幸甚

大學衍義周家以農事開國成王幼沖嗣位周公懼其未知稼穡之艱難也故作七月之詩使瞽矇歌之宫中庶幾成王知小民之依不敢荒寧蓋與無逸之作同一意也夫農者衣食之本一日無農則天地之所以養人者幾乎熄矣惟其關生人之大命是以服天下之至勞

當是時農之所耕者自有之田也而上之人又從而崇奬勸厲之故斯人亦以為生之樂而勤敏和悦之氣浹於上下不見其有勞苦愁嘆之狀朋酒羔羊升堂稱壽君民相與獻酬忘其尊卑貴賤後世之農則異乎此矣已無田可耕而所耕者他人之田為有司者得無殃害之足矣豈復有崇奬勸厲之意故數米而炊併日而食者乃其常也田事既起丁夫之糧餉與牛之芻藁無所從給預指收斂之入以為稱貸之資糲飯藜羹猶不克飽敢望有醯酪之嘉味乎夫農夫女紅之艱勤富室知之者寡矣況士大夫乎士大夫知之者寡矣況貴戚近屬乎貴戚近屬知之者寡矣況六宫嬪御乎近世張栻入侍經筵因講葛覃之詩言於孝祖以為周公之告成王見於詩有若七月見於書有若無逸欲其知稼穡之難小人之依帝王所傳心法之要端在於此夫治常生於敬畏而亂常起於驕肆使為國者每念乎農畝之勞則心不存焉者寡矣是心常存則驕肆何自而生豈非

治之所由興也歟栻之論最為墾至臣愚不佞願詔儒臣以今農夫紅女耕蠶勞勩之狀作為歌詩退朝之暇使人日誦於前且繪畫成圖揭之宫掖布之戚里庶幾聖心惕然不忘小民之依而六宫嬪御外家近屬亦知衣食所自來勉為勤儉之趨而不狃汰侈之習戒諭守宰勤行勸相毋妄興徭役以奪其時毋横加賦斂以困其力老農之不能自養者籍之有司大夏隆冬賦常平義廩之粟稍賑贍之歲凶賑卹先良農而後游手以示

聖朝重本之意則民將爭趨南畝衣食足而孝弟興矣

元史食貨志至元七年司農司專掌農桑水利農桑之制縣邑所屬村疃凡五十家立一社擇高年曉農事者為長增至百家者别設長一員不及五十家者與近村合為一社地遠人稀不能相合各自為社者聽其合為社者仍擇數村之中立社長官司長以教督農桑為事凡種田者立牌橛於田側書某村某人於上社長以時點視勸戒不率教者籍其姓名以授提點官責之社中

有喪病不能耕種者衆合力助之一社災病多者兩社助之農桑之術以備旱暵為先高者造水車貧不能造者官具材木給之田無水者鑿井井深不能得水者聽種區田種植之制每丁課種桑棗二十本土性不宜者種榆柳等皆以生成為數願多種者聽各社種苜蓿以防饑近水之家許鑿池養魚并鵞鴨蒔蓮藕菱芡蒲葦等以助衣食荒閒之地悉以付民每年十月令州縣正官巡視有蝗蝻遺子之地設法除之

又虞集傳泰定中集拜翰林直學士嘗因講罷進曰京師之東瀕海數千里北極遼海南濱青齊萑葦之場也海潮日至淤為沃壤用浙人之法築堤捍水為田聽富民欲得官者合其衆分授以地官定其畔以為限能以萬夫耕者授以萬夫之田為萬夫之長千夫百夫亦如之察其惰者而易之三年視其成以地之高下定額於朝廷以次漸征五年有積蓄命以官就所儲給以禄十年佩之符印得以傳子孫如軍官之法則東面民兵數

萬可以近衛京師外禦島夷遠寬東南海運以紓疲民遂富民得官之志而獲其用江海游食盜賊之類皆有所歸

又關中大饑帝問集何以救對曰承平日久人情晏安志士急乎近效則怨讟生不幸大災之餘正作新之機也若遣一二有仁術知民事者稍寬其禁令隨郡縣擇可用之人定城郭脩閭里治溝洫限畝畝薄征斂招其傷殘老弱漸以其力治之則遠去而來歸者漸至春耕

秋斂皆有所助一二歲間勿征勿徭封域既正友望相濟四面而至者均齊方一截然有法則三代之民將見出於空虛之野矣

明史李信圭傳宣德八年春言自江淮達京師沿河郡縣悉令軍民挽舟歲發二三千人晝夜以俟及致田土荒蕪民無蓄積稍遇歉歲輒老稚相持緣道乞食實可憫傷請自儀眞抵通州盡免其雜徭俾得盡力農田

大學衍義補臣按成周之後最重農者莫如漢文景二

帝尤惓惓焉非徒有是虛文也而減租之詔歲下雖以武帝之窮奢好武下至舟車皆有算而於田租則未嘗有加焉茲則所謂誠於憫農之實惠也自是而後君非不耕籍田后非不親蠶非不下憫農之詔非不敕守令以勸相然皆尚虛文而已非實惠也是故農不必勸也能無擾之足矣善乎柳宗元之言曰長人者好煩其令若甚憐焉而卒以禍旦暮吏來而呼曰官命促爾耕勗爾植督爾穫蚤繰而緒蚤織而縷字而幼孩遂而雞豚鳴鼓而聚之擊木而召之小人輟饔飧以勞吏者且不得暇又何以蕃其生而安其性耶臣願仁聖在上思王業之所本念小人之所依禁遊惰則為之者衆省徭役則不奪其時減租賦則不罄所有是雖不下憫農之詔而人皆知其有憫念之心不設勸農之官人皆受其勸相之惠田里小民不勝多幸

又臣按周禮周公致太平之書也周家自后稷以來以農為國故周公於書既作無逸以為其君告使其知小

民之所依而不敢逸豫又於詩作豳頌以為其君誦使其知王業之所起而不敢荒寧及其作周官也或以巡稼穡或以簡稼器趨其耕耨辨其種類合耦以相助移用以相救無非以為農事而已噫周公之輔成王陳言以獻忠於上者惓惓以稼穡為言建官以分治於下者諄諄以農事為急其知本乎

欽定授時通考卷四十四

欽定四庫全書

欽定授時通考卷四十五

勸課

官司

詩豳風田畯至喜

傳田畯田大夫也疏畯農夫也農夫田官也今之嗇夫是也此官選俊人主田謂之田畯典農之大夫謂之農夫以王者尤重農事知其爵為大夫也

又周頌嗟嗟臣工敬爾在公王釐爾成來咨來茹嗟嗟保介維莫之春亦又何求如何新畬

集註此戒農官之詩保介農官之副也

又率時農夫播厥百穀駿發爾私終三十里亦服爾耕十千維耦

疏率是主田之吏農夫使民耕田而種百穀農夫主田之吏也集註亦戒農官之詞蓋成王始置田官而嘗戒命之也

周禮天官甸師下士二人掌帥其屬而耕耨王藉以時入之以共齍盛

註郊外曰甸師長也其屬府史胥徒也

又地官大司徒卿一人大司徒之職辨十有二壤之物而知其種以教稼穡樹藝

又載師上士二人中士四人掌任土之法凡田不耕者出屋粟

註空田者罰以三家之稅粟以共吉凶二服及喪器也疏夫三為屋罰以三夫之稅粟云吉凶二服及喪

器是民自共用不可出官物故集此罰物為之

又閭師中士二人任農以耕事凡庶民不耕者祭無盛

註盛黍稷也

又遂人中大夫二人以土宜教甿稼穡以興鋤利甿以時器勸甿以彊予任甿

註時器鑄作耒耜錢鎛之屬彊予謂民有餘力復予之田

又遂師下大夫四人上士八人中士十有六人旅下士三十有二人各掌其遂之政令戒禁巡其稼穡而移用其民以救其時事

註移用其民使轉相助救時急事也四時耕耨斂芟地之宜早晚不同而有天期地澤風雨之急

又遂大夫每遂中大夫一人各掌其遂之政令以歲時稽其夫家之衆寡六畜田野辨其可任者與其可施舍者以教稼穡以稽功事令為邑者歲終則會政致事正歲簡稼器脩稼政三歲大比則率其吏而興甿明其有功者屬其地治者凡為邑者以四達戒其功事而誅賞廢興之

註功事九職之事所以為功業簡猶閲也興甿舉民賢者能者如六鄉之為興猶舉也

又縣正每縣下大夫一人各掌其縣之政令徵比以頒田里以分職事趨其稼事而賞罰之

又鄙長每鄙中士一人各掌其鄙之政令以時校登其夫家比其衆寡若歲時簡器與有司數之凡歲時之戒令皆聽之趨其耕耨稽其女功

註簡器簡稼器也有司遂大夫

又里宰每里下士一人掌比其邑之多寡以歲時合耦于耡以治稼穡趨其耕耨行其秩叙

疏耡助也謂合兩兩相佐助於里宰處云以治稼穡者謂治理其民使為春耕秋穡

又草人下士四人掌土化之法

又稻人上士二人中士四人下士八人掌稼下地

又土訓中士二人下士四人掌道地圖以詔地事道地慝

又廩人下大夫二人上士四人中士八人下士十有六人掌九穀之數

又倉人中士四人下士八人掌粟入之藏

又司稼下士八人巡野觀稼以年之上下出斂法

疏觀稼謂秋熟時觀稼善惡

禮記月令命有司發倉廪賜貧窮振乏絶命司空循行國邑周視原野修利隄防道達溝瀆開通道路毋有障塞

註溝瀆與道路皆不得不通所以除水潦便民事也

又命野虞出行田原為天子勞農勸民毋或失時命司徒循行縣鄙命農勉作毋休于都驅獸無害五穀毋大田獵

又令告民出五種命農計耦耕事

集説令典農之官告民出其所藏五穀之種計度耦耕之事耦二人相偶也

穀梁傳私田稼不善則非吏

註非責也吏田畯也言吏急民使不得營私田

左傳九扈為九農正

註扈有九種春扈鳻鶞夏扈竊玄秋扈竊藍冬扈竊黄棘扈竊丹行扈唶唶宵扈嘖嘖桑扈竊脂老扈鷃鷃以九扈為九農之號各隨其宜以教民事疏春扈鳻鶞相五土之宜趣民耕種夏扈竊玄趣民耘苗秋扈竊藍趣民收斂冬扈竊黄趣民蓋藏棘扈竊丹為果驅鳥行扈唶唶晝為民驅鳥宵扈嘖嘖夜為農驅獸桑扈竊脂為蠶驅雀老扈鷃鷃趣民收麥令不得晏起謂以扈為官還令依此諸扈而動作也

管子立政水雖過度無害于五穀歲雖凶旱有所秎穫司空之事也相高下視肥墝觀地宜明詔期前後農夫以時均修焉使五穀桑麻皆安其處由田之事也行鄉

里視宫室觀樹藝簡六畜以時均修焉勸勉百姓使力作毋偷懐樂家室重去鄉里鄉師之事也

韓詩外傳召伯出就蒸庶於阡陌隴畝之間而聽斷焉廬於樹下百姓大悦耕桑者倍力以勸於是歲大稔民給家足

前漢書惠帝紀四年春正月舉民孝弟力田者復其身

又高后紀元年二月初置孝弟力田二千石者一人

註特置孝弟力田官而尊其秩欲以勸厲天下令各

敦行本務

又文帝紀十二年置三老孝弟力田常員

又武帝紀元狩三年遣謁者勸種宿麥舉吏民能假貸貧民者以名聞

又平帝紀元始四年置大司農部丞十三人人部一州勸農桑

又百官公卿表治粟内史秦官景帝後元年更名大農令武帝太初元年更名大司農騪粟都尉軍官不常置

農都尉武帝初置

又食貨志春令民畢出在壄冬則畢入於邑春將出民里胥平旦坐于右塾鄰長坐於左塾畢出然後歸夕亦如之

註里胥如今里吏也門側之堂曰塾坐於門側者督促勸之知其早晏防怠惰也

又武帝末趙過為騪粟都尉能為代田一晦三甽歲代處故曰代田過使教田太常三輔大農置工巧奴與從事為作田器二千石遣令長三老力田及里父老善田者受田器學耕種養苗狀民或苦少牛無以趨澤故平都令光教過以人輓犁過奏光以為丞教民相與庸輓犁率多人者田日三十晦少者十三晦以故田多墾闢過試以離宫卒田其宫壖地課得穀皆多其旁田晦一斛以上令命家田三輔公田又教邊郡及居延城是後邊城河東弘農三輔太常民皆便代田用力少而得穀多

又水衡少府太僕大農各置農官

又藝文志農家者流蓋出于農稷之官播百穀勸耕桑以足衣食

註氾勝之成帝時為議郎使教田三輔有好田者師之徙為御史

又何武傳武為刺史行部入傳舍出記問壄田頃畝五穀美惡已延見二千石以為常

又黄霸傳霸為潁川太守務耕桑種樹畜養米鹽靡密

初若煩碎霸精力能推行之
又龔遂傳遂為渤海太守見齊俗奢侈好末技不田作迺躬率以儉約勸民務農桑令口種一樹榆百本韰五十本葱一畦韭家二母彘五雞民有帶持刀劍者使賣劍買牛賣刀買犢春夏不得不趨田畝秋冬課收斂益蓄果實菱芡勞來循行郡中皆有畜積吏民皆富實
又召信臣傳信臣為南陽太守好為民興利務在富之躬勸耕農出入阡陌止舍離鄉亭稀有安居時行視郡中水泉開通溝瀆起水門提閼凡數十處以廣溉灌歲歲增加多至三萬頃民得其利畜積有餘
後漢書和帝紀永元十六年遣三府掾分行四州貧民無以耕者為雇犁牛直
又禮儀志立春之日夜漏未盡五刻郡國縣道官下至斗食令史皆服青幘立春幡施土牛耕人於門外以示兆民正月令曰郡國守相勸民始耕
又百官志凡郡國以春行所主縣勸民農桑振救乏絕

又邊郡置農都尉主屯田殖穀
又卓茂傳茂遷密令天下大蝗獨不入密縣界督郵言之太守不信自出案行見乃服焉是時王莽秉政置大司農六部丞勸課農桑遷茂為京部丞密人老少皆流涕隨送
又魯恭傳恭拜中牟令郡國螟傷稼不入中牟河南尹袁安聞之使仁恕掾肥親往廉之曰蟲不犯境此一異也永初元年代鮪為司徒
又劉寬傳延熹八年徵拜尚書令遷南陽太守典歷三郡每行縣止息亭傳見父老慰以農里之言
又杜詩傳詩拜成臯令再遷為沛郡都尉轉汝南都尉七年遷南陽太守修治陂池廣拓土田郡內比室殷足時人方於召信臣南陽為之語曰前有召父後有杜母
又張堪傳堪拜漁陽太守開稻田八千餘頃勸民耕種以致殷富百姓歌曰桑無附枝麥穗兩岐張君為政樂不可支

又秦彭傳建初元年遷山陽太守興起稻田數千頃每於農月親度頃畝分别肥瘠差爲三品各立文簿藏之鄉縣於是姦吏跼蹐無所容詐

三國魏志武帝紀建安元年募民屯田許下州郡例置田官所在積穀

又國淵傳太祖欲廣置屯田使淵典其事淵屢陳益相土處民計民置吏明勸課之法五年中倉廩豐實競勸樂業

又梁習傳建安十八年習表置屯田都尉領客六百夫於道次耕種菽粟

又任峻傳太祖以峻爲典農中郎將數年中所在積粟倉廩皆滿

又蘇則傳則爲金城太守親自教民耕種歲大豐收

又杜畿傳畿拜河東太守課民畜牸牛草馬下逮雞豚犬豕皆有章程百姓勸農家家豐實

又倉慈傳太祖開募屯田於淮南以慈爲綏集都尉遷燉煌太守抑挫權右撫恤孤貧甚得其理大族田地有餘而小民無立錐之土慈皆隨口割賦稍稍使復其本

又王昶傳昶爲洛陽典農時都畿樹木成林昶斫開荒萊勤勸百姓墾田特多

晉書職官志郡國及縣農月皆隨所領戶多少爲差散吏爲勸農又縣五百以上皆置鄉三千以上置二鄉五千以上置三鄉萬以上置四鄉鄉置嗇夫一人

文獻通考典農中郎將典農都尉典農校尉並曹公置

晉太始一年罷農官爲郡縣後復有之

晉書食貨志武帝泰始五年敕戒郡國計吏諸郡國守相令長務盡地力禁游食商販

又泰始八年司徒石苞奏州郡農桑宜增掾屬令吏有所循行帝從之苞既明於勸課百姓安之

文獻通考晉元帝課督農功二千石長吏以入穀多少爲殿最其非宿衛要任皆宜赴農使軍各自佃作即以爲廩

晉書王宏傳宏為汲郡太守撫百姓如家耕桑樹藝屋宇阡陌莫不躬教示曲盡事宜

文獻通考梁司農卿位視散騎常侍主農功倉廩陳因之後因有司農上士一人掌三農九穀稼穡之政令屬大司徒

又勸農謁者梁武帝天監九年置屬司農

魏書文成帝紀元年遣尚書伏真等三十人巡行州郡觀察墾殖田畝

文獻通考魏太武帝令有司課畿內之人各列家別口數所種頃畝明立簿目所種於地首標姓名以辨播殖之功

魏書食貨志天興初制定畿內田四方置八部帥以監之勸課農耕量校收入以為殿最

隋書公孫景茂傳景茂為道州刺史好單騎巡人家閱視百姓產業有修理者於都會時乃褒揚稱述如有過惡隨即訓導而不彰也繇是人行義讓有無均通男子相助耕耘婦子相從紡績大村或數百户如一家之務

又食貨志河清三年定令每歲春月各依鄉土早晚課入農桑自春及秋男二十五以上皆布田畝蠶桑之月婦女十五以上皆營蠶桑孟冬刺史聽審邦教之優劣定殿最之科品人有人力無牛或有牛無力者須令相便皆得納種使地無遺利人無游手焉

文獻通考唐龍朔二年改司農為司稼咸亨初復舊卿一人少卿一人掌東耕供進耒耜及邦國倉儲之事領上林太倉鉤盾導官四署

唐書百官志凡十道巡按以判官二人為佐務繁則有支使其三察農桑不勤

又諸屯監一人從七品下丞一人從八品下掌營種屯田句會功課及畜產帳簿以水旱蝝蝗定課屯主勸率營農督斂地課

又節度使兼支度營田招討經畧使則有副使判官各一人支度使復有遣運判官巡官各一人歲以八月考

其治否觀察使以豐稔為上考

又田曹司田叅軍事掌園宅口分永業及蔭田

又上州司田叅軍事一人從七品下中州司田叅軍事一人正八品下下州司田叅軍事一人從八品下五千人以上有副使一人萬人以上有營田副使一人

又縣令掌導風化凡民田將授縣令給之

文獻通考唐開元十有二年夏四月令兵部員外郎兼侍御史宇文融兼充勸農使巡按人邑安撫户口所在與官僚及百姓商量處分賦役差科於人非便者並量事處分績狀奏聞務令安輯勿使煩勞

又上元二年諸州各置司田叅軍一人主農事每縣各置田正二人於當縣揀明嫻田種者充務令勸課

又寶應元年詔建巳月諸州刺史縣令及司田叅軍令設法勸課令其耕種不得失時貧不能濟户仍方員處置量事借貸務令存立歲終巡案量其功效

唐書食貨志唐開府軍以扞衛要因隙地置營田天下屯總九百九十二司農寺每屯三頃州鎮諸軍每屯五十頃水陸腴瘠播殖地宜與其功庸煩省收率之多少皆決於尚書省苑内屯以善農者為屯官屯副御史巡行莅輸上地五十畝瘠地二十畝稻田八十畝則給牛一諸屯以地良薄與歲之豐凶為三等與民田歲穫多少以中熟為率有營則以兵若夫千人助收隸司農者歲三月卿少卿循行治不法者凡屯田收多者褒進之歲以仲春籍來歲頃畝州府軍鎮之遠近上兵部度便宜遣之開元二十五年詔屯官敘功以歲豐凶為上下

鎮戍地可耕者人給十畝以供糧方春屯官巡行謫作不時者

文獻通考唐令諸户以百户為里五里為鄉四家為鄰三家為保每里設正一人掌按比户口課殖農桑

又唐考功之法有二十七最二十曰耕耨以時收穫成課為屯官之最

唐書裴行儉傳子倩歷信州刺史勸民墾田二萬畝以

治行賜紫金服

又田仁會傳永徽中為平州刺史歲旱自暴以祈而雨大至穀遂登人歌曰父母育我兮田使君挺精誠兮上天聞中田致雨兮山出雲倉廩實兮禮義申願君常在兮不患貧

又李惠登傳惠登拜刺史政清靜居二十年田畝闢户口日增人歌舞之節度使于頔狀其績詔加御史大夫升隋為上州

又何易于傳易于為益昌令縣距州四十里刺史崔朴常乘春與賓屬泛舟出益昌旁民挽牽易于身引舟朴驚問狀易于曰方春百姓耕且蠶惟令不事可任其勞朴愧與賓客疾遣去

五代史雜傳張全義為河南尹披荆棘勸耕殖躬載酒食勞民畎畝之間

文獻通考宋太祖開基分命朝臣出守列郡號權知軍州事軍謂兵州謂民政焉其後文武官參為知州軍事二品以上及帶中書樞密院宣徽使職事稱判太守掌總理郡政宣布條教歲時勸課農桑旌別孝弟

又建隆元年應天下諸縣除赤畿外有望緊上中下掌總治民政勸課農桑

宋史太宗紀淳化五年九月遣使分行宋亳陳潁泗壽鄧蔡等州按行民田被水及種蒔不及者並蠲其租

文獻通考至道元年六月詔州縣官吏勸民墾田之數悉書于印紙以俟旌賞二年以陳靖為勸農使按行陳許蔡潁襄鄧唐汝等州勸民墾田以大理寺皇甫選光

祿寺丞何亮副之

宋史眞宗紀天禧四年九月分遣近臣張知白晁迥樂黃目等各舉常參官諸路轉運及勸農使

文獻通考眞宗置諸路提點刑獄公事以朝臣充始命屯田李拱為之副以武臣閤門祗候以上充天禧四年加勸農使俄改提點刑獄勸農使又以武臣為副使天聖嘉祐中罷熙寧十年復置勸課農桑

又熙寧二年分遣諸路常平官使專領農田水利事應吏民能知土地種植之法陂塘圩埠堤堰溝洫之利害者皆得自言行之有效隨大小酬賞

宋史徽宗紀政和元年夏四月立守令勸農黜陟法二年夏四月詔縣令以十二事勸農於境内躬行阡陌程督勤惰

註一曰敦本業二曰興地力三曰戒游手四曰謹時候五曰戒苟簡六曰厚蓄積七曰備水旱八曰戒牽

牛九曰置農器十曰廣栽植十一曰恤苗户十二曰無妄訟

文獻通考宋南渡之後紹興十五年閏十一月司農簿宋楧請令守令以歲仲春出郊勞農遂為故事

宋史食貨志太平興國中兩京諸路許民共推揀土地之宜明樹藝之法者一人縣補為農師令相視田畝肥瘠及五種所宜

文獻通考宋制委户部長貳左曹分按法曰農田掌農田及田訟務限奏豐稔驗水旱蟲蝗勸課農桑請佃地土令佐任滿賞罰繳奏諸州雨雪撿按災傷逃絶人户

又初朝議置勸農之名然無職局天禧四年始詔諸路提點刑獄朝臣為勸農使使臣為副使所至取民籍視其差等不如式者懲革之勸恤農民以時耕墾招集逃散撿括稻稅凡農田事悉領焉

金史章宗紀泰和三年六月遣官行視中都田禾水澤分數八年夏四月詔諭有司以苗稼方興宜速遣官分

道巡行農事以備蟲蝻

又宣宗紀興定四年秋七月詔參知政事李復亨為宣慰使御史中丞完顔伯嘉副之徇行郡縣勸農

元史世祖紀至元六年八月詔諸路勸課農桑命中書省采農桑事列為條目仍令提刑按察司與州縣官相風土之所宜講究可否别頒行之

又至元七年二月立司農司以參知政事張文謙為卿設四道巡行勸農司閏十一月申明勸課農桑賞罰之

法十二月改司農司為大司農司添設巡行勸農使副各四員以御史中丞孛羅兼大司農卿

又張文謙傳文謙邢州沙河人至元七年拜大司農卿奏立諸道勸農司巡行勸課

又董文用傳至元八年立司農司授山東東西道巡行勸農使文用巡行勸勵無間幽僻入登州境見其墾開有方以郡守移剌某為能作詩表異之於是列郡咸勸地利畢興五年之間政績為天下勸農使之最

明史職官志戶部尚書以樹藝課農官以蠲減賑貸均糶捕蝗之令憫災荒

又方克勤授濟寧知府時始詔民墾荒閲三歲乃稅吏徵率不俟期民謂詔旨不信輒棄去田復荒克勤與民約稅如期區田為九等以差等徵發吏不得為奸野以日闢視事三年一郡饒足

又陳幼學授確山知縣墾萊田八百餘頃調繁中牟縣南荒地多茂草根深難墾令民投牒者必入草十斤未幾草盡得沃田數百頃悉以畀民有大澤積水占膏腴地二十餘里幼學疏為河者五十七為渠者百三十九俱引入小清河民大獲利遷湖州知府霪雨連月禾盡死幼學大舉荒政活饑民三十四萬有奇

欽定授時通考卷四十五

欽定四庫全書

欽定授時通考卷四十六

勸課

祈報

詩小雅以我齊明與我犧羊以社以方我田既臧農夫之慶琴瑟擊鼓以御田祖以祈甘雨

傳社后土也方迎四方氣於郊也田祖先嗇也箋秋祭社與四方為五穀成熟報其功也御迎也疏孟春

月以琴瑟及擊其土鼓以迎田祖先嗇之神而祭之所以求甘澍之雨也

又大雅以興嗣歲

箋嗣歲今新歲也以先歲之物齊敬祀軷而祀天者將求新歲之豐年也

又周頌以似以續續古之人

傳以似以續嗣前歲續往事也箋殺牲報祭社稷嗣前歲者復求有豐年也續往事者復以養人也續古

之人求有良司穡也

詩小序噫嘻春夏祈穀于上帝也

箋祈猶禱也求也月令孟春祈穀于上帝是也疏郊以報天而必兼言祈穀者以人非神之福不生為郊祀以報其已往又祈其將來故祈報兩言之也

又豐年秋冬報也

集註此報賽田事之樂歌

又載芟春籍田而祈社稷也

疏王者於春時親耕耤田以勸農業又祈求社稷使獲其年豐歲稔焉

又良耜秋報社稷也

疏太平之時年穀豐稔以為由社稷之所祐故於秋物既成王者乃祭社稷之神以報生成之功焉朱註此亦報賽田事之樂歌

周禮地官州長以歲時祭祀州社

疏歲時歲之二時春秋耳春祭社以祈膏雨望五穀

豐熟秋祭社者以百穀豐稔所以報功故云祭祀州社也

又黨正春秋祭禜國索鬼神而祭祀

註禜謂雩禜水旱之神荆川稗編雩以祈雨禜以祈晴王昭禹曰索鬼神而祭祀乃萬物之神蓋萬物所以生所以成凡人之欲皆有以養之凡人之求皆有以給之孰為此者其神乎先王於是有報禮焉凡索鬼神之祭所以報本而反始也鄭鍔曰蜡言其名索

言其實

又鼓人以靈鼓鼓社祭

註靈鼓六面鼓也社祭地祇也

又春官小宗伯大烖及執事禱祠于上下神示

註執事大祝及男巫女巫也求福曰禱得求曰祠䟽大烖者謂國遭水火及年穀不熟則禱祠于上下天地神祇禱祠兩言之者欲見初禱後得福則祠之也

又肆師社之日涖卜來歲之稼

註社祭土為取材焉卜者問後歲稼所宜䟽祭社有二時謂春祈秋報之者報其成熟之功今卜者來歲亦如今年宜稼也

又籥章凡國祈年于田祖龡豳雅擊土鼓以樂田畯國祭蜡則龡豳頌擊土鼓以息老物

註祈年祈豐年也田祖始耕田者謂神農也王昭禹云豐年雖本於天時順而祈之亦成乎人事爾先嗇神農也以其始教天下耕稼故祈之陳及之云田畯

田大夫古有功於農事者成周之時春祈年於上帝田祖田畯皆祭之詩曰以御田祖以祈甘雨以介我黍稷先王蓋以田祖田畯其生也有功於農事今農事將興舉而祭之不惟示重農之意亦所以勸農之力田者況大如上帝則祈之次如社稷則祈之則祈田祖田畯尚何疑乎李景齊云祈年之禮王政之所急先故宜歌雅小雅甫田之詩所謂祈年而吹豳雅者毋乃在是乎祭蜡而吹豳頌蓋頌者以其成功告

神明而蜡祭之設所以荅鬼神之功故宜歌頌
又大祝掌六祝之辭一曰順祝
註順祝順豐年也
又小祝掌小祭祀以祈福祥順豐年逆時雨寧風旱
註釋順豐年而順為之祝辭者按管子云倉廩實而知禮節衣食足而知榮辱意皆欲知此是豐年順民意也故設祈禮以求豐年而順民故云為之祝辭也
又夏官大司馬火弊獻禽以祭社

月令廣義註春田主祭社以土方施生有祈焉
又羅弊致禽以祀祊
註祊當為方秋田主祭四方報成萬物也註釋以秋物成四方神之功故報祭之云
禮記月令擇元日命民社
註社后土也使民祀焉神其農業也月令廣義注為春事興故祭之所以祈農也
又仲夏之月命有司為民祈祀山川百源大雩帝用盛樂乃命百縣雩祀百辟卿士有益於民者以祈穀實
廣義註為民祈雨以祀也雩者吁嗟其聲以求雨之祭若周禮女巫凡邦之大烖歌哭而請亦其義也
又季秋之月大饗帝
方慤曰雩所以祈也饗所以報也祈必以仲夏者以陰生於午而物成之始也以祈物之成而已報必於季秋者以陽窮於戌而歲功之終也所以報歲之功而已

又命主祠祭禽于四方
註以所獲禽祀四方之神也司馬職曰羅弊致禽以祀祊疏秋時萬物以成獵則以報祭社及四方為主也
又孟冬之月天子乃祈來年於天宗大割祠于公社
註此周禮所謂蜡祭也疏天宗故云祈社是報功故云割
又乃畢山川之祀及帝之大臣天之神祇

註四時之功成於冬孟月祭其宗此可以祭其佐也
帝之大臣勾芒之屬天之神祇司中司命風師雨師
又禮運祀社于國所以列地利也
䟽天子至尊而猶自祭社欲使報恩之禮達於下也
地出財故云列地利也
又郊特牲唯為社事單出里唯為社田國人畢作唯社
丘乘共粢盛所以報本反始也
䟽報美結也皇氏云國人畢作是報本而丘乘共粢
盛是反始言粢盛是社所生故云返始也
又天子大蜡八伊耆氏始為蜡蜡也者索也歲十二月
合聚萬物而索饗之也
䟽伊耆氏神農也以其初為田事故為蜡祭以報天
也集註蜡祭八神先嗇一司嗇二農三郵表畷四貓
虎五坊六水庸七昆蟲八合猶閉也閉藏之月萬物
各已歸根復命聖人欲報其神之有功者故求索而
祭享之也

又蜡之祭也主先嗇而祭司嗇也祭百種以報嗇也
註先嗇神農也報嗇謂報其教民樹藝之功祭百種
者報其助嗇之功使盡饗焉
又饗農及郵表畷禽獸仁之至義之盡也
䟽不忘恩而報之是仁有功必報之是義也
又祭有祈焉有報焉
註祈猶求也報謂若獲禾報社也
公羊大雩者何旱祭也
註雩旱請雨祭名不觧大者祭言大雩大旱可知也
又言雩則旱見言旱則雩不見
註必言雩者善其能戒懼天災應變求雨憂民之急
也
穀梁雩月正也雩得雨曰雩不得雨曰旱
註雩者夏祈穀實之禮也旱亦用焉
又秋大雩雩之為非正何也毛澤未盡人力未竭未可
以雩也

疏非必百穀至而雩祀之設本為求雨求雨之意指為祈穀故周頌噫嘻之篇歌春夏而同名至於修雩祀不異故此傳言毛澤未窮人力未竭言人力之功施於種植種植之義在於禾黍也聖人重禱請請必為民民之本務在於春夏春夏祈穀先嚴其犧牲具其器物謹修其禮冀精神有感故一時盡心專力求請求請不得失時

左傳夫郊祀后稷以祈農事也

疏神以人為主人以穀為命人以精意事天天以宜稼佑人以此謂之祈農

又龍見而雩

註建巳之月萬物始盛待雨而大故祭天遠為百穀求膏雨

又秋大雩旱也

註雩夏祭所以祈甘雨若旱則又修其禮故雖秋雩非書過也

又山川之神則水旱癘疫之災於是乎禜之日月星辰之神則雪霜風雨之不時於是乎禜之

註有水旱之災則禜祭山川之神若臺駘者周禮四曰禜祭為營欑用幣以祈福祥星辰之神若實沈者

疏禜是祈禱之小祭耳山川之神其祭非有常處故臨時營其地立欑表用幣告之以祈福祥也

國語土發而社助時也收攟而烝内要也

註土發春分也周語曰土乃脈發社者助時求福為

農始也攟拾也冬祭曰烝因祭社以納五穀之要休農夫也

又社而賦事烝而獻功

註社春分祭冬祭曰烝

爾雅釋訓舞號雩也

註雩之祭舞者吁嗟而求雨疏雩之祭有舞有號雩之言遠也遠為百穀祈膏雨也

史記社所以親地也地載萬物天垂象取材于地取法

于天所以尊天而親地也社共粢盛所以報本返始也
又神農氏始教耕於是始作蜡祭
路史炎帝神農氏每歲陽月盍百種率萬民蜡戲於
國中以報其歲之成
漢書郊祀志夫江海百川之大者也其令祠官以禮為
歲事以四時祠江海雒水祈為天下豐年焉
晉禮志天子親耕故自立社為耤田而報者也國以人
為本人以穀為命又為百姓立社而祈報焉王景侯論

王社亦謂春祈耤田秋而報之也
又太社為羣姓祈報祈報有時主不可廢故凡被社釁
鼓主奉以從是也
齊禮志晉永和中雩祈上帝百辟歌雲漢詩皆以孟夏
得雨報太牢
又何佟之議古者孟春郊祀祈嘉穀孟夏雩祭祈甘雨
二祭雖殊而所為者一禮唯有冬至報天初無得雨賽
帝今雖闕冬至之祭而南郊兼祈報之禮不容別有賽
答之事也
宋禮志臘者接也新故相接畋獵禽獸以享百神報終
成之功也
隋禮儀志古先王法施於人則祀之故以句龍主祀周
棄主稷而配焉歲凡再祭蓋春求而秋報也
又南郊之祭即是圜丘日南至於其上以祭天春又一
祭祈農謂之二祭無別天也
又何佟之議今之郊祭是報昔歲之功而祈今年之福

故取歲首上辛不拘立春之先後周冬至於圜丘大報
天也夏正月郊以祈農事故有啟蟄之歲自晉太始二
年並圜丘方澤同於二郊是知今之郊禋禮兼祈報不
得限以二途也帝曰圜丘自是祭天先農即是祈穀但
就陽之位故在郊也冬至之後陽氣起於甲子既祭昊
天宜在冬至祈穀時可依古必須啟蟄在一郊壇分為
二祭自是冬至謂之祀天啟蟄名為祈穀
唐禮樂志王仲丘議夫祈穀本以祭天也然五帝者五

行之精所以生九穀也宜於祈穀祭昊天而兼祭五帝

冊府元龜唐開元二十五年勑時和年豐神所福也精意備物祭之義也朕每為蒼生嘗祈稔歲徵誠有感丕應乃彰令宗社降靈神祇効祉三時不害百穀用成遂使京坻遍於天下和平之氣既無遠而不通禋祀之典亦有祈而必報

又唐天寶元年詔社為九土之尊稷乃五穀之長春祈秋報祀典是尊而天下郡邑所置社稷等如聞祭事或

不備禮苟崇敬有虧豈靈祇所降欲望和氣豐年焉可致也朕永惟典故務在潔誠俾官吏盡心庶蒼生蒙福自今已後應祭官等庶事宜倍加精潔以副朕意其社壇側近仍禁樵牧至如百姓私社宜與官社同日致祭

又天寶三年遣使分祀嶽瀆詔務農勸穡雖用天道人和歲稔實賴休徵頃者春夏之交稍愆時雨收穫之際復屬秋霖慮害農功每祈乎佑遂得百神降福羣望效靈既不為災仍多善熟幽贊之德普洽於生人昭報之儀式遵於祀典

又八年詔九州之鎮實著禮經三代之典必崇望秩事既屬於報功義有符於錫命其九州鎮山除入諸嶽外宜並封公仍各置祠守者量更增修儲慶發祥當申昭報宜令所在長官各陳祭禮名山大川亦量事致祭

又十四年制書云咸秩羣望詩曰懷柔百神永惟明徵豈忘昭報今秋稼穡頗勝常年實賴靈祇福臻稔歲其五嶽四瀆所在山川及得道昇仙靈跡之處宜委郡縣長官至秋後各令醮祭務崇嚴潔式展誠享

淮南子郊天望山川禱祀而求福雩兌而請雨

白虎通王者報地德禮西郊

又王者所以有社稷何為天下求福報功人非土不立非穀不食土地廣博不可徧敬也五穀衆多不可一一而祭也故封土立社示有常尊稷五穀之長故封稷而祭之也

又稷者得陰陽中和之氣而用尤多故為長也歲再祭

何春求穀之義也
又諸侯社稷皆少牢社稷為報功諸侯一國所報者少
也
又太社為天下報功王社為京師報功
又大夫有民其有社稷者亦為報功也
孝經緯社土地之主也土地濶不可盡敬故封土為社
以報功也稷五穀之長也穀衆不可徧祭故立稷神以
祭之

援神契仲夏穫禾報社祭稷以三牲何重功故也
月令廣義注按中夏無禾可穫報稷當在秋
春秋繁露大旱雩帝而請雨大水鳴鼓而攻社
觧大旱陽滅陰也雖太甚拜請之而已大水者陰滅
陽也故鳴鼓而攻之
又旱求雨令縣邑以水日令民禱社
論衡社稷報生萬物之功社報萬物稷報百穀
又東方主春春主生物故祭歲星求春之福也四方皆
有力於物獨求春者重本尊始也
又春秋魯大雩旱求雨之祭也旱久不雨禱祭求福
又春二月雩秋八月亦雩春祈穀雨秋祈穀實
又大水鼓用牲于社亦古禮也為水旱者陰陽之氣也
滿六合難得盡祀故修壇設位敬恭祈求效事社之義
也
說文夏祭樂于赤帝以祈甘雨
又祈穀食新曰離膢

又雩祭請祈人君精誠也
又雩之禮為民祈穀雨祈穀實也春求實一歲再祀蓋
重穀也
風俗通祀典既已立稷又有先農無為靈星復祀后稷
也左中郎將賈逵說以為龍第三有天田星靈者神也
故祀以報功
又臘接也新故交接狎臘大祭以報功也
玉燭寶典蜡者報百神

文心雕龍天地定位祀徧羣神六宗既禋三望咸秩甘雨和風是生黍稷兆民所仰美報興焉

劉宗元蜡説栁子為御史主祀事將蜡進有司以問蜡之説則曰合百神於南郊以為歲報者

陳氏禮書古者言社必及方則社為民祈方為民報祈在春報在秋

又社所以祭五土之示稷所以祭五穀之神五穀之神而命之稷以其首種先成而長百穀故也稷非土無以

生土非稷無以見生生之効故祭社必及稷以其同功均利而養人故也祭法王社侯社無預農事故不置稷大社國社則農之祈報在焉故皆有稷

潛確類書開元十一年親祠后土為蒼生祈穀自是神明昭佑累年豐登有祈必報禮之大者

杜氏通典報田之祭其神曰先嗇即神農初為田事故以報之

又蜡之義自伊耆氏之代而有其禮古之君子使之必報之是報田之祭也其神神農初為田事故以報也

又周仲秋辰日祭靈星於國之東南王者所以復祭靈星者為人祈時以種五穀故別報其功

文獻通攷蜡祭也所以報一歲之成功求嗣歲之福也

又沙隨程氏曰八蜡之祭為民設教也厚矣古有始為稼穡以易佃漁俾吾卒歲無饑不與禽獸爭一旦之命者繄先嗇是德故祭先嗇焉曰司嗇者謂修明其政而潤色之者也曰農者謂傳是業以授之於我者也曰郵

表綴者綴井田閒道也郵表也者謂畫疆分理以是為準者也昔之人為是而勞今我蒙之而逸蓋不得不報也曰猫虎者謂能除鼠豕之害吾稼者也曰坊者謂昔為隄防之人使吾禦水患者也曰水庸者謂昔為畎澮溝洫使吾為旱備者也曰昆蟲者先儒謂昆蟲害稼不當與祭乃易以百種是不然所謂昆蟲者非祭昆蟲也祭其除昆蟲而有功於我者也夫以表綴坊庸之賤隸猫虎昆蟲之細效吾不敢忘皆得以上配先嗇司嗇之

享其民勸於功利推而廣之等而上之視君親如天地
而不敢慢也
文獻通攷註柞臼門外祈穀於天也
又后稷始為農事故祭以求年豐
事物紀原十月農功畢里社置酒食以報田神因相顧
樂或謂坐禮始於周人之蜡云
荆川稗編旱雩禁舉火故雩以祈雨用皂衣禜以祈晴
用朱衣

又歌雲漢於雩旱祈雨多在六月以林鐘商譜首章以
林鐘羽譜後七章此詩誠古人雩祭所歌然今未必能
信用唯以陰求陰則救旱請雨者所宜急
曾氏農書記曰農事有祈焉有報焉所以治其事也天
下通祀惟社與稷社祭土句龍配焉稷祭穀后稷配焉
此二祀者實主農事載芟之詩春耤田而祈社稷也良
耜之詩秋報社稷也此先王祈報之明典也匪直此也
山川之神則水旱癘疫之不時於是乎禜之日月星辰
之神則雪霜風雨之不時於是乎禜之與夫法施於民
者以勞定國者能禦大菑者能捍大患者莫不秩祀先
王載之典禮著之令式歲時行之凡以為民祈報也周
禮籥章凡國祈年於田祖則龡豳雅擊土鼓以樂田畯
爾雅謂田畯乃先農也於先農有祈焉則神農后稷與
世俗流傳所謂田父田母皆在所祈報可知矣大田之
詩言去其螟螣及其蟊賊無害我田穉田祖有神秉畀
炎火有渰淒淒興雨祁祁雨我公田遂及我私此祈之

之辭也甫田之詩言以我齊明與我犧羊以社以方我
田既臧農夫之慶此報之之辭也繼而琴瑟擊鼓以御
田祖以祈甘雨以介我黍稷以穀我士女此又見因所
報而寓所祈之義也若夫噫嘻之詩言春夏祈穀於上
帝蓋大雩帝之樂也豐年之詩言秋冬報者烝嘗之樂
歌也然於上帝則有祈而無報於祖妣則有報而無祈
豈闕文哉抑互言之耳此又祈報之大者也又育蠶者
亦有祈禳報謝之禮皇后祭先蠶至庶人之婦亦皆有

祭此后妃與庶人之祭雖貴賤之儀不同而祈報之心一也至於牛最農事之所資反闕祭禮蓋古者未有牛耕故祭有闕典至春秋之時始教牛耕後世田野開闢穀實滋盛皆出其力雖知有愛重之心而曾無愛重之實近年耕牛疫癘損傷甚多亦曷禳禱祓除祛禍祈福以報其功力豈為過哉亦不忘乎穀之所自農之所本也

東陽縣志夏至凡治田者不論多少必具酒肉祭土穀之

神束草立標插諸田間就而祭之為祭田婆蓋麥秋既祭稻禾方茂義兼祈報矣

又六月六日農家於是日祀穀神謂之六六福蓋亦農人祈穀報賽之義

月令廣義三月初三日祈農

註南齊志祓祭也

又三月三日清明之節將修事於水側禱祀以祈年豐

又秋報社

註月令無文意豐年然後報

又十二月臘報神

註漢舊儀臘者報諸鬼神古聖賢有功於民者也

農政全書蜡祭與耤田相為終始當夫東作方興之始既舉耤田之禮以祀先農於春而以帥先農民以興其務本之心則夫百穀告成之後載舉大蜡之禮以報先嗇於冬而以勞來農民以報其勤動之苦是故舉先王莫大之禮是亦廣聖君莫大之恩也

又大雩者祭於帝而祈雨也一說郊祀天祈農事雩祭山川而祈雨也

又按禮志祈報周官太祝掌六祝之辭以事鬼神示祈福祥於是歷代皆有禬禜之事宋因之有祈有報祈用酒脯醢郊廟社稷或用少牢其報如常祀

欽定授時通考卷四十六

欽定授時通考卷四十七

勸課

本朝重農

勅諭一

太祖高皇帝

諭今日仗義伐明天必佑我天佑可以克敵但我國儲積未充縱得其人民畜產何以養之若養其人民畜產恐

我國之民反致耗損惟及是時撫輯吾國固疆圉修邊備重農積穀為先務耳

太宗文皇帝

天聰七年

諭各牛彔額真曰田疇廬舍民生攸賴勸農講武國之大經爾等宜各往該管屯地詳加體察不可以部務推諉若有二三牛彔同居一堡者著於各田地附近之處大築墻垣散建房屋以居之遷移之時宜聽其便至於樹藝之法窪地當種粱稗高田隨地所宜種之地瘠須加培壅耕牛須善飼養爾等俱一一嚴飭如貧民無牛者付有力之家代種一切傜役宜派有力者勿得累及貧民如此方稱牛彔額真之職若以貧民為可虐濫行役使惟爾等子弟徇庇免其差傜則設爾牛彔額真何益耶至所居有卑濕者宜令遷移若憚於遷移以致傷稼害畜俱爾等牛彔額真是問方今疆土日闢凡田地有不堪種者儘可更換許訴部臣換給如給地之時爾等牛彔額真章京自占便地沃壤將遠瘠之地分給貧人

許貧人陳訴

崇德二年

諭昨歲春寒耕種失時以致乏穀今歲雖復春寒然三陽伊始農事不可失也宜早勤播種而加耘治焉夫耕耘及時則稼無災傷可望有秋若播種後時耘治無及或被蟲災或逢水澇穀何由登乎凡播種必相其土宜土燥則種麥穀土濕則種秫稗各屯堡撥什庫無論遠近

皆宜勤督耕耘若不時加督率致廢農事者罪之

世祖章皇帝

順治六年

諭自兵興以來地多荒蕪民多逃亡流離無告深可憫惻著戶部都察院傳諭各撫按轉行所司凡各處逃亡民人不論原籍別籍必廣加招徠編入保甲俾之安心樂業察本地方無主荒田州縣官給以印信執照開墾耕種永准為業俟耕至六年之後有司官親察成熟畝數

撫按勘實奏請奉旨方議徵收錢糧其六年以前不許開徵不許分毫僉派差徭如縱容衙官衙役鄉約甲長借端科害州縣印官無所辭罪務使逃民復業田地開闢漸多各州縣以招民勸耕之多寡為優劣道府以責成催督之勤惰為殿最每歲終撫按分別具奏

順治八年

諭田野小民全賴地土養生朕聞各處圈占民地以備畋獵往來下營之所夫畋獵原為講習武事古人不廢然恐妨民事必於農隙今乃奪其耕耨之區斷其衣食之路民生何以得遂朕心大為不忍爾部速令地方官將前圈地土盡數退還原主令其乘時耕種

諭朕出獵回見禾稼茂盛足覘有秋恐爾等仍前放鷹馳獵以致蹂躪田禾殊堪軫念今後必俟農隙之時方許放鷹勿得玩違

順治十二年

諭戶部曰朕有天下皆我

太祖

太宗積德施仁開創鴻緒以貽藐躬朕既為生民之主一夫不獲時廑朕衷念自明運式微流賊煽亂朕奉

天成命救民於水火之中率土人民如依父母以為必蒙愛育得享昇平豈意比年以來水旱頻仍干戈未靖轉輸旁午民不聊生蕩析離居嘗及妻子煢煢無告轉輾呼號想其怨咨必歸於朕言念及此何以仰副

祖宗付託之意中夜以興潸焉出涕雖未能減賦蠲租實

欲除苛去甚與良有司共圖休養已有諭旨令内外大小官員悉心條奏通達下情嗣後各地方錢糧凡横歛私徵暗加火耗荒田逃戶灑派包賠非時預徵蠲免不實災傷遲報踏勘騷擾妄興詞訟妨奪農時等弊一切嚴行禁革有違犯者該督撫即行糾叅治罪如督撫徇縱部院科道官訪實劾奏

順治十四年

諭時方入秋田禾在野必雨暘時若乃望西成今霖潦未休傷稼可慮干和召沴定有由來朕夙夜祗懼循省愆尤大小臣工亦俱宜洗心滌慮協圖修省以格

天心仍遣官於

圜丘虔禱晴霽

順治十七年

諭今夏亢陽日久農事堪憂朕念致災有由痛自刻責觳為民天非雨不遂竭誠祈禱積有日時乃精誠未達雨澤尚稽晝夜焦心不遑啟處茲卜是月之十三日豫行齋戒敬明步至南郊是夜子刻祭告

圜丘祈禱甘雨以拯災黎若仍不雨則再行躬禱務回

天意

聖祖仁皇帝

康熙十年

諭禮部今歲三春無雨風霾日作耕種愆期民生何賴皆由朕躬涼德政治未協大小臣工不能殫忠為國恪修職業瞻顧因循惟圖自便偏私怠忽致干天和用是朕夙夜靡寧深切儆惕今實圖修省勵精勤政體

上天仁愛之意感召休和為民請命内閣六部都察院等衙門大小官員各有職掌皆宜體朕倚任至意共効贊襄持廉秉公克盡厥職洗心滌慮痛改前非以迓天和爾部即遵諭通飭祈雨事宜照例作速舉行

諭今已入夏亢暘不雨農事堪憂朕念切民生躬自刻責特頒嚴旨戒飭各臣修省過愆祈求雨澤乃精誠未達霖雨尚稽朕心晝夜焦勞不遑啟處茲朕虔誠齋戒躬

詔
天壇祭告懇祈甘霖速降以拯生民爾部作速擇吉其祭
告儀物即行備辦
諭耕耤大典事關勸農來春應照例舉行其應行事宜詳
察典例具奏
康熙十二年
諭戶部自古國家久安長治之謨莫不以足民為首務必
使田野開闢蓋藏有餘而又取之不盡其力然後民氣

和樂聿成豐亨豫大之休見行墾荒定例俱限六年起
科朕思小民拮据開荒物力艱難恐催科期迫反致失
業朕心深為軫念以後各省開墾荒地俱著再加寬限
通計十年方行起科其該管地方官員原有議敘定例
如新任之官自圖紀叙故掩前功紛更擾民者著各該
督撫嚴行稽察題參處分
康熙十八年
諭禮部民資粒食以生今時值夏令雨澤未降久旱傷麥
秋種未下農事堪憂皆由朕躬涼德政治未協大小臣
工不能廉己愛民勤修職業致干天和朕用是夙夜靡
寧深切警惕實圖修省諸臣亦宜循省過愆恪共乃職
期於共襄治理感召休和茲當虔誠齋戒躬詣
天壇親行祈禱為民請命爾部即擇期具儀來奏
諭民生以食為天必蓋藏素裕而後水旱無虞自古耕九
餘三重農貴粟所以藏富於民經久不匱洵國家之要
務也比以連年豐稔粒米充盈小民不知蓄積恣其狼

戾故去年山東河南一逢歲歉即以饑饉流移見告雖
議蠲議賑加意撫綏而被災之民生計難遂良由地方
有司各官平日不以民食為重未行申明勸諭之故近
據四方奏報雨澤霑足可望有年恐豐熟之後百姓仍
前不加撙節妄行耗費著各該地方大吏督率有司曉
諭小民務令力田節用多積米糧庶俾俯仰有資凶荒
可備以副朕愛養斯民至意
康熙二十一年

諭禮部農事為民生之本必雨雪以時庶春耕不悮秋成可期今歲入冬以來尚未降雪愆陽日久時序失宜田畝暵乾恐妨明年東作應虔行祈禱爾部即照例作速舉行

康熙二十三年

諭戶部民為邦本必年穀順成家給人足乃愜朕撫育羣生之意比者巡行近畿見閭閻生計僅支日用乃米價漸貴民食維艱又聞河南地方年歲荒歉所在苦饑小

民無以資生恐致流移失所朕心深切軫念直隸應作何平糴及勸諭捐輸河南應行緩徵併鼓勵捐輸設法賑濟等項事宜著九卿詹事科道會同確議具奏

諭吏部尚書伊桑阿朕車駕南巡省民疾苦路經高郵寶應等處見民廬舍田疇被水淹沒朕心深為軫念詢問其故緣高寶等處湖水下流原有海口以年久沙淤遂致壅塞今將入海故道濬治疏通可免水患自是往還每念及此不忍於懷此一方生靈必圖拯濟安全咸使得所始稱朕意爾同工部尚書薩木哈往被水災州縣逐一詳勘期於旬日內覆奏務期濟民除患縱有經費在所不惜爾等體朕至意速行

康熙二十五年

諭工部右侍郎孫在豐朕前因巡幸爰至江南見高寶興鹽山江泰等處積水汪洋民罹昏墊朕甚憫之應行開濬下河疏通海口俾水有所歸民間始得耕種特發帑金拯救七邑災民屢集廷議兼詢輿情允協僉謀事當

釐舉茲命爾前往淮揚所屬下河一帶車路等河并串場河白駒丁溪草堰場等口挑濬事務專屬於爾監修爾宜往來親歷多方經畫講求源流脈絡次第興工督率帶去司官等務實心任事毋得怠忽擾害其司道府廳州縣等官如有違犯貽悮及勢豪縉衿妄行干預包攬生事阻撓工程者指名叅奏濬過工程丈尺用過夫料數目造冊畫圖貼說具奏爾受茲專委須竭忠盡力悉心區處速竣大工使海口疏通水消田壟蒸黎復業

以副朕救民至意

諭大學士勒德洪等日者遣部員自幾林烏喇至黑龍江以蒙古席白達呼里索倫等人力耕種田穀大穫夫民食所關至重來歲仍遣前種田官員以蒙古席白達呼里索倫等人力耕種郎中博奇所監種田地較諸處收穫爲多足供驛站人役之口糧又積貯其餘穀博奇効力視衆爲優其註之冊此遣去諸員可互易其地監視耕種博奇又復大穫則議叙焉

康熙二十八年

諭山東巡撫錢珏朕軫恤民隱載舉時巡懋宣德化勤求疾苦比至山東所經城邑百姓扶老攜幼夾道歡迎朕問及連歲順成民生少得安業第思百姓足則國家充裕若期比戶豐盈必以蠲租減賦除其雜派爲先邇年以來各省地丁錢糧已經節次豁免山東地丁正賦意欲來歲蠲除茲因巡幸至此特先諭該撫速行曉示曰傳三百里遐村僻壤咸使聞知以副朕省耕問俗之意

諭內閣頃者時已初夏雨澤雖降而猶未霑足其命禮部照前祈禱之禮三日禁止殺牲不理刑名事務虔恭齋祓以祈甘雨

諭大學士伊桑阿今歲旱已久其傳諭九卿詹事科道朕與卿等靜處以俟之耶應行應革事有無耶抑何以禱祀而求之耶其會同詳議以聞

諭禮部時已仲夏雨澤未霑農事堪憂已經遣官於諸壇祈求未應朕夙夜靡寧今特遣官於

天壇

地壇

社稷壇虔行禱祀爾部即察例擇期來奏

諭禮部自春徂夏時雨愆期朕念切民生躬自刻責祇祓齋居戒飭臣工共圖修省曾經遣官徧禱

天地神祇徼雨雖降未沛祥霖今三伏届期農事可慮朕心彌切焦勞不遑寧處茲乃潔誠齋戒遣官於

天壇虔行禱祀尚期仰格

蒼昊下拯黔黎爾部即察例擇日來奏

康熙二十九年

諭戶部朕撫御區宇夙夜孜孜惟期厚民之生使漸登殷阜重念食為民天必蓋藏素裕而後水旱無虞曾經特頒諭旨著各地方大吏督率有司曉諭小民務令多積米糧庶俾俯仰有資凶荒可備已經通行其各省徧設常平及義倉社倉勸諭捐輸米穀亦有旨允行後復有旨常平等倉積穀關係最為緊要現今某省實心奉行某省奉行不力著再行各該督撫確察具奏朕於積貯一事申飭不啻再三藉令所在官司能具體朕心實有儲蓄何至如直隸地方偶罹旱災輒為補苴之術嗣後直省總督巡撫及司道府州縣官員務宜恪遵屢次諭旨切實舉行俾家有餘糧倉庾充牣以副朕愛養生民至意

諭戶部朕惟阜民之道端在重農必東作功勤然後西成有賴畿輔地方去歲遭罹荒歉已經蠲免錢糧特發帑金兼支倉粟賑濟雖小民糊口有資其子粒牛具恐多匱乏今時屆首春田功肇始若弗經營措給將誤俶載之期播種不齊倉箱何望直隸被災州縣衛所窮民有不能自備牛種等項者該督撫率有司勸諭捐輸及時分行助給務令田疇徧得耕易毋致少有荒蕪八旗官兵皆倚屯莊收穫用以資生若有被災貧乏耕作無力者該都統等通行各該佐領酌量佽助牛種所有莊田勿致播種後時以副朕敦本勸農愛養兵民至意

康熙三十年

諭戶部塞外聚穀甚屬要務故耕稼土田以廣積貯為至切也達爾湖之地其田以內府莊田之人耕之可令總管內務府於各莊屯內遣其丁壯其穀種耒耜及諸田器耕牛皆令豫備於三旗內府官員新滿洲護軍披甲之中熟諳農事者擇而遣之呼爾湖之地其田以八旗諸王莊屯之丁壯耕之其穀種耒耜及諸田器耕牛咸令豫備熟諳農事之人擇而遣之墾闢耕種之時稷與

大麥油麥春麥西種穀皆可藝植稷宜多種之春麥宜少種之遣往耕田之人田既耕種畢則酌留耘田之人其餘人遣還穀既熟則所留耘田之人可以收穫此農人所食之米於古北口所貯之米石中計口而授之西拉木倫之地其耕田悉照原議遣盛京人役前往俟農畢秋成之後視豐收地方其治田人員該部議叙爾等其議以聞

康熙三十一年

諭大學士伊桑阿等積穀者至要之務也誠有所積貯雖遇災傷斷不致於饑饉但小民不知儲蓄每值豐收之年恣意糜費及逢儉歲遂底困窮今時屆麥秋可敕各該地方官勸諭百姓比戶量力共相樂輸委積儲峙州縣官將捐助者姓名與米數註冊秋成之後亦倣此行焉其春時乏食者貸與之至秋照數收入以為積蓄夫每年於麥穀告登之候勸勉捐輸則數歲之間倉廩充裕即罹災祲民食自可不虞匱乏矣

康熙三十二年

諭內閣日者盛京招民有議叙之例今西安等處流民尚有未歸本業者茲西安等處流民招復幾戶復歸本業助給牛種等物令之耕種收穫一季者其宜議叙吏戶二部察例以聞

諭內閣聞山東今年田收之後蝗蝻叢生必已遺種於田矣而今歲雨水連綿來春少旱蝗則復生未可知也先事豫圖可不為之計與乘時竭力盡耕其田庶幾蝗種瘞於土而糜爛不復更生矣若遺種即有未盡來歲復萌地方官即各於疆理區畫逐捕不使滋蔓其亦大有益也命戶部速牒直隸山東河南陝西山西巡撫等示所領郡縣咸令悉知田則必於今歲來春皆勉力耕耨蝗蝻之災務令消滅若郡縣有不能盡耕耨其田者蝗或更生則必力為捕滅毋使蝗災為吾民患

諭戶部朕念切民生時廑宵旰或在宮禁之中或經巡省之地務以編氓疾苦備悉諮詢其從各省來京陛見官

員及往來奉使人等亦無不以該省雨澤曾否應時田
畝有無收穫並閭閻資生情形一一體訪比年以來因
國家經費尚充遂將各省地丁額賦及舊欠錢糧節次
蠲免即從前未經停征之漕糧亦遂年免征總欲使海
隅蒼生培固元氣庶臻於家給人足之風今歲畿輔地
方雖禾稼未獲稔收初意小民餬口之需猶足資給未
必生計遂至艱難頃者展謁
山陵沿途察訪民隐見今歲雨水過溢田畝被渰没者甚

多穀耗不登米價翔貴又聞順天河間保定永平四府
所屬皆然目前米價既貴將來春夏之際時值益昂小
民必艱粒食此朕目所親覩若來歲錢糧仍然徵收朕
心實有未忍順天河間保定永平四府康熙三十三年
應徵地丁銀米著通行蠲免所有歷年舊欠悉與豁除
行文該撫曉諭各屬務令人霑實惠以副朕子育黎元
至意

康熙三十三年

諭内閣朕處深宮之中日以閭閻生計為念每廵歷郊甸
必循視農桑周咨耕耨田間事宜知之最悉誠能豫籌
穡事廣備災祲庶幾大有裨益昨歲因雨水過溢即慮
入春微旱則蝗蝻遺種必致為害隨命傳諭直隸山東
河南等省地方官令曉示百姓即將田畝亟行耕耨使
覆土盡壓蝗種以除後患今時已入夏恐蝗有遺種在
地日漸蕃生已播之穀難免損蝕或有草野愚民云蝗
蟲不可傷害宜聽其自去者此等無知之言切宜禁絶

捕蝗弭災全在人事應差戶部司官一員前往直隸山
東廵撫令其申飭各州縣官親履隴畝如某處有蝗即
率小民設法耨土覆壓勿致成災其河南山西陝西等
省亦行文該撫一體曉諭欽依

康熙三十六年

諭内閣下河地方久罹水患朕心時切軫念前命挑濬白
駒岡門等口原欲使水盡流通田皆涸出今見興化泰
州等州縣積水尚多田仍淹没民生甚屬苦累著行文

總漕總河親往會勘將下河積水何故壅塞不能迅流應作何盡令歸海涸出民田之處詳閱議奏

康熙三十七年

諭內閣霸州新安等處此數年來水發時渾河之水與保定府南之河水常有泛漲旗下及民人莊田皆被淹沒詳詢其故蓋因保定府南之河水與渾河之水匯流於一處勢不能容以致泛溢此二河道著左都御史于成龍往保定府南河著原任總督王新命往作何修治令其水自分流詳看繪圖議奏今值農事方興不可用百

姓之力遣旗下丁壯備器械給以銀米令其修築伊等往時部院衙門司官筆帖式酌量奏請帶往於十日之內即令啟行

諭大學士伊桑阿等開濬下河民生攸繫朕為閭閻疾苦深切軫念曾命覲音布孫在豐于成龍王新命等專司開濬伊等俱奏工程告竣民生大蒙利益載在冊籍存部可攷人亦具在可以質詢也由今觀之祇是虛糜國帑水勢並未消減田畝並未涸出所謂有益民生者果何在耶今桑格又奏當行開濬而九卿並不詳詰從前開濬諸人亦不稽考冊籍遽議准行如果此次開濬巨浸全消疆理盡復民業得濟朕於錢糧絕無吝惜即動發帑金令其興工而已至捐助事例並不宜允行即今山陝所捐銀米其事尚未明晰也若下河果如其所請疏鑿開濬而桑格等能必水即消田即出有裨於民以身家保奏即令開濬之御史吳甫生亦以此事條奏所言甚是可將其疏并發九卿詳詢前次督濬者復稽攷

冊籍確議以聞

康熙三十九年

諭戶部國家要務莫如貴粟重農朕宵旰圖治念切居生惟期年穀順成積貯饒裕於以休養黎元咸登樂利今聞直隸各省雨澤以時秋成大熟當此豐收之時正當以饑饉為念誠恐歲稔穀賤小民罔知愛惜粒米狼戾以致家無儲蓄一遇歲歉遂至仳離著該督撫嚴飭地

方有司勸諭民間撙節煩費加意積貯務使蓋藏有餘閭閻充裕以副朕重農敦本愛養元元至意

康熙四十一年

諭戶部朕躬理幾務年久深知稼穡之事念阜民之道期於有備去冬北地少雪今春雨澤微降尚未霑足誠恐蝗蝻易生有傷農事所在官吏亟宜先時預防直隸山東山西河南陝西江北地方歷年積貯倉糧果否足額該督撫宜確加稽核務使廪有餘儲不致匱乏其一切預備事宜須悉心講求料理縱年歲不甚豐稔亦可賑

濟無虞至直隸各省現今雨澤有無多寡著該督撫即行具摺奏聞以紓朕宵旰勤民之意

康熙四十二年

諭東省在京官員朕四次經過山東於民間生計無不深知東省與他省不同田間小民俱依有身家者為之耕種豐年則有身家之人所得者多而窮民所得之分甚少一遇凶年則已身並無田畝產業有力者流移於四方無力者即轉死於溝壑此等情狀爾東省大臣庶僚及有身家者亦當深加體念似此荒歉之歲雖不能大為拯濟若能輕減所入田租以各贍養其佃戶不但深有益於窮民即爾等田地日後亦不致荒蕪如果民受實惠豈不勝謝恩千百倍耶這奏謝已悉所司知之

諭山西巡撫噶禮朕君臨天下四十餘載無一刻不以蒼生為念近因西省望幸甚切故於冬時農隙減從輕騎由晉以入秦入境以來觀風問俗見官方微有廉風民生畧有起色閭閻之間俗樸尚儉朕心少慰朕自弱齡

讀書往往以不知窮簷僻壤之疾苦為嘆息所以留心於官方吏治凡有往來者必先諮詢民情豐歉偶有失時定加蠲賑且思晉省不通水運歲或不登即難籌畫雖有州縣存貯之穀米未必實數具在反益不肖有司之虧空也今歲山西收成頗佳爾等仰體朕愛民如子之至意曉諭民間若豐歲用奢則荒年必至匱乏教以禮義導以守法重農務本藏富於民則朕無西顧之憂

矣凡朕所經之處必大沛恩澤因今歲東省災甚已蠲四十三年地丁錢糧又免雲貴廣西四川地丁錢糧所以不能施惠但將四十二年以前山西所屬州縣未完銀兩米草盡行蠲免以示朕加惠黎元之念

康熙四十四年

諭山東巡撫趙世顯朕為兩河告成楊家莊新河建閘故來巡視因爾等同地方士民所請過江而南見百姓雖不能家給豐裕且幸安居樂業而無菜色朕心少慰矣

編氓皆吾赤子數十年休息培養民雖至愚皆已深知所以扶老攜幼日計數萬隨舟擁道歡聲洋溢者降衷之誠也但人多路隘菜花麥秀徧地青苗不能保其無損朕甚惜焉爾等即出示曉諭萬勿蹧壞田苗有負厪念

康熙四十六年

諭浙江福建總督梁鼐等朕頃因視河駐蹕淮上江浙兩省官員及地方紳士軍民咸環道遠迎懇請臨幸朕勉順羣情涉江而南循省風俗所至郡縣見雨暘應時麥苗蕃殖比閭樂業可冀盈寧雖山東一路尚未悉覩而江浙田疇鬱葱在望深愜朕懷方今二麥垂熟正將刈穫之時一切扈從人員皆以次舟行不致蹂踏誠恐百姓緣途迎送老稚扶攜動盈千萬越阡度陌未免踐傷朕心甚為軫惜雖民情依戀出於悃誠但農事方殷應令所過地方悉停止岸傍迎送且車駕來時小民業已瞻覲茲節候漸熱朕舟行乘夜迎涼亦未可定民雖遠來無由親見爾等督撫其張示徧加曉喻使各知悉俾

無負朕重農愛民之意

諭內閣朕每次巡幸循歷方隅雖窮鄉僻壤小民之生計鮮不周知覯東南西北地勢水土與夫飲食衣服器用悉皆不同穀桑麻綿耕種各隨土宜非人力所能移奪地方官員將小民現在力作之務若能加意勸導使不致荒廢即為實能盡心之人今責成地方官令五畝之田種桑二株百畝之田種桑四十株此四十株之桑葉

養蠶幾何此桑從何處移植即令移植未必水土盡與桑木之性相合更閱幾年便可成用此等物情言者並未計及且山東人於蠶種初出時皆置之山間橡樹之上俟其結繭並無用桑育蠶之事此等處言者亦未之知小民惟利是從雖以法禁之不止若無利雖百計嚴督之不行此亦理之所必然者今當昇平之日惟以無事為本乃不度地理之燥濕不計水土之順逆欲强迫百姓慕南人以教之蠶此斷斷乎不可行也李紱周所奏已悉下所司知之

諭起居注官揆敘等朕今年於二月二十八日抵揚州彼時麥已秀矣至四月二十日回鑾則正在刈麥之時南方麥秀雖早於北方而仍與北方同熟至於穀稼菓品大畧皆然江南梅花正月即放至五月始實朕取至暢春園種之見其三月花放亦於五月結實花放於兩月之前而同至五月結實此皆水土之故也南方之物開花吐穟雖早而成實遲故食之難消北方之物開花吐穟雖遲而成實速故食之易消皆土性冷煖自然不可强者試於塞外種稻其地高寒難以收穫種別項之穀則無如塞外豐茂者江南不及京都京都不及塞外朕以此等土性向張玉書李光地言之彼皆心服謂朕所見極是朕巡行各省所見諸物無不留心詳察故知之甚明確也

諭江浙在京官員大學士張玉書等朕在宮中無刻不以民間疾苦為念恐遇旱澇必思豫防至巡幸各省於風俗民情無不諮訪即物性土宜皆親加詳考每至一方

必取一方之土以驗試其燥濕今歲南巡江浙見天氣久晴所經河渠港蕩之水比舊較淺即慮夏間或有亢暘之患是時麥田雖甚豐稔然南方二麥用為麯蘖者多不似北方專資麵食南方惟賴稻米北方則兼種黍稷粱粟有擕北方黍稷及蔬菜之類至南方種植者多不收穫此水土異宜不可强也且江浙地勢卑下不雨則蒸濕人不能堪有雨則涼人皆爽豁雖地稱水鄉而

水溢易洩澇歲之為患尚淺旱歲則為旱甚劇北方經
月不雨亦尚無礙南方夏秋間經旬缺雨則田皆坼裂
禾苗漸槁矣喜雨亭記云十日無雨則無禾蓋謂此也
江浙農功全資灌溉今河渠港蕩比舊俱淺者皆由素
無瀦蓄所致雨澤偶愆濱河低田猶可戽水濟用高仰
之田力無所施往往三農坐困朕茲為民生再三籌畫
經久之計無如興水利建閘座蓄水灌田之為善也江
南省之蘇松常鎮及浙江省之杭嘉湖諸郡所屬州縣

或近太湖或通潮汐所有河渠水口宜酌建閘座平時
閑閘蓄水遇旱則啟閘放水其支河港蕩淤淺者並宜
疏濬引水四達仍酌量建閘多蓄一二尺水即可灌高
一二尺之田多蓄四五尺水即可灌高四五尺之田準
此行之可俾高下田畝永遠無旱澇矣爾等其以朕意
曉諭諸臣詳議以聞

諭工部朕宵旰勤民視如赤子無一時一事不思為閭閻
圖經久之計江南浙江生齒殷繁地不加增而仰食者

日衆其風土陰晴燥濕及種植所宜迥與西北有異朕
屢經巡省察之甚悉大抵民恃田畝為生田資灌溉為
急雖東南名稱水鄉而水溢易泄旱暵難支夏秋之間
經旬不雨則土坼而苗傷矣濱河低田猶可戽水濟用
高仰之地力無所施往往三農坐困朕茲為民生再三
籌畫非修治水利建立閘座使蓄水以灌輸田疇無以
為農事緩急之備江南省蘇州松江常州鎮江浙江省
杭州嘉興湖州各府屬州縣或近太湖或通潮汐宜於

所有河渠水口度地建閘隨時啟閉水有餘則宣泄之
水不足則瀦蓄以備用其有支河港蕩淤淺者宜並加
疏濬使引水四達仍行建閘多蓄一二尺之水即田高
一二尺者資以灌溉矣多蓄四五尺之水即田高四五
尺者資以灌溉矣行之永久可俾高下田畝無憂旱澇
此於運道無涉而於民生實大有裨益今漕運總督與
江浙督撫方料理截漕散賑爾部速移文該督撫等令
將各州縣河渠應建閘蓄水之處並應建若干座通行

確查明晰具奏

康熙四十七年

諭工部去歲杭州等處田畝被災民生疲敝這支河港蕩淤淺之處若勸諭百姓開濬恐地方官員藉此私派害民亦未可定況需費無多著動用正項錢糧速行疏濬

特諭

康熙五十三年

諭戶部甘肅一帶地方去年春麥失收秋田亦歉經該督

撫奏報甚明其地俱係山田稍遇旱暵易致災荒是以舊歲特沛恩澤蠲免租賦現在雖據該督設法賑濟借糶資給牛種此外更應作何籌畫使小民得所永有裨益著遣工部右侍郎常泰大理寺少卿陳汝咸到彼會同該督撫詳察地方百姓情形確議具奏

康熙五十四年

諭直隸巡撫趙弘燮朕嘗讀無逸篇留心稼穡久矣去歲臘前瑞雪盈尺時届陽節細雨連綿輿情歡悅早得布種矣所慮者起發太盛則收穫之際恐有二疸之虞爾等徧示民間時值耘耕即令苗稀疏豫防風霾朕以民生為念勸農為本已有所知不得不示

康熙五十八年

諭戶部朕幸熱河一路麥苗盈野收成頗佳但麥熟之歲往往雨水早而且多朕留心稼穡歷年最久所見如此爾部即速傳直隸河南山左山右口外地方速將已收之麥晾乾入屯收貯以免潮濕壞爛則今年所收足用

二年矣

康熙六十年

諭大學士九卿去冬雪大所以今春雨澤甚少大約冬雪多則春雨必少春雨少則秋霖必多此非有占驗而得知者也朕六十年來留心農事較量雨暘往往不爽且南方有雪有益於田土北方雖有大雪被風飄散於田土無益今歲山東得雨河南山西陜西未甚得雨備荒最為緊要不可不豫為籌畫若直隸山東河南料理已

屬非易至山西陝西其補救尤難古人云三年耕則有一年之蓄九年耕則有三年之蓄言雖可聽行之不易如設立社倉原屬良法但前李光地張伯行曾經舉行終無成效至於各省積貯穀石雖俱報稱數千百萬實在存倉者無幾即出陳易新之法亦不為不善第春間僅有所出秋後並無所入州縣官侵蝕入己急則即以折銀掩飾此等積弊朕知之甚詳其報荒之真偽虛實朕亦無不洞悉如熱河所積穀石每年減價平糶秋收

糴還補倉數目無多稽查頗易所以每有餘糧耳語云大兵之後必有凶年昔征勦三逆時豐收足以供給並無一州一縣貽悞及平定以後亦間有歉收者雖然綢繆未雨不可不為豫慮也邇來稍覺暵旱政事或有缺失應行改正之處爾等會同詳議具奏

欽定授時通考卷四十七

欽定四庫全書

欽定授時通考卷四十八

勸課

本朝重農

敕諭二

世宗憲皇帝

雍正元年

諭戶部朕臨御以來宵旰憂勤凡有益於民生者無不廣為籌度因念國家承平日久生齒殷繁地土所出僅可贍給偶遇荒歉民食維艱將來戶口日滋何以為業惟

開墾一事於百姓最有裨益但向來開墾之弊自州縣以至督撫俱需索陋規致墾荒之費浮於買價百姓畏縮不前往往膏腴荒棄豈不可惜嗣後各省凡有可墾之處聽民相度地宜自墾自報地方官不得勒索胥吏亦不得阻撓至陞科之例水田仍以六年起科旱田以十年起科著著為定例其府州縣官能勸諭百姓開墾

地畝多者准令議敘督撫大吏能督率各屬開墾地畝多者亦准議敘務使野無曠土家給人足以副朕富民阜俗之意

諭禮部國家祀典必貴誠潔先農壇每歲展祀且為親耕耤田之所最宜清肅舊制園墻内有地一千七百畝以二百畝給壇戶種植五穀蔬菜以供祭祀餘一千五百畝每年交租銀三百兩以備修理聞康熙四十年間内務府撥給園頭耕種粢盛

蔬菜無所從出惟向市井採買殊非潔淨精誠之意今著園頭清還地畝仍給太常寺壇戶耕種以備祭祀之需餘地一千五百畝著將内外墻查明丈尺每種地十畝估計令其修墻若干務期加謹葺護毋致傾壞每年將太常寺少卿派出一員不時稽察

雍正二年

諭直隸督撫等官朕惟撫養元元之道足用為先朕自臨御以來無刻不廑念民依重農務本業已三令五申矣但我國家休養生息數十年來戶口日繁而土地止有此數非率天下農民竭力耕耘兼收倍穫欲家室盈寧必不可得周官所載巡稼之官不一而足又有保介田畯日在田間皆為課農設也今課農雖無專官然自督撫以下孰不兼此任也其各督率有司悉心相勸並不時諮訪疾苦有絲毫妨於農業者必為除去仍於每鄉中擇一二老農之勤勞作苦者優其獎賞以示鼓勵如此則農民知勸而惰者可化為勤矣再舍傍田畔以及

荒山不可耕種之處量度土宜種植樹木桑柘可以飼蠶棗栗可以佐食桕桐可以資用即榛楛雜木亦可以供炊爨其令有司督率指畫課令種植仍嚴禁非時之斧斤牛羊之踐踏奸徒之盜竊亦為民利不小至孳養牲畜如北方之羊南方之彘牧養如法乳字以時於生計不無裨益總之小民至愚經營衣食非不迫切而於目前自然之利反多忽畧所賴親民之官委曲周詳多方勸導庶使踴躍爭先人力無遺而地利殆盡不惟民

生可厚風俗亦可還淳爾督撫等官各體惓惓愛民之意實心奉行倘視為具文苟且塗飾或反以擾民則尤其不可也

諭直省督撫朕惟四民以士為首農次之商賈其下也漢有力田孝弟之科而市井子孫不得仕宦重農抑末之意庶為近古今士子讀書砥行學成用世國家榮之以爵祿而農民勤勞作苦手胼足胝以供租賦養父母育妻子其敦龎淳樸之行豈惟工賈不逮亦非不肖士人

之所能及雖寵榮非其所慕而獎賞要當有加其令州縣有司擇老農之勤勞儉樸身無過舉者歲舉一人給以八品頂帶榮身以示鼓勵

諭直省總督巡撫社倉之設原以備荒歉不時之需用意良厚然往往行之不善致滋煩擾官民俱受其累朕意以為奉行之道宜緩不宜急宜勸諭百姓聽其自為之而不當以官法繩之也近聞各省漸行社倉之法貯蓄於豐年取資於儉歲俾民食有賴而荒歉無憂朕心深為嘉悅但因地制宜須從民便是在有司善為倡導於前留心稽核於後使地方有社倉之益而無社倉之害此則爾督撫所當加意體察者也

雍正三年

諭大學士等古者視歲之上中為儲蓄之節蓋官民經畫久遠不為一時苟且之計積之於豐年用之於歉歲所謂有備無患法良而意美也朕自臨御以來宵旰勤求無刻不以民依為念乃重農積粟之詔屢下而閭閻卒

少蓋藏官倉亦多虧缺即如直隸保定等府去歲頗稱有秋今春二麥亦熟乃以夏秋雨水過多田禾被澇而民間遂有饑色幾至流離若非多方賑卹窮民必至失所此皆草野無知食不以時用不以禮但快目前之有餘罔計異日之不足一遭旱澇追悔無從至於常平通倉原為備荒而設乃有司奉行不力多至缺額罪何可追茲據江南浙江江西湖廣福建河南山西陝西廣東廣西雲南貴州等省督撫報稱今歲秋成八九十分不

等朕覽奏不勝慰悅又重為吾民計及長久宜乘此時講求儲蓄之道以備將來該督撫等可轉飭有司遍行曉諭務撙節愛惜各留餘地預為他時緩急之需社倉之法亦宜趁此豐年努力行之勿但視為虛文故事朕為吾民籌畫養贍之道惓惓於懷無時或釋而吾民自謀其身家若但苟且因循不復長顧遠慮則重負朕軫念元元之意矣至於州縣倉儲向有虧缺者若不趁此豐收之時速行買補將來發覺斷不姑貸慎之

雍正四年

諭内閣國以民為本民以食為天朕即位以來念切民依舉行耕耤之禮殫竭精誠為民祈穀於
上帝乃雍正二年三年耤田特產嘉禾有至一莖九穗者朕心亦以為偶然之事今據府尹劉於義進呈今歲耤田所產自一莖雙穗三穗以至八穗九穗皆碩大堅好異於常穀朕見之心甚慰悅今特宣示廷臣朕並非以此為祥瑞誇耀於衆也蓋實有見於天人感召之理捷於影響無纖毫之或爽朕以至誠肫懇之心每歲躬耕耤田以重農事即蒙
上帝降鑒疊產嘉穀以昭休應似此八穗九穗之穀豈人力之所能強為亦豈人君所能強之使有乎天人感應之理朕見之最真最切但恐此心不誠耳誠則未有不動者即如從前青海蠢動朕為邊陲憂慮虔禱於宮中不數旬而捷音即至疆圉寧謐又如前歲夏間近畿雨澤稍愆朕在宮中默禱減膳修省虔誠叩懇不數日而

甘霖大沛禾稼有秋此皆近年以來朕親行親驗之事至於去年夏秋之間時常陰雨朕在宮中但覺雨水稍多不知其大為民患而李維鈞並不將畿輔被潦實情具奏是以朕竟不聞知未曾早為虔禱殫竭誠心以挽
天意而紓民困及蔡珽署直隸總督事務詳悉奏聞朕宵旰憂勤幾廢寢食於是截漕發倉多方賑濟京城設廠各邑興工俾窮民皆得餬口是以地方雖被水災而小民不致流離失所朕撫綏憫恤之念實為迫切今歲二

麥豐收禾黍暢茂此皆
上天俯鑒朕衷故加惠黎元而錫以盈寧之慶也蓋天生民而立之君鑒觀在上人君一念敬謹政事無闕天必嘉之佑之一念放逸政事有乖天必儆之戒之此一定之理也況人君撫馭臣庶位處極尊所以賞罰之者獨有上天耳是以朕每於水旱等事皆實心內省必係朕有過失
上天儆戒示譴也至於各省旱澇之事朕皆視同一體原

無彼此之别惟是地方相隔路遠彼地偶有水旱有司未必即行具報及至奏達朕前而緊急之時已過是以朕無從盡其誠心為之祈禱此其責則全在本省督撫矣督撫受朕委任之重為朕養育萬民必視百姓之疾苦如痛癢之在已身一遇水旱饑饉必思所以致此之由或因本省之政事吏治有闕即思速為改易之或因本省之人心風俗不端即思速為化導之兢兢業業修省祈禱竭盡誠心一如朕之朝乾夕惕斷無不可以挽回
天意者假若聞朕之政治稍有缺失亦宜直言陳奏不必隱諱如此則官與民聯為一體臣與君又聯為一體太和翔洽實意交孚天聽雖高誠呼吸可通矣朕每歲躬耕耤田並非崇尚虛文以為觀美實是敬
天勤民之至意禮曰天子為耤千畝諸侯百畝據此則耕耤之禮亦可通於臣下矣朕意欲令地方守土之官俱行耕耤之禮使知稼穡之艱難悉農夫之作苦量天時

之晴雨察地理之肥磽如此則凡為官者皆時存重農課稼之心而凡為農者亦斷無苟安怠惰之習似與養民務本之道大有裨益九卿詳議具奏

雍正五年

諭內閣地方水利關係民生最為緊要如江南戶口繁庶更宜加修濬時其蓄洩以防旱澇向來屢有條奏之人但未經本省督撫奏請朕意亦欲興修以資農務因海塘工程正在營治且水利事關重大必得實心辦事之

人方有裨益即如目今畿輔水利賴有忠誠任事之怡
親王始可興此大工否亦未敢輕易舉行也我
皇考念切民依周知稼穡因康熙四十六年巡省江浙所
至必細驗水土高下燥濕之宜詳考五穀種植之性躬
親講求將附近太湖及通江潮之處條分縷析特頒諭
旨令江浙督撫於蘇松常鎮杭嘉湖地方疏濬河港以
資灌溉修建牐座以便啟閉皆動用公帑錢糧不使絲
毫出於民力恩至渥也乃當時督撫諸臣不能實心仰

體惟以虛文奉行糜費帑金二十餘萬大都飽於官吏
之侵漁而無實效深可痛憾朕即位以來事事仰繼
皇考之貽謨永圖生民之遠計本欲俟直隸水利興修之
後令怡親王前往浙江地方相度情形商酌興修之舉
今巡撫陳時夏特行奏請且稱費用不過十餘萬兩即
可成功據陳時夏陳奏應是地方不可遲緩之事副都
統李淑德昔任江南松江府同知諳悉水利事宜曾經
條奏頗為明晰原任山東巡撫陳世倌年力精壯現在

閒居著李淑德陳世倌會同陳時夏總河齊蘇勒總督
孔毓珣悉心踏勘詳加酌議倘齊蘇勒河工緊要不能
親身前往即行文知會商酌定議具奏凡建立牐座疏
濬河流務期盡除淤塞以杜泛溢之虞廣蓄水泉以收
膏澤之益其一應公費俱動用庫帑支給一切工程交
與李淑德陳世倌監督辦理並諭吏部將現任部屬及
候選部屬府州縣人員內有具呈願往効力者挑選十
餘人帶往江南不必令出資財惟令辦理事務交李淑

德陳世倌二人酌量委用特諭

諭內閣修舉水利種植樹木等事原為利濟民生必須詳
諭勸導令其鼓舞從事方有裨益不得繩之以法若地
方官員因關係考成督課嚴急則小民轉受其擾矣著
直隸學臣轉飭教職各官切加曉諭不時勸課使小民
踴躍興作若地方官員怠忽不加勸導或有逼勒過嚴
者著學臣稽察奏報三路巡察御史亦著善為勸導悉
心稽察如地方官有奉行不善之處即據實奏聞

諭內閣據范時繹奏稱太倉州鎮洋縣士民僉稱境內劉河鉅工已蒙發帑開浚而七浦一河原係民田沾獲其利今願照依舊例業主給食佃戶出力不敢再費帑金等語朕思君民原屬一體民間之生計即國計也倘遇國用不敷之時勢不得不資藉於民今國家財用充足朕為地方畫萬世之利不惜多費帑金興修鉅工養育百姓若仍用民力以辦公事非朕本心也況小民效力工程或致荒其本業而又不免官吏之督催煩擾朕心

深為不忍著將范時繹所奏士民捐助之處停止仍動用公帑辦理並將朕旨徧行曉諭州縣士民等當體朕愛養元元之心於工程告成之後加意照看歲歲疏濬俾地方永受其益則勝於目前之趨事赴工多矣

諭內閣朕聞陝西鄭渠白渠龍洞向來引涇河之水溉田甚廣因歷年既久疏濬失宜龍洞與鄭白渠漸至淤塞堤堰大半坍圮醴泉涇陽等縣水田僅存其名深為可惜特令該督岳鍾琪詳酌興修今據該督親勘奏稱龍洞急宜挑挖鄭白渠務當疏濬更須修築堤堰建設閘口以俾堅久已於西安布政司庫貯公用羨餘銀內先動一千兩委員將龍洞鄭白渠及時挑濬其建閘工料約估銀七千兩請亦於司庫存貯羨餘內動用等語朕惟興修堤堰乃於民生大有裨益之事著動用正項錢糧俟一切工程告竣造報工部查核務期渠道深通堤堰堅固俾農田得以永賴以副朕保惠元元之至意

諭內閣聞廣兩省督撫常稱本省產米甚少不足以敷民

食總督高其倬亦曾具奏巡撫楊文乾則云廣東所產之米即年歲豐收亦僅足供半年之食朕思本省之米不足供本省之食在歉歲則有之若云每歲如此即豐收亦然恐無此理或田疇荒廢未盡地力或耕耘怠惰未用人功或奸民希圖重價私賣海洋三者均未可定昨曾面諭九卿今廣西巡撫韓良輔奏稱廣東地廣人稠專仰給於廣西之米在廣東本處之人惟知貪財重利將地土多種龍眼甘蔗烟葉青靛之屬以致民富而

米少廣西地瘠人稀豈能以所產供鄰省多人之販運等語此奏與朕前旨相符可知閩廣民食之不敷有由來矣著二省總督巡撫等悉心勸導俾人人知食乃民天各務本業盡力南畝不得貪利而廢農功之大不得逐末而忘稼穡之艱至於園圃菓木之類當俟有餘地餘力而後為之豈可圖目前一時之利益而不籌畫於養命之源以至緩急無所倚賴而待濟於鄰省假使鄰省亦或歉收則又將何如哉該督撫等務須諄切曉諭

善為化導俾愚民豁然醒悟踴躍趨事則地方不致虛耗而米穀不致匱乏矣每見各省督撫大吏皆各私其所轄之地方而於鄰省之休戚膜外視之如高其倬則請運江南之米於福建陳時夏又欲留貯於江南楊文乾則欲運廣西之米於廣東韓良輔又欲留貯於廣西伊等各從疆界起見甚屬褊小朕君臨萬方普天率土皆吾赤子一省米穀不敷自然接濟於鄰省有無相通古今之義若封疆大吏各據本地實情奏聞則朕易於辦理倘各存偏向本省之見不肯通融接濟則朕辦理甚難若開捐納以積穀則地方米價必致高昂若截漕米以濟民則天庾所關更為緊要輾轉思維實無善策是在凡為督撫者體朕一視同仁之意酌地方之緩急為有無相通之道勿以隅屬有心區別如此方不愧大臣公忠之誼而於國家懷保小民之治大有裨益也

諭內閣自古帝王致治誠民莫不以重農為先務書陳無逸先知稼穡之艱難詩載豳風備述田家之力作論語

云百姓足君孰與不足孟子曰民事不可緩也蓋國以民為本民以食為天農事者帝王所以承天養民乂安長治之本也我國家撫綏寰宇

聖祖仁皇帝臨御六十餘年深仁厚澤休養生息戶口日增生齒益繁而直省之內地不加廣近年以來各處皆有收成其被水歉收者不過州縣之數處耳而米價遂覺漸貴閩廣之間頗有不敷之慮望濟於鄰省良由地土之所產如舊而民間之食指愈多所入不足以供所

出是以米少而價昂此亦理勢之必然者也夫米穀為養命之寶人既賴之以生則當加意愛惜不可縱口腹之欲每人能省一勺在我不覺其少而積少成多便可多養數人若人人如此則所積豈不更多所養豈不更衆乎養生家以食少為要訣固所以頤神養和亦所以節用惜福也況脾主於信習慣便成自然每見食少之人其精神氣體未嘗不壯此顯而可見者至於各省地土其不可以種植五穀之處則不妨種他物以取利其

可以種植五穀之處則當視之如寶勤加墾治樹藝蕺粟安可舍本而逐末棄膏腴之沃壤而變為菓木之場廢饔飧之恒產以倖圖贏餘之利乎至於烟葉一種於生人日用毫無裨益而種植必擇肥饒善地尤為妨農之甚者也小民較量錙銖但顧目前而不為久遠之計故當圖利之時若令其舍多取寡棄重就輕必非其情之所願而地方官遽然繩之以法則勢有所難行轉滋紛擾惟在良有司勤勤懇懇諄切勸諭俾小民豁然醒

悟知稼穡為身命之所關非此不能生活而其他皆不足恃則羣情踴躍不待督課而皆盡力於南畝矣朕聞江南江西湖廣粵東數省有一歲再熟之稻風土如此而仍至於乏食者是地土之力有餘而播種之功不足豈非小民習於怠惰而有司之化導者有未至耶或者曰米穀太多則價賤而難於糶賣昔人有穀賤傷農之說諺語所謂熟荒者此則不必過慮假若小民勤於耕作收穫豐盈致於價賤而難於出糶朕必多發官價以

糴買之使重農務本之良民獲利而有餘資也朕生平愛惜米穀每食之時雖顆粒不肯拋棄以朕玉食萬方豈慮天庾之不給而所以撙節愛惜者實出於天性自然之敬慎並不由於勉強且以米穀乃上天所賜以生養萬民者朕為天下生民主惟有敬慎寶重仰冀天心默佑雨暘時若歲穫有秋俾小民家有蓋藏人歌樂土朕既為億萬生民計不敢輕忽天貺爾等紳衿百姓獨不自為一身一家之計乎朝夕生養之需既受上天之

賜若果加意愛惜隨時撙節則天必頻加錫賚長享盈寧之福若恣情縱欲暴殄天物則必上干天怒不蒙眷賚而水旱災祲之事皆所不免其理豈或爽哉又聞江西廣西地方竟有以米穀飼養豚豕者試思穀食之與肉食孰重孰輕孰緩孰急而乃以上天之所賜小民終歲勤苦之所獲者為豢養物類之用豈不干天和而輕民命乎朕所以惓惓訓諭者惟期天下之人專務本業以杜浮靡愛惜物力以圖永遠共體朕敬迓天庥勤恤

民隱之意則爾等家室必至於豐饒爾等子孫必永綿其福澤思之思之毋忽朕言著將此曉諭內外官民人等並通行遠鄉僻壤咸使聞知

諭直省總督巡撫稼穡為天地之寶民命攸關我
聖祖仁皇帝臨御六十餘年無刻不以重農力穡為先務仰觀天文俯察地理辨土性而課人功咨雨暘而防旱潦綢繆區畫旰食宵衣偶遇雨澤愆期
聖心憂勞之切侍側臣子皆惶悚不寧所以為萬世謀粒食者至矣盡矣朕朝夕瞻仰者四十餘年今纘承大統竭誠效法念切民依每年虔祀先農躬耕帝耤仰蒙
上天眷佑疊錫嘉禾信而可徵纖毫不爽是以特頒諭旨令各省守土官共舉耕耤之禮為萬方百姓祈禱秋成今見各省督撫奏報前來處處風雨均調春麥秋禾並登豐稔雖邊遠荒僻之地亦慶有秋惟直隸湖廣安徽數州縣近水最低之處常年被潦者略有浸注亦不為災是今歲可稱大有年矣朕感

上帝之垂慈慶下民之受福而推求其故良由今年各省初耕耤田各該有司自然小心謹慎齋祓虔誠是以感格上蒼而獲此盈寧之錫倘從此益加敬謹不懈初心則歲歲屢豐可以預必爾督撫等可通行曉諭所屬官民當凜帝鑒之匪遙勿視耕耤為故事永矢嚴恪以迓天和天下臣民受福斯朕之福也思之慎之毋忽朕言

雍正六年

諭內閣朕惟善政養民利賴必資地力而率作興事倡先

端藉縉紳惟茲寧夏所屬之插漢拖灰地廣土饒水利充裕朕特遣大臣會同該督撫等悉心經理濬治渠道設縣築城募民墾種次第修舉行見人民樂業饒裕殷阜漸成西北蕃庶之區此朕經國裕民之至計欲使地無遺力而亦寧夏一方人數千百年未興之樂利也聞彼中得水可墾之地計二萬餘頃每戶以百畝授田可安置二萬戶朕已諭令廣行召募遠近人民給以牛具籽種銀兩俾得盡力開墾給為世業惟是原議寧夏本

籍現在出仕文武官員俱令開墾授業俾為世享之利今聞報墾者尚覺寥寥禮記曰貨惡其棄於地也力惡其不出於身也況乎上以急公而裕國下以力本而厚生縉紳小民之望也果能身先倡率則民間之趨事赴功者必衆凡屬本籍之人不論文武官員或現任或家居均當踴躍從事急先墾種不可觀望因循耽延善舉凡茲所墾地畝俱照原議給為世業三年起科果能使沃壤腴田有廣收之益無間曠之區則不但於體國經野之謨重有攸賴而經營世產伊等子孫亦蒙永遠之澤矣

雍正七年

諭內閣農事為國家首務督責貴有專司前有人條奏於各省設立農官以司勸課或設巡農御史令其巡行郡邑勸勗農人及時力作亦足敦本業而防游惰等語朕思各省耕作之情形不同未可一例通行現今畿輔之地營種水田以來收穫甚多行之已有成效設立巡農御史之事當先行於直隸省每年特差御史一員於二

月田功初起之時巡歷州縣查察農民之勤惰地畝之修廢以定州縣之考成其有因循推諉以致荒廢農田者即行叅處該御史亦勤加勸課督令耕耘九十月間稼穡納場之後回京覆旨至明年二月照例另派一員前往其該御史出巡一切供給車馬俱照現今巡察御史之例按日給發務使農桑興修田功畢舉游手之人咸歸南畝以副朕重農務本之至意

諭直省督撫國家承平日久户口日繁凡屬閒曠未耕之地皆宜及時開墾以裕養育萬民之計是以屢頒諭旨勸民墾種而川省安插之民又令給以牛種口糧使之有所資藉以盡其力今思各省皆有未墾之土即各省皆有願墾之人或以日用無資力量不及遂不能趨事赴功徘徊中止亦事勢之所有者著各省督撫各就本地情形細加籌畫轉飭有司作何勸導之法其情願開墾而貧寒無力者酌動存公銀穀確查借給以為牛種

口糧俾得努力於南畝俟成熟之後分限三年照數還項五六年後按則起科總在該督撫等董率州縣因地制宜實心經理務使田疇日闢耕鑿維勤以副朕愛養元元之至意

雍正八年

諭內閣據署理陝西總督查郎阿奏稱安西沙州等處地方招民屯墾仰蒙天恩賞給沿途口糧盤費借給牛具籽粒房價又因民到沙之日尚未耕種借與七箇月糧石以資口食養育之恩無微不至至於輸賦年限原議以三年升科自雍正六年民户到齊之日計算至雍正辛亥年正届升科之期凡此無業窮民得以安居樂業又蒙上天賜祐兩歲豐收煖衣飽食即三年起科亦屬小民之常分第以新經移住之家一切費用皆取給於田畝又值軍興之際物價未免稍昂民力尚未饒裕或照前議於辛亥年升科或少寬其年限出自聖恩等語安西沙州等處招民屯墾原為惠養邊民之計是以累

年以來備極籌畫經營期其得所今從民户到齊之日計算至辛亥之歲乃例當輸賦之期但念小民甫經安插公私兼顧為難著寬期二年於癸丑年升科俾民力寬裕俯仰有資以副朕格外加恩至意

諭內閣寧夏地方萬民衣食之源在於大清漢唐三渠之水利是以定例每年疏濬修理使水流暢足民田得以均灌溉聞得歷年專司之員踈忽怠玩只圖打草折夫以致閘道堤岸逐漸損壞時有衝决渠身淤泥填塞日

見淺窄而三渠之中惟唐渠爲尤甚近來其口過低其梢過高水勢不能逆流而上多悞小民耕種之期雖每春定有歲修之例然不能以一月之工程整數十年之荒廢也前因署事通判靳樹鏃玩忽渠務已被參革治罪其從前積年損壞之處亦復不少若再不加補築恐日復一日將來難於經理現令兵部侍郎通智開濬惠農昌潤二渠於寧夏水利自然明晰著會同史在甲即行查議今歲預備物件明春動工修補務令三渠堅固

俾邊郡黎元灌溉有資永享盈寧之慶其作何估計動用錢糧之處著兵部侍郎通智太常寺卿史在甲詳悉妥議具奏

諭直省督撫古稱蝗蝻生於水澤之中乃魚子變化而成者是以江南淮揚之州縣地接湖灘往往易受其害蓋蝗之所生多因低窪之區秋雨停集生長小魚交春小魚生子水存則仍復爲魚若值水涸日曬入夏之後即化爲蝗不待數日便能生翅羣飛即被害之家亦莫知其所自蓋以其地寥廓荒涼人跡罕至平時忽而不察及至鼓翼飛颺則有難於撲滅之勢此事勢之必然所當防之於早者也凡直省地方向時有蝗蝻之害者該督撫大吏應轉飭有司通行曉諭附近居民於大熱久晴之後週歷湖濱窪地及深山窮谷無人之處實心實力審視體察一有萌動之機無分多寡即行剪除消滅倘民力或有不敷即稟報該地方官督率人工協同助力更令文武官弁派出誠實兵役會同里長耆民等留

心察視不可疎忽怠玩如此則人力易施蟲災可杜於未萌大有裨益但小民愚昧無知又復苟且慵惰其曉諭開導防患於未然者有司不得辭其責實心任事之良吏必不肯於此等事膜外視之也

諭内閣據直隸地方文武官員報雨奏摺稱今年三月及四月初旬兩次得雨今於四月二十四日又得時雨四野霑足二麥茂盛秋穀皆可播種等語據此則四月以前竟有未種之田可知矣夫農事貴乎及時二月土膏

初動三月即為播種之期況已得雨二次何以遲延觀望直待四月下旬方始播種倘小民怠惰偷安為民父母者則當開導勸課使之踴躍趨事於南畝又或耔種牛力稍有不敷則當留心體察設法相助不使有後時之歎即以今歲論之若從前三月得雨之時即爭先種播則目今又得甘霖豈不更為優渥況雨澤之遲早有無非人力所能預料今蒙

上天再賜甘霖得以乘時播種實屬萬民之厚幸假若霖

雨愆期徬徨觀望則從前之怠惰遲延豈非小民自誤生計自荒恒産耶西北寒冷之鄉布穀或不宜太早若畿輔可以早種之地又當甘雨既霖之時而乃袖手逍遥以待時雨之再沛不亦愚昧之甚乎況北直地方春夏之交嘗稽雨澤豈可視甘澍為等閒不及時努力致虛

上天之賜乎此皆愚民習於懶惰而地方有司又不以民事為重漠然不加董率之故著該督撫傳朕諭旨通行申飭倘再有牧民之官輕視農事不實心化導任百姓之悠悠忽忽有誤播種之期者必從重議處

諭戶部陝西四川地方民風醇樸歷年逋負甚少查每年徵收錢糧之期四月完半十月全完此定例也朕思四月十月既屆納課之期小民必須預先經營是穀麥未收之時即為輸將之計或因稱貸而受剝於富豪或因預糶而大虧其價值且如甘肅地方有徵收本色者若在糧穀未穫之前更為竭蹶歷來川陝錢糧既無拖欠

之陋習著將四月完半者寬至六月十月全完者寬至十一月俟夏麥秋禾築場納稼之後從容完課俾民力舒徐以副朕愛養黎元之至意

雍正九年

諭內閣山東地方上年遭值水患窮民乏食朕心軫念屢頒諭旨並遣大臣賜粟賜金加恩賑濟不忍使一夫不獲其所又念該省上年禾稼歉收今春青黃不接之時米價必至騰貴特命截留鄰省漕糧三十五萬石並撥

運奉天米穀二十萬石減價平糶以惠濟閭閻朕之爲東省民食計者亦備極籌畫矣今朕細思上年濟兖東三府之被水較平時爲甚目今發粟平糶在糴米之家固不慮價值之高昂而赤貧之民仍苦於糴買之無力且聞被水之後覓食窮民有轉徙四方者今各省漸次資送回籍此等民人回籍之後無以爲存養之資必至於失業深屬可憫今朕再沛恩膏著侍郎劉於義牧可登巡撫岳濬確查實在窮民無力糴買穀石者加給兩

箇月口糧以恤其困苦資其耕作查濟兖東三府尚有存倉穀四十萬石即將此爲散賑之需儻不敷用再將截留之漕米以二十萬石平糶以十五萬石增添散賑劉於義牧可登岳濬可仰體朕心遴選賢員作速分途辦理使黎民均沾實惠並傳宣朕旨切加曉諭百姓等受朕格外之恩當乘此春和努力耕種勿因失業而作邪僻之事勿因困阨而懷怨尤之心果能祗遵朕訓則良善之風豫順之氣自能感召天和賜以安全之福思之勉之

諭內閣今年五六月間直隸山東河南等處雨澤愆期朕即慮及上年被水低窪之地魚子存留今夏烈日蒸曬恐變爲蝗蝻爲禾苗之患特令大學士等寄信與直隸山東督撫嚴飭屬員留心訪察預爲防遏茲據沈廷正奏報山東濟寧州之南鄉新店等處有蝻子萌動已飭令文武員弁上緊撲滅又據張元懷奏稱光州所屬竹園內生有青蟲其形似蝗吞食竹葉未傷田禾今已捕

除等語從來蝗蝻始生之時以人力治之尚易而小民躭逸偷安憚於用力又恐踐踏禾稼瞻顧逡巡及至飛颺之後遠近蔓延而勢已不可遏矣是在實心任事之官員督率鄉民力爲捕治不得姑順輿情釀成大患著直隸山東河南江南等處督撫通行所屬實力奉行儻視爲具文苟且塞責將來飛颺之時朕必察其發生之處將該地方官從重治罪不少寬貸直隸山東河南三省欽差大臣科道等一同留心訪察毋忽

諭内閣朕以直隸山東河南夏間雨澤愆期特命截漕查賑預謀民食既而三省陸續奏報得雨朕心稍慰兹聞直隸山東及河北彰衛二府有窮民因秋成無望預為渡河而南以圖就食者蓋因本地歉雨之時尚未聞截漕查賑諭旨輙思就食他省若即令資遣還鄉恐時届仲秋耕種之期已過轉致失所著該撫飭令沿河州縣於各渡口詳詢其所欲往地方有力不能自達者量給路費仍知照該州縣善為安插除有親朋可依及已傭

工得食者聽其自便外其乏食之民著用截漕米石照例計口賑給此等流民有閭家鄉近日得雨欲回本籍者即資送遣回其未願即歸者俟來春耕種之後仍皆給以資糧使之回籍凡資給之費俱照例動用存公銀兩造冊送部有浮冒尅扣等弊該撫指名題參如各省樂善之家有能將覔食窮民存恤周濟及資助回籍者該地方官詳報上司酌量輕重奬給花紅旗匾最優者給之頂帶以示鼓勵直隸山東地方既經得雨又現今截漕查賑人心安帖必無輕去其鄉者設或愚民無知聞鄰省安插流民經理得宜仍復接踵而至離鄉棄業舍本籍自有之恩澤以望澤於他鄉其勢必至兩誤該地方官務悉心安集剴切曉諭令其勿離故土又聞渡河流民有欲往湖廣者楚地雖産米之鄉而去直隸山東較豫省更遠恐將來回籍愈難除已至湖廣者著該地方官安插得所外其尚在鄰省者詢明湖廣果有親朋可依則資給令往否則即於所到地方安插夫率土

蒼生皆吾赤子各該督撫及地方有司務須痌瘝乃身體察周詳規畫盡善期無一夫不獲其所以副朕勤恤民隱子惠元元之至意

雍正十年

諭大學士九卿京師自上冬以及新春未得雨雪畿輔地方及近京各省雖有奏報得雪者看來亦未普遍霑足因思上年十一月十五日月食據欽天監觀候曾引占書燕趙旱禾麥有傷之語陳奏朕前朕心甚為憂懼擬

於正月祈穀之期虔禱
上帝以迓天和乃朕躬偶感風寒醫家奏請避風靜攝是
以未曾躬親祀典此心愈加乾惕維兹數月以來雨雪
未降顯係
上天垂象以示警甚可畏也朕虔誠修省體察政治之闕
失以期仰格
天心爾大學士九卿等各宜恪慎齋戒至誠虔禱尤當洗
心滌慮殫職奉公以為敬

天祈福之本京師為四方輻輳之地民食浩繁更宜預為
籌畫至於該督撫等各自敬謹修省外所屬地方雨澤
之有無播種之遲早務期悉心訪察先事圖維儻二麥
歉收必有思患預防之策不使黎民有乏食之虞方不
負朕之委任儻有玩忽隱飾等弊經朕訪聞必加嚴譴
內外大臣等領此諭旨務在實心奉行不必以空言覆
奏
諭內閣寧夏為甘省要地渠工乃水利攸關萬姓資生之
策莫先於此是以朕特遣大臣督率官員等開濬惠農
昌潤二渠又命修理大清漢唐三渠以溥萬民之利年
來昌惠二渠及唐渠工程漸次告竣於民田大有裨益
其大清渠漢渠雖未竣工然聞連年加謹堵疊極力挑
濬已足以資灌溉不過洴岸閘座有應行修補之處可
以從容經理非比唐渠之必應速成也目今甘省軍興
之際輓運兵糧正需車輛若因修理渠工有欽差官員
催趲工程又復僱車運送物料恐小民承應一切力難

兼顧有誤春耕所當酌量變通以體恤民隱者查寧夏
有專司水利之同知著將未竣之渠工交與該員照通
智史在甲等所估料之處於每歲春工內分年陸續修
理再令寧夏道鄂昌勤加督率不時稽查務期工程堅
固利濟有資使民田永霑膏澤通智史在甲將各件與
鄂昌交代清楚即行回京其在工効力之文武官弁交
與該署督查郎阿計其在工之久暫訪其奉職之勤惰
量其辦事之能否應留陝題補委用者留陝題補委用

應咨部請旨者咨部請旨應發回本地者發回本地其現任武弁及兵丁等派撥渠工効力者俱令各歸營汛在工夫役等交與鄂昌將附近者令歸南畝遠來者酌量遣回

諭內閣上年冬間北方雨雪稀少朕恐今夏蝗蝻萌動已密諭該督撫等留心防範頃聞江南淮安府屬之山陽阜寧及海州所屬之沭陽揚州府屬之保應等縣各有一二鄉村生發蝻子雖目前萌動之處不過數里然恐捕治不力漸至蔓延為田禾之害著該督撫嚴飭有司督率人役鄉民速行撲滅俾無遺種儻有怠忽從事者即行糾叅從重議處

諭內閣據山東巡撫岳濬奏稱東省自閏五月內甘雨溥降從前被旱之處次第均霑穀豆雜糧皆得及時佈種此後六七兩月雨澤均調秋禾暢茂現今收穫登場為歷年未有之豐熟等語今歲春月東省郡邑雨澤愆期而兗東二府為尤甚朕心憂慮遣官發粟糶賑兼施從

前嗷嗷待哺之民有所依恃心志安帖豫順之氣感召天和遂得連霈甘霖轉荒歉而為豐稔即目前之事觀之益知朕平日切切以天人相感之理訓示天下臣民者確乎其不爽也民為邦本食為民天凡為官者思欲感召天和必以暢悅民情為本平時與百姓同其好惡不使閭閻有抑鬱之情偶值雨暘之不均旱潦之將兆即據實奏聞俾朕早為百姓經營以為補救挽回之策在民則當安分循理共敦善良偶遇災祲即思招致之有由恐懼警惕不敢因困苦而生愁怨之心如此上下交修官民胥勉將見和氣致祥災沴不作比戶享盈寧之福矣勉之勉之

諭內閣據博爾奔察等奏稱胡倫布爾等處今歲所種地畝因旱歉收俟明年多為種植等語朕思種地一事若交與伊等則訓練兵丁必致貽誤著行文將軍卓爾海於齊齊哈爾愛渾墨爾根三處臺丁及水手屯丁內酌派五百名動用彼處存貯正項錢糧撥給盤費並置辦

牸具耔種等項前往胡倫佈爾地方於明年春間及時耕種至秋後將如何收穫之處著卓爾海據實奏聞其動用銀兩仍著報部照數解還

雍正十一年

諭内閣上年江南沿海被水地方如常熟等二十二州縣並續報之華亭等六縣該督撫等已遵旨撫綏軫恤定議大賑三次每次以一月為期料寒冬初春以來窮民存養有資不致失所矣朕念二三月間正青黃不接之

時尚須籌畫接濟資其力作庶可無悞春耕著再加賑四十日以昭格外之恩其有從前遺漏貧民並先可餬口而目下力不能支者亦著查明添入補賑之内再被水之鹽場竈戶亦照貧民例加賑一月該督撫鹽政等務須督率有司實力奉行使被水之家均沾恩澤以副朕恤災拯困之至意

諭内閣前據署直隸總督顧琮等奏請准順天天津等七府五州酌量領運北倉米石以備平糶並將所存倉穀存七糶三以濟民食朕已允行今思目下正當青黃不接之時糧價漸昂各處皆有常平倉穀其存貯米穀一萬石以外者准其存七糶三一萬石以内者准於糶三之外酌量加增存貯甚少者或添運北倉漕米或撥領鄰近倉儲務令各處米價得平小民易於糴買再者直隸冬春雨雪稀少目今農事方殷民皆盡力於南畝恐新舊錢糧一時難於並徵著將雍正九年以前帶徵銀兩緩至秋收完納該督等遵諭即辦理

諭戶部近聞山東通省雨澤俱已霑足但從前有得雨稍遲之州縣今年二麥歉收民力未免拮据況得雨之後無力耕種錢糧輸納承辦維艱朕心軫念著該督將得雨稍遲之州縣衛所應徵新舊錢糧緩至秋成之後再行開徵以示朕體恤閭閻之至意

雍正十二年

諭戶部據總理西安巡撫事史貽直等奏報陝省秋禾受旱水田仍可有收而旱田收成分數大減現今秋社前

後乃秦民種麥之期必得甘雨應時始能播種是以農夫望雨甚切等語覽所奏情形若將來得雨霑足則明歲夏收自有可望但今歲秋收既歉則明年青黃不接之時米糧或至騰貴兵民人等有應行接濟之處亦未可定亦不可不預為籌備查陝省與河南接壤雍正十一年春間撥運豫米十萬石自水次裝載直抵西安已有成效上年曾令河東總督王士俊於沿河州縣水次貯穀三十萬石並將上年豫省漕米截留易穀以備陝

省之用是豫省備用陝省之米甚為充裕儻明年陝省有需用之處著史貽直等一面具奏一面即將需用米數行文王士俊料理照上年之例由水道運赴西安應用將此併諭王士俊知之

諭大學士九卿朕從來不言祥瑞屢頒諭旨曉諭天下臣民是以數年來凡以嘉祥入告者朕皆屏拒弗納而各省之瑞穀嘉禾誕降者甚多悉令停其進獻蓋欲天下臣民共敦實行不尚儀文以為敬

天勤民之本也今據總兵官楊凱奏報鎮筸紅苗甫經向化今年苗民所種之山田水地黍稷稻粱盈疇遍野及至秋成則皆雙穗三穗四五六穗不等萬畝皆然苗民額手歡呼以為從來未有之奇瑞又據侍郎蔣洞奏報高臺縣屬雙樹墩地方在鎮夷堡口外自開墾以來人烟日盛今歲秋成粟穀挺秀有一本之內枝抽十餘穗者有一穗之上叢生五六穗者屯農共訝為奇觀稱為盛事等語朕思苗疆播種乃夷民務本之先資遠徼屯

田關邊塞軍儲之重計今值經營伊始欣逢瑞穀呈祥且地廣穗多超越於見聞紀載之外仰見

天心眷佑錫福方來苗民之樂利可期軍旅之糗糧有賴此非空言祥瑞而無濟於實用者可比朕心不勝感慶在廷臣工莫不有撫綏苗衆籌邊足食之心聞之定為色喜是以將楊凱蔣洞奏摺及穀本圖樣發出共覯之

皇帝敕諭

雍正十三年

諭總理事務王大臣從來帝王撫育區夏之道惟在敎
養兩端蓋天生民而立之君原以代天左右斯民廣
其懷保人君一身實億兆羣生所托命也書稱正德
利用厚生惟和又云惟土物愛厥心臧蓋恒產恒心
相爲維繫倉廩實而知禮義理所固然則夫敎民之
道必先之以養民惟順天因地養欲給求俾黎民飽
食暖衣太平有象民氣和樂民心自順民生優裕民
質自馴返樸還淳之風可致庠序孝弟之敎可興禮
義廉恥之行可敦也我朝

列聖敬
天勤民垂統萬世
皇祖聖祖仁皇帝六十餘年久道化成重熙累洽所以惠
養元元禮陶樂淑者至周至備惟是國家承平日久
生齒日繁在京八旗及各省人民滋生蕃衍而地不
加廣此民用所以難充民產所以難制也我
皇考宵旰孜孜勤求治理惟恐一夫不獲其所重農貴粟
之敎屢頒撫循蠲賑之惠頻下南北之營田水利無
不興修內外之開墾種植無不綜理凡此實政實心
一以誠敬貫徹始終十三年有如一日皆朕所親承
目睹拳拳服膺者也朕生長深宮瞻依
皇考慈顏惟知承歡膝下懋學書齋即如日用衣食之需
悉由
恩賜豐贍饒裕不煩問所從來此固
皇考昊天罔極之恩難於明言而爲君之道亦惟身履其
地者然後知聖人之言爲至當也今朕纘成大統身

爲人主衣租食稅則自今伊始一絲一粟皆四海小
民所經營供御者矣朕思飲饌被服皆出於海內脂
膏宮室器用皆取自閭閻拮据尚安忍少有糜費侈
用之心以蕩民力而耗民財乎又安忍已垂裳而聽
天下之民有寒不得衣已玉食而聽天下之民有飢
不得食者乎禹思天下有溺者由己溺之稷思天下
有飢者由己飢之自古聖君賢臣自任之重者皆動

於至誠迫於至理有萬不容已者也朕日夜兢兢時
廑本固邦寧之至慮以
皇考之實心為心以
皇考之實政為政凡供膳品味之類無所加增衣食器用
之屬無所濫費宫室苑囿之區無所改營爰韜中外
大臣共體朕心以成朕志於民生日用所由阜成民
生樂利所由豐豫之處在在求其實濟事事謀其久
遠勿以虛名而澤不下逮勿以小利而計不圖全勿

作無益以害有益勿朘民生以厚已生果能恒產有
資將見恒心自啓我
皇考聖訓所謂三代之治必可復堯舜之道必可行者庶
能繼述萬一此朕中心乾惕之誠並非即位之初為
此邀譽近名之語以博天下臣民之感頌朕心務收
實效豈肯徒托空言但天下至大兆民至衆非朕一
人所能獨理内而閣部八旗大臣外而督撫藩臬有
司均受國家深恩有惠養斯民之責者當共思黽勉
崇儉戒奢視國事如家事以民身為已身痌瘝一體
休戚相關各殫誠心期登斯民於衽席則賞功酬庸
之典朕必從優舉行若苟且因循視同膜外律以溺
職吏復何辭勉之勉之

乾隆元年

諭總理事務王大臣三代以前不言水利溝澮之制時
蓄洩備旱潦尚書周禮所載為田功計者其利甚溥
開渠引水溉田育穀始於戰國蓋因阡陌既開溝澮

尋丈已失其舊也歷代言水利者得失參半總以相
土宜順水勢近不擾民遠可利人為主今江南所屬
蘇松常鎮四府太倉一州現在興修支河倣河工海
塘之例督撫分委降革廢員及本籍候選考職人等
効力承修朕思渠港圩壩附近溉田原宜開濬以備
旱澇但開濬之法須河身深廣蓄洩得宜其挑取淤
泥遠移他處或培窪下之地或築堤岸之上方為久
計若雇夫挑土堆貯河旁雨淋水潦旋即入河不久

淤塞務名無實徒滋煩擾至古堤舊渠儻遇旱澇不為田害便宜仍舊紛更改築甚無謂也今蘇松等處内地支河原不比河工海塘之險古堤舊渠如元和至和等塘民利往來田資灌溉至今受益吳本澤國三江震澤支流四溢如邱與權單諤郟亶趙霖夏原吉周忱等所論水利考据精核得失瞭然今効力承修人員相度形勢諳練自遜前人儻有夾塘蓄水石梁淺河止宜加修不必改築若有必應開濬建築之

處督撫留心細勘並飭州縣協辦工程一應調遣指臂易使至長洲等州縣按畝派錢以供大修朕已降
旨停止倘有官吏藉端中飽即絲毫派累經朕訪聞必加嚴處嗣後督撫以至州縣建言為民興利或利小而害大或利在目前而害伏於後或有利無害而其事易創難成皆宜詳審熟籌慎之於始以體朕惠養元元至意
乾隆二年

諭總理事務王大臣方今農事將興正百姓力田耕作時也茲二月二十二日恭送
孝敬憲皇后梓宮往
泰陵所過州縣應納錢糧雖已蠲免但恐應役多人致妨南畝其令地方有司毋得先期派民灑道清塵種種滋擾扈從人員有蹂躪麥苗沿途滋事者許直隸總督即令劾奏以副朕惠養農民至意

諭總理事務王大臣上年直隸等省有收成歉薄之州

縣冬春以來雨雪又覺缺少惟山東奏報得雨似可足用其餘則尚未沾足朕心甚為憂慮當此青黃不接之時東作方興之候正宜急為籌畫以恤民艱已
諭令各該督撫因地制宜或減價平糶或借貸倉糧凡有利益民生者即速定議舉行毋容忽視令思仲春之月即定例開徵錢糧之時若有司遵例催科在有力之家尚可勉强輸將而困乏之家實為艱窘深可憫惻著直隸等省督撫將去歲歉收之州縣一一

確查所有現在應完錢糧暫停徵收俟麥秋酌看收成情形再行奏聞歸併秋季錢糧項下帶徵完納如此則地方無追呼之擾民力可以寛舒農功不致有曠該部遵諭速行

諭總理事務王大臣農事方興需雨甚殷雖十五日得雨尚未霑足朕心深為顒望著傳諭禮部虔行祈禱

諭總理事務王大臣京師雨澤愆期朕心深為憂慮聞河南山東兩省與直隸接壤之地雨亦稀少該撫等

作何預為籌畫又近日曾否得雨俱未詳悉奏聞實為輕視民瘼可著侍衛永興前往河南松福前往山東再各派戶部司官一員馳驛同往面詢該撫將實在情形并如何料理之處一一陳奏永興等亦著沿途留心從前得雨分數此時乾旱情形地畝曾否播種米價如何騰貴以及百姓情形若何之處著回時據實覆奏

諭總理事務王大臣昔者虞廷咨牧食哉惟時而百揆奮庸之後即命棄以播時百穀禮樂兵刑皆在所後良以食為民天一夫不耕或受之飢一女不織或受之寒而耕九餘三雖遇荒年民無菜色今天下土地不為不廣民人不為不衆以今之民耕今之地使得盡力焉則儲蓄有備水旱無虞乃民之逐末者多而地之棄置者亦或有之縱云從事耕耘而黍高稻下之宜水耨火耕之異南人向多不諳北人率置不講此非牧民者之責抑誰之責歟今之督撫於地方命

盜等案或官方吏治兵制夷情能盡其心者有之其以身為之倡課百姓以農桑本務者誰耶得毋與虞廷命官之意相左乎朕欲驅天下之民使皆盡力南畝而其責則在督撫牧令必身先化導毋欲速以不達毋繁擾而滋事將使逐末者漸少奢靡者知戒蓄積者知勸督撫以此定牧令之短長朕即以此課督撫之優劣至北五省之民於耕耘之術更為疎畧是以一穀不登即資賑濟斯豈久安長治之道其應如

何勸戒百姓或延訪南人之習農者以教導之牧令有能勸民墾種一歲得穀若何三歲所儲若何視其多寡為激勸非奇貪異酷極昏極庸者毋輕率劾去使久於其任則與民相親而勸課有成將見俗返醇樸家有蓋藏然後禮樂政刑之教可漸以講習著該部會同九卿詳悉定議以聞

欽定授時通考卷四十八

欽定四庫全書

欽定授時通考卷四十九

勸課

本朝重農

祈穀

謹案月令天子以元日祈穀於上帝蓋人君代天理物欽若敬授未有不以農事為先務我

國家修明典禮尤重民生

太宗文皇帝繼天立極肇祀

郊壇

世祖章皇帝創業垂統秉時定制每歲孟春上辛祈穀于

上帝一切典禮與冬至大祀同

聖祖仁皇帝釐定樂章禮文大備康熙二十八年復

命另撰祈穀祝文將肫懇恤民之意切實祈求

世宗憲皇帝視民如傷盡誠盡敬每歲

躬祀

郊壇為民請命
天心協應奮降嘉祥薄海内外無不食德飲和仰蒙
福佑我
皇上御極以來闓澤覃敷深仁普洽蠲免賑恤之典史
不勝書凡閭閻之疾苦稼穡之艱難無弗洞悉周
知廑懷夙夜
齋宮淵穆對越精誠
皇衷之懇至肫勤視小民望歲之心尤切于萬萬惟

上帝監觀四方惟
列聖陟降左右錫茲祉福粒我蒸民至誠感神呼吸通于
帝座理固然矣蓋以民事為己事以
天心為己心
聖聖相承道同心一非明禋將享之文所能擬諸形容也
謹照
大清會典及禮部所定現行儀注載
祈穀禮儀於後

祈穀儀
凡上辛
祈穀前後儀節陳設順治初詳定遵行惟配享
神位遞增儀亦遞備今照題請儀注具列於後
一前期五日詣犧牲所視牲
皇帝親詣行禮遣官視牲
一前期三日太常寺官進齋戒牌銅人
皇帝致齋三日各衙門俱設齋戒牌應陪祀王以下各

官齋戒如常儀
一前期二日遣禮部堂官一員省牲
一前期一日
皇帝陞太和殿
視祝文
視玉
視帛
視香行禮復至龍亭前上香行禮太常寺官送祝文玉

帛香至
天壇神庫內青案上安設
一前期一日禮部都察院太常寺光祿寺官俱朝
服上香監宰牲並瘞毛血
一正祭日鹵簿大駕全設
皇帝御禮服出宮乘輦
駕進
壇西門降輦至更衣幄次更祭服盥手畢進

大享殿內就拜位王以下陪祀各官俱序列燔柴迎
帝神奏中平之章
皇帝陞
壇詣
上帝香案前上香次詣
太祖高皇帝
太宗文皇帝
世祖章皇帝

聖祖仁皇帝
世宗憲皇帝位前上香畢旋位行禮唱奠玉帛樂奏肅平
之章
皇帝陞
壇詣
上帝位前獻玉帛次詣
太祖高皇帝
太宗文皇帝

世祖章皇帝
聖祖仁皇帝
世宗憲皇帝位前奠帛畢旋位唱進俎樂奏咸平之章
皇帝陞
壇以次進俎畢旋位行初獻禮樂奏壽平之章
皇帝陞
壇詣
上帝位前獻爵畢讀祝官跪讀畢

皇帝行禮復詣
太祖高皇帝
太宗文皇帝
世祖章皇帝
聖祖仁皇帝
世宗憲皇帝位前獻爵禮畢旋位行亞獻禮樂奏景平之
章
皇帝陞
壇以次獻爵如初獻儀禮畢旋位行終獻禮樂奏永平之

章
皇帝陞
壇以次獻爵如前儀獻畢旋位太常寺官唱
賜福胙
皇帝就位受爵受胙行禮旋位復行禮謝福胙徹饌樂
奏凝平之章捧玉官捧蒼璧退送
神樂奏清平之章

皇帝行禮職事官捧祝帛香饌恭送燎位望燎樂奏太
平之章
皇帝詣望燎位祝帛焚半奏禮畢
皇帝由東甎門出更衣陞輦設鹵簿大駕教坊司作樂
奏祐平之章
皇帝還宮
樂章
迎
帝神樂奏中平之章

惟帝勤民兮求莫匪舒　小民何依兮黍稷與與
元日有事兮百辟趨　為民請命兮食咸需
遥瞻龍駕兮歷紫虛　日臨黃道兮東風徐
臣深昭事兮遑寧居　願垂嘉惠兮大有書
奠玉帛樂奏肅平之章
民天惟食兮農事先　粒我蒸民兮有大田
風霆流形兮雨澤霑　實穎實栗兮氣化全

玉帛祇奏兮祇裡虔　仰祈寰宇兮享豐年

進俎樂奏咸平之章

鼎烹兮苾芬　嘉薦兮無文

奉雕俎兮大武　羶薌建兮氣干雲

昭普存兮民力　惟明德兮馨聞

初獻樂奏壽平之章

初獻兮旨酒盈　著誠致潔兮犧尊盛

儼對越兮在上　惟昭明兮有融

瑟黃流兮玉瓚　帝心歆假兮賚嘉禎

亞獻樂奏景平之章

著尊啟兮告虔　清酤次第兮舉前

禮再獻兮肅拜　列瑤觴兮秩斯筵

神悅懌兮如在　惠我嘉生兮福便便

終獻樂奏永平之章

終獻兮泰尊移　苾芬嘉旨兮圭瓚交馳

神既醉止兮錫祉　禮成於三兮陳詞

願灑餘瀝兮沐羣黎　臣拜手兮望雲霓

徹饌樂奏凝平之章

俎豆具陳兮庶品齊　舉荷昭鑒兮靡或遺

饌告徹兮玉几　登歌洋溢兮式禮無違

肅徹恍兮告終事　上帝居歆兮錫純禧

送帝神樂奏清平之章

祇奉天威兮弗敢康　小心翼翼兮昭穹蒼

雲垂九天兮露瀼瀼　翠旗羽節兮歸何鄉

臣拜下風兮意徬徨　願沛汪澤兮時其雨暘

望燎樂奏太平之章

翹首兮天閶　邈彼雲海兮何蒼茫

爇蕭束帛兮薦馨香　精誠感格兮降福穰

四時順序兮百穀以昌　臣同兆姓兮感荷恩光

皇帝還宮導迎樂作奏祐平之章

皇天有命　列聖承之

我后配德　文匡武綏
海隅寧謐　神靈宴娭
於萬斯年　流慶降釐

耕耤
謹案仲春耕耤以供粢盛以重農事甚盛典也我
朝
列聖相承勤民務本
世祖章皇帝智勇天錫統一寰宇順治十一年
躬祀
先農行耕耤禮
欽定一切儀章爲萬世法

聖祖仁皇帝聖神文武仁孝性成康熙十一年耕耤行告
祭
奉先殿禮
世宗憲皇帝仁育義正宵旰憂勤雍正二年以後每歲
躬耕三推禮畢再行一推以示率先農功至意耤田嘉禾
歲生至有十三穗者蓋
精誠感格若斯之盛也又
命直省郡邑各設耤田所在官吏遵行惟謹故自

開國以來大有頻書海内家給人足比隆于唐虞三
代之盛我
皇上至誠大孝念切民依乾隆三年行耕耤禮四年照
例舉行億萬斯年著為定例開蒸民粒食之源充
六宇太和之氣山農野老熙熙然相忘于擊壤鼓
腹之下者皆
聖主敬
天法
祖肫勤教育之深恩也謹遵照
大清會典及禮部所定現行儀注載
躬祀
先農壇
耕耤禮儀於後
祭
先農壇儀
皇帝舉耕耤禮則

親祭
先農壇其每年常祀定于春二月
順治十一年二月
世祖章皇帝行耕耤禮親祭
先農壇康熙十一年二月
聖祖仁皇帝行耕耤禮親祭
先農壇前期遣官告祭
奉先殿一應禮儀俱與順治十一年同雍正二年二月
世宗憲皇帝行耕耤禮親祭
先農壇一應禮儀與康熙十一年同以後每年舉行
乾隆三年二月
皇上行耕耤禮親祭
先農壇前期親祭
奉先殿四年二月
上親行耕耤禮如前儀
一前期二日太常寺官進齋戒牌銅人

皇帝致齋二日王以下陪祀各官俱齋戒二日

一前期二日太常寺官視牲

一前期一日

皇帝御中和殿視祝文畢太常寺官捧祝版送至

先農壇神庫內安設

一前期一日禮部都察院太常寺光祿寺官赴

壇監視宰牲瘞毛血

一正祭日

皇帝具禮服乘輦至

壇進具服殿盥手畢至

壇上黃幄次立王以下陪祀各官俱排立迎

神樂奏永豐之章

皇帝陞壇上香行禮初獻奏時豐之章職事官獻帛爵

讀祝畢

皇帝行禮亞獻奏咸豐之章終獻奏大豐之章各獻畢

奏

賜福胙

皇帝受爵受胙行禮謝福胙徹饌樂奏屢豐之章送

神樂奏報豐之章

皇帝行禮職事官捧祝帛香饌送瘞位樂奏慶豐之章

皇帝親視奏禮成退次行耕耤禮

樂章

迎

神樂奏永豐之章

勾芒秉令　土牛是驅

天下一人　蒼龍駕車

念彼田疇　民命所需

生成有德　尚式臨諸

奠帛初獻樂奏時豐之章

先農神哉　耒耜教民

田祖靈哉　稼穡是親

功德深厚　天地同仁

肅將幣帛　肇舉明禋
厥初生民　萬彙莫辨
神錫之麻　嘉種乃誕
執兹醴齊　農功茲見
玉瓚椒醑　肅雍舉奠
亞獻樂奏咸豐之章
上原下隰　百穀盈止
粒我烝民　秀良興起

樂舞具備　吹豳稱兕
再躋以獻　有馨酒旨
終獻樂奏大豐之章
穈芑秬秠　維神所貽
以神饗神　曰予將之
東耒三推　東作允宜
五風十雨　率土何私
徹饌樂奏屢豐之章

於皇農事　自古為烈
莫敢不承　今兹忻悅
籩豆既豐　簠簋云潔
神視井疆　執事告徹
送
神樂奏報豐之章
麻麥芃芃　秔稻連阡
縱橫萬里　皆神所瞻

人歌鼓腹　史載有年
歲有常典　茀祿綿延
望瘞樂奏慶豐之章
玉版蒼幣　來鑒來歆
敬之重之　藏於厚深
典禮由古　予行自今
樂樂利利　國以永寧
耕耤儀

凡耕耤儀節係順治十二年題定康熙十一年增
告祭
奉先殿典禮雍正二年頒定樂章
一躬耕耤田必用亥日
一前期一日遣官告祭
奉先殿
一

皇帝躬祭
先農壇行耕耤禮於前期
視祝版日設
皇帝耕耤耒耜鞭種青箱綵亭三座設三王九卿從耕
青箱綵亭四座於
午門外戶部禮部堂官同順天府堂官入進器具穀
種於
太和殿下安設

皇帝陞中和殿行
閱視祝版禮畢
皇帝御保和殿戶部堂官先捧
皇帝耕耤耒耜次捧鞭次捧稻種匣安設于
中和殿殿內正中次捧三王耕耤麥種匣穀種匣九
卿耕耤豆種匣黍種匣安設于
中和殿內左右畢
皇帝自保和殿陞中和殿至各陳設處
閱畢還

宮戶部官捧耒耜穀種各匣至
太和殿堦下授順天府捧出
午門左門置各綵亭內教坊司作樂前導送至耕耤
所安設
一是日早
皇帝致祭
先農壇畢

御具服殿更補服黃龍袍少憩從耕三王九卿及不從
耕王以下各官俱更蟒袍補服禮部太常寺堂官
奏請
皇帝詣耕耤位南向立從耕三王九卿各就耕位立不
從耕王以下各官俱在耕耤蓆棚外按翼排立耕
耤耒耜鞭青箱綵亭三座及三王九卿青箱綵亭
四座陳設左右教坊司領樂官四員頂帶老人四
名歌三十六禾詞樂工十二名鑼鼓板樂工六名

執叉執扒執箒執鍬蓑衣斗蓬樂工二十名五色
彩旗樂工五十名順天府耆老三十四名上農夫
十名中農夫十名下農夫十名俱兩旁排立鴻臚
寺官贊進耒耜戶部堂官北向跪進耒耜
皇帝右手秉耒贊進鞭順天府尹北向跪進鞭
皇帝左手持鞭耆老二人牽牛上農夫二人扶犁禮部
太常寺鑾儀衛官恭導
皇帝秉耒行耕耤禮教坊司樂工鳴鑼鼓歌三十六禾
詞招颭彩旗唱和隨行
皇帝三推三返再行一推禮畢贊受耒耜戶部堂官跪
受耒耜贊受鞭順天府尹跪受鞭各置綵亭內禮
部堂官奏請
皇帝旋位立戶部堂官順天府尹執青箱播種耆老隨
後覆土畢順天府尹以青箱置綵亭內禮部堂官
奏請

觀耕

皇帝御觀耕臺南向坐不從耕王以下各官分翼序立
三王各五推五返各用耆老一人牽牛農夫二人
扶犁順天府廳官隨後播種耕畢三王退就班位
立諸王等俱候
旨序坐次九卿各九推九返各用耆老一人牽牛農夫
二人扶犁順天府廳官及兩縣各官隨後播種耕
畢九卿退就本班立順天府官將青箱置左右所
設三王九卿盛種綵亭內禮部堂官奏耕耤禮畢

駕興由東階出
先農門外陛輦教坊司作導迎大樂至
齋宫陳設大樂作
皇帝陞座暫
御後殿王以下公以上在臺上文武各官在臺下東西
向按翼排立禮部堂官奏請
御齋宫樂作
皇帝陞座順天府官兩縣官率耆老農夫等由西門入

排立贊行三跪九叩頭禮農夫三十人服本等服
色各持農器隨後行禮丹陛樂作禮畢退至耕所
農夫終畝候耕畢府縣官至東門報終畝畢鴻臚
寺官跪奏
親耕既成禮當慶賀王以下各官排班丹陛樂作贊行
三跪九叩頭禮禮畢退就班行一叩禮序坐
賜茶畢大樂作
駕興御後殿光祿寺設宴畢大樂作

皇帝陞座王以下各官就原位行一叩頭禮序坐進宴
丹陛樂作奏雨暘時若之章安宴桌畢進酒西簷
下作管絃樂笙簫合奏奏五穀豐登之章
皇帝舉酒王以下各官于本位跪行一叩頭禮復坐進
饌東簷前作清樂奏家給人足之章徹樂王以下
各官排班聽贊行一跪三叩頭禮丹陛樂作禮部
堂官奏禮畢王以下各官出
齋宫大門外排立恭候
皇帝乘輦出鹵簿大駕前導教坊司作還宫樂奏祐平

之章
皇帝還宫
耕耤三十六禾詞
光華日月開青陽　房星晨正呈農祥
帝念民依重耕桑　肇新千耤考典章
吉蠲元辰時日良　蒼龍鑾輅臨天閶
青壇峙立西南方　犧牲簠簋升苾芳

皇心祇敬天容莊　黃幕致禮虔誠將
禮成移蹕天田旁　土膏沃洽春洋洋
黛耜行地牛服繮　司農種稑盛青箱
洪縻在手絲鞭揚　率先稼穡為民倡
三推一墢制有常　五推九推數遍詳
王公卿尹咸贊襄　甸人千耦列雁行
耰鋤既畢恩澤滂　自天集福多豐穰
來牟蕎麥森紫芒　華鄉赤甲秈稈秳

秬秠三種黎白黃　稷粟堅好碩且香
糜芑大穗盈尺長　五菽五豆充壠場
穄粱糜䵚九色糧　蜀秫王黍兼東廧
烏禾同收除童粱　雙岐合穎邊理疆
千箱萬斛收神倉　四時順序百穀昌
八區九有富蓋藏　歡騰億兆感聖皇
皇帝進宴奏雨暘時若之章
祥開黼座兮布瓊筵　笙歌迭奏兮天樂宣

三推既舉兮賜豐年　五風十雨兮時不愆
優渥霑足兮溉大田　皇心悅豫兮福祿綿
皇帝進酒奏五穀豐登之章
龍耜轉兮春風生　帝勤稼穡兮供粢盛
戒農用兮勸服耕　富教化行兮百穀成
禾九穗兮麥兩莖　黍稷重穋兮充棟楹
歲登大有兮怡聖情　堯樽特進兮玉醴盈
勞酒禮飲兮邁鎬京

皇帝進膳奏家給人足之章
嘉禾炊饌兮雲子芳　仙廚瓊粒兮匕箸香
吾皇重農兮禮肅將　明昭感格兮錫嘉祥
千倉萬箱兮百穀穰　崇墉比櫛兮遝相望
豐亨樂利兮遍八方　家多充積兮野餘糧
含哺鼓腹兮化日長　朝饔夕飧兮壽而康
萬國同慶兮璿圖昌
直省耕耤儀

雍正五年題准耕耤儀注頒行直省各擇東郊官
地潔淨豐腴者立爲耤田如無官地動支正項錢
糧置買民田以四畝九分爲耤田即於耤田後建
立
先農壇供奉
神牌收貯祭品選擇勤謹農夫二名免其差役酌給口
糧令居
壇西配房看守朝夕灑掃每歲耕耤之日祭

先農壇禮畢各官俱更蟒袍補服省城督撫秉耒知縣
執青箱知府播種府城知府秉耒佐貳執青箱知
縣播種知州正印官秉耒佐貳執青箱播種專城
衛所用正印官秉耒如無屬員即選擇耆老執青
箱播種耕時用耆老一人牽牛農夫二人扶犂俱
照九卿之例九推九返農夫終畝耕畢各率耆老
農夫行望
闕三跪九叩頭禮其農具俱用赤色牛用黑色箱用
青色所盛籽種悉從各處土宜即著守
壇守農夫灌溉耤田地方官不時勸課將每年所收
米穀及用過粢盛數目造冊報布政司送戶部查
核至各省耕耤日期每年十月初一日頒時憲書
後交欽天監選擇吉期禮部奏請
欽定通行奉天府府尹直隸各省督撫轉飭所屬同日
舉行永著爲令

豐澤園演耕儀

耕耤之前二日

皇帝詣
豐澤園演耕是日禮部尚書順天府府尹各率其屬
穿蟒袍補服於耕所祇候青箱穀種照例陳設
皇帝御龍舟至先詣
時應宮拈香畢至耕所順天府府尹進鞭
皇帝扶犂三推御前大臣侍衛襄事禮畢
皇子諸王學習農事

駕回宮內務府官員終畝

欽定授時通考卷四十九

欽定四庫全書
欽定授時通考卷五十
勸課
本朝重農
御製詩文一
聖祖仁皇帝御製
農桑論
嘗觀王政之本在乎農桑虞舜之命棄曰汝后稷播時
百穀禹之告舜也曰政在養民水火金木土穀惟脩殷

之考績羣辟亦曰稼穡匪懈周以農事開基至成王之
世制禮作樂典章明備彬彬郁郁然周公所作瞽史所
歌若豳風七月之篇其道于耜舉趾采桑載績之事反
覆不置何前後聖同一指歟蓋農者所以食也桑者所
以衣也農事傷則饑之原女紅廢則寒之原小民饑寒
迫於身而欲其稱仁慕義有無不競遵路會極其勢不
能朕嘗躬行三推以率天下農矣而敦實崇儉之令繩

督有司靡不加意宜乎薄海以內襏襫之衆比肩於野杼柚之聲相聞於里庶幾古初醇樸之風乃逐末者未盡息而錦繡纂組之文日盛也中夜求治惄焉慮之孟子曰菽粟如水火而民焉有不仁者哉斯言使天下之民咸知貴五穀尊布帛服勤戒奢力田孝悌而又德以道之教以匡之禮以一之樂以和之將比戶可封而躋斯世於仁壽之域故曰農桑王政之本也

稼說

朕嘗讀雅頌諸什其時之公卿大夫士罔不盡力於田畝而其東作西成之景至被諸管絃升歌清廟豈非以其事為國之大務耶間考其義若生民之詩茀厥豐草是去稼之害也甫田之詩或耘或耔是雝稼之本也良耜之詩荼蓼朽而黍稷茂是厚稼之生也其詳且盡若此朕軫念農業每巡省畿甸時而春也則觀其播種之函活時而夏也則觀其良苗之懷新時而秋也則觀其穀穗之穎栗堅好用以親民亦因假以自樂非若周成之於豳風徒得之矇誦而已然竊計其自春而夏而秋寒暑遞遷嗟我農人其間芟薙之功滋培之力蘊崇之方棄匪類而殖嘉禾如詩人所云者朝斯夕斯不遑啟處累閱月而穀乃告登甚矣稼穡之艱習焉而後知之也雖然世顧有耕而得餒者原其初非不庤乃鎛播乃種而始勤終惰汙穢弗治稂莠弗剪苗在草間迄乎秋期十無一穫豈地土之不宜天時之不善哉咎在害稼罔辨而養夫稼者未博其功也噫治稼之道可通於治

天下矣

論井田

三代井田之法寓兵於農正易所謂容民畜衆也自兵農既分勢難復合後世有欲於曠閒之壤倣古行井田之法者不惟無補於民正恐益滋煩擾天下事興一利不如去一弊之為愈增一事不如省一事之為得也古者田以井授人皆自耕其田故室家殷阜而鮮失業遊食之民後世富室之田跨連阡陌貧民代為耕耨是

以素無蓋藏一遇水旱遂致遊食四方流亡載道亦勢使然也

捕蝗説

嘗讀詩至大田之什曰去其螟螣及其蟊賊無害我田穉田祖有神秉畀炎火則知古人之惡害苗也甚矣註曰食心曰螟食葉曰螣食根曰蟊食節曰賊昔人又云此四蟲皆蝗也而實不同故分别釋之且蝗之種類最易蕃衍故其為災在旬日之間夫水旱固所以害稼或

過其年禾稼被隴可冀有秋乃蝗且出而為災飛則蔽天散則徧野所至食禾黍苗盡復移蟄蟄小民何以堪此古人欲弭其災爰有捕蝗之法朕軫念民食宵旰不忘每於歲冬即布令民間令於隴畝之際先掘蝗種蓋是物也除之於遺種之時則易除之於生息之後則難除之於穉弱之時則易除之於長壯之後則難除之於跳躍之時則易除之於飛颺之後則難當冬而預掘蝗種所謂去惡務絶其本也至不能盡除而出土其初未能遠飛厥名曰蝻是當掘坑舉火以聚而驅之殲之昔姚崇遣使捕蝗以詩人秉畀炎火之説為証夜中設火火邊掘坑且焚且瘞蓋祖詩人遺意也又晨興日未出時露氣沾濡翅溼而不能飛掘坑以驅之尤易為力漢平帝時詔捕蝗者詣吏以斗石受錢朕區畫於衷務弭其害每歲命地方官吏督率農夫於冬則掘蝗蝻之種毋俾遺育於土中或時而為災則參用古法多方以撲滅之計其所捕多寡給錢以示勸賞古人有言曰螟蝗

農夫得而殺之為其害稼也以是觀之捕蝗之事由來舊矣但自古有治人無治法惟視力行何如耳苟奉行不力雖小災亦大為民患朕故詳指其義為説以示之

祈穀壇頌 有序

嘗觀古之明王必嚴於敬天隆於尊祖誠於養人惟其敬天故饗帝尊祖故崇配養人故重農而上辛祈穀厥義備焉蓋陰陽順風雨調災沴不生五穀成熟斯比户可封然後寛刑簡賦導以禮樂躋之仁壽苟

陰陽失序風雨不時則五穀傷矣五穀傷而民饑至
矣修粢盛而奏磬聞將何藉焉予肅將禋祀每遇薦
享大典備極誠敬期於孚格蒼穹為羣黎禔福幸海
内穡事浹歲順成即間遘微祲而補助旋施有秋洊
至豈非
上天粒我烝民而默佑予一人以無疆之休哉仰戴
帝慈莫可名喻聊攄感忱作為頌曰
皇矣

上帝仁覆萬國靡物弗懷鑒於有德古聖聿修昭事建極
元日殷薦爰祈粒食藐躬受命精意以禋大圻體方郊
丘象圜屋而大享典禮均虔外至必主本祖本天巍巍
三聖陟降攸格盡志對越百神其懌曰潔豆籩曰崇圭
璧匪祝一身為民請澤惟
天鑒觀愛我兆人宜夏而夏宜春而春和風應節甘雨司
辰災蝗罔作瑞穗含醇豈止郊畿式暨五服畇畇疆理
何土不淑嶷嶷黍稷何產不熟造化靳施伊誰能育啟
蟄而耕納稼而場于耜于趾我倉我箱詎曰農夫實予
之慶上下交裕藉此豐穰民則不知予敢忘賜湛恩汪
濊頌思奚匱歲歲吉蠲竭誠肆類庶其眷之永錫樂利

知稼軒銘

史書大有惟國之瑞食為民天邦本所繫西苑有廬茅
簷土砌風雨攸除桑柘蓊翳農祥乘春南榮晨涖歲云
秋矣流火西次於焉占星以戒農事物養於棠禾保於
稺驗其勾萌在晦明際雷雨甲坼剛柔竝試灌溉為仁

芟薙為義二者不廢穎栗可冀歲之歉穰人力是視儻
違其時饑寒㦯遺閔茲農夫終歲勞瘁在昔有邰嘉種
手藝採入豳歌詠及纖細用銘斯軒庶幾此志

刈麥記

塞外地寒最宜禾黍過來中外一家版圖萬里朕避暑
山莊歷年已多今百穀齊成與内地相似不過遲十數
日而已故種麥者頗蕃山莊苑内麥穀黍稻皆寓焉從
來稼穡之艱不可不知亦不可虛設朕念切民依痌瘝

一體年近七旬精力漸衰扶杖而閱耕種臨畦而觀刈穫遇雨暘時若則收割之際蒼顏野老共慶有秋黃口稚子無愁乏食此朕一時之真樂也五十四年夏六月小暑乃苑中刈麥之候薦新觀成如雲表盛晨氣曖風秀漸標奇遠聞各省麥秋相同此目前之實景也孔子云吾不如老農老圃孟子云從其大體為大人從其小體為小人農夫足食則樂天下至廣兆民至衆天時之不齊地脉之不一吾之樂民有食也以目前之實景而

且不能必其盡同又如此嗚呼豈如田野村夫憂樂止繫於身家而計慮不及於遠大乎故心之勞逸不可同日而語也夫

春雨賦

神籥絪緼化機和煦元氣上融醲膏下聚首五行者曰水潤萬物者曰雨于時蒼祇涖節青鳥司晨餘寒未斂禁火方新風輕飈以習習雲密布而鱗鱗垂九霄之嘉澍飛四野之甘津始觸石以吐液旋彌空而散澤初曳縷以吹絲繼緣霤而滴墀乍密還疎欲斷又續拂宇披檐挹川注谷既磅礴而淋漓亦瀰漫而滲漉戛綺埒之明璣流銅池之文轂木欣欣以向榮草萋萋而如沐若夫徂畛徂隰是蓘是穮麰麥漸秀田禾始苗廣地道之發育資土脉之沃饒雖沾體而塗足幸渥葉而濡條況乃濩溉神州瀸汪赤縣無遠弗屆靡幽不遍灑郊牧而歡呼浹寰瀛而舞忭慶玉燭之長調喜豐年之屢見夫惟天地之德廣大無私春生夏長雲行雨施寓栽培於

無意普美利於不知植品物以咸若含細大而莫遺所以解澤旁皇湛恩深厚覆被民生惠鮮隴畝與有淪於三陽敷仙霖於千耦世竝享夫豐亨俗咸登於仁壽洋洋乎造物之弘功予一人乎何有

桑賦 并序

朕巡省浙西桑林被野天下絲縷之供皆在東南而蠶桑之盛惟此一區近在宮中刻為耕織圖每示司收使知其艱苦今更為賦以託意焉

伊彼條桑其葉始萋春日載陽綠陰乃披紫陌上兮婀娜綺岸側兮垂垂來壁旭之晨照受光風之午吹影映帶兮青翰色彷彿兮翠旗既扶疎而相亞復低昂而參差念蠶事之欲動正芳候之如期聿玆女紅生計是賴采采盈筐慎加覆蓋虞日煦之少潤防雨頻之爲害儻薄蘆之不繼時變心之旆旆虔飼食之維勤勞形神於塵壒摘曉露之輕滋乘良月之新畬望千畝之閒閒實蠶家之弘賚誠黼黻之必資繫衮職之用大其重等於

苗稼爲王政之不外予恒恐其難知作深宮之圖繪至夫厥貢著於尚書沃若詠於篇什公室見說於禮經牆下屢申於孟集試古訓之歷稽又民務之應急若乃訶爲神木騁以青華末照是睎甘椹如瓜馴雉表異黄鳥稱嘉雖景物之堪娛咸無關於大家夫其詑幢幢之高蓋美亭亭之奇樹靈根依倚於十洲巨跡遂闢於周宇類齊諧之荒唐皆予今日之所不取也聊因清晏簡牘是書用示遠邇是溉是鋤共知愛護種繞其廬蠶桑農穡安寶璠璵

時巡近郊憫農事有作

芳郊景物麗淑氣扇暮春靈雨應良節光風薄嘉辰省耕已屆候夙駕方來巡前驅列式道羽衛羅勾陳時有田閒子荷耒披車塵譏訶勿頻數疾苦當咨詢千耦幸終畝二鬴猶懸囷穮蓘爾勤動痌瘝予隱親賙賜出泉府拊循屬官臣行潦有挹器冽井無枯津所惠良未徧嗛嗛愧斯人

夏旱步禱

南郊喜雨

歷春憫農勞首夏望嘉穀離畢月故遲密雲去何速顒穹闕膏澤及此祈年夙齋居承穆清中夜起自肅繁星麗赤霄雲漢光自煜雞鳴開重闉輿馬輟華轂步禱升郊壇祠官啓太祝是時甘澍零霑潤及拜伏空濛迫閶闔噴薄驅海瀆屏翳灑道迴滲漉足裳服麥隴應秀色重穎欲在目顧惟歌屢豐餘粟棲比屋

秋日出郊觀稼

秋色日寥迴萬象皆蒼蒼朝暾被渥露草木含晶光西成方屆候農事將築場於焉省斂穫令典重百王輕軒屏前置夙駕無嚴裝郊原一以眺煙樹紛成行微風散深樾清流抱迴塘土脉秀且沃篝車欝相望新鐮粲如月刈此溪雲黄捃拾復何幸遺秉滿道旁鳥雀互翔集婦子咸悅康行將吹葦籥報爾千斯箱眷言三時勤艱難詎可忘茫茫視九壤豈盡歌豐穰二鬴尚不充予饑惄如傷幸兹樂有年時若雨與暘勗哉慎所麗田功庶無荒

喜雨詩十六韻并序

朕撫御天下每以民生為念夙興夜寐無時少懈也歲在丁卯自春涉夏蘊隆少雨日更增甚麥秋期至農事堪憂傳曰龍見而雩謂建巳之月萬物始盛待雨於天今當雨不雨或人事之未修朕躬之有過歟亟命重臣凡國計憂戚刑名錢穀但有關於民者再三講究有言在京臣工鐫級過多皆賜復還可以致雨以及戲館秧歌之細事無不曲盡議論迄於五月憂心如焚減膳撤樂端居省過將以明詔布告天下思所以挽回天意詔下旬有餘日或膚雲方集輒阻燥風或微霖纔施旋升杲日昔人遇災而懼側身脩行欲銷去之況兹不雨乎朕以凉德臨億兆之上為民之誠天日可鑒欲躬詣郊壇致祭諸臣亦以為請因命禮官諏吉具儀齋戒肅穆步禱

上帝始齋之晚密雨濡潤祭之日雷雨交作自兹間日而雨徧四郊田野霑足朕先憂而飲食俱廢者為民也既雨之後喜而舉手加額者亦為民也今天不遺斯民禱而賜之雨使得不愧三公九卿之請朕之幸矣故賦喜雨詩以抒其懷

體國為民事憂勤固在斯驕陽春既盛膏澤夏愆期省刑書每下請雨令頻施雲未油然作風偏颯爾吹芃芃苗欲槁細細草將萎翹首瞻青漢焦心對赤墀圜扉重

舉滯旃厦幾疇咨齋祭祈神鑒精誠只已知誰云天最
遠於是聽能卑默處敬居日恭虔步禱時徹衷懇上格
大化喜潛移霶霈滋南畝飄灑徧九逵靉靆陰陽協滂
沱渥澤垂田家還自樂朝野共吟詩從此煩襟滌由來
百志熙顧同茲砥礪參贊奉無私

蠲江南逋賦 并序

江南屢年逋賦二百二十餘萬逐歲帶征閭吏民頗
以為累朕志存約己弘澣衣菲食之風事期裕民師

挹彼注茲之義特頒詔令悉與蠲除
國家財賦東南重已責蠲租志念殷膏澤何妨頻見渥
普天願與樂耕耘

憂旱憶民事作

仲夏炎曛盛德涼時未和驕陽因六事亢旱最三河 三河為天下之中
民以食為重天將風更多憂勤難暇顧惟誦憫

農歌

菜畦

東南農事已春深菜隴花開滿地金獨愛小民勤力作
馬頭堪慰省方心

桑林作繰蠶事方興詩以嘉之

彌望桑林吐葉垂枝嫩碧初匀竹舍正般蠶務天工雨
露維均

暢春園觀稻時七月十一日也

七月紫芒五里香近園遺種祝禎祥炎方塞北皆稱瑞
稼穡天工樂歲穰

靜明園喜雨

西山初夏玉泉清暮雨隨風滿鳳城四野皆霑比屋慶
八荒盡望樂豐盈

岸側桑葉初碧

夾岸青青遶御舟濃桑初茁滿村謳省方便問蠶家苦
春雨連綿盡日憂

麥秋盈野志喜 有序

歲次癸未夏至有事於方澤齋戒自暢春園進宮見

麥氣盈秋田園茂盛雨暘得時稼穡有望從來北方
雨澤鹽陽清和之際每每難得皆因去冬陰雪連綿
自春至夏未欠甘霖所以草木花果罔不豐榮人心
穀價罔不和平故志喜而為詠

去冬盈尺雪占年今夏翛翛麥隴全萬畝皆齊誕降穀
千家秀實已登阡先憂暘雨惟民疾後樂時豐紀玉戩
志喜雕蟲晚學愧薰風南至影花甎

康熙四十二年夏秋間恒雨為菑山左尤甚朕夙
夜靡寧宵旰焦勞減膳撤樂坐不安席自冬至
夏自夏至秋未嘗晷刻少安雖設法拯救幾乎
難保幸四十三年二麥大熟秋成頗佳饑者未
轉溝壑窮者皆得衣食實非朕之涼德所感賴
上天之所鑒祐也故喜而不寐作長歌以示

璇璣玉衡齊七政祇懼敏德天眷命百志惟熙亮天工
六府三事須主敬天地無私本至公人事有違失五正
水旱從來不可測全賴有司勉安定癸未夏秋恒雨頻

二麥秋禾皆沒淪州縣無策萬姓逃父子流離呼蒼旻
奏書紛紛連早夜手書的的察憂貧蠲賦蠲賑詔數下
民食維艱豈不詢截漕施惠恐不及遣官分養誠沾均
人力雖盡惟時難唯天至仁不絕食甲申春夏風雨調
麥隴翛翛衆喘息夏苗徧野雙穗多輿情頗解去菜色
山左編氓聞且樂畿南黎庶喜而康從此休息須謹慎
防災備患豈有傷閑邪存誠勉官吏清廉奉職守封疆
民脂民膏供爾祿痌瘝莫知惧籌量宗子家相同胞義
勿使叢脞述職方

五月上旬避暑熱河塗中喜麥秋盈野雨暘得時
賦七言一律

畏暑乘輿出鳳城麥秋預卜望庚晴千村共飽連年稔
萬井同歡比屋盈谷有靈泉山脉壯道無峻嶺馬蹄輕
移風易俗先忠孝蓄息編氓在厚生

舟中觀耕種

四野春耕阡陌安徐牽密纜望河干土肥原係黃沙過

(永定河泛濫之際適地黃水自治河之後得以耕種)辛苦先年挽異瀾

五十五年正月十二癸卯立春是日風從東北而至景雲密布瑞雪鋪地至十三日未止書云立春與元日同占乃收成之兆故喜民有足食之慶朕慰宵旰之憂賦五言排律以紀其事

問夜何嘗歇殷勤六十年歲華催短鬢寸晷惜擔肩豐歉無推數平成在事先人安為國瑞穀熟是民天慚撫陶甄治思將法令躡雲濃春氣早風靜漏聲傳南陌銀

花徧東郊繡壤連管絃喧里巷燈火接山川不為私情擾寧躭寶餌延祇期民俗厚敢詡治功全禮讓傳家教詩書戒往愆翠煙籠畝畝泛泛潤桑田

去歲三冬有雪至三月間農忙之際二十七日夜雨竟夕喜而成詠

滋麥如酥雨空濛入土膏心同黎庶苦目盼紫壇高任器已知重安人寧避勞春愁暫且釋黙黙付揮毫

賦得隴麥

節遲穀雨後田麥始分畦已送花開盡難將春事稽純陽時序近餘潤化成齊未卜陰晴適先期輯庶黎

小滿後偶旱塗中祈雨四月二十三日甘霖大霈

夙夜愁懷春夏間天時難信未怡顏平原晚麥纖莖槁四野新禾旱色殷乍起雲光連嶺岫先垂雨脚遍人寰共沾甘澍敷膏澤民食方知稼穡艱

題新安道上

滿目平川映遠空身形少健一衰翁社前荷鍤爭春暖

隴畔扶犂趁晚風雨澤深邀天地德耕桑還賴穡人功京南每出同村叟總得陽和一氣中

久旱無雨夙夜徬徨夏至前方得普霑

喜雨雖云快豈無久旱由望雲待旦起問夜數更愁霹霳偏稽候(雷遲小滿後方有聲)風霾任作尤西成登穀後方慰農憂

豐登者朕之獲福歉收者朕之失政出此入彼不能自恕故作近體一律

喜雨人同我不然䆁䆁宵旰待豐年千村時若千村慶
一日恒暘一日愆率土盈寧難並得普天恩澤豈兼全
先憂後樂何能遂衰景殘齡秖自憐

京中報到霖雨普霑

亢陽愁久旱霖雨滿溝渠倏忽枯枝潤須臾卷葉舒千
村勤襏襫萬頃促犁鋤企望收成後欣看穀賤書

世宗憲皇帝御製

孟秋巵

蹕觀稼恭紀

殿角微涼起豳歌大火流蓮房新墜粉梧葉早驚秋玉
露滋芳甸金風入畫樓
聖心勤稼穡躬自省西疇

田家即事二首

沙磧高低禾黍盈羣飛銅雀繞田鳴竹弓蒿矢堪驅嚇
漫向黃雲試射聲

其二

戍烽罷舉息征塵肆力耕耘屬幸民榆柳陰疎秋社近
綠邊茄鼓賽田神

巵

駕觀麥

雨潤郊原奉豫遊勤民
御輦向西疇搖空翠浪沄沄起霞隴黃雲冉冉浮三白降
穰占歲稔兩岐擢秀應農謳佇看比屋連穮動擊壤聲

中麥有秋

田家四時詞　六言

春

陌頭楊柳初放溪上桃花欲燃處處青鳩呼雨家家黃
犢耕煙牧童羣嬉挑菜餉婦自解撐船借問浪遊城市
何如樂業村田

夏

帶露葉盈蠶箔翻雲麥熟田家白水千塍秧馬綠陰幾
戶繅車日午鳴蟬遠近風薫飛燕橫斜男女適均勞逸

相逢只說桑麻

秋

風露微涼天氣四鄉一派秋光喬吐東阡雪白禾香南
畝雲黃青刈園蔬足雨紅收林實經霜舉室欣逢樂歲
商量築圃登場

冬

靄靄炊煙茆舍霏霏臘雪柴門闃靜閒眠羔犢籬牢安
穩雞豚夜織梭鳴啞軋朝舂杵韻喧繁賽社爭撾祭鼓

歌呼新釀盈盆

耕

茅屋踈籬翠蔓牽繞籬桑柘翳平田村中斑白閒無事
隴上青黃喜有年比户機梭鳴月下一家兒女聚燈前
那能更羨公侯貴蟹美魚肥稻熟天

耕織軒

軒亭開面面原隰對昀昀禾稼迎窗綠桑麻窣地新蔭
星窺織火渠水界田畛辛苦農蠶事歌詩可繫豳

菜圃

鑿地新開圃因川曲引泉碧畦一雨過青壤百蔬妍潔
受沾晨露鮮宜潤晚煙倚亭閒佇覽生意用忻然

耕耤

農事惟邦本先民履畝東翠華臨廣陌綵軛駕春風禮
備明神格年期率土豐勸耕時屢廑敢為惜勞躬

三月三日得雨

三春淑氣動萌芟膏雨知時四野皆東作共看霑溉足

西成慶歲時諧柔桑陌上青含秀穉麥田間綠正佳
佇覽霏霏飄灑意眷予兆庶少抒懷

耕耤詩 有序

禮天子為耤千畝躬秉耒以耕所以敬祀典重農功
示先民也稽之月令每歲孟春古帝王實從事焉我
聖祖沖齡踐祚越十一載壬子始行耕耤禮夫耤以敬
天重農而
聖祖在位六十餘年宵旰憂勤靡時或釋凡立心行政蓋

無刻而非寅畏昭事之誠無事而非勞民勸相之實也是以家給人足時和年豐而成長治久安之天下朕繼統之次年甲辰春既率屬僚躬耤南郊今歲乙巳復舉行焉是日也靈雨既零春陽初霽履我阡陌秉我耒耜三推禮成兆庶歡洽傳曰先之勞之又曰無倦斯典也朕非欲為一時之盛觀亦非欲博千載之美名況大典非炫耳目之具而飾名之事又朕素所弗為惟是祗承

聖祖重農家法率吾民敦崇本務而與臣工敬勤無倦以庶幾康阜之成俗也并紀以詩

蒼馭千官引耒時事耤田從來重稼穡何敢惜勞先履畝迎膏發韋公繼耦聯所祈同億兆歲歲介豐年

耕耤

無逸農功重豳風穡事先方春勤夙駕秉令為親田夾隴千官肅扶犁百辟聯禮成終畝後父老慶豐年

喜雪

夙夜期瓊屑三冬日見晴省修求直諫祈禱秉精誠瑞雪春時降彤庭喜氣盈

蒼旻仁愛普億兆荷生成

朕因去冬未雪憂懷莫釋夙夜竭誠祈禱於鸞埶後二日荷蒙

上天鑒佑春雪下降朝野同歡因成一律用誌欣慶

霡霂慰期憂歲儉臨軒愁詠憫農歌三冬望雪心如渴此日飛霙氣始和

蒼昊垂慈施愷澤黔黎有幸沐恩波遥思九土應同慶積素凝華知幾多

多稼軒勸農詩

夜來新雨過纖甸綠平鋪克盡農桑力方無饑凍虞蠶筐擕織婦麥飯飽田夫坐對春光晚催耕聽鳥呼

欽定授時通考卷五十

欽定授時通考卷五十一

勸課

本朝重農

御製詩文二

皇上御製

豐澤園記

西苑宮室皆因元明舊址惟豐澤園為康熙間新建之

所自勤政殿西行過小屋數間蓋
皇祖養蠶處也復西行歷稻畦數畝折而北則為豐澤園
園內殿宇制度惟朴不尚華麗園後種桑數十株聞之
老監云
皇祖萬幾餘暇則於此勸課農桑或
親御耒耜逮我
皇父纘承丕業敬
天法
祖世德作求數年以來屢行
親耕之禮皆預演禮於此乃知
聖聖同規敦本重農用躋天下於熙皞之盛若瀛臺之建
於有明飛閣丹樓輝煌金碧較之此園固為美觀而極
土木之功無益於國計民生識者鄙之行一事而合於
天心建一園而洽於民情身率先而天下丕變吾於是
乎知
皇祖

皇父之為首出之聖也

田字房記

流杯亭之西南有田字房焉丁未四月十八日
皇父萬幾之暇燕接親藩遊豫於此是地也西山遠帶碧
沼前流每當盛夏開窗則四面風至不復知暑其北則
稻田數畝嘉禾生香藹閒於室蓋我
皇父重農之心雖於燕閒遊觀之所亦未嘗頃刻忘也古
昔聖王臨朝視政之暇必有怡情娛覽之地故靈臺之

詩美文王也卷阿之詩頌成王也今田字房所以命意重農者豈徒怡情娛覽已哉至若黛掃山顛風來蘋末麥畦浪起椰岸煙開馴鶴從容而起舞文鴛匹偶而泳遊蝶裁五色之文蜂喧萬花之谷物華景麗則思飲和食德熙穰於光天化日之下而怡然以樂其或涼颸四起鴻雁來賓白露如珠綠雲跂赤千家之砧杵遥聞百室之倉箱盡實則思遺秉滯穗誰遺寡婦之利而悄然以憂時引儒臣坐而論道或率諸王公子弟修家人之

禮講燕好之歡所觸目而會心者我
皇父之同憂同樂憩息於斯較之靈臺卷阿意更深長矣
謹為之記

時應宮記

夫天一生水坎精發祥凝靈聚液流為江海江海乃天地間物之最鉅者也江海之有神自三代漢唐以來莫不祠祀惟謹有宋大觀四年詔天下五龍神並封王爵龍神之尊自是始厥後春秋犧牲之祀代有常典
皇清受
天命禋祀
上帝
后土懷柔百神江淮河濟五岳四瀆之祀載在太常犧幣之數俎豆之器既豐既隆神歆以格雍正二年天子以為龍神之位既尊宜特修宮觀以致虔禱乃於西苑内豐澤園北建時應宮所以致誠明神俾雨暘時若稼穡以成者也夏六月霖雨彌旬幾至於潦

皇父步行往禱其日即晴又明年黄河清百餘里此非神人効靈河海清宴之明驗乎夫以
天子精誠通於神明以之事
天饗
帝罔不昭格而況於龍神乎信哉誠之能感物也是為記

耕耤賦 并序

皇上御宇之五年青帝司方之二月春風普扇陽德方亨
天子乃耕於千畝之田禮也 臣 聞聖王務本耕耤以勸農

功明主孝親親推以供祀事我
皇上孝以事
親勤以率民二載甲辰既耕加一兹又
躬行耕耤之禮急粢盛重民食致誠匪懈其典則隆洪惟
我
皇上道洽天人化霑草木誕敷文德廣運聖謨渥澤周於
羣生至治昭乎天壤乃猶頻興重農之典時勤保介
之咨追厥唐虞播種之踪爲彼率土民人之勸萬衆
觀儀上農終畝迨厥秋成登於天稟薦之

皇天供於
祖考臣知
皇天
祖考鑒
皇上之精誠歆
皇上之大孝必錫嘏降祉永保無疆明德惟馨聿懷多福
臣不勝踴躍懽忭之至謹拜手稽首而獻賦曰

緊惟重華之命稷兮播穀實繼乎禹功必烝民之粒食
兮始風動而時雍親耕肇於姬籍兮意往聖之皆同我
大君之首出兮屢三推以勸農豈玉食之是享兮惟簠簋
之虔供
秉耒耜以率先兮符澤物之元功於是春陽初布青帝司
方嘉萬物之昭蘇値千卉之勾萌農祥既見土脈方昌
協風應律陽氣滋彰
皇帝乃順月令撫嘉辰念民力飭甸人當前期而致敬用

有事於青春於焉載師清畿封人淨路常伯獻儀掌舍
設枑爾乃青壇蔚其聳立華蓋森其崔巍雲移翠幕梆
拂青幃啟千畦之平壤欣四塗之腴肥逮夫元辰既屆
曉色方鮮
天子則御藻冕佩蒼璵被龍袞鳴和鸞載青旗揚朱旃接
游車之轔轔施梁輈之戔戔爾乃稷宮將近樂具班陳
天子乃降御輦饗農神祈嘉穀焚燎薪禮成而退有事耤
田衣被襏襫趾履陌阡王侯衛後虎賁導前太僕秉轡

牽牛奉鞭乃歷廣埸撫御耦執縻手底不辭瘁乎三推
載耒御問試躬親乎千畝王公卿貳或五或九白叟黄
童歌呼奔走維誠敬之聿昭知樂愷之孔厚於是黛耜
方轂紺轅遂旋雨廉纖以灑潤風縹緲而淨天侍從偕
來睹
天顔之有喜馨香上達卜慶兆於豐年夫元鳳下親耕之
詔永平垂開耤之篇魏主望公田而發趾晉帝帥羣后
以祀先尚傳為古今之盛事並書之史冊而爛然況乎
我

皇至仁大知既事治而府修亦成天而平地修稼穡以勤
民謹神倉而藏事所無逸以知艱重明粢而將祭三春
暖兮播百穀四野寧兮進雙穗也哉乃為之歌曰田之
興兮稷之功澤萬物兮助鴻濛我
皇歷事兮千耦其同和協天人兮一哉
皇東既耕既耨兮我稼其豐爰播爰植兮麻麥幪幪又歌
曰思樂甸畿千頃其耦

鸞輅載臨
躬耕其畝登於秋稟斯箱斯倉薦之
宗廟供之明堂神之格思綏祉無疆
一人有慶永奠萬邦

喜雨賦

客有駕輶軒乘雲輅展軨於南畝縱轡於東郊遨遊容
與徘徊逍遥彌乃白雲起乎空谷甘霖降於崇朝震雷
燿燿飛電熛熛乃往田舍而息焉有二三老人逡巡而
前曰斯雨之降時則時矣膏澤之濡普而施矣抑誰之

功乎請吾子明言以告之客奮袂而起曰猗歟休哉盛
世之民也飲其德而不知其力坐吾明語子方今龍飛
九五聖人在位德配乾坤功參天地精誠通於神明政
教化乎萬類故上天眷命俾雨暘時若而萬方以治乃
致含哺鼓腹耕田鑿井者實不知帝力之賜也老人曰
聖人之德某既知之矣請吾子賦雨之澤及蒼生者可
乎客曰若夫金烏收景層陰蔽空雷殷殷以振響電灼

灼以揺紅鼓河伯之鱗濤涌海若之幽宮瀉天池之巨浸走萬里之長虹遠迷三島近失三峰迴生意於衆卉消渴望於三農此則雨之方作而其勢最雄也乃其雲開雨止霽景澄鮮山宛宛其染翠木蓊蓊其逞妍鳥嚶嚶其鳴樹草芊芊其含烟柳暗歸鴉簷喧乾鵲槐影濃兮庭宇清花陰轉兮簾櫳薄纖歌動兮高樓紅袖飄兮綺閣緗帙開兮芸編博山焚兮繡幕莫不欣膏澤之滂澍喜靁聲之頻落此又雨之既足而萬方共樂者也至

若烏犍耕白水之涯黔黎藝綠野之畝白叟歡呼黃童奔走土脉既滋兮禾黍如雲灌溉不勞兮田疇以阜爾倉爾京爾荷爾負此又二三子所終日服事而知利我之孔厚也於是老人倚杖而歌曰雨玉不可食兮曷若嘉苗滿目也黃雲雨金不可衣兮曷若五風十雨利耕耘惟天降康兮稽首蒼旻惟皇感天兮永眷日勤千秋萬歲兮樂吾之君

條桑賦

伊春陽之晼晼兮布始和於東風百昌欣其向榮兮女夷協氣乎昭融柳苒苒其含綠兮桃夭夭其暈紅尋綺陌而云邁兮採條桑其始豐則有長腰健婦黃髮奚兒擕彼筠籠兮遵微行而纍纍持此斧斨兮步遥衢其遲遲蔚蔥蘢而豐茂兮逸洪榮而葳蕤挺脩綠其端直兮上扶疎而參差韻條風之無聲兮葉芳青而紛披浥朝露以流潤兮枝遠揚而下垂於是既採既捋載筐載籃留長條之猗猗取綠葉之纖纖午静茅簷兮列分行之

圓籧春長蔀屋兮餵八蠶之新蠶故曰農莫苦兮農功女莫勞兮女紅歷歲以月自春徂冬彼膏粱而錦繡者宜思憂樂之異同

稼穡惟寶賦

天之鍾異物也石韞玉而山輝蚌含珠而川媚金在沙而待披綃織鮫而成瑞火齊共木難而交朗都梁與五木而爭貴繡毯紅氍赤羽文翠固海舶之誇珍亦大賈之綱利者也然而饑不可食寒豈能衣惟土物之是愛

乃民命之所依希代之姿莫匹連城之價在茲此聖世之至寶羌歌咏於周詩爾其既耕既耘既方既皁沃時雨而需濡熟西風而堅好珠顆滿車兮無慙照乘之光玉粒盈倉兮絶勝瓊瑶之報故珍重上屋乎一人而滋培全仰乎大造為植物之獨貴豈異賄之足稱勤耒耜而莫怠謹播植而乃成爰藉亞旅之衆如施追琢之精力作三時兮類藍田之種玉有秋不日兮誇赤水之求珍冀千倉與萬箱兮寧必不貪為寶慶崇墉與比櫛兮

懸知有道則生信饑寒之可禦陋瓊瑰之為輕不假居奇以市何須韞匵而藏餘滯穗兮伊寡婦之利匪異物兮實餽貧之糧故曰寶金玉者心勞而鮮益寶稼穡者心逸而獲臧其為利也最薄其為物也孔良尚計九年之畜以期兆姓之康

多稼如雲賦

出郊原而縱目愛金秋之氣清草霏霏而露濕天寥寥而風生寒蟬收響陰蟲載鳴繡錯溝塍乍青連而散漫綺分隴畝正黄茂以縱横酬勤劬於東作告豐稔乎西成遠而視之如膚寸之出石也近而睨之似朝隮之凝碧也當夫公田既雨需膏澤之調匀嘉種徧敷披薰風之順適厥田上上兮芒既抽而散芳實發芊芊兮花已飛而帶白奄觀南畝之收何異西郊之積則見夫綿邈鋪川豐融亘田層阜遥兮似無心而出岫千畦遍滿若奇峰之連天氤氳散潤兮既史書以占歲曼衍流膏兮果户慶於有年豈坻京之足喻恍薈蔚之愈綿於是序

乃錢鎛築我場圃以樂農夫以御田祖豐滋漫若且聞東皙之詩悦茂油然欣聽豳章之鼓方苞既實慶高廩於茨梁堅好不秕喜盈疇之稷黍故曰穀為君寶惟農是親遺秉盈場玉食亦登其芬潔餘糧棲畝金枝轉掩其輪囷豈非聖德之格天而多稼乃得以如雲乎

麥秋賦

緊鶉火之司令疑商金之届期影度朱明始散芳於榴闈律侵白帝獨抽穗於麥畦愛芃芃之連纈亦離離之

下垂南畝正勤於此日西成偏紀乎玆時披梅風而含穎潤穀雨而雙岐是蓋四時之代序而萬物各遂其繁滋者也乃其堤上鶯啼隴間雉雊芳草未歇而猶霏綠樹成陰而始就何銍艾之奄觀兮當隆曦之永晝睹黃雲之滿野兮驚白藏之應候溽寒露而朝濡兮潛陰呂而夕秀雜收斂於長養兮參結實於紛茂炎炎當令碩碩成行紫莖兮韞爽青穗兮含涼大有占而豐登肇象兮中和順而隴畝飛香對銀縚而偶穗兮散珠顆而分芒豈非化工之獨運而為盛世之嘉祥哉

嘉禾頌

有猗者禾在彼中田爾農來思越陌度阡芟之奕奕柞之澤澤五穀既播三時無失載甲載坼載長載褎載穟載實載碩載茂

帝賚顧矣稷實助矣風披穫矣雨濯注矣綏我屢豐言呈其瑞休哉

皇風言多其穗遠自滇南近兆

帝耤匪雙伊九匪寸伊尺先民有言食為民天百穀用成自古有年

瑞繭頌

帝念民依惟農與桑孰飢莫食孰寒莫裳雕鏤必黜爰勤三農纂組是省用紓女工

昊天維顯聿降瑞繭瑞繭維何萬蠶同簇曾不經緯曾不杼柚苑窳致力西陵效勤神功默相嘉繭乃成爾純爾素匪紅匪紫爾質爾實匪錦匪綺言徵其應言發其祥祐此烝民成以報章太平之澤五十衣帛夏凊冬温太和充溢

蠲租樂擬樂府

句芒布令土脈濡荷犁早向東阡趨男耕婦織閒時無料理粟帛供正需食毛敢辭王稅乎春回蔀屋大澤敷小吏旁午捱門呼竊疑督賦鶩農夫却宣王命傳蠲租傳蠲租蠲租樂新絲繅後新穀登換取金錢娛老弱

觀穫

秋聲入園林涼風動高閣偶出步郊坰斜陽照墟落眄
彼隴畝間黃雲堆漠漠錢鎛已早庤銍艾聲參錯畦東
與畦西是處競秋穫手刈賽疾遲背負爭强弱遺秉與
滯穗寡婦亦云樂吾聞四民中惟農苦莫若有年穀價
低歉年委溝壑即今豐稔收租重主人索益信為政者
仁民最先著

郊園見西成有象即事志喜

去冬雪盈尺占之利東作今春雨如膏可卜豐登樂一

自入夏來雲漢光煜爚崇朝歘甘霖祝融扇炎灼
聖皇念民艱憂勤倍諮度對越保無斁
昊天鑒誠恪未幾三日雨霑濡徧村落庭除景色佳苔痕
茂參錯那知郭外田良苗助長若承
恩獵南苑平野秋風掠氣爽馬蹄輕天高鷹眼矍合圍出
紅門更覺郊原廓行行歷野店去去穿林薄中林趂兎
豈歇驕奮噬搏田事亦云畢農夫罷秋穫眄彼場圃間
黃雲堆漠漠婦子利秉穗老幼飽藜藿從識天人理應

響如鳴鶴宵旰
聖人心頻起下民瘼太平徵有象永言誌其畧

望雪行

今年三冬未見雪同雲若被風吹撤夜觀望舒如鏡明
曉看翔陽似冰潔秋麥全資冬雪培遥識農家望歲切
我聞三白兆豐年望霰先集心如結上帝穹窿坐玉京
青女滕六分行列如何不一駕雲車試剪飛瓊噴玉屑
飄飄灑灑頃刻間利我三農都喜悅

催耕鳥

條風天宇布百昌欣韶煕村原趣已佳綠水明千畦秉
耒耕南畝提壺餉東菑郭公何丁寧催耕田畔啼高棲
嫩栁梢低喚柔桑枝分明為一言東作當及時田老聞
之喜胼胝非所辭田婦聞之喜饋饁職所司但願歲豐
穰辛苦甘共之幾度聞此聲蚤起竭力為那似香閨中
驚眠翻怪伊

春蔬

春融地氣如膏滑一畦烟甲隨雷發檐前小鳥喚春眠褰露攜籃勤采掇早韭初菘紛列盤清芬細嚼氷齒寒淡泊有味取次須旦晩爲爾還加餐君不見一食千金丞相府猶説區區難下箸

有鳥

有鳥有鳥名布穀高喚枝頭村樹綠村老聞聲急荷鋤趣時耕作還相勖東隣西舍催耕遍喉吻苦乾飲水曲不似籠中雙畫眉巧言但博主人肉

有鳥有鳥枝上啼啼聲風送到深閨聲聲催織當春日織女聽罷蹙雙眉飽蠶方作繭那易成新絲新絲還要賣匹帛安可期我願拖綾曳錦者常念節簷恐凍時

觀刈麥

麥苗入夏結穗黃東壠西壠碩且長老農此日走田忙腰鐮遍割樂歲穰笑看黃雲各成片密莖隨手行行亂肩挑背負曬檐頭饘粥有餘他不羨呼兒莫逐飛來雀令渠亦識收成樂

所見

東皇迴星輅和氣遍六宇應候百昌蘇默默春風鼓皇州景物饒廣麗洵天府臨風跨紫騮緩轡過郊墅壟上事春耕停馬問田父小立汗不乾向我情畢吐去年冬不雪今年春未雨野老望雲心此意良辛苦清晨負鋤出努力向日午畝耕次第完下苗何日舉我聞田父言仰望默不語天心本仁愛自有元功補甘霖應在即如膏潤沃土佇俟西成時萬户倉箱貯

灌麥

大麥五寸長小麥三寸半地乾苗欲枯離披隴畝畔猶幸灌溉便近傍河之岸清晨課僮僕轆轤轉雙腕初看土涇涇漸覺流漫漫須臾苗盡起生意良可玩爾僕聽我言莫怨體流汗不見萬頃田農夫徧澆灌

灌園

種樹園小園種菜數畝餘綠畦足野趣且復得嘉蔬春風千頃浪秋雨一犂鋤四時供盤餐青青葷與茹今朝

梆陰下課僮轉轆轤吸彼井華水灌我珠玉畬芳坂潤
新綠勃然生意舒自饒塵外味何必山中居

春蠶食葉聲

吳天三月春光蕩吳蠶三眠蠶更長陌上新桑葉葉抽
晴窗鎮日風雨響喚起深閨未畫眉攜筐急就飼朝饑
流水潺潺箔間落爽籟瑟瑟簾前吹日長莫厭耳根鬧
蠶飽絲多足相報但願今年官絹輸却免門前租吏到

秋馬

清和四月新秧綠一壠分來千壠足桐馬平馳碧浪輕
鬃鬣森森稻苗束北人使馬南人船兩蹄踏破橫塘烟
畦東畦西來往速插罷儂家幾頃田戢戢青針波欲沒
載驅終日何曾歇草壁高懸睡老農好與吳牛同喘月

五日芒種

南風薰薰麥苗綠稻鍼出水如新浴五日天中節物佳
却逢芒種農功促平湖瀲瀲欲生煙角黍蒲尊雜管絃
老農炙背溪田裏那得閒從競渡船暮歸偶自街頭走
買得靈符貼門首但願神貺沛曼陀指日西成看大有

村賽曲

老巫伐鼓聲鼕鼕冬醅初熟霜柑紅合家羅拜致虔恭
村村樂事傳豳風黍稌堆西稻堆東倉箱萬億快年豐
謝神默佑恩何窮賽罷福酒先酬翁老巫牽羊別家去
來年大有神應助

插秧吟

池田漠漠薰風起插秧時節江村美茅屋家家晝掩門

一畦新穎浮清水兒騎秧馬學插秧壯者手疾力獨強
老翁背直難傴僂杖藜督課溝塍旁晚來共浴前溪曲
幾堆雲脚出山谷但願知時甘雨霏管取今年衣食足

種豆

清水曲彎環隙地餘數畝欲觀生意佳種豆雨晴後我
適杖策來試以問園叟開田良不易治畦亦勞否老圃
答我言似此亦何有不見萬頃田種自吾儕手赫日雜
炎風荷鋤忙奔走歉年委溝壑豐歲纔餬口我聞老圃

言飲翁以醇酒願告朱門者農勞不可貧

古風

暮出城東門見彼耘田者傴僂畦壠間紅日正西下揮汗立片時薰風散平野指日卜西成篝車賽秋社還憂租稅重催迫不相假終歲事辛勤農夫獲利寡

觀刈

秋露零場圃金風氣蕭索百穀已告成呼童庤錢鎛為地只盈畝頗可驗耕鑿屆茲西成候策杖課收穫轉憶

東作時雨暘卜時若入夏秀以實日中驅鳥雀念此終歲勤亦得一朝樂園林喜空明爽氣侵簾箔撫景獨吟哦允矣興所託

恭和

御製三月三日得雨原韻

知時甘雨動春荄潤物流膏澤孔皆綠野空濛生意滿平疇霡霂兆情諧豐亨景象占多慶晼晚風光喜更佳自是

天心馨至治嘉祥允慰

一人懷

上幸豐澤園演耕耤禮擬應制十韻

大地陽和淑景韶潛蘇土脈應風條洪鈞普扇百昌序

大造均舒萬物調

翠華臨耕旗閃爍

金輿載駕玉鞭雕行行西苑停鑾輅泛泛天池盪畫橈

帝來四推膏壤沃

皇躬一撥甫田遙先期已見寅恭懋終畝還思教澤饒種布期生連理穗壠開願長九歧苗追思

聖祖觀耕地却值吾

皇演禮朝豐稔歲功九有遍太和景象萬方昭放勳久頌

堯功茂協帝重瞻

舜德超

賦得臥聽村村打麥聲

夏雨初過已有秋黃雲片片擁來牟暖畦錢刈青塍亂

晴圃耞翻紫穗稠舍隔西東聲拍拍户餞餅餌樂油油
高齋亦識豐年景夢蝶窗頭酒一甌
雉毋呼雛隔野塘北窗初啟學羲皇田間錦疊千重緑
壠上濤翻四月凉場圃地喧耞板響隣家風送午炊香
從容鼓腹堯天裏爲愧農人鎮日忙
雍正九年六月
上以近畿三省雨澤愆期豫籌賑恤之策甘霖疊沛恭紀
十二韻志喜

帝念民衣食端惟農與桑粒民符后稷熙績法陶唐乾惕
通朝夕中和善弛張朱明三夏永甘雨萬民望
睿慮周三省
宸衷達九蒼普天頒惠澤特地屢諮商精禱思無逸殷憂
問未央貯倉施舊積轉漕截新航更降停徵
詔仍頒捐賦章
恩綸過所望膏澤應非常對越何昭爽誠通自溥將從知
天佑

聖萬國慶豐穰
秋日播麥新生
耰犂遍壠拂參差正是西風八月時翠毯乍抽新穎細
緑波輕泛旱苗披芊芊不畏秋陽暴靡靡長需白露滋
此日種成來歲穫化工四氣為全施
辛亥秋九月出南苑行圍以穡事未竣不果獵而
還
耞翻雲板敲場圃錢利霜刀刈大田一幅豳風圖畫似

肯教獵騎悮民天
霜後平原地已堅青驄不用錦連錢相逢野老扶兒笑
今歲豐收倍往年
東作
東作三春始滋生萬物稠公田平似掌新水緑如油蠶
捲柔桑葉針抽嫩穎頭乗時功力備多稼定今秋
賦得好雨知時節
漠漠春雲布濛濛時雨飛點空方霡霂入夜轉霏微正

助資生德從知造化機東郊明曉步坡上麥苗肥

村墟夜舂

霜落園林時屆冬稻粱全獲罷三農田家作苦無休息
更聽村墟半夜舂

萬穎全收夜已分寒舂聲急隔窗聞高齋識得豐年景
篆裊爐香獨自焚

魚米樹一名康洋樹出宜興其結子似米則年豐似魚則多水農家以此占年云

春入靈根枝葉抽嘉名聞道數興州求魚緣木須防澇

聚米成林定有秋砌莢饒他能識朔庭萱空自解忘憂
那知望樹占年好歲歲農家社鼓稠

湖上田家

湖田上下水漣漪布穀催耕喚欲頻最是三春多樂事
更無閒暇度三春

麥宜高地稻宜低不是田家那得知水漲溪田千頃碧
清和天氣插秧時

春湖水暖鴨雛肥傍晚雙雙作隊歸南畝種完北畝未
夕陽天末掩柴扉

湖上春歸綠栁濃湖邊新稻看重重牯牛卧日松船靜
半是漁兒半是農

清曉風和浪不生一篙烟雨小舠輕揚鞭堤上尋芳處
滿幅江鄉畫裏行

甲寅三月

上耕耤迴鑾迎駕恭紀

昭蘇景物正句芒千畝
躬耕典制詳禹甸三春榮草木周官六禮煥旗常均平何

用郊人耨豐稔遙占太史祥最是
聖情勤保赤歡騰父老列成行
御苑親推步玉田青旗摇曳引祥煙
九重雲擁千官仗萬舟春和三月天樂奏迴鑾鳴鳳管禮
成
帝耤紀瑤編前期時雨霏微灑早卜寰瀛大有年
淡蕩和風霽景開天閑十二駕龍媒香街幾里花如霧

繡陌千塍車似雷華宇共霑
恩澤普
御園羣仰
聖人來迎
鑾蹕躍蔟怳切獨愧淩雲獻賦才

御園從耕恭紀六韻

上苑土泉滋
躬耕膏壤肥禮因加

帝耤心是念民依水暖流塍細光融向午暉省耕屢
聖慮終畝沐
恩輝種布珠塵陸犁翻玉屑飛農勞誠可念豐稔願無違

轆轤聲

淥水漲平湖春田轉轆轤耳根鳴斷續眼界樂霑濡漫
厭繁音急從觀生意蘇機心緣力稼不與漢陰殊

治圃

園林入秋後風露肇寒初治圃芟烟蔓呼僮帶雨鋤連
畦清去穢傍砌爽含虛漫學濂溪叟窗前草不除

日知薈說

大田之詩曰雨我公田遂及我私忠順之意形於禱祠
親愛之心並非勉强及公田既渥私田亦霑婦子恬熙
樂其樂而利其利仍歸於上之所賜耳自非上之恩德
素逮有以淪肌浹髓其孰能誠民心志至於大順如此
哉夷考甫田之詩曰我田既臧農夫之慶即其惠下勞
農之念所以感民者深則其施於政事者固不可考而

必其漸仁摩義非歲月之暫可知矣周禮籥章氏凡國
祈年於田祖則龡豳雅擊土鼓以樂田畯按豳雅之什
曰誕后稷之穡有相之道所謂輔相天地之宜也第厥
豐草種之黃茂即其事也必人事盡於下然後有以輔
成帝命率育之心而黍稷實穎實栗故能為酒醴以祭
先祖而洽百禮其詩曰壽考維祺以介景福樂嘉報之
無已也而籥章氏龡此以樂田畯所以樂田祖也田畯
者古之勞農勸相司嗇教稼嘗有功於農事為田祖所

佑者也祈年於田祖而歙豳雅擊土鼓以樂田畯蓋云田畯是享庶乎有以佐神農氏之治而興我稼穡云耳且歙豳以祭舉國之民皆與焉於是乎得聞先王服念勤民康功田功之事先民勤勞稼穡以祇率懿訓之休而東作西成競相勸勉惟土物愛罔敢怠弛盡人事之勤獲天時之報此又周公制禮之本意所以為萬世勸農之法也與

周禮禁原蠶論者謂蠶馬同以天駟房星為祖物莫能兩大再蠶則蠶盛而馬耗禁之所以蕃馬也蠶既與馬同氣恐蠶盛傷馬獨不恐馬盛傷蠶乎意者校人祭天駟而馬質掌馬政使並掌蠶禁所以禁原蠶者恐其氣竭則來年之蠶不能蕃滋所以節盈虛消長以為阜物育材之本耳究而言之蠶之為用在民而上供絲枲則仍入乎官馬之為用在官而成羣阡陌則仍利乎民聖人之政亦惟斟酌損益與時偕行期於政修物阜而已又何容心於蠶馬之分哉

欽定授時通考卷五十一

欽定四庫全書

欽定授時通考卷五十二

勸課

本朝重農

耕織圖

聖祖仁皇帝御製耕織圖序

朕早夜勤毖研求治理念生民之本以衣食為天嘗讀豳風無逸諸篇其言稼穡蠶桑纖悉具備昔人以此被

之管絃列於典誥有天下國家者洵不可不留連三復於其際也西漢詔令最為近古其言曰農事傷則饑之本也女紅害則寒之原也又曰老耆以壽終幼孤得遂長欲臻斯理者舍本務其何以哉朕每巡省風謠樂觀農事於南北土疆之性黍稌播種之宜節候早晚之殊蝗蝻捕治之法素愛諮詢知此甚晰聽政時恒與諸臣工言之於豐澤園之側治田數畦環以溪水阡陌井然在目桔槔之聲盈耳歲收嘉禾數十鍾隴畔樹桑傍列蠶舍浴繭繅絲恍然如茆簷蔀屋因構知稼軒秋雲亭以觀之古人有言衣帛當思織女之寒食粟當念農夫之苦朕惓惓於此至深且切也爰繪耕織圖各二十三幅朕於每幅製詩一章以吟咏其勤苦而書之於圖自始事迄終事農人胼手胝足之勞蠶女繭絲機杼之瘁咸備極其情狀復命鏤板流傳用以示子孫臣庶俾知粒食維艱授衣匪易書曰惟土物愛厥心臧庶於斯圖有所感發焉且欲令寰宇之內皆敦崇本業勤以謀之儉以積之衣食豐饒以共躋於安和富壽之域斯則朕

嘉惠元元之意也夫

皇帝御製題耕織圖序

璣衡七政所以授時農桑二端斯為本富夏后則三壤之賦粒食思艱邠風陳七月之詩授衣紀候朱紘青縹祀分南北之郊帝耤公桑事重陰陽之帥是以七十二候之解時訓載在周書四十五日之功風俗詳於漢志禾傳嘉穀紀同穎以陳篇繭貢名都述八蠶而鍊賦厥有成績備識前聞洪惟我

祖

考政先治本念切民依時逢東作

加推隆躬耤之儀典溯西陵獻種襲親蠶之禮五行順令屢豐已荷降康六德呈祥纘績聿彰設采然猶以下民力作編戶辛勤

帝心時軫夫艱難民事不遺其纖悉爰

命圖釐耕織析其目為廿三弁以篇章仍其題為卅六

大文炳曜合

三聖而同符巨帙裁編垂億年而無斁予小子敬承

鴻業寅荷丕基綏萬國以圖寧願躋含哺之化合四秋以省歲冀敷挾纊之恩披寶繪以流觀殷懷豳屋誦

天章而步武嗣響

薫紘惟本思艱圖易之謨廣為趨事赴功之勸原夫芸生類別首尊后稷之名味美功多尤在稻人之掌先甲圻而浸種出子粒於隔年盆盎香浮顆殊紅粟池塘水暖鍼漾白芽浸種先事維耕耕勤耙耨而無虞草宅耙耨覆耕曰耖耖轉碌碡而彌見土肥碌碡然後族布連畦恂恂若幼布秧芒初刺水簇簇生新初秧蔭取於塗無忘土化之法淤蔭拔胥以莘適諧茅茹之占拔秧插六莖於熟田馬馳秧龍插秧等一撥於始播鳥抉耘夫一耘除無用之苗意主乎勿參勿貳植先生之植功習乎至再至三二耘三耘猶且慮龐圻於夏畦防止瀦蓄灌溉戒禽饕於秋坂横鏃刖鐮收刈滯穗盈塍指屈登場之候登場築場九月肩

頳持穗之氓持穗村舂水碓之旁籭篩糠而灑灑舂
碓籭簸日揚風之候磬礧穀以隆隆簸揚磬乃
得百室俱盈白粲入千倉之詠入倉三時告稔黃冠
祭八蜡之神祭神具悉胼胝可忘耕作若迺機中縷
縷之錦何異盤中粒粒之餐令溯仲春辰躔大火龍
精隱躍輕舒蠶月之風蛾子瓏玲清浴菜花之水浴
蠶膚滋白色二眠以七日為期二眠候驗黃光半葉
待三眠而飼三眠起尤健食連朝聽簌簌之聲大起

欽定四庫全書
欽定授時通考　御序　五

捉處通明照日蘊絲絲之緒捉績雜槃筐於葦箔織
薄深閨分箔錯梯几於桑林提籠南陌采桑經營布
簇藉插茅編竹之功上簇熏炙成溫分候火撥灰之
課炙箔迨夫摘來似甕稱量籠篚之重輕積得如山
檢點蛹蛾之變化下簇擇繭下竹簣而上桐葉一
窖泥封窖繭北熱釜而南冷盆幾車繅就練絲搥箱
連紙護蟻栗以冪絲蠶蛾壇壝瓣香仰駟房而設醴
祀謝籰孳徐引擬緯耒於小正緯綜躡相連昉織文

於禹貢織豈待蟲鳴鶯婦約絡秋燈絡絲宛如鳳下
銜梭縷經宵捋經籆筐五色别擅移花接葉之工染
色攀花刀剪萬家用紵短布單衣之壓剪帛成
衣是則眷綢繆於織室無殊軫拮据於租庸民生在
勤觸目皆丁男丁女君孰與足關心惟新穀新絲所
願戶積倉箱頌大田之多稼家勤機杼賦蠶織以勿
休受之飢受之寒予一人職思其咎有餘粟有餘布
爾萬姓遹求厥寧景仰

欽定四庫全書
欽定授時通考　御序　六

徽猷永矢誠民之義詠歌勤苦羣知敦俗之心

耕圖目録

浸種　耕　耙耨　耖
碌碡　布秧　初秧　淤蔭
拔秧　插秧　一耘　二耘
三耘　灌溉　收刈　登場
持穗　舂碓　篩　簸揚
礲　入倉　祭神

耕第一

浸種

聖祖仁皇帝御製

暄和節候肇農功自此勤勞處處同早辨東田穜稑種褰裳涉水浸筠籠

世宗憲皇帝御製

百穀遺嘉種先農著懋功春暄二月後香浸一溪中重穋隨宜辨筠籠用力同每多賢父老占節識年豊

高宗純皇帝御製恭和

聖祖仁皇帝原韻

一氣布青陽造化功東郊俶載萬方同溪流浸種如油緑生意含春秀色籠

皇帝御製

青陽序肇始兆庶力田疇藏種筠籠貯隔年堅粟收清香滿盆盎佳實浸汀洲三日秧鍼起從玆東作修

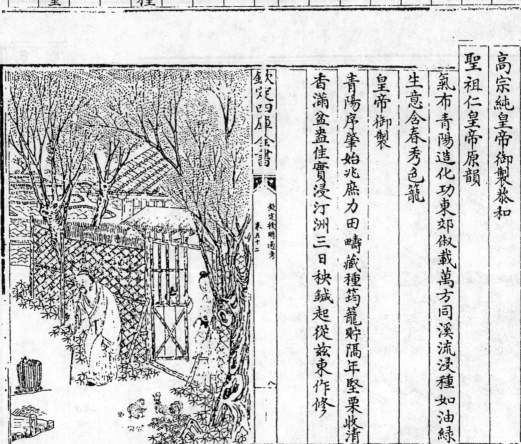

耕第二

耕

聖祖仁皇帝御製

土膏初動正春晴野老支笻早課耕辛苦田家惟穡事
隴邊時聽叱牛聲

世宗憲皇帝御製

原隰韶光媚茅茨暖氣舒青鳩呼雨急黃犢駕犂初畎
畝人無逸耕耘事敢疎勤劬課東作扶策歷村墟

高宗純皇帝御製恭和
聖祖仁皇帝原韻

宿雨初過曉日晴烏犍有力足春耕田家辛苦那知倦
更聽枝頭布穀聲

皇帝御製

綠畦新水活穡務始於耕雖藉烏犍力先勞赤足行泥
翻畎畝闊波漾淺深盈舉趾土膏動化機地底萌

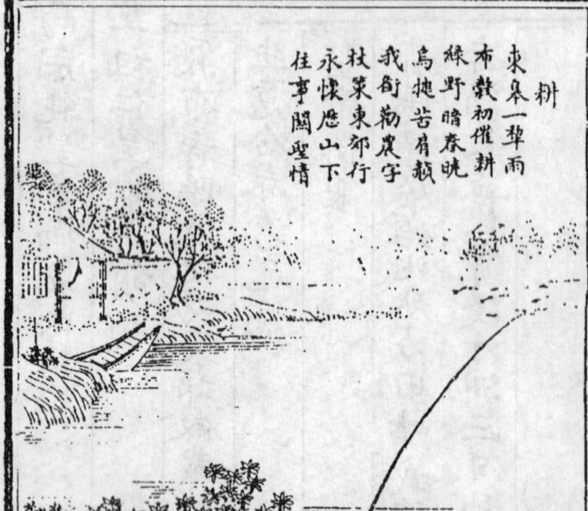

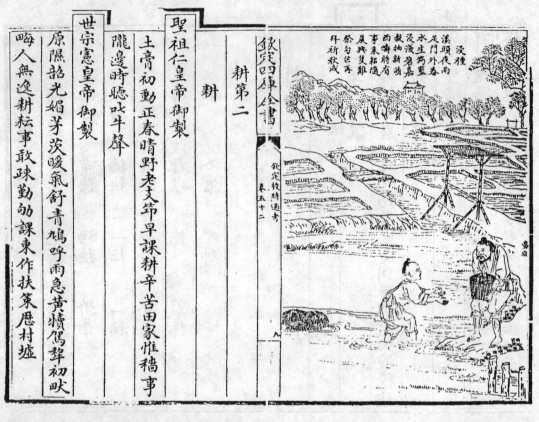

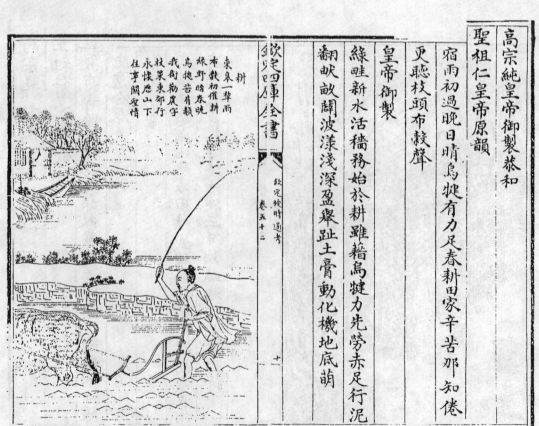

耕第三

耙耨

聖祖仁皇帝御製

每當旰食念民依南畝三時願不違已見深耕還易耨
綠蓑青笠雨霏霏

世宗憲皇帝御製

農務時方急春潮堰欲平烟籠高柳暗風逐去鷗輕壓
笠低雲影鳴蓑亂雨聲耙頭船共穩斜立叱牛行

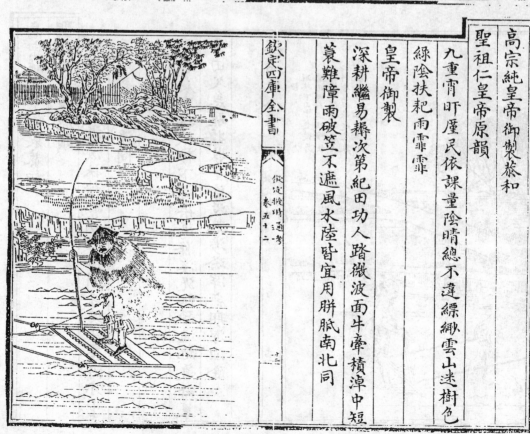

高宗純皇帝御製恭和

聖祖仁皇帝原韻

九重宵旰廑民依課量陰晴總不違縹緲雲山迷樹色
綠陰扶耙雨霏霏

皇帝御製

深耕繼易耨次第紀田功人踏微波面牛牽積淖中短
蓑難障雨破笠不遮風水陸皆宜用胼胝南北同

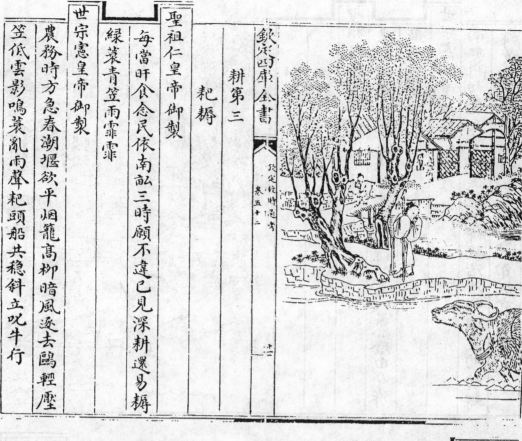

耕第四

耖

聖祖仁皇帝御製

東阡西陌水潺湲扶耖泥塗未得閒為念饔飧由力作敢辭竭蹶向田間

世宗憲皇帝御製

南畝耕初罷西疇耖復親四蹄聽活活十頃望畇畇蝶舞黃萱晚鶯歸綠樹新春光長不負祗有力田人

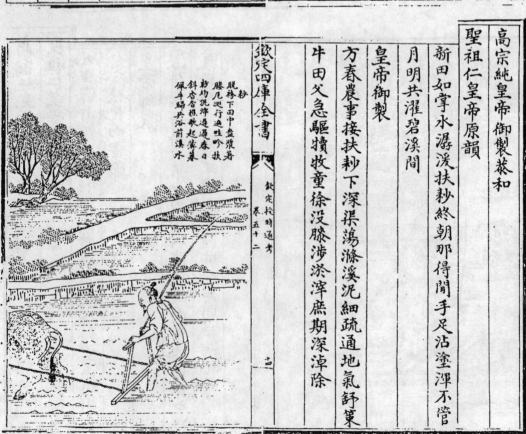

高宗純皇帝御製恭和

聖祖仁皇帝原韻

新田如掌水潺湲扶耖終朝那得閒手足沾塗渾不管月明共濯碧溪間

皇帝御製

方春農事接扶耖下深渠蕩滌溪泥細疏通地氣舒策牛田父急驅犢牧童徐没滕涉淤滓庶期深淖除

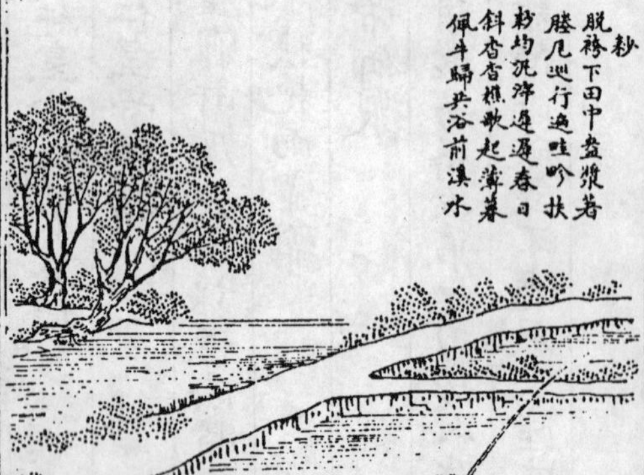

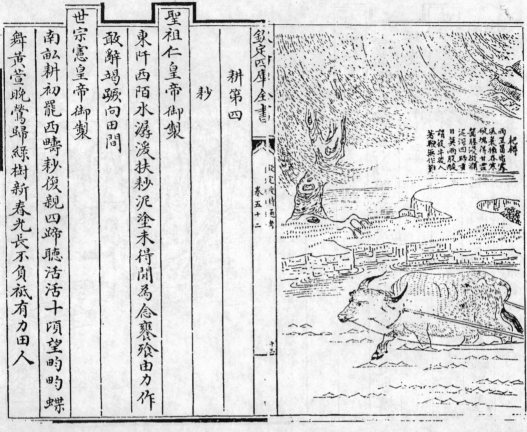

耕第五

碌碡

聖祖仁皇帝御製

老農力穡慮偏周早夜扶犂未肯休更駕烏犍施碌碡
好教春水滿平疇

世宗憲皇帝御製

如輪轉機石歷碌向東臯驅犢亦何急平田敢告勞春
塍縈似帶沃壤膩於膏水族堪供餉傾樽醉蠏螯

高宗純皇帝御製恭和

聖祖仁皇帝原韻

帶雨扶犂一夕周作勞終畝敢辭休縱横碌碡如梭轉
膏壤匀鋪遍舊疇

皇帝御製

耨耔序咸度方施碌碡平匀泥依軌直旋軸濺波清器
本隨宜制功由運掌成樞機轉不息磊塊漫崢嶸

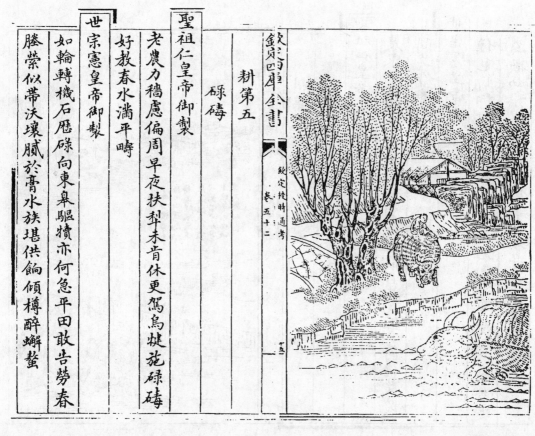

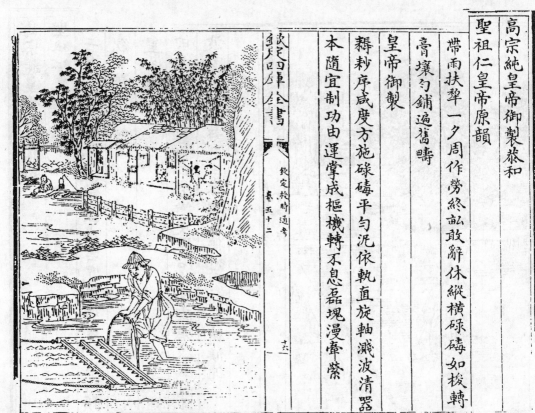

耕第六

布秧

聖祖仁皇帝御製

農家布種避春寒甲坼初萌最可觀自昔虞書傳播穀民間莫作等閒看

世宗憲皇帝御製

種包忻拆甲岸畔競擕筐活活銜泥布紛紛落隴香追隨歡幼稚祝禱願豐穰氣候今年早行看刺水秧

高宗純皇帝御製恭和

聖祖仁皇帝原韻

二月春風料峭寒原田彌望水雲寬最憐舊穀生新穎欲布秧時仔細看

皇帝御製

田畦既平治嘉種布芳津埂堰沿溪直陂塘漾水勻涉波盈百頃播穀趁三春稠密無行列移栽待候循

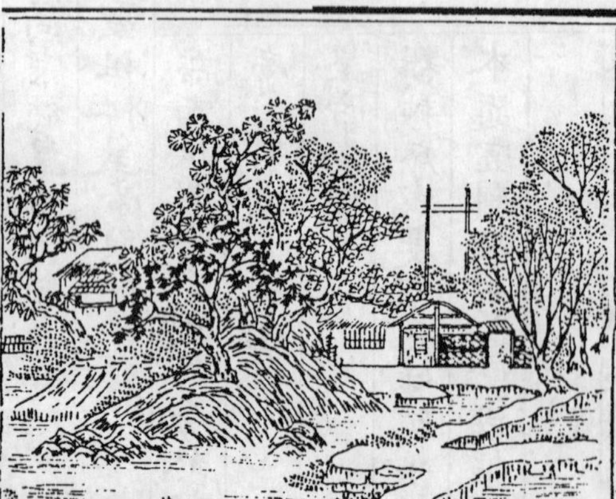

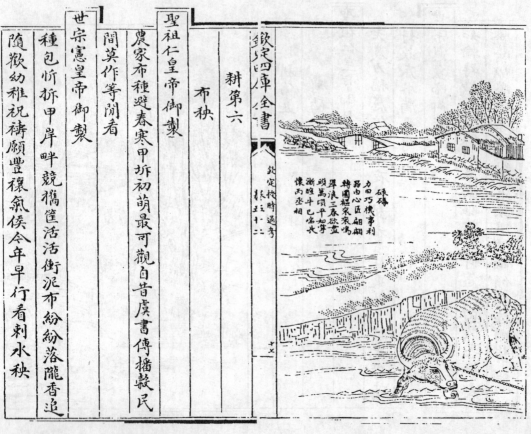

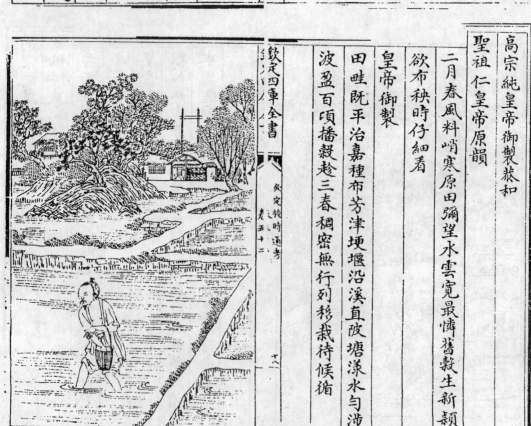

耕第七

初秧

聖祖仁皇帝御製

一年農事在春深無限田家望歲心最愛清和天氣好綠疇千頃露秧鍼

世宗憲皇帝御製

珍惜占城種搖兜上隴來一溪添雨足盈畝喜秧開宿露濃相裛韶陽暖復催忻忻頻笑指轉眼可移栽

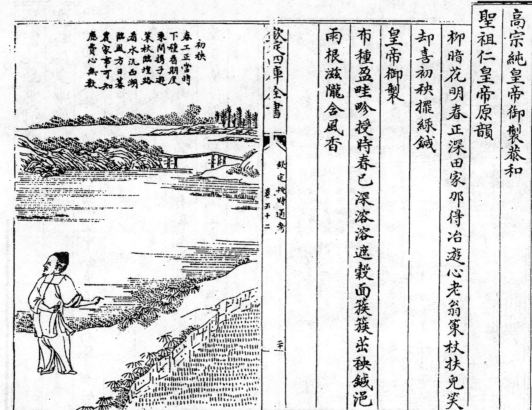

高宗純皇帝御製恭和

聖祖仁皇帝原韻

柳暗花明春正深田家那得冶遊心老翁策杖扶兒笑却喜初秧擺綠鍼

皇帝御製

布種盈畦畛授時春已深溶溶遮穀面簇簇茁秧鍼浥雨根滋隴含風香

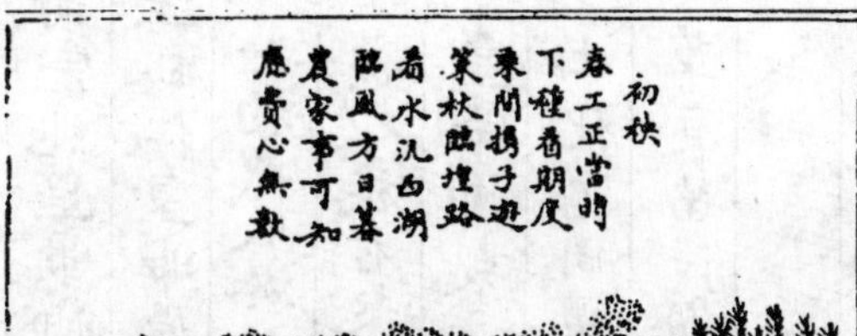

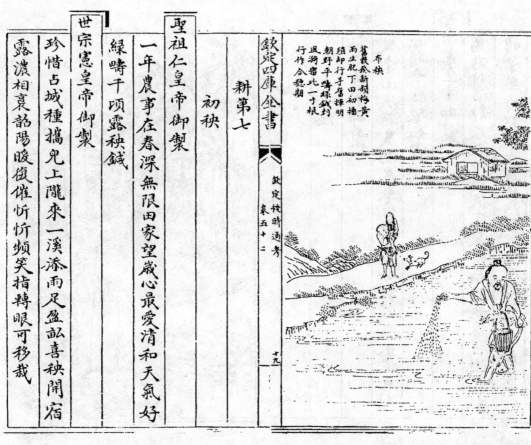

耕第八

淤蔭

聖祖仁皇帝御製

從來土沃藉農勤歟皆由用力分薙草灑灰滋地利
心期千畝稼如雲

世宗憲皇帝御製

鳥鳴村陌靜春漲野橋低已愛新秧好旋看複隴齊淤於
時爭早作課罷豈安棲沾體兼塗足忙忙日又西

高宗純皇帝御製恭和

聖祖仁皇帝原韻

短杓戱灰淤畝勤高原下隰望中分鳴鳩喚雨聲聲好
嶺外旋看起白雲

皇帝御製

土化沿周禮鳩鳴序不淆農家無暇豫地脈有肥磽刈
草良苗茂灑灰短杓抛滋生先納垢至理味銜茅

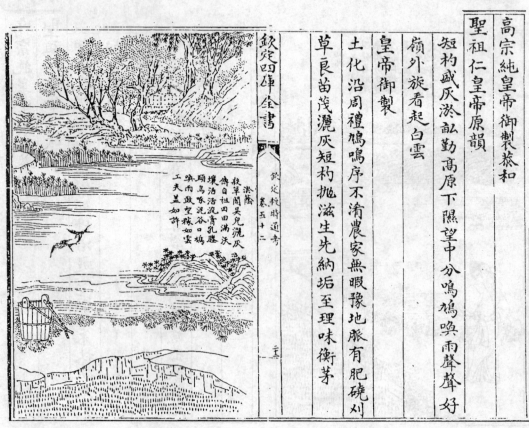

耕第九

拔秧

聖祖仁皇帝御製

青葱刺水滿平川移植西疇更勃然節序驚心芒種迫
分秧須及夏初天

世宗憲皇帝御製

吉辰逢社後比戶趁忙時盈把分青壤和根濯綠漪兒
童擔餉榼婦子製秧旗慣得為農樂辛勞自不知

高宗純皇帝御製恭和
聖祖仁皇帝原韻

匀鋪綠毯滿平川萬井風和花欲然移自南疇向西陌
拔秧時節日長天

皇帝御製

韶光度九十節物近清和柔毯鋪青甸新秧滿綠波移
根透積潦拔穎出圓渦越隴蔣南畝連塍荷擔多

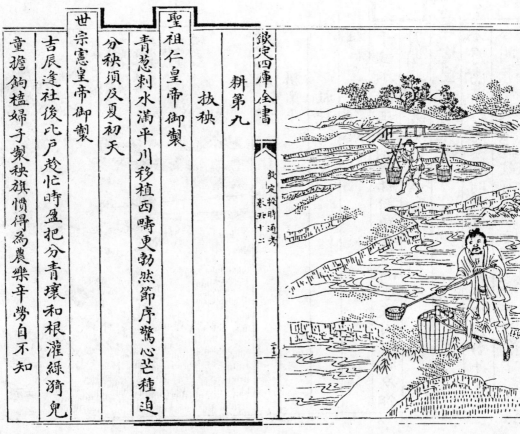

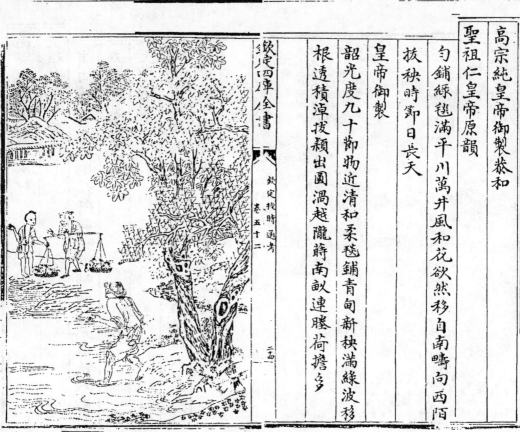

耕第十

插秧

聖祖仁皇帝御製

千畦水澤正瀰瀰競插新秧恐後時亞旅同心欣力作月明歸去莫孅遲

世宗憲皇帝御製

令序當芒種農家插時天倏分行整整佇看影芊芊力合聞歌發栽齊聽鼓前一朝千頃遍長日正如年

高宗純皇帝御製恭和

聖祖仁皇帝原韻

甫田萬井水瀰瀰拔得新秧欲插時槐夏麥秋天氣好及時樹藝莫教遲

皇帝御製

好雨潤千陌蒔秧首夏時隔隄羣力作終畝共忘疲疎密排成列縱橫務合宜佇欣千頃遍嘉穎漾清漪

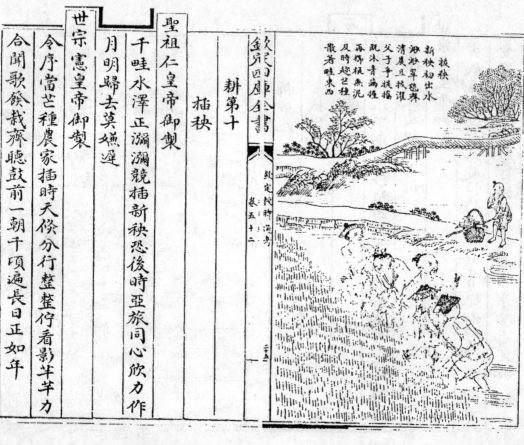

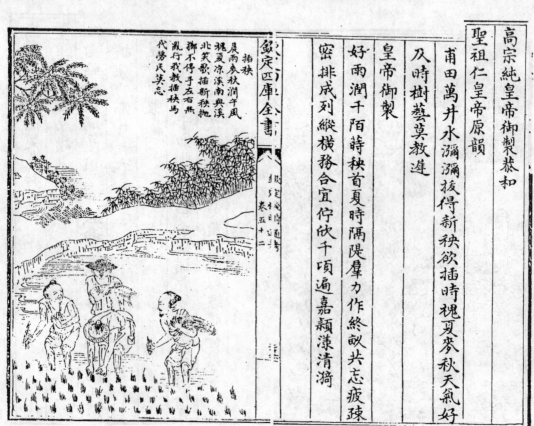

耕第十一

一耘

聖祖仁皇帝御製

豐苗翼翼出清波莨稗叢生可若何非種自應芟薙盡
莫教稂莠敗嘉禾

世宗憲皇帝御製

飽雨纖纖長含風葉葉柔載芟除宿莠挹注引新流陰
借臨溪樹聲傳隔隴謳炊煙村畔起歸路緩驅牛

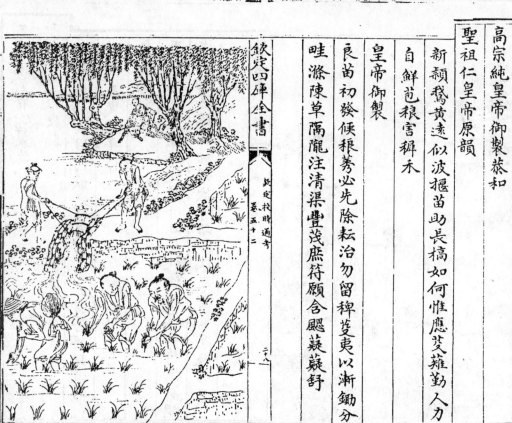

高宗純皇帝御製恭和
聖祖仁皇帝原韻

新穎翻黃遠似波揠苗助長撟如何惟應芟薙勤人力
自鮮苞稂害稱禾

皇帝御製

良苗初發候稂莠必先除耘治勿留稗芟夷以漸鋤分
畦滌陳草隔隴注清渠豐茂庶符願含颸嶷嶷舒

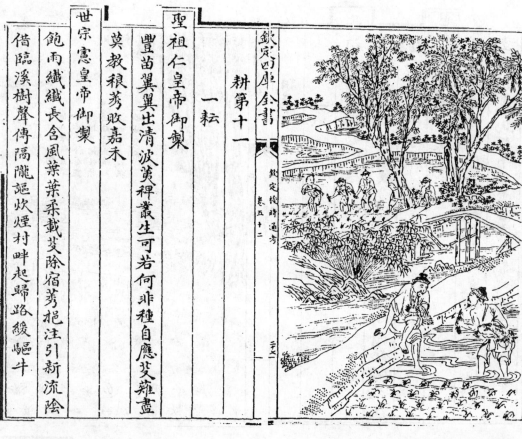

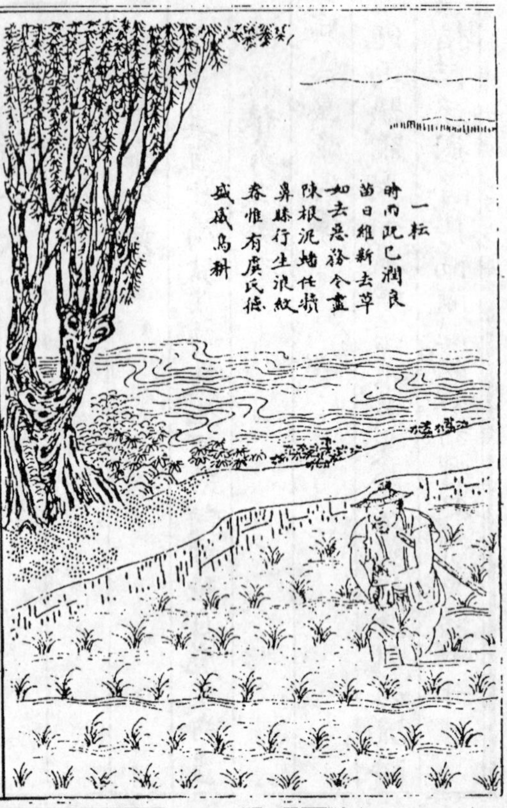

欽定四庫全書

欽定授時通考 卷五十二 二十九

耕第十二

二耘

聖祖仁皇帝御製

曾為耘苗結隊行更憂宿草去還生隴間饁饁頻來往

勞勸田家婦子情

世宗憲皇帝御製

鬱鬱平疇綠勞勞一載耘理苗踈是法非種去宜勤笠

重初收霧鋤輕半帶雲日高忙餉婦稚子故牽裙

高宗純皇帝御製恭和

聖祖仁皇帝原韻

壺漿饁婦大堤行最是畦邊莠易生勞苦再耘還再饋

可憐農叟望年情

皇帝御製

再耘近炎暑揮汗敢辭勞日炙畦波滹風來時樹高閒

襏扇頻颭餽餉婦親操寄語治民吏堂餐忍濫叨

欽定四庫全書

欽定授時通考 卷五十二 三十

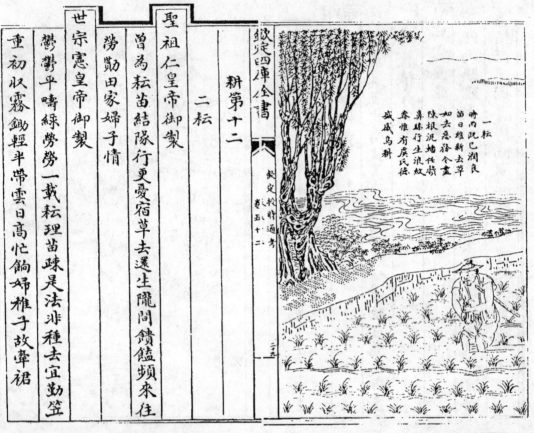

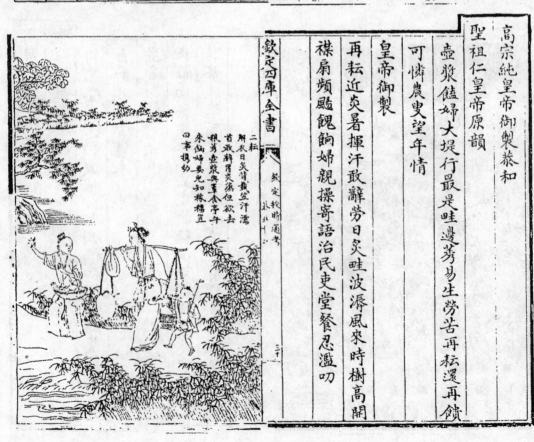

耕第十三

三耘

聖祖仁皇帝御製

穲稏盈畦日正長復勤穮蓘下方塘堪憐曝背炎蒸下惟冀青疇發紫芒

世宗憲皇帝御製

鋤莠日當午驕陽若火燔耘耔須盡力辛苦只今番蟬噪風前急蛙聲水底喧釀花宜鬱暑翠浪舞翩翩

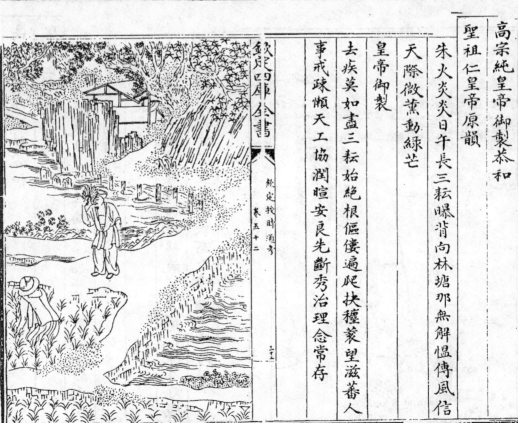

高宗純皇帝御製恭和

聖祖仁皇帝原韻

朱火炎炎日午長三耘曝背向林塘那無解慍傳風信

天際微薰動綠芒

皇帝御製

去疾莫如盡三耘始絕根傴僂遍爬抉穮蓘望滋蕃人事戒疎懶天工協潤暄安良先斷秀治理念常存

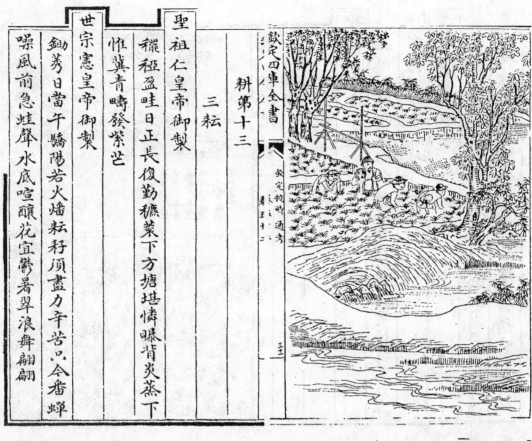

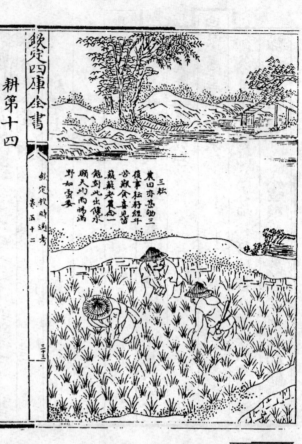

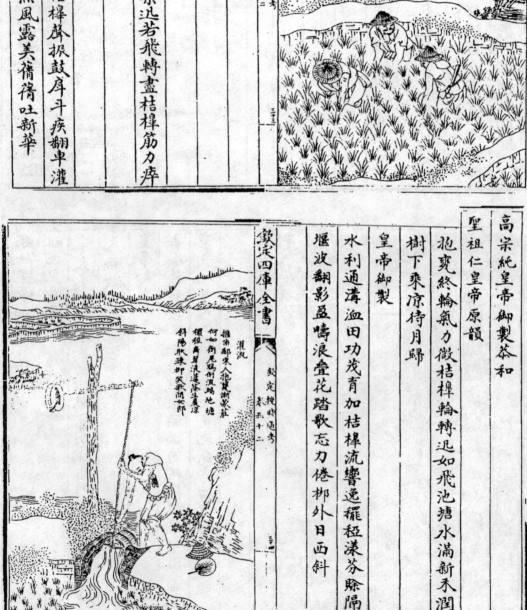

欽定四庫全書　欽定授時通考　卷五十二　三十三

耕第十四

灌溉

聖祖仁皇帝御製

塍田六月水泉微引溜通渠迅若飛轉盡桔槔筋力瘁

斜陽西下未言歸

世宗憲皇帝御製

藝奪天工巧人勤地力加桔槔聲振鼓戽斗疾翻車灌

注畦旋消嗢啞日欲斜况蕙風露美稰稰吐新華

高宗純皇帝御製恭和

聖祖仁皇帝原韻

抱甕終輪氣力微桔槔輪轉迅如飛池塘水滿新禾潤

樹下乘涼待月歸

皇帝御製

水利通溝洫田功茂育加桔槔流響逸穲稏漾芬賒隔

堰波翻影盈疇浪疊花踏歌忘力倦枊外日西斜

欽定四庫全書　欽定授時通考　卷五十二　三十四

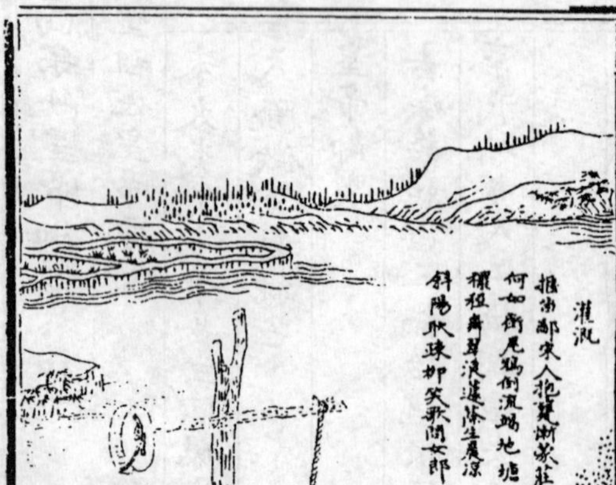

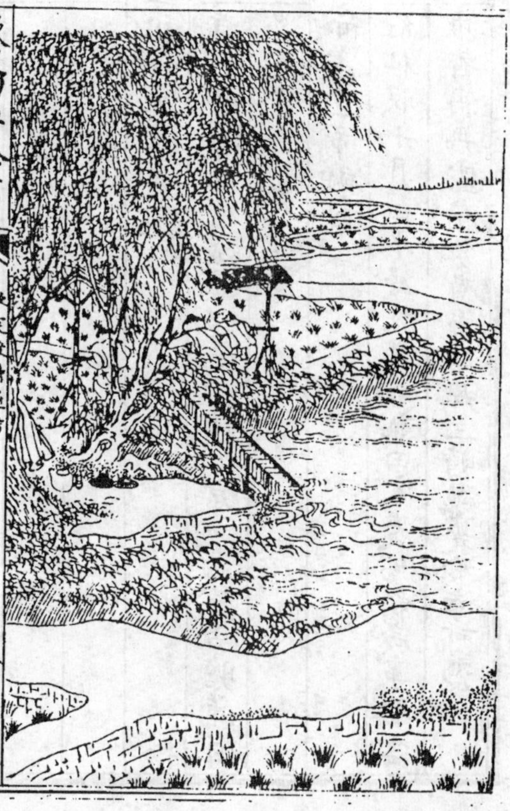

耕第十五

收刈

聖祖仁皇帝御製

滿目黃雲曉露晞腰鐮穫稻喜晴暉兒童處處收遺穗
村舍家家荷擔歸

世宗憲皇帝御製

西成已在望旱作更呼讙刈穗香生把盈筐露未乾啄
遺鴉欲下拾滯稚爭歡主伯欣相慶豐年俯仰寬

高宗純皇帝御製恭和
聖祖仁皇帝原韻

桐風蕭灑露珠晞滿野黃雲映落暉是處腰鐮收穫遍
擔頭挑得萬錢歸

皇帝御製

耕春繼耘夏勤苦逮深秋農務三時接嘉禾千畝收胥
鐮刈畦畔背負度隄頭遺穗兒童拾連塍晚稼稠

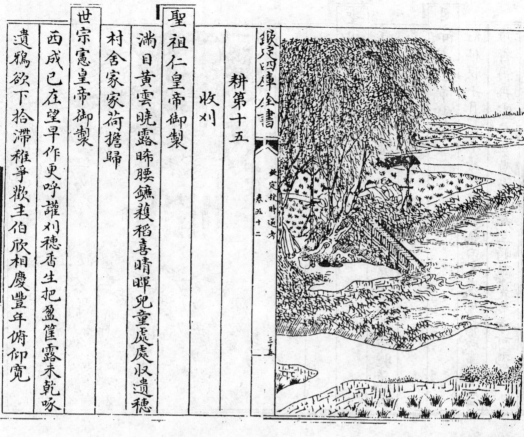

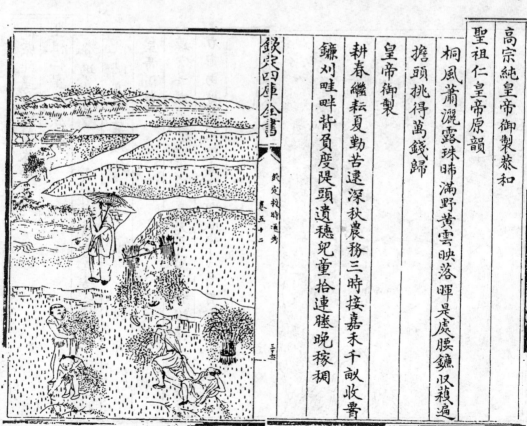

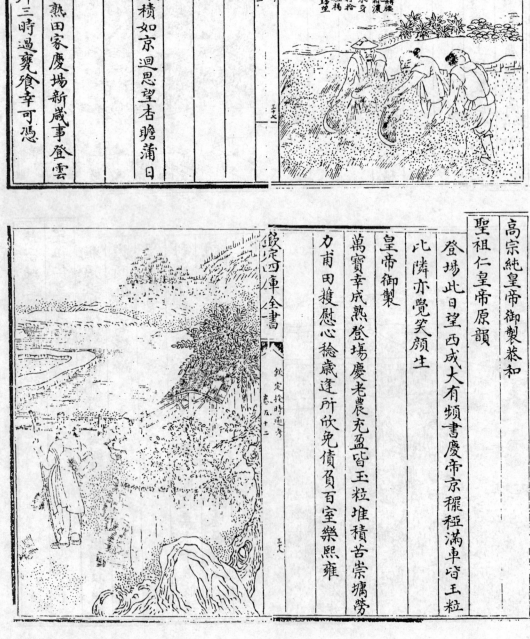

耕第十六

登場

聖祖仁皇帝御製

年穀豐穰萬寳成築場納稼積如京迴思望杏瞻蒲日多少辛勤感倍生

世宗憲皇帝御製

紅秈收十月白水浸陂塍釀熟田家慶場新歲事登雲堆香冉冉露積勢層層勞瘁三時過豐飧幸可憑

高宗純皇帝御製恭和

聖祖仁皇帝原韻

登場此日望西成大有頻書慶帝京穲稏滿車皆玉粒比隣亦覺笑顔生

皇帝御製

萬寳幸成熟登場慶老農充盈皆玉粒堆積苦崇墉勞力甫田擭慰心稔歲逢所欣免債負百室樂熙雍

欽定四庫全書

欽定授時通考 卷五十二

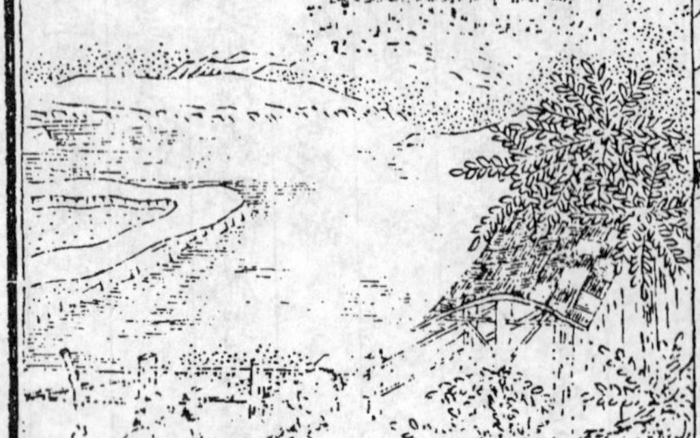

耕第十七

持穗

聖祖仁皇帝御製

南畆秋來慶阜成瞿瞿未釋老農情霜天曉起呼鄰里

徧聽村村打稻聲

世宗憲皇帝御製

力田欣有歲曬稻喜晴冬響落連耞急塵浮夕照濃鼠

銜猶畏懦難啄自從容幸值豐亨世堯民比屋封

高宗純皇帝御製恭和

聖祖仁皇帝原韻

場圃平堅灰甃成如抵露積最關情般勤婦子爭持穗

好聽千家拍拍聲

皇帝御製

年康徧堆積暴曬趁秋晴鋪穗如茵厚碾場若掌平連

耞擊穰秸分粒擇華英恍見豐亨象沿村打稻聲

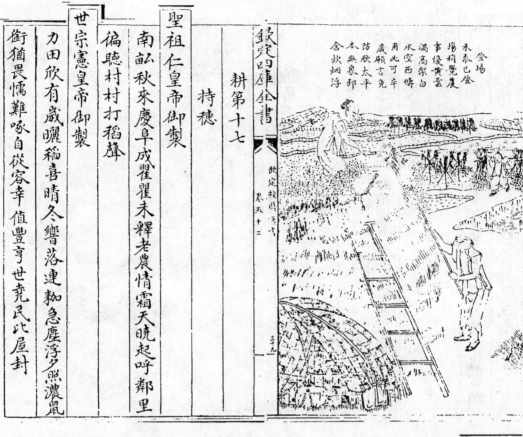

耕第十八

春碓

聖祖仁皇帝御製

秋林茅屋晚風吹杵臼相從近短籬比舍舂聲如和答家家篝火夜深時

世宗憲皇帝御製

野陌霜風早柴門晚日多舂聲接隣響杵韻洽歌顆顆珠傾簏瑩瑩雪滿籮為憐艱苦得把握屢摩挲

高宗純皇帝御製恭和

聖祖仁皇帝原韻

木末金風陣陣吹松明火燒隔疎籬何來舂相深宵裏可是村謳唱和時

皇帝御製

民力真艱苦農功無暇時曉舂依破壁夜碓隔疎籬頗協田禾熟心知節序移索綯亟乘屋已近禦寒期

耕第十九

籭

聖祖仁皇帝御製

漫言嘉穀可登盤穅秕還憂欲去難粒粒皆從辛苦得

農家真作雨珠看

世宗憲皇帝御製

治粒頻求潔田家亦苦心篩風當户北避日就檐陰一

飽功非易終年力不禁君看圓似玉我愛勝如金

高宗純皇帝御製恭和

聖祖仁皇帝原韻

秋成那得暫遊盤顆粒精粗欲別難周折不辭身手瘁

猶盈一掬幾回看

皇帝御製

杵臼事差畢仍須用竹籭精華益珍貴穅秕不留遺敢

忽田功細相忘手力疲重農為政要稼穡必先知

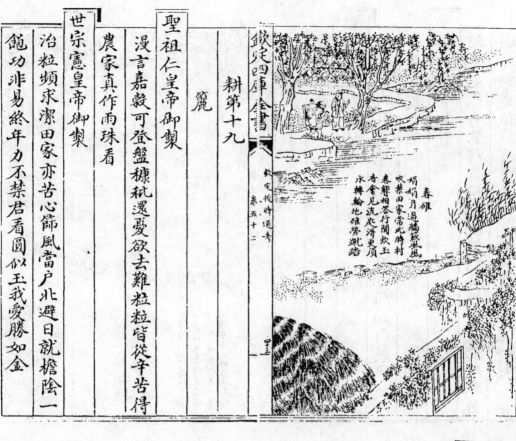

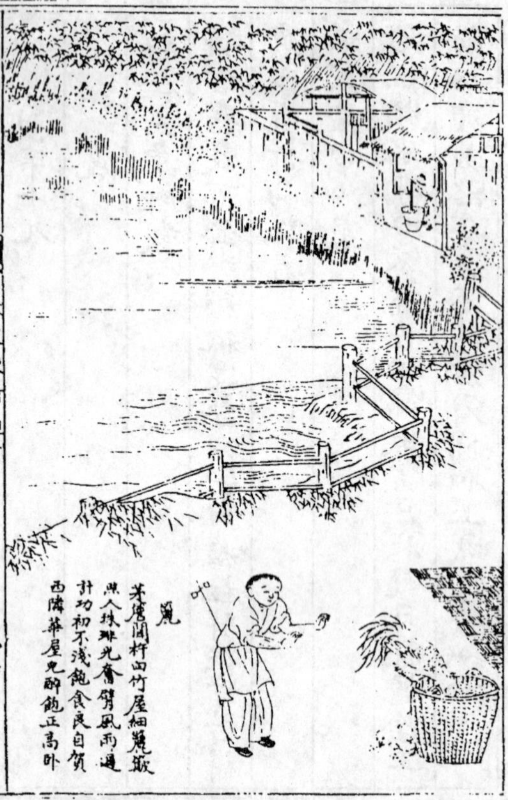

耕第二十

簸揚

聖祖仁皇帝御製

作苦三時用力深簸揚偏愛近風林須知白粲流匙滑
費盡農夫百種心

世宗憲皇帝御製

朝來風色好箕宿應維南敢惜翻飛力寧教糠粃參乾
圓輸縣吏狼藉戒童男得免催租負方無俛仰慚

高宗純皇帝御製恭和

聖祖仁皇帝原韻

郭外人家茆舍深門前揚簸趁風林莫令飄墮成狼戾
辜負耕夫力作心

皇帝御製

欲令精粗判臨風試簸揚聲輕如散雨影細乍流香箕
帚收宜淨斗升謀實藏未能忘歉歲多貯為留防

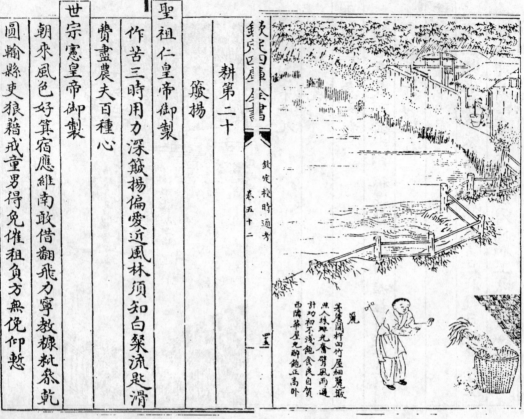

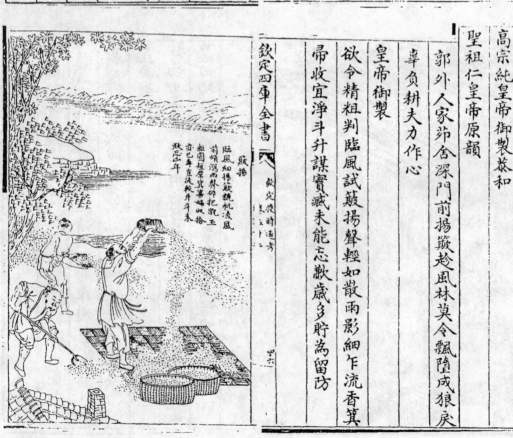

耕第二十一

礱

聖祖仁皇帝御製

經營阡陌苦胼胝艱食由來念阻飢且喜稼成登石碓

從茲鼓腹樂雍熙

世宗憲皇帝御製

地結霜痕白檐虛夜氣青聲殷礱早穀風勁閑寒扃玉

色鮮堪比珠光瀉不停蒸炊謀室婦農祖薦朝聲

高宗純皇帝御製恭和

聖祖仁皇帝原韻

相將南畝苦胼胝望歲心酬庶免饑石碓硍來珠顆潤

家家鼓腹樂雍熙

皇帝御製

礱礧及時用軸旋共挽推摩肩揮汗雨礪齒響殷雷珠

顆勻圓瀉穀皮磊落堆稼成誠不易敦俗勸栽培

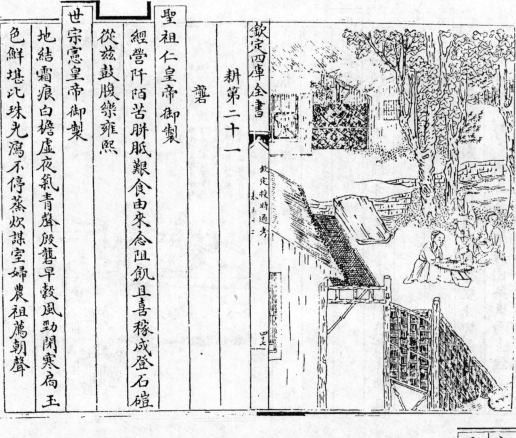

欽定四庫全書　欽定授時通考　卷五十二　四十九

耕第二十二

入倉

聖祖仁皇帝御製

倉箱頓滿各欣然補葺牛羊雨雪天盼到盖藏休暇日
從前拮据已經年

世宗憲皇帝御製

勤勞臨歲暮入囷及良朝牖櫛穿膏望儲藏幸已饒賦
完農有暇門靜吏無嚚苫廪牢封固無虞雨雪飄

高宗純皇帝御製恭和
聖祖仁皇帝原韻

霜點楓林似火然千倉滿貯賜從天輸官不假徵催力
喜值如雲大有年

皇帝御製

西成繼粟烈分貯萬蒼箱力作無閒暇功收有盖藏完
祖消宿債足食積餘糧顆粒皆辛苦臨民勿怠荒

欽定四庫全書　欽定授時通考　卷五十二　五十

耕第二十三

祭神

聖祖仁皇帝御製

東疇舉趾祝年豐喜見盈寧百室同粒我烝民遺澤遠
吹豳擊鼓報難窮

世宗憲皇帝御製

雨暘徵帝德豐稔慰氓愚賽鼓村迎社神燈夜禱巫酒
漿瀉罍盎肴核獻盤盂敢乞長年惠穰穰遂所需

高宗純皇帝御製恭和
聖祖仁皇帝原韻

擊鼓吹豳報屢豐朝看索饗萬家同更期來歲如今歲
歲歲年年願莫窮

皇帝御製

田祖司多稼庶民報祀誠升香騰瑞靄擊鼓和歡聲穫
稻實倉廩知時順雨晴披圖衷永慕務本厚蒼生

欽定四庫全書
欽定授時通考　卷五十二
五十二

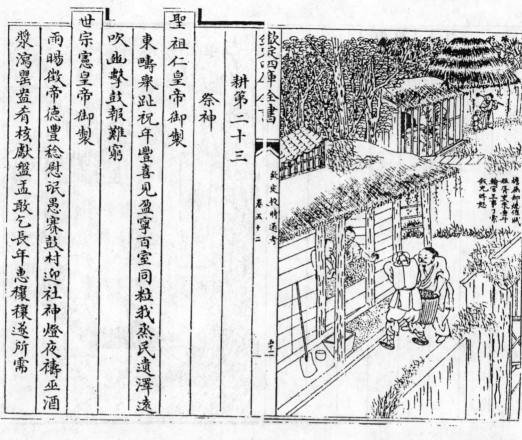

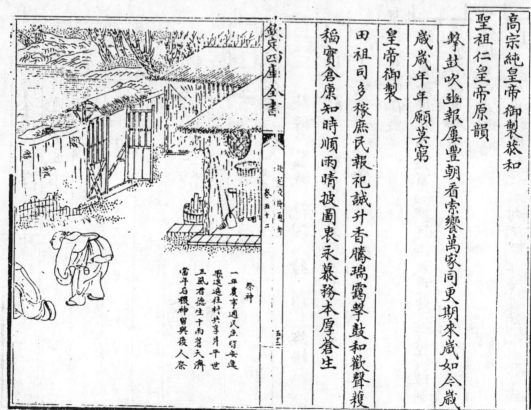

欽定授時通考卷五十二

欽定四庫全書

欽定授時通考卷五十三

勸課

本朝重農

織圖目録

浴蠶 二眠 三眠 大起
捉績 分箔 採桑 上簇
炙箔 下簇 擇繭 窖繭
練絲 蠶蛾 祀謝 緯 織 絡絲
經 染色 攀花 剪帛 成衣

織第一 浴蠶

聖祖仁皇帝御製

豳風曽著授衣篇蠶事初興穀雨天更考公桑傳禮制先宜浴種向晴川

世宗憲皇帝御製

門夕楊柳風溪漲桃花水村酒醞羊羔春閨浴蠶子纖

織弄翠盆戢戢蠕香紙雪繭與冰絲婦功從此始

高宗純皇帝御製恭和

聖祖仁皇帝原韻

曾讀豳風七月篇遲遲日影麗光天新蠶未起先宜浴盆滿明波人滿川

皇帝御製

衣裳始上古教織自西陵考禮婦功重浴蠶績事興化生喜溫暖濟濯避嚴凝盆漾柴灰水勻齊時可乘

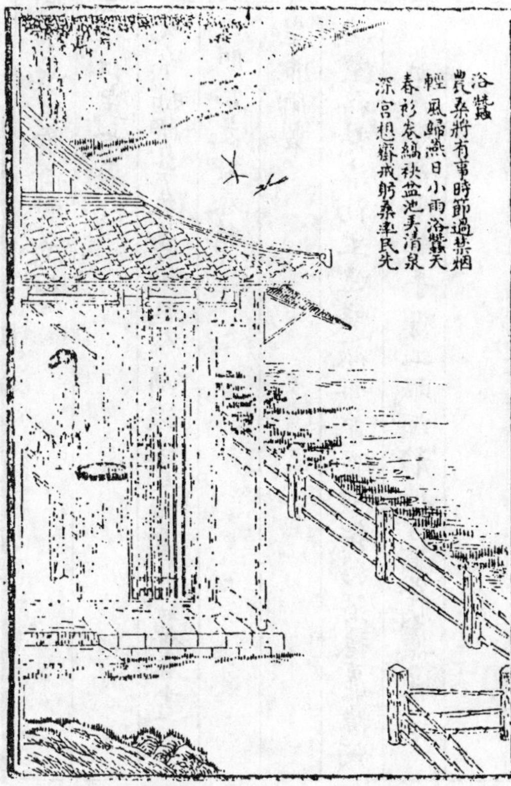

織第二

二眠

聖祖仁皇帝御製

柔桑初剪綠參差陌上歸來日正遲村舍家家簾幕靜春蠶新長再眠時

世宗憲皇帝御製

百舌鳥初鳴再眠蠶在箔陌桑青已柔隄草綠猶弱正宜旭日和惟恐春寒作娟忙兒不知棗栗頻啼索

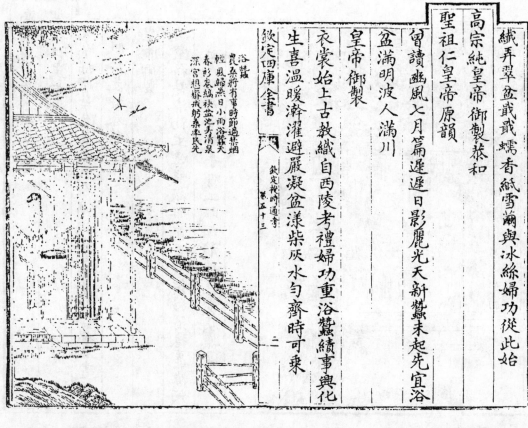

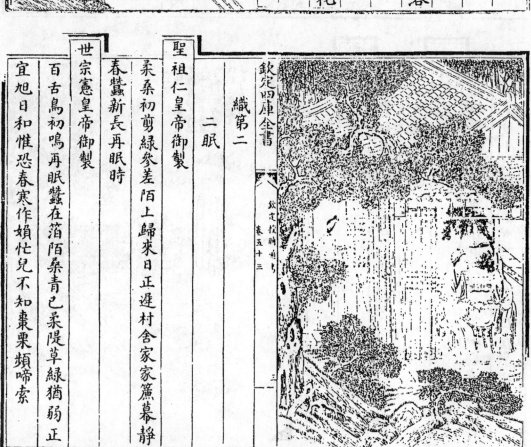

高宗純皇帝御製恭和

聖祖仁皇帝原韻

女桑摇緑葉參差曉起人慵欲探遲雙燕入簾春晝静

再眠恰是仲春時

皇帝御製

治室務精潔初生連蟻微布筐置槌架移箔捲簾幃頻

以柔桑飼毋勞纖手揮二眠須静待色變候無違

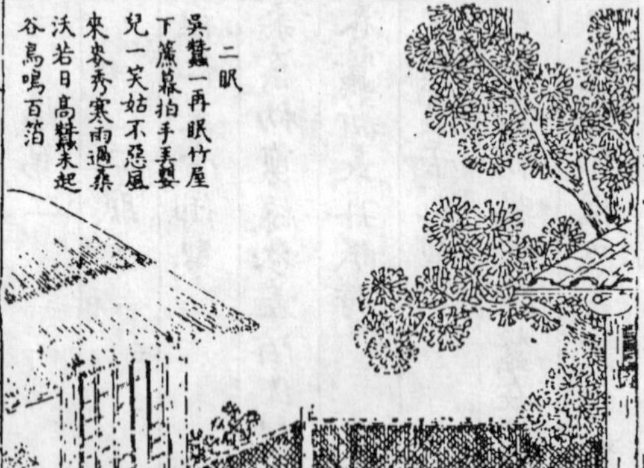

吳蠶一再眠竹屋下簾幕拍手弄嬰兒一笑姑不惡風來麥秀寒雨過桑沃若日高蠶未起谷鳥鳴百箔

織第三

三眠

聖祖仁皇帝御製

紅女勤劬日載陽鳴鳩拂羽恰條桑只因三卧蠶將老

剪燭頻看夜未央

世宗憲皇帝御製

春風拂簾櫳春露繁桑柘遶箔理三眠燒燈遶五夜大

姑席未安小姑梳未暇喔喔唱隣雞提筐邀比舍

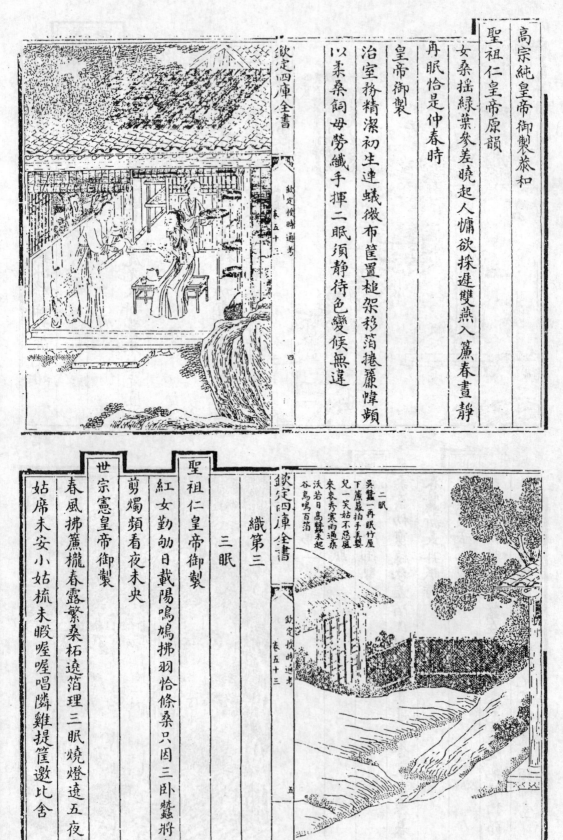

高宗純皇帝御製恭和
聖祖仁皇帝原韻
淑景頻催喜載陽微行步步採條桑三眠三起新蠶老篝火看時夜未央
皇帝御製
已近清和月黃花映箔初三眠宜少飼一鏟不令疎晝夜功無閒平勻葉有餘挑燈頻體驗勤視寸心舒

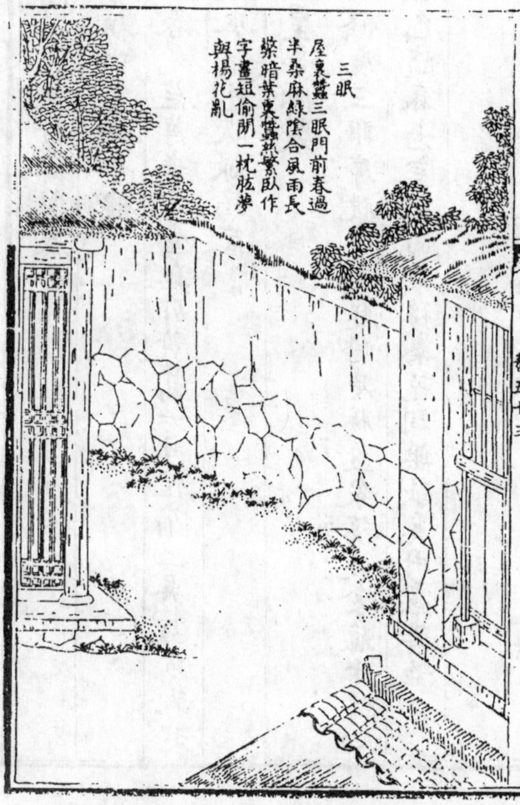

織第四
大起
聖祖仁皇帝御製
春深處處掩茅堂滿架吳蠶婦子忙料得今年收繭倍冰絲雪縷可盈筐
世宗憲皇帝御製
今春寒暖勻南陌條桑好箔上葉憂稀枝頭採戒早不知春幾多但覺蠶欲老阿誰紅粉粧尋芳踏堤草

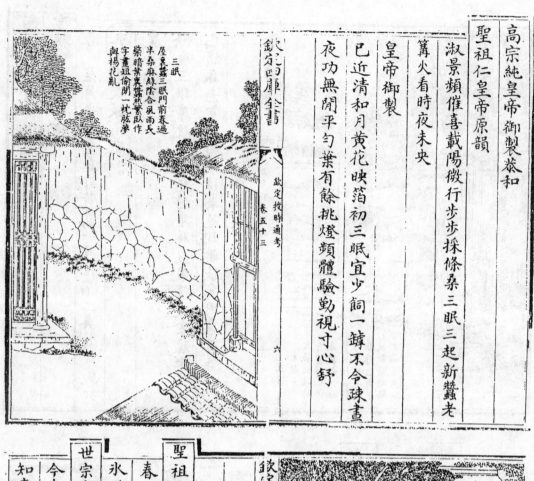

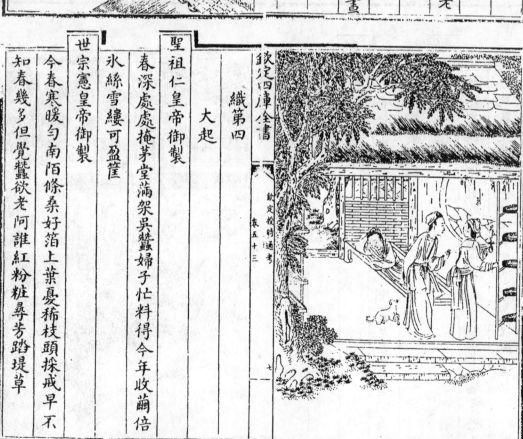

高宗純皇帝御製恭和

聖祖仁皇帝原韻

春光荏苒去堂堂無那黃鶯一日忙箔上吳蠶方大起

氷絲色映綠筠筐

皇帝御製

倏度三眠序脫膚大起時足勝盈眾箔健食蘊千絲心

已隨春老室須向暖移桑乾飼無歇奚用露華滋

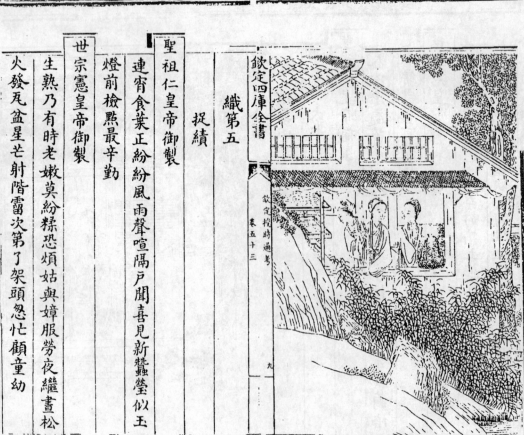

織第五

捉績

聖祖仁皇帝御製

連宵食葉正紛紛風雨聲喧隔戶聞喜見新蠶瑩似玉

燈前檢點最辛勤

世宗憲皇帝御製

生熟乃有時老嫩莫紛糅恐煩姑與嫜服勞夜繼晝松

火發瓦盆星芒射階雷次第了架頭怱忙顧童幼

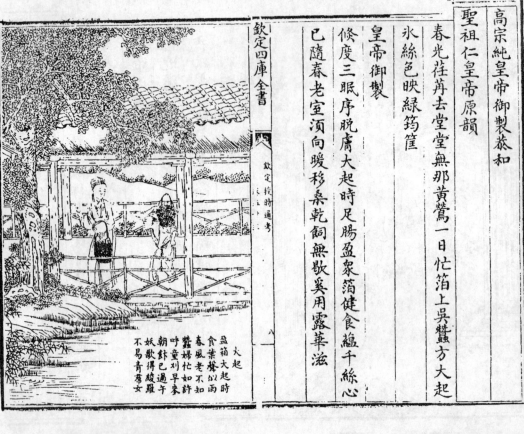

高宗純皇帝御製恭和

聖祖仁皇帝原韻

蠶箔高下架頭紛食葉聲煩似雨聞捉績欣看光練練

一家婦女共辛勤

皇帝御製

欲老食偏健雨聲隔戸聞炙盆火須熟捉績視宜勤減

飼絲將足依時箔欲分練光瑩似玉珍惜勿紛紜

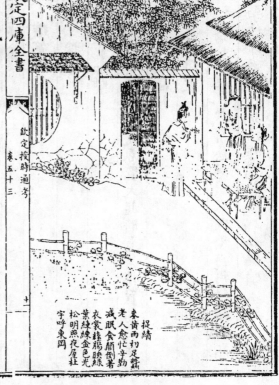

織第六

分箔

聖祖仁皇帝御製

愛逢晴日映疎簾新綠如雲葉漸添天氣晴和蠶事廣

移筐分箔徧茅檐

世宗憲皇帝御製

新燕掠風輕新蠶偕日長分箔天氣暄食葉雨聲響少

娟採林間倦歸歇陌上門前桑騷騷黃雲接青壤

高宗純皇帝御製恭和

聖祖仁皇帝原韻

柳絮飛時晝下簾柔桑繁細食徐添却憑纖手為分箔

未暇朝餐日過檐

皇帝御製

春深益滋長薄箔遍分藏眠起驗無舛衆多虞有妨迴

環結雚葦高下置槃筐充棟皆排架頻年喜美穰

織第七

採桑

聖祖仁皇帝御製

桑田雨足葉蕃滋恰是春蠶大起時負筥攜筐紛笑語

戴鵀飛上最高枝

世宗憲皇帝御製

清和天氣佳比戶採桑急瀼瀼零露繁冉冉綠陰濕高

柯學猱升落葚教兒拾昨摘滿籠歸姑猶嗔不給

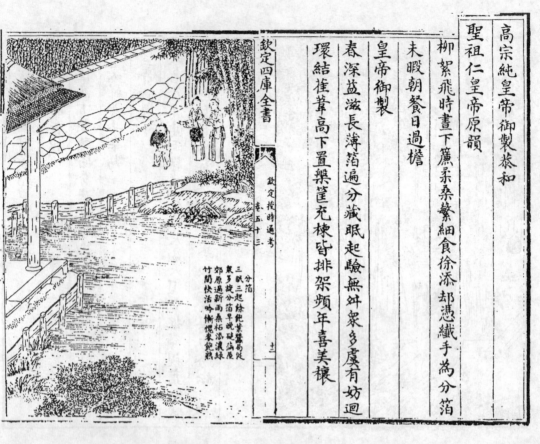

高宗純皇帝御製恭和

聖祖仁皇帝原韻

墻畔青條著雨滋繁陰初覆葉齊時春深八蔟蠶爭餧稚子擕筐上緑枝

皇帝御製

採葉供蠶食季春碧滿林桑柔鋪有蔭絲老結無心筐負條徵折鈎輕幹未侵芳郊甘澤洽落葚小童尋

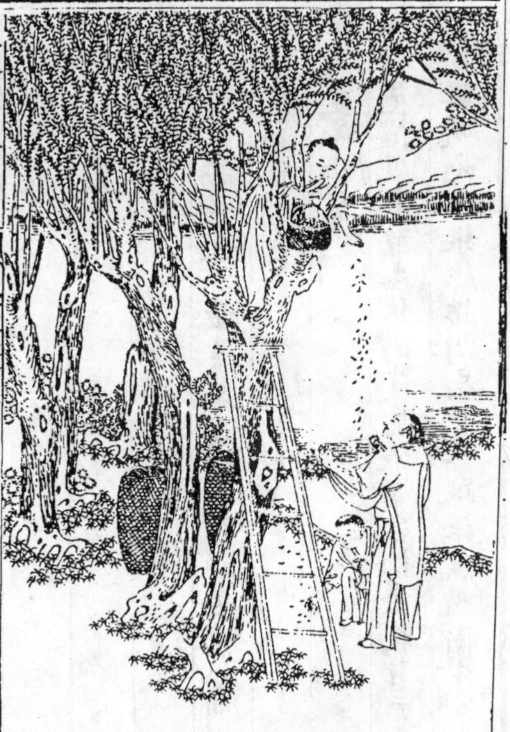

織第八

上簇

聖祖仁皇帝御製

頻執纖筐不厭疲久忘膏沐與調飢今朝士女歡顔色看我氷蠶作蔟時

世宗憲皇帝御製

東隣催早耕西舍呼浸穀花殘蜀鳥啼春老吳蠶熟蛟蛟鞠雪腰盈盈皤絲腹剪草架初齊女郎看上簇

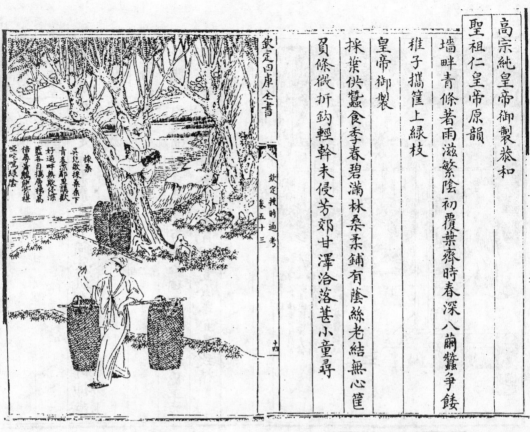

高宗純皇帝御製恭和

聖祖仁皇帝原韻

覓樹尋枝手足疲柔桑采采飼蠶飢今朝報道新抽繭

老幼羣欣上簇時

皇帝御製

絲腸欣旣足通體現晶瑩布箔必稠密編茅務穩平簇

登草匀插網入繭徐成善育關豐儉審宜貴致精

織第九

炙箔

聖祖仁皇帝御製

蠶性由來苦畏寒深垂簾幕夜將闌爐頭更爇松明火

老媼殷勤日採看

世宗憲皇帝御製

溫扇花信風寒釀麥秋雨蔭簾張蝌舍松盆暖蠶户香

生雪繭明光吐銀絲縷門忌少人蹤語燕喧衡宇

高宗純皇帝御製恭和

聖祖仁皇帝原韻

重簾不捲畏風寒猶爇松明向夜闌暟雪霏霏堆滿箔殷勤弱女把燈看

皇帝御製

陰寒釀梅雨匕戸下帷簾箔上繭將作爐頭炭漸添含生緣避冷本性豈趨炎緩炙休過燥功宜晝夜兼

織第十

下簇

聖祖仁皇帝御製

自昔蠶繅重婦功曾聞獻繭在深宮披圖喜見眾繭滿茅屋清光積雪同

世宗憲皇帝御製

前月浴新蠶今日摘新繭浴蠶柳葉纖摘繭柳綿捲膏沐曾未施風光覺潛轉隣曲慰勞來惟情一共展

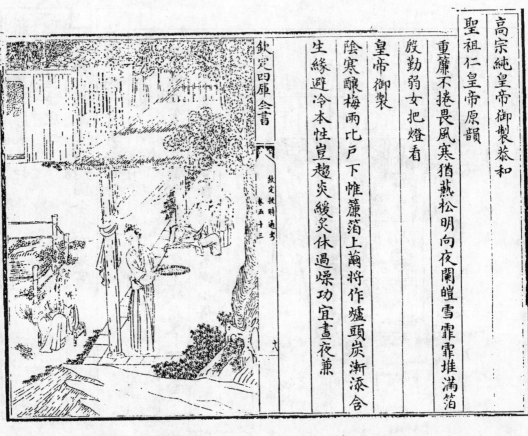

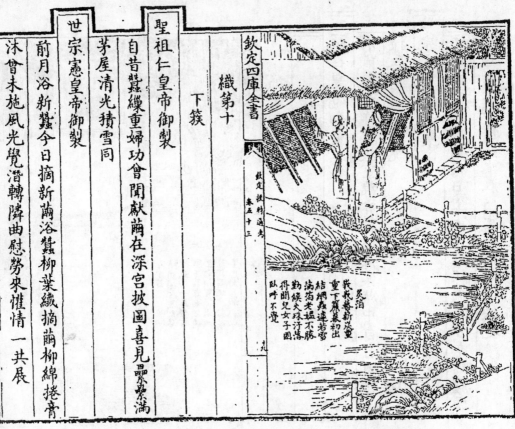

高宗純皇帝御製恭和
聖祖仁皇帝原韻
獻繭由來重女功繪圖今見列璇宮
聖人不為丹青美玉縠珠絲此意同
皇帝御製
鄰里欣相賀家家蠶事成匀圓雪光皎錯落玉輝瑩下
簇分多寡聚籠衡重輕用功常不懈始得萬絲盈

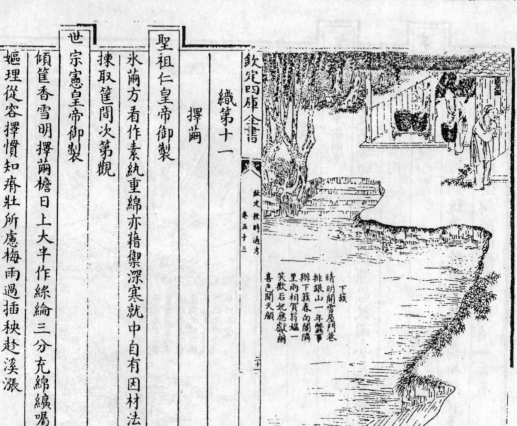

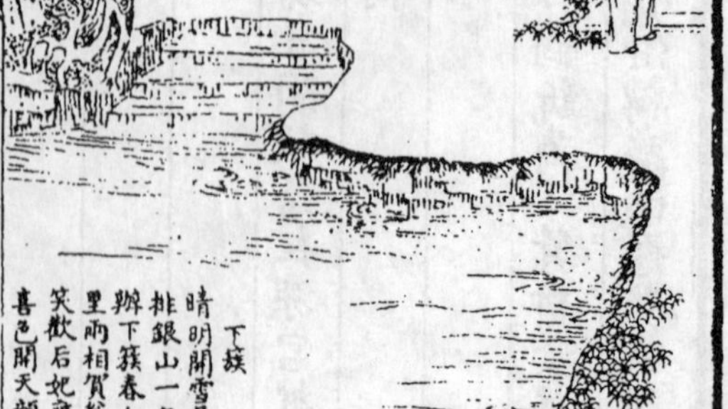

織第十一

擇繭

聖祖仁皇帝御製
氷繭方看作素紈重綿亦藉禦深寒就中自有因材法
揀取筐間次第觀
世宗憲皇帝御製
傾筐香雪明擇繭檐日上大半作絲綸三分充綿纊囑
嫗理從容擇慣知瘠壯所慮梅雨過插秧趁溪漲

高宗純皇帝御製恭和
聖祖仁皇帝原韻
弱繭何時成綺紈拮据冀免一身寒八蠶獨蛹還須擇
凡上分明取次觀
皇帝御製
衆繭須精擇因材用不同化蛾作佳種排箔引涼風首
選織絍美次供綿絮充由來無棄物器使在虛東

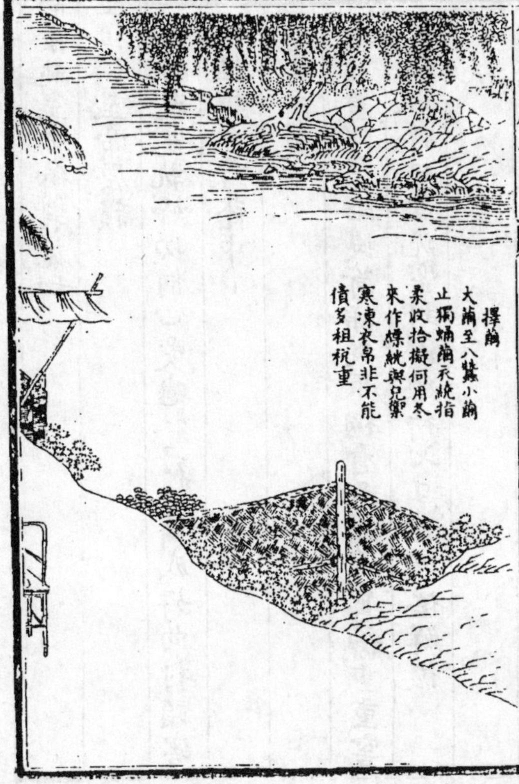

織第十二
窖繭
聖祖仁皇帝御製
一年蠶事已成功歷數從前屬女紅聞說及時還窖繭
荷鋤又在綠陰中
世宗憲皇帝御製
挽袖解長裙香汗濕紅頰農事委良人蠶功獨在妾層
層下簇完勞勞窖繭接作苦感天公氷雪滿箱篋

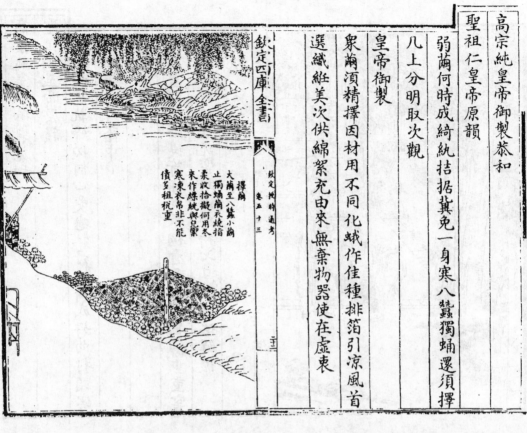

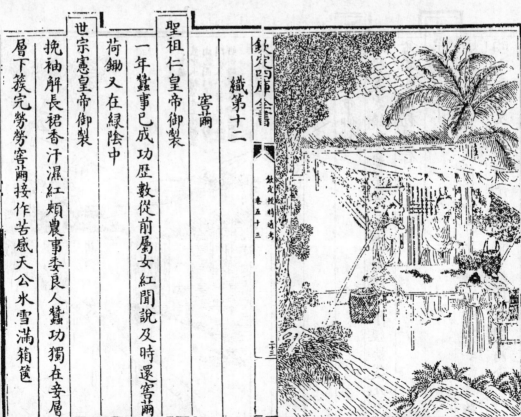

高宗純皇帝御製恭和

聖祖仁皇帝原韻

春日遲遲執婦功何心愛戀牡丹紅繭成好向村頭窖

荷插攜兒綠陰中

皇帝御製

藏繭置深甕沿堤荷插從布桐看疊疊鋪簀襯重重窖

地豐微摻理原泥密封出繰待七日潤澤倍鮮穠

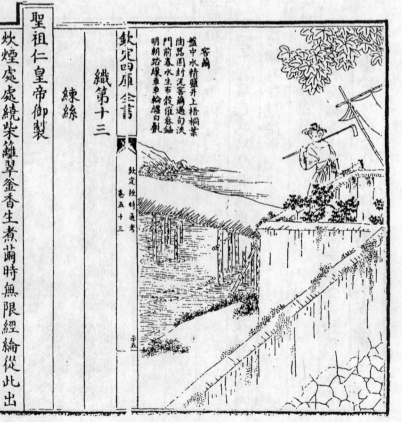

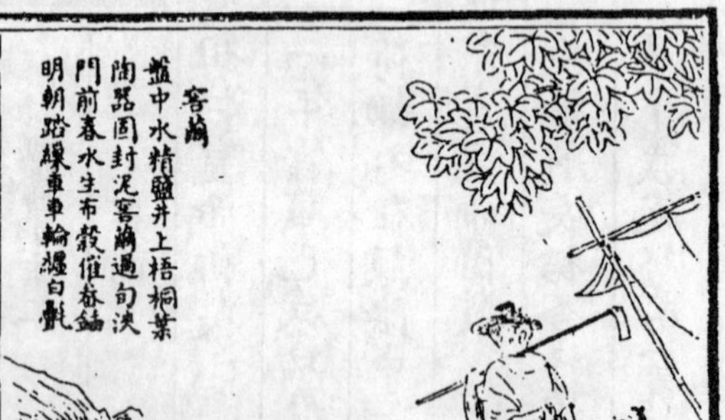

織第十三

練絲

聖祖仁皇帝御製

炊煙處處繞柴籬翠釜香生煮繭時無限經綸從此出

盆頭喜色動雙眉

世宗憲皇帝御製

煙流矮屋青水汲前溪潔掉車若捲風映釜如翻雪絲

頭入手長左右旋轉忙軋軋聽交響行人聞繭香

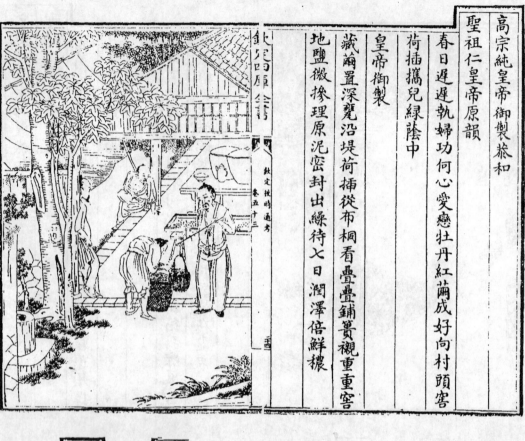

高宗純皇帝御製恭和

聖祖仁皇帝原韻

煮繭吹煙颺短籬絲腸纍纍練成時探湯試展纖纖手那聽枝頭叫畫眉

皇帝御製

離坎功相濟經綸展縕藏瑩瑩翻釜燦軋軋轉車忙撥緒著抽繭繅絲手探湯工夫漸成熟隅牖挹清香

織第十四

蠶蛾

聖祖仁皇帝御製

蛾兒布子如金粟水際分飛任所之莫令繭絲遺利盡來年留作授衣資

世宗憲皇帝御製

隣始通往來暫時解忙促出繭影翩翩翅光膩粉沃秧苗已抽青桑葉再見綠送蛾須水邊流傳笑農俗

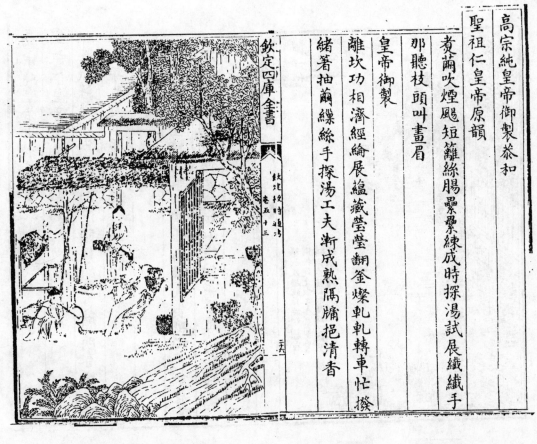

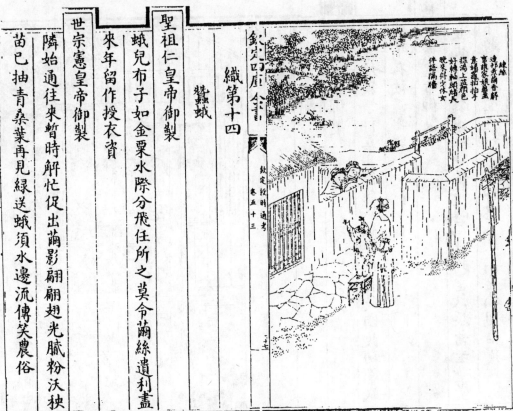

高宗純皇帝御製恭和

聖祖仁皇帝原韻

蠶蛾絲淨方生子送向溪頭任所之更願明春歸舍早今年已是去年資

皇帝御製

揀擇作新種槌箱紙四圍子生勤覆養蛾化任分飛蕩漾隨楊陌翩翻傍葦磯如山復如粟珍護待春歸

欽定四庫全書　欽定授時通考　卷五十三　二十八

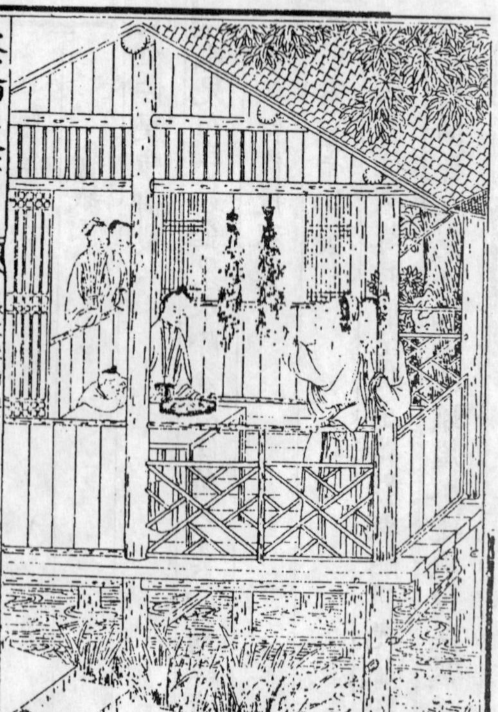

欽定四庫全書　欽定授時通考　卷五十三　二十九

織第十五

祀謝

聖祖仁皇帝御製

勞勞拜簇祭神桑喜得絲成願已償自是西陵功德盛萬年衣被澤無疆

世宗憲皇帝御製

豐祀報先蠶灑庭佇來格醴酒注罇罍獻絲當圭璧堂下趨妻孥堂上拜主伯神惠乞來年盈箱賜倍獲

高宗純皇帝御製恭和

聖祖仁皇帝原韻

年年勞苦事耕桑及早還將租稅償今日蠶成虔祀謝

西陵功德戴無疆

皇帝御製

蠶成申報祀虔謝望豐穰天駟輝騰逈西陵澤衍長香

昇陳滿几絲獻祝盈箱衣被免寒凍抒誠遍里鄉

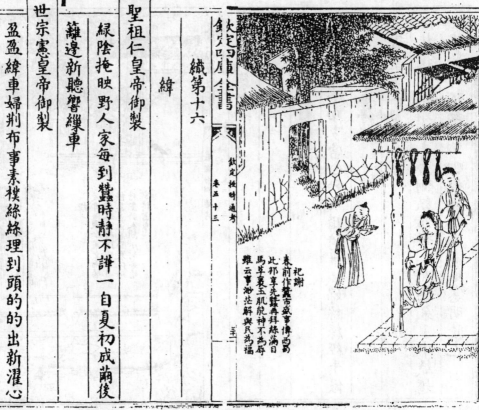

春前作蠶市盛事傳西蜀
此邦享先蠶再拜絲滿目
馬革裹玉肌能神不為辱
雖云事渺茫解與民為福

織第十六

緯

聖祖仁皇帝御製

綠陰掩映野人家每到蠶時靜不譁一自夏初成繭後

籬邊新聽響繅車

世宗憲皇帝御製

盈盈緯車婦判布事素樸絲絲理到頭的的出新濯心

忙不遑食脫倦何曾覺忽聽歸鴉啼斜陽掛屋角

高宗純皇帝御製恭和
聖祖仁皇帝原韻
蠶繅輪捲遍千家午静人慵鳥語譁浸緯欣看供織作
阿香軋軋轉雷車
皇帝御製
横絲互旋轉紡績用功初錢眼貫成緒繅星引就車周
迴繳樞速圜繞度筒徐次第法精細從兹杼柚舒

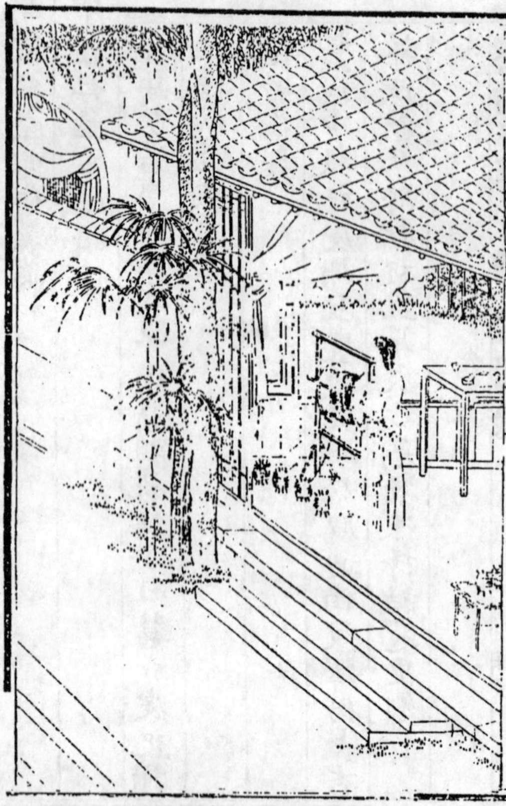

織第十七
織
聖祖仁皇帝御製
從來蠶績女功多當念勤劬惜綺羅織婦絲絲經手做
夜寒猶自未停梭
世宗憲皇帝御製
一梭復一梭頻擲青燈側鹽鹽機上花朵朵手中織嬌
女眼眴眴秋蟲語唧唧簷頭月漸高紙窗明曉色

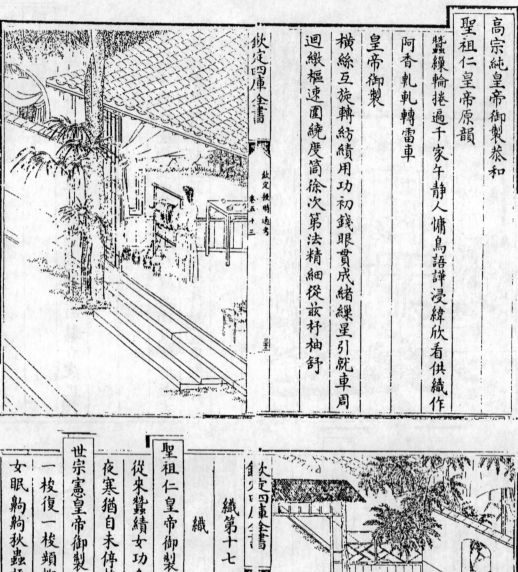

高宗純皇帝御製恭和
聖祖仁皇帝原韻
織女工夫午夜多莫將容易著絲羅銀蘭照處方成寸
已自循環擲萬梭
皇帝御製
作帛織機始宵燈照戶阿堅持寸心靜不覺萬絲多綜
躡難停杼縱橫頻擲梭七襄紀小雅光彩燭星河

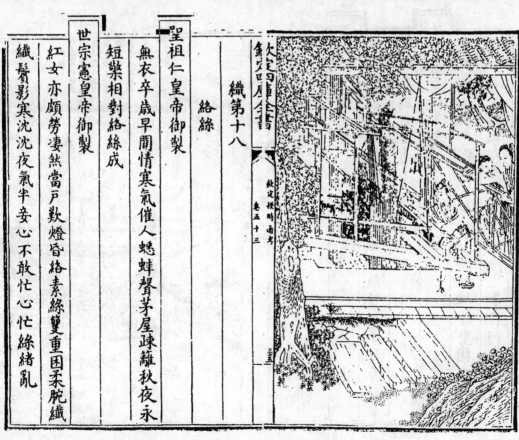

織第十八
絡絲
聖祖仁皇帝御製
無衣卒歲早關情寒氣催人蟋蟀聲茅屋疎籬秋夜永
短檠相對絡絲成
世宗憲皇帝御製
紅女亦頗勞淒然當戶歎燈昏絡素絲籰重困柔腕織
纖鬢影寒沈沈夜氣半妥心不敢忙心忙絲緒亂

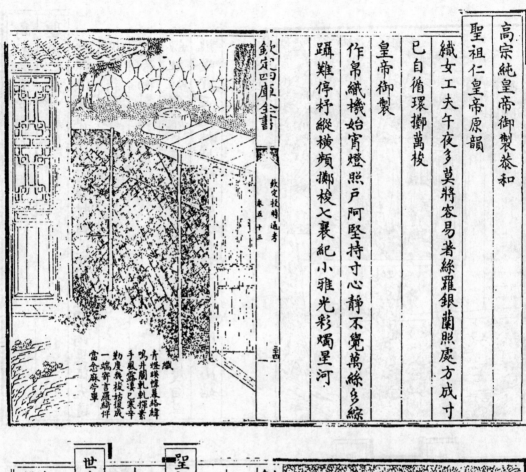

高宗純皇帝御製恭和
聖祖仁皇帝原韻
秋惹深閨無限情可堪蟋蟀送寒聲玉關萬里征夫遠
惆悵新絲絡不成
皇帝御製
繳軠音勵繼張杞絲縷勿棼紆牽引絡於籰貫穿度自孳
挑燈宵正永轉軸腕忘劬力作休言倦計功課小姑

織第十九
經
聖祖仁皇帝御製
織維精勤有季蘭牽絲分理織羅紈鳴機來往桑林裏
已作吳綃匹練看
世宗憲皇帝御製
昨為籰上絲今作軸中經均勻細分理珍重相叮嚀君
看千萬縷始成丈尺絹城市紈袴兒辛苦何嘗見

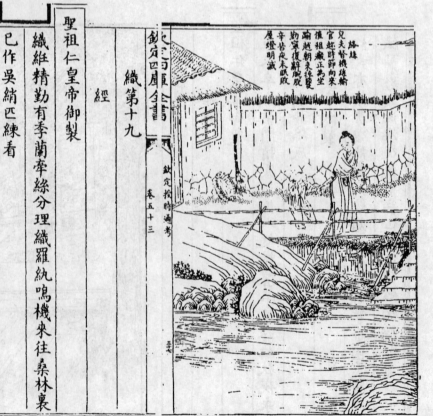

高宗純皇帝御製恭和
聖祖仁皇帝原韻
砌下風飄待女蘭新絲經理欲成紈安排頭緒分長短
約伴同來仔細看
皇帝御製
層層排絡籰上架往來牽衆縷有條貫一心善斡旋鳴
機得頭緒運軸自綿延綸綍應加慎如絲勿妄宣

織第二十
染色
聖祖仁皇帝御製
凝膏比潔絡新絲傳得新方色陸離一代文明資賁飾
須教五采備彰施
世宗憲皇帝御製
深淺練縓纁蒼黃運巧智把絲曬紫荆臨風含綺思煥
然五色紛斕若雲霞織好語付機工金梭織錦字

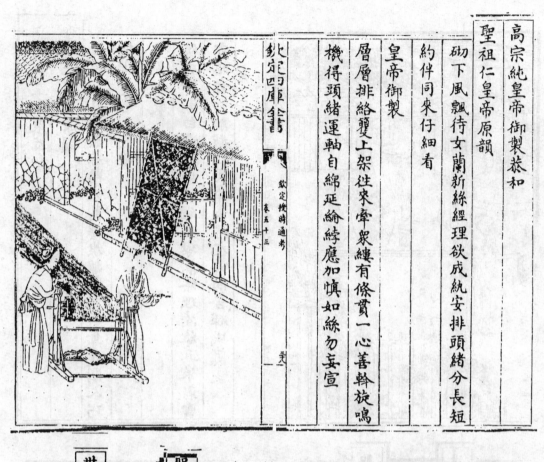

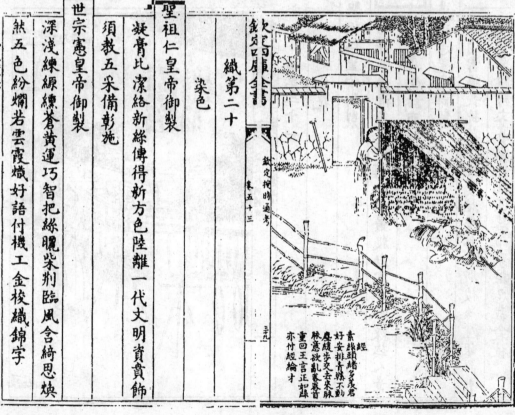

高宗純皇帝御製恭和

聖祖仁皇帝原韻

經緯功成尚染絲晴光萬縷爍離離天工奪處閒人巧
棚上還看五色施

皇帝御製

絲成皆潔白染練煥纚緗璀璨萬條理陸離五采彰雲
霞昭賁飾黼黻佐文章朱綠元黄備含輝咸質良

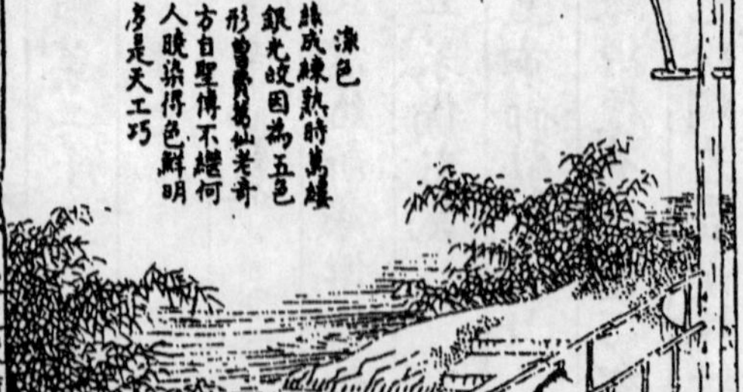

織第二十一

攀花

聖祖仁皇帝御製

巧樣爭傳濯錦紋堪憐織女最殷勤雲章霞綵娛人意
自著尋常縞布裙

世宗憲皇帝御製

織絹當織長挽花要挽雙緒繁勞玉腕梭冷爐銀缸新
樣勝吳綾斜文賽蜀錦成匹落誰家詎忍裁衾枕

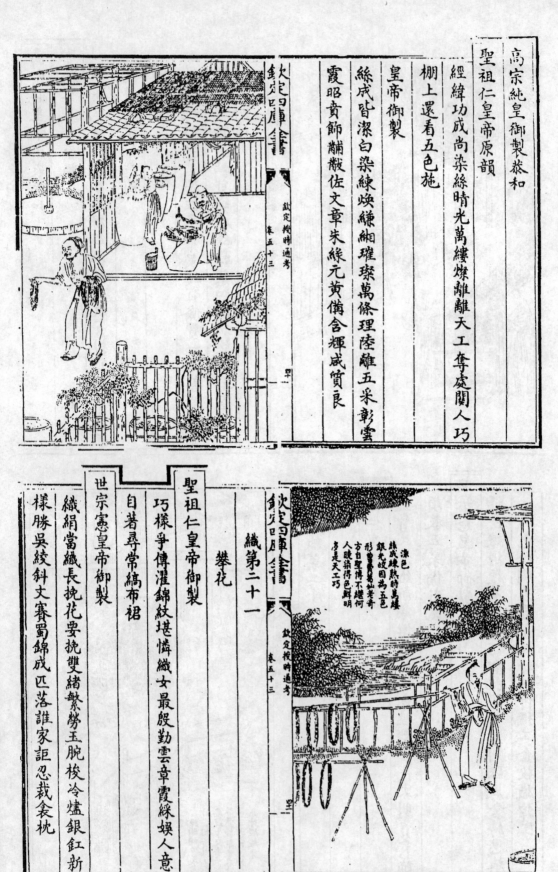

高宗純皇帝御製恭和
聖祖仁皇帝原韻
簇簇堆成錦繡紋攀花鬬巧最精勤堪憐織女深秋裏
繞著新縫素布裙
皇帝御製
巧擅女工首雲章繪素絺綌經合楅紐心手應高低運
掌絲無舛擲梭花漸提織成由意匠何處覓端倪

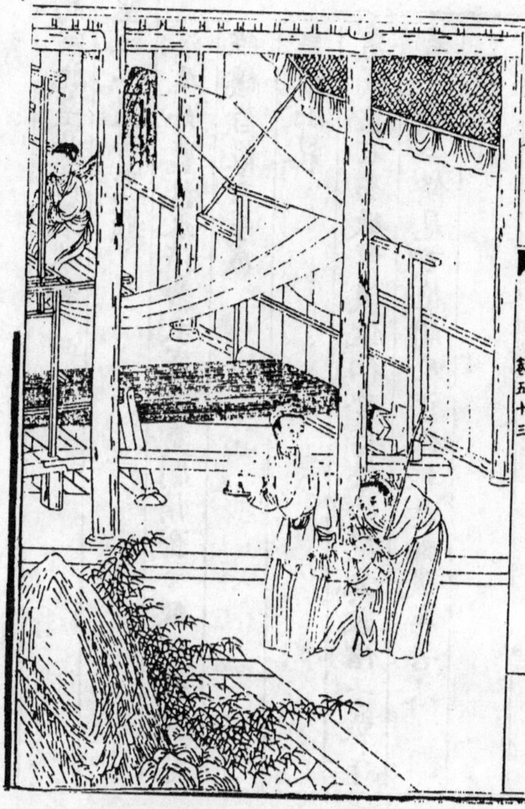

織第二十二
剪帛
聖祖仁皇帝御製
手把齊紈氷雪清秋衣欲製重含情逡巡莫漫施刀尺
萬縷千絲織得成
世宗憲皇帝御製
千絲復萬絲成帛良非偶握尺重含情欲剪頻低首紅
分的的桃青擘柔柔柳但免舅姑寒妾單亦何醜

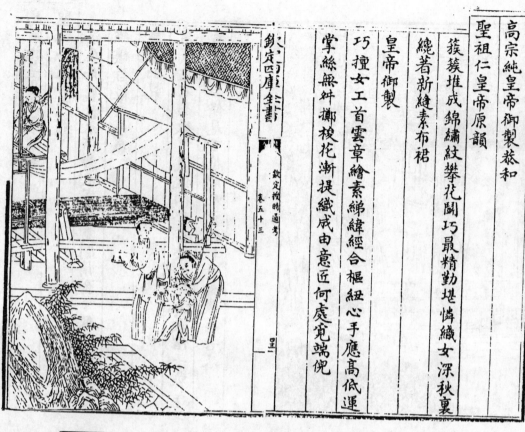

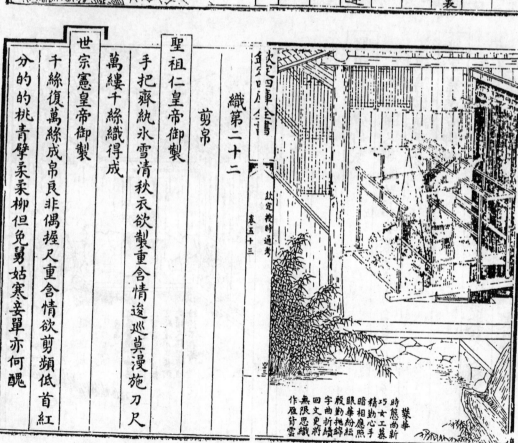

高宗純皇帝御製恭和

聖祖仁皇帝原韻

溪尾如藍秋水清裁衣寄遠重關情金刀欲下躊躇意絲縷皆從素手成

皇帝御製

帛成良不易欲剪復低徊珍惜勞心製奚容信手裁乍看千縷合倏見百花開尺寸休輕棄都從辛苦來

織第二十三

成衣

聖祖仁皇帝御製

已成東帛又縫紉始得衣裳可庇身自昔宮庭多澣濯總憐蠶織重勞人

世宗憲皇帝御製

九月届授衣縫紉難容緩戔戔逐剪裁楚楚稱長短刀尺迎風寒玄黃委雲滿帝力併天時農蠶慰飽暖

高宗純皇帝御製恭和

聖祖仁皇帝原韻

戔戔束帛費縫紉只為御寒事切身

聖主憂勤圖畫裏宵衣永庇萬方人

皇帝御製

已届授衣候成裳庶庇身剪裁度修短鍼綫細縫紉無

褐憐宵墊忍飢壓苦貧農桑郅治本題繪憫黎民

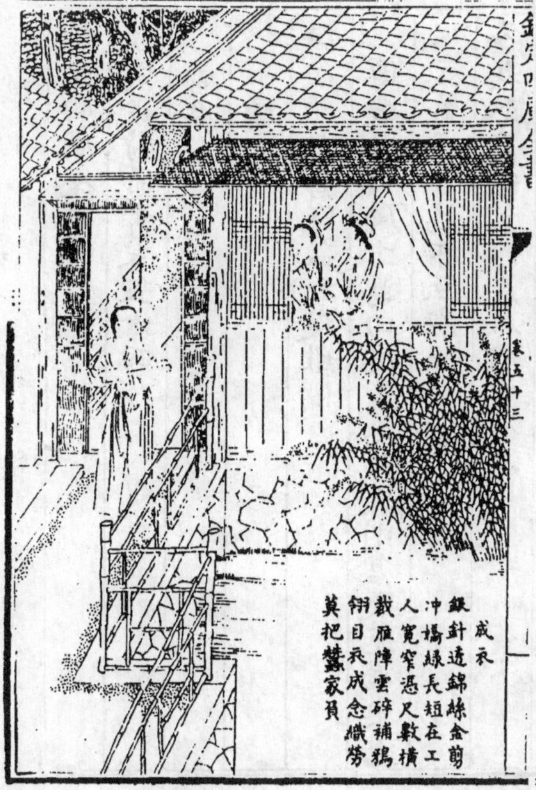

欽定授時通考卷五十三

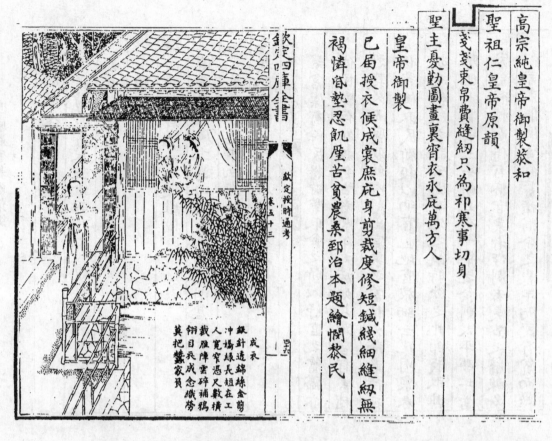

欽定四庫全書

欽定授時通考卷五十四

蓄聚

彙考

詩小雅我倉旣盈我庾維億

傳露積曰庾十萬曰億箋萬物成則倉庾充滿矣倉言盈庾言億亦互辭喻多也

又我取其陳食我農人自古有年

箋倉廩有餘民得賒貰取食之所以紓官之蓄滯亦使民愛存新穀自古者豐年之法如此疏官有蓄積恐其久而腐敗所以紓出官粟之蓄積久滯者待秋收然後取民新穀以納官也地官旅師云凡用粟春頒而秋斂之註云困時施之饒時斂之此卽我取其陳也王制云三年耕必有一年之食則太平豐年當家自有積而得有貸官粟者作制者美古之辭據多以言不能使皆有蓄積猶今之豐年而民有貧而無食者稅斂有義用之以道以倉粟則陳陳相因民貧則貸取以食所以上下交濟海內乂安豈言皆無蓄積人盡取之也

又曾孫之庾如坻如京

箋庾露積穀也坻水中之高地也

又乃求千斯倉乃求萬斯箱

箋成王見禾穀之稼委積之多於是求千倉以處之萬車以載之言年豐收入踰前也

欽定四庫全書

又大雅迺積迺倉

傳言民樂時和國有積倉也疏乃有委積乃有囷倉言其有穀食之資

又周頌豐年多黍多稌亦有高廩萬億及秭

傳廩所以藏齍盛之穗也數萬至萬曰億數億至億曰秭箋萬億及秭以言穀數多疏器實曰齍在器曰盛謂飯食也以米粟爲之遠本其初出於禾穗故謂廩之所藏爲齍盛之穗也禹貢百里賦納總卽禾稼

也銍卽穗也禾稼當積而貯之不在倉廩其穗當在廩藏之自穗以往秸及粟米皆在倉廩矣廩之高大於藏穗爲宜地官廩人註云藏米曰廩者對則藏米曰廩藏粟曰倉其散卽通也廩之所容兼米兼粟也

禮記王制冢宰制國用必於歲之杪五穀皆入然後制國用用地小大視年之豐耗以三十年之通制國用量入以爲出

註通三十年之率當有九年之蓄疏通三十年之率

者每年之率入均分爲四分一分擬爲儲積三分爲當年所用二年又畱一分三年又畱一分是三年總得三分爲一年之蓄王肅以爲二十七年有九年之蓄而言三十舉全數

又三年耕必有一年之食九年耕必有三年之食以三十年之通雖有凶旱水溢民無菜色

又月令仲秋之月穿竇窖修囷倉

註爲物當藏也穿竇窖者入地隋曰竇方曰窖

又乃命有司趣民收斂務畜菜多積聚

註始爲禦冬之備

又孟冬之月命百官謹蓋藏

註謂府庫囷倉有財物

又命司徒循行積聚無有不斂

註謂芻禾薪蒸之屬

周禮遺人掌邦之委積以待施惠鄉里之委積以恤民之囏阨門關之委積以養老孤郊里之委積以待賓客

野鄙之委積以待羇旅縣都之委積以待凶荒

註委積者廩人倉人計九穀之數足國用以其餘共之所謂餘法用也少曰委多曰積

又廩人掌九穀之數以待國之匪頒賙賜稍食

註匪讀爲分分頒謂委人之職諸委積也賙賜謂王所賜予給好用之式也稍食祿廩疏廩瀘有數名天子有御廩單云廩則平常藏米之廩明堂位魯有米廩有虞氏之學以有虞氏尚孝合藏粢盛之委故名

學爲米廪非廪稱也詩云亦有高廪註云廪所以藏粢盛之穗以其萬億及秭數多非藏米之數故以藏穗言之與常廪御廪又異

又以歲之上下數邦用以知足否以詔穀用以治年之凶豐

註數猶計也疏上下即豐凶廪人之官以歲之豐凶得稅物多少之帳計國之用以知足否若歲凶稅物少而用多則不足廪人既知多少足否乃詔告在上

用穀之灋以治年之凶豐此即王制云制國用必於歲之杪者是也

又凡萬民之食食者人四鬴上也人三鬴中也人二鬴下也

註此皆謂一月食米也六斗四升曰鬴疏此謂給萬民糧食之灋食者謂民食國家糧上謂大豐年中謂中豐年下謂少儉年此雖列三等之年以中年是其常法鬴當今六斗四升則今給請亦然

又倉人掌粟入之藏辨九穀之物以待邦用有餘則藏之以待凶而頒之

註九穀盡藏焉以粟爲主

管子凡有地牧民者務在四時守在倉廪倉廪實則知禮節衣食足則知榮辱

又積於不涸之倉者務五穀也

又凡牧民者以其所積者食之不可不審也其積多者其食多其積寡者其食寡無積者不食

又國之寡狹壤之肥墝有數終歲食餘有數彼守國者守穀而已矣

又歲有凶穰故穀有貴賤令有緩急故物有輕重人君不理則畜賈游於市乘民之不給百倍其本矣凡輕重斂散之以時即準平守準平使萬室之邑必有萬鍾之藏藏鏹千萬千室之邑必有千鍾之藏藏鏹百萬春以奉耕夏以奉耘耒耜器械種穰糧食必取贍焉故大賈畜家不得豪奪吾民矣

又桓公曰糶賤寡人恐五穀之歸於諸侯欲爲百姓萬民藏之爲此有道乎管子曰今者夷吾過市有新成囷京者二家君請式璧而聘之桓公曰諾行令半歲萬民聞之舍其作業而爲囷京以藏菽粟五穀者過半

又武王有巨橋之粟

註巨橋倉在今廣平郡曲周縣

越絶書吳兩倉春申君所造一名均輸

呂氏春秋南呂之月蟄蟲入穴趣農收聚無敢懈怠以

多爲務

淮南子夫天地之大計三年耕而餘一年之食率九年而有三年之畜十八年而有六年之積二十七年而有九年之儲雖涔旱災害之殃民莫困窮流亡也故國無九年之畜謂之不足無六年之積謂之憫急無三年之畜謂之窮乏

韓詩外傳王者藏於天下諸侯藏於百姓農夫藏於囷庾商賈藏於篋笥

大戴禮方冬三月草木落庶虞藏五穀必入於倉

史記天官書胃爲天倉

正義曰胃主倉廩五穀之府也占明則天下和平五穀豐稔

又其南衆星曰廥積

正義曰芻藁六星在天苑西主積藁草者

漢書高帝紀二年築甬道屬河以取敖倉粟

註孟康曰敖地名在滎陽西北山上臨河有大倉

又七年蕭何治未央宮立太倉

三輔黃圖太倉蕭何造在長安城外東南有百二十楹

又長安西渭北石徼西有細柳倉東有嘉倉初建一百二十楹

漢書地理志河東郡有根倉滋倉

又食貨志民三年耕則餘一年之畜三考黜陟餘三年食進業曰登再登曰平餘六年食三登曰泰平二十七歲遺九年食然後德化流洽禮樂成焉

又文帝卽位躬修節儉思安百姓賈誼說上曰古之人曰一夫不耕或受之飢一女不織或受之寒生之有時而用之無度則物力必屈古之治天下至纖至悉也故其畜積足恃夫積貯者天下之大命也苟粟多而財有餘何爲而不成今毆民而歸之農皆著於本使天下各食其力末技游食之民轉而緣南畝則畜積足而人樂其所矣

又武帝之初國家無事民人給家足都鄙廩庾盡滿而

府庫餘財太倉之粟陳陳相因充溢露積於外

又晁錯曰聖王在上而民不凍餒者非能耕而食之織而衣之也爲開其資財之道也故堯禹有九年之水湯有七年之旱而國亡捐瘠者以畜積多而備先具也今海內爲一土地人民之衆不辟湯武加以亡天災數年之水旱而畜積未及者何也地有遺利民有餘力生穀之土未盡墾山澤之利未盡出也游食之民未盡歸農也夫寒之於衣不待輕煖飢之於食不待甘旨飢寒至身不顧廉恥人情一日不再食則飢終歲不製衣則寒夫腹饑不得食膚寒不得衣雖慈母不能保其子君安能以有其民哉明主知其然也故務民於農桑薄賦斂廣畜積以實倉廩備水旱故可得而有也

通典永平五年作常滿倉

吳書注建康宮城卽吳苑城城內有倉名曰苑倉故開北瀆通轉運於倉所時人亦呼為倉城晉咸和中修苑城為宮惟倉不毀故名太倉在西華門內道北

益州記成都縣東有古白帝倉

水經注汾陽故城積粟所在名之曰羊腸倉在晉門閣陽北石磴縈委若羊腸故以為名卽今羊腸坂是也

隋書食貨志江左京都有龍首倉卽石頭津倉也臺城內倉南塘倉常平倉東西太倉東宮倉所貯總不過五十餘萬在外有豫章倉釣磯倉錢塘倉並是大貯備之處自餘諸州郡臺傳亦各有倉

又魏天平元年常調之外逐豐稔之處折絹糴粟以充

國儲於諸州緣河津濟皆官倉貯積以擬漕運自是之後倉廩充實雖有水旱凶饑之處皆仰開倉以賑之元象興和之中頻歲大穰穀斛至九錢

又齊河清三年令諸州郡皆別置富人倉

又開皇三年詔衛州置黎陽倉洛州置河陽倉陝州置常平倉六典以此通轉運非糴糶華州置廣通倉轉相灌注

玉海大業二年十月置洛口倉於鞏城周二十里穿三千窖置回洛倉於洛陽北城周十里穿三百窖窖容八

百石

唐六典司農寺有太倉令掌九穀廩藏之事注東都則曰含嘉倉倉部郎中掌倉庾凡都之東租納於都之含嘉倉自含嘉倉轉運以實京之太倉

唐書食貨志開元二十一年京兆尹裴耀卿請罷陝陸運而置倉河口使江南漕舟至河口者輸粟於倉而去縣官雇舟以分入河洛置倉三門東西漕舟輸其東倉而陸運以輸西倉復以舟漕以避三門之水險乃於河陰置河陰倉河西置柏崖倉三門東置集津倉西置鹽倉鑿山十八里以陸運自江淮漕者皆輸河陰倉自河陰西至太原倉謂之北運自太原倉浮渭以實關中

又地理志華州華陰有永豐倉臨渭倉河中府龍門有龍門倉

唐會要咸亨三年關中饑監察御史王師順運晉絳之粟於河渭之間增置渭橋倉自師順始也

唐書李憲傳河中兵仰食於絳常數十萬石故教保山

為固民之輸者十牛不勝一車憲於瀕汾相城治新倉當貲二百萬請留垣縣粟糴河南以錢還糴絳粟榷其贏以葺新倉絳人利賴

唐陸贄奏議君養人以成國人戴君以成生上下相成事如一體然則古稱九年六年之蓄者蓋率土臣庶通為之計耳固非獨豐公庾不及編氓

宋史食貨志常平義倉漢隋利民之良法常平以平穀價義倉以備凶災周顯德中又置惠民倉以雜配錢分

數折粟貯之歲歉減價出以惠民宋兼存其法焉
文獻通考宋太宗端拱二年置折中倉許商人輸粟優其價令執券抵江淮給茶鹽每一百萬石爲一界祿仕之家及形勢戶不得輒入粟
又淳化五年令諸州置惠民倉如穀稍貴卽減價糶與貧民不得過一斛
宋史食貨志咸平中庫部員外郎成肅請福建增置惠民倉因詔諸路申淳化咸平惠民之制

又嘉祐二年詔天下置廣惠倉初天下没入戶絶田官自鬻之樞密使韓琦請留勿鬻募人耕收其租別爲倉貯之以給州縣郭内之老幼貧疾不能自存者領以提點刑獄歲終具出納之數上之三司戶不滿萬留田租千石萬戶倍之戶二萬留三千石三萬留四千石四萬留五千石五萬留六千石七萬留八千石十萬留萬石田有餘則鬻如舊四年詔改隸司農寺州選官二人主出納歲十月遣官驗視應受米者書名於籍自十一月始三日一給人米一升幼者半之次年二月止有餘乃及諸縣量大小均給之其大畧如此
宋會要京諸倉總二十三所凡受四河運至京師者謂之轉般倉永豐通濟萬盈廣延延豐順成濟遠富國受江淮所運永濟永富二倉受懷孟二州所運廣濟第一倉受頴壽二州所運廣積廣儲二倉受曹濮諸州所運其受京畿之租者曰稅倉京東界則廣濟第二倉受之京北界則廣積第一倉騏驥院天駟監倉受之京西界

則左天廄坊倉受之京南界則大盈右天廄倉受之
宋史夏竦傳竦子安期知渭州籍塞下閒田募人耕種歲得穀數萬斛以備賑發名曰貸倉
玉海紹興二十六年始置豐儲倉以百萬石爲額
續文獻通考宋孝宗淳熙十五年司農等言豐儲倉初額一百五十萬石不爲不多積之旣久寧免朽腐異時緩急必致失措擬以每歲諸州合解納行在米數及諸處坐倉收糴若干預行會計以俟對兑不盡之數如常

平法許其於陳新未接之時擇其積久者盡數出糶俟秋成補糴則足五十萬石之額永無銷耗此亦廣儲蓄之策也從之

又嘉泰時葉筠知南劍州州貧生子多不舉筠請立舉子倉賑給之

又理宗紹定六年資政殿學士知潭州曾從龍奏州縣賑民之法有三曰濟曰貸曰糶濟不可常惟貸與糶為利可久今撥緡錢一千萬有奇分下潭州十縣委令佐

糴米置惠民倉乞比附常平法從之

又紹定中曾用虎知興化軍事立平糶倉捐楮幣萬六千緡為糴本益以廢寺之穀歲歉價高則發倉以糶之歲豐價平則散諸寺易新穀藏焉

又初閩人生子貧者多不舉紹興中朱文公請立舉子倉淳祐中趙汝愚帥閩推廣其意括絕沒之田產名佃輸租仍發糴本建倉收儲遇受孕五月以上者則書於籍逮免乳日人給米一石三斗至是詔賜常平錢米賑給之

宋史儒林傳眞德秀知潭州除斛面米申免和糴以甦其民民艱食既竭力賑賜之復立惠民倉五萬石使歲出糶又立慈幼倉

宋呂祖謙曰大抵荒政統而論之先王有預備之政上也修李悝平糴之政次也所在蓄積有可均處使之流通移民移粟又次也咸無焉設糜粥最下也

金史食貨志世宗大定十年上責戶部曰隨處時有賑

濟往往近地無糧取於他處往返既遠人愈難之何為不隨處起倉年豐多糴以備賑濟設有緩急豈不亦易辦乎

農桑通訣蓄積篇蓄積者有國之先務皆為民計非徒曰藏富於國也先王預備憂民之意大抵無事而為有事之備豐歲而為歉歲之憂是故國有國之蓄積民有民之蓄積當粒米狼戾之年計一歲一家之用餘多者倉箱之富餘少者儋石之儲莫不各節其用以濟凶之

此固知堯湯之時國無捐瘠所謂蓄積多而備先具者豈皆藏於國哉蓋必有藏於民者矣今之爲農者見小近而不慮久遠一年豐稔沛然自足侈費妄用以快一時之適所收穀粟耗竭無餘一遇小歉則舉貸出息於兼并之家秋成倍稱而償之歲以爲常不能振拔其間有收刈甫畢無以餬口者其能給終歲之用乎嘗聞山西汾晉之俗居常積穀儉以足用雖間有飢歉之歲庶免夫流離之患也傳曰收歛蓄藏節用御欲則天不能

使之貧信斯言也近世利民之法如漢之常平倉穀賤則增價糴之不至於傷農穀貴則減價而糶之不使之傷民唐之義倉計墾田頃畝多寡豐年納穀而藏之凶年出穀以賙貧乏官爲主之務使均之是皆斂其餘以濟不足雖遇儉歲而不憂飢殍也然嘗考之漢史賈生言于文帝曰漢之爲漢幾四十年公私之積猶可哀痛彼一時也自文帝躬行節儉以化天下至景帝末年太倉之粟陳陳相因而民亦富庶人徒見古之蓄積常有餘後之蓄積常不足豈天之生物不如古之多人之謀事不如古之智蓋古之費給有限而後之費給無窮無怪乎有餘不足之不同也

明史食貨志明初京衛有軍儲倉洪武三年增置至二十所各行省有倉官吏俸取給焉邊境有倉收屯田所入以給軍二十八年增京師諸衛倉凡四十一永樂中設北京三十七衛倉益令天下府縣多設倉儲正統中增置京衛倉凡七

又凡京倉五十有六通倉十有六直省府州縣藩府邊隘堡站衛所屯戍皆有倉少者一二多者二三十云

續文獻通考明正統四年大學士楊士奇言太祖篤意養民天下郡縣悉出官鈔糴穀貯倉以備水旱歲久滋弊穀盡倉毀請擇遣京官廉幹者往督有司凡豐稔州縣各出庫銀平糴以備荒郡縣官以舉廢爲殿最仁政無切於此上命戶部急行之

明楊溥奏疏凡古聖賢立國必修預備之政太祖洪武

年間每縣於四境設立倉場出官鈔糴穀儲貯其中又於近倉之處僉點大戶看守以備荒年賑貸官籍其數斂散皆有定規又於縣之各鄉相地所宜開濬陂塘及修築濱江近河損壞堤岸以備水旱耕農甚便皆萬世之利自洪武以後有司亦皆視為文具是以一遇水旱饑荒民無所賴官無所措公私交窘只如去冬今春畿內郡縣艱難可見況聞今南方官倉儲穀十處九空甚者穀既全無倉亦無存矣大抵親民之官得人則百廢

舉不得其人則百弊興此固守令之責若養民之務風憲之臣皆所當問年來因循亦不之及此事雖若可緩其實關係甚切

明史周忱列傳宣德五年忱遷工部右侍郎巡撫江南諸府七年江南大稔詔令諸府縣以官鈔平糴備賑貸蘇州遂得米二十九萬石故時公侯祿米軍官月俸皆支於南戶部蘇松民轉輸南京者石加費六斗忱奏令就各府支給與船價米一斗所餘五斗通計米四十萬石有奇并官鈔所糴共得米七十萬餘石遂置倉貯之名曰濟農

又正統初淮揚鹽課虧欠敕忱巡視忱為節竈戶運耗得米三萬二千餘石亦倣濟農倉法置贍鹽倉益補逃亡欠額由是鹽課大殖

大清會典順治十三年議準積穀賑給令修葺倉廒印烙倉斛選擇倉書糴糶平價不許別項動支

又康熙二十九年

諭朕撫育黎元勤思治理足民之道宜裕蓋藏從來水旱靡常必豐年恒有積儲庶歉歲不憂饑饉如康熙二十七年頗稱歲稔誠使民間經營撙節早為儲偫何至二十八年偶遇旱祲室皆懸罄總因先時無備遂至餬口維艱比蠲除正賦特發帑金分行賑濟所在官司悉仰體朕懷竭力從事被災之衆始獲安全倘非拯救多方則蒸黎必流移失所今霖雨時降黍苗被野刈穫在即可望有秋惟恐愚民不知愛惜物力狼籍耗費祗為目

前之計圖來歲之需縱令年後屢豐亦難漸臻殷阜
應行直省各督撫嚴飭地方官吏家諭户曉務使及時
積貯度終歲所食常有餘儲用副朕軫念民依綢繆區
畫至意
又康熙三十年覆準直屬所捐米石大縣存五千石中
縣存四千石小縣存三千石倘遇荒歲即以此項給散
其留倉餘剩者俱于每年三四月照市價平糶五月初
旬盡數觧交守道貯庫九月初旬各州縣仍領出買新

穀還倉
又康熙三十四年
諭積貯米穀最爲要務倘能實有蓋藏則雖遇凶荒必不
至於饑餒但小民不知儲蓄每于豐稔之年恣意糜費
一遇歉歲即坐困不支今正值麥石收穫之時應行各
該地方官勸諭百姓令各户量力捐輸積貯該州縣官
將輸納之人姓名數目詳記册籍其秋禾收穫以後亦
依此例舉行如春月轉貸于乏穀之民俟秋月即照此

數償還備用每歲當收穫時遵行此捐輸之法不數年
間米穀充裕縱使歲偶不登何至閭閻艱於粒食大學
士等與九卿詹事科道會議具奏遵
旨議定令直省各督撫飭各州縣衛所官員勸諭鄉紳士
民人等每歲收穫時令各户量力所能不論幾石幾斗
捐輸積貯若將米麥貸於乏穀之人俟收穫時即照原
領米麥之數交納如有不肖官員抑勒多收情弊事發
即照私派錢糧例處分每歲收穫時俱照此遵行

又康熙四十三年覆准山西之民别無他業惟資田畝
恐積貯穀少一時需用購買維艱每大州縣存穀二萬
石中州縣一萬六千石小州縣一萬二千石
又康熙四十四年議准河南省河南府居數省之中積
穀以備賑濟山陝之需令將四十三年漕米每米一石
易穀二石共穀四十六萬五千六百石零於河南府收
貯穀二十三萬五千六百八十一石造倉廒二百九十
三間其餘二十三萬於近汴近洛之祥符縣貯穀三萬

石中牟縣貯穀二萬五千石汜水縣貯穀二萬石鞏縣貯穀二萬五千石偃師縣貯穀二萬八千石陜州貯穀二萬七千石靈寶縣貯穀二萬八千石閿鄉縣貯穀二萬七千石共造倉廒三百六十四間嚴飭加謹收貯每年於青黄不接之時出陳易新照依三分之一借給民人秋後還倉

又雍正三年

諭古者視土之上中爲儲蓄之節蓋爲民經畫久遠不爲

一時茍且之計積之於豐年用之於歉歲所謂有備無患法良而意美也朕自臨御以來宵旰勤求無刻不以民爲念乃重農積粟之詔屢下而閭閻率少蓋藏官倉亦多虧缺即如直隸保定等府去歲頗稱有秋今春二麥亦熟乃以夏秋雨水過多田禾被潦而民間遂有饑色幾至流離若非多方賑卹窮民必致失所此皆草野無知食不以時用不以禮但快目前之有餘罔計異日之不足一遭旱潦追悔無從至於常平等倉原爲備荒而設乃有司奉行不力多至缺額罪何可逭茲據江南浙江江西湖廣福建河南山西陜西廣東廣西雲南貴州等省督撫報稱今歲秋成八九十分不等朕覽不勝慰悦又重爲吾民計及久長宜及此時講求儲蓄之道以備將來該督撫等可轉飭有司徧行曉諭務須撙節愛惜各留有餘預爲他時緩急之需社倉之法亦宜乘此豐年努力爲之勿但視爲虚文故事朕爲吾民籌畫養贍之道惓惓於懐無時或釋而吾民自謀其身家若

但茍且因循不復長顧遠慮則重負朕軫念元元之意矣至於州縣倉儲向有虧缺者若不乘此豐收之時速行買補將來發覺斷不姑貸愼之愼之

又雍正三年

諭積貯倉糧特爲備荒賑濟之用但南省地方甚屬潮濕米在倉一二年便致霉爛實難收貯改貯稻穀似可長久應否改貯稻穀收貯之處著詳議具奏遵

旨議定江安閩浙湖廣江西四川廣東廣西雲南貴州十

省内除安徽但有稻穀原無存貯米石及浙江福建倉米有限無容改易具湖南湖北四川江西四省存貯米石皆在五萬石内外令於一年内改換稻穀江淮截漕米廣東存倉米皆八萬餘石廣西存倉米十萬餘石零分作二年改換稻穀雲南米五十七萬餘石貴州米四十萬餘石一二年内不能盡行改易每年雲南應給兵糧十四萬九千六百餘石貴州兵糧九萬五千六百餘石即將二省存倉之米支給至秋成時於額徵内徵收

稻穀補項雲南存倉米石四年内盡可改換貴州三年内盡可改換令各地方官添造倉廒以備收貯

欽定授時通考卷五十四

欽定四庫全書

欽定授時通考卷五十五

蓄聚

常平倉

漢書宣帝紀大司農中丞耿壽昌奏設常平倉以給北邊

又食貨志宣帝時大司農中丞耿壽昌白令邊郡皆築倉以穀賤時增其價而糴以利農穀貴時減價而糶名曰常平倉民便之

通典漢明帝永平五年作常平倉

後漢書劉般傳永平十年帝欲置常平倉公卿議者多以為便般對以常平倉外有利民之名而内實侵刻百姓豪右因緣為姦小民不能得其平置之不便帝廼止

晉書武帝本紀咸寧二年九月起常平倉於東西市

又食貨志泰始四年七月立常平倉豐則糴儉則糶以利百姓

文獻通考齊武帝永明中天下米穀布帛賤上欲立常平倉市積爲儲六年詔出上庫錢五千萬於京師市米買絲緜紋絹布

隋書食貨志開皇三年京師置常平監

唐會要武德元年詔置常平監官永徽六年京東西二市置常平倉開元七年關内隴右河北河南五道及荆揚襄夔緜益彭蜀資漢劍茂等州並置常平倉

唐書食貨志貞觀中洛相幽徐齊并秦蒲州置常平倉

粟藏九年米藏五年下溼之地粟藏五年米藏三年皆著於令

又自太宗時置義倉及常平倉以備凶荒高宗以後稍假義倉以給他費至神龍中畧盡玄宗卽位復置之其後第五琦請天下常平倉皆置庫畜本錢至是趙贊又言自軍興常平倉廢垂三十年凶荒潰散餧死相食不可勝紀陛下卽位京城兩市置常平官雖頻年少雨米不騰貴可推而廣之請兼儲布帛請於兩都江陵成都揚汴蘇洪置常平輕重本錢上至百萬緡下至十萬積米粟布帛絲麻貴則下價而出之賤則加估而收之諸道津會置吏閱商賈錢每緡稅二十竹木茶漆稅十之一以贍常平本錢德宗納其策屬軍用迫蹙亦隨而耗竭不能備常平之積

舊唐書食貨志元和六年制諸道府州有少糧種處委所在官長用常平義倉米借貸淮南浙西宣歙等道十三年戶部侍郎孟簡奏凡州府常平義倉等斛斗請準

舊例減估出糶但以石數奏申有司更不收管內州縣得專達以利百姓從之

文獻通考開成元年戶部奏應諸州府所置常平義倉伏請今後通公私田畝別納粟一升逐年添貯義倉斂之至輕事必通濟歲月稍久自致盈充縱逢水旱之灾永絕流亡之慮從之

玉海淳化三年六月詔置常平倉命常參官領之歲熟增價以糴歲歉減價以糶用振貧民復舊制也

又祥符二年分遣使臣出常平倉粟麥於京城開八場減價糶之六年又併兩赤縣入在京常平倉

宋史食貨志淳化三年京畿大穰分遣使臣於四城門置場增價以糴虛近倉貯之命曰常平歲飢即下其直予民景德三年言事者請於京東西河北河東陜西江南淮南兩浙皆立常平倉計戶口多寡量留上供錢自二三千貫至一二萬貫令轉運使每州擇清幹官主之領於司農寺三司無輒移用歲夏秋視市價量增以糴

糶減價亦如之所減不得過本錢而沿邊州郡不置詔三司集議於是增置司農官吏創廨舍藏籍帳度支別置常平案大率萬戶歲糴萬石戶雖多止五萬石三年以上不糴卽回充糧廪易以新粟災傷州郡糶粟斗無過百錢

又景祐中淮南轉運副使吳遵路言本路丁口百五十萬而常平錢粟纔四十餘萬歲飢不足以救卹願自經畫增爲二百萬他毋得移用許之後又詔天下常平錢粟三司轉運司皆毋得移用不數年間常平積有餘而兵食不足乃命司農寺出常平錢百萬緡助三司給軍費久之移用數多而蓄藏無幾矣

又自景祐初畿內飢詔出常平粟貸中下戶戶一斛慶歷中發京西常平粟振貧民而聚斂者或增舊價糶粟欲以市恩皇祐三年詔誡之淮南兩浙體量安撫陳升之等言災傷州軍乞糶常平倉粟令於原價上量添十文十五文殊非卹民之意乃詔止於原價出糶

文獻通考司馬光劄子言常平法公私兩利向者有因州縣缺常平糴本錢雖歲豐無錢收糴又官吏厭糴糶之煩不肯收糴又有官吏不能察知在市實價憑行人與蓄積之家通同作弊當農人要錢急糶之時故意小估價例令官中收糴不得盡入蓄積之家直至過時蓄積之家倉廪盈滿方始頓添價中糴入官是以農夫糶穀止得賤價官中糴穀常用貴價致州縣常平倉斛斗有多年在市終不及元糴之價堆積腐爛者乃法因人

壞非法之不善也

又司馬光言常平倉者乃三代聖王之遺法非獨李悝耿壽昌能爲之也穀賤不傷農穀貴不傷民民賴其食而官收其利法之善者無過於此比來所以隳廢者由官吏不得其人非法之失也今聞條例司盡以常平倉錢爲青苗錢又以其穀換轉運司錢是欲盡壞常平專行青苗也國家每遇凶年所頼者祇有常平倉錢穀耳今一旦盡作青苗錢散之向去若有豐年將以何錢平

糴若有凶年將以何穀賙贍乎臣竊聞先帝嘗出內藏庫錢一百萬緡助天下常平倉作糴本前日天下常平倉錢穀共約一千餘萬貫石今無故盡散之他日若思常平之法復欲收聚何時得及此數乎臣以謂散青苗錢之害猶小而散常平倉之害更大也

名臣奏議御史中丞杜衍乞詳定常平制度疏略國家列郡置常平倉所以利農民備飢歲也然而有名無實者制度不立耳臣以謂立制度在乎量州郡之遠邇計戶口之衆寡取賤出貴差別其飢熟信賞必罰責課於官吏出納無壅增減有制本息之數勿假以供軍歛導之時力禁其爭利至於蜀漢狹境交廣寬鄉或通川易地之殊或邊郡巖邑之異各立條教以節盈虛限回易之歲時虞其損敗制立典之侵刻督以嚴科則瘠瘦可充飢饉有備也

文獻通考高宗紹興九年宗丞鄭高乞以常平錢於民輸賦未畢之時悉數和糴即詔行之上因諭宰執曰常

平法不許他用惟待振飢取於民者還以予民也

續文獻通考乾道六年胡堅常進對奏廣糴常平上曰若一州得二十萬石常平米雖有水旱不足憂矣

又金章宗明昌元年八月御史請復設常平倉省臣議言大定舊制豐年則增市價十之二以糴儉歲則減市價十之一以糶增之減之以平粟價故謂常平非謂使天下之民專仰給於此也今生齒至衆如欲計口使餘一年之儲不惟數多難辦又慮出不以時而致腐敗非

經久之計若令諸處自官兵三年食外可充三年之食者免糴其不及者俟豐年糴之庶可久行從之

金史食貨志明昌三年帝謂宰臣曰常平倉往往有名無實況遠縣人户豈肯跋涉直就州府糴糴可各縣置倉令州府縣官兼提控管勾遂定制縣距州六十里内就州倉六十里外則特置舊擬備户口三月之糧恐數多致損攺令户二萬以上備三萬石一萬以上備二萬石一萬以下五千以上備一萬五千石五千户以下備五千石

續文獻通考至大二年九月立常平倉

又至元元年立常平倉

元史食貨志常平倉至元六年始立八年以和糴糧及諸路倉所撥糧貯焉

明史食貨志弘治中江西巡撫林俊請建常平及社倉

又嘉靖初帝令有司設法多積米穀仍倣古常平法春振貧民秋成還官不取其息

農政全書明張朝瑞議常平倉廒申文伏覩洪武初令天下縣分各立預備四倉官爲糴穀收貯以備賑濟蓋次灾則賑糴極灾則賑濟曰賑濟則賑糴在其中矣賑糴即常平法也奈歲久法湮各州縣僅存城内預備一倉其餘鄉社倉盡亡之矣天灾流行國家代有爲生民長久之計則常平倉斷乎當復玆令各屬縣備查四鄉有倉者因之有而廢者修之無者各於東西南北適中水陸通達人烟輳集高阜去處官爲各立寬大堅固常平倉一所倉基約四畝合用工料本道查發贓罰幷該府縣查處無碍官銀輳合陸續備辦建造每歲將守巡道及府縣所理罪犯紙贖實將一半糴穀入倉或查有廢寺田產及無礙官銀聽其隨宜糴買又或民願納穀者一如祖宗已行之法請敕奬為義民或如近日救荒之令給與冠帶旌扁大約每鄉一倉上縣糴穀五千石中縣糴穀四千石下縣糴穀三千石不許逼抑科擾平民各擇近倉殷富篤實居民二名掌管免其雜差准其

開耗每收穀一百石待後發糶之時每名准與平糶三石以酬其勞糶完即換掌管勿使重役城中預備倉照常造送盤查四鄉常平倉免送盤查止於年終各倉經管居民將舊管新收開除實在總撒數目用竹紙小冊開報該縣縣將四倉類冊申送各院並布政司及道府查考凡收糶俱該縣掌印官或委賢能佐貳官監督不許濫委滋弊穀到用該縣原發較勘平準斛斗收量明白暫貯別所積至百石以上方許稟官一收如有臨收

留難及未收虛出倉收既收侵盜私用冒借虧欠等弊查追完足各縣徑自從輕發落其有侵冒至百石者通詳定奪每歲秋冬之交本道或該府掌印管糧官單車間一巡視以防掌印官之治名而不治實者除無飢小飢之年不糶外或值中飢大飢四鄉管倉人役稟官監糶另委富民數名用官較平等收銀其出糶一節當與四隣保甲之法並行如該鄉穀多即糶穀一日保甲一週穀少則分為二三日或四五日保甲一週務使該鄉

積貯之穀數可待飢民冬春之糶數方善四鄉不能盡同各宜審量行之大率賑糶與賑濟不同不必每甲尋貧民而審別之以多寡其穀數如一甲應糶五斗或一石或二石則甲甲皆同惟以穀攤人不因人增穀糶銀每甲一封亦可庶乎易簡不擾或甲中十家輪糶則每日每甲糶不過二人每人糶不過二斗此荒年贍糶之大較也每鄉除無災都保不開外先期將有災保甲派定次序分定月日某日糶某保某甲明日出令保正副

公舉貧民至期令其持價糶買如富者混買連坐保甲仍行宋張詠賑蜀之法一家犯罪十家皆坐不得糶中飢糶倉穀之半大飢糶倉穀之全俱照原糴價銀出糶不可加增寧少減之大約減荒年市價三分之一方可壓下穀價不至騰踊或倉穀糶盡而民飢未已則慎選員役持所糶之穀本赴有收去處循環糴糶源源而來民自無飢救荒有功員役分別獎賞此蓋儲用社倉之法而糶用常平之意者也四鄉糶完即將穀價送官聽

掌印官於秋成之日就近各選殷實人戶領銀盡數照時價糴穀牙脚等費晒颺等耗與造冊紙張工食等項俱准開銷其穀晒颺乾潔官監上倉如法安置仍總計糴穀正銀并牙脚折耗等費每石約共銀若干報官貯冊以爲日後出糶張本官不得將銀貯庫過冬致高價難買如穀賤不糴責有所歸是倉不設於空僻去處者恐荒年盜起是齎之糧也穀不隸於臺使盤查者恐委盤問罪是遺之害也行平糴之政而不用稱貸取息之

法者恐出納追呼蹈青苗法之擾民也蓋社倉之法立則以時斂散富者不得取重息而貧民霑惠於一歲之中常平之法立則減價糶賣富者不得騰高價而貧民受賜於數十年後大飢之日昔蘇文忠公自謂在浙中二年親行荒政只用出糶常平米一事更不施行餘策若欲抄劄飢貧不惟所費浩大有出無收而此聲一布飢民雲集盜賊疾疫客主俱斃惟有依條將常平斛斗出糶即官私簡便不勞抄劄勘會給納煩費將數萬石

斛斗在市自然壓下物價境內百姓人人受賜此前賢已試之法信不我欺故曰常平法斷當復也城內之預備倉有出無收其費甚鉅四鄉之社倉易散難斂其弊頗多惟常平倉胡端敏公所謂不必更爲立倉就當藏穀於四鄉倉之側者其法專主糴糶而糶本常存蓋不費之惠其惠易徧弗損之益其益無方誠救荒之良策矣但積穀固難建倉尤難建一時美觀之倉非難建百年永賴之倉爲難欲如法建倉非多方處費不可其倉

務要宏敞堅固可垂百年蓋藏之計寧廣毋狹寧實毋文毋惜小費毋急近功如工費一時不能接濟許於四倉之中擇近便或一倉或二倉先行起建餘聽漸舉至於各倉穀本以後許將守巡道并府縣所理罪犯紙贖實將一半糴穀入倉仍聽查處別項無礙官銀隨宜糴買陸續貯積不急取盈如民間有義助建倉及輸粟備賑者照依前例呈請分別獎勸但不許坐派大戶科罰擾民年久倉有損壞如無官銀准及時支穀修理但不

許賤算穀價仍令該府縣掌印官將創造過倉厫積貯過穀數等項逐款填造一體申送稽核

大清會典順治十七年議准常平倉穀春夏出糶秋冬糴還平價生息務期便民如遇凶荒即按數給散災戶貧民飭有司實力奉行

又康熙十九年覆准直省常平倉畱本城備賑永停協解外郡

又康熙四十三年覆准廣東存貯常平倉米穀照例存

貯多餘米穀易銀近省者將銀兩交貯藩庫遠者將銀兩交貯府庫遇有荒年准司府將庫貯銀兩遣官赴鄰省豐熟地方採買運至被災之處照買價糶賣至存倉米穀照例出陳易新惟潮州府僻處山陬或遇荒歉米粟價值騰涌令存貯穀四萬八千七百餘石以備不虞

又議准閩省現在捐輸穀二十七萬餘石常平倉穀約五十六萬餘石其內地積穀仍按原存州縣之額數存留其常平倉穀照依時價盡數發糶至臺灣一府三縣遠在海外現存捐輸穀八千六百餘石常平倉穀一十一萬餘石除每縣應存穀石其餘盡行發糶貯銀遇荒歉賑濟其所存穀石仍照每歲出陳易新之例加謹收貯

又覆准河南現存穀石每年將一半存倉備賑一半借給窮民

預備倉 附

明會典洪武初令天下縣分各立預備四倉官爲糴穀

收貯以備賑濟就擇本地年高篤實民人管理

明史食貨志明初州縣設預備倉東南西北四所以振凶荒永樂中令天下府縣預備倉之在四鄉者移置城内

明史宣宗本紀宣德五年五月修預備倉出官錢收糴備荒

續文獻通考正統五年令六部都察院推選屬官領敕分詣兩畿各省府州縣立預備倉發所在庫銀糴糧貯

之軍民中有能出粟以佐官者授以散官旌其門

明實錄成化十年敕藩司異時州縣設預備四倉所以廣儲蓄備旱潦為民賴也比久廢弛宜覈實現在儲蓄有無多寡之數仍儘各處在官贓贖糴粟爲備有不敷聽於存留項内借撥或於各里上中戶勸助以充其看守倉者於附近里分令殷實有行止者主之至通同官吏實收虚放為侵盜者論如律衛所地亦如之

明史食貨志成化初廢臨德預備倉在城外者而以城内空廒儲預備米石名臨清者曰常盈德州者曰常豐又弘治三年限州縣十里以下積萬五千石二十里積二萬石衛千戶所萬五千石百戶所三百石考滿之日稽其多寡以為殿㝡

又嘉靖初諭德顧鼎臣言成弘時每年以存畱餘米入預備倉緩急有備今秋糧僅足兑運預備無粒米乞急復預備倉糧以裕民帝乃令有司設法多積米穀府積萬石州四五千石縣二三千石為率旣又定十里以下萬五千石累而上之八百里以下至十九萬石其後盡平糴以濟貧民儲積漸減隆慶時劇郡無過六千石小邑止千石久之數益減萬歷中上郡至三千石止而小邑或僅百石有司沿為具文屢下詔申飭率以虚數欺罔而已

欽定授時通考卷五十五

欽定授時通考卷五十六

蓄聚

社倉

隋書食貨志開皇五年五月工部尚書長孫平奏令諸州百姓及軍人勸課當社共立義倉收穫之日隨其所得勸課出粟及麥於當社造倉窖貯之即委社司執帳檢校每年收積勿使損敗若時或不熟當社有饑饉者

即以此穀賑給十六年正月又詔秦疊成康武文芳宕旭洮岷渭紀河廓豳隴涇寧原敷丹延綏銀扶等州社倉並於當縣安置二月又詔社倉准上中下三等稅上户不過一石中户不過七斗下户不過四斗

唐書食貨志其凶荒則有社倉賑給

名臣奏議宋張方平上倉廩論畧比者敕書諭州縣使立義倉徒有空文而無畫一之制於茲三年天下皆無立者誠監前代之善策為齊民之大計明立條式權其斂出令天下之縣各於逐鄉築為囷廩於中户已上為之等級課入穀麥其輸入之數視歲薄厚為之三品縣掌其籍鄉吏守之遇歲之饑發以賑給小饑則約小熟之所斂中饑則約中熟之所斂大饑則約大熟之所斂專自縣鄉檢校之無使州郡計司侵取雜用焉此則收自優户穰歲之有餘散於貧人凶年之不足不使兼并賈人挾輕資蘊重積竟其利以豪奪於吾民此其協於大易裒多益寡稱物平施之義符於周官黨使相救州

使相賙之法契詩人京坻之頌應時令振乏之理使民足而知順讓益歸於本業誠爲國之大利也

又劉行簡轉對奏狀畧義倉之法論始於隋增廣於唐國朝因焉隋開皇間長孫平請令諸州百姓勸課同社共立義倉收穫之日各出粟麥藏焉社司執帳檢校多少歲或不登則發以賑之然立法有未備也至唐貞觀間戴冑請自王公以下爰及衆庶計所墾田稼穡畝頃每至秋熟以理勸課盡令出粟各於所在為立義倉國

朝乾德間天子哀歲之不登而倉吏不以時出與民於是著糴粟之制使不待詔令其後病吏之煩擾而民罹轉輸之困又罷之至神宗始復舊制民到于今賴焉然而推行之意有未盡合於古者豈得不論且所謂義倉者取粟於民還以賑之固不可以不均今也置倉入粟止在州郡歲饑散給而山澤僻遠之民往往不霑其利其力能赴州就食者蓋亦鮮少況所得不足償勞流離顛沛有不可勝言者此豈社倉之本意哉臣愚謂義倉

之粟當於本縣鄉村多置倉窖自始入粟以及散給悉在其間大縣七八處小縣三四處遠近分布俾適厥中若未有倉窖則寄寺觀或大姓之家縣令總其凡以時檢校遇饑饉時丞簿尉等分行村鄉計口給歷次第支散旬一周之庶幾僻遠之民均受其賜不復棄家流轉道路此利害之較然者也

宋朱子延和奏劄臣所居建寧府崇安縣開糶鄉有社倉一所係昨乾道四年鄉民艱食本府給到常平米六百石委臣與本鄉土居朝奉郎劉如愚同其賑貸至冬收到元米次年夏間本府復令依舊貸於人戶冬間納還臣等申府措置每石量收息米二斗自後逐年依舊斂散或遇小歉即蠲其息之半大饑即盡蠲之至今十有四年量支息米造成倉廒三間收貯已將元米六百石納還本府其見管三千一百石並是累年人戶納到息米已申本府照會將來依前斂散更不收息每石只收耗米三升係臣與本鄉土居官及士人數人同共掌

管遇斂散時即申府差縣官一員監視出納以此之故一鄉四五十里之間雖遇凶年人不缺食竊謂其法可以推廣行之他處乞特依義役體例行下諸路州軍曉諭人戶有願依此置立社倉者州縣量支常平米斛責與本鄉出等人戶主執斂散每石收息二斗仍差本鄉土居官員士人有行義者與本縣官同其出納收到息米十倍本米之數即送元米還官卻將息米斂散每石只收耗米三升其有富家情願出米作本者亦從其便

息米及數亦與撥還如有鄉土風俗不同者更許隨宜立約申官遵守實為久遠之利其不願置立去處官司不得抑勒則亦不至騷擾

朱子社倉法一逐年五月下旬新陳未接之際預于四月上旬申府乞依例給貸仍乞選差本縣清強官一員人吏一名斗子一名前來與鄉官同其支貸

一申府差官訖一面出榜排定日分分都支散先遠後近一日一都曉示人戶產錢六百文以上及自有營運

衣食不闕不得請貸各依日限具狀（狀內開說大人小兒口數）結保每十人結為一保遞相保委如保內逃亡之人同保均備取保十人以下不成保不支正身赴倉請米仍仰社首保正副隊長大保長並各赴倉識認面目照對保簿如無偽冒重疊即與簽押保明其社首保正等人不保而掌主保明者聽其日監官同鄉官入倉據狀依次支散其保明不實別有情弊者許人告首隨事施行其餘即不得妄有邀阻如人戶不願請貸亦不得妄有抑勒

一収支米用淳熙七年十二月本府給到新添黑官桶及官斗仰斗子依公平量其監官鄉官人從逐廳只許兩人入中門其餘並在門外不得近前挨拶攙奪人戶所請米斛如違許被擾人當廳告覆重作施行

一豐年如遇人戶請貸官米即開兩倉存留一倉若遇饑歉則開第三倉專賑貸深山窮谷耕田之民庶幾豐荒賑貸有節

一人戶所貸官米至冬納還不得過十一月下旬先于

十月上旬定日申府乞依例差官將帶吏斗前來公共受納兩平交量舊例每石収耗米二斗今更不収上件耗米又慮倉廒折閱無所從出每石量収三升准備折閱及支吏斗等人飯米其米正行附歷収支

一申府差官訖即一面出榜排定日分分都交納先近後遠一日一都仰社首隊長告報保頭告報人戶遞相糾率造一色乾硬糙米具狀同保共為一狀未足不得交納如保內有人逃亡即同保均備納足赴倉交納監

官鄉官吏斗等人至日赴倉受納不得妄有阻節及過數多取其餘並依給米約束施行其收米人吏斗子要知首尾次年夏支貸日不可差換

一收支米訖逐日轉上本縣所給印歷事畢日具總數申府縣照會

一每遇支散交納日本縣差到人吏一名斗子一名社倉算交司一名倉子二名每名日支飯米一斗約半月發遣裏足米二石共計米一十七石五斗又貼書一名

貼斗一名各日支飯米一斗約半月發遣裏足米六斗共計四石二斗縣官鄉官人從十七名各日支飯米五升十日共計米八石五斗已上共計米三十石二斗一年收支兩次共用米六十石四斗逐年蓋墻并買藁薦收補倉廒約米九石通計米六十九石四斗

一排保式某里第某都社首某人今同本都大保長隊長編排到都内人口數下項

一請米狀式某都第某保隊長某人大保長某人下某處地方保頭某人等幾人今遞相保委就社倉借米每大人若干小兒減半候冬收日備乾硬糙米每石量收耗米三升前來送納保内一名走失事故保内人情願均備取足不敢有違謹狀

一簿書鎖鑰鄉官公共分掌其大項收執須同監官簽押其餘零碎出納委鄉官公共掌管須要均平不得徇私容情别生奸弊

一如遇豐年人户不願請貸至七八月而産户願請者

聽

一倉内屋宇什務仰守倉人常切照管不得毀損及借出他用如有損失鄉官點檢勒守倉人備償如些小損壞逐時修整大段改造臨時具因依申府乞撥米斛

朱子大全集建安五夫社倉記常平義倉有古法之遺意然皆藏於州縣所惠不過市井游惰輩至於深山長谷力穡遠輸之民則雖饑餓致死而不能及又其爲法太密使吏之避事畏法者視民之殍而不肯發往往全

其封鐍遞相傳授或至累數十年不一省一旦甚不獲已然後發之則已化為浮埃聚壤不可食矣夫以國家愛民之深其慮豈不及此然而未有所改者豈不以里社不能皆可任之人欲一聽其所為則恐其計私以害公欲謹其出入同於官府則鉤校靡密上下相遁其害更有甚於前所云者是以難之而有弗暇耳是倉也處於諸邑之里社主于鄉曲之士君子斂散有經維持有要即此倉之粟活此鄉之民脫遇阻饑朝取暮獲讀周

禮旅師遺人之官觀其頒斂之疏數委積之遠邇為之制數甚詳且容聖人既竭心思繼之以不忍人之政其不可及如此

宋史食貨志淳熙八年浙東提舉朱熹請以社倉法行於倉司時陸九淵在敕令局見之曰社倉幾年矣有司不復舉行是以遠方無知者遂編入賑卹

宋史儒林傳眞德秀知潭州易穀九萬五千石分十二縣置社倉以徧及鄉落

又黃震通判廣德軍初孝宗頒朱熹社倉法於天下而廣德則官置此倉民困於納息至以息為本而息皆横取民窮至自經人以為熹之法不敢議震曰法出於堯舜三代聖人猶有變通安有先儒為法不思捄其弊耶况熹法社倉歸之於民而官不得與官雖不與而終有納息之患震為别買田六百畝以其租代社倉息約非凶年不貸而貸者不取息

續文獻通考元世祖時趙天麟上策言至元六年有旨

每社立一義倉社長主之官司不得拘檢借貸勒支遇歉歲就給社民食用社長明置收支文歷無致損耗今社倉多有空乏處伏望詔諭農民一社立社長社司各一人社下諸家共穿築倉窖子粒成熟之時計田畝之多寡而聚之凡納例常年每畝粟率一升稻率二升大有年聽自相勸督而增數納之水旱蝗聽自相免同社豐歉不均宜免其歉者饑饉則計口數之多寡而散之凡出例每口日一升儲多每口日二升勒為定體社長

社司不得私用官司不得拘檢借貸如是則非惟共相賑救義風亦行矣

明史食貨志嘉靖八年令各撫按設社倉令民二三十家為一社擇家殷實而有行義者一人為社首處事公平者一人為社正能書算者一人為社副每朔望會集別戶上中下出米四斗至一斗有差斗加耗五合上戶主其事年饑上戶不足者量貸稔歲還倉中下戶酌量振給不還倉有司造冊送撫按歲一察覈倉虛罰社首出一歲之米其法頗善然其後無力行者

明實錄嘉靖中侍郎王廷相言備荒之政莫善於古之義倉若立倉於州縣則窮鄉就倉旬日待斃宜貯之里社定為規式一村之間約二三百家為一會每月一舉第上中下戶捐穀多寡各貯於倉而推有德者為社長善處事能會計者副之若遭凶歲則計戶而散先中下者後及上戶上戶責之償中下者免之凡給貸悉聽於民第令登記冊籍以備有司稽考則既無官府編審之

煩亦無奔走道路之苦從之

廣治平略天啟四年兩浙大水杭州推官蔡懋德建議請有司稍捐羨贖富戶隨力捐貲修建社倉倣朱子法而變通之令社倉分隸各里不似昔之總隸於官令官府多方措置不似昔之止勸好義輸納令倉穀司之約長隨時斂散生息不入查盤不似昔之一經封貯即入查盤惟有年年減耗令散穀只在本里賑貸先定極貧次貧按冊可稽不似昔之遇荒議賑貧民擁擠難稽署錢塘者匝月修復社倉三十所積粟九百餘石撫按頒其法於通省民賴以濟

又崇禎十三四年間連歲旱荒中書舍人陳龍正舉社倉法於本鄉每區將附近各村居人挨次畫圖列名置簿捧青之際力不足者戶貸米五斗多者一石至冬加息二分納還借貸之時須貼隣五家共立一票稍寓保結之意倘有不守本業浪游花費到冬無出難於清楚者不得姑作人情至於收放總用本色不予例息二分

之外稍有參差諸縣倣行之御史李悅心上其法於朝

大清會典康熙四十二年

諭直隸各省州縣雖設有常平倉收貯米石遇饑荒之年不敷賑濟亦未可定應於各村莊內俱設立社倉收貯米石直隸有滿洲莊頭可合數村共立一社倉其管理社倉事宜令莊頭內有情願經管者交與收貯百姓村莊公設社倉百姓內有情願經管者交與收貯以備饑荒傳諭直隸巡撫如設立社倉果有益於民生著各省亦照例於各村莊設立社倉收貯穀石大學士會同九

卿詳議遵

旨議定設立社倉於本鄉捐出即貯本鄉誠實之人經管

上歲加謹收貯中歲糶借易新下歲量口發賑

又康熙四十五年覆准直屬社倉四十一二三等年勸捐米穀共七萬四千九百七十石零出借窮民得息米一千五十一石零又四十四年永保二府陸續捐穀四百三十五石零俱貯各屬社倉係本鄉捐出者即貯本鄉令本鄉誠實之人經管

又雍正二年

諭社倉之設原以備荒歉不時之需用意良厚然往往行之不善致滋煩擾官民俱受其累朕以為奉行之道宜緩不宜急宜勸諭百姓聽民便自為之而不當以官法繩之也近時各省漸行社倉之法貯蓄於豐年取之於儉歲俾民食有賴而荒歉無憂朕心深為嘉悅但因地制宜須從民便是在有司善為倡導於前留心照應於後使地方有社倉之益而無社倉之擾督撫當加意體

察

又雍正二年覆准社倉之法原以勸善與仁該地方官務須開誠勸諭不得苛派以滋煩擾至收貯米石先於公所寺院收存俟息米已多成造倉廒收貯設立簿冊逐一登明其所捐之數不拘升斗積少成多若有奉公樂善捐至十石以上給以花紅三十石以上獎以匾額五十石以上遞加獎勵其有好善不倦年久數多捐至

三四百石者該督撫奏
聞給以八品頂帶其每社設正副社長擇端方立品家道殷實者二人果能出納有法鄉里推服令按年給奬如果十年無過該督撫題請給以八品頂帶徇縱者即行革懲侵蝕者按律治罪其收息之多寡每石收息二斗小歉減息一半大歉全免其息祇收本穀至十年後息已二倍於本祇以加一行息其出入之斗斛照部頒斗斛公平較量社長預于四月上旬申報地方官依例給

貸定日支散十月上旬申報依例受納兩平較量不得抑勒多收臨放時願借者先報社長州縣計口給發交納時社長先行示期依限完納其册籍之登記一社設立用印官簿一樣二本一本社長收執一本繳州縣存查登記數目毋得互異其存縣一本夏則五月申繳至秋領出冬則十月申繳至來春領出不許遲延以滋弊竇每次事畢後社長本縣各將總數申報上司如有地方官抑勒那借強行糶責侵蝕等事許社長呈告上司據實題參

又雍正三年覆准河南社倉預造排門細册將姓名年貌住址以及官紳士庶商賈逐一注明送官用印存案日後借貸悉以此為準其游手好閒者不許借貸於正副社長外再公舉一身家殷實者總司其事令其不時查察如有欺隱令其賠償果能使倉儲充牣題請准給
恩典以示激勸此項積貯無論官員不得擅用即同邑之社亦不得以此應彼如有官員抑勒那借許社長呈告

上司據實題參其所需一切紙張筆墨以及人工飯食或行勸諭或撥罰項以充其用不得濫行科歛致滋擾累至積米既多於夏秋之交平糶秋成照時價採買還倉

義倉

隋書長孫平傳開皇三年徵拜度支尚書奏令民間每秋家出粟麥一石已下貧富差等儲之閭巷以備凶年名曰義倉

又食貨志是時義倉貯在人間多有費損開皇十五年二月詔曰本置義倉止防水旱百姓之徒不思久計輕爾費損於後乏絕又北境諸州異於餘處雲夏長靈鹽蘭豐鄯涼甘瓜等州所有義倉雜種並納本州若有旱儉少糧先給雜種及遠年粟

通典唐貞觀初天下始置義倉每有饑饉則開倉賑給高宗永徽二年九月頒新格義倉據地取稅實是勞煩宜令戶出粟上上戶五石餘各有差

唐書食貨志尚書左丞戴冑建議自王公以下計墾田秋熟所在為義倉歲凶以給民太宗善之乃詔畝稅二升粟麥秔稻隨土地所宜寬鄉斂以所種狹鄉據青苗簿而督之田耗十四者免其半耗十七者皆免之商賈無田者以其戶為九等出粟自五石至於五斗為差下下戶及夷獠不取焉歲不登則以賑民或貸為種子則至秋而償

宋史食貨志太祖乾德初詔諸州於各縣置義倉歲輸二稅石別收一斗民饑欲貸充種食者州長吏貸訖然後奏聞後以輸送煩勞罷之

又明道二年詔議復義倉不果景祐中集賢校理王琪請復置令五等以上戶隨夏秋二稅二斗別輸一升水旱減稅則免輸州縣擇便地置倉貯之領於轉運使計以一中郡正稅歲八十萬石則義倉可得五千石推而廣之則利博矣且兼并之家占田常廣則義倉所入常多中下之家占田常狹則義倉所入常少及水旱振濟

則兼并之家未必待此而寄中下之民實先受其賜矣事下有司會議議者異同而止慶歷初琪復上其議仁宗納之命天下立義倉詔上三等戶輸粟已而復罷其後賈黯又請倣隋制立民社義倉詔天下州軍遇年穀豐登立法勸課蓄積以備凶災然當時牽於衆論終不果行

文獻通考宋高宗紹興二十八年趙令詪言州縣義倉米積久陳腐乞出糶及水旱災荒不拘檢放及七分便

許賑濟沈該奏在法義倉止許賑濟若出糶恐失初意乃令量糶三之一樁收價錢次年收糴撥還

續文獻通考遼聖宗統和十三年令郡縣置義倉歲秋熟社民隨所穫户出粟儲社倉司籍其目歲歉發以賑民時沿邊諸州各有和糴倉出舊易新許民自願假貸收息二分所在二三十萬石

元史食貨志元初立義倉於鄉社世祖至元二十三年又以鐵課糴糧充貯義倉

續文獻通考延祐二年四月敕郡縣各社復置義倉至治元年五月御史劉恒請興義倉泰定二年九月以郡縣饑敕有司治義倉

大清會典雍正四年兩淮衆商公捐銀兩奉旨以三十萬兩爲江南買貯米穀蓋造倉廒之用賜名鹽義倉遵

旨議定於揚州府治建倉積貯每年於青黄不接之時照存七糶三之例出陳易新或於米貴之時開倉平糶總

至秋成糴補

欽定授時通考卷五十六

欽定四庫全書

欽定授時通考卷五十七

蓄聚

圖式

王禎農書倉廩皆蓄積之所古有定制重民食也次而囷京下而窖竇世所共行俱穀藏(去聲)類也然又各有巧要以從省便凡欲儲貯務儉德者當取爲法

又北方高亢多粟宜用竇窖可以久藏南方墊濕多稻宜用倉廩亦可歷遠年

倉

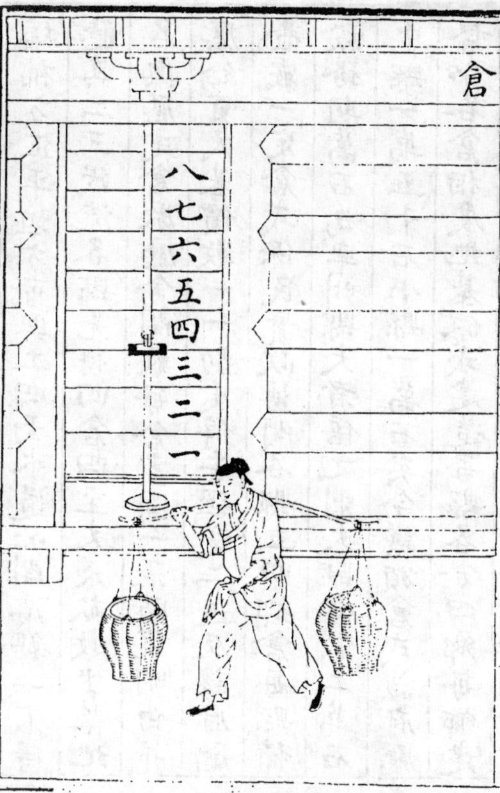

倉圖說

倉穀藏也釋名曰倉藏也天文集曰廩星主倉史記天官書胃為天倉此名著於天象者禮月令曰孟冬命有司修囷倉周禮倉人掌粟入之藏此名著於公府者詩曰乃求千斯倉管子曰倉廩實而知禮節此名著於民家者今國家備儲蓄之所上有氣樓謂之廒房前有簷楹謂之明廒倉為總名蓋其制如此夫農家貯穀之屋雖規模稍下其名亦同皆係累年蓄積所在內外材木

露者悉宜灰泥塗飾以辟火災木又不蠹可為永法

明張朝瑞倉廒議一定倉基凡倉基俱南向以四畝為率或地不足四畝者聽其隨地建造前後左右段落務要酌量停勻毋使偏邪甚有基地不足三畝者聽其將社學及有倉耳房從便另造於別地不造入倉內亦可然地基窄狹者正廳房門可小而兩倉房間架斷不可小以其每間盛穀原約四百石有餘小則難容也各倉基址必擇高阜之處以避水濕侵穀若地有不平者須填補方正平坦方可興工四面水道必開濬歸一不得聽其二三漫流各縣先將四倉四至丈尺畝數坐落地名與應建倉廒廳舍間數每倉畫圖一張貼說明白并應給買民基價數一一勘處停妥徑送二道及該府廳查覈一定倉式保民實政簿開各縣立四鄉倉每縣積穀務期萬石為率州縣大者倍之則大縣當儲二萬石中縣一萬五千石小縣一萬石矣今議頒倉式該府廳督令各倉相度地基依式建造每縣各分四鄉每鄉建

倉一所頭門一座約高一丈三尺八寸中濶一丈八深連簷一丈七尺六寸兩傍耳房每間濶八尺以便住看倉人役頂上用大竹篾覆之蓋瓦大門二扇每扇濶三尺東西廒房大縣共該貯穀五千石每邊應造廒房七間中縣約共四千石每邊應造廒房五間小縣約共二千五百石每邊應造廒房三間每廒房一間約貯穀四百石以上約高一丈三尺六寸濶一丈一尺二寸入深一丈六尺廒內先用地工將廒深築堅實外簷用石板

鑲砌內用厚磚砌底仍用條石墊擱楞木從宜鋪釘松木杉木厚板方鋪簟席其倉頂上方木為椽椽上用板幔板上用大篠竹打笆覆之笆上用土土上蓋瓦其瓦須密各週圍廒墻角濶二尺八寸先行築實方用條石砌脚三層上用地伏磚扁砌純灰抿縫中用稍碎磚瓦少以泥和填實仍用鐵牽鈎釘如地勢高燥者四面俱用磚墻廒後及兩側牆俱包簷廒前牆上簷濶二尺四寸不拘七間五間三間中俱隔為三段七間者中三間

兩傍各二間五間者中三間兩傍各一間三間者亦隔三段各開三門氣樓亦如之其廒內貼墻處用木栅釘相思縫厚板使穀不著墻以防浥爛廒口亦用相思厚板橫閘如地勢卑濕者廒前一面不用磚墻廒板外用圓木栅欄一帶上面建廊濶五尺六寸廳前及兩倉外明堂空地俱用石板鋪平以便曬穀本倉外週圍墻垣墻脚濶三尺五寸約高一丈一尺上用墻梯瓦蓋先用地工深築堅實墻脚用大石塊砌高三尺方用土築務

離倉墻一二丈內可容人行其土不可貼近本墻掘取以上各項倉房廳舍務期堅固經久不在華美其丈量地基起造房屋並量木植磚石俱用大官鈔尺為準其木匠小尺不用須使畫一勿致參差一辦倉料倉廒每邊七間合用柱木每根徑六寸矮柱每根徑六寸桁條每根徑五寸五分抽楣每根徑四寸椽木每根徑三寸穿栅木每根徑四寸地板楞木每根徑五寸地板壁板每塊厚八分正廳三間合用中柱木每根徑一尺一寸

用實木邊柱每根徑九寸大梁每根長二丈徑一尺四寸二梁每根長一丈徑一尺一寸步梁每根長八尺徑一尺抽楣木每根徑四寸五分桁條每根徑六寸椽木每根徑三寸門房三間合用柱木每根徑五寸桁條每根徑四寸抽楣木每根徑三寸大門二扇每扇濶三尺後社學三間合用柱木每根徑六寸桁條每根徑五寸五分抽楣木每根徑三寸五分大梁每根徑九寸長一丈八尺二梁每根徑八寸五分長一丈椽木每根徑二

寸五分頂上用幔板鋪完蓋瓦其餘帮機連簷門窗等項開載不盡者俱要隨宜酌量採買製作務使與各項材木大小規式相稱凡磚瓦就於近倉之地立窑一二座令窑户自燒造石灰見買地伏磚每塊長一尺二寸濶七寸厚三寸秤重十八斤上燒常平二字開磚每塊長一尺一寸濶五寸厚一寸上燒常平二字方磚每塊長一尺濶一尺便磚每塊長七寸濶六寸二分瓦每塊長九寸濶七寸重一斤半凡採買木植俱要選擇圓長

首尾相應乾燥老黄色者毋將背山白色嫩木搪塞虛應石板採買上好青白堅細者黄色疎爛者不用其磚瓦須擇青色者如黄色者不用以上各項物料各縣掌印官親將每倉應造廒房廳舍逐一從實親自勘估酌量某項應用若干該價若干某項應用若干該價若干估定照數給銀責令原定各役採買木石等料搬運一到卽具數報掌印官并佐貳委官及總管各查驗揀選堪用者収之不堪者卽時退換不得虛冒混収燒造磚瓦不如式者不許混用仍置部送縣印鉗日逐登填収發數目明白委官不時稽查各縣仍將查估過工料價銀總散數目逐一造冊報道查核東西兩邊倉廒與正廳一應木石磚瓦皆用新料其門房社學材植等料倘有見成民房願賣可以改用者一照時價給與見銀平買庶工省費廉建造尤速惟不虧其價而人自樂從矣

吕坤積貯條件穀積在倉第一怕地濕房漏第二怕雀入鼠穿此其防禦不在人力乎大凡建倉擇於城中最

高處所院中地基務須墩背院墻水道務須多留凡鄰倉庚居民不許挑坑聚水違者罰修倉廒一倉屋根基須掘地實築有石者石爲根腳無石者用熟透大磚磨邊對縫務極嚴匝厚須三尺釘横俱用交磚做成一家以防地震房須寬寬則積不蒸須高高則氣得洩仰覆瓦須用白礬水浸雖連陰彌月亦不滲漏梁棟椽柱務極粗大應費十金者費十五二十金一時無處固利於苟完數年即更實貽之倍費故善事者一勞永逸一費

永省究竟較多寡一貫之所省為多也以室家視倉廒者當細思之一風窗本為積熱壞穀而不知雀之為害也既耗我穀而又遺之糞食者甚不宜人今擬風窗之内障以竹篾編孔僅可容指則雀不能入倉墻成後洞開風窗過秋始得乾透其地先鋪煤灰五寸加鋪麥糠五寸上幔大磚一重糯米雜信浸和石灰稠黏對合磚縫如木有餘再加木板一週欽木處所釘蓆一週可也

一假如倉廒五間東西梢間各用板隔斷與門楣齊穀

止積於四間留板隔東一間如常閒空值六七月久陰氣濕或新收穀石生性未除倘不發洩必生内熱州縣官責令管倉人役將穀自東第三間起倒入東一間閒空之處一間倒一間是滿倉翻轉一遍熱氣盡洩本味自全何紅腐之有一太倉禁用燈火令各倉積柴安竈全無禁約萬一火起何以救之以後不許仍用官吏以下飯食外面喫來不得已者送飯冬月但用湯壺如違重治

廩

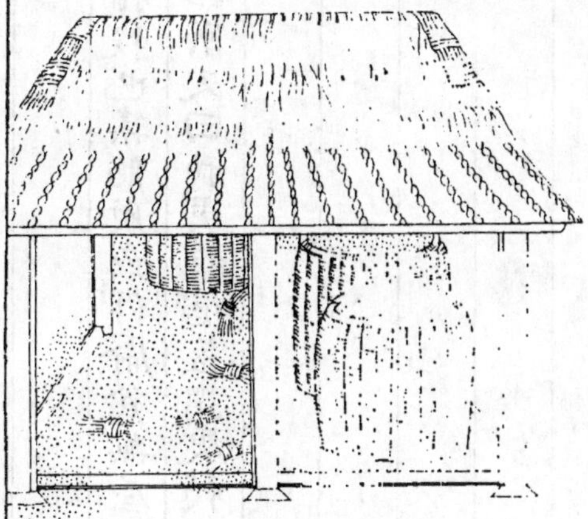

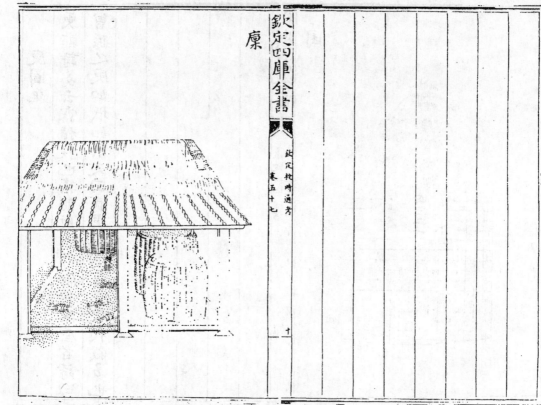

廩圖說

廩倉之別名詩曰亦有高廩萬億及秭注云廩所以藏粢盛之穗說文曰倉黄面而取之故謂之㐭或從广從禾今農家構及無壁厦屋以儲禾穗穜稑之種即古之廥也唐韻云倉有屋曰廩倉其藏穀之總名而廩庾又有屋無屋之辨也

庾

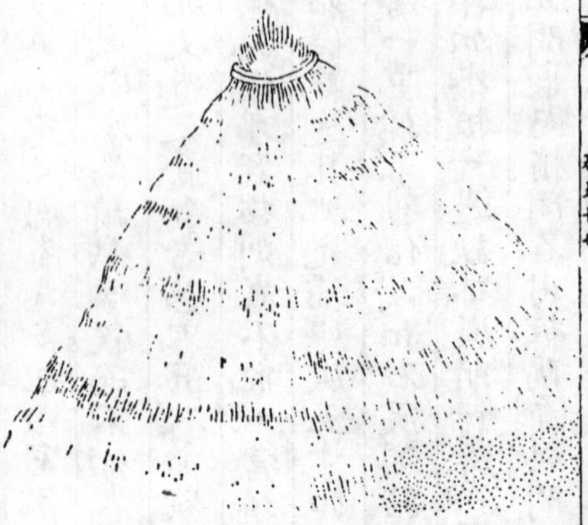

庾圖說

庾鄭詩箋云露積穀也集韻庾或作㢏倉無屋者詩曰曾孫之庾如坻如京又曰我庾維億蓋謂庾積穀多也

囷

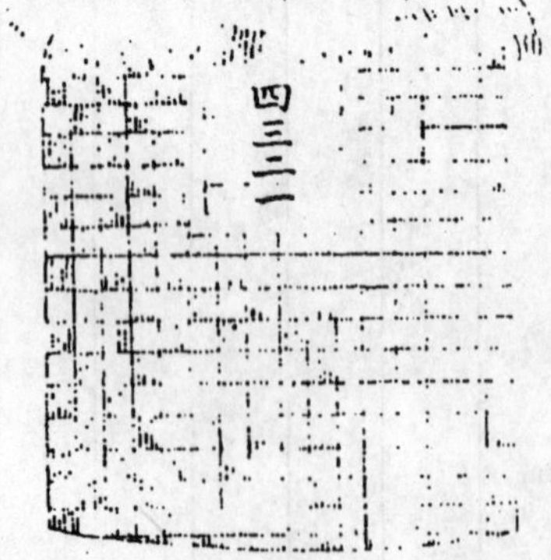

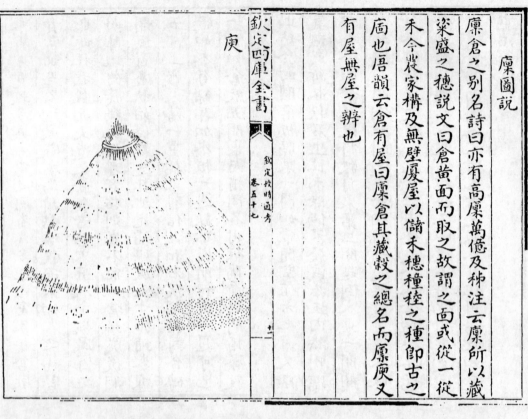

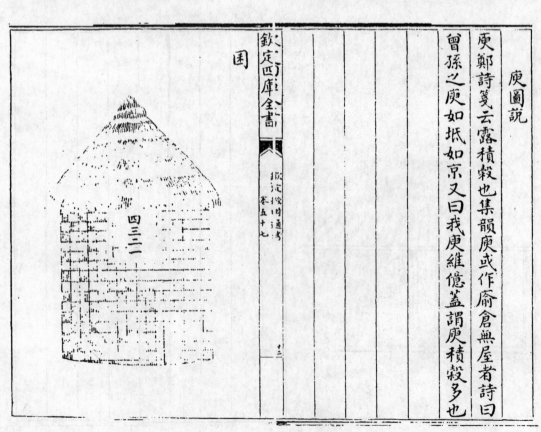

囷圖說

囷圓倉也禮月令曰修囷倉說文廩之圓者圓謂之囷方謂之京吳志周瑜謁魯肅肅指其囷以與之西京雜記曰曹元理善算囷之穀數類而言之則囷之名舊矣今貯穀圜笆泥塗其內草苫於上謂之露笆者卽囷也

京

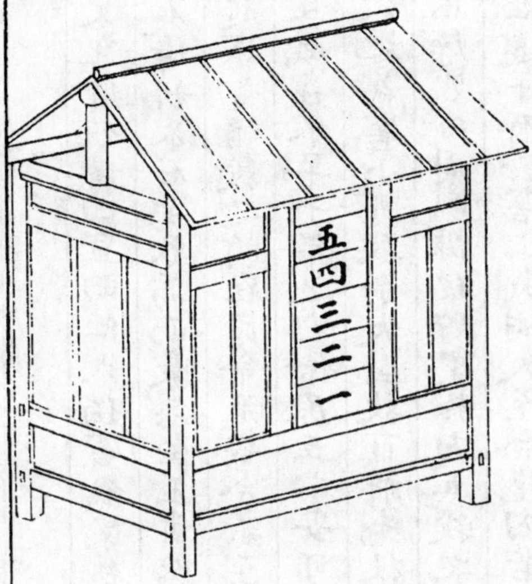

京圖說

京倉之方者廣雅云字從广㐭倉也又謂四起曰京今取其方而高大之意以名倉曰京則其象也夫囷京有方圓之別北方高亢就地植木編條作笆故圓卽囷也南方墊濕離地嵌板作室故方卽京也此囷京又有南北之宜庶識者之擇而用也

窖

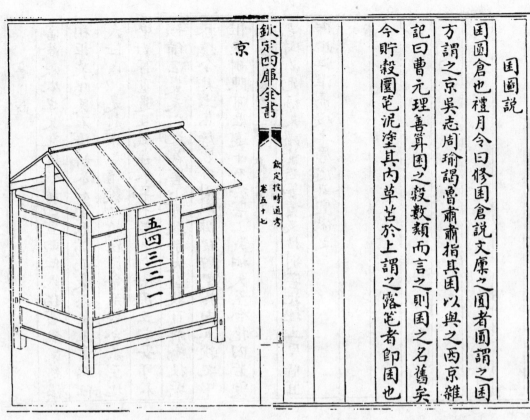

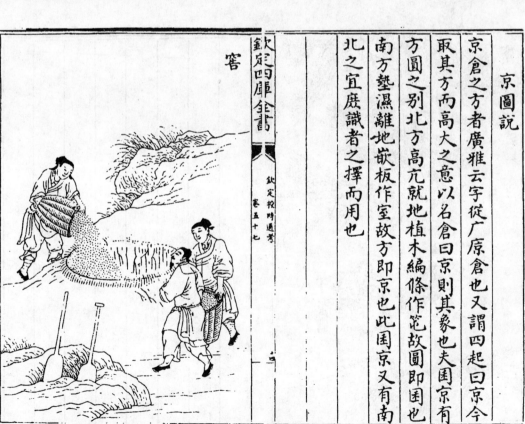

窖圖說

窖藏穀穴也史記貨殖傳曰宣曲任氏獨窖食粟楚漢相拒滎陽民不得耕米石至數萬而豪傑金玉盡歸任氏任氏以是起富嘗謂穀之所在民命是寄今藏至地中必有重遇且風蟲水旱十年之內儉居五六安可不預備凶災夫穴地為窖小可數斛大至數百斛先投柴棘燒令其土焦燥然後周以糠稳貯粟於內五穀之中惟粟耐陳可歷遠年有於窖上栽樹大至合抱內若變

浥樹必先槁又謂葉必萎黃又擣別窖北地土厚皆宜作此江淮高峻土厚處或宜倣之

竇圖說

竇似窖月令曰穿竇窖令人下掘或旁穿出土轉於他處内竇以粟復以草墢封塞他人莫辨卽謂竇也蓋小口而大腹竇小孔穴也故名竇

笹

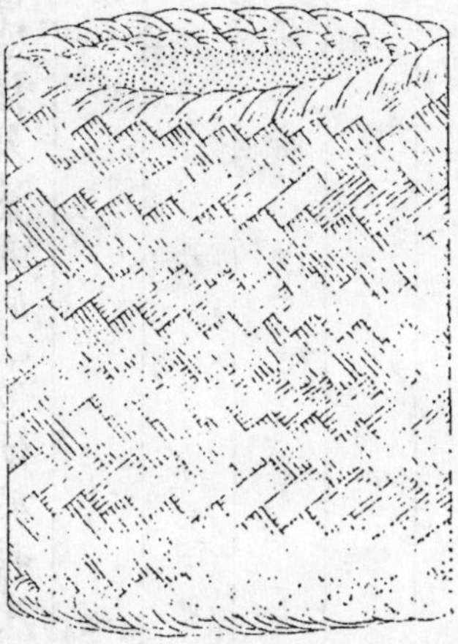

笹圖說

笹集韻云盛穀器或作囤一也北方以荆柳或蒿卉制為圓様南方判竹編草或用蘧篨空洞作圍各用貯穀南北通呼為笹兼篅䉛而言也然笹多露置可用貯糧篅䉛在室可用盛種皆農家收穀所先具者故並次之篅說文云判竹圓以盛穀笹類也篅或作圖此䉛與篅皆笹之别名但大小有差亦篠簣之舊制不可遺也

䉛

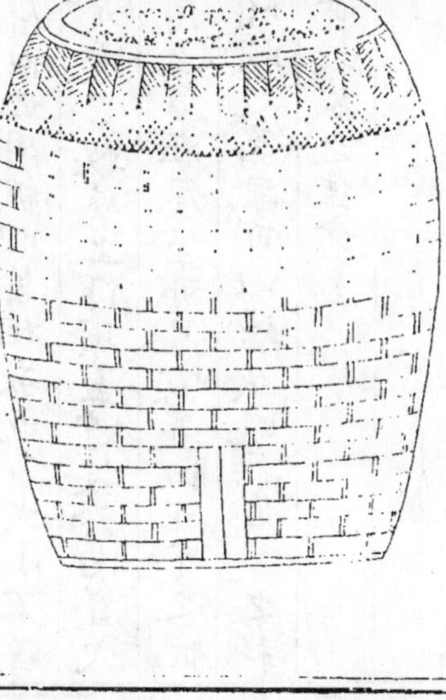

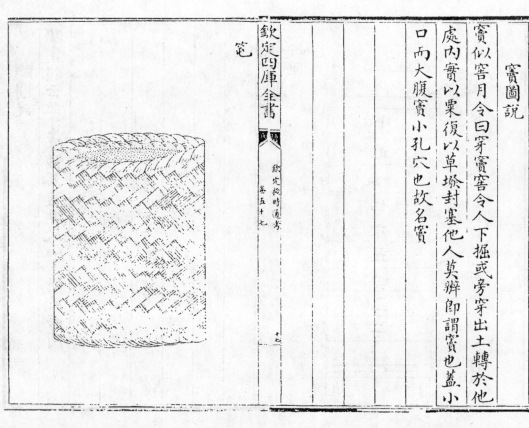

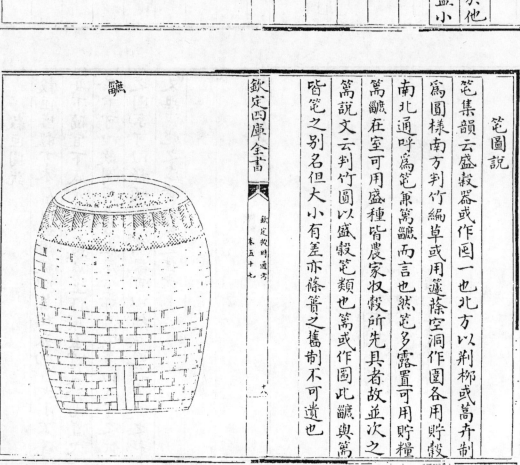

⿰甾厤圖說

⿰甾厤集韻云⿰甾厤筐盛種器蓋連底小笆便於移用

穀匣

穀匣圖說

穀匣盛穀方木層匣也用板四葉相嵌而方大小不等高下隨宜下底足疊累數層上作頂蓋貯穀於内置穴於下可以啟閉用之多在屋室亦可露置以瓦覆之比之囷京可以移頓較之篅⿰甾厤可以增減既無雀鼠之耗又無濕浥之虞實穀藏之佳者

簣

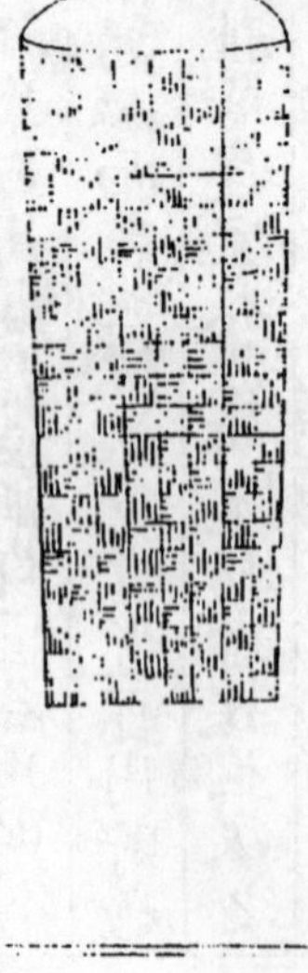

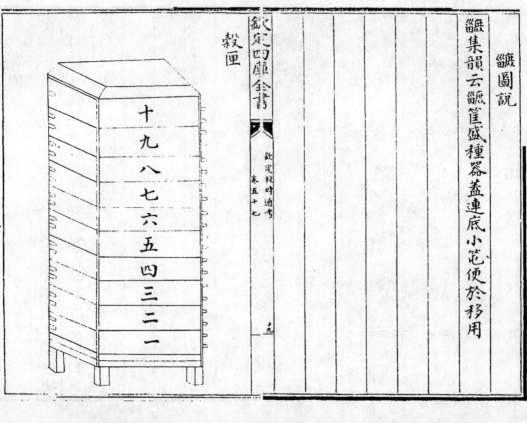

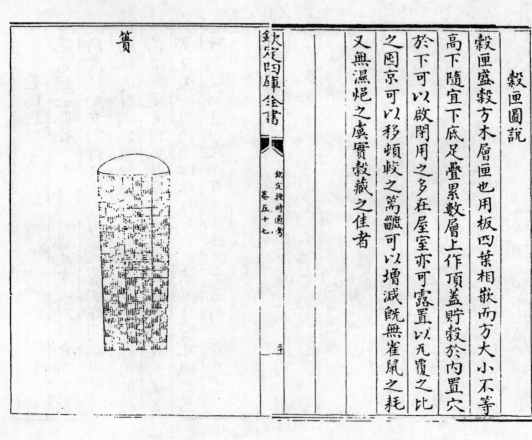

蕢圖說

蕢草器所以盛穀也集韻作簣

篠

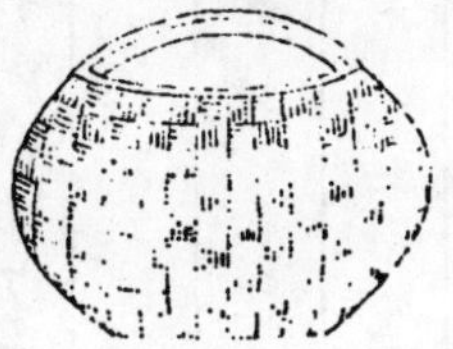

篠圖說

篠許慎說文曰耘器也或曰盛穀種器南方盛稲種用簞以竹爲之北方藏粟種簍多以草木之條編之篠蓋是此類

筐

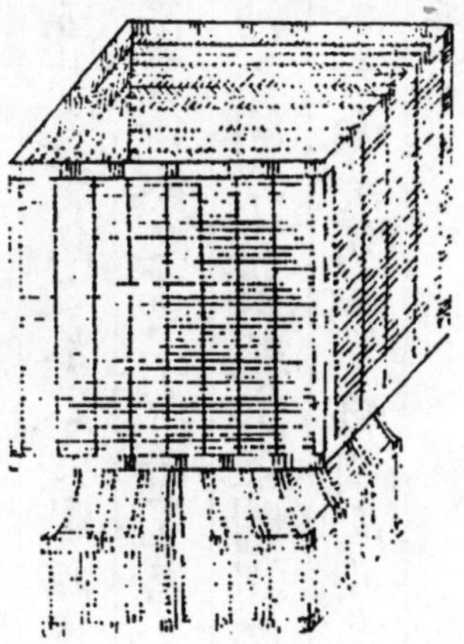

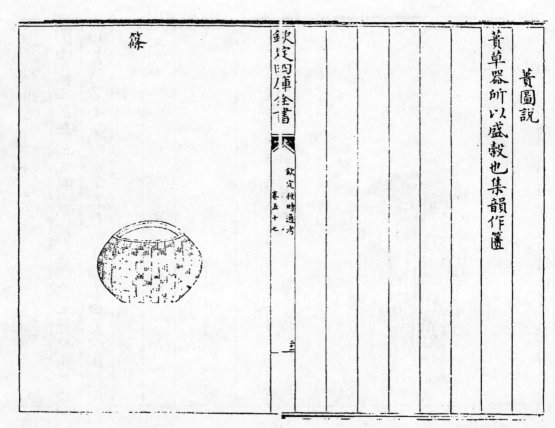

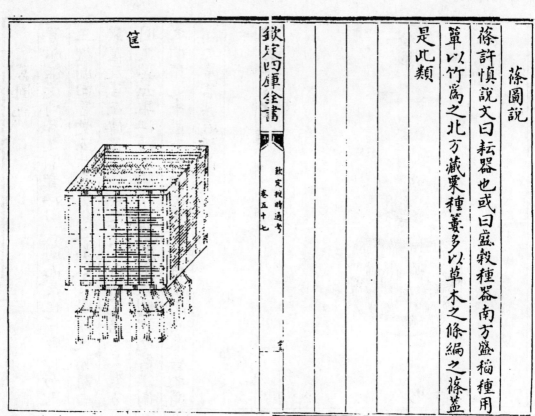

筐圖說

筐竹器之方者三禮圖曰大筐以竹受五斛以盛米致饋於聘賓小筐以竹受五升以盛米又曰筐以盛熬穀

筥

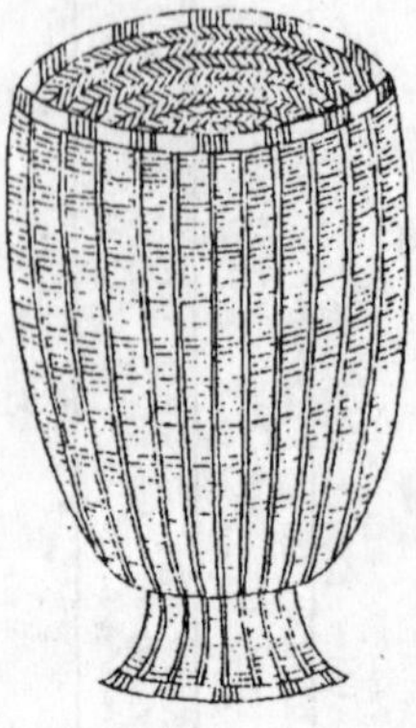

筥圖說

筥亦作篆竹器之圓者注曰筥圓而長但可實物而已三禮圖曰筥受五升盛饔餼之米致於賓館良耜詩曰載筐及筥左傳筐筥錡釜之器字說云筐筥一器特方圓之異云耳江沔之間謂之籅趙岱之間謂之筥淇衛之間謂之牛筐小者南楚謂之簍自關而西秦晉之間謂之箄筥其通語也

種簞

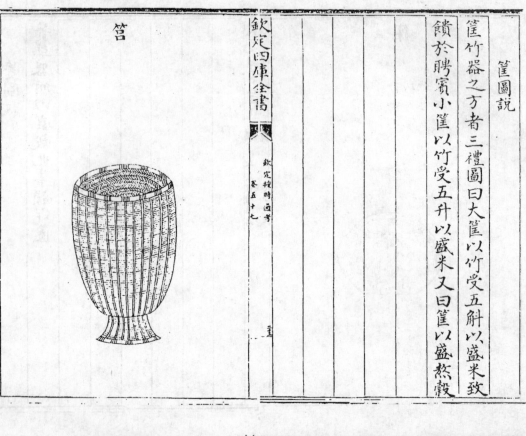

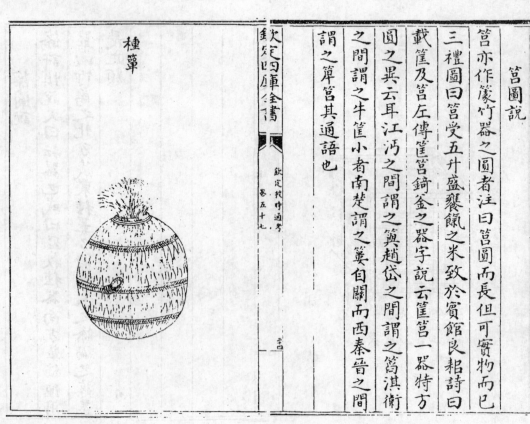

種簞圖說

種簞盛種竹器也其量可容數斗形如圓甕上有篭口農家用貯穀種庋之風處不致鬱浥勝窖藏也論語一簞食之簞乃食器與此字雖同然制度有大小之殊作用有彼此之效

籮

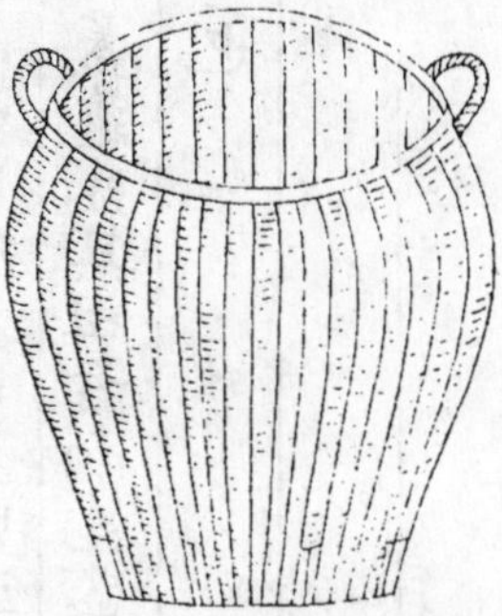

籮圖說

籮編竹為之上圓下方挈米穀器量可一斛方言籮所以注斛陳魏宋楚之間謂之筲自關而西謂之注箕皆籮之別名也

䈷

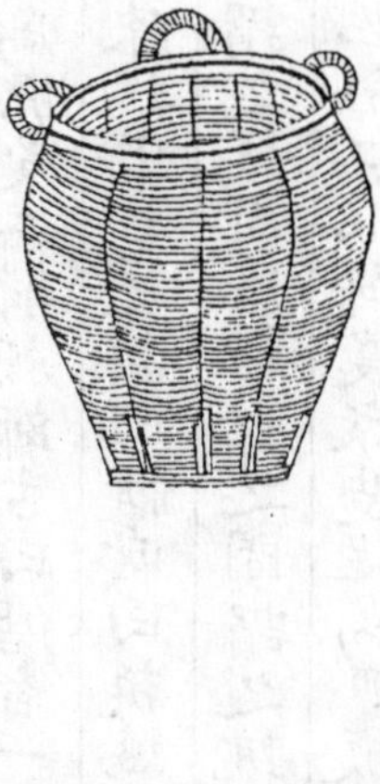

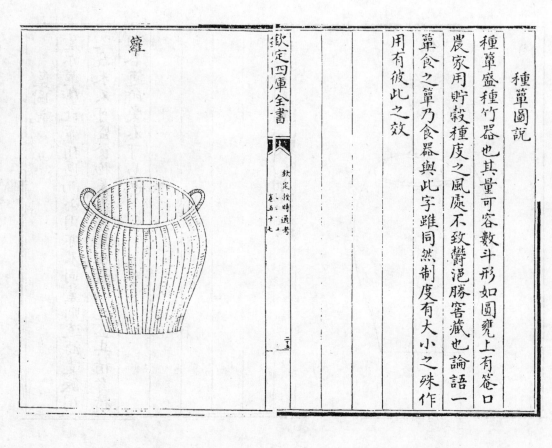

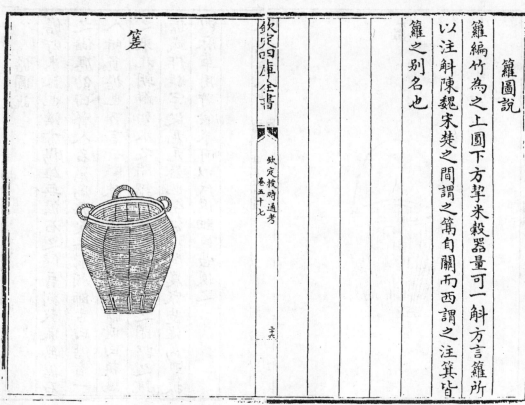

篅圖說

篅亦籮屬比籮稍匾而小用亦不同篅則造酒造飯用之漉米又可盛食物蓋籮盛其粗者而篅盛其精者精粗各適所受不可易也

儋

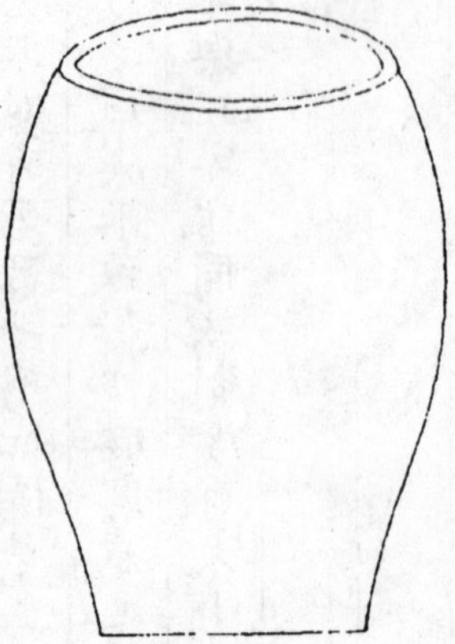

儋圖說

儋貯米器也漢書揚雄無儋石之儲晉劉毅家無儋石之儲應劭曰齊人名甖爲儋受二斛顔師古曰儋者一人所負擔也方言云甇陳魏宋楚之間曰甋或曰甈燕之東北朝鮮列水之間謂之瓺周洛韓鄭之間謂之甀儋或作甔字從瓦瓦器也今江淮間農家造泥爲甖披以麻草用貯食米可以代儋細民甚便之

籃

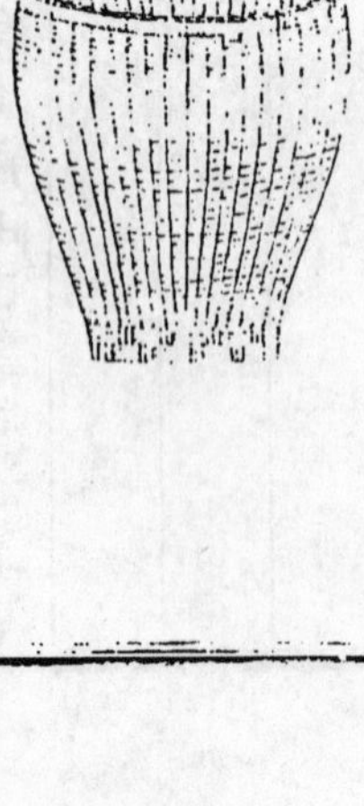

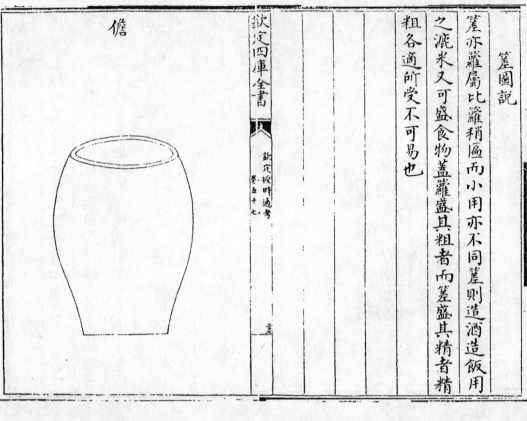

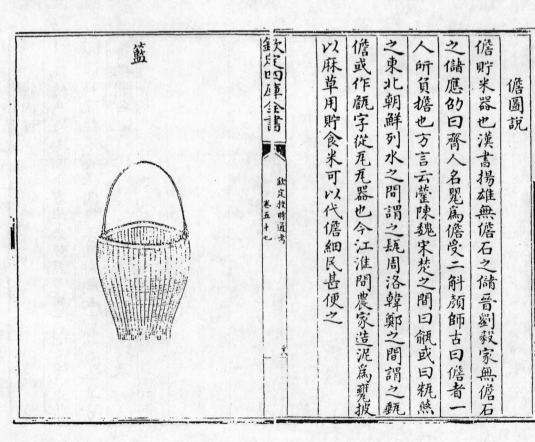

籃圖說

籃竹器無繫爲筐有繫爲籃大如斗量又謂之笭箵農家用採桑柘取蔬果等物易携提者方言籠南楚江沔之間謂之篣或謂之笯郭璞云亦呼籃蓋一器而異名也

穀盅

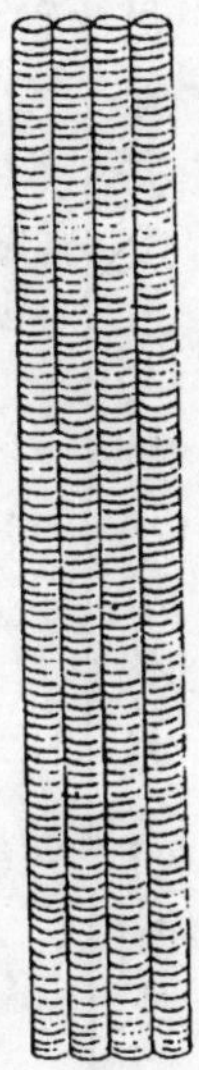

穀盅圖說

穀盅集韻云虛器也又謂之氣籠編竹作圍徑可一尺高或二丈底足稍大易於竪立內置木撑數層乃先列倉中每間或五或六亦量積穀多少高低大小而制之常見倉廩囷京等所貯米穀蒸濕結厚數尺謂之矇頭以致壓醖變黃漸成浥腐往往耗損公私坐致惱害誠可惜今置此器使鬱氣升通米得堅燥免蹈前弊實濟物之良法凡儲蓄之家不可闕

欽定授時通考卷五十七

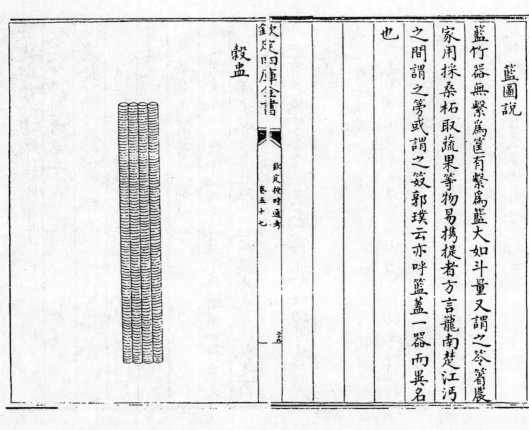

欽定授時通考卷五十八

農餘

彙考

詩豳風六月食鬱及薁七月亨葵及菽八月剝棗

傳鬱棣屬薁蘡薁也剝擊也

又七月食瓜八月斷壺九月叔苴采荼薪樗食我農夫

傳壺瓠也叔拾也苴麻子也樗惡木也箋瓜瓠之畜麻實之糝乾荼之菜惡木之薪亦所以助男養農夫之具

又九月築場圃

傳春夏為圃秋冬為場箋場圃同地自物生之時耕治之以種菜茹至物盡成熟堅築以為場疏種樹菜果則謂之圃茹者咀嚼之名以為菜之別稱故書傳謂菜為茹

又小雅中田有廬疆埸有瓜是剝是菹

箋中田田中也農人作廬焉以便其田事於畔上種瓜

周禮太宰以九職任萬民一曰三農生九穀二曰園圃毓草木三曰虞衡作山澤之材四曰藪牧養蕃鳥獸五曰百工飭化八材八曰臣妾聚斂疏材

注任猶傳也樹果蓏曰圃園其樊也虞衡掌山澤之官主山澤之民者澤無水曰藪牧牧田在遠郊皆畜牧之地疏材百草根實可食者疏應劭曰木曰果草曰蓏張晏曰有核曰果無核曰蓏臣瓚曰木上曰果地上曰蓏百草或取根謂菱芡之屬或取實謂若榛栗之屬皆是根實可食也

又甸師共野果蓏之屬

注郊外曰野果桃李之屬蓏瓜瓞之屬

又載師掌任土之法以場圃任園地

注圃樹果蓏之屬季秋於中為場樊圃謂之園疏田首之界家有二畝半以為井竈蔥韭者故得種樹果

蓏之屬
又閭師凡任民任圃以樹事貢草木
注謂葵韭果蓏之屬
又委人掌斂野之賦斂薪芻凡疏材木材凡畜聚之物
注野謂遠郊以外也凡疏材草木有實者也凡畜聚之物瓜瓠葵芋禦冬之具也疏疏是草之實材是木之實故鄭并言之九職中聚斂疏材云百草根實不以木解材文略也

又山虞掌山林之政令仲冬斬陽木仲夏斬陰木
注鄭司農云陽木春夏生者陰木秋冬生者若松柏之屬康成謂陽木生山南者陰木生山北者冬斬陽夏斬陰堅濡調
又凡服耜斬季材以時入之
注季猶穉也服與耜宜用穉材尚柔刃也服牝服車之材
又澤虞共澤物之奠

注籩豆之實芹茆菱芡之屬
又掌染草掌以春秋斂染草之物
注染草茅蒐橐蘆豕首紫茢之屬疏更有藍皁象斗之等衆多故以之屬兼之也
又場人掌國之場圃而樹之果蓏珍異之物以時斂而藏之
注果棗李之屬蓏瓜瓠之屬珍異蒲萄枇杷之屬
又柞氏掌攻草木及林麓夏日至令刊陽木而火之冬

日至令剝陰木而水之若欲其化也則春秋變其水火
注刊剝互言耳皆謂斫去次地之皮生山南為陽木生山北為陰木火之水之則使其肆不生化猶生也謂時以種穀也變其水火者乃所火則水之所水則火之則其土和美疏斬而復生曰肆若以水火斬而不復重生故云使其肆不生也
又薙氏掌殺草春始生而萌之夏日至而夷之秋繩而芟之冬日至而耜之

注故書萌作甍杜子春云甍當為萌謂耕反其萌牙
書亦或為萌康成謂萌之者以茲其斫其生者夷之
以鉤鎌迫地芟之也若今取茭矣含實曰繩芟其繩
則實不成熟耜之以耜側凍土剗之疏云含實曰繩
者秋時草物含實也
又若欲其化也則以水火變之
注謂以火燒其所芟萌之草已而水之則其土亦和
美矣月令季夏燒薙行水利以殺草如以熱湯是其

一時著之
史記貨殖列傳陸地牧馬二百蹄索隱曰按馬有四足二百蹄有五十匹也
牛蹄角千漢書音義曰百六十七頭也千足羊澤中千足彘章昭曰二百五
十頭水居千石魚陂徐廣曰魚以斤兩為記也正義曰言陂澤養魚一歲收得千石魚賣也
山居千章之材章大材也安邑千樹棗燕秦千樹栗蜀漢江
陵千樹橘淮北常山已南河濟之間千樹荻陳夏千畝
漆齊魯千畝桑麻渭川千畝竹及名國萬家之城帶郭
千畝畝鍾之田徐廣曰六斛四斗也若千畝卮茜徐廣曰卮音支鮮支也茜音倩

一名紅藍其花染繒赤黃也千畦薑韭徐廣曰千畦二十五畝駰案韋昭曰畦猶壠此其
人皆與千戶侯等
又通邑大都酤一歲千釀正義曰釀千甕酤醯醋曰酒酤醯醬千瓨醬
千甔孟康曰儋石甕受一石故云儋屠牛羊彘千皮販穀糶千鍾薪槀
千車船長千丈木千章竹竿萬个正義曰釋名云竹曰个木曰枚其軺
車百乘牛車千兩木器髹者千枚徐廣曰髹音休漆也銅器千鈞
素木鐵器若卮茜千石馬蹄躈千牛千足羊彘千雙僮
手指千漢書音義曰僮奴婢也古者無空手游日皆有作務須手指故曰手指以別馬牛蹄角也筋

角丹砂千斤其帛絮細布千鈞文采千匹榻布皮革千
石顏思古曰麤厚之布也漆千斤蘖麴鹽豉千荅鮐鮆千斤說文云鮐
海魚也鮆刀魚也鮿千石鮑千鈞正義曰鮿謂雜小魚也鮑白也棗栗千石者
三之言棗栗三千石乃與上物相等狐貂裘千皮羔羊裘千石旃席千
具佗果菜千鍾果菜雜果菜於山野采取子貸金錢千貫節駔會貪
賈三之廉賈五之此亦比千乘之家其大率也
漢書食貨志田中不得有樹用妨五穀環廬樹桑菜茹
有畦瓜瓠果蓏殖於疆場雞豚狗彘毋失其時

又循吏傳黄霸為潁川太守使郵亭鄉官皆畜雞豚為條教班行民間勸以務耕桑節用殖財種樹畜養

又龔遂為渤海太守勸民務農桑令口種一樹榆百本䪥五十本葱一畦韭家二母彘五雞秋冬課收斂益畜果實菱芡勞來循行郡中皆有畜積

又貨殖傳先王之制教民種樹畜養五穀六畜及至魚鼈鳥獸萑蒲材幹器械之資所以養生送終之具靡不皆育育之以時而用之有節山不茬蘖澤不伐夭蝝魚

麛卵咸有常禁所以順時宣氣蕃阜庶物稸足功用如此之備也

園籬

齊民要術凡作園籬者於牆基之所方整耕治凡耕作三壟中間相去各二尺秋上酸棗熟時收於壟中概種之至明年秋生高三尺許間斷去惡者相去一尺留一根必須稀概均調行五條直相明當至明年春剶去橫枝剶必留距（若不留距侵皮痕大逢寒即死此剶樹常法也）剶訖即編為巴籬隨宜夾剶務使舒緩（急則不復得長故也）又至明年春更剶其末又編之高七尺便足（欲高作者亦任人意）折柳樊圃斯其義也（種樹書曰棘能辟霜花果以棘園中即茂）其種柳作之者一尺一樹初時斜插插時即編其種榆莢者一同酸棗如其栽榆與柳斜直高與人等然後編之數年長成共相蹙迫交柯錯葉特似房櫳既圖龍蛇之形復寫鳥獸之狀緣勢嵚崎其貌非一若值巧人其便採用則無事不成尤宜作杌其盤紆茀鬱其文互起縈布錦繡萬變不窮

農政全書凡作園於西北兩邊種竹以禦風則果木畏寒者不至凍損若於園中度地開池以便養魚灌園則所起之土挑向西北二邊築成土阜種竹其上尤善西北既有竹園禦風但竹葉生高下半仍透風老圃家作稻草苫縛竹上遮滿之若種慈竹則上下皆隱蔽矣

又凡作園籬諸品　冬青取其幹可作骨取子作藥取其葉冬夏不凋病在二十年後即爛壞或云以豬糞壅之則久宜試二三八九月移　爵梅取其條葉作刷緣

布取其幹可作骨取其遠年者根株盤結可作几机等器正二月移　五加皮取其幹可作骨取其刺可却姦取其芽可食取其根皮作藥作酒正月插　金櫻子取其刺可却姦取其花香味可翫取其子可作藥正月插　梅取其花香味可翫取其幹可作骨取其幹上微有刺移種不拘時　枸杞取其芽可食取其子作藥取其根作藥取其幹作骨正八九月插　飛來子取其花可食種不拘時　椒取其刺可却姦取其幹可作骨取其

實可食可作藥取其葉可作味核可作油四月種　茱萸取其榦可作骨取其實可食可作藥　梔子取其榦可作骨取其花香單臺者取其子作藥作染色取其葉不凋　猫奶子取其榦可作骨取其刺可却姦取其葉冬夏不凋取其花香取其嫩葉可食名神仙茶此移種者　迎春花取其花早種於籬內　酸棗取其榦可作骨取其枝可却姦取其子可食取其仁藥材移種不拘時　木筆取其榦可作骨取其花美分移於籬內　桑取其榦可作骨取其葉可飼蠶取其椹可食可作藥壓條　枳取其榦可作骨取其刺可却姦取其枝可蓋牆可賣取其子可傳生接博移種　槿取其榦可作骨取其花不拘時插　野薔薇取其刺可却姦取其花可蒸露可插可移　穀樹取其榦可作骨取其汁可作膠書金字取其子中藥材取其皮可造紙取其木可種蕈　楝取其榦可作骨且速成　榆取其榦可作骨且速成莢可食　白楊取其榦可作骨速成修取為薪且不若

楊柳之多蛀也宜插　刺杉取其榦可作骨刺可却姦　阜莢榦作骨且速成芽可食有刺可却姦　種山礬不凋花香易成　插金銀花花香中藥　移椿樹易成芽可食　種枇杷易成冬月開花花藥材榦葉俱青　插小葉樹易成芽可食　木龍易成葉貼毒瘡不凋

栽種

淮南子夫移樹者失其陰陽之性則莫不枯槁（高誘曰失猶易）

齊民要術凡移栽一切樹木欲記其陰陽不令轉易（陰陽

易位則難生小小栽者不須記也大樹髡之不髡風搖則死小則不髡先為深坑內樹訖以水沃之著土令如薄泥東西南北搖之良久搖則泥入根間無不活者不搖虛多死其小樹則不須爾然後下土堅築近上二寸不築取其柔潤也時時溉灌常令潤澤每澆水盡即以燥土覆之覆則保澤不覆則乾涸埋之欲深勿令搖動凡栽樹訖皆不用手捉及六畜觸突戰國策曰夫柳縱橫顛倒樹之皆生十人樹之一人搖之則無生矣凡栽樹正月為上時諺曰正月可栽樹言得時易生也二月為中時三月為下時棗雞口槐兔目桑蝦蟆眼榆負瘤散自餘雜木鼠耳蝱趐各其

時此等名目皆是葉生形容之所象似以此時栽種者葉皆即生早栽者葉晚出雖然寧太早為佳不可晚也樹大率種數既多不可一一備舉凡不見者栽時之法皆求之此條崔寔曰正月自朔暨晦可移諸樹竹漆桐梓松柏雜木唯有果實者及望而止過十五日則果少實務本新書曰一切移栽枝記南北根深土遠寬掘土以蓆包包裹不令見日大車上船載以人擡拽緩緩而行車前數百步平治路上車轍務要平坦不令車輪搖擺於處所依法栽培樹樹決活古人有云移樹無時

莫令樹知區宜寬深以水攪土成泥仍糝新粟大麥百餘粒即下樹栽樹大者須以木扶架若根不動搖雖丈許之木可活仍須芟去繁枝則不招風務本直言云近聞諸般材木比之往年價直重貴蓋因不種不栽一年少如一年可為深惜古人云木奴千無凶年木奴者一切樹木皆是也自生自長不費衣食不憂水旱其果木材植等物可以自用有餘又可以易換諸物若能多廣栽種不惟無凶年之患抑亦有久遠之利焉種樹書曰

凡移樹不要傷根鬚須闊不可去土恐傷根徐光啓曰土封縱小無絕根鬚其法宜先寬掘土封漸用竹木剔去旁土勿傷細根約量人力可致者以繩束之新坑務掐令潤大令根鬚條直不可卷曲移樹者以小牌記取南枝不若先鑿窟沃水攪泥方栽築令實不可踏仍多以木扶之恐風搖動其顛則根搖雖尺許之木亦不活根不搖雖大可活更莖上無使枝葉繁則不招風又曰移樹木用穀調泥漿水於根下沃之無不活者又曰凡栽植忌西風又曰凡植果木先於霜降後鋤掘轉成圓垛以草索盤定泥土

復以鬆土填滿四遭用肥土澆實次年正二月移至今種處宜寬作區安頓端正然後下土半區將木棒斜築根垛底下須實上以鬆土加之高於地面二三寸度其淺深得所不可培壅太高但不露大根為限若本身高者必用樁木扶縛庶免風雨搖動澆以肥水天晴每朝水澆半月根實生意動則已大樹髠稍小不必髠若路遠未能便種必須遮蔽日色垛碎日炙則難活矣凡移果樹宜寬深開掘先入糞和泥乾次日用土蓋根無宿

土者深栽泥中輕輕提起樹根使與地平則其根舒暢易活必三四日後方可用水澆灌勿令搖動

柳宗元郭橐駝傳駝所種樹或移徙無不活且碩茂早實以蕃他植者雖窺伺傚慕莫能如也有問之對曰橐駝非能使木壽且孳也以能順木之天以致其性焉爾凡植木之性其本欲舒其培欲平其土欲故其築欲密既然已勿動勿慮去不復顧其蒔也若子其置也若棄則其天者全而其性得矣故吾不害其長而已非有能碩而茂之也不抑耗其實而已非有能早而蕃之也他植者則不然根拳而土易其培之也若不過焉則不及苟有能反是者則又愛之太恩憂之太勤旦視而暮撫已去而復顧甚者爪其膚以驗其生枯搖其本以觀其疎密而木之性日以離矣雖曰愛之其實害之雖曰憂之其實讎之故不我若也

農政全書凡諸木俱宜在下弦後上弦前移種地氣隨月而盛觀諸潮汐此理易晰矣方氣盛時生氣全在枝葉故移則傷其性接則失其氣伐用則潤氣滿中久而

生蠹也

又分栽者於樹木根傍生小株每株就本根連處截斷未可便移須待次年方可移置別處或叢生亦必按時月分植則易活也

又壓條者身截半斷屈倒於地熟土兜一區可深五指餘卧條於內用木鈎子攀拗在地以燥土壅近身半段露稍頭半段勿壅以肥水灌區中至梅雨時枝葉仍茂

根必生矣次年此日初葉將萌方斷連處是年霜降後移栽尤妙

又凡扦插花木先於肥地熟斸細土成畦用水滲定正二月間樹芽將動時揀肥旺發條斷長尺餘每條上下削成馬耳狀以小杖刺土深約與樹條過半然後以條插入土壅入每穴相去尺許常澆令潤搭棚蔽日至冬換作煖蔭次年去之候長高移栽初欲扦插天陰方可用手過雨十分無雨難有分數矣大凡草木有餘者皆

可揉條種尋枝條嫩直者刀削去皮二寸許以蜜固底次用生山藥搗碎塗蜜上將細軟黃泥裹外埋陰處自然生根

又春花以半開者摘下即插之蘿蔔上實土花盆內種之灌溉以時花過則根生矣不傷生意又可得種亦奇法也立夏日取交春一個時辰內扦插各色樹木入地四五寸無不活者當年即便生結又云於正二月上旬取樹木嫩枝扦插勝於種核五年方大插扦全活則二年已生矣食經曰種名果法三月上旬斫好直枝如大母指長五尺內著芋魁種之無芋大蕪菁根亦可用

便民圖凡果樹茂而不結實者於元日五更以斧斑駁雜砧則子繁而不落謂之嫁果十二月晦日夜同若嫁李樹以石頭安樹丫中

又正月間根芽未生於根旁寬深掘開尋攢心釘地根鑿去謂之騸樹留四邊亂根勿動仍用土覆蓋築實則結子肥大勝插接者

農桑輯要凡木皆有雌雄而雄者多不結實可鑿木作方寸大以雌木填之乃實以銀杏雄樹試之便驗社日以杵舂百果樹下則結實牢不實者亦宜用此法

種樹書鑿果樹納少鍾乳粉則子多且美又樹老以鍾乳末和泥於根上揭去皮抹之復茂

農政全書雄木無用而衆雌之中間有一二雄者更妙諺云羣雌間一雄結實飽蓬蓬

接果

務本新書凡栽果以接博為妙一年後便可獲利昔人以之譬螟子者取其速肖之義也凡接枝條必擇其美宜用宿條向陽者則氣壯而茂嫩條陰弱而難成根株各從其類然則桑亦可接魯桑梅可接杏桃可接李接工用細齒截鋸一連厚脊利刃小刀一把要當心手凝穩又必趁時以春分前後十日為宜或取其條襯青為期然必待時暄可接蓋欲藉陽和之氣也一經接博二氣交通以惡為美以彼易此其利有不可勝言者矣接博其法有六一曰身接先用細鋸截去元樹枝莖作盤砧高可及肩以利刃小刀際其盤之兩旁微起小罅深可寸半先用竹籤測其深淺却以所

接條約五寸長一頭削作小篦子先噙口中假津液以助其氣却內之罅中皮肉相對插之訖用皮樹封繫寬緊得所用牛糞和泥斟酌封裹之勿令透風外仍上留二眼以泄其氣徐光啓曰開砧宜用老鴉觜為妙高如馬低如尻二曰根接鋸截斷元樹身去地五寸許以所接條削篦插之一如身接法就以土培封之以棘圍護之三曰皮接用小利刃刀子於元樹身八字斜劃之以小竹籤測其深淺以所接枝條皮肉相向插之封護如前法候接枝發茂去其元樹枝莖使之莖茂耳四曰枝接如皮接之法而差近之耳五曰劚接小樹為宜先於元樹橫枝上截去留一尺許於所取接條樹上眼外方半寸刀尖劃斷皮肉至骨併帶凝揭皮肉一方片須帶芽心口銜少時取出印濕痕於橫枝上以刀尖依痕劃斷元樹劚處大小如之以接接之上下兩頭以桑皮封繫緊慢得所仍用牛糞泥塗護之隨樹大小酌量多少接之

六曰搭接將已種出芽條去地三寸許上削作馬耳將所接條併削馬耳相搭接之封繫如前法糞壅

農桑輯要正月取樹本大如斧柯及臂者皆堪接謂之樹砧砧若稍大即去地一尺截之若去地近截之則地力大壯矣若夫所接之木稍小即去地七八寸截之若砧小而高截則地氣難應須以細齒鋸截鋸齒麤即損其砧皮取快刀子於砧緣相對側劈開令深一寸每砧對接兩枝候俱活即待葉生去一枝弱者所接樹選其

向陽細嫩枝如筯麤者長四寸許陰枝即少實其枝須兩節兼須是二年枝方可接接時微批一頭入砧處插入砧緣劈處令入五分其入須兩邊批所接枝皮處插了令與砧皮齊切令寬急得所寬即陽氣不應急則力大夾煞全在細意酌度插枝了別取本色樹皮一片長尺餘闊二三分纏所接樹枝並砧緣瘡口恐雨水入纏訖即以黃泥泥之其砧面並枝頭並以黃泥泥之對插一邊皆同此法泥訖仍以紙裹頭麻繩縛之恐泥落故

也砧上有葉生即旋去之乃以大糞壅其砧根外以刺棘遮護勿使有物動撥其枝春雨得所尤易活其實內子相類者林檎梨向木瓜砧上栗子向櫟砧上皆活蓋是類也張約齋種花法注云春分和氣盡接不得夏至陽氣盛種不得（春接樹必待貼頭回青無有不活大都在春分前後亦有宜待穀雨者何云春分不接也種則立夏後便不宜矣）立春正月中旬宜接櫻桃木樨徘徊黃薔薇正月下旬宜接桃梅杏李半支紅臘梅梨棗栗柿楊梅紫薔薇（浙人亦云然宜試之恐彼中稍暖故得早耳）二月上旬可結

紫笑綿橙匾橘已上種接莖於十二月間沃以糞壤兩至春時花果自然結實立秋後可接林檎川海棠黃海棠寒球轉身紅視家棠梨葉海棠南海棠以上接法並要時將頭與木身皮對皮骨對骨用麻皮緊緊纏上用箬葉寬覆之如萌出相長即撤去箬葉無有不盛也但取實內核相似葉相同者皆可接換下向根貼謂之樹貼如桃貼接杏接梅櫟貼接栗蓋此類也枳接柑橘亦宜本色接換本色美者最妙若貼大宜高截貼小宜近

地截截訖用利刀銛貼上齒痕尋樹木佳者取到接頭須經二年肥盛嫩枝如筯大者斷長三四寸以上根頭一寸半用薄刀子刻下中半刻成判官頭樣削其骨成馬耳狀又將馬耳尖頭薄骨翻轉割去半分將接頭口內噙養溫暖以借生氣然後將刀於貼盤左右皮內膜外批豁兩道或三道納所噙接頭於渠子內極要快捷緊密須使老樹肌肉與接頭肌肉相對著或二或三皆了用竹籜攔寸許劈開雙指齊貼面於接頭外面所批

痕處包裹定麻皮復用竹籜包其貼頂縛定次用爛泥封其纏處舊麻縛著上用寬兜盛土培養接頭勿令透風見日土乾則灑之所包土上條芽長出非接頭上者悉令去之以防分力培土上露接頭一二眼通活氣上用竹籜蔽之以防日雨

種樹書凡接花木雖已接活內有脂力未全包生接頭切要愛護如梅雨浸其皮必不活

又凡接矮果及花用好黃泥曬乾篩過以小便浸之又

曬乾篩過再浸之凡十餘度以泥封樹皮用竹筒破兩半封裹之則根立生次年斷其皮截根栽之

又接樹須取向南隔年者接之則著子多經數次接者核小但核不可種耳不可接者乃用過貼先移栽相似之小樹於其畔可以枝相交合處以刀各削其半對合著竹籜包裹麻皮纏固泥封之大樹所合枝傍截半段小樹所合枝去稍弱不必半段欲花果兩般合色則勿去其稍來年春始截斷復待長定然後移栽

農政全書接樹有三訣第一襯青第二就節第三對縫依此三法萬不失一

修葺澆灌

便民圖修葺法正月間削去低枝小亂者勿令分樹氣力則結子自肥大又曰凡樹脚下常令耘草清淨草多則引蟲蠹亦能偷力之樹勿使下有坑坎雨後水漬根朽葉黄宜令平滿高如地面三五寸

農政全書凡果木皆須剪去繁枝使力不分試看開花結果之際凡無花無果細枝後來亦須發葉豈不減力若預先芟去則力聚於花果矣

又凡果俱三年老枝上所生則大而甘

又凡樹欲取材如椐榆杉柏之類可令挺枝無旁枝其他取花葉芽實者皆令枝旁生剗削令至六七尺其下可通人行如此便於採掇凡本樹未發芽前半月以上俱可修理

種樹書澆灌法凡木早晚以水沃其上以喞筒喞水其上必須用停久冷糞正宜臘月亦必和水三之一草之類宜四季用肥如正月則用五分糞五分水二月三分糞七分水三四月二分糞八分水五六七八月十一二月八分糞二分水臘月純糞不妨遇天旱只宜白水澆或加一分糞二月或用澆肥多有所忌假如二月樹上已發嫩條必生新根澆肥則根枯而死如萌未發者不妨三月亦然又有一等不怕肥者如石榴茉莉之屬雖多肥不妨五月夏至梅雨時澆肥根必腐爛八月亦不

可澆肥白露雨至必生細根肥之則死六七月花木發
生已定者皆可輕輕用肥謹依月令等級澆之及小春
時便能發旺如柑橘之類則不可但用肥則皮破脂
流冬必死矣 徐光啓曰蘇人種柑橘用肥培壅 一切樹木俱宜十一二
月正月餘皆不可合用灰糞和土或麻餅屑和土壅根
高三五寸澆水實定不可太過

收種下種

農政全書收種下種法凡收子核必擇其美者作種必

待果實熟甚劈取於牆下向陽暖處深寬為坑以牛馬
糞和土以半於坑底鋪平取核尖頭向上排定復以糞
土覆之令厚尺餘至春生芽萬不失一忌水浸風吹皆
令仁腐一切草木種子俱瓢盛懸掛為佳凡取種子必
充實老黑者曬乾以瓶收貯高懸勿近地氣恐生白膜
則無用隔年亦不生及時秧子勿使遲誤亦不宜太早
地不厭高土肥為上鋤不厭數土鬆㽁良各要按時及
節臨下子時必日中曬曝擇淨然合浸者浸之不浸便

用撒入土內子細者撒在土面下子訖即以糞沃其上
成行與打潭種者亦然下子者必要晴雨則不茁三五
日後又要雨旱則不生須頻澆水

種樹書凡果候肉爛和核種之否則不類其種

衛果

齊民要術衛果法正月盡二月可剝樹枝二月盡三月
可掎樹枝 埋樹枝土中令生二歲以上可移種 凡五果花盛時遭霜則無
子常預於園中往往貯惡草糞天雨新晴北風寒切是

夜必霜此時放火作煴少得烟氣則免於霜矣

種樹書草木羊食者不長凡花最忌麝香瓜尤忌之膹
栽蒜薤之類則不損又法於上風頭以艾和雄黃末焚
即如初

又木自南而北多遇寒而枯只於臘月去根旁土麥穰
厚覆之燃火深培如故則不過一二年皆結實若歲用
此法則南北不殊猶人注艾耳

又果樹生小青蟲虰蜻肣掛樹自無

便民圖治蠧蟲法正月間削杉木作釘塞其穴則蟲立死正月一日五更把火遍照一切果樹下則無蟲災或清明日亦可

農桑輯要木有蠧蟲以芫花納孔中或納百部葉蟲立死

農政全書凡治樹中蠧蟲以硫黃研極細末和河沙少許令稠遍塞蠧孔中其孔多而細即遍塗其枝榦蟲即盡死矣又法用鐵線作鉤取之又用硫黃雄黃作烟塞之即死或用桐油紙油燃塞之亦驗如生毛蟲以魚腥

水潑根或埋蠶蛾於地下

又凡鳥來食果或張網罩樹多損樹枝或持竿鼓柝甚費力須用弩射取一二置竿首倚竿於樹其鳥悉不來

採果伐木

便民圖採果實法凡果實初熟時以兩手採摘則年年結實果子熟時須一頓摘其美者遲留之雖待熟亦不美匆先摘動被人盜吃飛禽就來窺食切宜謹之

遯齋閒覽用人髮掛枝上則飛鳥不敢近

種樹書凡果實未全熟時摘若熟了即抽過筋脉來歲必不盛（徐光啓曰宜少留以養其力有過不採者甚壞樹）果實異常者根下必有毒蛇切不可食

齊民要術凡伐木四月七月則不蟲而堅韌榆莢下桑椹落亦其時也然則凡木有子實者候其子實將熟皆其時也（非時者蟲蛀且脆也）凡非時之木水漚一月或火煏取乾蟲則不生（水浸之木皆亦柔韌）禮記月令孟春之月禁止伐木孟夏之月無伐大樹（逆時氣也）季夏之月樹木方盛乃命虞人

入山行木為斬伐季秋之月草木黃落乃伐薪為炭仲冬之月日短至則伐木取竹箭淮南子曰草木未落斧斤不入山林（九月草木解也）崔寔曰自正月以終季夏不可伐木必生蠹蟲或曰以上旬伐之雖春夏不蠹猶有剖析間解之害又犯時令非急勿伐十一月伐竹木十二月斬竹伐木不蛀斫松在下弦後上弦前永無白蟻他樹亦同

欽定授時通考卷五十八

欽定授時通考卷五十九

農餘

蔬一

蔓菁 韭

同蒿 蔞蒿 牡蒿 蘋蒿 蘪蒿

白菜

芥 芥藍

菠薐

莧菜 馬齒莧

冬葵 龍葵 蒓葵 蒲葵 天葵

苦菜

蕹菜

芸薹

蓴菜

薇 巢菜

蕨（迷蕨　水蕨）

藜（蒿藋　灰藋）

薺菜

蔓菁

蔓菁

蔓菁一名蕪菁（北人名蔓菁并汾河朔間燒食其根呼為蕪根蕪菁南北之通稱）一名葑一名須一名薞蕪一名蕘一名芥（爾雅云須薞蕪疏云陳宋之間謂之葑幽州人謂之芥陳楚謂之蘴齊魯謂之蕘關西謂之蕪菁趙魏謂之大芥七者一物也）一名九英菘（塞北河西種者名九英蔓菁亦曰九英菘）一名諸葛菜（蜀人呼為諸葛菜）一名馬王菜（苗猺獠狫地方產菜味澀多刺即諸葛菜也相傳為馬殷所遺故名）一名雞毛菜（夏月則枯蔬圃復謂之雞毛菜）苗名蘴（孫緬云蘴蕪菁苗也）根為沙吉木兒（蒙古人呼其根云）根長而白形如胡蘿蔔霜後特軟美蒸煮煨任用梢似芋魁含有膏潤頗近穀氣莖粗葉大而厚潤夏初起薹開黃花四出如芥結角亦如芥子勻圓似芥子紫赤色莖葉梢遜於根亦柔膩不類他菜人久食蔬菜無穀氣即有菜色食蔓菁者獨否蔓菁四時皆有四時皆可食春食苗初夏食心亦謂之薹秋食莖冬食根數口之家能蒔數百本亦可終歲足蔬子可打油然燈甚明每畝根葉可得五十石每三石可當米一石是一畝可得米十五六石則三人卒歲之需也此菜北方甚多河東

太原所出其根極大又出西番吐谷渾地氣味苦溫無
毒常食通中下氣利五臟止消渴去心腹冷痛解麪毒
入丸藥服令人肥健尤宜婦人
劉賓客嘉話録公曰諸葛所止令兵士獨種蔓菁者何
絢曰取其纔出甲者生啗一也葉舒可煮食二也久居
隨以滋長三也棄去不惜四也回則易尋而採之五也
冬有根可斸食六也比諸蔬屬其利不亦溥乎曰信矣
三蜀之人亦呼蔓菁為諸葛菜江陵亦然

兼明書今人呼菘為蔓菁云北地生者為蔓菁江南生
者為菘此蓋習俗之非也余少時亦謂菘為蔓菁常見
醫方用蔓菁子為辟穀藥又為塗頭油又用之消毒腫
每訝菘子有此諸功殊不知其所謂近讀齊民要術乃
知蔓菁是蘿蔔苗即醫方所用蔓菁子是也漢桓帝時
年饑勸人種蔓菁以充饑諸葛亮征漢令軍人種蘿菔
則蘿菔蔓菁為一物無所疑也
雲南記嶲州界緣山野間有菜大葉而麤莖其根若大
蘿蔔土人蒸煮其根葉而食之可以療饑名之為諸葛
菜云武侯南征用此菜蒔於山中以濟軍食亦猶廣都
縣山櫟木謂之諸葛木也
南方草木狀蕪菁嶺嶠以南俱無之偶有士人因官攜
種就彼種之出地則變為芥亦橘種江北為枳之義也
齊民要術種不求多唯須良地故墟新糞壞牆垣乃佳若無故墟糞者以灰為糞令厚一寸灰多則燥不生也耕地欲熟七月初種之一
畝用子三升從處暑至八月白露節皆得早者作菹晚

者作乾漫散而勞種不用溼溼則地堅葉焦既生不鋤九月末
收葉仍留根取子十月中犁粗畤拾取耕出者若不耕畤則留者英不茂實不繁也春夏畦種供食者與畦葵法同剪訖更種從
春至秋可得三輩常供好菹取根者用大小麥底六月
中種十月將凍耕出之一畝得數車早出者根細
羣芳譜種法先薙草雨過即耕不雨先一日灌地使透
次日熟耕作畦或耬種或漫撒覆土厚一指五六日內
有雨不須灌無雨旱水灌溝中遙潤之勿澆土令地實

以沙土高者為上宜厚壅之擇子下種出甲後即耘出小者為茹若不欲移植取次耘出存其大者令相去尺許若欲移植俟苗長五七寸擇其大者移之先耕熟地作畦深七八寸起土作壟藝苗其上壟土虛浮根大倍常一法子欲陳用鰻鱺汁浸之曝乾種可無蟲取子者當六七月種來年四月收若中春種亦即生薹與秋種者同熟但根小莖矮子少耳供食者正月至八月皆可種凡遇水旱他穀已晚但有隙地即可種此以濟口食

一法地方一尺五寸植一本一步十六本一畝三千六百本每本子一合可得三石六斗比菜子可多三四倍利

菲 附

爾雅菲芴

注即土瓜也疏菲似葍莖麤葉厚而長有毛三月中蒸鬻為茹甘美可作羹幽州人謂之芴今河內人謂之宿菜

又菲蒠菜

注菲草生下濕地似蕪菁華赤色可食

同蒿

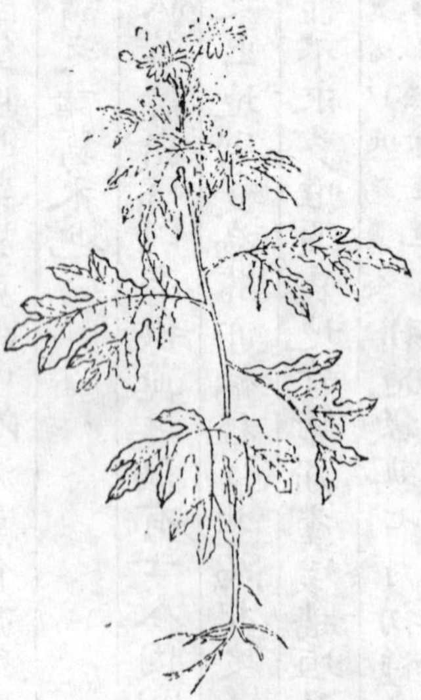

同蒿

同蒿一名蓬蒿(形氣同蓬蒿也)莖肥葉緑有刻缺微似白蒿甘脆滑膩四月起薹高二尺餘開花深黄色狀如單瓣菊花一花結子近百成毬如地菘及苦蕒子最易繁茂以佐日用最為佳品主安氣養脾胃消水飲多食動風氣熏心令氣滿

王氏農書春二月種可為常食秋社前十日種可為秋菜如欲出種春菜食不盡者可為子俱是畦種其葉又

可湯泡以配茶茗實菜中之有異味者

羣芳譜種植肥地治畦如種他菜法

蔞蒿附

蔞蒿一名白蒿一名蘩(爾雅云蘩皤蒿注云白蒿也)一名蔏(爾雅云購蔏注云蔞蒿也生下田初出可啖)一名由(一作游)胡(爾雅云繁由胡)一名旁勃(爾雅云北海人謂之旁勃)有水陸二種(爾雅通謂之蘩曰蘩皤蒿即今陸生艾蒿也辛熏不美曰蘩由胡即今水生蔞蒿也又曰蘩之醜秋為蒿則通指水陸二種而言謂其春時各有種名至秋老則皆呼為蒿矣)形狀相似但水生者辛香而美生陂澤中二月發苗葉似嫩艾而岐細面青背白其葉或赤或白其根白脆采其根莖生熟葅曝皆可食蓋嘉蔬也

牡蒿附

爾雅蔚牡菣

注無子者疏一名馬新蒿

本草一名齊頭蒿(諸蒿葉尖此獨奓而秃故有齊頭之名)三四月生苗其葉扁而本狹奓有秃岐嫩時可茹秋開細黄花結實大如車前實而内子細微不可見故人以為無子也

藾蒿附

爾雅苹藾蕭

注今藾蒿也初生亦可食疏葉青白色莖似箸而輕肥始生香可生食又可蒸食本草苹即陸生皤蒿俗呼艾蒿

藨蒿附

爾雅莪蘿

注今莪蒿也亦曰藨蒿疏一名蘿蒿生澤田漸洳之

處葉似斜蒿而細科生三月中莖可生食又可蒸香
美味頗似蔞蒿
本草一名抱娘蒿似小薊宿蒿先於百草

白菜

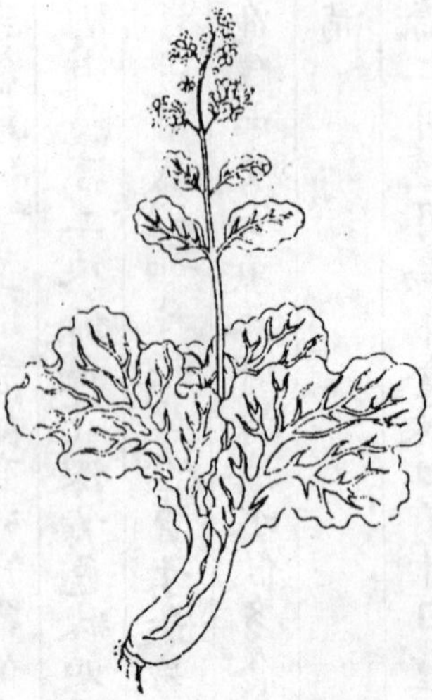

白菜

白菜一名菘（埤雅云菘性凌冬不彫四時長有有松之操故其字會意）諸菜中最堪
常食有二種一種莖圓厚微青一種莖扁薄而白葉皆
淡青白色子如蔓菁子而灰黑八月種二月開黃花四
瓣如芥花三月結角亦如芥燕趙遼陽淮揚所種者最
肥大而厚一本有重十餘斤者南方者畦内過冬北方
多入窖内燕京圃人又以馬糞入窖壅培不見風日長
出苗葉皆嫩黃色脆美無滓謂之黃芽菜乃白菜別種

莖葉皆扁味甘溫無毒利腸胃除胸煩解酒渴利大小
便和中止嗽冬汁尤佳夏至前菘菜食發皮膚風瘙動
氣發病又有春不老一名八斤菜葉似白菜而大甚脆
嫩四時可種醃食甚美
菜譜有春菘有晚菘

芥

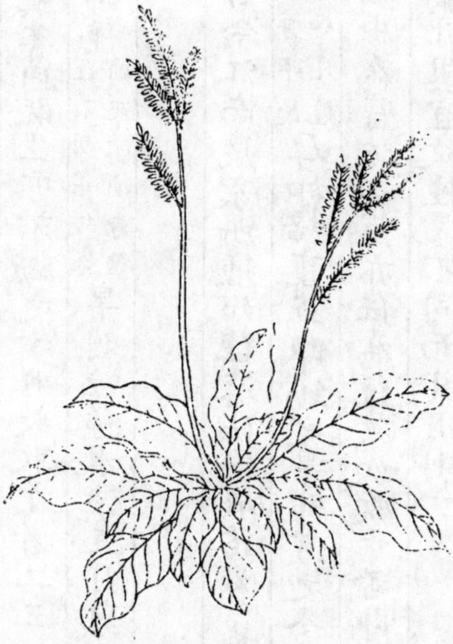

芥

芥一名辣菜一名臘菜其氣味辛辣有介然之義又可過冬也本草云冬月食者俗呼臘菜春月食者俗呼春菜四月食者謂之夏菜一名水蘇一名勞祖性辛溫無毒溫中下氣豁痰利膈處處有之種類不一有青芥又名刺芥葉大子粗葉似菘有柔毛味極辣可生食其子可藏冬瓜紫芥莖葉純紫可愛作齏最美白芥一名胡芥一名蜀芥來自戎中而盛於蜀八九月種至春深莖高二三尺葉如花芥葉青白色為茹甚美莖易起而中空性脆最畏狂風大雪須謹護之三月開黄花結角子如梁米黃白色又有一種莖大而中實者尤高子亦大白芥子堪入藥味極辛美利九竅明耳目通中他如南芥刺芥按此即青芥旋芥馬芥葉如青芥花芥葉多刻缺如蘿蔔英石芥低小者皺葉芥大芥一名皺葉芥大葉皺紋色尤深綠味更辛辣入藥用之類皆菜之美者三月開黄花結莢一二寸子如蘇子大色紫味辛芥心嫩者為芥藍極脆李時珍曰芥性辛熱而散久食耗真元昏眼目發瘡痔劉恂嶺南異物志云南土芥高五六尺子大如雞子此又芥之尤異者也

四民月令六月大暑中伏後可收芥子七月八月可種芥

齊民要術取葉者七月半種地欲糞熟一畝用子一升種法與蕪菁同既生亦不鋤之十月收取子者二三月好雨澤時種（性不耐寒經冬則死故須春種）旱則畦種水澆五月熟而收子

王氏農書今江南農家所種如種葵法俟成苗必移栽之（早者七月半種遲者八月種）厚加培壅草即鋤之旱即灌之冬芥經春長心中為鹽淡二葅亦任為鹽菜如收子者即不摘心蓋南北異宜故種畧不同而其用則一

芥藍 附

芥藍芥屬也葉色如藍故南人謂之芥藍仍可擘取食故北人謂之擘藍其葉大於菘根大於芥薹苗大於白芥子大於蔓菁花淡黃色其苗葉根心俱任為蔬子可壓油亦四時可種四時可食大畧如蔓菁也但食根之菜如芥蘆菔蔓菁之屬魁皆在土中此則魁在土上為異耳收根者須四五月種少長擘食其葉漸擘魁漸大八九月并根葉取之葉作葅或作乾菜根剝去皮或煮食或糟藏醬豉留根至明春復發苗可採食三月花四月實子每畝可收三四石

農政全書種芥藍宜耕熟地厚壅之土強者多用草灰和之耕熟後或漫散子取次耘之或種苗長數寸移植之或就平地種或作埒大畧與種蔓菁同法但須疎行則魁大子多每本令相去一尺餘

又凡菜種多冬榮夏枯獨芥藍乾枯收子之後根復生蘖經數年不壞蓋一種之後無論子粒傳生即原本亦

供數年採拾冬月悉取葉空留根來年亦生或并斸去大根稍存入土細根來年亦生

又芥藍莖葉用芝麻油煮如常煮菜法食之并歠其汁能散積痰其葉及子亦能消食積解麵毒

又菜名藍者不止因葉色似藍北人直用作澱可染紬帛勝於福青

菠薐

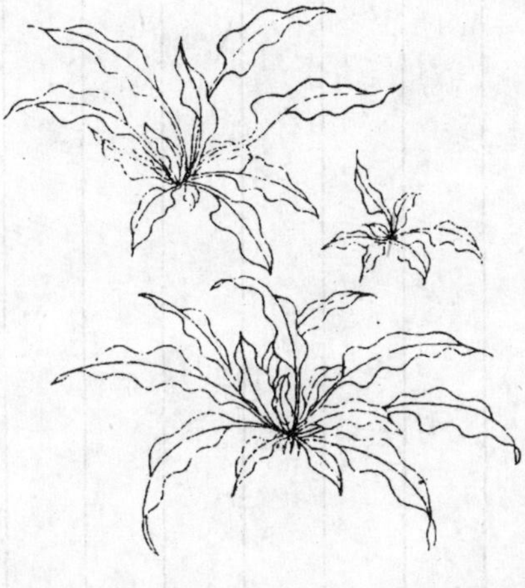

菠薐

菠薐一名波斯草一名赤根菜詢芻録云南人呼波菜北人呼赤根菜一名鸚鵡菜出西域頗陵國今訛為菠薐蓋頗陵之轉聲也見劉賓客嘉話録莖柔脆中空葉緑膩柔厚直出一尖傍出兩尖似鼓子花葉之狀而稍長大根長數寸大如桔梗色赤味甘美四月起薹尺許開碎白花叢簇不顯有雌雄雌者結實有刺狀如蒺藜子葉與根味甘冷滑無毒利五臟通腸胃熱開胸膈下氣調中止渴潤燥解酒毒

服丹石人最宜麻油炒食甚美北人以為常食春月出薹嫩而且美春暮薹漸老沸湯晾過曬乾備用甚佳可久食誠四時可用之菜也八九月種者可備冬食正二月種者可備春蔬

農桑輯要菠薐作畦下種如蘿蔔法春正月二月皆可種逐旋食用秋社後二十日種於畦下以乾馬糞培之以備霜雪十月内以水沃之以備冬食

羣芳譜種植正二月内將子水浸一二日候脹撈出控乾盆覆地上俟芽出擇肥鬆地作畦於每月下旬下種

與十餘日前種者同出亦一異也春種多蟲不如秋種者佳

莧菜

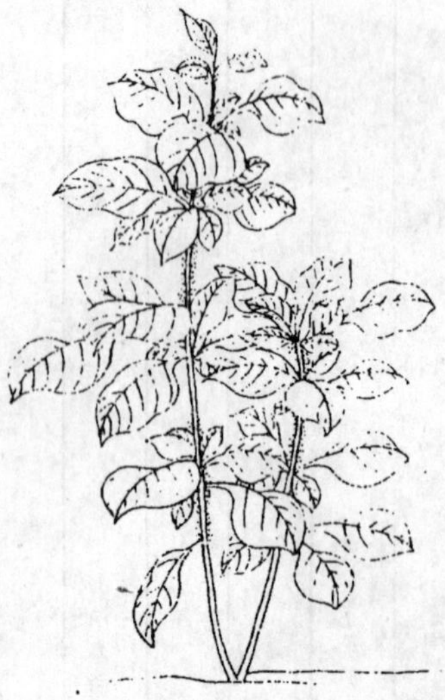

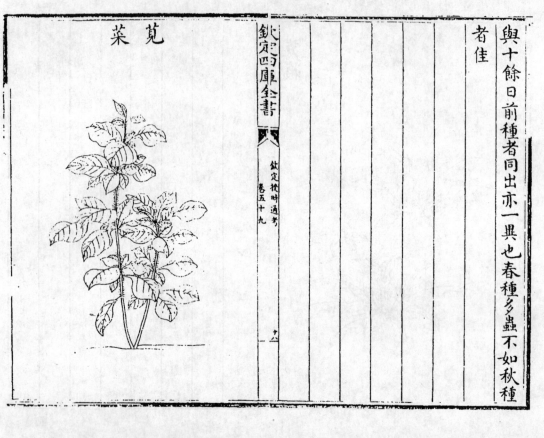

莧

莧凡五種赤莧一名蕢爾雅云蕢赤莧注云今莧菜之赤莖者本草云一名花莧莖葉深赤白莧人莧俱大寒又名糠莧胡莧二莧味勝他莧但大者為白莧小者為人莧或謂之細莧其實一也其子霜後方熟細而黑色又細莧俗名野莧猪好食之亦名猪莧紫莧莖葉皆紫無毒不寒吴人用以染爪者五色莧今稀有諸莧皆三月種葉如藍莖葉皆高大易見故名莧或曰莧從見諧聲也開細花成穗穗中細子扁而光黑與青葙子雞冠子無别老則抽莖甚高六月以後不堪食子霜後始熟九月收五莧俱氣味甘冷利無毒並

利大小腸治初痢滑胎通竅明目除邪氣寒熱白莧補氣除熱赤莧主赤痢射工沙虱紫莧殺蟲毒治氣痢忌與鼈共食

農桑輯要人莧但五月種之今人有三四月種者如欲出種留食不盡者八月收子

馬齒莧附

馬齒莧一名馬莧一名五行草以其葉青梗赤花黄根白子黑也一名五方草亦五行之義一名長命菜其性耐久難燥一名九頭獅子草

一名馬齒龍牙處處有之柔莖布地葉對生比並圓整如馬齒故名六七月開細花結小尖實實中細子如葶藶子狀苗煮熟曬乾可為蔬有二種葉大者名𧦣耳草不堪用小葉者又名鼠齒莧節葉間有水銀每十觔可得八兩或十兩氣味酸寒無毒散血消腫利腸滑胎解毒通淋治產後虛汗

冬葵

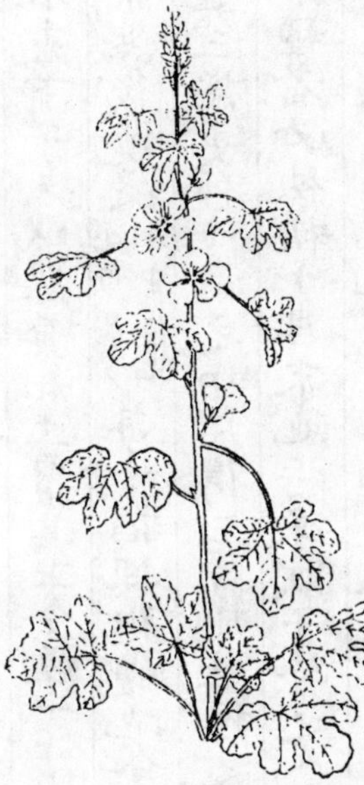

冬葵

葵說文曰菜也農書曰陽草也天有十日癸與葵終始故葵從癸有紫莖白莖二種葉之小者為鴨脚葵今南北皆有之一名露葵古人採葵必待露解一名滑葵言其性也為百菜之主備四時之饌本豐而耐旱一作寒味甘而無毒供食之餘可為葅腊枯枿之遺可為榜簇子若根則能療疾咸無棄材誠蔬茹之上品也

詩豳風七月亨葵及菽

本草綱目李時珍曰古人種為常食今種之者頗鮮其實大如指頂皮薄而扁實內子輕虛如榆莢仁六七月種者為秋葵八九月種者為冬葵正月復種者為春葵然宿根至春亦生

四民月令正月可種葵芥又六月六日種葵中伏以後可種冬葵

齊民要術臨種時必燥曝葵子葵子雖經歲不浥然溼種者瘠而不肥地不厭良薄即糞之春必畦種水澆春多風旱非畦不得且畦者省地而菜多

一畦供得一口畦長兩步廣一步大則水難匀深掘以熟糞對半和土覆其上令厚一寸鐵齒耙耬之令熟足蹋使堅平用水澆潤水盡下子又以熟糞和土覆其上令厚一寸餘葵生三葉然後澆之澆用晨夕日中便止每一掐輒耙耬地令起下水加糞三掐更種一歲之中凡得三輩凡畦種之物悉如之早種者必秋耕十月末地將凍散子勞之人足踐踏之乃佳踐者菜肥地釋即生鋤不厭數五月初更種之春者既老秋葉落未生故種此相接六月一日種白莖秋葵白者宜乾紫莖

者乾即黑而澀仍留五月種者取子春葵子熟不均故須留中輩於此時附地剪却春葵冷根上枿生者柔輭美於秋葵掐秋菜必留五六葉不掐則莖孤葉多則科大八月半剪去留其歧歧多者則去地一二寸獨莖者亦可去地四五寸枿生肥嫩比至收時高與人膝等莖葉皆美科雖不高菜實倍多若不剪早生者雖高數尺柯葉堅硬全不中食收待霜降傷早黃爛傷晚黑澀

羣芳譜葵甚易生地不論肥瘠宜於不堪作田之地多種以防荒年採瀹曬乾收貯

龍葵 附

本草一名苦葵一名苦菜益州有苦菜乃是苦蘵即龍葵也一名天茄子一名水茄一名天泡草一名老鴉酸漿草與酸漿相類故加老鴉以別之一名老鴉眼睛草五爪龍亦名老鴉眼睛草同名異物也李時珍曰龍葵龍珠一類二種也皆處處有之四月生苗高二三尺莖大如筯似燈籠草而無毛葉似茄葉而小五月以後開小白花五出黃蘂結子正圓大如五味子上有小蔕數顆同綴其味酸中有細子亦如茄子之子但生青熟黑者為龍葵生青熟赤者為龍珠

蔠葵 附

爾雅蔠葵蘩露

注承露也大莖小葉華紫黃色

本草一名落葵一名藤葵一名天葵一名繁葵一名御菜一名臙脂菜坡詩注云豐湖有臙脂藤生菜滑美勝蓴蔓生葉似杏葉而肥厚軟滑可茹八九月開細紫花累累結實如五味子熟則紫黑色揉取汁紅如臙脂女人飾面點唇及染布

物謂之胡臙脂亦曰染絳子但色易變耳其葉最能承露其子垂垂亦如綴露故得露名

蒲葵附

羣芳譜蒲葵葉似葵可食

天葵附

羣芳譜天葵一名莃一名菟葵爾雅云莃菟葵注云頗似葵而小葉狀如藜有毛雷公所謂紫背天葵是也葉如錢而厚嫩背微紫生崖石凡丹石之類得此始神但世人罕識唐本草注苗如石龍芮葉光澤花白似梅莖紫色煮汁極滑堪啜

苦菜

苦菜

苦菜一名苦苣一名苦蕒一名編苣一名游冬博雅云游冬苦菜也埤雅云此草凌冬不凋故名一名天香菜葉狹而綠帶碧莖空斷之有白汁花黃如初綻野菊花春夏旋開一花結子一叢如同蒿子花罷則萼斂子上有白毛茸茸隨風飄揚落處即生今處處有之但在北方者至冬而凋在南方者冬夏常青為少異耳味苦寒無毒夏天宜食能益心和血通氣主治腸澼渴熱中疾惡瘡霍亂後胃氣煩逆忌與蜜同食作肉痔脾胃虛寒人不可多食

禮記月令孟夏之月苦菜秀

又內則濡豚包苦實蓼

疏言濡豚之時包裹豚肉以苦菜殺其惡氣又實之以蓼

爾雅荼苦菜

疏一名荼草一名選

陸璣詩疏生山田及澤中得霜甜脆而美

蕹菜

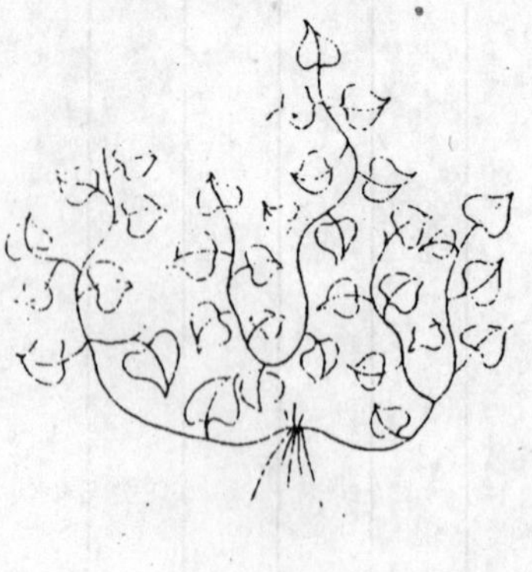

蕹菜

蕹菜（蕹與壅同此菜惟以壅成故謂之蕹）幹柔如蔓中空葉似菠稜及鏊頭開白花堪茹南人編葦為筏作小孔浮水上種子於水中長成莖葉皆出葦孔中隨水上下南方之奇蔬也陸種者宜濕地畏霜雪九月藏土窖中三四月取出壅以糞土節節生芽一本可成一畦生嶺南今江夏金陵多蒔之

蕓薹

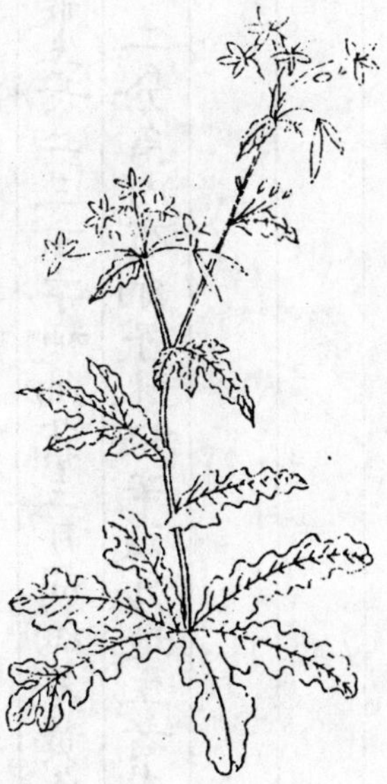

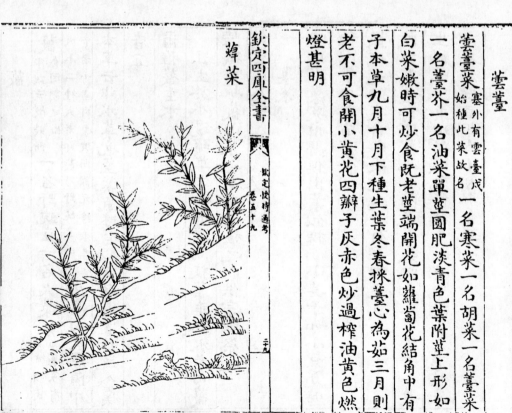

蕓薹

蕓薹菜（塞外有雲臺戍始種此菜故名）一名寒菜一名胡菜一名薹菜一名薹芥一名油菜單莖圓肥淡青色葉附莖上形如白菜嫩時可炒食既老莖端開花如蘿蔔花結角中有子本草九月十月下種生葉冬春採薹心為茹三月則老不可食開小黃花四瓣子灰赤色炒過榨油黃色燃燈甚明

蕹菜

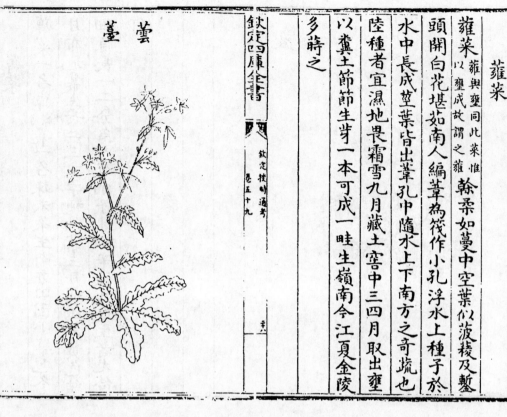

蔊菜

蔊菜一名䓬(音罩)菜一名辣米菜生南方田園小草也冬月布地叢生長二三寸柔梗細葉三月開細花黄色結細角長一二分角内有細子味極辛辣沙地生者尤伶仃

薇

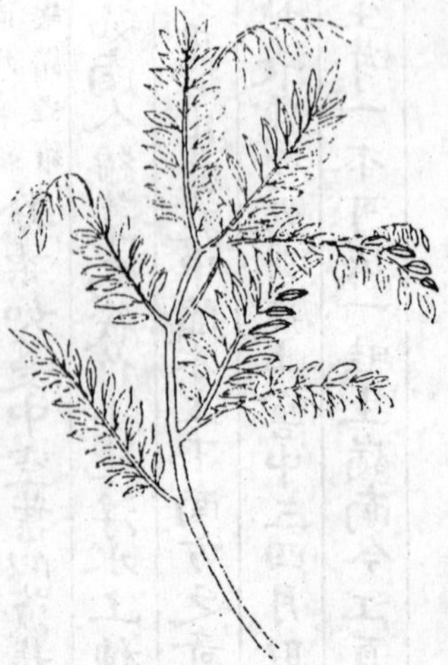

薇

薇(字說云微賤所食因謂之薇)一名野豌豆一名大巢菜(本草項氏曰巢菜有大小二種大者即薇乃野豌豆之不實者小者即東坡所謂元修菜也)生麥田及原隰中本草云非水草也莖葉氣味皆似豌豆其藿作蔬入羹皆宜

爾雅薇垂水

注生於水邊疏草生於水濱而枝葉垂於水者曰薇

陸璣詩疏薇山菜也今官園種之以供宗廟祭祀

巢菜(附)

四川志巢菜州縣俱出葉似槐而小其子如小豆夏時種以糞田其苗可食

蘇軾元修菜詩序菜之美者有吾鄉之巢

陸游巢菜詩序蜀蔬有兩巢大巢豌豆之不實者小巢生稻畦中東坡所賦元修菜是也吳中絕多名漂搖草一名野蠶豆但人不知取食耳

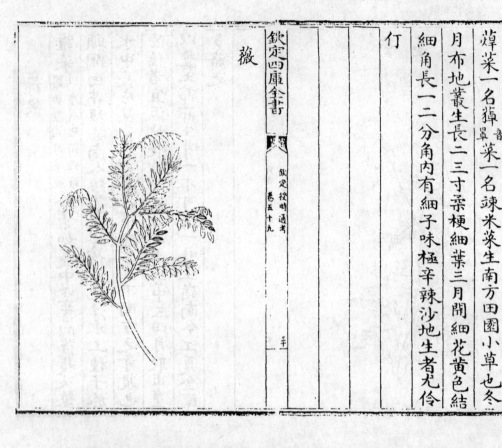

蕨

蕨

蕨一名虌爾雅云蕨虌注云廣雅云紫綦非也江西謂之虌陸璣詩疏云山菜也周秦曰蕨齊魯曰虌埤雅云狀如大雀拳足又如其足之蹷也故謂之蕨俗云初生亦類虌故曰虌也二三月生芽拳曲狀如小兒拳長則展寬如鳳毛高三四尺莖嫩時無葉採取以灰湯煮去涎滑曬乾作蔬味甘滑肉煮甚美薑醋拌食亦佳荒年可救饑根紫色皮肉有白粉擣爛洗澄取粉名蕨粉可蒸食亦可盪皮作線色淡紫味滑美陸璣謂可供祭祀今山中處處有之

齊民要術二月中高八九寸老有葉瀹為茹滑美如葵三月中其端散為三枝枝有數葉葉似青蒿長麤堅長不可食用

爾雅翼蕨紫色而肥野人今歲焚山則來歲蕨菜繁生其舊生蕨之處蕨葉老硬敷披人誌之謂之蕨基

迷蕨 附

爾雅綦月爾

注即紫綦也似蕨可食

本草李時珍曰紫綦似蕨有花而味苦初生亦可食三蒼謂之迷蕨

水蕨 附

本草水蕨似蕨生水中呂氏春秋云菜之美者有雲夢之萱即此菜也

藜

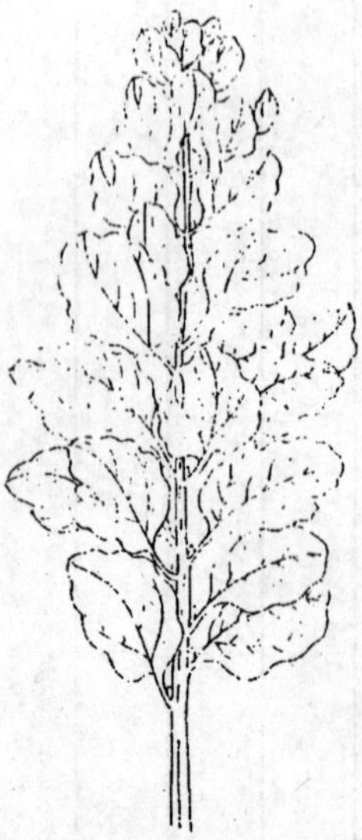

藜

藜一名萊一名紅心灰藋一名臙脂菜一名鶴頂草一名落藜生不擇地處處有之即灰藋之紅心者莖葉稍大嫩時亦可食老則莖可為杖氣味甘平微毒殺蟲煎湯洗蟲瘡漱齒䘌擣爛塗諸蟲傷

蔏藋 附

爾雅拜蔏藋

注蔏藋亦似藜疏此亦似藜而葉大者名拜一名蔏

藋

灰藋 附

灰藋一名灰滌菜一名金鎖天今訛為灰條菜處處原野有之四月生苗莖有紫紅線稜葉尖有刻缺面青背白莖心嫩葉皆有細白灰如沙為蔬亦佳氣味甘平無毒治惡瘡蟲咬面䵟等疾忌著肉作瘡五月漸老高者數尺七八月開細白花結實成簇如毬中有細子蒸曝取仁可炊飯及磨粉食救荒本草云結子成穗者味甘

散者味苦生牆下樹下者忌用白者謂之蛇床有毒

薺菜

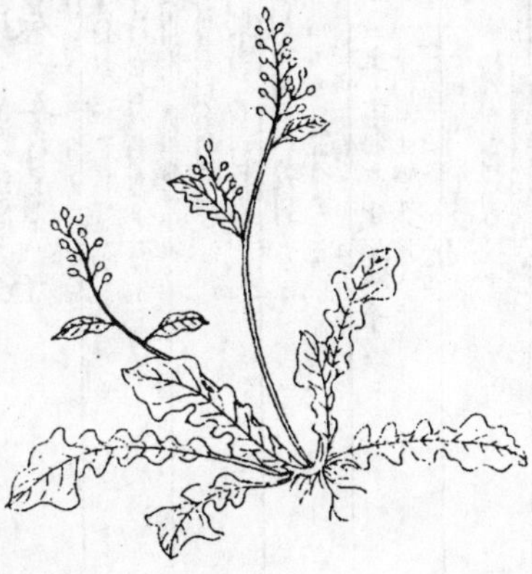

薺菜

薺一名護生草本草云薺生於濟故謂之薺釋家取其莖作挑燈杖可避蚊蛾謂之護生草野生有大小數種小薺花葉莖扁味美最細者名沙薺大薺科葉皆大而味不及小薺莖硬有毛者名菥蓂爾雅云菥蓂大薺疏云又名蔑析一名大蕺一名馬辛味欠佳冬至後生苗二三月起莖五六寸開細白花結莢如小萍有三角莢內細子名蒫爾雅云蒫薺實疏云薺子味甘人取其葉作葅及羹四月收師曠所謂歲欲豐甘草先生即此

野菜譜江薺生臘月生熟皆可食花時不可食但可作虀用倒灌薺生旱田采之熟食亦可作虀蒿柴薺其葉可食其稭可燃掃帚薺春采熟食碎米薺三月采皆可作虀

春秋繁露薺以美冬水氣也薺甘味也乘於水氣故美者甘勝寒也薺之言濟所以濟大水也

欽定授時通考卷五十九

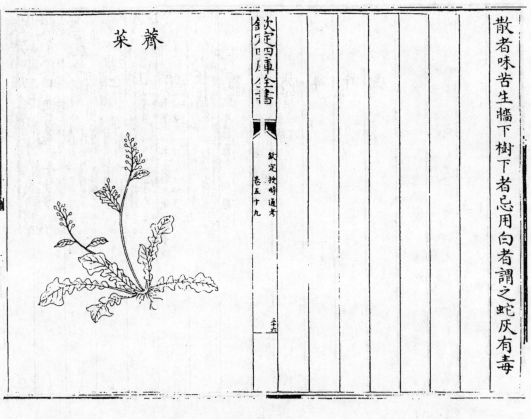

欽定四庫全書

欽定授時通考卷六十

農餘

蔬二

山藥

芋 香芋 土芋 甘露子

甘藷

蘿蔔 水蘿蔔 胡蘿蔔

萵苣 生菜

蕈

芹 紫芹

蘆

山藥

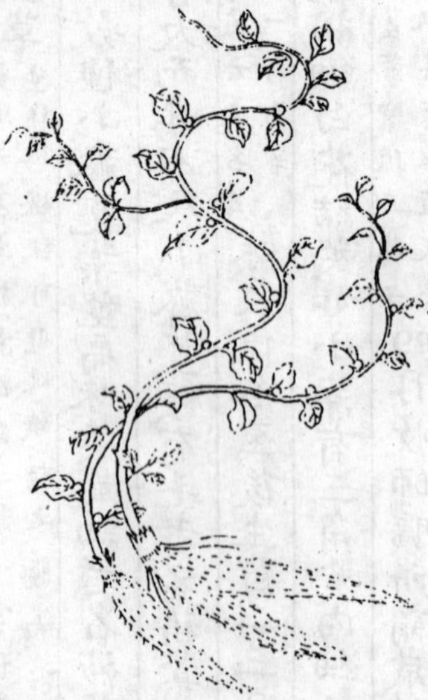

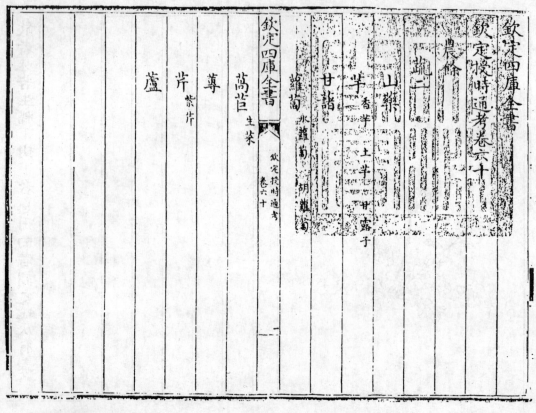

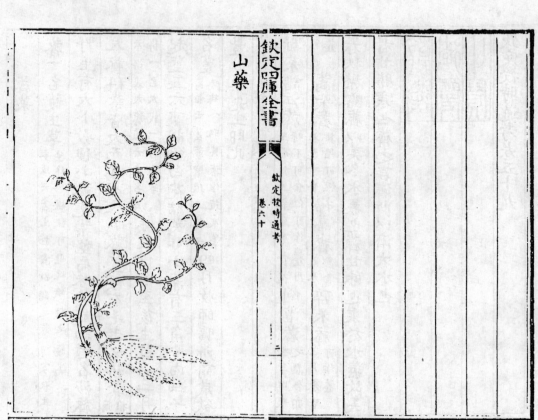

山藥

山藥原名薯蕷（負暄雜録云山藥本名薯蕷避唐代宗諱改名薯藥宋英宗名曙改名山藥）一名山諸一名土諸一名玉延（廣雅云玉延署預也吳普云齊魯名玉延）一名修脆一名藷萸一名山芋一名藷薯一名兒草江閩人單呼為藷處處有之南京者最大而美蜀道尤良入藥以懷慶者為佳春閒生苗蔓延莖紫青有三尖似白牽牛葉更厚而光澤五六月開細花成穗淡紅色大類棗花秋生實於葉閒青黃八月熟落根下外薄皮土黃

色狀似雷丸大小不一肉白色煮食甘滑與根同冬春採根皮亦土黃色薄而有毛其肉白色者為上青黑者不堪用南中有一種生山中者根細如指極緊實刮磨入湯煮之作塊味更佳食之尤益人江湖閩中一種根如薑芋而皮紫大者切數片去皮煎煮俱美但性冷於北地者彼土人呼為藷入藥以野生者為勝性甘溫平無毒鎮心安神魂魄止腰痛治虛羸健脾胃益腎氣止洩痢化痰涎久服耳目聰明輕身不老

羣芳譜種植春社日取宿根多毛有白瘤者竹刀截作二寸長塊先將地開作二尺寬溝深三四尺長短任意先填亂糞柴一半上實以土將截斷山藥豎埋於中上仍以糞土覆與溝平時澆灌之苗生以竹或樹枝架作梭高三四尺當年可食三四年者根大尤美夏月宜頻澆最宜肥地每年易人而種宜牛糞麻籸忌人糞

芋

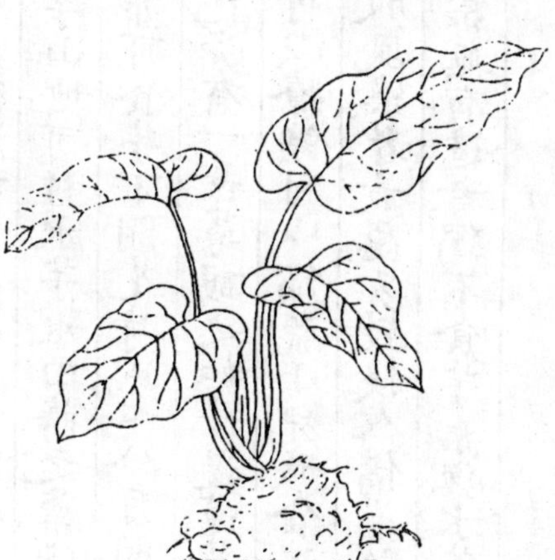

芋

芋一名土芝一名蹲鴟史記注云芋頭形類鴟鳥之蹲一名[illegible]在在有之蜀漢為最京洛者差圓小葉如荷長而不圓莖微紫乾之亦中食根白亦有紫者南方之芋子大如斗旁生子甚多皮上有微毛如鱗次裹之拔之則連茹而起味甘蒸煮任意濕紙包火煨過熟乘熱噉之則鬆而膩益氣充饑亦可為羹臛廣志所載有君子芋大如斗魁淡原作談誤善芋魁大如瓶少子葉如繖蓋紺色而紫莖其長丈餘易熟長味是芋之最善者百果芋魁大

子繁畝收百斛雞子芋色黃車轂芋鉅一作銀子芋旁原作勞誤巨芋青浥芋四種皆多子可乾腊亦可藏至夏皆種之美者長味芋味長莖亦可食九面芋大而不美青芋曹芋一作素芋象芋一作象空芋大而弱使人易饑皆不可食又有蔓芋綠枝生大者如二三升博士芋出新鄭蔓生而根如鵝鴨蛋百子芋出葉俞縣有魁芋無旁子酉陽雜俎有天芋生終南山中葉如荷而厚雀芋狀如雀頭置乾地反濕置濕地反乾飛鳥觸之墮走獸遇之僵益部方物畧記有赤鸛芋俗號赤鸛頭芋形長而圓但子不繁衍味最美蠻芋味亦美其形則圓子繁衍人多蒔之博果芋品最下搏接也言可接果山中人多食之爾雅翼云芋之大者前漢謂之芋魁後漢書謂之芋渠本草芋種雖多有水旱二種旱芋山地可種水芋水田蒔之葉皆相似但水芋味勝莖亦可食芋不開花時或七八月間有開者抽莖生色黃花旁有一長萼護之如半邊蓮花之狀味平除煩止渴可以療饑可以備荒小兒戒食滯胃氣難尅化有風疾服風藥者最忌多致殺人備荒論曰蝗之所至凡草木葉無有遺者獨不食芋桑與水菱芡宜廣種之

史記貨殖傳蜀卓氏之先趙人也秦破趙遷卓氏曰吾聞岷山之下沃野下有蹲鴟至死不饑乃求遠遷致之臨卭

晉書李雄載記雄尅成都軍饑甚乃率衆就穀於郪掘野芋而食之

茅堂閒話閤皁山一寺僧專力種芋歲收極多杵之如泥造墼為牆後遇大饑獨此寺四十餘僧食芋墼以度凶歲

氾勝之書種芋區方深皆三尺取豆萁内區中足踐之厚尺五寸取區上濕土與糞和之内區中萁上令厚尺二寸以水澆之足踐令保澤取五芋子置四角及中央足踐之旱數澆之萁爛芋生子皆長三尺一區收三石

農桑通訣種宜軟白沙地近水為善（芋畏旱故宜近水）區深可三尺許行欲寬寬則過風本欲深深則根大春宜種夏種不生秋宜壅失壅則瘦鋤宜頻澆宜數霜降捩其葉使收液以美其實

羣芳譜擇種十月揀根圓長尖白者就屋南簷下掘坑以礱糠鋪底將種放下稻草蓋之勿使冷爛至三月間取出埋肥地待旱苗發三四葉於五月間擇近水肥地移栽其科行與種稻同或用河泥或用灰糞爛草壅培旱則澆之有草則去之若種旱芋亦宜肥地

又栽種正二月將耕過地先鋤一偏以新黃土覆蓋三月中擇壬申壬午壬戌辛巳戊申庚子辛卯日將芋芽向上種候生三四葉高四五寸五月移栽霜降後鋤開根邊土上肥泥壅根則愈大而愈肥南方多水芋北方多旱芋總之地皆宜肥水芋二尺一科畝為科二千一百六十科收魁若子二斤畝為斤二千三百二十以備荒救饑已數倍於作田矣種芋之地衆人來往眼目多見及閙刷鍋聲多不蘖生鋤芋宜晨露未乾及雨後耘鋤令根旁虛則芋大子多若日中耕大熱則蔫以灰糞培則茂水芋不必耘但亦宜肥地七月在芋四角掘土壅根則土暖結子圓大霜後起之芋荄繁宜剝取淖曬乾煮食味極甘美

香芋 附

香芋形如土豆而味甘美煮熟可食

羣芳譜種芋法香芋皮黃肉白莖葉如扁豆而細又有引蔓開花花落即生名之曰落花生皆嘉定有也

土芋 附

本草土芋一名土豆一名土卵一名黃獨蔓生葉如豆根圓如卵肉白皮黃可灰汁煮食亦可蒸食解諸藥毒

生研水服吐出惡物

甘露子 附

本草甘露子以根味而名一名地蠶原譜誤作環一名土蛹一名草石蠶皆以根形而名蘇頌云草石蠶根之似蠶者一名蠶石一名滴露一名地爪兒荆湘江淮以南野中有之人亦栽蒔二月生苗長者近尺方莖對節狹葉有齒並如雞蘇但葉皺有毛四月開小花成穗一如紫蘇花穗結子如荆芥子其根聯珠狀如老蠶掘根蒸煮食之味如百合

羣芳譜二三月鋤宜沃土宜沾濕凡種宜於園圃近陰處或樹蔭下疎種之至秋乃收生熟皆可食又可蜜煎可醬漬可作豉雨中以灰雜糞土覆掩根鋤草淨則生繁至冬鋤去一云葉上露滴地即滋生是以有露滴之名

甘藷

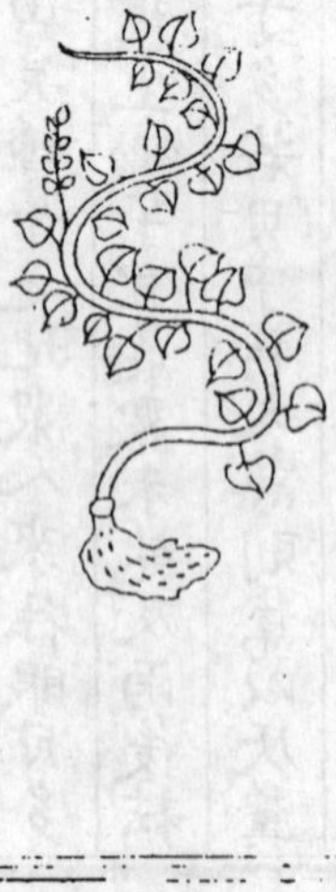

甘藷

甘藷一名朱藷一名番藷大者名玉枕藷稗史類編云嶺外多藷有發深山邃谷而得者重數十斤名玉枕藷形圓而長本末皆銳肉紫皮白質理膩潤氣味甘平無毒補虛乏益氣力健脾胃強腎陰與薯蕷同功久食益人與芋及薯蕷自是各種巨者如杯如拳亦有大如甌者氣香生時似桂花熟者似薔薇露撲地傳生一莖蔓延至數十百莖節節生根一畝種數十石勝種穀二十倍閩廣人以當米穀有謂性冷者非二三月及七八月俱可種但卵有大小耳卵八九月始生冬至乃止始生便可食若未須者勿頓掘令居土中日漸大到冬至須盡掘出則不敗爛

南方草木狀甘藷蓋薯蕷之類或曰芋之類根葉不如芋皮紫而肉白蒸鬻食之產珠崖之地海中之人皆不業耕稼惟掘地種甘藷秋熟收之蒸曬切如米粒倉圓貯之以充糧糗是名藷糧

異物志甘藷出交廣南方民家以二月種十月收之其根似芋亦有巨魁大者如鵝卵小者如雞鴨卵剝去紫皮肌肉正白如肪南人當米穀果食炙皆香美初時甚甜經久得風稍淡

甘藷疏閩廣藷有二種一名山藷彼中故有之一名番藷有人自海外得此種海外人亦禁不令出境此人取藷絞入汲水繩中因得渡海分種移植遂開閩廣之境兩種莖葉多相類但山藷植援附樹乃生番藷蔓地生山藷形壘魁番藷形圓而長其味則番藷甚甘山藷稍劣江南田圩下者不宜藷若高仰之地平時種藍種豆者易以種藷有數倍之獲大江以北土更高地更廣即其利百倍不啻矣倘慮天旱則此種畝收數十石數口之家止種一畝縱災甚而汲井灌溉一至成熟終歲足食有何不可徐光啓云昔人謂蔓菁有六利柿有七絕予謂甘藷有十二勝收入多一也色白味甘諸土種中特為夐絕二也益人與薯蕷同功三也遍地傳生剪莖作種今歲一莖次年便可種數十畝四也枝葉附地隨

節生根風雨不能侵損五也可當米穀凶年不能災六也可充籩實七也可釀酒八也乾久收藏屑之旋作餅餌勝用餳蜜九也生熟皆可食十也用地少易於灌溉十一也春夏種初冬收入枝葉極盛草穢不容但須壅土不用鋤耘不妨農工十二也

羣芳譜種植種藷宜高地沙地起脊尺餘種在脊上遇旱可汲井澆灌即遇澇年若水退在七月中氣候既不及藝五穀即可翦藤種藷至蝗蝻為害草木蕩盡惟藷

根在地薦食不及縱令莖葉皆盡尚能發生若蝗信到時急令人發土偏壅蝗去之後滋生更易是天災物害皆不能為之損人家凡有隙地但只數尺仰天見日便可種得石許此救荒第一義也須歲前深耕以大糞壅之春分後下種若非沙土先用柴灰或牛馬糞和土中使土脈散緩與沙土同庶可行根重耕起要極深將藷根每段截三四寸長覆土深半寸許每株相去縱七八尺横二三尺俟蔓生既盛苗長一丈留二尺作老根餘翦三葉為一段插入土中每栽苗相去一尺大約二分入土一分在外即又生藷隨長隨翦隨種隨生蔓延與原種者不異凡栽須順栽倒栽則不生節則土上即生枝在土下即生卵凡各節生根即從其連綴處斷之令各成根苗每節可得卵三四枚

又藏種九月十月間掘藷卵揀近根先生者勿令損傷用軟草包裹掛通風處陰乾一法於八月中揀近根老藤翦七八寸長每七八根作一小束耕地作畦將藤束

栽畦内如栽韭法過月餘每條下生小卵如蒜頭狀冬月畏寒稍用草蓋覆至來春分種若老條原卵在土中無不壞爛 一法霜降前取近根卵稍堅實者陰乾以軟草各襯另以軟草裹之置無風和暖不近霜雪不受水凍處一法霜降前收取根藤曬令乾於竈下掘窖約深一尺五六寸先下稻糠三四寸次置種其上更加稻糠三四寸以土蓋之一法七八月取老藤種入木桶或磁瓦器中至霜降前置草篅中以稻糠襯置向陽近火

處至春分後依前法種　收蔓枝節已偏地不能容者即為游藤宜翦去之及掘根時捲去藤蔓俱可飼牛羊猪或曬乾冬月喂皆能令肥腯　用地凡藷二三月種者每株用地方二步有半而卵偏焉每官畝約用藷三十六株四五月種者地方二步而卵偏焉畝約六十株六月種者方一步有半而卵偏焉畝約一百六株有奇七月種者地方一步而卵偏焉畝約二百四十株八月種者地方三尺以内得卵細小矣畝約九百六十株種之疎密畧以此準之九月畦種生卵如箸如棗擬作種此松江法也北方早寒宜早一月算又在視天氣寒暖臨時斟酌耳

蘿蔔

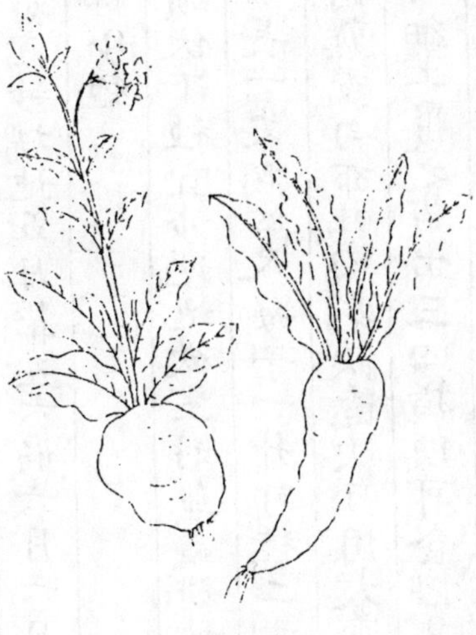

蘿蔔

蘿蔔一名萊菔（菘乃菜名萊菔乃根名後世訛為蘿蔔南人呼為蘿瓝或云性能制麫毒故名來服言來麰之所服也）一名蘆萉一名雹葖（爾雅云葖蘆萉注云萉宜為菔蘆菔蕪菁屬紫花大根俗呼雹葖）一名紫花菘一名溫菘（紫花菘溫菘皆南人所呼吳人呼楚菘廣南人呼秦菘廣韻云魯人呼為菈遝）一名土酥（農書云北人蘿蔔一種四名春曰破地錐夏曰夏生秋曰蘿蔔冬曰土酥謂其潔白如酥也）一名蘿根處處有之北土尤多其狀有長圓二類根有紅白二色莖高尺餘苗稠則小隨時取食令稀則根肥大葉大者如蕪菁細者如花芥皆有細柔毛春末抽高薹開小花紫碧色夏初結莢子大如麻子黃赤色圓而微扁生河朔者頗大而江南安州洪州信陽者尤大有重至五六斤者大抵生沙壤者脆而甘生瘠地者堅而辣根葉皆可生可熟可俎可虀可醬可豉可醋可糖可腊可飯乃蔬中之最有益者氣味辛甘無毒下氣消穀去痰癖止咳嗽利膈寬中肥健人令肌膚細白同猪羊肉鯽魚煮食更補益熟者多食滯膈中成溢飲服地黃何首烏者食之髮白以蘿蔔多

食滲血性相反也

種樹書種蘿蔔宜沙壖地五月犂五六徧六月六日種鋤不厭多稠即少種

羣芳譜種植頭伏下種宜沙地地欲生則無蟲耕地欲熟則草少治畦長一丈闊四尺每子一升可種二十畦子陳更佳先用熟糞勻布畦內水飲透次日用大糞拌子令勻撒畦內細土覆之苗出三四指便可食擇其密者去之疎則根大尺地只可留三四窠厚壅頻澆其利自倍月月可種月月可食欲收種於九月十月擇其良者去鬚帶葉移栽之澆灌以時至春收子可備種蒔鋤不厭頻忌帶露鋤恐生蟲

水蘿蔔　附

水蘿蔔形白而細長根葉俱淡脆無辛辣氣可生食亦有大如臂長七八寸者則土地之異也出山東壽光縣者尤鬆脆

胡蘿蔔　附

胡蘿蔔有黃赤二種長五六寸宜伏內畦種肥地亦可

漫種大者盈握冬初掘取生熟皆可啖可果可蔬苴高二三尺有白毛氣如蒿不可生食貧人曬乾冬月亦可拌麪充饑三伏内治地㸃種地肥則漫種頻澆則肥大欲收種者留至次年開碎白花攢簇如傘子如蛇牀子稍長而有毛褐色又如蒔蘿子元時始自邊塞中來故名甘辛無毒下氣補中利胸膈安五臟令人健食有益無損予治久痢一種野胡蘿蔔根細小亦同金幼孜北征録云交河北有沙蘿蔔根長二尺許大者徑寸下支

生小者如筯色黄白氣味辛而微苦氣似胡蘿蔔想亦胡蘿蔔之類但地利人力之不同耳

萵苣

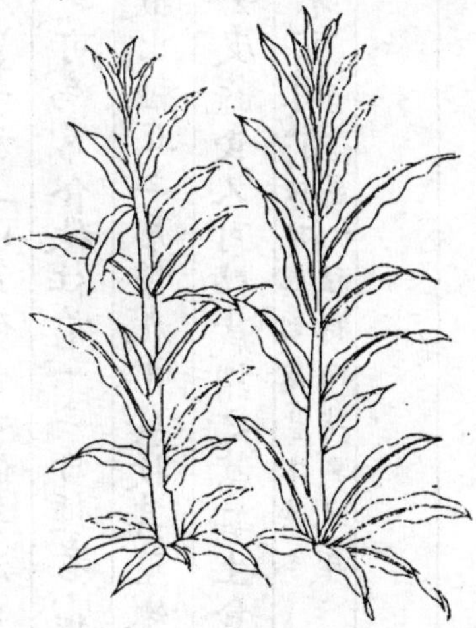

萵苣

萵苣一名萵菜墨客揮犀云萵菜自咼國來故名一名千金菜清異錄云咼國使者來漢隋人求得菜種酬之甚厚因名千金菜菜似白苣而尖嫩多皺色稍青折之有白汁四月抽薹高三四尺剝皮生食味清脆糟食亦佳江東人鹽曬壓實以備方物謂之苣筍農桑通訣謂即野苣按野苣即苦苣又名苦蕒其根亦苦與萵苣自是兩種但萵苣葉亦微苦南人食薹不食葉其種法與白苣同正二月下種四月出圃後不再種與生

菜異耳

生菜附

生菜一名白菜一名石苣陸璣詩疏云青州謂之芑似萵苣而葉色白斷之有白汁正二月下種四月開黃花如苦蕒結子亦同八月十月可再種以糞水頻澆則肥大諺云生菜不離園宜生食又生挼鹽醋拌食故名生菜色紫者名紫苣一云紫苣和土作器火煆如銅

農桑輯要萵苣作畦下種如菠薐法先用水浸種一日於濕地上襯布置子於上以盆碗合之候芽漸出則種春正二月種之可為常食秋社前一二日種者霜降後可為淹菜如欲出種正二月種九十日收其莖嫩如指大高可踰尺去皮疏食又可糟藏謂之萵筍生食又謂之生菜四時不可闕者按據此則萵苣生菜本是一種特南北異宜耳

蓴

蓴

蓴一作蒓 一名茆詩傳云茆鳧葵也又陸璣疏云茆與荇菜相似江東人謂之蓴菜 一名錦帶 一名水葵陸璣疏云江東或謂之水葵 一名露葵詳見顔氏家訓 一名馬蹄草 一名缺盆草生南方湖澤中最易生種以水淺深為候水深則莖肥而葉少水淺則莖瘦而葉多其性逐水而滑惟吳越人喜食之葉如荇菜而差圓形似馬蹄莖紫色大如筯柔滑可羹夏月開黃花結實青紫色大如棠梨中有細子三四月嫩莖未葉細如釵股黃赤

色名稺蓴稺小也 又名雉尾蓴體軟味甜五月葉稍舒長者名絲蓴細莖如絲也 九月萌在泥中漸麤硬名瑰蓴或作葵蓴十月十一月名猪蓴謂可喂猪也 又名龜蓴酉陽雜俎云江東謂之蓴龜 味苦體澀不堪食取汁作羹猶勝他菜味甘寒無毒治消渴熱痺厚腸胃安下焦逐水解百藥毒竝蠱氣

齊民要術近陂湖可於湖中種之近流水者可決水為池種之性易生一種永得宜潔淨不耐污糞穢入池即死

芹

芹

芹古作蘄本草作蘄從草從斳諧聲也後省作芹楚有蘄州蘄縣俱音淇羅願云地多產芹故字從芹蘄亦音芹徐鍇註說文蘄字从草蘄諸書無斳字據此則蘄字亦當从斳作蘄字也一名水英一名楚葵爾雅云芹楚葵注云今水中芹菜有水芹旱芹水芹生江湖陂澤之涯旱芹生平地有赤白二種爾雅翼云白芹舒蘄多有之土人呼為白芷二月生苗其葉對節而生似芎藭其莖有節稜而中空其氣芬芳五月開細白花如蛇牀花蘇恭云白芹取根赤芹莖葉並堪作葅味甘無毒止血養精益氣止

煩去伏熱殺藥毒令人肥健置酒醬香美和醋食滋人但損齒又有一種馬芹爾雅謂之茭又名牛蘄若野茴香葉細銳可食亦芹類也本草李時珍云一名胡芹一名野茴香以其氣味子形微似也金光明經謂之葉婆你與芹同類而異種一種黃花者毛芹也有毒殺人此旱芹之一種

詩小雅觱沸檻泉言采其芹

箋芹菜也可以為葅采水中者尚潔清也

齊民要術收根畦種之常令足水尤忌潘泔及鹹水澆之則死性易蕃茂甜脆勝野生者

紫芹附

本草紫芹一名蜀芹一名楚葵一名苔菜一名水蔔菜

羣芳譜紫芹即赤芹生陰崖陂池近水石邊狀類赤芍藥葉深綠背甚赤莖似蕎麥花紅可喜結實亦似蕎麥味苦澀其汁可以煮雌制汞伏砂擒黃號起貧草他方頗少太行王屋諸山最多

蘆

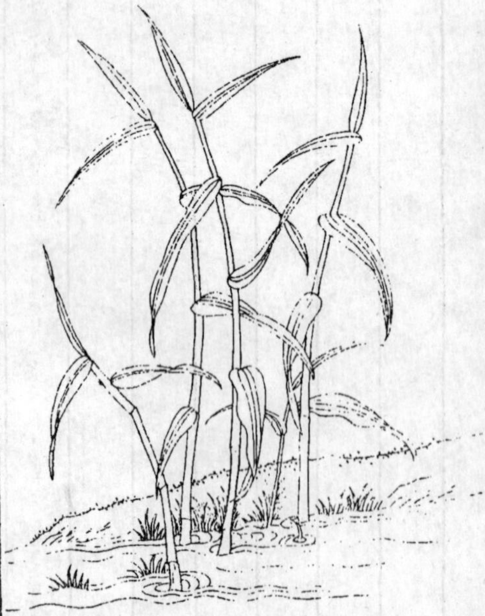

蘆

蘆一名葦生下濕地處處有之葉四白而垂中心抽幹長丈許中虛皮薄色青老則白中有白膚身有節如竹葉隨節生若箬葉下半裹其莖無旁枝花白作穗若茅花根若竹根而節踈

禮記月令季夏之月命澤人納材葦

注蒲葦之屬此時柔紉可取作器物也

爾雅葦醜芀

疏葦即蘆之成者其類皆有芀秀也

又葭華蒹薕葭蘆菼亂其萌虇

疏此辨蒹葭等生成之異名也葭一名華即今蘆也葦之未成者蒹一名薕葭一名蘆菼一名亂李巡曰分別葦類之異名其萌名虇

本草蘆有數種其長丈許中空皮薄色白者葭也蘆也葦也短小於葦而中空皮厚色有青蒼者菼也亂也荻也萑也其最短小而中實者蒹也薕也皆以初生已成得名

丹鉛錄蘆葦通一物也所謂蒹今作薕者是也所謂菼今人以當薪爨者也北人以蘆與葦為二物水傍下隰所生者為葦其細不及指人家園地間可植者為蘆其幹差大深碧色者為碧蘆

農桑輯要葦四月苗高尺許選好葦連根栽成土墩如椀口大於下隰地内掘區栽之縱横相去一二尺欲得力則窖藏至冬放火燒過次年春芽出便成好葦十月後刈之

一法二月熟耕地作壠取根卧栽以土覆之次年成葦

又壓栽法其葦長時掘地成渠將莖倒以土壓之露其稍凡葉向上者亦植令出土下便生根上便成笋與壓桑無異五年之後根交當隔一尺許斸一钁即滋旺矣

其花絮沾濕地即生蘆然不如根栽者

欽定授時通考卷六十

欽定四庫全書

欽定授時通考卷六十一

農餘

蔬三

菜瓜 稍瓜

黄瓜

南瓜

冬瓜

絲瓜

葫蘆 瓠子

茄

菌 木耳 石耳 地耳

菜瓜

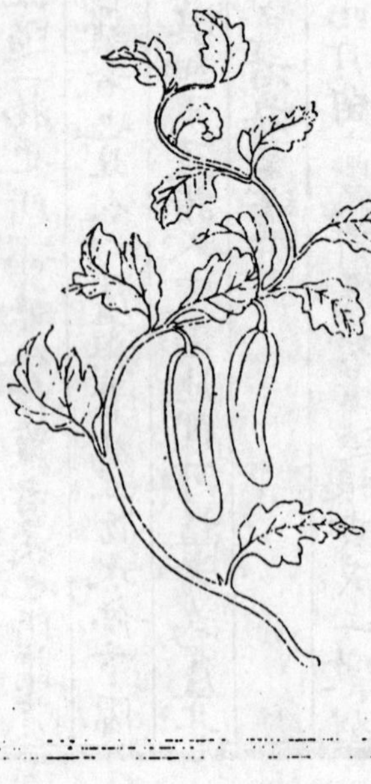

菜瓜

菜瓜北方名苦瓜蔓葉俱如甜瓜生時色青質脆可生食間有苦者亦可作豉醃葅故名菜瓜熟亦微甜生秋月大小不一止可醃以備冬月之用

學圃餘疏瓜之不堪生啖而堪醬食者名曰菜瓜圓者如甜瓜長者如王瓜皆一類也

稍瓜 附

本草稍瓜一名越瓜一名菜瓜南北皆有二三月下種

生苗就地生蔓青葉黃花並如冬瓜花葉而小夏秋之間結瓜有青白二色大如瓠子一種長者至二尺許俗呼羊角瓜子狀如胡瓜子大如麥粒

羣芳譜稍瓜蔓生較黃瓜頗麤色綠而黑縱有白紋界之微凹體光而滑膚實而韌味甘寒利腸去煩熱止渴利小便解酒熱宣洩熱氣不益小兒不可與乳酥鮓同食宜忌大暑與黃瓜同

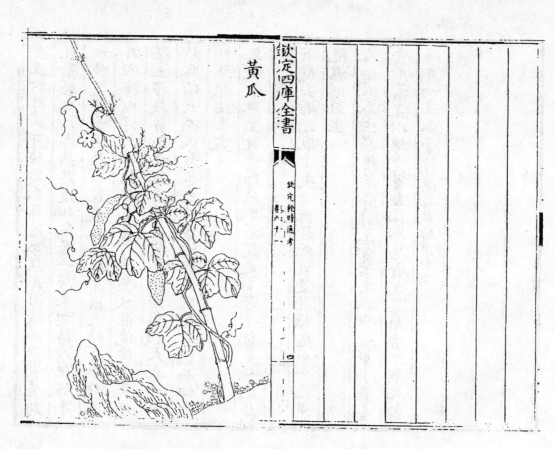

黃瓜

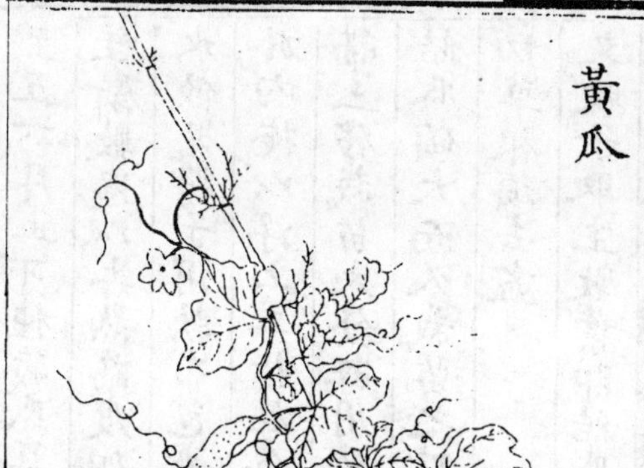

黃瓜

黃瓜一名胡瓜本草云張騫使西域得種故名拾遺錄云大業四年避諱改為黃瓜俗又呼為王瓜蔓生葉如木芙蓉葉五尖而澀有細白刺如針芒莖五稜亦有細白刺開黃花結實青白二色質脆嫩多汁有長數寸者有長一二尺者遍體生刺如小粟粒多謊花其結瓜者即隨花並出味清涼解煩止渴可生食種陽地暖則易生行陣宜整兩行微相近用樹枝棚起如人胸高附蔓於上兩行外相遠以通人行喜糞壅頻鋤

勿令生草瓜生至初花鋤三四次鋤勿著根令瓜苦亦有隨地蔓生者摘瓜時宜引手摘勿踏瓜蔓亦勿翻覆之此瓜可生食亦可醃以為葅性甘寒小兒不宜多食

學圃餘疏王瓜出燕京者最佳其地人種之火室中逼生花葉二月初即結小實中官取以上供又一種秋生者亦佳五土俱宜閩中二三月間食入夏枯矣

羣芳譜種植下種宜甲子庚子壬寅辛巳黃道開成日二月上旬為上時三月上旬為中時四月上旬為下時至五六月止可種藏瓜耳藏瓜皮厚可收藏者預先將畦斸數遍以土熟為度加熟糞一層又翻轉以耙耬平水飲足將子用軟布包裹水濕生芽出天晴日中種子於內掩以浮土二指厚每晨以清糞水灌澆俟苗長茂帶土移栽苗大發旺用竹刀開其根踏間納大麥一粒結瓜碩大而久栽苗之畦修治與上同糞要熟而細一切草根須去盡

又收子取生數葉即結瓜者謂之本母子留至極熟摘

下截去兩頭取中央者洗淨晾乾置乾燥處勿令浥濕浥濕則難生

又衛瓜瓜生蟻用羊骨引至旁葉去瓜中黃甲小蟲喜食瓜葉宜以綿兜罥去凡瓜忌香尤忌麝香一觸之輒痿死一法瓜旁種葱蒜能辟麝

南瓜

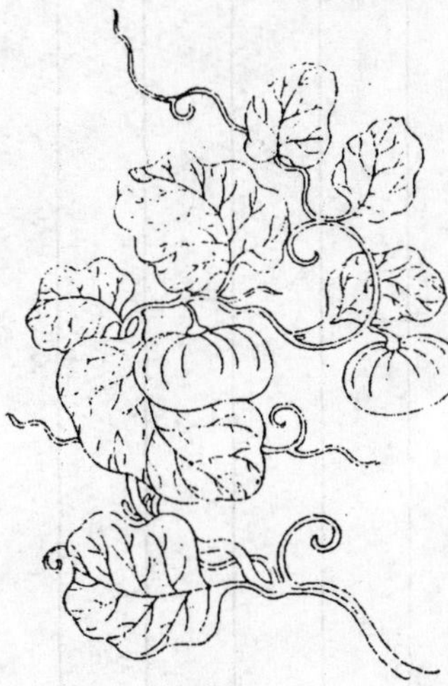

南瓜

南瓜附地蔓生莖麤而空有毛葉大而綠亦有毛開黃花結實形橫圓而豎扁色黃有白紋界之微凹煮熟食味甜而膩亦可和肉作羹又有番南瓜實之紋如南瓜而色黑綠蒂頗尖形似葫蘆皆不可生食

本草南瓜四月生苗引蔓甚繁一蔓可延十餘丈節節有根近地即著葉狀如蜀葵大如荷葉花如西瓜花結瓜正圓大如西瓜上有稜如甜瓜一本可結數十顆其色或綠或黃或紅子如冬瓜子肉厚色黃

農桑通訣浙中一種陰瓜宜陰地種之秋熟色黃如金皮膚稍厚可藏至春食之如新疑即南瓜也

冬瓜

冬瓜

冬瓜一名白瓜一名水芝一名地芝見廣雅一名蔬蓏在處蒔之附地蔓生莖麤如指有毛中空葉大而青有白毛如刺開白花實生蔓下長者如枕圓者如斗皮厚有毛初生青綠經霜則青皮上白如塗粉肉及子亦白八月斷其梢簡實小者摘去止留大者五六枚經霜乃熟十月足收之味甘微寒性急善走除小腹水脹利小便止渴益氣除滿耐老去頭面熱鍊五臟有熱病宜食陰虛及患寒疾人久病人忌之霜降後方可食不然反成胃病本草云其瓤謂之瓜練白虛如絮可以浣練衣服其子謂之瓜犀在瓤中成列

齊民要術種冬瓜法傍牆陰地作區圍二尺深五寸以熟糞及土相和正月晦日種既生以柴木倚牆令其緣上旱則澆之

又十月區種如區種瓜法冬則推雪著區上為堆潤澤肥好乃勝春種

羣芳譜收藏宜高燥處忌近鹽醋及掃帚雞犬觸犯與芥子同安置可經年不壞

又收子瓜蔕灣曲貼肉者雌瓜也俟極老取子收高燥處勿浥濕留作種

絲瓜

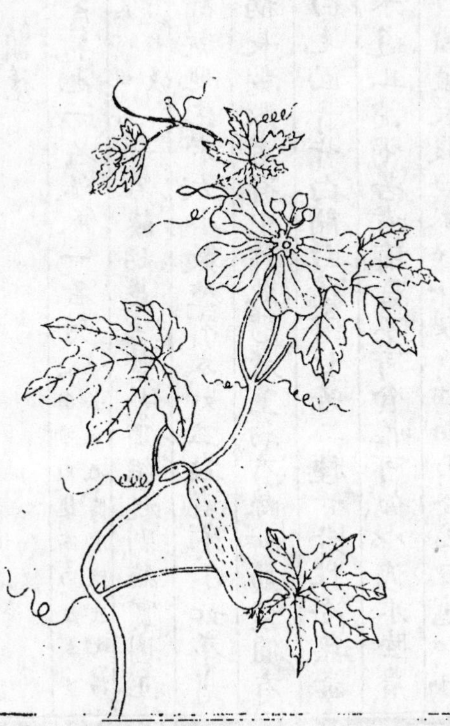

絲瓜

絲瓜一名蠻瓜一名布瓜一名天羅絮一名天絲瓜蔓生莖綠色有稜而光葉如黄瓜葉而大無刺深綠色宜高架喜背陽向陰開大黄花五出微似胡瓜花蘂瓣俱黄少以鹽漬可點茶結實狀如瓜有短而肥者有長而瘠者瓜大寸許長一二尺或三四尺深綠色有皺點瓜首如鼈首嫩者煮熟加薑醋食同雞鴨猪肉炒食佳不可生食性冷解毒多食敗陽九月將老者取子留作種瓤絲如網可滌器

葫蘆

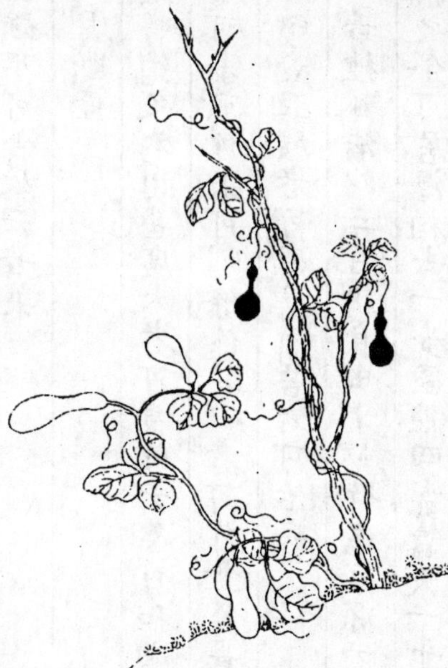

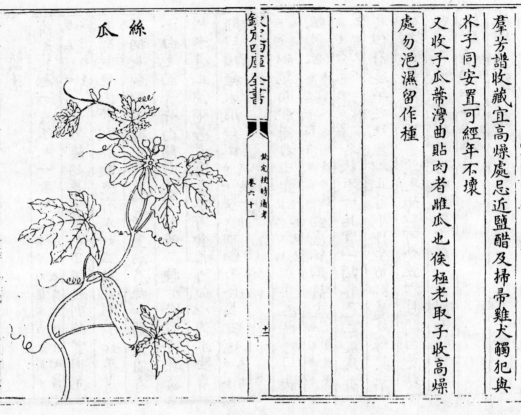

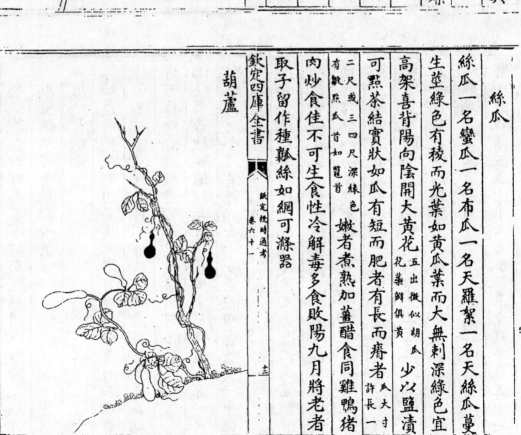

葫蘆

葫蘆匏也一名瓠瓜一名匏瓜（圓者曰匏亦曰瓢本草云壺酒器盧飲器此物象其形故名俗作葫蘆）一名蔜姑蔓生莖長須架起則結實圓正亦有就地生者大小數種有大如盆盎者有小如拳者有柄長數尺者有中作亞腰者莖葉有絲如筋葉圓有小白毛面青背白開白花有甘苦二種甘者性冷無毒利水道止消渴苦者有毒不可食惟可佩以渡水陸農師曰項短大腹曰瓠（長如越瓜首尾如一者）細而合上曰匏（無柄而圓）

（大形扁者）似匏而肥圓者曰壺（匏之有短柄大腹者）本草李時珍曰長瓠懸瓠（瓠之一頭有腹長柄者今人以為茶酒瓠）壺盧瓠瓜蒲盧（細腰者今之藥壺盧廣志謂之約腹壺亦有大小二種）名狀不一其實一類各色也處處有之但有遲早之殊並以正月下種生苗引蔓延緣其葉似冬瓜葉而稍圓有柔毛嫩時可食五六月開白花結實白色大小長短各有種色瓠中之子齒列而長謂之瓠犀（爾雅云瓠棲瓣注云瓠中瓣也）

詩邶風匏有苦葉

疏匏葉少時可為羹今河南及揚州人恒食之八月中堅强不可食故云苦葉

豳風八月斷壺

王禎農書匏之為用甚廣大者可煮作素羹可和肉煮作葷羹可蜜煎作果可削條作乾小者可作盒盞長柄者可作噴壺亞腰者可盛藥餌苦者可治病

氾勝之書種瓠法以三月耕良田十畝作區方深一尺以杵築之令可居澤相去一步區種四實蠶矢一斗與土糞合澆之水二升所乾處復澆之著實以馬箠㲉其

心勿令蔓延多實實細以藁薦其下無令親土多瘡瘢度可作瓢以手摩其實從蔕至底去其毛不復長且厚八月微霜下收取掘地深一尺薦以藁四邊各厚一尺以實置孔中令底下向瓠一行覆上土厚二尺二十日出黄色好破以為瓢其中白膚以養猪致肥其瓣以作燭致明一本三實一區十二實一畝得二千八百八十實十畝凡得五萬七千六百瓢瓢直十錢并直五十七

萬六千丈用蠶矢二百石牛耕功力直二萬六千丈餘有五十五萬肥猪明燭利在其外

又區種瓠法收種子須大者若先受一斗者得收一石受一石者得收十石先掘地作坑方圓深各三尺用蠶沙與土相和令中半（若無蠶沙生牛糞亦得）著坑中足躡令堅以水沃之候水盡即下瓠子十顆復以前糞覆之既生長二尺餘便總聚十莖一處以布纏之五寸許復用泥泥之不過數日纏處便合為一莖留强者餘悉掐去引蔓

結子子外之條亦掐去之勿令蔓延留子法初生二三子不佳去之取第四五六區留三子即足旱時須澆之坑畔周匝小渠子深四五寸以水停之令其遙潤不得坑中下水

羣芳譜種葫蘆冬瓜茄瓠瓠子黃瓜菜瓜俱宜天晴日中下種每晨以清糞水澆之二月下旬栽則五月中旬結實若三月種則太遲矣種法正月預以糞和灰土實塡作一坑候土發過熱篩過以盆盛土種諸子常灑水日曬暖夜收暖處候生甲時分種於肥地常以清糞水灌澆上用低棚蓋之待長帶土移栽候引蔓結子子外之條掐去之凡留子初生二三子不佳取第四五者留之每科留三枚即足餘旋食之　種大葫蘆正月中掘地作坑深數尺或至一丈塡實油麻菉豆爛草葉一層糞土一層如此數重向上一尺餘糞土塡之坑方四五尺每坑只種十餘顆二月下子待生長尺許揀擇肥好者四莖每兩莖相縛著一處仍以竹刀刮去半邊以物

纏住以牛糞黃泥封之一如接樹法裹待生做一處只留一頭取此兩莖亦如前法四根合作一根長大只留一根待結葫蘆只揀取兩箇周正好大者餘俱去之依此葫蘆極大每箇可盛一石　長頸葫蘆如前法如欲將長頸打結待葫蘆生成趁嫩時將其根下土挖去一邊却輕擘開根頭揑入巴豆肉一粒在根裏仍將土罨其根候二三日通根籐葉俱輭𤻲欲死却任意將葫蘆結成或絛環等式仍取去根中巴豆照舊培澆過數日

復鮮如故俟老收之

匏子附

匏子江南名扁蒲就地蔓生處處有之苗葉花俱如葫蘆結子長一二尺夏熟亦有短者麤如人肘中有瓤兩頭相似味淡可煮食不可生噉夏月為日用常食至秋則盡不堪久留性冷無毒除煩止渴治心熱利水道調心肺治石淋吐蛔蟲壓丹石毒

茄

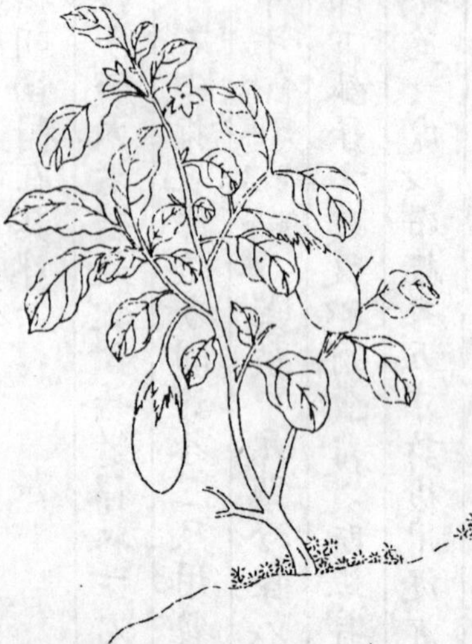

茄子

茄子一名落蘇酉陽雜俎云錢王有子跛足以聲相近故呼落蘇一名小菰見晉書先蠶儀注一名崑崙瓜見大業拾遺錄云改呼茄子為崑崙紫瓜清異錄云人間但名崑味有紫青白三種老則黃如金來自暹羅紫者又名紫膨脝說本黃庭堅白者又名銀茄又一種白者名渤海茄形圓有蔕有蔓大者如甌又一種白花青色稍扁一種白而扁謂之番茄此物宜水勤澆多糞則味鮮嫩自小至大生熟皆可食又可曬乾冬月用如地瘠少水者生食之

刺人喉一種水茄形稍長亦有紫青白三色根細末大甘而多津可止渴此種尤不可缺水與糞此數種在在有之味甘寒丹溪謂茄屬土甘而降火莖麤如指紫黑有刺葉如蜀葵葉亦紫黑有刺開花時摘其葉布通衢規以灰令人物踐踏之則子繁俗名嫁茄熟者食之厚腸胃火炙食之甚美北方以為常食南人不敢生食云動氣發瘡及痼疾患冷氣人忌用秋後茄發眼疾

本草株高三四尺葉大如掌自夏至秋開紫花五瓣相

連五稜如縷黄藥綠蔕蔕包其茄茄中有瓤瓤中有子
子如脂麻有團如栝樓者有長四五寸者
王氏農書茄視他菜最耐久供膳之餘糟醃豉醋無所
不宜須廣種之
羣芳譜種植二月下子須肥熟地常澆灌之俟四五葉
帶土移栽相離尺許根宜築實虛則風入難活區土不
宜有浮土恐雨濺泥汚葉則萎而不茂宜天晴栽鋤治
培壅功不可缺

又收種九月黄熟時摘取擘四瓣或六瓣曬極乾懸之
房内或向陽處勿浥濕臨種時水泡取子淘淨去其浮
者

菌

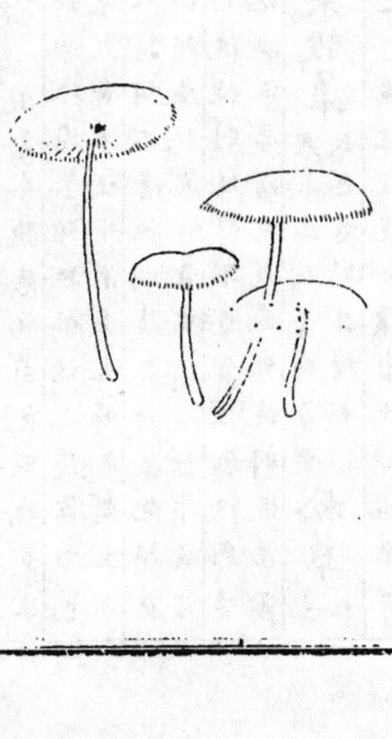

菌

菌本草一名杜蕈一名菰子一名地雞一名獐頭陳藏器曰地生者為菌木生者為檽江東人呼為蕈凡菌從地中出者皆主瘡疥牛糞上黑菌尤佳若燒灰地上經秋雨生菌重臺者名仙人帽大主血病菌冬春無毒夏秋有毒有蛇蟲從下過也夜中有光者欲爛無蟲者煮之不熟者煮訖照人無影者上有毛下無紋者仰卷赤色者並有毒凡煮菌投以薑屑飯粒若色黑者殺人否則無毒

爾雅中馗菌

註地蕈也似蓋今江東名為土菌亦曰馗廚可啖

農桑通訣中原呼菌為菌茹又為莪又一種謂之天花桑樹上生者呼為桑莪江南山中松下生者名為松滑誠齋云傘不如笠釘勝笠蓋愈嫩愈美風味過於他菌又有紫菌白菌二種尤佳野蕈如赤菰黃耳皆可食

陳仁玉菌譜合蕈 生韋羌山寒極雪收春氣欲動土鬆芽活此菌候也菌質外褐色肌理玉潔芳薌韻味一發釜鬵聞百步外蓋菌多種例柔美皆無香獨合蕈香與味稱玉溪山中亦同時産惟蕈柄高無香氣土人以是別於韋羌焉 稠膏蕈 生玉溪山秋中霏雨零露浸釀山膏木腴蓓為菌花戢戢多生山絕頂高樹杪初如蘂珠圓瑩類輕酥滴乳淺黃白色味尤甘勝已乃傘張大幾掌味頓渝矣春時亦間生不能多稠膏得名土人謂稠木膏液所生耳合蕈他邦猶或有之此蕈獨此山所産故尤可貴煮法當徐下鼎瀋侯湆沸漉起謹勿匕撓撓則涎腥不可食性參和衆味而特全於酒烹齊既調溫厚滑甘弍欲致遠則復湯蒸熟貯之瓶罌然其味去出山遠也 栗殼蕈 寒氣至稠膏將盡栗殼色者則其續也 松蕈 生松陰採無時 竹蕈 生竹根味極甘 麥蕈 多生溪邊沙壤鬆土中俗名麥丹蕈味殊美絕類北方摩姑 玉蕈 生山中初寒時色潔皙可愛故名玉然作羹微韌俗名寒蒲蕈 黃蕈 叢生山中梔鬱黃色俗名黃纘又有名黃犉者性峭硬有味 紫蕈 頳紫色亦山中産俗名紫富蕈品為下 四季蕈 生林木中味甘而肌理麤峭不入品 鵝膏蕈 生高山狀類鵞子久乃繖開味殊甘滑不謝稠膏然與杜蕈相亂杜蕈者生土中俗言毒蝥氣所成食之殺人凡中其毒者必笑解之宜以苦茗雜白礬勻新水幷咽之無不立愈

潘之恒廣菌譜杉蕈 出宜州生積年杉木上狀若菌採無時 皂角蕈 生皂樹上不可食 香蕈 香蕈生桐柳枳椇木上紫色者名香蕈 天花蕈 即天花菜出五臺山形如松花而大於斗香氣如蕈白色食之甚美 麻菰蕈 出東淮北山間埋桑楮木於土中澆以米泔待菰生采之長二三寸本大末小白色柔軟其中空虛狀如未開玉簪花俗名雞足蘑菰謂其味狀相似也一種狀如羊肚有蜂窠眼者名羊肚菜 雞樅蕈 出雲南生沙地間丁蕈也高脚繖頭土人采烘以充方物按通

雅作雞㙇雲南志謂之雞葼雞以形言葼者飛而斂足之貌訛本楊慎或作蟻㙇以其産處下皆蟻穴貴州志云下有蟻若蜂房狀又名蟻𡘋 雷蕈 出廣西橫州遇雷過即生須疾采之少遲則腐或老不堪用矣作羹甚美亦如雞㙇之屬其價並珍 舥菜 即海船舥上所生菌也亦不多得 竹蓐 即竹菰也草更生曰蓐得溽濕之氣而成本草作竹肉因其味也生慈竹林夏月逢雨滴汁著地涌出如鹿角白色者可食生苦竹枝上如雞子如肉臠者有大毒又曰竹菰生朽竹根節上狀如木耳或紅白色酉陽雜俎云江淮有竹肉大如彈丸味如白雞即此物也惟苦竹生者有毒 萑菌 萑當作萑乃蘆葦之屬讀如桓或以為鸛屎所化非也今渤海蘆葦澤中鹹鹵地往往有之其菌色白輕虛表裏相似與衆菌不同出滄州秋雨以時乃有之若天旱久霖即稀日乾者良

農桑通訣四時類要云三月種菌子取爛楮木及葉於地埋之常以泔澆灌之三兩日即生又法畦中下爛糞取楮可長六七寸截斷搥碎如種菜法勻布土蓋日澆潤之令長濕隨生隨食可供常餼今山中種香蕈亦如此法但取向陰地擇其所宜木 楓槠楮等樹 伐倒用斧碎砍成坎以土覆壓之經年樹朽以蕈碎剉勻布坎內謂之驚禪雨雪之餘天氣蒸暖則蕈生矣雖踰年而獲可以繼取反土覆之時用泔澆灌越數時則以槌棒擊樹則堪博采采訖遺種在內來歲仍發復相地之宜歲易代種新採趁生煮食香美曝乾則為乾香蕈今深山窮谷之民以此代耕殆天茁此品以遺其利也

木耳 附

本草木耳一名木檽一名木菌一名木㙇一名樹雞一名木蛾 曰耳曰蛾象形也曰檽以軟濕者佳也曰雞曰㙇因味似也南楚人謂雞為㙇曰菌猶蜠也亦象形也蜠乃貝子之名或曰地生為菌木生為蛾 生朽木之上無枝葉乃濕熱餘氣所生其良毒亦隨木性今貨者亦多雜木惟桑柳

楮榆之耳為多桑耳 一名桑檽一名桑蛾一名桑雞一名桑黃一名桑臣一名桑上寄生 桑檽以下皆軟耳之名桑黃以下皆硬菰之名 槐耳 一名槐檽一名槐菌一名槐雞一名赤雞一名槐蛾 此槐樹上菌也當取堅如桑耳者煮漿粥安槐木上草覆之即生蕈 榆耳 八月採之今人不飢按摹床㵎餘云榆肉榆莢也腴脆無比大者數斤即指此種 栭耳 一名栭黃 楊櫨耳 出南山

石耳 附

本草石耳一名靈芝生天台四明河南宣州黃山巴西邊徼諸山石崖上遠望如煙廬山亦有之狀如地耳山僧采曝餽遠洗去沙土作茹勝於木耳

地耳附

本草地耳一名地踏菰亦石耳之屬生於地者狀如木耳春夏生雨中雨後亟采之見日即不堪

欽定授時通考卷六十一

欽定四庫全書

欽定授時通考卷六十二

農餘

蔬四

生薑

椒川椒 崖椒 蔓椒 地椒 胡椒 番椒

茴香八角茴香 時蘿

韭山韭 水韭

葱

蒜水晶葱

薤韭山薤 野薤

蒝荽野蒝荽

苜蓿

生薑

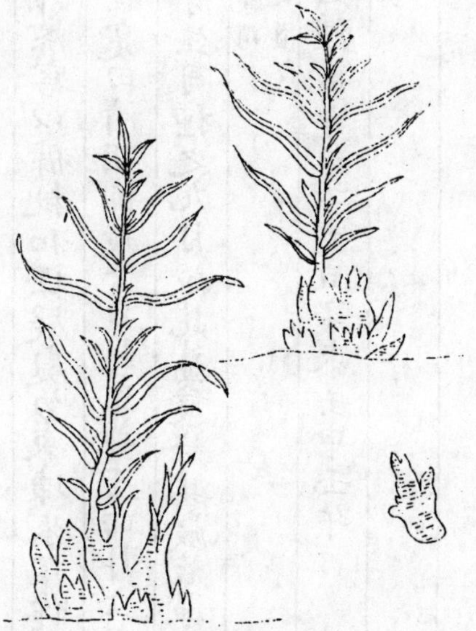

生薑

薑禦濕之菜也苗高二三尺葉似箭竹葉而長兩兩相對苗青根嫩白老黃無實處處有之漢温池州者良三月種五月生苗如初生嫩蘆而葉稍濶葉亦辛香秋社前後新芽頓長如列指狀采食無筋尖微紫名紫芽薑又名子薑秋分後者次之霜後則老性惡濕畏日秋熱則無薑氣味辛微温無毒通神明辟邪氣益脾胃散風寒除壯熱治脹滿去胸中臭氣解菌蕈諸毒生用發熱熟用和中留皮則凉去皮則熱八九月多食春多患眼

孕婦忌食令兒盈指

羣芳譜種植宜白沙地少與糞和種熟耕縱横七八徧倢清明後三日種濶一步作畦長短隨地横作壠壠相去一尺深五六寸壠中安薑一尺一科帶芽大三指蓋土三寸覆以蠶沙無則用熟糞雞糞尤妙芽出後有草即耘漸漸以土蓋之已後壠中卻令高不得去土為芽向上長也芽長後從旁揠去老薑耘鋤不厭數五六月

覆以柴棚或插蘆蔽日不耐寒熱八月收取九月置煖窖中寒甚作深窖以糠粃和埋煖處勿凍壞來年作種

齊民要術崔寔曰清明節後十日封生薑至四月立夏後蠶大食芽生可種之九月藏茈薑蘘荷其歲若温皆待十月（生薑謂之茈薑）

吴下田家志種薑宜甲子乙丑辛未壬申壬午

椒

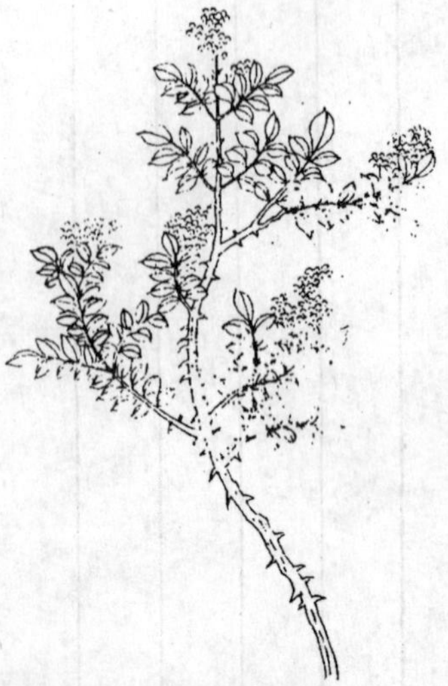

椒

椒一名花椒一名大椒一名檓（爾雅云檓大椒注云實大者名為檓）一名秦椒（以産自秦地故名今北方秦椒另有一種）今處處有之椒稟五行之精葉青皮紅花黄膜白子黑氣香最易蕃衍枝間有刺扁而大葉對生形尖有刺堅而滑澤四月開細花五月結子生青熟紅為油亦可食微辛甘晉中人多以炷燈閉口者殺人五月食損氣傷心令人多忘中毒者凉水麻仁漿解之

陸璣詩疏椒樹似茱萸有針刺葉堅而滑澤蜀人作茶吴人作茗皆合煮其葉以為香今成皐諸山間有椒謂之竹葉椒其樹亦如蜀椒少毒熱不中合藥也可著飲食中東海諸島亦有椒樹枝葉皆相似子長而不圓甚香其味似橘皮

齊民要術熟時收取黑子（俗名椒目不用人手數近促之則不生也）四月初畦種之（治畦下水如種葵法）方三寸一子篩土覆之令厚寸許復篩熟糞以蓋土上旱輒澆之常令潤澤生高數寸夏連

雨時可移之移法先作小坑圓深三寸以刀子圓劚椒栽合土移之於坑中萬不失一若拔而移者率多死若移大栽者二月三月中移之先作熟穰泥掘出即封根合泥埋之行百餘里猶得生此物性不耐寒陽中之樹冬須草裹不裹即死其生於陰中者少禀寒氣則不用裹一木之性寒暑易容所謂習以性成候實口開便速收之天時晴摘下薄布曝之令一日即乾色赤椒好若陰時收者色黑失味其葉及青摘取可以為菹乾而末之亦足充事

務本新書三鄉椒種秋深熟時揀粒秋深摘下陰乾將椒子包裹掘地深埋春暖取出向陽掘畦種之二年後春月移栽樹小時冬月以糞覆根地寒處以草裹縛次年結子椒不歇條一年繁勝一年

農政全書中伏後晴天帶露收摘忌手捻陰一日曬三日則紅而裂遇雨薄攤當風處頻翻若罨則黑不香若收作種用乾土拌和埋於避雨水地內深一尺勿令水浸生芽其自開口者殺人

羣芳譜種植先將肥潤地耕熟二月內取子種之以糞灰和細土覆蓋則易生此物乃陽中之陰不耐寒冬月草苫免致凍死來年分栽離七八尺用麻糝灰糞和細土栽忌水浸根又宜焦土乾糞壅培遇旱用水澆灌三年後換嫩枝方結實以髮纏樹根或種香白芷或種生菜皆辟蛇食椒

川椒 附

本草川椒一名巴椒一名蜀椒一名南椒一名蓎藙一

名點椒一名含九使者見陶穀清異錄蘇頌云木高四五尺似茱萸而小有針刺葉堅而滑可煮飲食四月結子無花但生於枝葉間顆如小豆而圓皮紫赤色李時珍曰蜀椒子光黑如人之瞳人故謂之椒目

羣芳譜川椒肉厚皮皺粒小子黑外紅裏白入藥以此為良他椒不及也

崖椒 附

本草崖椒一名野椒不甚香子灰色不黑無光

蔓椒附

本草蔓椒一名猪椒一名豕椒一名彘椒一名豨椒一名狗椒一名金椒野生林箐閒枝軟如蔓子葉皆似椒山人亦食之

地椒附

本草地椒出上黨郡其苗覆地蔓生莖葉甚細花作小朶色紫白因舊莖而生即蔓椒之小者

胡椒附

本草胡椒一名昧履支向陰生者名澄茄向陽生者名胡椒

西陽雜俎胡椒生西戎摩伽拖國其苗蔓生莖極柔弱葉長寸半有細條與葉齊條上結子兩兩對其葉晨開暮合合則裹其子於葉中子形似漢椒至芳辣六月採

農政全書今其種已遍中國為日用之物矣

番椒附

草花譜番椒叢生白花子似禿筆頭味辣色紅甚可觀

子種

茴香

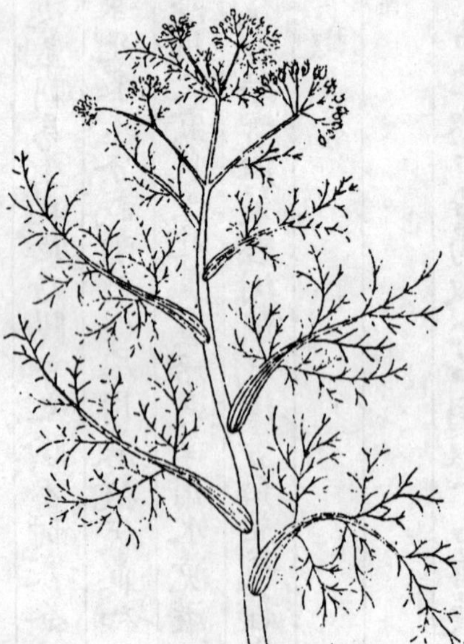

茴香

茴香一名蘹香本草云俚俗多懷之衿衽咀嚼懷香之名或以此宿根深冬生苗作叢肥莖緑葉五六月開花如蛇牀花而色黃子如麥粒輕而有細稜俗呼為大茴香近道人家園圃種者甚多以寧夏者為第一其他處小者名小茴香辛平無毒理氣開胃夏月祛蠅辟臭煮臭肉下少許即不臭臭醬入末少許亦香故曰茴香

羣芳譜種植收時陰乾宜向陽地以糞土和子種之仍

種麻一窠以避日色十月斫去枯梢以糞土壅根下

八角茴香 附

茴香自番舶來者實大如栢實裂成八瓣一瓣一核大如豆黃褐色有仁味更甜俗呼舶茴香又曰八角茴香廣西左右江峒中亦有之形色與中國茴香迥別但氣味同耳

蒔蘿 附

本草蒔蘿一名慈謀勒一名小茴香羣芳譜云蒔蘿初生佛誓國今嶺南及近道皆有之三四月生苗開花其子簇生狀如蛇牀子而短微黑芳辛不及茴香善滋食味多食無損健脾開胃下氣利膈温腸殺魚肉毒補水臟治腎氣壯筋骨治小兒氣脹霍亂嘔逆腹冷不下食兩肋痞滿忌同阿魏食奪其味也

韭

韭

韭說文云一種而久者故謂之韭象形在一之上一地也一名豐本曲禮云韭曰豐本一名起陽草一名草鍾乳本草拾遺云言其溫補也一名懶人菜爾雅翼曰諺云韭者懶人菜以其不須歲種也莖名韭白根名韭黃花名韭菁叢生豐本長葉青翠八月開小白花成叢醃作茹益人

詩豳風四之日其蚤獻羔祭韭

禮記王制庶人春薦韭

夏小正正月囿有韭

宋史食貨志男女十歲以上種韭一畦闊一步長十步乏井者隣伍為鑿之

齊民要術收韭子一如收葱子法如市賣者宜試之以銅鐺盛水加於火上微煮須臾芽生者可種芽不生者是裛鬱矣治畦下水糞覆悉與葵同畦欲極深韭一翦一加糞又根性上跳故須深也

羣芳譜韭根多年交結則不茂秋月掘出去老根分栽壅以雞豬糞亦可子種可生可熟可淹可久菜之最有益者是處有之葉高三寸便翦翦過糞土壅培之翦忌日中一年四五翦留子者止一翦子黑而扁九月熟收子風中陰乾勿令浥鬱韭葉熱根溫功用同生則辛而散瘀散血熟則甘而補中補腎除熱下氣益陽止瀉子甘溫暖膝腰春食香夏食臭多食昏神暗目不可與蜜及牛肉同食熱病後十日食之即發冬月多食動宿飲吐水酒後尤忌宿韭忌食五月食韭損人北人冬月移根窖中養以火炕培以馬糞葉長尺許不見風日色黃嫩謂之韭黃味甚美但不益人多食滯氣發病

又種植土欲熟糞欲勻畦欲深二月七月種先將地掘作坎取椀覆土上從椀外落子以韭性向內生不向外生也常薅令淨四時類要云收韭子種韭第一番割棄之主人勿食事類書云韭畦用雞糞尤佳至五年根必滿蟠蚪而不長擇高腴地分種之正月上辛日掃去畦中陳葉以鐵杷摟起下水加熟糞高三寸便翦用凡近城郭有園圃者種三十餘畦貿易足供家費秋後又可

採韭花供蔬茹至冬養韭黄比常韭易利數倍或只就畦中覆以馬糞北面竪籬障以禦北風至春其芽早出長二三寸便可賣較之他菜為利甚溥

吳下田家志種韭宜甲子辛未己卯辛巳甲申辛卯

山韭 附

爾雅雈山韭

疏韭生山中者名雈

本草山韭一名韱（音纖）形性與家韭相類但根白葉如燈

心苗山中往往有之

水韭 附

北戶録水韭生池塘中葉似韭字林云蕟（音嚴）水中野韭也

羣芳譜有二三尺者五六月堪食不葷而脆

葱

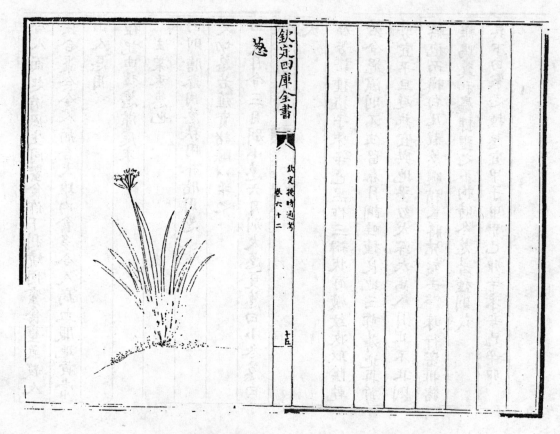

葱

葱一名芤本草云草中有芤故字從孔一名菜伯一名和事草清異錄云葱和羹衆味若藥劑必用甘草也所以文言曰和事草一名鹿胎初生曰葱鍼葉曰葱青衣曰葱袍莖曰葱白葉中涕曰葱苒葉溫白與鬚平味辛無毒有數種一種凍葱即冬葱夏衰冬盛莖葉氣味俱軟美食用入藥最善分莖栽蒔而無子人稱慈葱又稱大官葱謂宜上供也一種漢葱本草云一名木葱其莖麤硬故有木名春末開花成叢青白色冬即葉枯亦供食品胡葱生蜀郡山谷狀似大蒜而小形圓皮赤葉似葱根似蒜味似薤不甚臭八月種五月收一名蒜葱又名回回葱莖葉麤硬茖葱山葱也生於山谷似葱而小細莖大葉爾雅云茖山葱疏云葱生山中者名茖生沙者名沙葱又有一種樓葱亦冬葱之類江南人呼為龍角葱龍爪葱羊角葱皮赤莖上生根移下種之每莖上葉出岐如八角故名葱白辛葉溫根鬚平主發散是處皆有生熟皆可食更宜冬月戒多食四月每朝空心服葱頭酒調血氣正月忌食令人面起游風生同蜜食作下利燒同蜜食壅氣殺人生合棗食令人病合犬雉肉食多令人病血服地黃常山人忌用

禮記曲禮葱渫處末

注渫烝葱也

內則膾春用葱秋用芥脂用葱

又切葱若薤實諸醯以柔之

四民月令三月別小葱六月別大葱夏葱曰小冬葱曰大

羣芳譜種植子味辛色黑作三瓣狀有皺紋收取陰乾若令浥濕則不生留春月調畦種良地三剪薄地再剪剪宜平旦避熱宜與地平勿太深太高八月止不止則無袍而損白凡栽葱曬稍蔫將冗鬚去淨疎行密排豬雞鴨糞和麤糠壅之不拘時冬葱暑種則茂

吳下田家志種葱宜甲子甲申己卯辛未辛巳辛卯

蒜

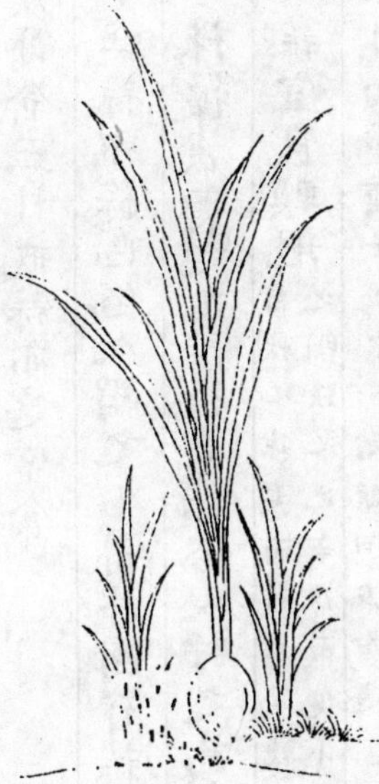

蒜

蒜一名葫（以來自番中又稱胡蒜）一名大蒜一名葷菜葉如蘭莖如葱根如水仙味辛處處有之而北土以為常食八月分瓣種之當年便成獨顆及熟每瓤五七瓣或十餘瓣亦有獨顆者苗嫩時可生食夏初食薹秋月食種乾者可食至次年春盡花中有實亦作蒜瓣而小可食孫緬唐韻云張騫使西域始得大蒜初時中國止有小蒜一名茆蒜一名亂一名蒚（爾雅云蒚山蒜）一名澤蒜為其生於野澤也又名山蒜石蒜為其生於山或石邊也（本草云山蒜澤蒜石蒜同一物也但分於山澤石間不同）呂忱字林云嗒（音吟）水中蒜然則蒜不特生於平原及山石而又生於水矣（本草云別有山慈姑老鴉蒜石蒜之類根葉皆似蒜而不可食）性辛溫有小毒其氣薰烈能通五臟達諸竅去寒濕辟邪惡消癰腫化癥積肉食解暑毒嵐瘴第辛能散氣熱能助火傷肺損目伐性昏神有荏苒受之而不知者鍊形家以小蒜大蒜韭芸薹胡荽為五葷道家以韭薤蒜芸薹胡荽為五葷佛家以大蒜小蒜興渠

慈葱䓗葱為五葷雖品各不同然皆辛薰之物生食增恚熟食發淫有損性靈故絶之云獨顆者切片灸癰疽腫毒最效月令三月戒蒜亦忌常食

崔豹古今注蒜卯蒜也俗人謂之小蒜外國有蒜十許子共為一株籜幕裹之尤辛於小蒜俗人呼之為大蒜

齊民要術蒜宜良輭地（白軟地蒜美而科大黑軟次之剛強之地辛辣而瘦小）三徧熟耕九月初種種法五寸一株（諺曰左右通鋤一萬餘株）二月半鋤之令滿三徧（弗以無草而不鋤不鋤則科小）條拳而軋之（不軋則獨科）葉

黄鋒出則辮於屋下風涼之處桁之（早出者皮赤科堅可以遠行晚則皮善碎）冬寒取穀稈（奴勒反）布地不爾則凍死收條中子種者一年為獨瓣二年則成大蒜科皆如拳又逾於凡蒜矣

多能鄙事熟耕地一二次爬成溝二寸一窠種一瓣苗出高尺餘頻鋤鬆根旁頻以糞水澆之拔去薹則瓣肥大不則瘦小澤潞種蒜初出如剪韭二三次愈肥美矣

一說九月初於菜畦中稠栽蒜瓣候來年春二月先將地熟鋤數次每畝上糞數十担再鋤耙勻持木橛插一竅栽一株栽徧或無雨常以水澆至五月大如拳極佳

四民月令布穀鳴收小蒜六月七月可種小蒜八月可種大蒜

吳下田家志種蒜宜戊辰辛未戊申丙子壬戌癸巳辛丑

水晶葱　附

水晶葱葉似葱而實蒜不臭宜鬆土鋤溝擺於內用牛馬糞糠粃拌土蓋之仍以芝麻稭蓋於上八月種來年

五七月收宜薑酸浸

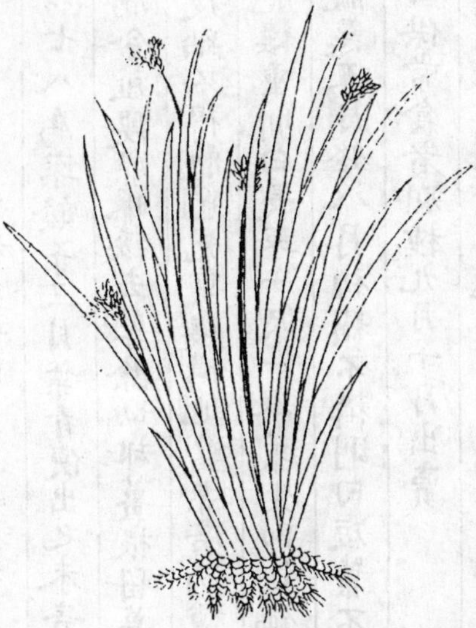

薤

薤一名藠子音叫或作蕎者非一名莜子莜音釣因其根白呼為藠子江南人訛為莜子一名火葱收種宜火薰一名菜芝爾雅翼云夫物英華之美者莫如芝故薤曰菜芝一名守宅一名家宅見酉陽雜俎本文作䪥韭類也爾雅云薤似韭而無實亦不甚葷葉中空似細葱葉而有稜氣亦如葱體光澤味辛濕滑無毒二月開細花紫白色根如小蒜一本數顆相依而生其根煮食芼酒糟藏醋浸皆宜故內則云切葱薤實諸醯以柔之

爾雅䪥鴻薈

注即薤菜也疏葉似韭之菜也一名鴻薈本草謂之菜芝是也

禮記內則膏用薤

本草蘇恭云有赤白二種白者補而美赤者苦而無味

王氏農書生則氣辛熟則甘美種之不蠹食之有益齊民要術薤宜白輭良地三轉乃佳二月三月種八月九月種亦得秋種者春末乃生率七八支為一本諺曰葱

三饇四移葱者三支為一本種薤者四支為一科支多者科圓大故以七八為率饇子三月葉青便出之未青而出者肉未滿令薤瘦燥曝挼去莩餘切却薑根留薑根而濕者即瘦細不得肥也先重耬耩地壟燥培而種之壟燥則饇肥耬重則白長率一尺一本葉生即鋤鋤不厭數荒則羸惡五月鋒八月初耩不耩則白短葉不用剪剪則損白供常食者別種九月十月出賣

爾雅翼今人種薤皆以大蒜置硫黄其中久則種分為

薤

羣芳譜八月栽根正月分蒔宜肥壤數枝一本則茂而根大五月葉青則掘之否則肉不滿

山薤 附

爾雅勤山饇

本草蘇頌曰山薤莖葉與家薤相似而根差長葉差大僅若鹿葱體性亦與家薤同

野薤 附

農書野薤生麥原中葉似薤而小味益辛亦可供食

蒝荽

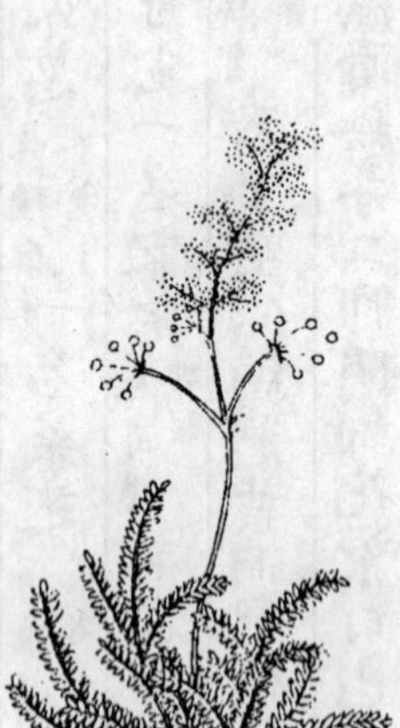

蒝荽

蒝荽（荽許氏說文作䕘云薑屬可以香口）一名香荽一名胡荽（一作胡菜）一名胡菜處處種之莖青而柔葉細有花岐立夏後開細花成簇如芹菜花淡紫色五月收子如大麻子亦辛香子葉俱可用生熟皆可食甚有益於世者根軟而白多鬚綏綏然故謂之荽張騫得種於西域故名胡荽後因石勒諱胡改作香荽又以莖葉布散呼為蒝荽味辛氣溫消穀止頭痛治五臟補不足利大小腸通心腹竅及小

腹氣拔四肢熱治腸風合諸菜食氣香令人口爽辟飛尸鬼疰蠱毒冬春采之香美可食亦可作葅道家五葷之一伏石鍾乳久食損精神令人多忘凡腋氣口臭𧏾齒脚氣金瘡久病人不可食同斜蒿食令人汗臭難產服補藥及藥中有白朮牡丹皮者忌

齊民要術胡荽宜黑䵷青沙良地三徧熟耕春種者用秋耕地開春凍解地起有潤澤時急種之一畝用子二升概種漸鋤取賣供生菜也一畝用子一升疎密正好欲種時布子於堅地一升子與一掬濕土和之以脚蹉令破作兩段（子有兩仁不破兩段則密水浥而不生著土者令注入殼中則生疾而長速種時欲燥此菜非雨不生所以不求濕下也）於旦暮潤時以耬耩作壟以手散子即勞令平春雨難期必須藉澤蹉跎失機則不得矣地正月中解凍者時節既早雖浸芽不生但燥種之不須浸子若二月始解者歲月稍晚恐澤少不時生失歲計矣便於燥處籠盛胡荽子一日三度以水沃之二三日則芽生於旦暮時投潤漫擲之數日即出矣大體與種

麻法相似假令十日二十日未出者亦勿怪之尋自當出有草方令拔之菜生二三寸鋤去概者供食及賣十月足霜乃收之取子者仍留根間拔令稀（概即不生）以草覆上（覆者得供生食又不凍死）又五月子熟拔取曝乾（濕則浥鬱）格柯打出作蒿篅盛之冬日亦得入窖夏還出之但不濕亦得五六年停此菜早種非連雨不生所以不同春月要求濕下種麥底地亦得種止須急耕調熟六月中連雨生則根彊科大七月種者雨多亦得雨少則生不畫但根細

科小不同耳

羣芳譜種植宜肥濕地先將子捍開四五月晦日晚種以灰糞覆之水澆則易長六七月布種者可竟冬食春月挼子沃水生芽者小小供食而已都下火坑鬱烝者莖葉鵞黄色甚香美脆嫩苐非出自然恐不益人

野蔯荽 附

野蔯荽一名天胡荽一名石胡荽一名鵞不食草一名雞腸草小草也生石縫及陰濕處高二三寸冬月生苗細莖小葉形狀宛如嫩胡荽氣辛薰不堪食夏開細花黄色細子極易繁衍僻地則鋪滿辛寒無毒通鼻氣利九竅吐風痰解毒明目散翳消瘇汁制砒石雄黄

苜蓿

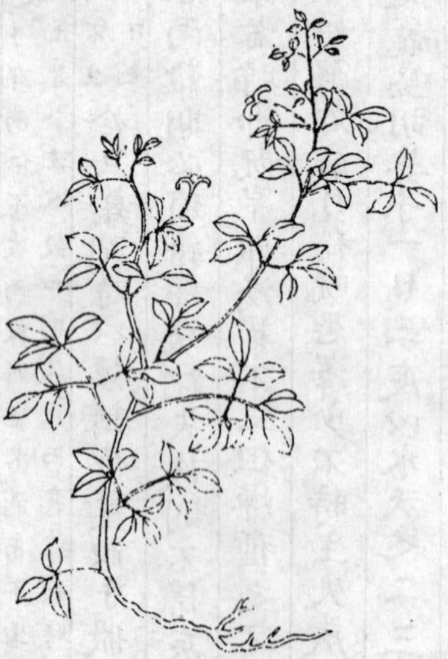

苜蓿

苜蓿一名木粟（爾雅翼作木粟言其米可炊飯也）一名懷風一名光風草（西京雜記云風在其間常蕭蕭然日照其花有光彩故名懷風又名光風）一名連枝草（西京雜記云茂陵人謂之連枝草）一名牧宿（本草云郭璞作牧宿謂其宿根自生可飼牧牛馬也）一名塞鼻力迦（見金光明經）張騫自大宛帶種歸今處處有之苗高尺餘細莖分叉而生葉似豌豆頗小每三葉攢生一處梢間開紫花結彎角角中有子黍米大狀如腰子三晉為盛秦齊魯次之燕趙又次之江南人不識也味

苦平無毒安中利五臟洗脾胃間諸惡熱毒長宜飼馬尤嗜此物

元史食貨志至元七年頒農桑之制令各社布種苜蓿以防飢年

四民月令七月八月可種苜蓿

齊民要術地宜良熟七月種之畦種水澆一如韭法春初既中生噉為羮甚香此物長生種者一勞永逸都邑負郭所宜種之

羣芳譜種植夏月取子和蕎麥種刈蕎時苜蓿生根明年自生止可一刈三年後便盛每歲三刈欲留種者止一刈六七年後墾去根別用子種若效兩浙種竹法每一畝今年半去其根至第三年去另一半如此更換可得長生不煩更種若墾後次年種穀必倍收為數年積葉壞爛墾地復深故今三晉人刈草三年即墾作田亟欲肥地種穀也

欽定授時通考卷六十二

欽定四庫全書

欽定授時通考卷六十三

農餘

果一

梅

杏

桃

李

梨　檖　樝　榲桲

棠梨　沙棠　榛

櫻桃　白櫻桃　山櫻桃

楊梅

枇杷

柰

林檎

蘋果

山樝

枳椇

葡萄

梅

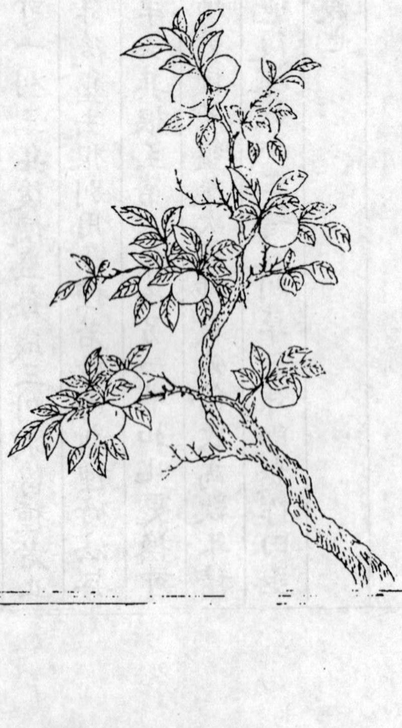

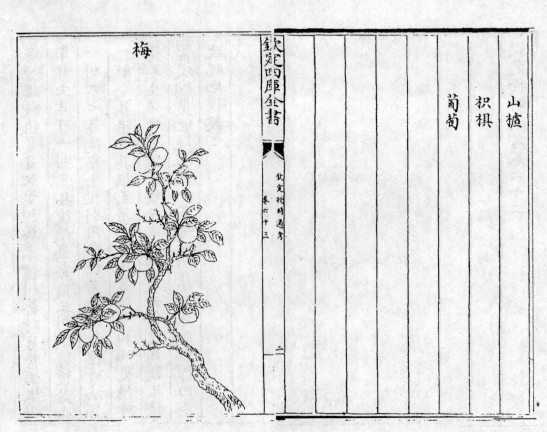

梅

梅一名藤實似杏大者如小兒拳小者如彈熟則黃微甘酸可啖生純青酸甚多食泄津液生痰損筋蝕脾傷腎弱齒為脯含之口香造煎堪久子赤者材堅白者材脆種類不一白者有緑萼梅實大五月熟重葉梅結實多雙消梅實甘青止可生啖雖酢甚鬆脆多液無滓花重者實小單者大不宜熟亦不堪煎造冠城梅實甚大五月熟時梅實大五六月熟早梅四月熟冬梅實小十月可用不能熟紅者有鶴頂梅實大而紅鴛鴦梅梅譜云即多葉紅梅也結實必雙凡雙果必雙蔕惟此一蔕而結雙梅尤異雙頭梅或結並蔕小實不堪啖杏梅實扁而斑味似杏異品有冰梅實吐自葉蘚不花色如冰玉無核含之自融如冰佳品也范成大梅譜江梅子小而硬具區志洞庭諸山有吐花酸實小味酸方吐花即可啖脆梅一名時裏梅實圓而大可以蜜漬及蒸製

禮記內則桃諸梅諸卵鹽

疏桃諸梅諸卵鹽者言食桃諸梅諸之時以卵鹽和之王肅云諸菹也謂桃菹梅菹即今之藏桃也藏梅也欲藏之時必先稍乾之故周禮謂之乾藤

夏小正五月煮梅為豆實

齊民要術梅實小而酸核有蠶文杏實大而甜核無文采梅任調食及蠶杏則不任此用世人或不辨言梅杏為一物失之遠矣

杏

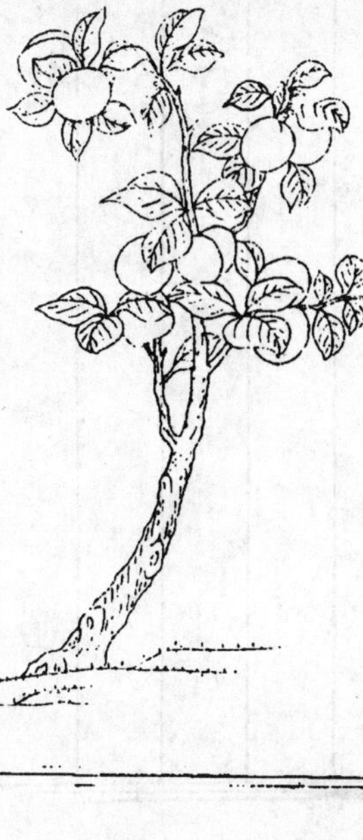

杏

杏一名甜梅樹大實多形如彈丸有大如梨者生酢熟甜性熱生疾及癰疽不宜多食小兒產婦尤忌種類不一有金杏圓而黃熟最早味最勝一名漢帝杏謂武帝上林苑遺種也大如梨黃如橘出濟南白杏熟時色青白或微黃味甘淡而不酢出滎陽沙杏甘而多汁即世所稱水杏也梅杏黃而帶酢奈杏青而帶黃出鄴中金剛拳赤大而扁肉厚味佳甚又名肉杏山杏肉薄不堪食但可收仁用巴旦杏一名八擔杏出回回地今關西諸處皆有葉差小實小而肉薄核如梅皮薄而仁清甘鮮者尤脆美稱果之佳者又有赤杏黃杏廣志云出鄴中蓬萊杏黃而帶酢

格物叢話杏實味香於梅而酸不及核與肉自相離其仁可入藥

羣芳譜種桃樹接杏結果紅而且大又耐久不枯

文獻通考杏多實不蟲者來年秋禾善五木者五穀之先欲知五穀但視五木故五果分五行所以表五穀又按五果之義夏之果莫先於杏五時之首寢廟必有薦而此杏適丁夏之時故特取之杏之枝葉華果皆赤故古者鑽燧夏取棗杏之火也

桃

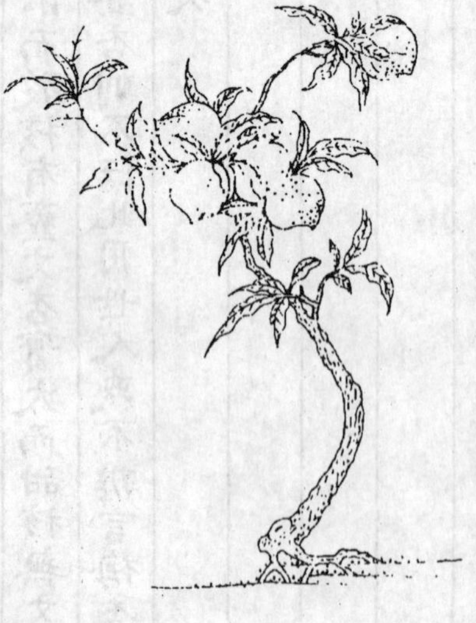

桃

桃實甘子繁故字從木從兆性酸甘熱可食多食令人有熱能發丹石毒生桃尤不宜多食有損無益性早實三年便結子五年即老結子便細十年必死以皮緊也若四年後用刀自樹本豎劃其皮至生枝處使膠盡出則多活數年種類頗多有崑崙桃一名王母桃一名仙人桃一名冬桃出洛中味甘美扁桃出波斯國形扁肉澀不堪食核狀如盒高五六丈圍四五尺葉似桃而濶大三月開白花花落結實如桃彼地名波淡樹仁甘美番人珍之北戶錄云形如半月狀出占畢國新羅桃子可食性

熱方桃形微方餅子桃狀如香餅味甘油桃小於衆桃有赤斑點光如塗油花多子少不堪噉惟取仁出汴中巨核桃金桃形長色黃如金肉黏核多蛀熟遲用柿接者味甘色黃銀桃形圓色青肉不黏核其皮光澤如李一名光桃十月桃形圓色青肉黏核味甘酸十月中成熟一名古冬桃又名雪桃按爾雅云旄冬桃疏云桃子冬熟者不旄當即此也毛桃即爾雅所謂褫桃小而多毛核黏味惡不堪食其仁充滿多脂可入藥水蜜桃獨上海有之而顧尚寶西園所出尤佳其味亞于生荔枝雷震紅張七澤云每雷雨過輒見一紅暈最為難得他如紅桃緗桃白桃烏桃皆以色名五月早桃秋桃霜桃皆以時名臙脂桃絡絲桃皆以形名王敬美有言桃種最多金桃蜜

桃灰桃之類多植園中取果壽星桃樹矮而花能結大桃亦奇種可玩桃殊不堪食客燕雜記京師中佳果有紅桃白銀桃小桃蟠桃合桃酒紅桃霜下桃肅寧八月桃

禮記內則桃曰膽之

疏桃多毛拭治去毛令色青滑如膽也或曰膽謂苦桃有苦如膽者擇去

周禮饋食之籩其實桃

夏小正六月煑桃桃也者杝桃也杝桃也者山桃也煑以為豆實也

埤雅諺曰白頭種桃又曰桃三李四梅子十二言桃生三歲便放花果早於梅李故首雖已白其花子之利可待也

種樹書桃樹接李枝則紅而甘梅樹接桃則脆桃樹接杏則大桃熟時墻面暖處寬深為坑收濕牛糞納坑中收好桃核十數枚尖頭向上坑中糞土蓋厚一尺深春

芽生和土移種之

羣芳譜凡種桃淺則出深則不生故其根淺不耐旱而易枯近得老圃所傳云於初結實次年斫去其樹復生又斫又生但覺生虱即斫令復長則其根入地深而盤結固百年猶結實如初又桃實太繁則多墜以刀橫斫其幹數下乃止又社日舂根下土持石壓樹枝則實不墜桃子蛀者以煮猪首汁冷澆之或以刀疎斫之則穰出而不蛀如生小蟲如蚊俗名蚜蟲雖桐油灑之不能盡除以多年竹燈檠掛懸梢間則蟲自落甚驗

李

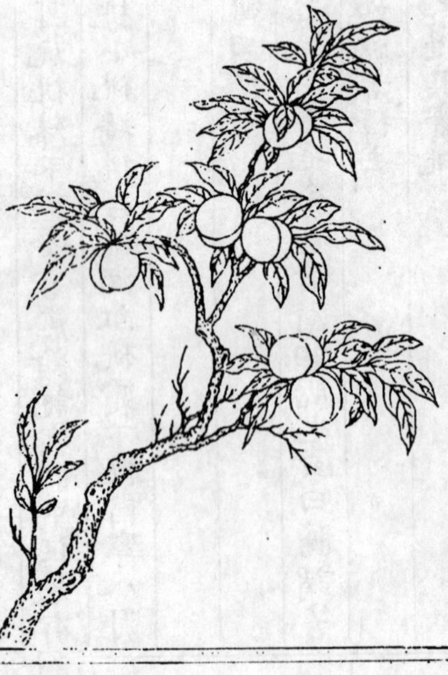

李

李一名嘉慶子爾雅翼云李木之多子者故從子本草云木之多子者多矣何獨李稱多子耶按素問言李味酸屬肝東方果也則李於五果屬木故得專稱爾實有離核合核無核之異小時青熟則各色有紅有紫有黃有綠又有外青內白外青內紅者大者如杯如卵小者如彈如櫻其味有甘酸苦澀之殊性耐久樹可得三十年雖枝枯子亦不細種類頗多有麥李南居李季春李木李御黃李均亭李擘李餻李中植李趙李御李赤李冬李離合李皆

李之特出者他如經李杏李黃扁李夏李名李縹青李建黃李青皮李赤陵李馬肝李牛心李紫粉李小青李水李扁縫李金李鼠精李合枝李奈李晚李之類未可悉數建寧者甚甘今之李乾皆從此出

爾雅棗李曰疐之

疏謂治棗李皆去其疐疐者柢也

羣芳譜移栽春月取近根小條栽之離大樹遠者不用待長移之別地性喜開爽宜稀栽南北成行率兩步一株太密聯陰則子小而味不佳樹下勤去草而不可耕耕則樹肥而無實如嫁李正月一日或十五日以磚石著李樹岐中則實繁又臘月中以杖微打樹岐間正月晦日復打可令足子又法以煮寒食醴酪火㮇著樹間亦良或曰桃樹接李則生子甘紅

梨

梨

梨一名果宗一名快果一名玉乳一名蜜父北地處處有之南方惟宣城為勝二月開花上巳日無風則結梨必佳有二種瓣圓而舒者果甘缺而皺者味酸果圓如榴頂微凹無尖瓣性甘寒無毒潤肺凉心消痰降火解瘡毒酒毒乳梨本草云又名雪梨出宣城皮厚肉實味長鵞梨本草云又名錦梨出河之南北皮薄漿多味頗短香則過之二梨皆入藥其餘水梨赤梨茅梨槊兒梨紫糜陽城夏梨秋梨種類非一他如紫香水梨本草

云又名消梨出北地最為上品張公夏梨廣志云出洛陽北邙海內惟有一株廣都梨鉅鹿豪梨廣志云重六斤數人分食之鉅野梨新豐箭谷梨關西谷中梨廣志云關以西京兆右扶風界諸谷中梨率多供御味色香種種奇絕未可悉數本草紫花梨療心熱耳目記武宗時青城山邢道士以青丹兩粒取梨汁進之曰太白南溪紫花梨也壽春公主于真定得一株及秋實手選而進之含消梨三輔黃圖漢武帝御宿園出大梨如五升瓶落地則破其取梨先以布囊承之號曰含消真定御梨魏文帝詔真定郡梨大若拳甘若蜜脆若菱可以解煩釋悁

禮記內則祖梨曰攢之

疏攢之者鑽治其蟲處也

爾雅梨山樆

疏此果在山之名則曰樆人植之曰梨

種樹書桑上接梨則脆而甘美

羣芳譜種梨梨熟時埋之經年至春生芽次年分栽灑以肥水至冬葉落附地刈之以炭花燒頭二年即結子若穭生及種而不栽則結子遲每梨百十餘子惟二子生梨餘皆生杜又栽梨春分前十日取旺梨笋如拐樣

截其兩頭火燒鐵器烙定津脈臥栽於地即活又接梨取棠杜臂以上者大者接五枝小者二三枝梨葉微動為上時欲開芽為下時先作麻紉纏十數匝以小利鋸截杜令離地五六寸將原幹用利刃貼皮劃開尖竹籤刺入皮木之際令深一尺許預取結梨旺嫩枝向陽者長五六寸削如馬耳名曰梨貼用口含少時以借其氣插入杜樹孔中大小長短削與所刺等拔去竹籤即插梨貼至所探處緊縛勿動搖以綿裹杜樹頂封

熟泥于上以土培覆令梨僅出頭仍以土壅四畔當梨上沃水水盡以土覆之務令堅密梨枝甚脆培土時須謹慎若著掌則芽折梨貼須去黑皮勿傷青皮傷青皮則不活梨既生杜旁有葉即去之勿分其力月餘自發長即生梨梨生用箬包裹勿為象鼻蟲所傷又云凡接梨園中用旁枝葉得四散庭前用中心取其枝幹直上用根邊小枝樹形可喜五年方結子用鳩根老枝三年即結子但樹醜若遠道取貼根下燒三四寸可行數百

里猶生又藏梨初霜即收多經霜不能至夏於屋下掘深窖坑底無令潤濕收梨在中不須覆蓋便可經夏摘時須好接勿令損傷物類相感志梨與蘿蔔相間收或削梨蒂種于蘿蔔內藏之皆可經年不爛本草就樹上以囊包裹過冬乃摘亦妙

檖 附

爾雅檖蘿

注今陽檖也實似梨而小酢可食

陸璣詩疏檖一名赤蘿一名山梨也今人謂之陽檖實似梨但小耳一名鹿梨一名鼠梨

本草李時珍曰山梨野梨也處處有之梨大如杏可食其木文細密赤者文急白者文緩

樝 附

樝一名和圓子一名木桃處處有之孟州特多小於木瓜更酢澀色微黃蒂核皆粗核中之子小而圓味劣於梨與木瓜而入蜜煎湯則香美過之去惡心咽酸止酒

痰黃水功與木瓜相近

禮記內則柤梨薑桂

注柤梨之不藏者

風土記柤梨屬內堅而香

榲桲 附

榲桲似樝子而小氣香辟衣魚樹如林檎花白綠色味甘食之宜淨洗去毛恐損肺不宜多食同車螯食發疝氣

述異記江淮南人至北見榅桲以為櫨子

群芳譜榅桲出關陝沙苑者更佳

棠梨

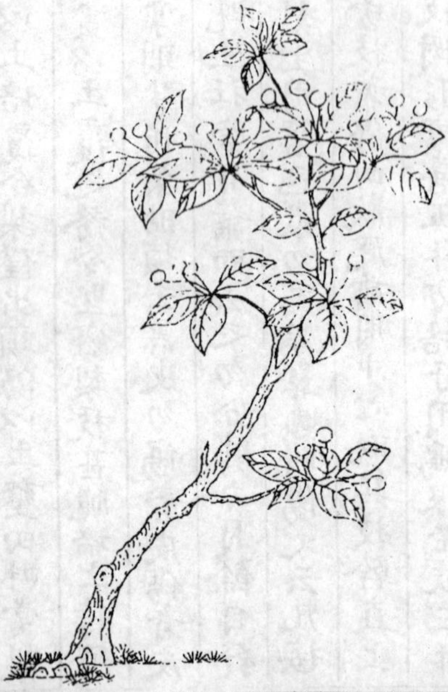

棠梨

棠梨實如小楝子霜後可食其樹接梨甚佳處處有之

有甘酢赤白二種

爾雅杜甘棠

注今之杜梨

又杜赤棠白者棠

疏赤者為杜白者為棠

鄭康成毛詩箋北人謂之杜梨南人謂之棠梨

通志甘棠謂之棠梨又海棠子名海紅爾雅赤棠也狀如木瓜而小二月開花八月熟

陸璣詩疏甘棠與赤棠同耳但子有赤白美惡白棠甘棠也子多酸美而滑赤棠子澀而酢木理亦赤可弓材

本草牝曰杜牡曰棠或云澀者杜甘者棠杜者澀也棠者餹也

齊民要術棠熟時收種之否則春月移栽八月初天晴時摘葉薄布曬令乾可以染絳必候天晴時少摘葉乾之復晴則摘慎勿頓收

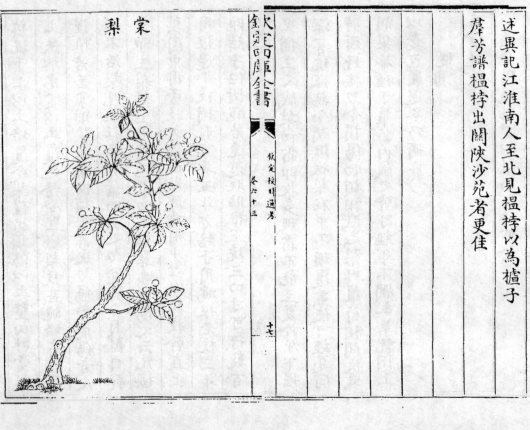

若過陰雨則浥浥不堪染絳也成樹之後歲收絹一百疋亦可多種利乃勝桑也

沙棠 附

山海經崑崙之丘有木焉其狀如棠黃華赤實其味如李而無核名曰沙棠可以禦水食之使人不溺本草今嶺外寧鄉瀧水羅浮山中皆有之

棣 附

棣一名郁李一名鬱李一名爵李一名車下李一名鬱梅一名爵梅山野處處有之花及子並似木李惟子小

如櫻桃熟赤色五月熟可食又可入藥

陸璣詩疏許慎曰鬱白棣樹也如李而小正白又有赤棣樹亦似白棣葉如刺榆而嫩圓子正赤

羣芳譜性潔喜暖日和風澆宜清水忌肥核仁氣味甘苦酸平而潤無毒治大腹水腫面目四肢浮腫利小便通水道消宿食下結氣宣大腸氣澀滯燥澀不通

櫻桃

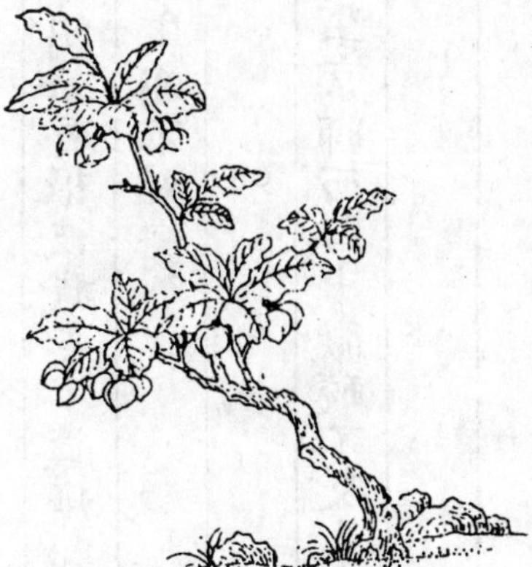

櫻桃

櫻桃本草衍義云以其形肖桃故曰櫻桃綱目云其顆如瓔珠故謂之櫻 一名楔一名荆桃爾雅云楔荆桃注云今櫻桃最大而甘者謂之崖蜜 一名牛桃一名英桃見博物志 一名鸎桃一名含桃説文云鸎桃鸎鳥所食故又曰含桃 一名朱櫻陶弘景本草經注云櫻桃即今朱櫻 埤雅云其顆大者如彈丸小者如珠璣生時青及熟色鮮瑩深紅者為朱櫻紫色皮内有細點者為紫櫻味最珍重又有正黄明者謂之蠟櫻小而紅者謂之櫻珠味皆不及極大者有若彈丸核細而肉厚尤

難得膳夫録云大而殷者曰吳櫻桃黄而白者曰櫻桃小而赤者曰水櫻桃味甘無毒調中益氣美志止洩精水穀痢令人好顏色多食令人吐有暗風及喘嗽濕熱病人忌食小兒尤忌

禮記月令羞以含桃先薦寢廟

疏案月令諸月無薦果之文此獨羞含桃者以此果先成異於餘物故特記之

山家清供結實時須張網以驚鳥雀置葦箔以護風雨若經雨則蟲自内生人莫之見用水浸良久則蟲皆出乃可食

羣芳譜種植二三月間分有根枝栽土中糞澆即活仍記陰陽否則不生即生亦不結實

白櫻桃附

因樹屋書影白櫻桃生京師西山中微酸不及朱櫻之甘碩也

山櫻桃附

本草山櫻桃一名朱桃一名麥櫻一名英豆一名李桃樹如朱櫻但葉尖長不團子小而尖生青熟黄赤亦不光澤而味惡不堪食味辛平無毒

楊梅

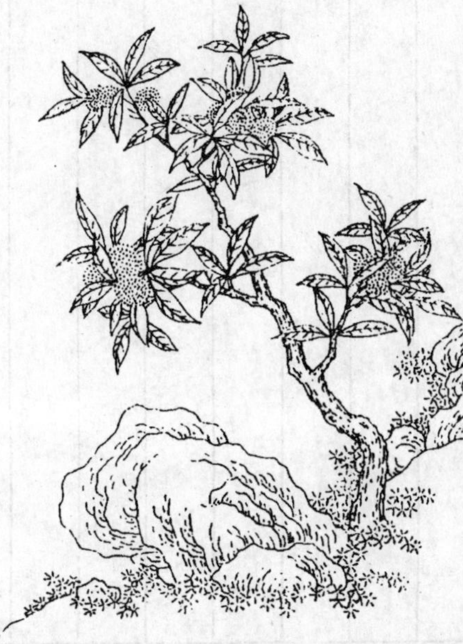

楊梅

楊梅一名朹子生江南嶺南山谷間會稽産者為天下冠吳中楊梅種類甚多名大葉者最早熟味甚佳本出苕溪移植光福山中尤勝又次為青蒂白蒂及大小松子此外味皆不及樹若荔枝葉細青如龍眼及紫瑞香

本草云楊梅樹葉冬月不凋二月開花結實形如楮實子肉在核上無皮殼五月熟生白熟則有白紅紫三色紅勝於白紫勝於紅凡楊梅顆大核細為上鹽藏蜜漬糖置火酒浸皆佳可致遠多食令人傷熱食核中仁可解味酸甘微熱滌腸胃除煩憒惡氣久食損齒及筋發瘡致痰

羣芳譜種植性宜山地核投糞池中浸六月取出收潤土中三月鋤地種之待長尺許次年移栽三四年後以生子枝接之次年仍移栽山地多留宿土臘月內離根四五尺於高處開溝灰糞壅之不宜著根每遇雨肥水滲下則結子大而肥

物類相感志桑樹接楊梅則不酸樹上生癩以甘草釘之則去

枇杷

枇杷

枇杷樹高丈餘易種肥枝長葉微似栗大如驢耳背有黃毛形如枇杷故名陰密婆娑可愛四時不凋冬開白花三四月成實簇結有毛大者如雞子小者如龍眼味甘而酢白者為上黃者次之皮肉薄核大如茅栗相傳枇杷秋萌冬花春實夏熟備四時之氣他物無與類者襄漢吳蜀淮揚閩嶺江西湖南北皆有廣志云無核者名焦子出廣州味甘酸平無毒止渴下氣利肺氣止吐

逆潤五藏主上焦熱可克果食多食發痰傷脾同炙肉及熱麵食患熱黃疾花治頭風鼻流清涕木白皮止吐逆不下食葉治肺胃病取其下氣氣下則火降痰順而逆嘔欬渴皆愈

學圃餘疏枇杷出東洞庭者大自種者小然却有風味獨核者佳蓋他果須接乃生獨此果直種之亦能生也

物類相感志枇杷不宜糞

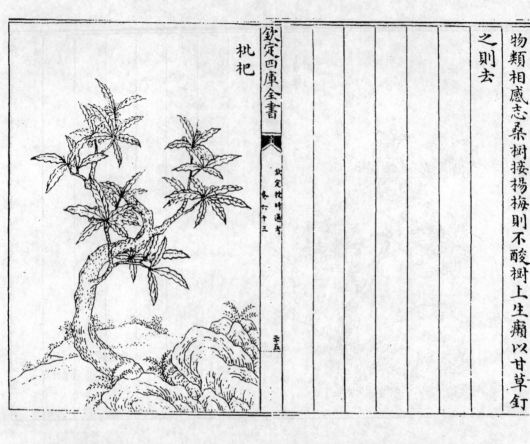

柰

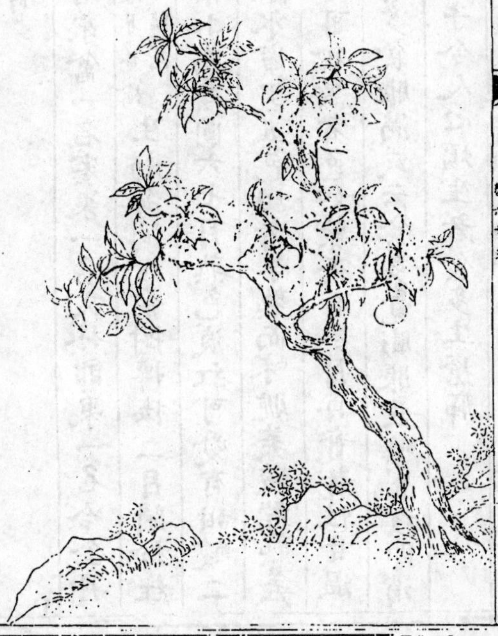

柰

柰一名頻婆與林檎一類而二種江南雖有西土最豐樹與葉皆似林檎而實稍大味酸微帶澀可栽可壓白者為素柰赤者為丹柰亦曰朱柰青者為綠柰皆夏熟

本草涼州有冬柰冬熟子帶碧色性寒多食令人肺家膨脹病人尤甚

廣志西方多柰家家收切曝乾作脯十百斛以為蓄積謂之頻婆粮

林檎

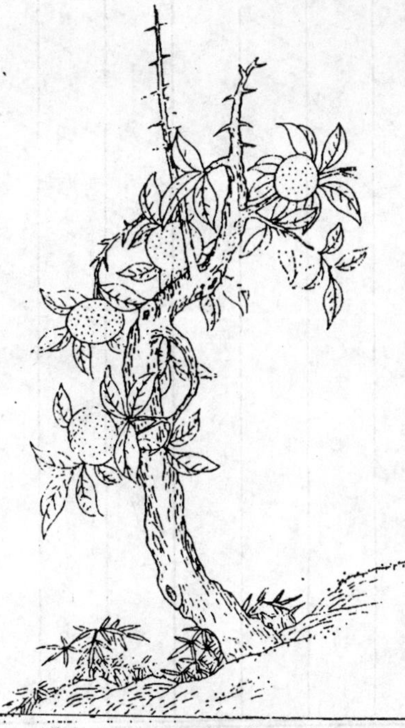

林檎

林檎一名來禽一名蜜果一名文林郎果一名冷金丹元氏長慶集林檎花一名月臨花生渤海間以柰樹搏接二月開粉紅花子如柰小而差圓六七月熟色淡紅可愛有甜酸二種有金紅水蜜黑五色甜者早熟而味脆美酸者熟差晚須爛方可食黑者色如紫柰有冬月再實者性甘温下氣消渴多食脹滿或云食多覺膨脹並嚼其核即消一云食其子令人心煩生者食多生瘡癤

學圃餘疏花紅即古林檎

王羲之帖青李來禽子皆囊盛為佳函封多不生

物類相感志林檎樹生毛蟲埋蠶蛾於下或以洗魚水澆之即止

蘋果

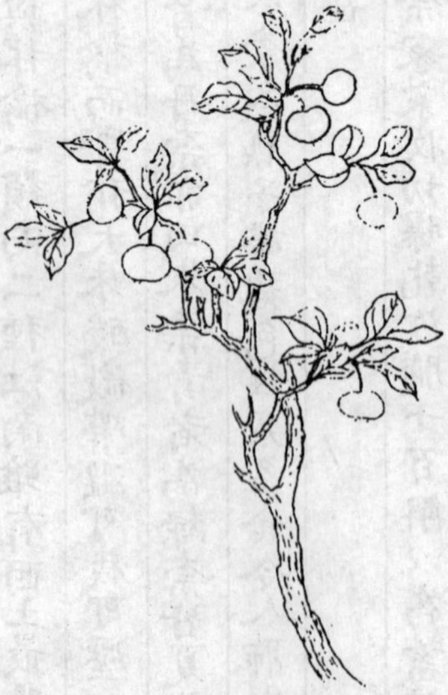

蘋果

蘋果 按本草不載蘋果而釋柰云一名頻婆據採蘭雜志學圃餘疏頻婆又當屬北名蓋與柰一類二種也

出北地燕趙者尤佳接用林檎體樹身聳直葉青似林檎而大果如梨而圓滑生青熟則半紅半白或全紅光潔可愛玩香聞數步味甘鬆未熟者食如棉絮過熟又沙爛不堪食惟八九分熟者最美

採蘭雜記燕地有頻婆味雖平淡夜置枕邊微有香氣即佛書所謂頻婆華言相思也

學圃餘疏北土之頻婆即花紅一種之變也吳地素無近亦有移植之者

山樝

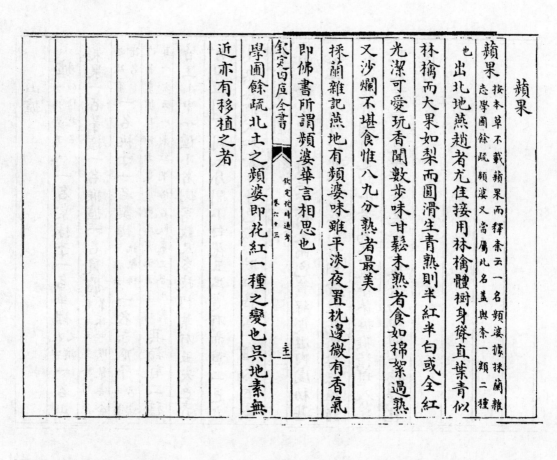

山樝

山樝一作查其味似樝故名一名棠梂子一名羊梂朹字之誤一名山裏果一名茅樝一名猴樝一名鼠樝本草云生於川原茅林中猴鼠喜食之故有諸名一名朹子一名檕梅爾雅云朹檕梅一名赤瓜子本草云當作赤棗樝狀似赤棗虞衡志有赤棗王璆百一方云山裏紅果俗名酸棗正合此義其類有二種皆生山中一種小者樹高數尺多枝柯葉有五尖色青背白椏閒有刺三月開小白花五出實有赤黃二色九月熟其核狀如牽牛子色微白映紅甚堅一種大者樹高丈餘花葉皆同但實稍大而色黃綠皮澀肉虛初甚酸澀經霜乃紅可食出滁州青州者佳為消滯要藥語云山樝有爛肉之功小者為棠朹子茅樝猴樝堪入藥肥大者為羊朹子可作果食入藥者切四瓣去核曬乾收用

枳椇

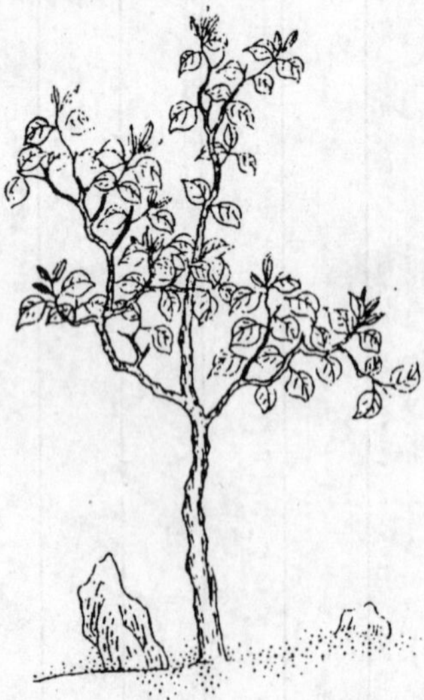

枳椇

枳椇一名蜜樻橄（音止矩）一名蜜屈律（皆屈曲不伸之義此樹多枝而曲其子亦拳曲故名）一名木蜜一名木珊瑚一名雞距子一名雞爪子一名樹蜜一名木餳（味美如餳蜜）一名白石一名白實一名木石一名木實木高三四丈葉圓大如桑柘夏月開花枝頭結實如雞爪形長寸許紐曲開作兩三岐儼若雞之足距嫩時青色經霜乃黃嚼之味甘如蜜每開岐盡處結一二小子狀如蔓荆子内有扁核赤色如酸棗仁形

禮記曲禮婦人之贄椇榛脯脩棗栗

爾雅翼古者人君燕食所加庶羞凡三十一物椇其一也又為婦人之贄荆楚之俗亦鹽藏荷裹以為冬儲今不以為重賤者食之而已

羣芳譜今山西甚多俗名拐棗

蒲萄

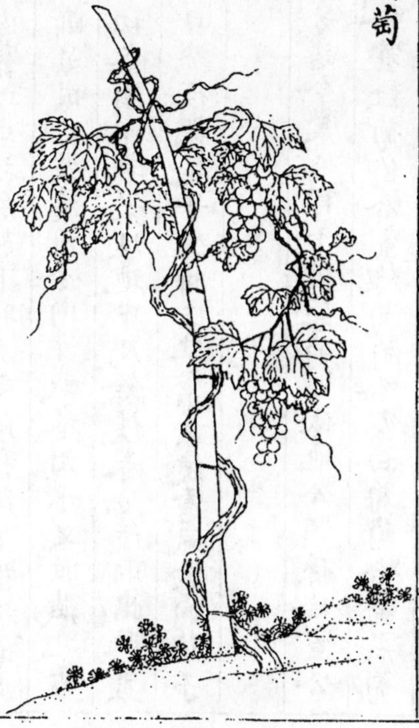

葡萄

葡萄古作蒲桃又作蒲陶苗作藤蔓而極長大盛者一二本綿被山谷間三月間開小花成穗黄白色旋著實七八月熟可生食可釀酒最難乾不乾不可食今太原平陽皆製乾貨之四方西北人食之無恙東南食之多病熱其根莖中空相通暮溉其根至朝而水浸其中故俗呼其苗為木通澆以米泔水最良以麝入其皮則葡萄盡作香氣以甘草作針針其根則立死

種樹書葡萄欲其肉實當栽於棗樹之旁於春鑽棗樹上作竅子引葡萄枝入竅中透出至二三年其枝既長大塞滿樹竅便可斫去葡萄根托棗根以生便得肉實如棗北地皆如此法種

羣芳譜水晶葡萄（暈色帶白如著粉形大而長味甚甘西番者更佳）馬乳葡萄（形大而長味甘）紫葡萄（黑色有大小二種酸甜二味）綠葡萄（出蜀中熟時色綠出西番者名兎睛勝糖蜜無核尤異品也）瑣瑣葡萄（出西番實小如胡椒今中國亦有種者）雲南出者大如棗味尤長唐史波斯國所出大如雞卵也

又種植取肥枝如拇指大者從有孔盆底穿過盤一尺於盆內實以土放原架下時澆之候秋間生根從盆底外截斷另成一架澆用冷肉汁或米泔水又收藏北方天寒初冬須以草裹埋地中尺餘俟春分後取出臥置地數日然後架起子生時去其繁葉使霑風露則結子肥大

廣羣芳譜今塞外有十種葡萄曰伏地公領孫哈蜜公領孫哈蜜紅葡萄哈蜜綠葡萄哈蜜白葡萄哈蜜黑葡

萄哈蜜瑣瑣葡萄馬乳葡萄伏地黑葡萄伏地瑪瑙葡萄

欽定授時通考卷六十三

欽定四庫全書

欽定授時通考卷六十四

農餘

果二

棗 酸棗

柹 椑柹 軟柹

木瓜 榠樝

安石榴

栗 石栗

榧

榛

松子

核桃

銀杏

棗

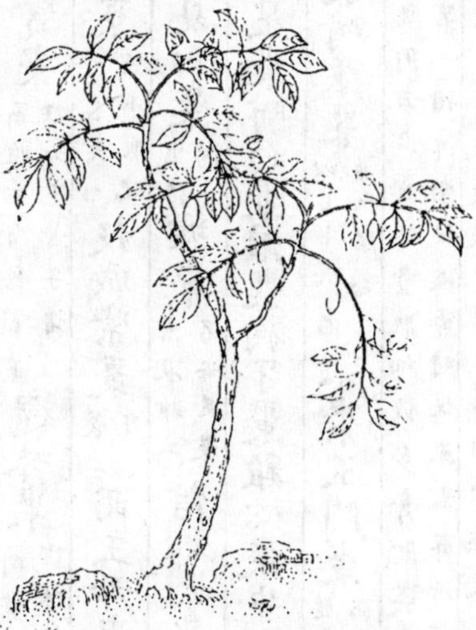

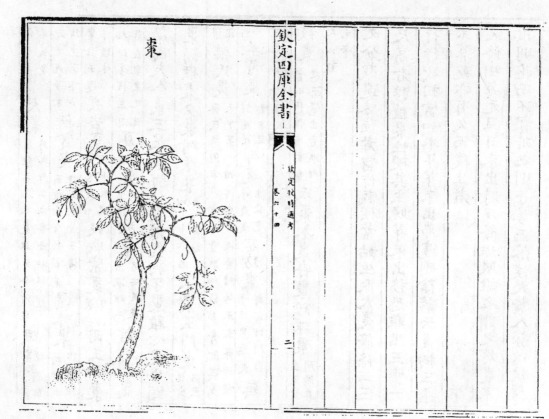

棗

棗一名木蜜皮麤葉小面深綠色背微白發芽遲五月開小花淡黃色花落即結實生青不堪食漸大漸白至微見紅絲即堪生啖熟則純紅味甚甘甜王禎農書云南北皆有然南棗堅燥不如北棗肥美生於青齊晉絳者尤佳能開胃健脾可久留生熟皆可食多食生熱令人齒黃病齲齒

詩豳風八月剝棗

禮記內則棗曰新之

疏棗易有塵埃恒治拭之使新

左傳女贄不過榛栗棗脩以告虔也

疏取其早起者也

齊民要術旱澇之地不任稼穡者種棗則任矣

羣芳譜種類甚多有壺棗爾雅云棗壺棗註云今江東呼為棗大而銳上者為壺壺猶瓠也鹿盧棗爾雅云邊要棗註云子細腰今謂之鹿盧棗白棗爾雅云擠白棗註云即今棗子白乃熟揚徹齊棗見爾雅註云未詳羊棗爾雅云遵羊棗註云實小而圓紫黑色今俗呼之為羊矢棗大棗爾雅云洗大棗註云今河東猗氏縣出大棗子如雞卵蹶洩棗爾雅云蹶洩苦棗註云子味苦無實棗爾雅云皙無實棗註云不著子者還味棗爾雅云還味棯棗註云還味短味戚咨棗一名大白核小肌肥穀城紫棗長二寸西王母棗大如李核三月熟在衆果之先夏白棗出洛陽墟棗出汲郡一名安益棗信都大棗梁國夫人棗三星棗駢白棗灉棗狗牙棗雞心棗牛頭棗獼猴棗夕棗崎廉棗以上十六名並出廣志棠棗玉門棗並出西京襍記樂氏棗齊民要術云出青州豐肌細核多膏肥美為天下第一相傳樂毅破齊時從燕來齊所種也羊角棗詳見後鄴中記御棗味最美出安邑窑坊棗味佳出應天府窑坊門內無

核棗實小核僅有形食之不覺出青城縣氏棗木棗丹棗鶴珠棗出天台閒閒真人以致元帝

又分栽選味佳者留作栽候葉始生取大棗傍條二三尺高者移種棗性硬其生晚芽未出移恐難出三步一行行欲相當如本年芽未出弗遽刪除諺云棗樹三年不算死亦有久而後生者

又修樹每元旦日未出時反斧斑駁椎之謂之嫁棗不椎則花而不實斫之則子萎而落候大蠶入簇以杖擊

其技問振去狂花則結實多

又收棗棗全赤即收撼而落之為上半赤而收者肉未充滿乾則色黃而皮皺將赤味亦不佳全赤久不收則皮硬復有鳥雀之患一法將纔熟棗乘清晨連上枝葉摘下弗損傷通風處晾去露氣簡新缸無油酒氣者清水刷淨火烘乾待冷取淨稈草曬乾候冷一層草一層棗入缸中封固可至來歲猶鮮

又曬棗先治地令淨有草則令棗臭駕箔椽上以無齒

木扒聚而散之日二十度乃佳夜不必聚得霜露氣速成如有雨則聚而苫之五六日選其紅軟者上高厨暴之胮爛者去之否則恐壞餘棗其未乾者曝曬如法

又作乾棗新菰蔣露於庭以草鋪上厚三寸覆以新蔣凡三日撤覆露之畢日曝取乾納房中每一石以酒一升漱著器中密泥之可以經數年不壞

酸棗 附

羣芳譜酸棗一名樲小而圓如芡無大樹實生青熟紅皮薄核大仁堪入藥生用令人不眠雙仁者勿用取紅軟者箔上曬乾納釜中水僅掩棗煮一沸即漉出入盆研布絞取濃汁塗器上日曝使乾取為末一碗投方寸匕遠行用以和米炒其味酸甘解飢渴最妙

柿樹

柿

柿赤實果也樹高大枝繁葉大圓而光澤四月開小花黃白色結實青綠色八九月乃熟紅柿皮深紅而多核所在皆有黃柿生汴洛諸州朱柿出華山似紅柿而圓小皮薄可愛味更甘珍著蓋柿蒂下別有一層牛心柿狀如牛心蒸餅柿狀如市賣炊餅八稜柿大而稍扁劍南尤溪柿處州松陽柿尤為奇品塔柿大於諸柿去皮挂木上風乾之佳

種樹書柿樹接桃枝則為金桃柿子接及三次則全無核

羣芳譜種類甚多大者如楪其次如拳小者如鹿心鴨子雞子生者澀不堪食其核形扁狀如木鱉子而堅根甚固謂之柿盤世傳柿有七絕一多壽二多陰三無鳥巢四無蟲蠹五霜葉可玩六佳實可啖七落葉肥大可以臨書多食引痰日乾者多食動風同蟹食腹痛作瀉食柿飲熱酒令人易醉或心痛欲絶

椑柿附

椑柿一名漆柿一名綠柿一名青椑一名烏椑一名花椑一名赤棠柿乃柿之小而卑者生江淮宣歙荊襄閩廣諸州雖熟亦深綠色大如杏味甘可生啖搗碎浸汁謂之柿漆可染罾扇諸物

軟柿附

軟柿本草云生海南樹高丈餘子中有汁如乳汁甜美其本類柿而葉長但結實小而長乾熟則紫黑色一種小圓如指頭大者味尤美其樹接柿甚佳

木瓜

木瓜

木瓜一名楙爾雅云楙木瓜註云木實如小瓜酢而可食本草云木瓜之名取此義也一名鐵脚梨清異録云木瓜性益下部若脚膝筋骨有疾者必用焉故方家號為鐵脚梨樹如柰叢生枝葉花俱如鐵脚海棠可種可接可以條分葉光而厚春末開花紅色微帶白作房實如小瓜或似梨稍長皮光色黄上微白如著粉津潤不木者為木瓜香而甘酸不澀食之益人醋浸一日方可食生不堪噉處處有之山陰蘭亭尤多而宣城者為佳本州以充土貢故

有宣州花木瓜之稱西洛木瓜味和美至熟青白色入藥絶有功勝宣州者味淡性酸温無毒去濕和胃强筋骨治脚氣霍亂大吐下轉筋不止枝葉根皮煮汁飲並止霍亂吐下轉筋療脚氣枝作杖利筋脈核治霍亂煩燥氣急花治面黑粉滓

羣芳譜種法秋社前後分其條移栽次年便結子勝春栽者

榠樝附

羣芳譜榠樝一名蠻樝一名木李一名木梨木葉花酷類木瓜但比木瓜大而色黄李時珍曰乃木瓜之無重蔕者也

安石榴

安石榴

安石榴種出安石國故名 一名若榴廣雅云若榴石榴也 一名丹實垂垂若贅瘤也 金罌筆衡云吳越王錢鏐改榴為金罌 有甜酸苦三種單葉者旋開花旋結實花托即榴不結者托尖小千葉者不結實甜者甘温澀無毒可食潤燥制三尸蟲理乳石毒但性滯戀膈多食生痰損肺黑齒服食家忌之酸者性温澀無毒兼收斂之氣只堪入藥陳久更良榴實圓如毬頂有尖瓣大者如杯皮赤色有黑斑點皮中如蜂窠有黄膜隔

之子如人齒白者似雪淡紅者似水紅寶石紅者如硃砂淡紅潔白者味甘紅者味酸秋後經霜則實自裂有富陽榴實大者如碗 海榴樹僅二尺栽盆中結實亦大直垂至盆堪作美觀 黄榴實甚多最易傳種 河陰榴瑣碎錄云河陰出榴名三十八中間止有三十八子也 酉陽雜俎南詔石榴皮薄如藤紙味絕於洛中 本草水晶榴子白瑩徹如水晶味亦甘 苦石榴抱朴子云生積石山或云即山石榴也 山石榴形類榴而小不作房生青齊間蜜漬以當菓甚美 廣羣芳譜石榴不結子者以石塊或枯骨安樹叉間或根下則結子不落

栗

栗

栗木高三丈極類櫟四月開花青黄色長條似胡桃花實有房彚大者若拳小者若桃李苞生外殻刺如蝟毛其中著實或單或雙或三四少者實大多者實小實有殻紫黑色殻内膜甚薄色微紅黑外毛内光膜内肉外黄内白八九月熟則苞自裂而實墜宣州及北地所産小者為勝陸璣詩疏曰栗五方皆有周秦吳揚特饒惟漁陽及范陽生者甜美味長他方不及本草圖經云兖

州宣州最勝燕山栗小而味最甘蜀本圖經云板栗錐栗芧栗似板栗而細如橡子其樹雖小葉亦不殊但春生夏花秋實冬枯為異綱目云即爾雅所謂栭栗也一名栵栗可炒食之衍義云湖北有一種旋栗頂圓末尖即榛栗象榛子形也

詩鄘風樹之榛栗

禮記内則栗曰撰之

疏栗蟲好食數數布陳撰省視之

夏小正八月栗零

傳零也者降也降而後取之也

齊民要術栗種而不栽栽雖活尋死栗初熟離苞即於屋内埋濕土中埋須深勿令凍路遠者以韋囊盛之停三日以上及見風日則不可作種至二月芽生出而種之芽向上乃生根既生數年不用掌近三年内每到十月常須草裹至二月漸解不裹則易至凍死仍用籬圍之其實方而匾者他日結子豐滿樹高四五尺取生子樹枝接之

種樹書採栗時要得披殘明年其枝葉益茂

石栗 附

客燕雜記京師佳果栗三霜前栗盤古栗鷹爪栗種類頗多總之味鹹氣温無毒主益氣厚腸胃補腎氣治腰脚無力破痃癖理血當中一子名栗楔治血更效生則動氣熟則滯氣唯曝乾或火煨汗出食之良百菓中最有益者小兒不宜多食難尅化患風水病者忌以味鹹也

南方草木狀石栗樹與栗同但生於山石罅間花開三

年方結實其殼厚而肉少其味似胡桃仁

榧

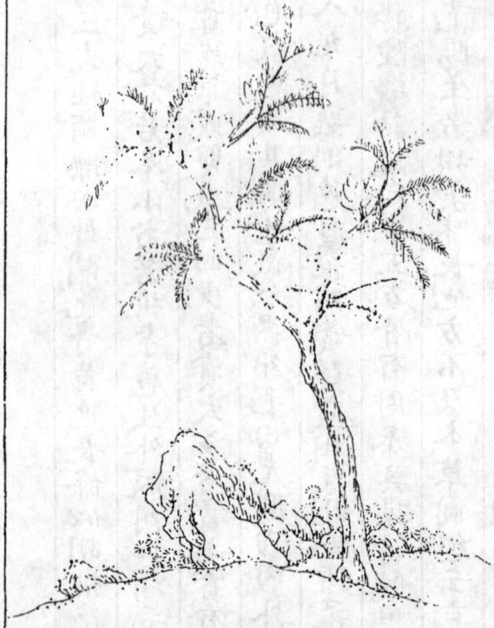

榧

榧一名被子一名赤果一名玉榧一名玉山果生永昌以信州玉山者為佳本地人呼為野杉木大者連抱高數仞其木有雄雌雄者花而雌者實其木形如柏木理似松細軟堪為器用葉似杉冬月開黄圓花結實如棗核大如橄欖無稜而殼薄黄白色其仁肉白外有一層黑麤衣小而心實者尤佳一樹可下數十斛味甘平澀無毒治五痔去三蟲輕身明目煮素羮味更甜美同甘

蔗食其滓自軟猪脂炒榧黑皮自脫性熱同鵞肉食令人上壅生斷節風同緑豆食殺人忌火氣

爾雅翼被實去皮殼可生食亦僎而收之可以經久

本草會編一種麤榧其木與榧相似但理麤色赤其子稍肥大頂圓不尖

羣芳譜收藏以盛茶舊磁甕收之經久不壞欲種以二月下子

榛

榛

榛古作亲本草云從辛從木俗作莘者誤生遼東山谷樹高丈餘子如小栗李時珍曰榛樹低小如荆叢生冬末開花如櫟花成條下垂長二三寸二月生葉如初生櫻桃葉多皺文而有細齒及尖其實作苞三五相黏一苞一實實如櫟實上壯下銳生青熟褐殼厚而堅仁白而圓大如杏仁亦有皮尖然多空者諺曰十榛九空陸璣詩疏云榛有兩種一種大小枝葉皮樹皆如栗而子小形如橡子味亦

如栗枝莖可以為燭詩所謂樹之榛栗者也一種高丈餘枝葉如水蓼子作胡桃味遼代上黨甚多久留亦易油壞種法與栗同味甘平無毒益氣力實腸胃調中不饑健行甚驗遼東榛軍行食之當糧榛之為利亦大矣

禮記曲禮婦人之贄椇榛脯脩棗栗

註榛實似栗而小關中鄜坊甚多

松子

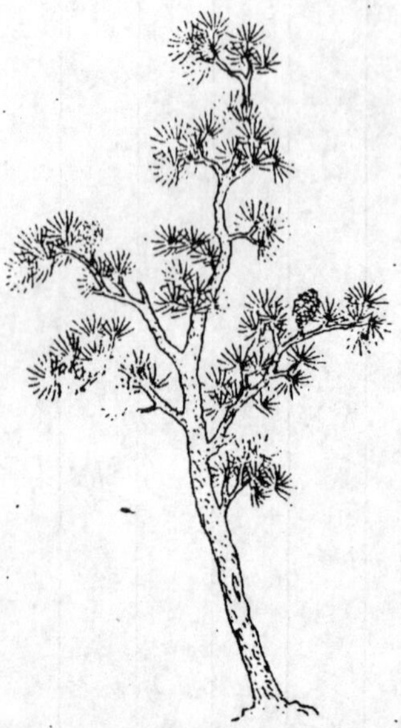

松子

松子本草云松實狀如豬心疊成鱗砌秋老則子長鱗裂惟遼海及雲南者謂之海松子馬志曰海松子狀如小栗三角其中仁香美當果食之亦代麻腐食之與中國松子不同蘇頌曰松歲久則實繁中原雖有小而不及塞上者佳好也吳瑞曰松子有南松北松華陰松形小殼薄有香新羅者肉甚香美李時珍曰海松子其樹與中國松樹同惟五葉一叢者毬內結子大如巴豆而有三稜一頭尖爾馬志謂似小栗殊失本體

東坡雜記十月以後冬至以前松實結熟而未落折取并萼收之竹器中懸之風道未熟則不生過熟則隨風飛去至春初敲取其實以大鐵鎚入荒茅地中數寸置數粒其中得春雨自生自採實至種皆以不犯手氣為佳松性至堅悍然始生至脆弱多畏日與牛羊故須荒茅地以茅陰障日若白地當雜大麥數十粒種之賴麥陰乃活須護以棘日使人行視三五年乃成五年之後

乃可洗其下枝使高七年之後乃可去其細密者使大

大略如此

核桃

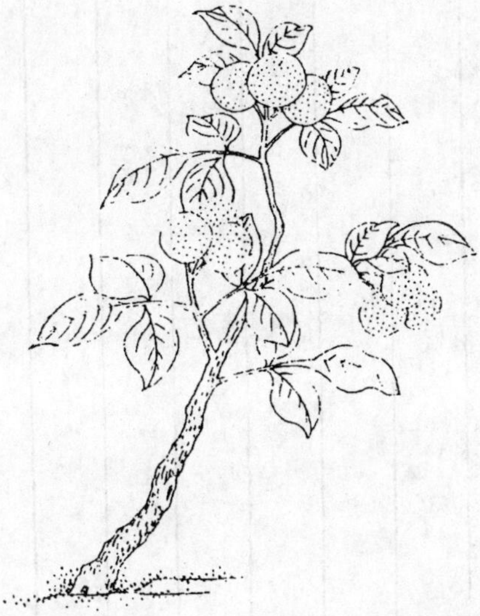

核桃

核桃一名胡桃一名羌桃樹高丈許春初生葉長三寸兩兩相對三月開花如栗花穗蒼黃色結實如青桃九月熟時漚爛皮肉取核內仁為果北方多種之以殼薄仁肥者為佳廣志云陳倉胡桃薄皮多肌陰平胡桃大而皮脆急促則碎味甘氣熱皮濇仁潤治痰氣喘嗽醋心及厲風諸病今往往以之下酒則昔人所云食多動風動痰令人惡心脫鬚眉及同酒多食咯血者妄也或

素有痰火積熱者不宜多食耳大抵留皮則消滯去皮則養血潤血微和鹽食更佳能通命門利三焦益氣養血與破故紙為補下焦腎命之要藥

羣芳譜種植選平日實佳者留樹上勿摘俟其自落青皮自裂又揀殼光紋淺體重者作種掘地二三寸入糞一碗鋪片瓦種一枚覆土踏實水澆之冬月凍裂殼來春自生下用瓦者使無入地直根異日好移栽也

便民圖要以粗布袋盛挂風面處則不臓收松子亦用

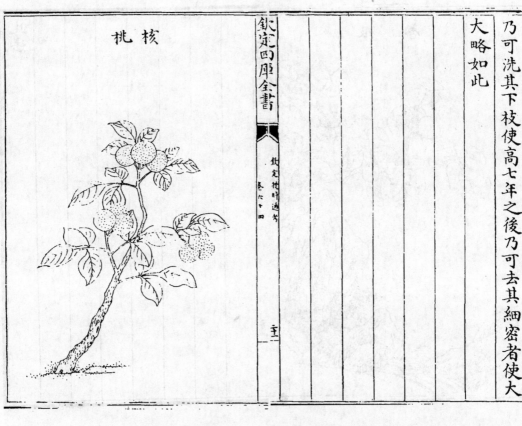

此法

銀杏

銀杏

銀杏一名白果一名鴨脚子本草云葉似鴨脚故名宋初入貢改呼銀杏因其形似杏而核色白也處處皆有以宣城為盛樹高二三丈或至連抱可作棟梁葉薄縱理儼如鴨掌面綠背淡二月開花成簇青白色二更開旋即卸落人罕見之一枝結子百十狀如小杏經霜乃熟色黃而氣臭爛去肉取核為果其核兩頭尖中圓大而扁三稜為雄二稜為雌其仁嫩時綠色久則黃其樹耐久肌理白膩術家取刻符印云能名使鬼神氣味甘微苦平澀無毒生食解酒降痰消毒殺蟲熟食溫肺益氣定喘嗽擣汁浣衣去油膩食多壅氣臚脹昏頓三元延壽書言白果食滿千顆殺人昔有歲飢以白果代飯食飽次日皆死小兒食多昏霍發驚引疳同鰻鱺食患軟風

墨客揮犀銀杏葉如鴨脚獨窠者不實偶生及叢生者乃實

羣芳譜種植須雌雄同種其樹相望乃結實或雌樹臨

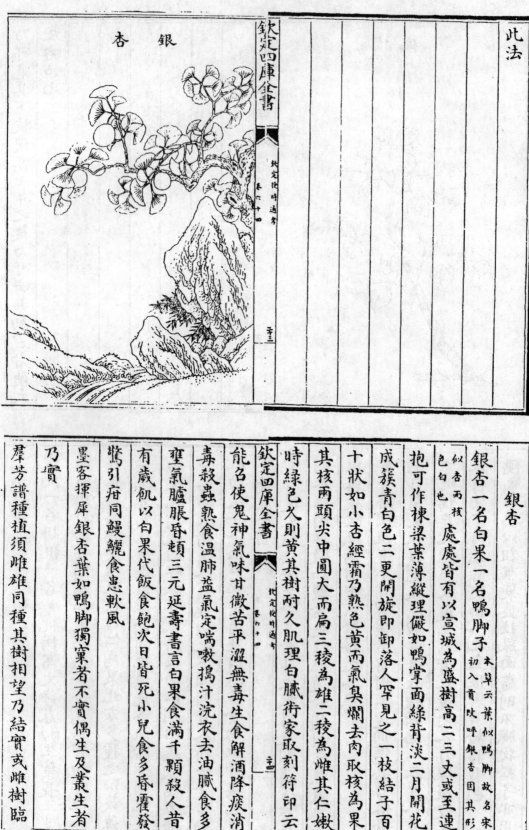

水照影亦可或於雌樹鑿一孔納雄樹木一塊以泥之
亦結子
又移栽春分前後先掘深坑水攪成稀泥然後下栽子
掘時連土繩縛牢不令散碎則易活
又熟時以竹篾箍樹本擊篾則銀杏自落

欽定授時通考卷六十四

欽定四庫全書

欽定授時通考卷六十五

農餘

果三

荔支 錦荔支
龍眼 山龍眼 龍荔
橘
柑 佛手柑

橙
香櫞
金橘 金豆
柚 枳 枸橘
橄欖 木威 餘甘子
椰子
無花果
文官果

荔枝

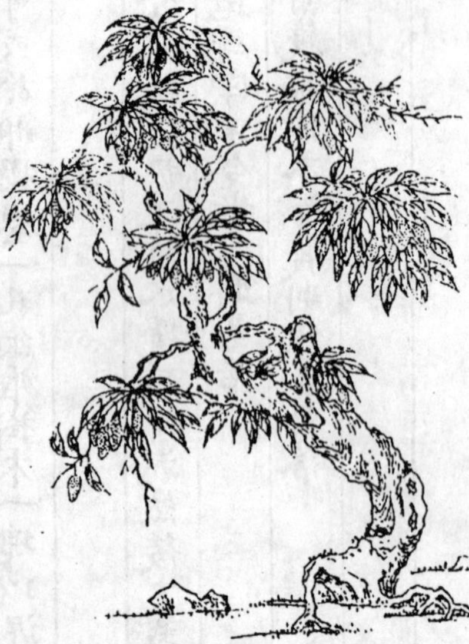

荔支

荔支一名丹荔一名離支樹高數丈自徑尺至於合抱形團團如帷蓋葉如冬青綠色蓬蓬四時常茂花青白開於二三月狀如橘又若冠之蕤綏五六月結實喜雙狀如初生松毬核如熟蓮子殼有皺紋如羅生青熟紅肉淡白如肪玉味甘多汁夏至將中翕然俱赤大樹每下子百斛五六月盛熟時彼地皆燕會其下雖多食亦不傷人覺熱以蜜漿解之或以殼浸水飲亦佳初出嶺南及巴中今閩之泉福漳興蜀之嘉蜀渝涪及二廣州郡皆有之以閩中為第一蜀次之嶺南為下其類有陳紫出著作郎陳琦家品為第一譜云其樹晚熟其實廣上而圓下大可徑寸有五分香氣清遠色澤鮮紫殼薄而平瓤厚而瑩膜如桃花紅核如丁香母剝之凝如水精食之消如絳雪其味之至不可得而名狀也荔支以甘為味雖百千樹莫有同者過甘與淡失味之中惟陳紫之於色味香自拔其類此所以為天下第一凡荔支皮膜形色一有類陳紫則已為中品若夫皮厚尖刺肌理黃色附核而赤食之有查食已而澀雖無酢味自亦下等矣大紫種似陳紫實大過之小陳紫實比陳紫差小又時有槱核者因而得名方紅徑可二寸色味俱美歲生一二百顆而已出興化屯田郎中方臻家宋公荔支實如陳紫而小甘美

亦如之周家紅(初為第一及陳紫方紅出而此為次)龍牙(長可三四寸彎曲如爪牙無核然不常有)游家紫(種出陳紫實大過之)水荔支(漿多而淡以上俱出興化軍)藍家紅(泉州第一出郡官員外藍承家)法石白(出法石院色白其大次於藍紅)江綠(類陳紫差大獨香薄而味少酸以上出泉州)一品紅(於荔支為極品生在福州堂前)大丁香(殼厚色紫味微澀出天慶觀)綠核(頗類江綠色丹而小荔支核紫而此核獨綠)將軍荔支(五代時有此官種之因以得名)朱柿(色朱如柿而大)虎皮(色紅絕大繞腹有青紋類虎皮)牛心(以狀名之長二寸餘皮厚肉澀)玳瑁紅(色紅有黑點類玳瑁出城東)硫黃(以色類硫黃故名以上出福州)何家紅(出漳州何氏)圓丁香(丁香荔支皆旁蒂大而尖朓此獨圓而香味尤勝)十八娘(色深紅而細長閩王有女行十八好食此因得名或云物之美少者為十八娘)蕙團(每朶數十並蒂雙垂)釵頭顆(顆紅而小可施頭髻)珍珠荔支(圓白如珠無核荔支之最小者)粉紅荔支(荔支深紅比以色淺為異)丁香荔支(核小如丁香亦謂之穗核)蜜荔支(以甘為名然過於甘)火山荔支(本出南越四月熟味甘酸肉薄閩中近年僅有)秋元紅(實時最晚因以得名)蚶殼(殼深渠如瓦屋焉以狀得名)蒲桃荔支(一穟至二三百顆以上見蔡襄荔支譜)又有綠色蠟色皆品之奇者自蔡襄以後鄭熊徐𤊹鄧慶寀諸人各為之譜競立新名標奇炫異或言姓氏或言州郡皆識其所出王敬美曰荔支以狀元香為最然不如長樂

勝畫肉厚而味甘當為種中第一第乾之不能如狀元香風味楓亭驛荔支甲天下無論丹實纍纍而樹亦婆娑可愛在漳泉者四五月熟然肉薄味酸能損齒又云荔支以興化之楓亭驛為最長樂次之性甘微熱止渴益智健氣病齒及大病人最忌

夢溪筆談閩中荔支核有小如丁香者多肉而甘土人亦能為之取荔支木去其宗根仍火燔令焦復種之以大石抵其根但令傍根得生其核乃小種之不復芽

徐𤊹荔支譜荔核入土種者氣薄不蕃雖蕃不結子閒有成樹者經十餘歲稍稍結果肉酸澀無味鄉人於清明前後十日內將枝梢刮去外皮一節上加膩土用棕裹之至秋露枝上生根以細齒鋸從根處截下植之他所勿令動搖三歲結子纍然矣如接枝之法取種不佳者截去元樹枝莖以利刃微啟小隙將別枝削鍼插固隙中皮肉相向用樹皮封繫寬緊得所斟酌裹之凡接枝必待時暄蓋欲藉陽和之氣一經接搏二氣交通則

轉惡為美矣若近海魚鹽之處斥滷土鹹其味微酸不佳縱奪接之終不能以彼易此也

又荔性宜熱最畏高寒古樹歷數百年者枝柯詰屈根幹盤旋其陰可蔽數畝歲久根深縱霜霰侵壓不過葉悴可無損於樹當春仍發新葉開花結實至於新種不歷十數年者樹穉根淺一遇霜霰隨即枯萎明年不復花實鄉人有愛其樹者當極寒時樹下以稻草煨火溫之寒氣不侵葉無凋損秋冬之際壅壓其根仍伐去枯

根不令礙樹逢春尤易發生

鄧慶寀荔支譜荔子原無用核種者皆用好枝刮去外皮以土包裹待生白根如毛再用土覆一過以臘月鋸下至春隨生新葉他木栽時皆去枝葉獨荔樹要留宿葉承露若葉去露槁則無生機余嘗六七月鋸荔支蘆新根方生無不存活最怕日曬必求稍陰涼處時時灌水方易生葉

羣芳譜荔支有間歲生者謂之歇枝有仍歲生者半生半歇也春花之際傍生新葉其色紅白六七月時色已變綠此明年開花者也今年實者明年歇枝也最忌麝香或遇之花實盡落其熟未更採摘蟲鳥皆不敢近或已取之蝙蝠蜂蟻爭來蠹食園家破竹五七尺搖之答答然以逐蝙蝠之屬

錦荔支 附

錦荔支一名癩葡萄元時名紅姑娘即詩所云苦瓜也出南蕃今閩廣江南皆有之蔓生葉如葡萄有微刺蔓

上有鬚莖葉皆柔七八月開小黃花五瓣如椀形結瓜有長短二種色青綠熟則紅黃皮上磥砢架作屏斑斑如錦紅綠陸離最為可玩瓜味微苦小熟之調以薑醋可為蔬清痰火和肉煮食亦佳其中肉赤如血味甘美春時種秋結實其子形扁如瓜子亦有痱癗可入藥

龍眼

龍眼

龍眼一名益智(廣雅云益智龍眼也)一名比目一名圓眼一名蜜脾一名燕卵一名繡水團一名海珠叢一名川彈子一名亞荔支一名荔支奴閩廣蜀道出荔支處皆有之樹似荔支高一二丈枝葉微小葉似林檎凌冬不凋春末夏初開細白花七月實熟大如彈丸肉薄於荔支白而有漿甘如蜜質味殊絕純甜無酸實極繁作穗如葡萄每穗五六十顆殼青黃色性畏寒白露後方可採摘性甘平無毒安志健脾補虛開胃除蠱毒去三蟲久服輕身不老神益聰明故又名益智非今醫家所用之益智子食品以荔支為貴而資益則龍眼為良蓋荔支性熱而龍眼平和也

農政全書白露後採用海滷浸一宿取出曬乾用火焙之以核乾硬為度如荔支法收藏之成朶乾者名龍眼錦

山龍眼附

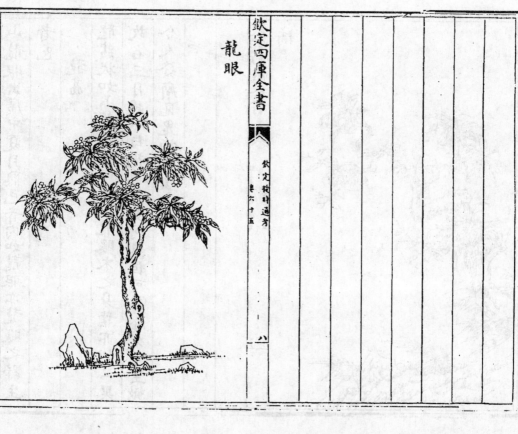

山龍眼出廣中夏月熟色青肉如龍眼亦龍眼之野生者也

龍荔 附

龍荔狀如小荔支而肉味似龍眼木之身葉亦似二果故名三月開小白花與荔支同熟但可蒸食不可生啖令人發癎見鬼物出嶺南

橘

橘

橘一名木奴樹高丈許枝多刺生莖間葉兩頭尖綠色光面濶寸餘長二寸許四月生小白花清香可人結實如柚而小至冬黃熟大者如杯包中有瓣瓣中有核實小如柑味甘微酸種類不一有蜜橘其味最甘黃橘扁小多香霧橘之上品綠橘紺碧可愛不待霜後色味已佳隆冬采之生意如新朱橘實小色赤如火塌橘狀大而扁外綠心紅巨瓣多液經春熟乃甘美包橘外薄內盈其脈瓣隔皮可數綿橘微小極軟美可愛而不多結沙橘細小甘美凍橘八月開花冬結春采早黃橘秋半已丹穿心

橘實大皮光心虛可穿荔支橘膚理皺密儼如荔支出衡陽乳橘狀似乳柑皮堅瓤多味絕酸芳油橘皮似油飾中堅外黑橘之下品自然橘他橘與柑必以枝接之惟此則以橘子下種故名自然味甚美出蘇州台州西出荆州南出閩廣撫州皆不如溫州者為上也王敬美曰閩中柑橘以漳州為最福州次之樹多接成惟種成者氣味尤勝橘肉生痰聚飲不益人若煎以蜜充果食甚佳或蜜或薰作餅尤妙亦可醬淹作葅花以之蒸茶向為龍虎山進御絕品園中宜多種多收核葉皆苦平無毒可入藥

書禹貢厥包橘柚錫貢
傳小曰橘大曰柚疏橘柚二果其種本别以實相比則柚大橘小
文昌雜録南方柑橘雖多然亦畏霜每霜時亦不甚收惟洞庭霜雖多仍無所損詢彼人云洞庭四面皆水也水氣上騰尤能辟霜所以洞庭柑橘最佳歲收不耗正為此爾
羣芳譜種植種子及栽皆可以枳樹截接或貼接尤易

成宜肥地至冬須以大糞壅培則來年花實俱茂遇旱以米泔灌溉則實不損落根下埋死鼠則結實加倍物類相感志云橘見尸而實繁涅槃經云如橘見鼠其果實多
避暑録話凡橘一畝比田一畝利數倍而培治之功亦數倍於田橘下之土幾於用篩未嘗少以瓦甓雜之田自種至刈不過一二耘而橘終歲耘無時不使見纖草地必面南為層級次第使受日每歲大寒則於上風焚糞壤以温之
多能鄙事茅灰及羊矢壅之多生實十一月内将橘樹根寬作盤澆大糞三次至春用水澆一次花實必茂
便民圖纂十月後将金橘安錫器内或芝麻雜之經久不壞若橙橘之類藏菉豆中極妙弗近米邊見米即爛

柑

柑

柑古作甘開寶本草云柑未經霜時猶酸霜後甚甜故名柑子梅溪詩注云他果非無甘者惟柑從甘言最甘也生江南及嶺南閩廣溫台蘇撫荆為盛川蜀次之樹似橘少刺實亦似橘而圓大霜後始熟味甘甜皮色生青熟黃比橘差厚理稍粗而味不苦惟乳柑山柑皮可入藥橘實可以久留柑實易腐敗柑樹畏冰雪橘樹畧可耐此柑橘之異也乳柑出溫州泥山為最其味似乳酪故名其木婆娑其葉纖長其花香韻其實圓正其膚理如澤蠟其大六七寸其皮薄而味珍脉不黏瓣食不留滓一顆僅一二核亦有全

無者孽之香霧噀人為柑中絕品海紅柑樹小而實極大有圍及尺者皮厚色紅可久藏今獅頭柑亦其類洞庭柑出洞庭山皮細味美其色如丹其熟最早甜柑類洞庭而大每顆八瓣未霜先黃比他柑加甜饅頭柑近蒂如饅頭尖味香美生枝柑色青膚麤味似石榴微酸可耐久霜時留之枝間候味變甘帶葉而折新美可愛平蔕柑出成都大如升色蒼黃朱柑類洞庭而大色嫣紅味多酸以刀破之漬以鹽始可食木柑膚理堅頑瓣大而乏膏外强中乾故名以木又有白柑沙柑之類性大寒治腸胃熱毒解丹石止異渴多食令人脾冷生痰發痼癖皮調中下氣

廣羣芳譜橘錄歲當重陽色未黃採之名曰摘青及經霜之二三夕遇天氣晴霽羣以小翦就枝間平蔕斷之輕置筐筥謹之必謹懼其香霧之裂則易壞尤不便酒香凡採者竟日不敢飲柑橘宜斥鹵之地種時高者畦壟溝以泄水每株相去七八尺歲四鋤冬月以泥壅根夏時以糞溉之

物類相感志藏柑子以盆盛用乾潮沙蓋之

佛手柑附

佛手柑木似朱欒而葉尖長枝間有刺植之近水乃生

其實狀如人手有指有尺餘者皮如橙柚而厚皺而光澤其色如瓜生綠熟黃其核細味不甚佳而清香襲人置衣笥中雖形乾而香不歇

本草南人雕鏤花鳥作蜜煎食

橙

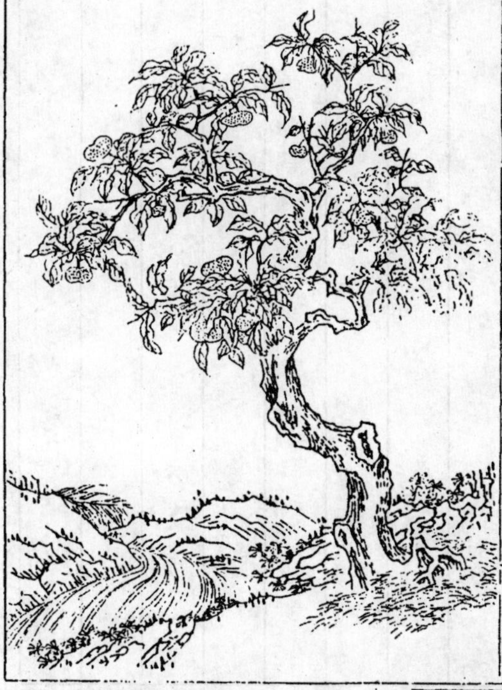

橙

橙樹似橘有刺實似柚而香晚熟耐久大者如盌經霜始熟葉大有兩刻缺如兩段皮厚蹙衂如沸香氣馥郁可薰衣可芼鮮可和葅醢可為醬虀可蜜煎可糖製為橙丁可蜜製為橙膏可和湯待賓客可解宿酒速醒唐鄧間皆有江南尤多栽植與橘同多食傷肝氣發虛熱同獱肉食發頭旋惡心洗去瓤中酸汁和鹽蜜煎成貯食止惡心能去胃中浮氣惡氣皮消食下氣去胃中浮

氣和鹽貯食止惡心

香櫞

香櫞

香櫞一名枸櫞柑橘之屬嶺南閩廣江西皆有之實大如小瓜皮若橙而光澤可愛肉甚厚白如蘿蔔而鬆虛雖味短而香芬大勝置衣笥中經旬猶香古作五和糝用之

金橘

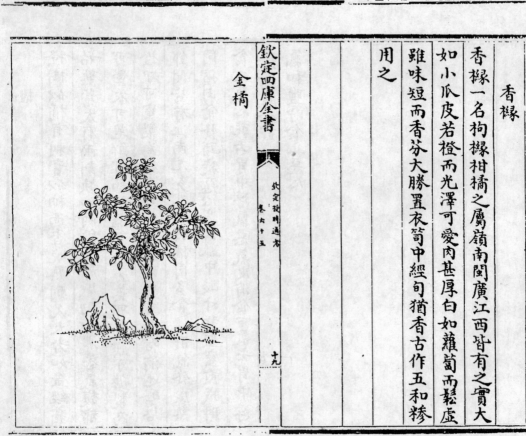

金橘

金橘一名金柑（橘錄云金柑在他柑特小大者如錢小者如龍目色似金）一名盧橘（本草云此橘生時青盧色黃熟則如金故有金橘盧橘之名盧黑色也）一名夏橘（本草云此橘冬夏相繼廣州志謂之夏橘）一名山橘（嶺表錄云山橘子大如土瓜次如彈丸金色薄皮而味酸）一名給客橙（本草云香芬如橙可供給客也魏王花木志云蜀有給客橙似橘而非若柚而香亦名盧橘）一名小木奴（見元稹詩）生吳越江浙川廣間出營道者為冠江浙者皮甘肉酸次之樹似橘不甚高大五月開白花結實秋冬黃熟大者徑寸小者如指頭形長而皮堅肌理細潤生則深綠熟乃黃如金味酸甘而芳香可愛糖造蜜煎皆佳廣人連枝藏之入膾醋尤香美便民纂要金橘將枳棘接之八月移栽肥地灑以糞水

金豆（附）

金豆一名山金柑一名山金橘橘錄云生山徑間比金柑更小形色頗類結實繁多肉瓣不可分止一核羣芳譜木高尺許實如櫻桃生青熟黃形圓而光溜皮甜可食味清而香美可蜜漬

柚

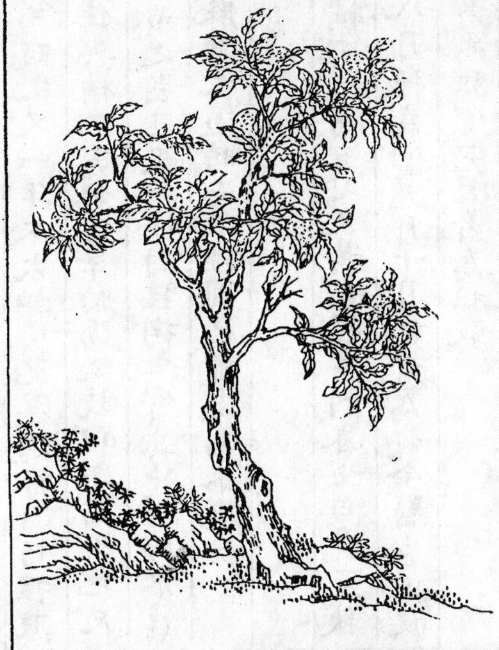

柚

柚與櫾同古作櫾博雅又謂之櫠七候反一名條爾雅云條柚注云似橙實酢一名壺甘本草云狀如卣故名壺象形也古今注云甘實形如石榴者謂之壺甘一名臭橙桂海虞衡志又謂之臭柑爾雅謂之櫠又曰椵爾雅云櫠椵注云柚屬也大如盂廣雅謂之鐳柚本草云鐳亦壺也廣州記云鐳柚實大如斗柚實大而粗三月開花奇大香甚馥郁實亦如橘有甘有酸皮厚而臭樹葉皆類橙實有大小二種小者如柑如橙俗呼為蜜筩大者如升如瓜俗呼為朱欒有圍及尺餘者俗呼為香欒閩中嶺外江南皆有之南人種其核云長成以接柑橘甚良又有名文蛋名仁崽者亦柚類也

橘錄朱欒作花比柑橘絕大而香就樹採之用箋香細作片以錫為甑入花一重則實香一重使花多於香仍窽甑旁以溜汗液用器盛之炊畢去花以液浸香再蒸凡三換花始暴乾入甆器密盛之他時焚之如在柑林中凡柑橘並金柑皆可切瓣壓去核漬之以蜜金柑著蜜尤勝他品取朱欒核洗淨下土中一年而長名曰柑明年移而疏之又一年木大如小兒拳遇春月乃接取諸柑之佳與橘之美者經年向陽之枝以為貼去地尺餘細鋸截之剔其皮兩枝對接捯土實其中以防水蒻護其外麻束之過時而不接則花實復為朱欒矣

枳 附

枳木如橘而小高五七尺葉如橙多刺春生白花至秋成實七八月採為實九月十月採者為殼今醫家以皮厚而小者為枳實完大者為枳殼

周禮考工記橘踰淮而北為枳

枸橘 附

枸橘處處有之樹葉並與橘同但幹多刺三月開白花青蘂不香結實大如彈丸形如枳實而殼薄不香

橄欖

橄欖

橄欖一名青果一名諫果一名忠果宋王禹偁橄欖詩我今何所喻喻彼忠臣辭齊東野語黄滔有云餘甘橄欖二物可名之為諫果也南人謂之格覽見元郝經陵川詩注生嶺南閩廣諸郡及沿海浦嶼間皆有之樹似木槵而高大數圍端直可愛枝皆高聳葉似櫸柳二月開花八月結子狀如長棗色青兩頭皆尖先生者居下後生者漸高深秋方熟核亦兩頭尖而有稜核內有三竅竅內中有仁可食其類有綠欖色青綠核內無仁有亦乾小烏欖色青黑肉爛而甘取肉搥碎乾自有霜如白鹽謂之欖醬仁最肥大有紋層疊如海螵蛸色白外有黑皮最甘嫩又有一種波斯橄欖出邕州色類相似但核作兩瓣一種方欖出廣西兩江峒中似橄欖而有三角或四角即波斯橄欖之類也野生者樹峻而子繁蜜漬鹽醃皆可藏久用之致遠作佳果生嚼味苦澀微酸良久乃甘美生食煮汁飲並生津止渴開胃下氣治喉痛消酒毒住泄瀉解一切魚鱉毒及骨鯁閩中尤重其味云咀之口香勝雞舌香

嶺表録異橄欖樹有野生者樹峻不可梯緣但刻其根

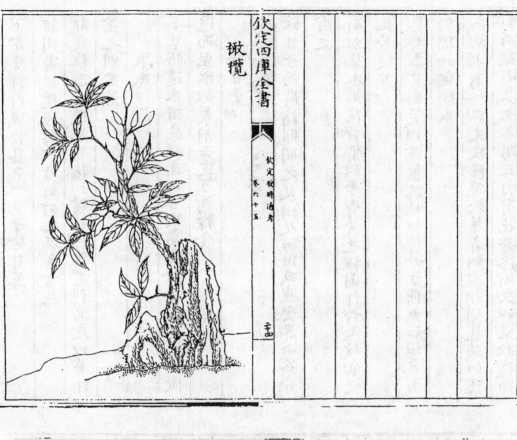

下方寸許内鹽於其中一夕子皆自落

種樹書橄欖將熟以竹釘釘之其實盡落

鄰幾雜志橄欖木并花如樗將採其實剝其皮以薑汁塗之則盡落

木威 附

本草拾遺木威生嶺南山谷樹高丈餘葉似楝子如橄欖而堅亦似棗削去皮可為粽食

餘甘子 附

餘甘子兩廣諸郡閩之泉州及西川戎瀘蠻界山谷皆有之

南方草木狀花黃實似李青黃色核圓作六七稜食之先苦後甘

異物志其樹葉如槐葉其枝如柘其子圓大如彈丸有文理如定陶瓜

本草木高一二丈枝條甚軟葉青細密朝開暮斂如夜合而微小春生冬彫三月有花著條而生如粟粒隨即結實作莛每條三兩子至冬而熟連核作五六瓣乾即並核皆裂俗作果子啖之泉州山中亦有狀如川楝子形圓味類橄欖亦可蜜漬鹽藏其木可製器物

椰子

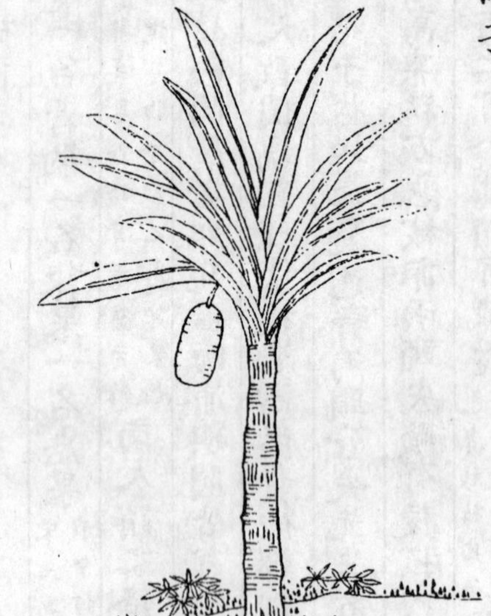

椰子一名胥餘嶺南州郡皆有之樹葉如栟櫚高六七丈無枝條其實大如寒瓜外有粗皮皮次有殼圓而且堅剖之有白膚厚半寸味似胡桃而極肥美有漿飲之得醉

寰宇記椰子樹似檳榔而高大葉長一尺無陰結實一房生三十餘子如瓜其殼中有白如熊白内有漿一升清如水甜如蜜飲之愈渴疾殼堪為酒壺皮堪縛船土

人多種之

寇宗奭曰椰子開之有汁白色如乳如酒極香別是一種氣味强名為酒中有白瓠形圓如栝樓上起細壟亦白色而微虛其紋若婦人裙褶味亦如汁與着殼一重白肉皆可糖煎為果其殼可為酒器如酒中有毒則酒沸起或裂破令人漆其裏即失用椰子意

農政全書椰用甚多南中人樹之者資生之類大率在焉

海槎餘録椰子樹初栽時用鹽一二斗先置根下則易發

無花果

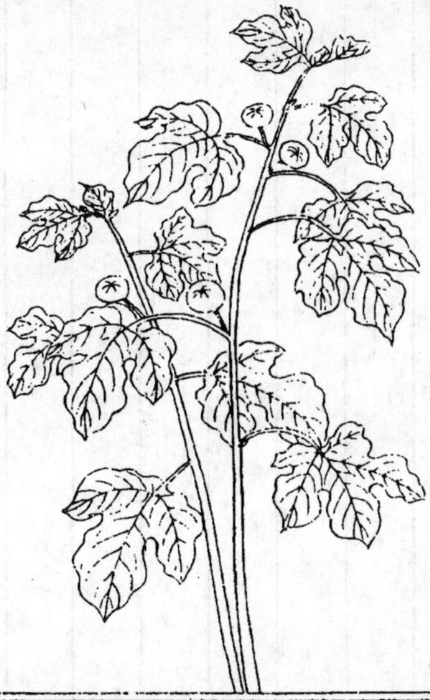

無花果

無花果一名映日果一名優曇鉢一名阿駔一名蜜果最易生插條即活在處有之三月發葉樹如胡桃葉如楮子生葉間五月内不花而實狀如木饅生青熟紫味如柹而無核人家宅園隨地種數百本收實可備荒其利有七實甘可食多食不傷人且有益尤宜老人小兒一也乾之與乾柹無異可供籩實二也六月盡取次成熟至霜降有三月常供佳實不比他果一時採擷都盡

三也種樹十年取效桑桃最速亦四五年此果截取大枝榦插本年結實次年成樹四也葉為醫痔勝藥五也霜降後未成熟者採之可作糖蜜煎果六也得土即活隨地可種廣植之或鮮或乾皆可濟饑以備歉歲七也

倦游録木饅頭京師亦有之謂之無花果狀類小梨中空既熟色微紅味頗甘酸嶺南尤多

羣芳譜榦插春分前取條長二三尺者插土中上下相半常用糞水澆葉生後純用水忌糞恐枝葉太盛易摧折結實後不宜缺水當置瓶其側出以細霤日夜不絕果大如甌

文官果

文官果

文官果樹高丈餘皮粗多磊砢木理甚細堪作器物葉似榆而尖長周圍鉅齒紋深春開小白花成穗花五瓣每瓣當中微凹有紅筋貫之蒂下有小青托花落結實大者如拳一實中數隔間以白膜仁如馬檳榔無二裹以白軟皮大如指頂去白皮食其仁甚美多雨及勤澆則實成者多若遇旱則實粃小而不成其果一包中多藏子子多白色紋旋轉如卷蕉味甘香如嫩蓮菂

欽定授時通考卷六十五

欽定四庫全書

欽定授時通考卷六十六

農餘

果四

甜瓜

西瓜 北瓜

蓮子

蓮藕

甘蔗

菱

芡

葧臍

慈姑

百合

甜瓜

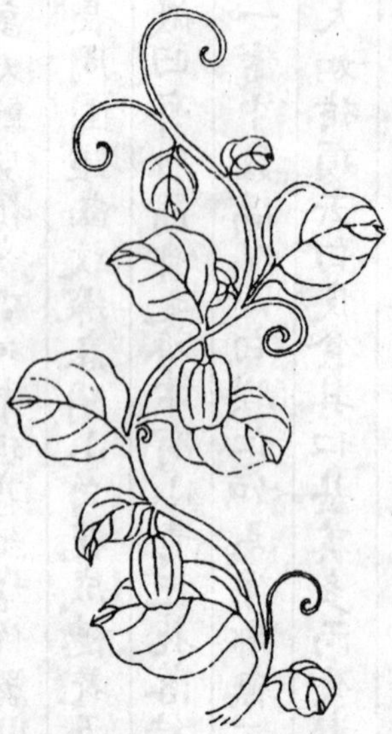

甜瓜

甜瓜一名甘瓜一名果瓜北土中州種蒔甚多二三月下種蔓生葉大數寸五六月花開黃色六七月熟其類甚繁有團者長者尖者匾者大而徑尺者小而一捻者稜之或有或無色之或青或綠或黃斑糝斑白路黃路種種不同甘肅甜瓜大如枕皮瓤皆甘勝於蜜以皮曝乾柔靭甘美而有味浙中一種陰瓜種宜陰處秋熟色黃如金皮膚稍厚藏至春食之如新　凡瓜大曰瓜小曰瓞子曰瓣肉曰瓤跗曰環蔕曰疐其畏麝諸瓜皆同凡食瓜過多但飲酒或水服麝或食鹽花即消化性寒滑無毒少食止渴除煩熱利小便通三焦壅塞夏月不中暑多食動宿冷病破腹手足無力

詩豳風七月食瓜

爾雅瓞瓝其紹瓞

注俗呼瓝瓜為瓞紹者瓜蔓緒亦著子但小如瓝

禮記曲禮為天子削瓜者副之巾以絺為國君者華之

巾以絺為大夫者累之士疐之庶人齕之
注副析也既削又四析之乃横斷之而巾覆焉華巾裂之不四析也累倮也謂不巾覆也疐之不巾裂横斷去疐而已齕之不横斷
王蓏瓜祭上環
注上環横切之圜如環也
龍魚河圖瓜有兩蔕兩鼻者殺人
羣芳譜種植二月上旬為上時三月上旬為中時四月

上旬為下時五六月止可種藏瓜耳預將生數葉便結瓜者為本母子候熟蔕自落取來截去兩頭其中段子淘淨曝乾收作種臨種時用鹽水洗之取熟糞土種之仍將洗子鹽水澆之得鹽氣則不籠死坑深五尺大如斗納瓜子大豆各四粒瓜生數葉將豆掐去瓜生至初花鋤三四次勿令生草但鋤不可傷根傷根則瓜苦候秧拖時掐去蔓心再用熟糞培根下勤澆灌摘瓜勿令踏蔓及翻覆之踏則瓜爛翻則瓜死若生蟻置骨其旁

引而棄之

西瓜

西瓜

西瓜一名寒瓜蔓生花如甜瓜葉大多椏缺面深青背微白葉與莖皆有毛如刺微細而硬其核或有或無其色或青或緑或白其形或長或圓或大或小其瓤或白或黄或紅紅者味尤勝其子或黄或紅或黑或白白者味更劣其味或甘或淡或酸酸者為下而本草綱目云味甘淡寒無毒除煩止渴消暑熱療喉痹口瘡解酒毒子取仁可薦茶皮可蜜煎糖煎醬醃食瓜後食其子即

不噫瓜氣以瓜劃破曝日中少頃食之頗涼收藏得法可至來年春夏近糯米及酒氣則易爛

羣芳譜種植秋月擇其瓜之嘉者留子曬乾收作種欲種瓜地耕熟加牛糞至清明時先以燒酒浸瓜子少時取出漉淨拌灰一宿相離六尺起一淺坑用糞和土壅之於四周中留鬆土種子其中不得復移瓜易活而甘美栽宜稀澆宜頻糞宜多蔓短時作綿兠每朝取蟲恐食蔓長則已頂蔓長至六七尺則掐其頂心令四旁生蔓欲瓜大者每科揀其端正旺相者止留一瓜餘蔓花皆掐去則實大而味美性畏香尤忌麝觸之乃至一顆不收

北瓜 附

形如西瓜而小皮色白甚薄瓤甚紅子亦如西瓜而微小狹長味甚甘美與西瓜同時種亦西瓜別種也

蓮子

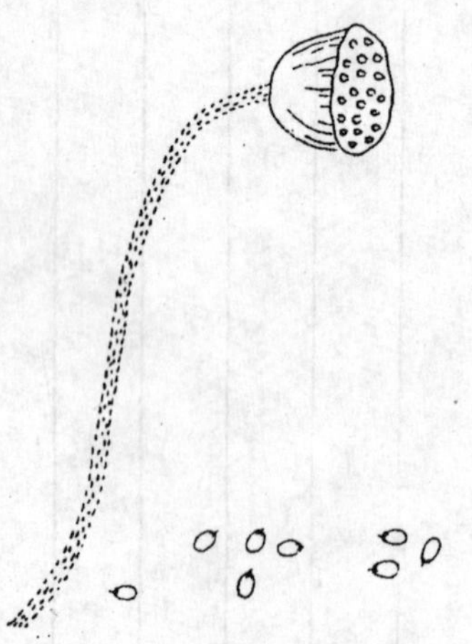

蓮子

蓮子一名藕實一名澤芝蓮房成菂菂在房如蜂子在窠六七月采嫩者生食脆美至秋房枯收之去黑殼謂之蓮肉黑而沈水者其堅如石謂之石蓮子其房大者謂之百子蓮味甘平濇無毒交心腎厚腸胃固精氣強筋骨補虛損利耳目除寒熱治諸血病熟食良切碎可作粥飯生動氣易脹宜去心

爾雅荷芙蕖其實蓮其中的的中薏

疏李巡曰芙蕖其總名也的蓮實也薏中心也陸璣疏云蓮青皮裹白子為的的中有青為薏

又的薂

註即蓮實

埤雅花時即有實始而黃黃而青青而綠綠而黑中肉白內青心二三分為苦薏

齊民要術八九月取堅黑蓮子瓦上磨尖頭令皮薄取墐土作熟泥封三指長令蔕頭泥多而重磨頭泥少而尖種時擲至池中重頭向下自能周正薄皮在上易生數日即出不磨者卒不可生

食療本草服食不饑石蓮肉蒸熟去心為末煉蜜丸桐子大日服三十丸此仙家方也

陸璣詩疏蓮菂可磨以為飯如栗也輕身益氣令人強健又可為糜幽州揚豫取備饑年

蓮藕

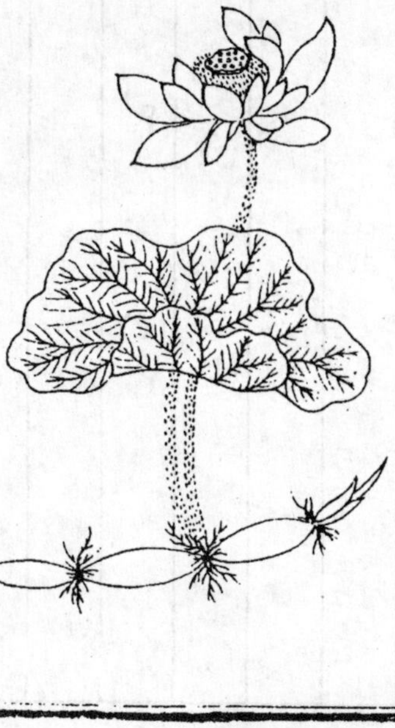

蓮藕

蓮藕湖澤陂池皆有之以蓮子種者生遲以藕芽種者最易發其芽穿泥成白蒻即蔤也長者至丈餘五六月嫩汲水取之可作蔬茹俗呼藕絲菜節生二莖一為藕荷其葉貼水其下旁行生藕一為芰荷其葉出水其旁莖生花冬月至春掘藕食之藕白有孔有絲大者如肱臂長六七尺凡五六節大抵野生及紅花者蓮多藕劣種植及白花者蓮少藕佳白花藕大而孔扁生食味甘

煮則不美紅花及野藕生食味澀蒸煮則佳氣味甘平無毒消食解渴散氣生肌蒸食開味補五臟實下焦擣浸澄粉服食輕身益年與蜜同食令人腹臟肥不生蟲亦可休糧

爾雅藕荷芙蕖其本蔤其根藕

注蔤乃莖下白蒻在泥中者

埤雅藕生生應月月生一節遇閏輒益一節收藏好肥白嫩藕埋陰濕地可經久如新欲致遠以泥裹之則不壞

甘蔗

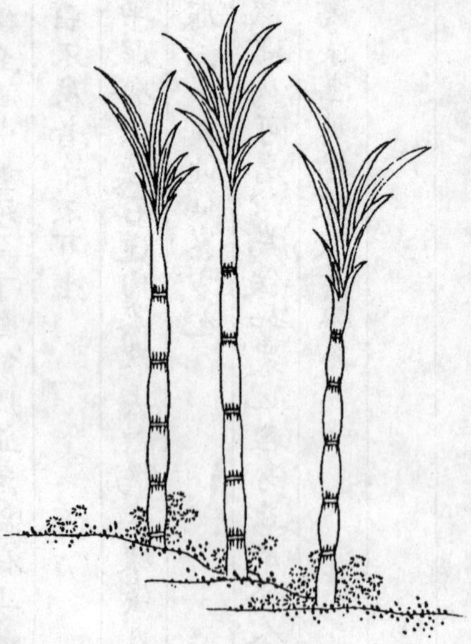

甘蔗

甘蔗叢生莖似竹内實直理有節無枝長者六七尺短者三四尺根下節密以漸而踈葉如蘆而大聚頂上扶踈四垂八九月收莖可留至来年春夏王灼糖霜譜云有數種曰杜蔗即竹蔗緑嫩薄皮味極醇厚專用作霜曰白蔗一名荻蔗一名艻蔗一名蠟蔗可作糖曰西蔗作霜色淺曰紅蔗亦名紫蔗即崑崙蔗也止可生啖不堪作糖江東為勝今江浙閩廣蜀川湖南所生大者圍

數寸高丈許又扶風蔗一丈三節見日即消遇風則折交趾蔗特醇厚本末無厚薄其味至均圍數寸長丈餘取汁曝之數日成飴入口即消彼人謂之石蜜多食蔗衄血燒其滓烟入目則眼暗

齊民要術說文曰藷蔗也按書傳或為竿蔗或干蔗或邯睹或都蔗所在不同

又家法政曰三月可種甘蔗

羣芳譜種植穀雨内於沃土横種之節間生苗去其繁冗至七月取土封壅其根加以糞穢候長成收取雖常灌水但俾水勢流滿潤濕則已不宜久蓄

又蔗有四色紅蔗止堪生啖艻蔗可作砂糖西蔗可作霜色淺不甚貴杜蔗緑嫩味極厚專用作霜凡蔗最困地力今年為蔗田者明年改種五穀以滋息之

菱

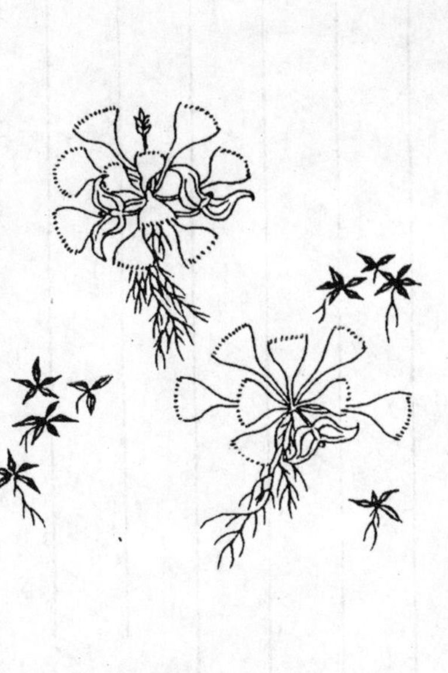

菱

菱一名芰（爾雅云蔆蕨攈註云今水中芰禮記疏云蔆芰也屈到嗜芰即菱角也武陵記云兩角者蔆三角四角者芰本草綱目云其葉枝散故字從支其角稜峭故謂之蔆而俗呼為蔆角揚慎以芰為鷄頭者誤也）一名水栗（見風俗通）一名沙角（見本草）一名薢茩（說文云楚謂之芰秦謂之薢茩）生水澤處處有之落泥中最易生種陂塘者為家菱葉實俱大野生者小皆三月生蔓延浮水上葉扁而有尖光面如鏡葉下之莖有股如蝦股一莖一葉兩兩相差如蝶翅狀五六月開花黄白色實更肥美有無角

者其色嫩青老黑又有皮嫩而紫色者謂之浮菱食之尤美李時珍曰其實或三角四角兩角無角家菱角軟而脆亦有兩角彎卷如弓形者其色有青有紅有紫嫩時剥食皮脆肉美老則殼黑而硬墜入水中謂之烏菱冬月取之風乾為果生熟皆佳野菱其角堅直刺人其色嫩青老黑嫩時剥食甘美老則蒸熟食之野人曝乾剁米為飰為粥為糕為果皆可代糧其莖亦可暴收和米作飰以救荒歎盖澤農有利之物也

羣芳譜種植秋間取熟黑者撒池中來春自生

芡

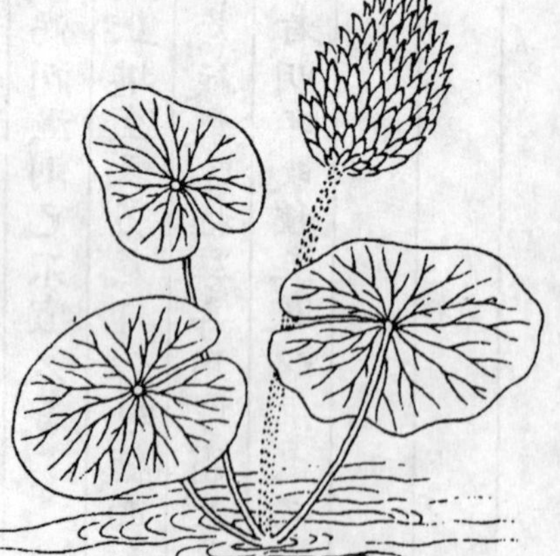

芡

芡一名鷄頭古今注云芡鷄頭也一名艾方言云北燕謂之葰青徐淮泗之間謂之芡南楚江湘之間謂之鷄頭或謂之鳥頭埤雅云其莲似鷄首故謂鷄頭一名雁喙一名雁頭一名鴻頭爾雅翼云葉有芒刺莖有蔚若鷄雁之頭故有諸名一名鷄壅見莊子一名卯蔆見管子一名蔿子本草經注云芡實即今蔿子也圖經云其莖嫩者名蔿亦名葰菜一名水硫黄孫公談圃云芡甘滑可食名為水硫黄詳見東坡雜記生水澤中處處有之三月生葉貼水大於荷葉皺文如縠蹙衂如沸面青背紫俗名鷄頭盤莖葉皆有刺莖長丈餘有孔有絲嫩者剝皮可作蔬茹五六月開紫花結苞外有刺如蝟花生苞頂如鷄喙內有斑駁軟肉裹子纍纍如珠璣殼內白米狀如魚目薏苡大味甘平濇無毒補中强志聰耳明目開胃助氣止渴益腎除溼痺腰脊膝痛久服身輕不饑耐老莖止煩渴除虛熱生熟皆宜根狀如三稜煮熟如芋可食治心痛氣結病

羣芳譜種植秋間熟時取實之老者以蒲包包之浸水中三月間撒淺水內待葉浮水面移栽淺水每科離二尺許先以麻餅或豆餅拌勻河泥種時以蘆記為根十餘日後每科用河泥三四碗壅之

葧臍

葧臍

葧臍一名芍一名鳧茈（爾雅云芍鳧茈爾雅翼云名為鳧茈當是鳧好食之）一名鳧茨（本草綱目云鳧茨音疵也）一名黑三稜一名地栗（皆形似也日用本草云小者為葧臍大者為地栗）舊名烏芋（以形似芋而色烏也）今皆名葧臍（又鳧茨音疵也）生淺水中其苗三四月出土一莖直上無枝葉狀如龍鬚色正青肥田生者麤似細葱高二三尺其本白蒻秋後結實大者如山查栗子臍有聚毛累累下生入泥底野生者黑而小食之多滓種出者皮薄色淡紫肉白而大軟脆可食味甘微寒滑無毒治消渴除胸實熱氣作粉食厚腸胃療膈氣消宿食黄疸治血痢下血血崩辟蠱毒消誤吞銅鐵

羣芳譜種宜穀雨日

慈姑

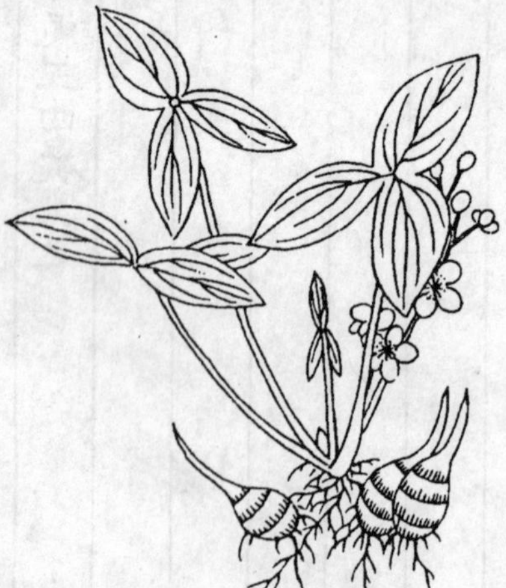

慈姑

慈姑（或作茨菰）歳根生十二子如慈姑之乳衆子故名爾雅翼云歳有閏則生十三子一名藉姑一名水萍一名河鳧茈一名白地栗苗名翦刀草一名翦搭草一名燕尾草一名槎丫草莖榦似嫩蒲又似三稜苗甚軟其色深青綠每叢十餘莖內抽出一兩莖上分枝開小白花四瓣蘂深黃色根大者如杏小者如栗色白而瑩滑五六七月采葉正二月采根煮熟味甘甜時人以作果

羣芳譜種植慈姑豫於臘月間折取嫩芽種於水田來年四月盡如種秧法種之離尺許田最宜肥每顆花挺一枝上開數十朶色香俱無惟根至秋冬取食甚佳

百合

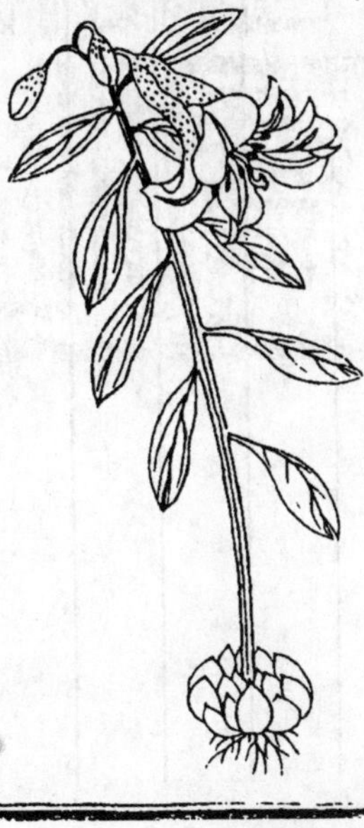

百合

百合一名𩐙一名强瞿一名蒜腦藷一名夜合根如葫蒜數十片相累或云是蚯蚓相纏結變作之其葉短而濶微似竹葉白花四垂者百合也葉長而狹尖如柳葉紅花不四垂者山丹也莖葉似山丹而高紅花帶黄而四垂上有黑斑點其子先結在枝葉間者卷丹也又有一種色微緑者開花最遲俗名真百合

四時類要二月種百合此物尤宜雞糞每坑深五寸如

種蒜法又云取根曝乾搗為麪細篩甚益人

農政全書宜肥地加雞糞熟鋤春取根大者劈瓣於畦中如種蒜法五寸一科二月半鋤之滿三遍則不鋤不長三年大如盞頻澆則花開爛熳清香滿庭秋分亦可分

欽定授時通考卷六十六

欽定四庫全書

欽定授時通考卷六十七

農餘

木一

松 柏 檜 樅

杉

椿

梧桐

楮

槐

榆

柳 檉柳 欅柳 箕柳

楊

松

松

松竦幹虬枝磥砢多節歲久皮皴望若龍鱗李時珍曰百木之長猶公故字從公四時常青不改柯葉三針者為栝子松七針者為果松千歲之松下有茯苓上有兎絲又有赤松白松鹿尾松其産深山峭壁偃蹇離奇者其根為巖石所礙下有磐石則上為偃盖非其性也

事類全書栽松春社前帶土栽培百株百活舍此時決無生理也斫松木須五更初便削去皮後無白蟻山人斫老松根取松脂燃之以代油燭亦貧家之利

農桑通訣插松用驚蟄前後五日斬新枝斷阬入枝下泥杵緊相視天陰即插遇雨十分生無雨即省分數種松柏法八九月中擇成熟松子柏子同去臺收頓至來春春分時甜水浸子十日治畦下水土糞漫散子於畦內如種菜法或單排點種上覆土厚二指許畦上搭短棚蔽日旱則頻澆常須濕潤至秋後去棚長高四五寸十月中夾蜀稭籬以禦北風畦內亂撒麥糠覆樹令稍上

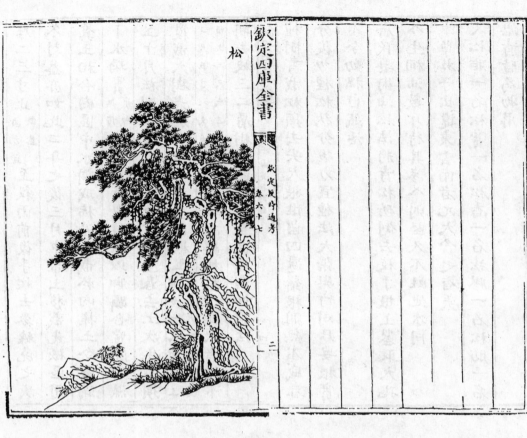

厚二三寸止(南方宜微蓋)至穀雨前後手爬去麥糠澆之次冬封蓋亦如此二年之後三月中帶土移栽先擫區用糞土相合內區中水調成稀泥植栽於內擁土令區滿下水塌實(無用杵搗脚蹅)次日有裂縫處以脚躡合常澆令濕至十月祛倒以土覆藏毋使露樹至春去土次年不須覆栽大樹者於三月中移廣留根土(闊如一丈樹留土方三尺地遠移者二尺五寸一丈五尺樹留土三尺或三尺五寸)用草繩纏樹根上樹大者從下斬去枝三二層樹記南北運至區處栽如前法

種樹書栽松須去尖大根惟留四邊鬚根則無不盛春分後勿種松秋分後方宜種法大槩與竹同只要根實不令動搖自然活

齊民要術油松法將青松斫倒去枝于根上鑿取大孔入生桐油數斤待其滲入則堅久不蛀他木同

本草松子出遼東雲南者尤大食之香美

又松脂一名松膏一名松香一名松膠一名松肪一名瀝青皆為物用

柏

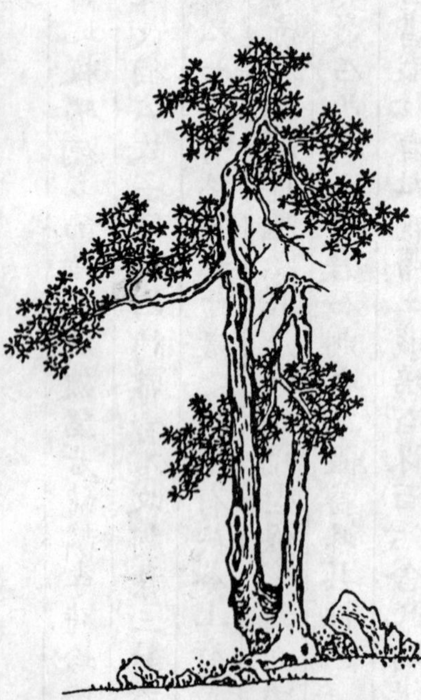

柏

柏一名椈爾雅云柏椈陰木也凡木皆向陽柏獨向陰指西故字從白西方正色也樹聳直皮薄肌膩三月開細瑣花結實成毬狀如小鈴多瓣霜後瓣裂中有子大如麥芬香可愛處處有之古以生泰山者為良今陝州宜州密州皆佳而乾陵尤異木之文理多為雲氣人物鳥獸川柏亦細膩以為几案光滑悦目

農政全書種柏九月中柏子熟時採俟來年二三月間用水淘取沉者着濕地二三日淘一次俟芽出將劚熟地調成畦水飲足以子勻撒其中覆細土半寸再以水壓下二三日澆一次勿太濕勿太乾既生四圍豎矮籬護之恐為蝦蟇所食常澆水糞俟長高數尺分栽

又秋時剪小枝二三尺亦可插活

檜

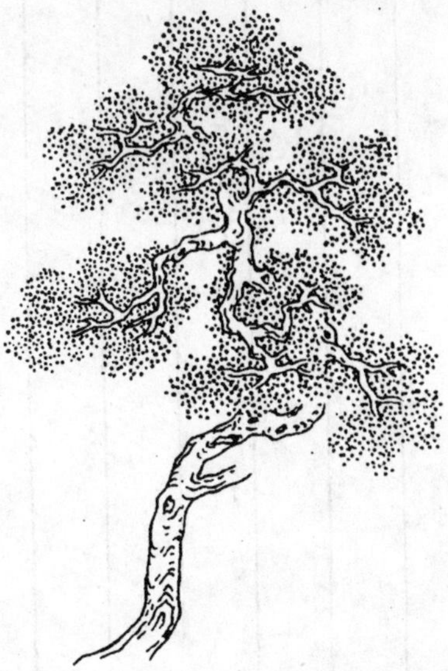

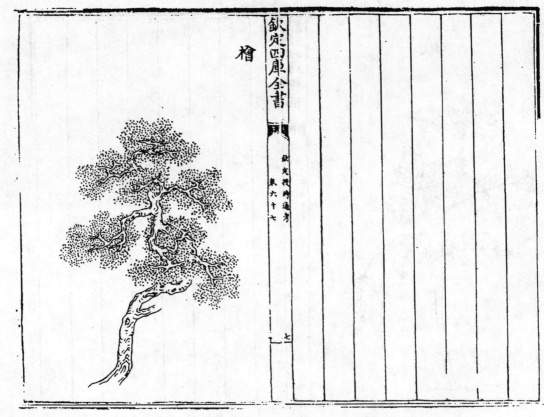

檜

檜柏葉松身葉尖硬亦謂之栝今人名圓柏以别側柏
爾雅翼又有一種别名檜柏不甚長其枝葉乍檜乍柏
一枝之間屢變人家庭宇植以為玩
老學菴筆記海檜有二種海檜夭矯堅瘦皆天成又有
刻削盤屈而成者名土檜海檜絶難致凡人家所有大
抵土檜也
農桑通訣檜種如松法插枝者二三月檜芽蘖動時先

熟斸黄土地成畦下水飲畦一遍滲定再下水候成泥
漿斫下細如小指檜枝長一尺五寸許下削成馬耳狀
先以杖刺泥成孔插檜枝於孔中深五六寸以上栽宜
稠密常澆令潤澤上短矮棚蔽日至冬換作煖廕次年
二月月去後候樹高移栽如松柏法
便民圖松杉柏檜俱三月下種次年三月分栽無不活
洞庭陸氏曰移松杉柏檜冬至及年盡雖不帶土根亦
活正月九分活二月七分活清明後半活

楸

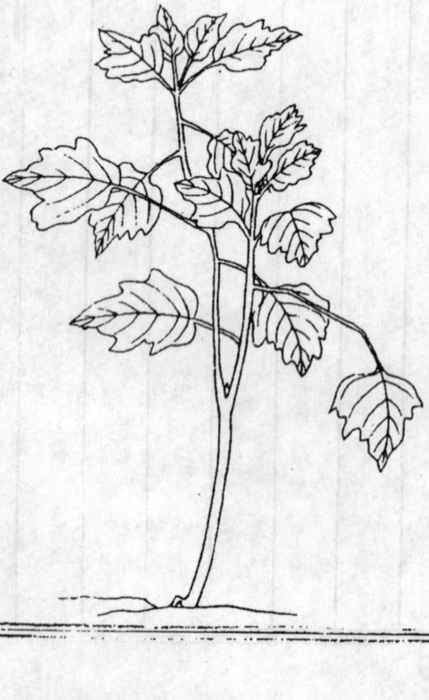

楸

楸梓榎爾雅曰槐小葉曰榎大而皵楸小而皵榎椅梓鼠梓又曰如木楸曰喬郭璞注曰槐當為楸楸細葉者為榎老乃皮粗皵者為楸小而皮粗皵者為榎椅梓即楸快楸屬今人謂之苦楸江東人謂之虎梓詩義疏曰楸梓之疏理色白而生子者為梓說文曰檟楸也然則楸梓二木相類者也白色有角者名為梓似楸有角者名為角楸或名子楸黃色無子者為柳楸世人見其色黃呼為荊黃楸也然楸之與梓本同末異梓名木王植于林諸木皆內拱退屋有此木則羣材皆不震楸木濕時脆燥則堅良材也榎楸也亦楸屬葉大而早脫故謂之楸葉小而早秀故謂之榎

齊民要術宜割地一方種之梓楸各別無令和雜又種梓法秋耕地令熟秋末冬初梓角熟時摘取曝乾打取子耕地作壟漫散即再勞之明年春生有草拔令去勿使荒沒後年正月間斸移之方步兩步一樹此樹須大不得槩栽即無子可於大樹四面掘坑取栽移之一方兩步一根兩畝一行一行百二十株五行合六百株十年後一樹千錢柴在外車板盤合樂器所在任用勝於松柏

農政全書春月斷其根瘞於土遂能發條取以分種

又花葉飼猪並能肥大且易養

杉

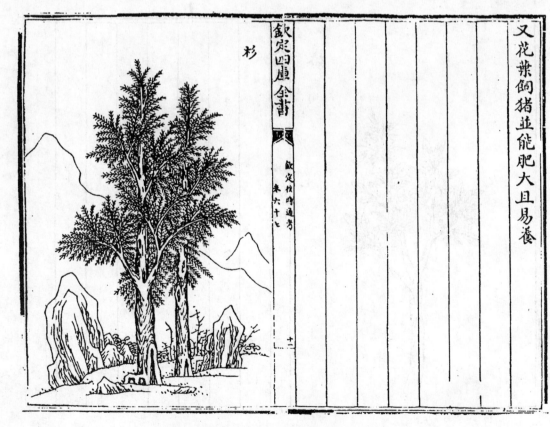

杉

杉一名煔（爾雅云披煔）一名沙一名檆類松而幹端直大者數圍高十餘丈文理條直葉麤厚微扁附枝生有刺至冬不凋結實如楓有赤白二種赤杉實而多油白杉虛而乾燥有斑文如雉尾者謂之野鷄斑入土不腐燒灰最發火藥

種樹書插杉枝用驚蟄前後五日斬新枝鋤開根入枝下泥杵緊視天陰則插插了遇雨十分無雨即省分數

農政全書插杉法江南宣歙池饒等處山廣土肥先將地耕過種芝麻一年來歲正二月氣盛之時截嫩苗頭一尺二三寸先用橛舂穴插下一半築實離四五尺成行密則長稀則大勿雜他木每年耘鋤至高三四尺則不必鋤

椿

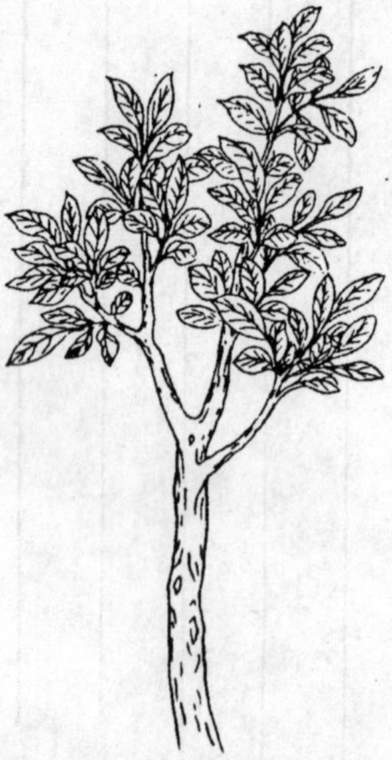

椿

椿集韻作櫄禹貢作杶左傳作橁今俗名香椿本草陳藏器云俗呼為猪椿易長而有壽南北皆有之木身大而實其幹端直紋理細膩肌色赤皮有縱紋易起

農桑輯要木實而葉香有鳳眼者謂之椿木疎而氣臭者謂之樗又曰有花而莢者謂樗無花不實謂椿

廣羣芳譜椿樗二木形幹相類無花木身大幹端直者為椿有花木身小幹多迂矮者為樗一類二種也

農政全書椿宜於春分前後栽之

又其葉自發芽及嫩時皆香甘生熟鹽醃皆可茹

梧桐

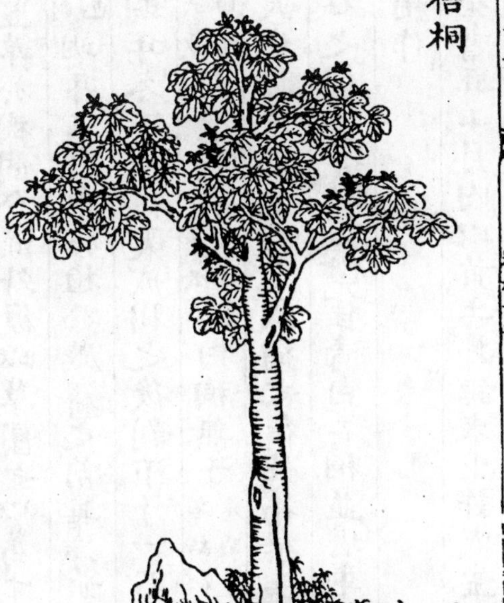

梧桐

梧桐爾雅曰榮桐木又曰櫬梧郭璞注云即梧桐也今人以其皮青號曰青桐又名櫬皮其木無節直生理細而性緊四月開花五六月結子莢長三寸許五片合成老則開裂如箕名曰橐鄂子綴其上大如黃豆雲南者更大可生啖亦可炒食遁甲書云梧桐可知月正閏歲生十二葉一邊六葉從下數一葉為一月有閏則十三葉視葉小處則知閏何月立秋之日如某時立秋至期一葉先墜又有白桐一名華

桐一名泡桐華而不實蔡邕月令曰桐始華桐木之後華者也岡桐一名油桐一名荏桐一名罌子桐一名虎子桐實大而圓取子作桐油入漆及油鞵物艌船為時所須人多偽為之惟以篾圈攪起如皷面者為真海桐生南海及雷州白而堅韌可作繩入水不爛

齊民要術青桐九月收子二三月中作一步圓畦種之方大則難裹所以須圓小治畦下水一如葵法五寸下一子少與熟糞和土覆之生後數澆令潤澤此木宜濕故也當歲即高一丈至冬豎草於樹間令滿外復以草圍之以葛十道束置不然則凍死也明年三月中移植於廳齋之前華淨妍秀極為可玩明年冬不須復裹成樹之後剝下子一石子於葉上生多者五六少者三四也炒食甚美多噉亦無妨也白桐無子冬結似子者乃是明年之花房亦遶大樹掘坑取栽移之成樹之後任為樂器青桐則不中用於山石之間生者作樂器尤佳青白二桐並堪車板盤合屧等用作

農政全書正二月內以黃土拌鉅末少許或盆或地上

俱可種上覆土末寸半許時時用水澆灌使土長濕待長尺餘移栽冬間不用苫蓋

又江東江南之地惟桐樹黃栗之利易得乃將旁近山場盡行鋤轉種芝蔴收畢仍以火焚之使地熱而沃首種三年桐其種桐之法要在二人並耦可順而不可逆一人持桐油一瓶持種一籮一人持小鋤一把將地劉起即以油少許滴土中隨以種置之次年苗出仍要耘耔一遍此桐三年乃生首一年猶未盛第二年則盛矣

生五六年亦衰即以栗櫟剝之一二年其栗便生且最大但其味畧滯耳首種三年桐為利近速圖久遠之利仍要樹千年桐法亦如前種黃栗之法候秋季落子多收擇高厚之處掘地為坑下用礱糠鋪底將種放下上用稻草葢定以土覆之俟來年春氣盛時治地成畦約一尺二寸成行分種空地之中仍要種豆使之二物爭長又可使直而不曲待長一二尺即將山塲依前法燒鋤過約濶五尺成行移苗栽之次年耘耔

楮

楮

楮一名穀一名穀桑有二種雄者皮斑而葉無椏叉謂之斑穀三月開花成長穗如柳花狀不結實雌者皮白無花葉有椏似葡萄葉開碎花結實如楊梅其實初夏生大如彈丸青綠色六七月成熟漸深紅八九月采實名楮桃一名穀實

陸璣詩疏構幽州謂之穀桑或曰楮桑荆揚交廣謂之穀中州人謂之楮食其嫩芽可當菜茹

酉陽雜俎穀田久廢必生構葉有瓣曰楮無曰構本草李時珍曰楮本作柠其皮可績為紵故也

又凡穀樹雄者不結實歉歲人采花食之雌者實如楊梅半熟時水澡去子蜜煎作果食

齊民要術宜澗谷間種之地欲極良秋上楮子熟時多收淨淘曝令燥耕地令熟二月耬耩之和麻子漫散之即勞秋冬仍留麻勿刈為楮作煖（若不和麻子種年多凍死）明年正月初附地芟殺放火燒之一歲即沒人（不燒者瘦而長亦遲）三年

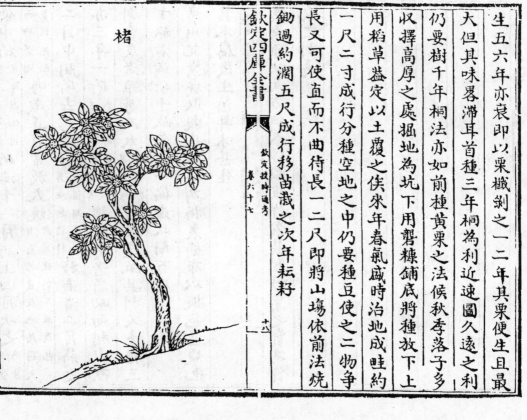

便中斫（未滿三年者皮薄不任用）斫法十二月為上四月次之（非此兩月而斫者則多枯死也）每歲正月常放火燒（自有乾葉在地尺得火然不燒則不滋茂也）二月中間斫去惡根（斸者地熱楮料亦以留潤澤也）移栽者二月蒔之亦三年一斫（三年不斫者徒失錢無益也）楮地賣者省功而利少煮剝賣皮者雖勞而大（其條足以供然）自能造紙其利又多種三十畝者歲斫十畝三年一徧歲收絹百疋

廣州記蠻夷取穀皮熟搥為褐裏蜀布以擬毡甚煖也

其木腐後生菌耳味甚佳

農桑通訣南方鄉人以穀皮作衾甚堅好蠻之實為貧家之利焉

槐

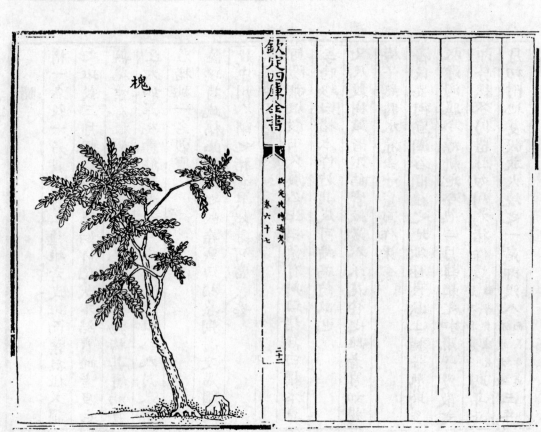

槐

槐爾雅曰櫰有青黃白黑數種白槐似柟而葉差小其葉細而色青緜者直謂之槐有守宮槐一名紫槐幹弱花紫晝合夜開又色黑者為豬屎槐材不堪用四五月開黃花未開時狀如米粒採取曝乾炒過煎水染黃甚鮮青槐花無色不堪用七八月結實作莢如連珠中有黑子以子多者為好淮南子曰槐之生也季春五日而兔目十日而鼠耳更旬而始規二旬而葉成諸槐功用

大畧相等木有極高大者材實重可作器物

齊民要術槐子熟時多收擘取數曝勿令蟲生五月夏至前十餘日以水浸之（如浸麻子法也）六七日當芽生好雨種麻時和麻子撒之當年之中即與麻齊麻熟刈去獨留槐槐既細長不能自立根別樹木以繩欄之（冬天多風雨繩欄宜以茅裹不則傷皮成痕瘢也）明年斸地令熟還於下種麻（脅槐令長）三年正月移而植之亭亭條直千百若一（所謂蓬生麻中不扶自直）若隨宜取栽匪直長遲樹亦曲惡（宜於園中劚地種之若園好未移之間妨廢耕墾也）

農政全書初生嫩芽煠熟水泡去苦味可薑醋拌食曬乾亦可代茶飲也

欽定四庫全書　欽定授時通考　卷六十七　二十三

榆

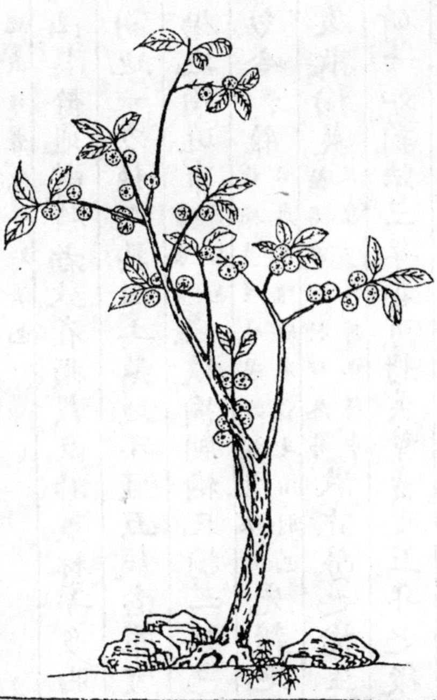

榆

榆爾雅曰榆白粉又曰藲莖注曰粉榆先生葉卻著莢皮色白藲莖今之刺榆也廣志曰有姑榆有郎榆案今世有刺榆木甚牢肕可以為犢車材梜榆可以為車轂及器物山榆可以為蕪荑凡種者宜種刺梜兩種利者為多其餘軟弱例非佳好之木也

四民月令二月榆莢成及青收乾以為旨蓄旨美也蓄積也司部收青小蒸曝之至冬以釀酒滑香宜養老詩云我有旨蓄亦以御冬也色變白將落可作醔醶隨早晏勿失其適醔音牟醶音頭榆醬

齊民要術榆性扇地其陰下五穀不植隨其高下廣狹東西北三方所

扇各與樹等種者宜於園地北畔秋耕令熟至春榆莢落時收取漫散犁細畊勞之榆生共草俱長明年正月初附地芟殺以草覆上放火燒之一根上必十數條俱生止留一根強者餘悉掐去之一歲之中長八九尺矣不燒則長遲矣後年正月二月移栽之初生即移者喜曲故須叢林長至三年乃移栽初生三年不用採葉尤忌採心採心則科茹不長更須依法燒之則依前茂矣不用剝沐剝者長而細又多瘢痕不剝則短麤而無病諺曰不剝沐十年成轂言易麤也必欲剝者宜留二寸於壍坑中種者以陳屋草布壍中散榆莢於草上以土覆之燒亦如法陳草速朽肥良勝糞無陳草者用糞糞之亦佳不糞雖生而瘦既栽移者燒亦如法也

又種榆法其餘地畔種者致雀損穀既非叢林率多曲戾不如割地一方種之其田土薄地不宜五穀者唯宜榆及白楊地須近市賣柴莢葉省功也梜榆刺榆凡榆三種色別種之勿令和雜梜榆莢葉味苦凡榆莢味甘甘者春時將煮賣是須別也先耕地作壟然後散榆莢壟者看好料理又易三寸一莢稀穊得中散訖勞之榆生芟殺燒斫一如前法三年春可將莢葉賣之五年之後便堪作椽不梜者即可斫賣一根十文梜者鏇作獨樂及盞

一箇三文十年之後魁椀瓶榼器皿無所不任一椀七文一魁二十瓶榼器皿一百文也十五年後中為車轂及蒲桃瓨瓨一口值二百車轂一具值絹三疋其歲歲科簡剝治之功指柴顧人十束雇一人無業之人爭來就作賣柴之利已自無貲歲出萬束一束三文則三十貫莢葉在外也況諸器物其利十倍於柴十倍歲收三十萬斫後復生不勞更種所謂一勞永逸能種一頃歲收千疋唯須一人守護指揮處分既無牛耕種子人功之費不慮水旱風蟲之災比之穀田勞逸萬倍男女初生各與小樹二十株

比至嫁娶悉任車轂一樹三具一具値絹三疋成絹一百八十疋聘財資遣麤得充事

農桑通訣榆醬能助肺殺諸蟲下氣榆葉曝乾擣羅為末鹽水調勻日中炙曝天寒於火上熬過拌菜食之味頗辛美榆皮去上皺澁乾枯者將中間嫩處剉乾磑為粉當歉歲亦可代食昔沛豐歲饑民以榆皮作屑煮食之人賴以濟焉

農政全書榆根皮作麵可和香劑嫩葉煠浸淘淨可食

榆錢可羹又可蒸糕餌榆皮濕擣如糊粘瓦石極有力汴洛以石為碓嘴用此膠之

柳

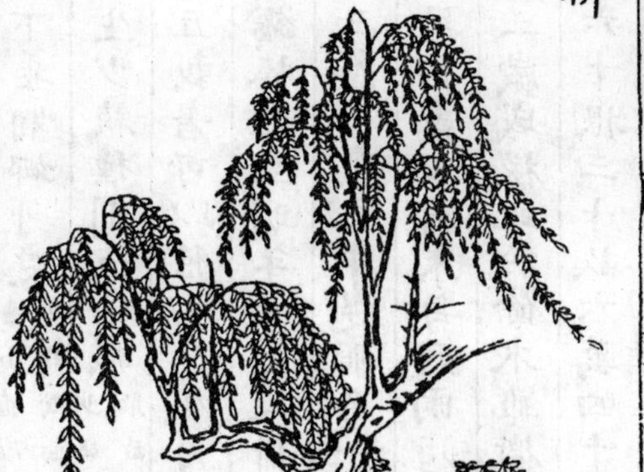

柳

柳易生之木也性柔脆北土最多枝條長軟葉青而狹長其長條數尺或丈餘嫋嫋下垂者名垂柳木理最細膩陳藏器曰江東人通名楊柳北人都不言楊楊樹枝葉短柳樹枝葉長李時珍曰楊枝硬而揚起故謂之楊柳枝弱而垂流故謂之柳蓋一物二種也柳至春晚葉長成花花中結細子如粟米大細扁而黑上帶白絮如絨名柳絮又名柳絨隨風飛舞着毛衣即生蟲入池沼

隔宿化為浮萍又憑柳可以為楯車輞雜材及杴

陶朱公書凡種柳千樹則足柴十年以後髡一樹得一載歲髡二百樹五年一週

齊民要術種柳正月二月中取弱柳枝大如臂長一尺半燒下頭二三寸埋之令没常足水以澆之必數條俱生留一根茂者餘皆斫去別豎一柱以為依生每一尺以長繩柱欄之若不欄必為風所推不能自立一年中即高一丈餘其旁生枝葉即掐去令直聳上高下任人取足便掐去正心即四散下垂婀娜可愛若不掐心則枝不四散或邪或曲生亦不佳也六七月中取春生少枝種則長倍疾少枝葉青氣壯故長疾也下田停水之處不得五穀者可以種柳八九月中水盡燥濕得所時急耕則鎘榛之至明年四月又耕熟勿令有塊即作塲壟一畝三壟一壟之中逆順各一到塲中寬狹正似葱壟從五月初盡七月末每天雨時即觸雨折取春生少枝長疾三歲成椽比於餘木雖微脆亦足堪事一畝二千六百六十根三十畝六萬四千八百根根直八錢合收

錢五十一萬八千四百文百樹得柴一載合柴六百四十八載直錢一百文柴合收錢六萬四千八百文都合收錢五十八萬三千二百文歲種三十畝三年種九十畝歲賣三十畝終歲無窮

檉柳 附

檉柳爾雅曰檉河柳乃河旁赤莖小楊植生水旁皮正赤如絳枝葉如松一名雨師一名赤檉本草云天將雨檉先起氣應之負霜不凋乃木之聖故字從聖一名河

柳一名人柳一名三眠柳一名觀音柳一名長壽仙人柳幹小枝弱葉細如絲一年三次作花花如蓼花穗長二三寸色微紅

欅柳 附

欅柳一名鬼柳本草云其樹高舉其木如柳故名爾雅注作柜即孟子所謂杞柳也多生溪澗側高大者四五丈合二三人抱其葉似柳非柳似槐非槐鄭樵通志云欅乃榆類其實亦如榆錢鄉人採其葉為甜茶

便民圖種杞柳二月間先將田用糞壅灌戽水耕平以柳鬚斷作三寸許每人一握隨田廣狹併力一日齊種頻以濃糞澆之有草即用小刀剜出田勿令乾八月斫起刮去柳皮曬乾為罷根旁敗葉掃淨則不蛀至臘月間將重長小條復斫去長者亦可為罷舊根常留

箕柳 附

種箕柳法山澗河旁及下田不得五穀之處水盡乾時熟耕數遍至春凍釋于山陂河坎之旁刈取其柳三寸栽之漫散即勞勞訖引水停之至秋任為簸箕五條一錢歲收萬錢山柳赤而脆河柳白而韌

楊

楊

楊有二種白楊青楊白楊一名高飛一名獨摇微帶白色高者十餘丈性勁直堪為屋材青楊又有二種一種梧桐青楊身聳直高大一種身矮多岐枝不堪用楊與柳自是二物柳枝長脆葉狹長楊枝短硬葉圓濶壯方材木全用楊槐榆柳四種是以人多種之

齊民要術種白楊秋耕地熟至正月二月中以犁作壟一壟之中以犁逆順各一到塲中寛狹各以作葱壟作訖又以鍬掘底一坑作小塹斫取白楊枝大如指長三尺者屈着壟中以土壓上令兩頭出土向上直豎二尺一株明年正月中剝去惡枝一畝三壟一壟七百二十株一根兩株一畝四千三百二十株三年中為蠶擿（都格反）五年任為屋椽十年堪為棟梁以蠶擿為率一根五錢一畝歲收二萬一千六百文（柍又作梁婦任在外）歲種三十畝三年九十畝一年賣三十畝得錢六十四萬八千文周而復始永世無窮比之農夫勞逸萬倍去山遠者實宜多種千根以上所求必備

博聞録楊柳根下先埋大蒜一枚不生蟲

種樹書種水楊須先用木樁釘穴方入楊庶不損皮易長臘月二十四日種楊樹不生蟲

欽定四庫全書
欽定授時通考 卷六十七 三十三

欽定授時通考卷六十七

欽定四庫全書

欽定授時通考卷六十八

農餘

木二

女貞 木槿 楷

烏臼 椬

漆

椶櫚

皂莢

梔子

茱萸

枸杞

五加

欽定四庫全書

女貞

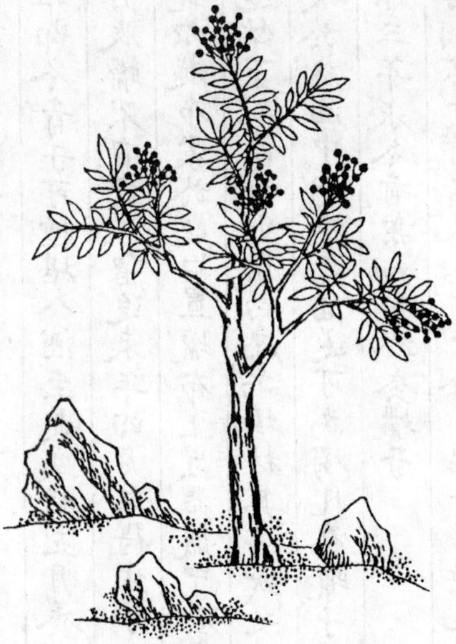

女貞

女貞一名貞木一名蠟樹李時珍曰淩冬青翠有貞守之操故以貞女狀之近時以放蠟蟲故俗名蠟樹亦呼為冬青與冬青同名異物蓋一類二種也皆因子自生最易長女貞葉厚而柔長而青背淡長者四五寸甚茂盛五月開細花青白色花甚繁九月實成似牛李子纍纍滿樹生青熟紫木肌白膩冬青又名水冬青或稱細葉冬青樹似枸骨子而極茂盛身大合抱高丈許木理

白細而堅重有文葉似櫨子樹葉而小又似椿葉微窄而頭頗圓光潤堪染緋其嫩芽煠熟水浸去苦味淘淨五味調之可食五月開白花結子如豆紅色放子收蠟皆同 農政全書曰唐宋以前澆燭所用白蠟皆蜜蠟也此蟲白蠟自元以來人始知之今則為日用物矣四川湖廣滇南閩嶺吳越東南諸郡有之以川滇衡永産者為勝

便民圖纂臘月下種來春發芽次年三月移栽長七月許可放蠟蟲栽貞女畧如栽桑法縱橫相去一丈上下則樹大力厚須糞壅極肥歲耕地一再過有草便鋤之令枝條壯盛即多蠟也

宋氏雜部冬青子可種堪入酒至長盛時五月養以蠟子七月收蠟不宜盡採留迨來年四月又得生子取養蠟臘乾以越布蒙於甑口置蠟布上置器甑中釜內水沸蠟遂鎔下入器凝則堅白而為燭材其滓盛之以絹囊復投於熱油中則蠟盡油遂可為燭凡養蠟子經三年停亦三年水冬青葉細利於養蠟子

又巴蜀擷其子漬淅米水中十餘日捣去膚種之蠟生則近跗伐去發肄再養蠟養一年停一年採蠟必伐木

無老幹

本草綱目蠟蟲大如蟣虱芒種後延緣樹枝食汁吐涎粘於嫩莖化為白脂乃結成蠟狀如凝霜處暑後剝取謂之蠟渣過白露則粘住難刮矣其渣煉化濾淨或甑中蒸化瀝下器中待凝成塊即為蠟也其蟲微時白色作蠟及老則赤黑色乃結苞於樹枝初若黍米大入春漸長大如雞頭子紫赤色纍纍抱枝宛若樹之結實也

蓋蟲將遺卵作房正如雀甕蛸之類爾俗呼呼為蠟種亦白蠟子子內皆白卵如細蟣一包數百次年立夏日摘下以箬葉包之分繫各樹芒種後苞拆卵化蟲乃延出葉底復上樹作蠟也樹下要潔淨防蟻食其蟲 徐光啓曰女貞之為白蠟勝國以前畧無紀載今則遍東南諸省皆有之向嘗疑焉以為古人著書未暇遠徵迎觕耳非米昔無今有也然見婺州人言彼中放蠟不過二十年矣與人言不過十許年即余邑五年前亦無人知此自余庚戌嘗先隴始樹女貞數百本擬作蠟近年來村中亦多自生蠟蟲須寄子半用矣與子半用土子土人言土子為勝則昔無今有理亦有之事固非目前所見遽可懸斷也

本草彙編蟲白蠟與蜜蠟之白者不同乃小蟲所作其蟲食冬青樹汁久而化為白脂粘敷樹枝人謂蟲矢著樹而然非也至秋刮取以水煮溶濾置冷水中則凝聚成塊矣碎之文理如白石膏而瑩澈人以和油澆燭大勝蜜蠟也 徐光啓曰蟲白蠟既用作燭勝他燭十倍若以和他油不過百分之一其燭亦不淋故為用頗廣多植無害

農政全書女貞收蠟有二種有自生者有寄子者自生者初時不知蟲何來忽遍樹生白花 枝上生脂如霜雪人謂之花 取用煉蠟明年復生蟲子向後恒自傳生若不曉寄放樹枯則已若解放者傳窮無窮也寄子者取他樹之子寄此樹之上其法或連年或停年或就樹或伐條若樹盛者連年就樹寄之俟有衰頓即斟酌停年以休其力培壅滋茂仍復寄放即宋氏雜部所謂養一年停一年者也伐條者取樹栽徑寸以上者種之俟盛長寄子生蠟即離根三四尺截去枝榦收蠟隨手下壅冬月再壅明年旁長新枝芽蘖以後恒擇去繁冗令直達又明年亦

復修理恒加培壅第三年可放蠟子四年再放五年復放迨收蠟仍剪去枝如是更代無窮此所謂經三年停三年者也凡寄子皆于立夏前三日內從樹上連枝剪下去餘枝獨留寸許令子抱木或三四顆乃至十餘顆作一簇或單顆亦連枝剪之剪訖用稻穀浸水半日許漉取水剝下蟲顆浸水中一刻許取起用竹箬虛包之大者三四顆小者六七顆作一苞勒草束之置潔淨甕中若陰雨頓甕中可數日天熱其子多迸出宜速寄之

寄法取箬包剪去角作孔如小豆大仍用草係之樹枝間其子多少視枝小大斟酌之枝大如指者可寄枝大細榦太粗者勿寄也寄後數日間鳥來啄箬包攫取子勤驅之漸漸暖蟲漸出包先緣樹上下行若樹根有草即附草不復上矣故樹下須芟刈極淨也更數日復下至枝條嚙皮入咂食其脂液因作花約畧蟲出盡即取下包視有餘子并作包別寄他樹秋分後撿看花老嫩若太嫩不成蠟太老不成蠟不可剥矣剥時或就樹或

剪枝俱先洒水潤之則易落乘雨後或侵晨帶露華采之尤便次取蠟花投沸湯中鎔化候稍冷取起水面蠟再煎再取滓沈鍋底勺去之若蠟未淨再依前法煎澄之既淨乘熱投入繩套子候冷牽繩起之成蠟堵也

又浸穀水漬蠟子剥下包之此是婺州法吳興人但于立夏候剪子到小滿前三日連舊枝作苞寄之亦生蠟檇李及吾邑有自生之子不煩寄放亦生蠟可見傳生之物氣足為上若吾鄉傳有土子不論節氣但俟其氣足欲迸時速剪下寄之可也

又立夏前二日剪子此是常法但浙東氣暖從他方鬻子還恐蟲迸出故以此為期若吳興在北吾邑又在吳興北則吾鄉往吳興及浙東買子者宜立夏後剪小滿前後寄也若浙東從吾鄉鬻子仍須立夏前剪去耳吾鄉以北愈寒寄宜愈遲依此消息之

又蠟子若本地所無傳貿他方者可行千里如浙中獨金華業此最盛而鬻子於紹興台州湖州川中獨南部

西充嘉定最盛而鬻子于潼川其閒相去各數百里蓋蠟子在立夏前氣已足可剪小滿前雖未出可寄耳亦須疾行遲則蟲先期出不及寄折損多矣諺云走馬販蠟謂此若依前法先作包置器中蟲出不離箬包中尚可遲二三日寄也

又或云樹生花即無子生子即無花此閒有之不盡然也大槩多生子並生者但欲留種不宜早收花絕不可見至春中方著枝如螺靨入夏頓長則花與子不相見

耳子盛長時有膏如餳蜜去之即子枯
又冬青樹凋枯以猪糞壅之即茂或云以猪溺灌之
木槿 附
水槿葉似女貞而邊有鋸齒五葉攢生不花李時珍所
謂女蠟樹必此也蜀中又有一種插蠟葉似菊尤易生
插之一年便可寄子三四年大如酒盃口即衰壞須更
插矣此與水槿異種水槿雖扦插易生却難大又蜀中
蠟子生女貞樹上少生插蠟樹上者多故當以蜀種為

勝
本草綱目李時珍曰有水蠟樹葉微似榆亦可放蟲生
蠟
宋氏雜部水槿細葉小黃花又名水梠臘月斬其條而
插之易成大木材可為器宜養蠟子以取蠟
櫧 附
櫧子處處山谷有之其木大者數抱高二三丈葉長大
如栗葉稍尖而厚堅光澤鋸齒峭小凌冬不凋三四月
開白花成穗如桑花結實大如槲子外有小包霜後包
裂子墜子圓褐而有尖大如菩提子內仁如杏仁生食
苦澀煮炒乃帶甘亦可磨粉甜櫧子粒小木文細白俗
名麪櫧苦櫧子粒大木粗赤文俗名血櫧其色黑因名
鐵櫧
山海經前山其木多櫧
注櫧子似柞子可食冬月采之木作屋柱難腐
本草綱目李時珍曰甜櫧子亦可産蠟

農政全書余所聞樹可放蠟者數種以意度之當不止
此即如飼蠶之樹世人皆知有桑柘矣而東萊人育山
繭者於樹無所不用獨楊樹否耳諸樹中獨椒繭最上
桑柘次之樁次之檞為下由此言之事理無窮聞見之
外遺佚甚多坐井自拘何為哉

烏臼

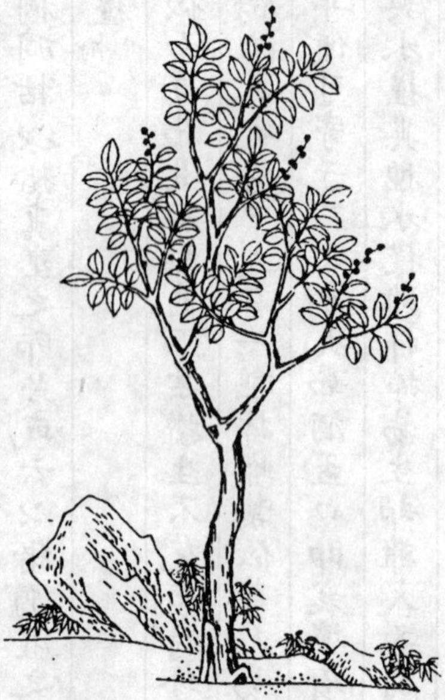

烏臼

烏臼一名鵶臼樹高數仞葉似小杏葉而微薄淡綠色五月開細花色黄白實如鷄頭初青熟黒分三瓣八九熟熟咋之如胡麻子汁味如猪脂壓油燃燈極明南方平澤甚多易生易長種之佳者有二曰葡萄臼穗聚子大而穰厚曰鷹爪臼穗散而殼薄根皮味苦微溫有毒

農政全書烏臼樹收子取油甚為民利江浙人種之極多樹大或收子二三石子外白穰壓取白油造蠟燭子

中仁壓取清油然燈極明塗髮變黑又可入漆可造紙用每收子一石可得白油十斤清油二十斤彼中一畝之宮但有樹數株者生平足用不復市膏油也臨安郡中每田十數畝田畔必種臼數株其田主歲收臼子便可完糧如是者租額亦輕佃戸樂于承種謂之熟田若無此樹要當于田收完糧租額必重謂之生田兩省之人既食其利凡高山大道溪邊宅畔無不種之亦有全用熟田種者用油之外其查仍可壅田可燎爨可宿火其

葉可染皂其木可刻書及雕造器物且樹久不壞至合抱以上收子逾多故一種即為子孫數世之利又臼不須種野生者甚多若收子即佳種種出者亦不中用必須接博乃可未接者江浙人呼為草臼種草臼榦如酒杯口大便可接大至一兩圍亦可接但樹小低接樹大高接耳接須春分後數日接法與雜果同又聞山中老圃云臼樹不須接博但于春間將樹枝一一捩轉碎其心無傷其膚即生子與接博者同

又種烏臼取臼油清油種女貞樹取白蠟其利濟人百倍他樹

又烏臼樝之屬但取膏油似不入救荒品中但膏油不可闕而民間所用多取諸麻菽荏菜烏臼之屬此諸麻菽荏菜有十倍之收且取諸荒山隙地以供膏油而省麻菽以充糧省荏菜之田以種穀其益于積貯不為少矣

羣芳譜採臼子在中冬但以熟為候採須連枝條剥之但留取指大以上枝其小者總無子亦宜剥去則明年枝實俱繁盛其剥刀長三四寸廣半寸形如却月鉤刃在鉤內以竹木竿為柄刀著柄端令刃向上剥時向上鑱之不傷枝榦剥下枝仍充爨揀取浮子曬乾入臼舂落外白穰節出之蒸熟作餅下榨取油如常法即成白油如蠟以製燭若穰少不滿一榨者即作餅入他油餅雜榨之榨下盛油餅中置一草帚候油出冷定臼油即凝附草帚不雜他油矣其篩出黑子用石磨礱碎簸去殼存下核中仁復磨或碾細蒸熟榨油如常法即

成清油凡製燭每臼油十斤加白蠟三錢則不淋蠟多更佳常時肆中賣者臼油十斤雜清油十斤白蠟不過一二錢其燭則淋

又養魚池邊勿種臼落葉入水變黑色令魚病

樝 附

樝木生閩廣江右山谷間橡栗之屬也其樹易成材亦堅韌勁挺者中為扛實如橡斗斗無刺為異耳斗中函

子或一或二或三四甚似栗而殼甚薄殼中仁皮色如榧瓤肉亦如栗味甚苦而多膏油江右閩廣人多用此油燃燈甚明勝于諸油亦可食

農政全書楂在南中為利甚廣乃字書既無此字而偏方雜記亦未之見或直書為茶尤非也獨本草有櫧子云小于橡子味苦澁皮樹如栗或者櫧楂聲近土俗音訛邪其不言子可為油或昔人未食其利如烏臼女貞之類耶不敢傅會姑志之以俟再考

又種楂法秋間收子時簡取大者掘地作一小窖勿令及泉用沙土和子置窖中至次年春分取出畦種秋分後分栽三年結實

又作油法每歲于寒露前三日收取楂子則多油遲則油乾收子宜晾之高處令透風樓上尤佳過半月則罅發取去斗欲急開則攤曬一兩日盡開矣開後取子曬極乾入碓磑中碾細蒸熟榨油如常法

又楂油能療一切瘡疥塗數次即愈其性寒能退濕熱用造印色生者亦不沁或云以澤首尤勝諸膏油不染衣不膩髮其查可糞用法每餅作四破先于冷竈中壘架起下用乾柴發火發火後用餅屑漸次撒入則起燄燒熟者可以宿火勝用炭墼

漆

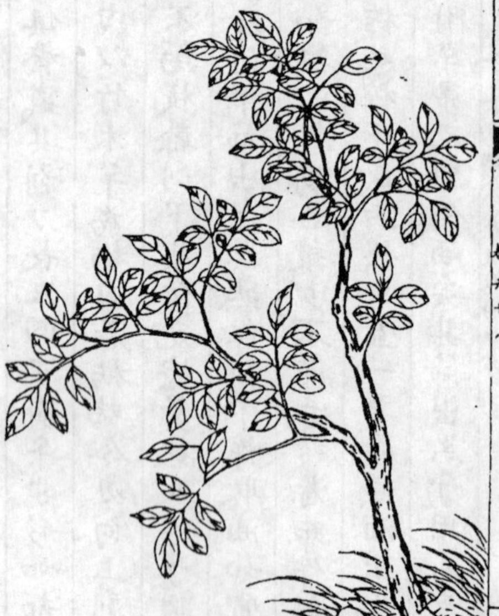

漆

漆說文云木汁可以髹物一作桼如水滴而下生漢中山谷洪益陝襄皆有金州者最善廣州者性急易燥令廣淅中出一種漆六月取汁漆物黃澤如金即唐書所謂黃漆也廣南漆作飴糖氣沾沾無力樹似榎而大高二三丈身如柿皮白葉似椿花似槐子似牛李子木心黃六七月刻取滋汁

農政全書春分前移栽易成有利一云臘月種

又取用者以竹筒釘入木中取汁或以剛斧斫其皮開以竹管承之滴汁則為漆也凡取時須荏油解破故淳者難得可重重別制拭之色黑如瑿若鐵石者為上等黃嫩若蜂窠者不佳凡驗漆惟稀者以物蘸起細而不斷斷而復收更又塗于乾竹上蔭之速乾者並佳試訣有云微扇光如鏡懸絲急似鈎撼成琥珀色打著有浮漚

齊民要術凡漆器不問真偽送客之後皆須以水淨洗置牀薄上於日中半日許曝之使乾下晡乃收則堅牢耐久若不即洗者鹽醋浸潤氣徹則皺器便壞矣其朱裏者仰而曝之朱本和油性潤耐日故盛夏連雨土氣蒸熱什器之屬雖不經夏用六七月中各須一曝使乾俗人見漆器暫在日中恐其炙壞合著陰潤之地雖欲愛慎朽敗更速矣

又凡木畫服翫箱槐之屬入五月盡七月九月中每經雨以布纏指揩令熱徹膠不動作光淨耐久若不揩拭者地氣蒸熱徧上生衣厚潤徹膠便皺動處起發颯然破矣

農桑通訣用漆在燥熱及霜冷時則難乾得陰濕雖寒月亦易乾物之性也若苦露人以油治之

棕櫚

欽定四庫全書

棕櫚

棕櫚一名栟櫚出嶺南西川今江南亦有之最難長初生葉如白芨高二三尺則樹端數葉大如扇上聳四散岐裂大者高二三尺其莖三稜四時不凋其榦正直無枝條身赤黒皆筋絡宜為鍾杵亦可旋為器物其皮有絲毛錯縱如織每皮一匝為一節二旬一采皮轉復生上剝取縷解可織衣帽褥椅之屬每歲必兩三剝之否則樹死或不長也剝之多亦傷樹三月於木端莖中出數黄苞苞中有細子成列乃花之孕也狀如魚腹孕子謂之棕魚亦曰棕筍漸長出苞則成化穗黄白色結實纍纍大如豆生黄熟黒甚堅實

便民圖棕櫚二月間撒種長尺許移栽成行至四尺餘始可剝每年四季剝之半年一剝亦可其皮作繩入水千歲不爛昔有人開塚得一索已生根

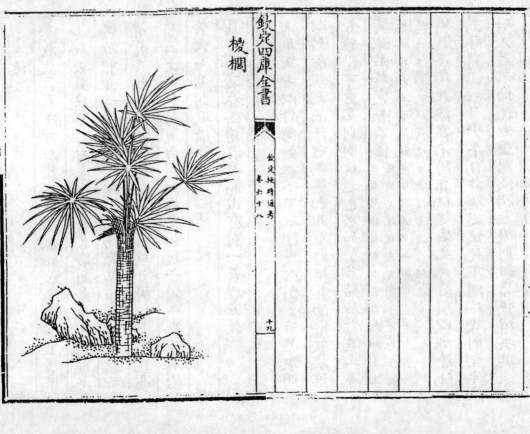

皂莢

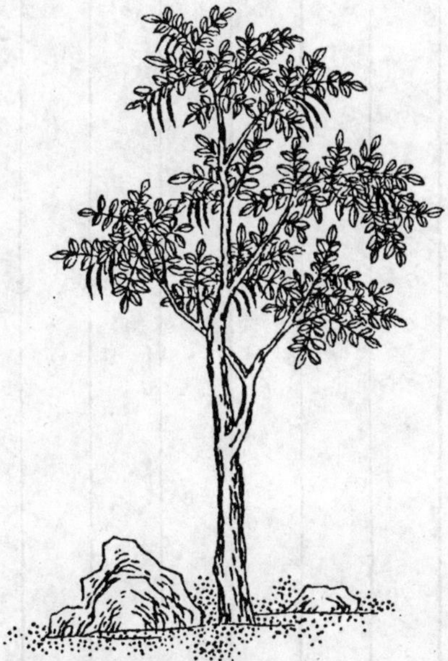

皂莢

皂莢一名皂角一名烏犀一名懸刀廣志謂之雞栖子生雍州川谷及魯之鄒縣懷孟產者為勝今處處有之其木極有高大者葉似槐葉瘦長而尖枝間多刺夏開花秋後結實有三種形小者為猪牙皂莢良一種長而肥厚多脂而粘一種長而瘦薄不粘用之當以肥厚者為佳味辛鹹性溫有小毒栢實為之使惡麥門冬畏空青人參苦參可作沐藥不入湯

農政全書猪牙者良其角亦有長尺一二寸者種者二三月種不結角者南北二面去地一尺鑽孔用木釘釘之泥封竅即結或曰樹不結鑿一大孔入生鐵三五斤以泥封之便開花結子既實以篾束其本數匝木楔之一夕自落用以洗垢滌膩最良角與刺俱堪入藥亦物之利益于世者

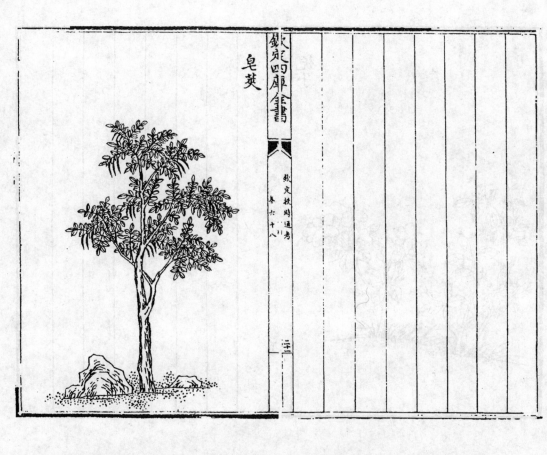

梔子

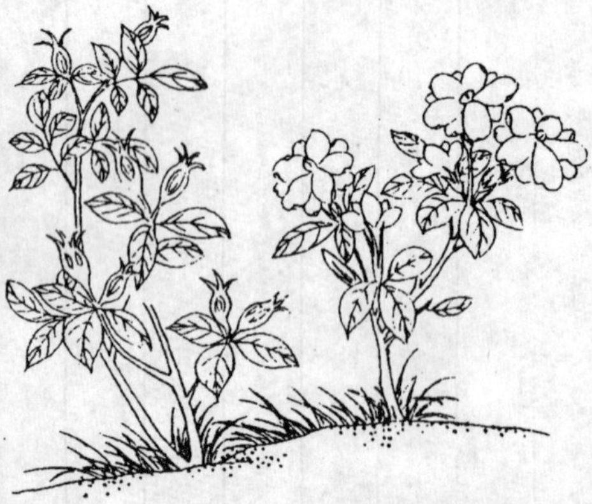

梔子

梔子一名木丹一名越桃一名鮮支處處有之有三種一種木高七八尺葉似兔耳厚而深綠春榮秋瘁入夏開小白花大如酒杯皆六出中有黃蕊甚芬芳結實如訶子狀生青熟黃中仁深紅可染繒帛入藥用山梔子皮薄圓小如鵲腦房七稜至九稜者佳一種花小而重臺者園圃中品一種徽州梔子小枝小葉小花高不盈尺可作盆景耳山谷詩話云染梔子花六出雖香不濃郁山梔子花八出一株可香一圃酉陽雜俎云相傳即西域薝蔔花或曰薝蔔金色花小而香西方甚多非梔也

齊民要術十月選成熟梔子取子淘淨曬乾至來春三月選沙白地斸畦區深一尺全去舊土却收地上濕潤浮土篩細填滿畦區下種稠密如種茄法細土薄糝上搭箔棚遮日高可一尺旱時一二日用水於棚上頻頻澆灑不令土脈堅垎四十餘日芽方出土薅治澆溉至冬月厚用蒿草藏蓋次年三月移開相去一寸一科鋤

治澆漑宜頻冬月用土深擁根株其枝梢用草包護至次年三四月又移一步半一科栽成行列須園内穿井頻澆冬月用土深擁須北面夾籬障以蔽風寒第四年開花結實十月收摘甑内微蒸過曬乾用梅雨時以沃壤一團插嫩枝其中置鬆畦内常澆糞水候生根移種亦可

種樹書黄梔子候其大時摘青者曬收至黄熟則消花水矣大朶重臺者梅醬糖蜜製之可作羹果

茱萸

茱萸

茱萸有二種吳茱萸處處有之江淮蜀漢尤多以吳地者為好所以有吳之名樹高丈餘皮青綠色葉似椿而闊厚紫色三月開紅紫細花七八月結實似椒子嫩時微黄熟則深紫李時珍曰枝柔而肥葉長而皺其實結於梢頭纍纍成簇而無核一種粒大一種粒小小者入藥為勝氣味辛溫食茱萸一名藙一名檄一名艾子一名辣子一名越椒一名欓子李時珍曰蜀人呼為艾子楚人謂之辣古人謂之藙及椒南北皆有之其木甚高

大有長及百尺者枝莖青黄莖閒有刺上有小白點葉類油麻葉黄花綠子叢簇枝上味辛而苦宜入食羹中能發辛香蘇恭謂開口者為食茱萸孟詵謂閉口者為欓子馬志謂粒大色黄黑者為食茱萸粒緊小色青綠者為吳茱萸山茱萸則不任食也

禮記内則三牲用藙

注藙茱萸也爾雅謂之榝

爾雅椒樧醜莍

注莍萸子聚生成房貌今江東亦呼莍椒樧似茱萸而小赤色疏醜類也莍實之房也椒樧之類實皆有莍彙自裹

齊民要術二月栽之宜故城隄冢高燥之處凡於城上種蒔者先宜隨長短掘壍停之經年然後於壍中種蒔保澤沃壤與平地無差不爾者土堅澤流長物不達經年倍樹木尚小候實開便收之挂著屋裏壁上令陰乾勿使煙熏煙熏則苦而不辛也用時去中黑子肉醬魚鮓偏可所用

萬畢術曰井上宜種茱萸茱萸葉落井中有化水者無瘟病

風土記俗尚九月九日謂之上九茱萸到此日氣烈熟色赤可折其房以插頭云辟惡氣禦冬

枸杞

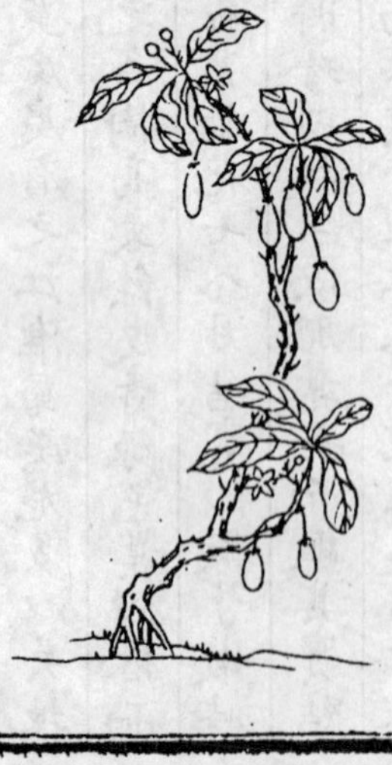

枸杞

枸杞一名枸棘一名天精一名地仙一名却老一名苦杞一名甜菜一名地節一名羊乳枸杞二木名此木棘如枸之刺莖如杞之條故兼稱之處處有之春生苗葉軟薄堪食其莖榦高三五尺叢生六月開花紫色隨結實微長生青熟紅味甘美根皮名地骨皮古以韋山為上近以甘州者為絶品今陝之蘭州靈州以西並是大樹子圓如櫻桃乾時可作果食

爾雅杞枸檵

注今枸杞也

陸璣詩疏一名苦杞一名地骨春生作羹茹微苦其莖似莓子秋熟正赤莖葉及子服之輕身益氣耳

種樹書收子及掘根種於肥壤中待苗生剪為蔬食甚佳

博聞録種枸杞法秋冬間收子淨洗日乾春耕熟地作町闊五寸紐草稕如臂大置畦中以泥塗草稕上然後種子以細土及牛糞蓋令徧苗出頻以水澆之又可插種

務本新書枸杞宜於故區畦種葉作菜食子根入藥秋時收好子至春畦種一如種菜法 又三月中苗出時移栽如常法伏內壓條特為滋茂 一法截條長四五指許掩於濕土地中亦生

農桑通訣春夏採葉秋採莖實冬採根朱孺子幼事道士王元正居大石巖汲於溪見二花犬因逐之入於枸

杞叢下掘之根形如二丈食之忽覺身輕諺云去家千里勿食蘿摩枸杞言其補精氣也

五加

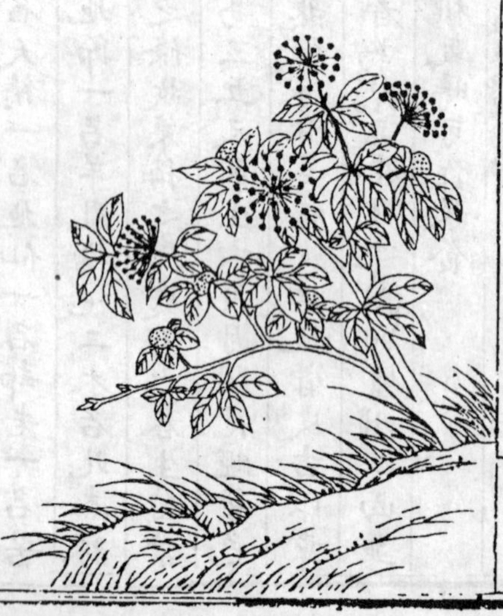

五加

五加一名文章草一名金玉香草一名金鹽一名五花一名追風使一名木骨一名犲漆一名犲節本草綱目云五葉交加者良故名五加又名五花丹鉛錄作五加云一枝五葉者佳故也蜀人呼為白刺蘄州人呼為木首江淮湖南州郡皆有之春生苗莖葉皆青作藂有刺類薔薇葉五出香氣似橄欖春時結實如豆粒而扁色青得霜乃紫黑根類地骨皮輕脆芬香一云生南方者微白而柔韌大類桑白皮生北方者微苦而硬苗可作茹

農政全書取根深掘肥地二尺許埋一根令沒舊根甚易活苗生從一頭剪取每剪訖鋤土壅之久服輕身耐老明目下氣補中益精氣堅筋骨强志意葉可作蔬菜食五七月採根陰乾造酒有服五加皮散而獲延年者不勝計或即為散以代湯茶餌之驗亦同

又正二月取枝插亦易活

欽定四庫全書

欽定授時通考卷六十八

欽定四庫全書

欽定授時通考卷六十九

農餘

雜植

苜蓿

茶

紅花

大藍

紫草

地黃

蒲黃　蒲草　燈心草

竹

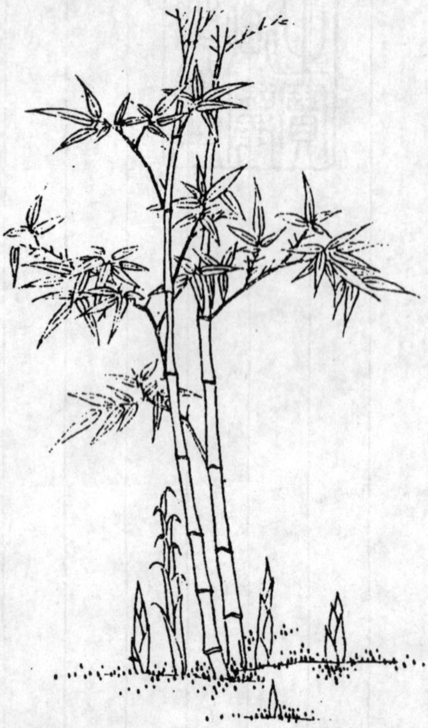

竹

竹植物也非草非木說文云竹冬生草也竹譜云竹是一族之總名一形之偏稱也植物之中有草木竹猶動品之中有鳥魚獸也耐濕耐寒貫四時而不改柯易葉其操與松柏等第雖喜濕惡燥亦不宜水淹其根根之發生喜向上行本草云其根鞭喜行東南其性又與菊等宜添河泥覆之每至冬月須厚加土為佳每長至四年者即伐去庶不礙新笋而林亦茂盛其類至多戴凱之有竹譜劉美之續竹譜僧贊寧又有筍譜各數十種羣芳譜所載更三十餘種

爾雅簜竹

注竹別名疏李巡曰竹節相去一丈曰簜孫炎曰竹濶節者曰簜郭氏曰竹別名無大小之異也

又莽數節桃枝四寸有節粼堅中簢筡中仲無笐箷箭萌篠箭

疏此辨竹節希數及中空實萌篠之異名也凡竹節閒促數者名莽相去四寸有節者名桃枝竹其中堅

實者名鄰其中空者名藺筡空中仲無笐注未詳蒠
一名箭萌即筍也篠一名箭
格物總論竹中虛白膜外皮青綠色或黃或紫或斑駁
文或小或大或長或短種族最多大抵皆自根而莖莖
皆有節莖間節處生枝枝每兩之枝亦有節枝間節處
生葉葉每三之初出地為笋笋節有籜包之及成莖抽
之而籜遂漸次脫落脫落處有粉歲久而茂茂則成林
羣芳譜八月為竹小春竹之萌曰筍竹之節曰箹竹之

叢曰筤竹之實曰䈏竹之得風而體夭屈曰笑竹死曰
箹
齊民要術宜高平之地近山阜尤是所宜下田得水則死黃土軟土為
良正月二月中斸取西南引根并莖芟去葉於園內東
北角種之令坑深二尺許覆土厚五寸竹性愛向西南引故園東北角種之數歲之後自當滿園諺云東家種竹西家治地為滋蔓而來生也其居東北角者老竹種不生亦不能滋茂故須取西南引少根也稻麥糠糞之二糠各自堪糞不令和雜不用水澆澆則淹死
勿令六畜入園二月食淡竹筍四月五月食苦竹筍蒸煮

包酢在人所好其欲作器者經年乃堪殺未經年者軟未成也
農桑通訣種竹宜去稍葉作稀泥於坑中下竹栽以土
覆之杵築定勿令脚踏水厚五寸竹忌手把及洗手面
脂水澆著即枯死月菴種竹法深濶掘溝以乾馬糞和
細泥填高一尺無馬糞礱糠亦得夏月稀冬月稠然後
種竹須三四莖作一叢亦須土鬆淺種不可增土於株
上泥若用钁打實則笋不生種時斬去稍仍為架扶之使根不搖易活又法三兩竿作一本移其根自相持則尤易活也或云不須斬稍只作兩重架尤妙夢溪云種竹但林

外取向陽者向北而栽蓋根無不向南必用雨下遇有
西風則不可花木亦然諺云栽竹無時雨下便移多留
宿土記取南枝志林云竹有雌雄雌者多筍故種竹常
擇雌者凡欲識雌雄當自根上第一枝觀之有雙枝者
乃為雌竹獨枝者乃為雄竹
種樹書種竹處當積土令稍高於傍地二三尺則雨潦
不浸損錢唐人謂之竹脚移時須是根垜大維以草繩
仍向背不失其舊為佳種竹須將竹母斬去只留四五

尺仍斜植之用礱糠和泥抱根然後用淨土傅其上或鋪少大麥於其中令竹根着麥上以土蓋之其根易行一法擇大竹就根上去三四寸許截斷之去其上不用只以竹根截處打通節實以硫黃末顛倒種之第一年生小竹隨即取之次年亦去之至第三年生竹其大如所種者種時以舊茅茨夾土則竹根尋地脉而生禁中種竹一二年間無不茂盛園子云初無他術只有八字踈種密種淺種深種踈種謂三四步種一棵欲其地虛

行鞭密種謂種雖踈每窠却種四五竿欲其根密淺種謂其種時不甚深深種謂種時雖淺却用河泥壅之竹林中有樹切勿去之蓋竹為樹枝所礙雖風雪不復欹斜筀竹根多穿害堦砌惟敘皂莢刺埋土中障之根則不過或用鐵屑栽油麻其尤妙元扈先生曰筀竹根強能害他竹不宜雜種必須障之其法莫如深溝耳或云以炭屑實之太貴或云以煤炭實之移竹惟五月十三日謂之竹醉日又謂竹迷日又謂龍生日栽竹則茂盛元扈先生曰五月實竹笋已出生氣内歛故可移栽竹以六月為臘也龍生竹醉無理可通或曰不必

五月但每月二十日皆可又一云正月一日二月二日三月三日皆可種無不活者每月倣此如要不間年出笋用正月一日二月二日又云用辰日山谷所謂根雖辰日斸笋看上番成又曰宜用臘日杜少陵詩東林竹影薄臘月更宜栽然臘月之說大謬少陵所謂臘正指夏月少陵通達非業所及也麥以五月為秋竹以六月為臘冬伐竹不蛀夏伐必蛀正謂潤澤在焉故也此論大謬矣竹之滋澤春發於枝葉夏藏於榦冬歸於根如冬伐竹經日一裂自首至尾不得全盛夏伐之最佳但於林有損夏

伐竹則根色而鞭皆爛然要好竹非盛夏伐之不可七八月尚可自此滋澤歸根而不中用矣如要竹不蛀取五月以前但此月以前竹不生皆根爛竹與萌根皆長向上添泥覆之為佳

農政全書移竹泥垜須厚所云多留宿土是也平地止掘深尺許將泥垜移置其上四週以鬆泥蓋之不用脚踏搥打日日以水澆之度其實乃已又須搭架以防風搖又法移竹種離生枝節上四五節斫斷即不帆風不

須用架瑣碎錄云引竹法隔籬埋貍或猫於墻下明年筍自迸出竹以三伏内及臘月中斫者不蛀竹有六七年便生花所謂留三去四蓋三年者留四年者伐去諺曰一人種竹十年盛十人種竹一年盛言須大科移植方不傷其根也若只二三榦作一科四面根皆斸斷安得有生氣耶

又浙中人代園種竹甚有理所謂祖孫不相見也余别有圖説此法甚得利而工人用竹者則以平園為勝謂

山間代園之竹嫩而不堅不如平地園林者竹老而堅韌也蓋事不能兩利如此

又晉起居注曰惠帝二年巴西郡竹生紫色花結實如麥皮青中米白味甜此亦恒有但竹生花生實輒滿林楛死花結實如稗謂之竹米一竿如此久之則舉林皆然其活之之法於初米時擇一竿稍大者截去近根三尺許通其節以糞入之則止此有二病其一私者竹園既久根多蟠結故也治之之法將園地分段掘起宿根間一段起一段使其根舒展次年還復盛矣其一公者遍地皆然此必水澇之年或水災之後也此則無法可治但不可因其枯瘁遽起竹根只須留以待之一二年後自然復發依然故林倘是老園亦宜用間段掘根彼拙者不知此理遽自掘盡謂復栽之無論因循不栽即復栽豈能一二年遽盛耶

又簝竹為藩可禦大寇今南土苗亂或至村落無居人而不知作此何哉此竹亦可移至北土余曾為廣西大

叅張叔翹言之後安南之寇來侵土司沿江有簝皆不能渡當益信余言不誣耳簝竹實中勁强有毒銳似剌虎中之則死

筍附

筍爾雅曰筍竹萌也說文曰笋竹胎也孫炎曰初生竹謂之筍詩義疏云筍皆四月生唯巴竹笋八月生盡九月成都有之篃冬夏生始數寸可煮以苦酒浸之可下酒及食又可米藏及乾以待冬月也陸佃云字從旬從日包之日為筍解之日為竹又曰字從竹從旬旬内為筍旬外為竹也

農桑通訣採筍之法視其叢中斜密者芟取之竹鞭方行處不宜採採則竹不繁採時可避露日出後掘深土取之半折取鞭根旋得投密器中以油單覆之勿令見風風吹則堅筍味甘美有毒惟香與薑能殺其毒煮宜久熟生則損人然食品之中最為珍貴故禮云加豆之實筍菹魚醢詩云其蔌伊何維筍及蒲蓋貴之也

永嘉記含隋竹笋六月生迄九月味與箭竹笋相似凡諸竹笋十一月掘土取皆得長八九寸長澤民家盡養

黃苦竹永寧南漢更年上笋大者一圍五六寸明年應上今年十一月笋土中已生但未出須掘土取可至明年正月出土訖五月方過六月便有含隋筍含隋筍迄七月八月九月已有箭竹筍迄後年四月竟年常有筍不絕也種樹書曰陰雨土虛則鞭行明年筍莖交出也

竹譜棘竹筍味淡落人鬚髮苴節出笋無味雞頭竹筍肥美箭竹筍冬生者也

食經淡竹筍法取筍肉五六寸者按鹽中一宿出鹽令盡煮糜一斗分五升與一升鹽相和糜熟須令冷內竹筍醎糜中一日拭之內淡糜中五日可食也

茶

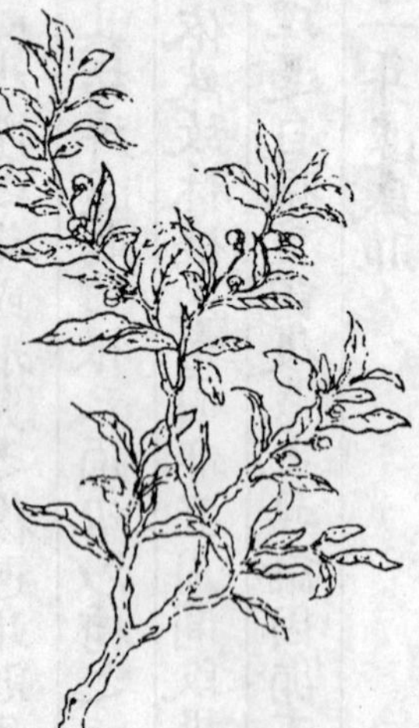

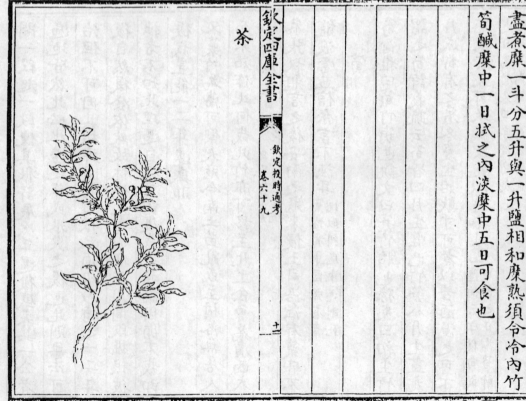

茶

茶鶴山集云茶之始其字為茶玉篇云茶除加切一名檟一名茗一名荈一名蔎方言云蜀西南人謂茶曰蔎樹如瓜蘆葉如梔子花如白薔薇而黄心清香隱然實如栟櫚蒂如丁香根如胡桃有高一尺者有二尺者有數丈者有兩人合抱者出巴山峽川有建州大小龍團始於丁謂成於蔡君謨熙寧末有旨下建州製密雲龍一品尤為奇絕蜀州雀舌鳥嘴麥顆蓋嫩芽所造似之又有片甲者早春黄芽葉相抱如片

甲也蟬翼葉輭薄如蟬翼也洪州鶴嶺茶其味極妙蜀之雅州蒙山頂有露芽穀芽皆云火前者言採造於禁火之前也火後者次之一云雅州蒙頂茶其生最晚在春夏之交常有雲霧覆其上若有神物護持之又有五花茶者其片作五出花雲脚出袁州界橋其名甚著不若湖州之研膏紫筍烹之有綠脚垂下又紫筍者其色紫而似筍又有綠花紫英之號草茶盛於兩浙日注第一自景祐以來洪州雙井白芽製作尤精遠在日注之上遂為草茶第一宜興滗湖出含膏宣城縣有丫山形如小方餅横鋪茗芽產其上其山東為朝日所燭號曰陽坡其茶最勝曰丫山陽坡横文茶一名瑞草魁又有建州北苑先春洪州西山白露安吉州顧渚紫筍常州宜興紫筍陽羡春池陽鳳嶺睦州鳩坑劍南石花露鋑芽籛芽南康雲居峽州小江園碧澗簝明月簝芳蘂簝茱萸簝東川神泉小團昌明獸目福州方山露芽夔州香山江陵楠木湖南衡蘄州蘄門團黄壽州霍山黄芽

六安州小峴春皆茶之極品玉壘關外寶唐山有茶樹產懸崖筍長三寸五寸方有一葉兩葉太和山騫林茶初泡極苦澀至三四泡清香特異人以為茶寶涪州出三般茶最上賓化製於早春其次白馬最下涪陵波茶在四月嫩則益人粗則損人真者用箬烟燻過氣味尤佳

文獻通考凡茶有二類曰片曰散片茶蒸造實捲模中串之惟建劍則既蒸而研編為格置焙室中最為精潔

其名有龍鳳石乳白乳頭金蠟面頭骨次骨末骨麤骨
山挺十二等（龍鳳皆團片石乳頭乳皆狹片名曰京的乳亦有濶片者乳以下皆濶片）餘州
片茶有進寶雙勝寶山兩府出興國軍仙芝嫩蘂福合
祿合運合慶合指合出饒池州泥片出虔州綠英金片
出袁州玉津出臨江軍靈州福州先春早春華英來泉
勝金出歙州獨行靈草綠芽片金金茗出潭州大拓枕
出江陵大小巴陵開勝開捲小捲生黃翎毛出岳州雙
上綠芽大小方出岳辰澧州東首淺山薄側出光州總

二十六名散茶有太湖龍溪次號末號出淮南岳麓草
子楊樹雨前雨後出荊湖清口出歸州茗子出江南總
十一名
茶箋天池青翠芳馨可稱仙品陽羡俗名羅岕浙之長
興者佳荊溪稍下細者其價兩倍天池六安品亦精入
藥最效龍井不過十數畝外此有茶皆不及天目為天
池龍井之次地志云山中寒氣早嚴茶之萌芽較晚
七修彙藁洪武二十四年詔天下產茶之地歲有定額
以建寧為上茶名有四採春先春次春紫筍不得碾揉
為大小龍團
四時類要熟時收取子和濕沙土拌筐籠盛之穰草蓋
不爾即凍不生至二月中出種之於樹下或背陰之地
開坎圓三尺深一尺熟斸著糞和土每阬中種六七十
顆子蓋土厚一寸強任生草不得耘相去二尺種一方
旱時以米泔澆此物畏日桑下竹陰地種之皆可二年
外方可耘治以小便稀糞蠶沙澆擁之又不可太多恐

根嫩故也大槩宜山中帶坡峻若於平地即於兩畔深
開溝壟洩水水浸根必死三年後收茶
大觀茶論植產之地崖必陽圃必陰蓋石之性寒其葉
抑以瘠其味疎以薄必資陽和以發之土之性敷其葉
疎以暴其味強以肆必資陰蔭以節之陰陽相濟則茶
之滋長得其宜
又擷茶以黎明見日則止用爪斷芽不以指揉慮氣汙
薰漬茶不鮮潔故茶工多以新汲水自隨得芽則投諸

水凡芽如雀舌穀粒者為鬬品一鎗一旗為揀芽二鎗二旗為次之餘斯為下茶之始芽萌則有白合既擿則有烏帶白合不去害茶味烏帶不去害茶色

茶觧茶地南向為佳向陰者遂劣故一山之中美惡大相懸也而茶園不宜加以惡木惟桂梅辛夷玉蘭玫瑰蒼松翠竹與之間植足以蔽覆霜雪掩映秋陽其下可植芳蘭幽菊清芬之物最忌菜畦相逼不免滲漉滓厥清真

茶疏清明穀雨摘茶之候也清明太早立夏太遲穀雨前後其時適中若肯再遲一二日期待其氣力完足香烈尤倍易於收藏雖稍長大故是嫩枝柔葉也

又生茶初摘香氣未透必借火力以發其香然性不耐勞炒不宜久多取入鐺則手不匀久於鐺中過熟而香散矣甚且焦枯何堪烹點炒茶之器最忌新鐵鐵腥一入不復有香尤忌脂膩害甚於鐵須豫取一鐺耑用炊飲無得別作他用炒茶之薪僅可樹枝不可幹葉幹則火力猛熾葉則易焦易滅鐺必磨瑩旋摘旋炒一鐺之內僅容四兩先用文火次用武火催之手加木指急急鈔轉以半熟為度微俟香發是其候矣如岕茶不炒甑中蒸熟然後烘焙緣其摘遲枝葉微老炒亦不能使軟徒枯碎耳亦有一種極細炒岕乃采之他山炒焙以欺好奇者彼中甚愛惜茶決不忍乘嫩摘採以傷樹本

聞龍茶箋茶初摘時須揀去枝梗老葉惟取嫩葉又須去尖與柄恐其易焦此松蘿法也炒時須一人從傍扇

之以祛熱氣否則黃色香味俱減炒起出鐺時置大磁盤中仍須急扇令熱氣稍退以手重揉之再散入鐺文火炒乾入焙蓋揉則其津上浮點時香味易出田子藝以生晒不炒不揉者為佳亦未之試耳

煮茶小品茶之團者片者皆出於碾磑之末既損真味復加油垢即非佳品總不若今之芽茶也蓋天然者自勝耳

農政全書茶之為法釋滯去垢破睡除煩功則著矣其

或採造藏貯之無法碾焙煎試之失宜則雖建芽浙茗衹為常品故採之宜早率以清明穀雨前者為佳過此不及然茶之美者質良而植茂新芽一發便長寸餘其細如針斯為上品如雀舌麥顆特次材耳採訖以甑微蒸生熟得所（生則味硬熟則味減）蒸已用筐箔薄攤乘濕畧揉之培勻佈火烘令乾勿使焦編竹為焙裹篛覆之以收火氣茶性畏濕故宜篛收藏者必以篛籠剪篛雜貯之則久而不浥宜置頓高處令常近火為佳凡煎試須用活

水活火烹之故東坡云活水仍將活火烹者是也活水謂山泉水為上江水次之井水為下活火謂炭火之有焰者常使湯無妄沸始則蟹眼中則魚目纍然如珠終則泉湧鼓浪此候湯之法非活火不能爾東坡云蟹眼已過魚眼生颼颼欲作松風聲盡之矣茶之用有三曰茗茶曰末茶曰蠟茶凡茗煎者擇嫩芽先以湯泡去熏氣以湯煎飲之今南方多效此然末子茶尤妙先焙芽令燥入磨細碾以供點試凡點湯多茶少則雲腳散湯少茶多則粥面聚鈔茶一錢匕先注湯調極勻又添注入迴環擊拂視其色鮮白着盞無水痕為度其茶既甘而滑南方雖産茶而識此法者甚少蠟茶最貴而製作亦不凡擇上等嫩芽細碾入羅雜腦子諸香膏油調齊如法印作餅子製樣任巧候乾仍以香膏油潤飾之其製有大小龍團帶胯之異此品惟充貢獻民間罕見之間有他造者色香味俱不及蠟茶珍藏既久點時先用温水微漬去膏油以紙裹搥碎用茶鈐微炙旋入碾羅

（旋碾則色白經宿則色昏新者不用漬）茶鈐屈金鐵為之砧用石椎用木碾餘石皆可茶之用芼胡桃松實脂麻杏栗任用雖失正味亦供咀嚼然茶性冷多飲則能消陽山谷葢以薑鹽煎飲其亦以是歟因併及之

紅花

紅花

紅花一名紅藍一名黃藍以其花似藍也博物志云張騫得種於西域今處處有之色紅黃葉綠似藍有刺夏開花花下有梂多刺花出梂上梂中結實如小豆大其花可染真紅及作臙脂苗生嫩時可食其子搗碎煎汁入醋拌蔬食極肥美又可為車脂及燭番紅花一名泊夫藍一名撒法即出西番回回地及天方國

齊民要術花地欲得良熟二三月間俟雨後速下或漫

散種或耬下一如種麻法亦有鋤掊而掩種者子科大而易料理花出欲日日乘涼摘取不摘則乾摘必須盡餘留即合五月子熟收曝令乾打取之子亦不用鬱浥五月種晚花春初即留子入五月便種若待新花熟後取子則太晚矣七月中摘深色鮮明耐久不黦勝春種者負郭良田種頃者歲收絹三百疋一頃收子二百斛與麻子同價既任車脂亦堪為燭即是直頭成米二百石米已當穀田三百疋絹端然在外一頃收花日須百人摘以一家手力十不充一但駕車地頭每旦當有小兒僮女百十

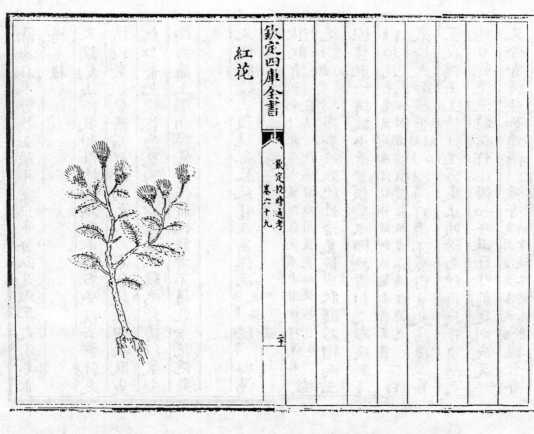

餘羣自來分摘正須平量中半分取是以單夫隻妻亦得多種

又殺花法摘取即碓持使熟以水淘布袋絞去黃汁更擣以粟飯漿清而醋者淘之又以布袋絞汁即收取染紅勿棄也絞訖著甕器中以布蓋上雞鳴更擣以粟令均於蓆上攤而曝乾勝作餅作餅者不得乾令花浥鬱也

又作胭脂法預燒落藜藜藋及蒿作灰(無者即草灰亦得)以湯

淋取清汁(初汁純厚大釅即放花不中用惟可洗衣取第三度湯者以用菜花和使好色也)揉花(十許變勢盡乃生)布袋絞取純汁著甕椀中取醋石榴兩三個劈取子擣破少著粟飯漿水極酸者和之布絞取瀋以和花汁(若無石榴者以好醋和飯漿亦得若復無醋者清飯漿極酸者亦得空用之)下白米粉大如酸棗(粉多則白)以淨竹箸不膩者良久痛攪蓋冒至夜瀉去上清汁至淳處止傾著白練角袋子中懸之明日乾浥浥時捻作小瓣如半麻子陰乾之則成矣

又合香澤法如清酒以浸香(夏用冷酒春秋溫酒令煖冬則小熱)雞舌香(俗人以其似丁子則為丁子香也)藿香苜蓿蘭香凡四種以新緜裹而浸之(夏一宿春秋再宿冬三宿)用胡麻油兩分豬腹(腹宜作脏或胰)一分內銅鐺中即以浸香酒和之煎數沸後便緩火微煎然後下所浸香煎緩火至暮水盡沸定乃熟(以火頭內澤中作聲者水未盡有煙出無聲者水盡也)澤欲熟時下少許青蒿以發色綿冪鐺觜瓶口瀉

又合面脂法牛髓(牛髓少者用牛脂和之若無髓空用脂亦得)溫酒浸丁香藿香二種(浸法如煎澤法)煎法一同合澤亦著青蒿以發色綿

濾著瓷漆盞中令凝若作脣脂者以熟朱和之青油裹之其冒霜雪遠行者常齧蒜令破以指脣既不劈裂又令辟惡賊(面患皴者夜燒梨令熟以糠湯洗面訖以煖梨汁塗之令不皴赤連染布嚼以塗面亦不皴也)

又合手藥法取豬脏一具(摘去其脂)合蒿葉於好酒中痛挼使汁甚滑白桃仁二七枚(去黃皮研碎酒解取其汁)以綿裹丁香藿香甘松香橘核十顆(打碎)著脏汁中仍浸置勿出瓷貯之夜煮細糠湯淨洗面拭乾以藥塗之令手軟滑冬不皴

又作紫粉法用白米英粉三分胡粉一分（不著胡粉不著人面）和合勻調取葵子熟蒸生布絞汁和粉日曝令乾若色淺者更蒸取汁重染如前法

又作米粉法粱米第一粟米第二（如用一色純第米勿使有雜白）使甚細（簡去碎者）各自純作莫雜餘種（其雜米糯米小麥黍米穄米作者不得好也）於槽中下水脚踏十徧淨淘水清乃止大甕中多著冷水以浸米（春秋則一月夏則二十日冬則六十日唯多日佳）不須易水臭爛乃佳（日若淺者粉不潤美）日滿更汲新水就甕中沃之以手把攪淘去醋氣多與徧數氣盡乃止稍出著一砂盆中熟研以水沃攪之接取白汁絹袋濾著別甕中麤沉者更研之水沃接取如初研盡以杷子就甕中良久痛抨然後澄之接去清水貯出淳汁著大盆中以板一向攪勿左右迴轉三百餘匝停置蓋甕勿令塵汚良久清澄以杓徐徐去清以三重布帖粉上以粟糠著布上糠上安灰灰濕更以乾者易之灰不復濕乃止然後削去四畔麤白無光潤者別收之以供麤用（麤粉米皮所成故無光潤）其中心圓如鉢

形酷似鴨子白光潤者名曰粉英（英粉米心所成是以光潤也）無風塵好日時書布於牀上刀削粉英如曝之乃至粉乾足（將住反）手痛挼勿住（痛挼則滑美不挼則澀惡）擬人客作餅及作香粉以供粧摩身體

又作香粉法唯多著丁香於粉合中自然分馥（亦有擣香木絹和粉者亦有水没香以汁溲粉者皆損色又費香不如全著合中也）

便民圖纂八月中鋤成行壠春穴下種或灰或雞糞蓋之澆灌不宜濃糞次年花開侵晨採摘微搗去黃汁用青蒿蓋一宿捻成薄餅晒乾收用勿近濕墻壁去處

又臙脂有四種李時珍曰一種以紅藍花汁染胡粉而成乃蘇鶚演義所謂臙脂葉似薊花似蒲出西方中國謂之紅藍以染粉為婦人面色者是也一種以山臙脂花汁染粉而成乃段公路北戸録所謂端州山間有花叢生葉類藍正月開花似蓼土人采含苞者為臙脂粉亦可染帛如紅藍者也一種以山榴花汁作成者鄭虔胡本草中載之一種以紫鉚染棉而成者謂之胡臙脂

李珣南海藥譜載之今南人多用葉鈔臙脂俗呼紫梗是也齊民要術所載正與蘇鶚演義相合雖非今時所行農政全書以其有益民用備載其法今仍之

大藍

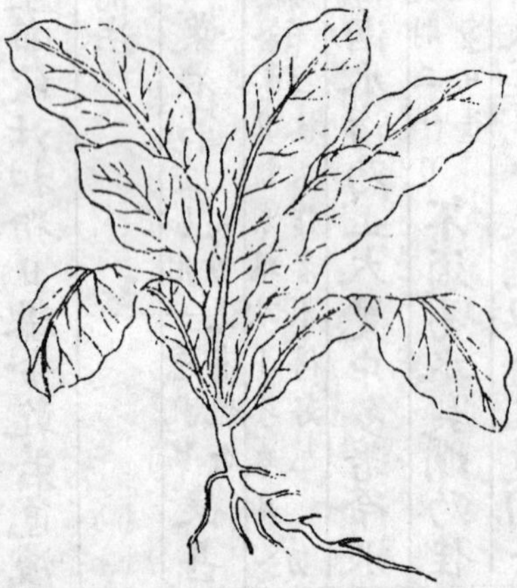

藍

藍說文染青草也凡數種蓼藍葉如蓼五六月開花成穗淺紅色子亦如蓼歲可三刈菘藍葉如白菘馬藍葉如苦蕒即郭璞所謂大葉冬藍俗所謂板藍者二藍花子並如蓼藍吳藍長莖如蒿而花白吳人種之水藍長莖如決明高者三四尺七月開淡紅花結角長寸許如小豆角其子亦如馬蹄決明子而微小迥與諸藍不同而作澱則一也別有甘藍一種可食又大藍葉如萵苣

而肥厚微白似擘藍色小藍莖赤葉綠而小槐藍葉如槐葉皆可作澱至於秋月煮熟染衣止用小藍

禮記月令仲夏之月令民毋艾藍以染

注為傷長氣也是月藍始可別

夏小正五月啓灌藍蓼

疏此月藍既長大始可分移布散熊氏云灌謂叢生也言開闢此叢生藍蓼分移使之稀散

爾雅葴馬藍

注今大葉冬藍也疏

四民月令榆莢落時可種藍五月可刈藍六月種冬藍[冬藍木藍也]

齊民要術藍地欲得良三徧細耕三月中浸子令芽生乃畦種之治畦下水一同葵法藍三葉澆之[晨夜再澆之]薅治令淨五月中新雨後即接濕耬耩拔栽[夏小正曰五月洛灌藍蓼][元扈先生曰栽時宜併功急手無令地燥也]三莖作一科相去八寸[栽時既濕白背不急鋤堅確也]五徧為良七月中作坑令受百許束作麥稈泥

泥之令深五寸以苫蔽四壁刈藍倒豎於坑中下水以木石鎮壓令没熱時一宿冷時再宿漉去荄內汁於甕中率十石甕著石灰一斗五升急抨[普彭反]之一食頃止澄清瀉去水別作小坑貯藍澱著坑中候如强粥還出甕中盛之藍澱成矣種藍十畝敵穀田一頃能自染青者其利又倍矣

農桑通訣木藍松藍可以為澱者蓼藍但可染碧不堪作澱藍一本而有數色刮行青綠雲碧青藍黄豈有青出于藍而青於藍者乎藍非獨可染青絞其汁飲之最能解釋蟲豸諸藥等毒不可闕也

便民圖纂正月中以布袋盛子浸之芽出撒地上用糞灰覆蓋待放葉澆水糞長二寸許分栽成行仍用水糞澆活至五六月烈日內將糞水潑葉上約五六次俟葉厚方割離土二寸許將梗葉浸水缸內晝夜濾淨每缸内用礦灰色清者灰八兩濃者九兩以木杦打轉澄清去水是謂頭靛其在地舊根旁須去草淨澆灌一如前

法待葉盛亦如前法收割浸打謂之二靛又俟長亦如前澆灌斫則齊根浸打法亦同前謂之三靛其濾出柤壅田亦可

紫草

紫草

紫草一名紫丹一名紫芙一名茈莀一名藐（爾雅曰藐紫草）一名地血一名鴉銜草生碭山山谷南陽新野及楚地苗似蘭香莖赤節青二月開花紫白色結實亦白色秋月根色紫可以染紫味甘氣寒無毒

博物志平氏山之陽紫草特好

廣志隴西紫草染之上者

齊民要術黃白軟良之地青沙地亦善開荒黍穄下大

佳性不耐水必須高田秋耕地至春又轉耕之三月種之耬耩地逐壟手下子（良田一畝用子二升薄田用子三升）下訖勞之鋤如穀法唯淨為佳其壟底草則拔之（壟底用鋤則傷紫草）九月中子熟刈之候稃（芳蒲反）燥載聚打取子（濕載子則鬱浥）即深細耕（不細不深則失草矣）尋壟以杷耬取整理（收草宜併手力速竟為良遭雨則損草也）一扼隨以茅結之（擘葛彌善）四扼為一頭當日則斬齊顛倒十重許為長行置堅平之地以板石鎮之令扁（濕鎮直而長燥鎮則碎折不鎮則賣難售也）兩三宿豎頭著日中曝之令浥浥然（不曝則鬱黑大

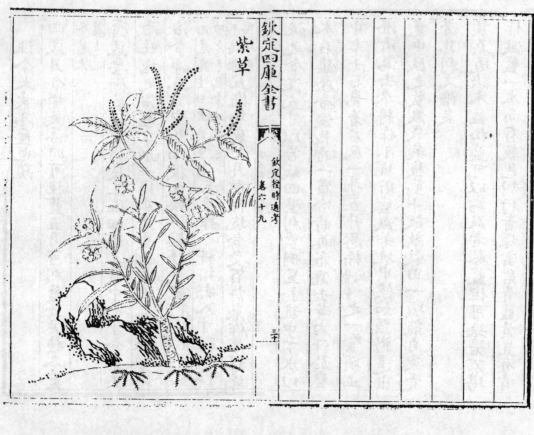

煉則砟折五十頭作一洪洪十字大頭向外以葛經絡著散屋下陰涼處棚棧上其棚下勿使驢馬糞及人溺又忌煙皆令草失色其利勝藍若欲久停者入五月內著屋中閉戶塞向密泥勿使風入漏氣過立秋然後開草出色不異若經夏在棚棧上草便變黑不復任用

務本新書種訖拖瓶擺之或以輕鈍碾過秋深子熟旁去其土連根取出就地鋪擠頓乾輕振其土以茅策束切去虛梢以之染紫其色殊美

地黃

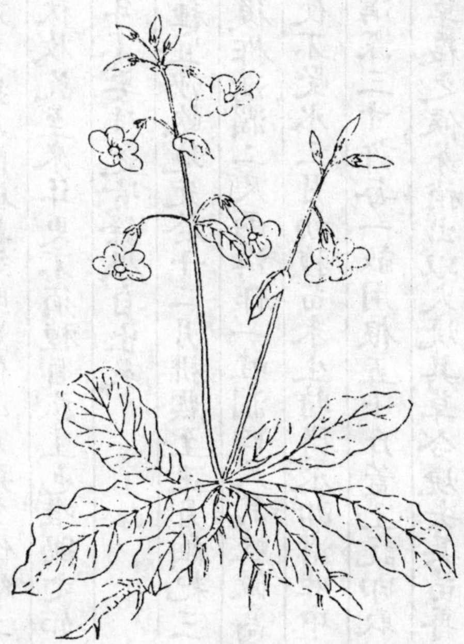

地黃

地黃一名地髓一名芐一名芑一名牛奶子一名婆婆奶草見本草處處有之河南懷慶者佳二月生葉有細短白毛布地深青色似小芥葉而厚不叉丫上有皺文毛澁不毛高者尺餘低者三四寸摘其傍葉作菜甚益人開小筒子花似油麻花但有斑點紅紫色亦有黃者實作房如連翹子如小麥褐色根黃如胡蘿蔔粗細長短不一根入土即生宜肥地虛則根大而多汁正九月採根生地曝乾熟地蒸晒忌銅鐵器

爾雅芐地黃

注江東呼為芐

齊民要術種須黑良田五徧細耕三月以上旬為上時中旬為中時下旬為下時一畝下種五石其種還用三月中掘取者逐犁後如禾麥法下之至四月末五月初生苗訖至八月盡九月初根成中染若須留為種者即在地中勿掘之待來年三月取之為種計一畝可收根

三十石有草鋤不限徧數鋤時别作小刃鋤勿使細土覆心令秋收訖至來年更不須種自旅生也唯鋤之如此得四年不要種之皆餘根自出矣

羣芳譜種宜沙軟地先於十二月耕熟至正月細耙三四遍然後作溝濶二尺兩溝作一畦濶四尺其畦微高而平硬使不受水三月初種苗未生時得水即溝畦中又撥作溝深三寸許每一畝用根五十斤蓋土訖即取經冬爛草覆之候芽稍出以火燒其草令燒去其苗再

生葉肥茂根益壯自春至秋凡五六耘不得鋤一年後滿畦宿根採訖還生八月堪采根若不採其根太盛春二月宜出之若秋採訖至春不復更種其生者猶得三四年但採訖比至明年耨耘而已欲食其葉但露散後摘取傍葉勿損中心正葉秋收其花可充冬用

蒲

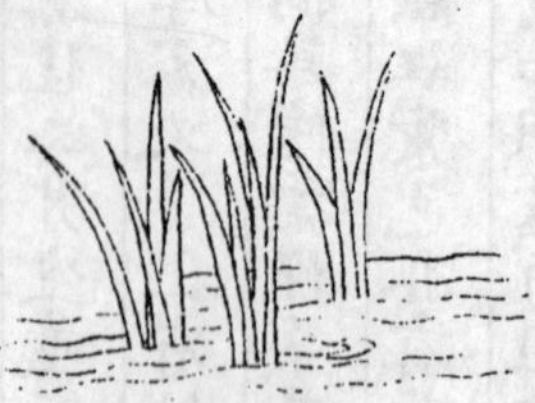

蒲

蒲叢生於下隰地莖長者可六七尺三脊其葉如薤二三月生苗八九月收可為蓆軟滑而温

爾雅莞苻蘺其上蒚

注今西方人呼蒲為莞蒲蒚謂其頭臺首也今江東謂之苻蘺西方亦名蒲中莖為蒚用之為蓆

農桑通訣四月楝綿蒲肥旺者廣帶根泥移出於水地内栽之次年即堪用其水深者白長水淺者白短

農政全書春初生嫩葉出水時取其中心入地白蒻大如匕柄者生啖之甘脆以醋浸食如食筍法亦美周禮所謂蒲菹也亦可煠食蒸食及晒乾磨粉作餅食詩曰惟筍及蒲是矣八九月收葉可作扇又可包裹

蓆草 附

農政全書小暑後斫起以備織蓆留老根在田壅培發苗至九月間鋤起擘去老根將苗去稍分栽如插稻法用河泥與糞培壅清明穀雨時復用糞或豆餅壅之即耘草立梅後不可壅若灰壅之則生蟲退色

燈心草 附

燈心草一名虎鬚草一名碧玉草馬志曰生江南澤地叢生莖圓細而長直人將為席寇宗奭曰陝西亦有之蒸熟待乾折取中心白穰燃燈者是為熟草又有不蒸熟者但生乾剝取為生草李時珍曰吳人栽蒔之取穰為燈炷以草織蓆及蓑

農政全書種法與蓆草同最宜肥田瘦則草細五月斫

起晒乾以尖刀釘板櫈上劃開其心可點燈及為燭心其皮可製雨蓑

欽定授時通考卷六十九

欽定授時通考卷七十

農餘

畜牧一

書堯典日中星鳥以殷仲春厥民析鳥獸孳尾

傳乳化曰孳交接曰尾疏産生為乳胎生為化孕産必愛之故乳化曰孳鳥獸皆以尾交接故交接曰尾

又日永星火以正仲夏厥民因鳥獸希革

傳夏時鳥獸毛羽希少改易革改也疏鳥獸冬毛最多春猶未脱故至夏始毛羽希少改易往前

又宵中星虛以殷仲秋厥民夷鳥獸毛毨

傳毨理也毛更生整理疏毨者毛羽美悦之狀故為理也夏時毛羽希少今則毛羽復生夏改而少秋更生多故言更生整理

又日短星昴以正仲冬厥民隩鳥獸氄毛

傳鳥獸皆生耎毳細毛以自温焉疏氄毛謂附肉細

毛

詩小雅誰謂爾無羊三百維羣誰謂爾無牛九十其犉

傳黄牛黑脣曰犉

又爾羊來思其角濈濈爾牛來思其耳濕濕

傳聚其角而息濈濈然呞而動其耳濕濕然箋云此者美畜産得其所

又或降於阿或飲於池或寢或訛

傳訛動也箋言此者美其無所驚畏也

又爾羊其思矜矜兢兢不騫不崩麾之以肱畢來既升

傳矜矜兢兢以言堅彊也騫虧也崩羣疾也肱臂也升升入牢也箋此言擾馴從人意也

周禮天官太宰之職以九職任萬民四曰藪牧

又膳夫膳用六牲

註六牲馬牛羊雞犬豕也

又庖人掌共六畜六獸六禽辨其名物

註六畜六牲也始養之曰畜將用之曰牲鄭司農云

六獸麇鹿熊麕野豕兎六禽鴈鶉鷃雉鳩鴿康成謂獸人冬獻狼又内則無熊則六獸當有狼而熊不屬六禽於禽獻及六摯宜為羔豚犢麛雉鴈凡鳥獸未孕曰禽

又牧人掌牧六牲而阜蕃其物

疏阜盛也蕃息也物謂毛物言使肥盛蕃息各有毛物

又掌畜掌養鳥而阜蕃教擾之

註鳥之可養使盛大蕃息者謂鵝鶩之屬疏鶩即今之鴨民間所畜故云焉

又祭祀共卵鳥

註其卵可薦之鳥疏雞亦在焉

禮記月令季春之月合纍牛騰馬遊牝於牧

註纍騰皆乘匹之名是月所合牛馬謂繫在廐者其牝欲遊則就牧之牝而合之

又仲夏之月游牝別羣

註孕妊之欲止也

又則縶騰駒

註為其牝氣有餘相蹄齧也

又仲秋之月乃命宰祝循行犧牲視全具案芻豢瞻肥瘠察物色必比類量大小視長短皆中度

註於鳥獸肥充之時宜省羣牲也養牛羊曰芻犬豕曰豢

爾雅釋獸馬八尺為駥牛七尺為犉羊六尺為羬彘五

尺為䝈狗四尺為獒雞三尺為鶤

註陽溝巨鶤古之名雞疏此別六畜絶大者名也

史記貨殖列傳烏氏倮畜牧及衆斥賣求奇繒物間獻遺戎王戎王什倍其償與之畜畜至用谷量馬牛

又塞之斥也唯橋姚已致馬千匹牛倍之羊萬頭粟以萬鍾計

漢書卜式傳卜式河南人也以田畜為事入山牧十餘年致羊千餘頭上書願輸家財助邊上使使問欲為官

乎式曰自少牧羊不習仕宦不願也歸復田牧復持錢二十萬與河南太守以給徙民名拜為中郎上曰吾有羊在上林中欲令子牧之式既為郎布衣草蹻而牧羊歲餘羊肥息上過其羊善之式曰非獨羊也治民亦猶是矣以時起居惡者輒去毋令敗羣上奇其言拜緱氏令

齊民要術服牛乘馬量其力能寒温飲飼適其天性如不肥充繁息者未之有也

又陶朱公曰子欲速富當畜五牸牛馬猪羊驢五畜之牸然畜牸則速富之術也

又諺曰羸牛劣馬寒食下言其乏食瘦瘠春中必死務在充飽調適而已

又凡馬驢駒初生忌灰氣遇新爐者輒死經雨者則不忌

四時類要凡驢馬牛羊收犢子駒羔法常於市上伺候含重垂欲生輒買取駒犢一百五十日羊羔六十日皆能自活不復藉乳乳母好堪為種産者因留之以為種惡者還賣不失本價坐贏駒犢還更買懷子孕者一歲之中牛馬驢得兩番羊得四倍羊羔臘月正月生者留以作種餘月生者剩而賣之用二萬錢為羊本必歲收千口所留之種率皆精好與世絶殊不可同日而語之何必羔犢之饒又羸骼之利也羔有死者皮好作裘褥肉好作乾腊及作肉醬味又甚美

馬

詩鄘風秉心塞淵騋牝三千

集傳秉操塞實淵深也蓋人操心誠實而淵深則無所為而不成其致此富盛宜矣

又魯頌駉駉牡馬在坰之野薄言駉者有驈有皇有驪有黃以車彭彭思無疆思馬斯臧

傳駉駉良馬腹幹肥張也坰遠野也箋必牧於坰野者避民居與良田也坰之牧地水草既美牧人又良飲食得其時則自肥健耳臧善也

周禮牧師掌牧地孟春焚牧中春通淫

註焚牧地以除陳生新草也中春陰陽交萬物生之時可以合馬之牝牡也

又庾人掌十有二閑之政教以阜馬佚特教駣攻駒及祭馬祖祭閑之先牧及執駒散馬耳圉馬

註九者皆有政教馬阜盛壯也杜子春云佚當為逸鄭司農云馬三歲曰駣二歲曰駒散讀為中散大夫之散謂聒馬耳毋令善驚也康成謂逸者用之不使甚勞安其血氣也教駣始乘習之也攻駒制其蹄齧者散馬耳以竹括押其耳頭動搖則括中物後遂串習不復驚

爾雅膝上皆白惟馵四骹皆白驓四蹢皆白首前足皆白騱後足皆白翑前右足白啟左白踦後右足白驤左白馵騋馬白腹騵驪馬白跨驈白州驠尾本白騴尾白駺駒顙白顛白達素縣面顙皆白惟駹

疏此辨馬白色所在之異名也馬之膝上皆白者惟馵也骹膝下也四膝下皆白名驓蹢蹄也四蹄皆白名首俗呼為踏雪馬亦蹄白似蹄雪也前兩足皆白名騱後二足皆白名翑前右足白名啟前左足白名踦後右足白名驤後左足白名馵騋馬赤色黑鬣馬也若騋馬腹下白者別名騵驪黑也白跨股脚白也謂黑馬髀間白名驈州竅也謂馬之白尻者名驠也本根株也馬尾株白者名騴但尾毛白者名駺駒白也顙額也額有白毛今之戴星馬也其白自額下達鼻莖者名縣其面顙皆白者惟駹馬

又回毛在膺宜乘在肘後減陽在幹茀方在背閱廣

疏此別馬旋毛所在之名也回旋也膺旋也旋毛在膺者名宜乘在肘後者名減陽幹脅也在脅者名茀方在背者名閱廣

又逆毛居馻

註馬毛逆刺

又牡曰騭牝曰騇

疏別馬牝牡之異名也郭云今江東呼駁馬為騭騇即草馬之名也

又駵白駁黃白騜駵馬黃脊騝驪馬黃脊騽青驪駽青驪驎驒青驪繁鬣騥驪白雜毛駂黃白雜毛駓陰白雜毛駰蒼白雜毛騅彤白雜毛騢白馬黑鬣駱白馬黑脣

駩黑喙騧一目白瞯二目白魚
疏此别馬毛色不純之異名也騂赤色也謂馬有騂處有白處者曰駁有黄處有白處者曰騜騂馬脊毛黄者名騝驪馬脊毛黄者名騽青毛黑毛相雜者名駽今之鐵驄也青驪驎驒郭云色有深淺斑駁隱粼名驒今之連錢驄毛色青黑而髦鬣繁多者名騥毛色黑白而復有雜毛相錯者名騢今謂之烏驄毛色黄白而復有雜毛者名駓今謂之桃華馬陰淺黑色

也毛淺黑而白兼雜毛者名駰今謂之泥驄蒼淺青也毛有淺青及白兼雜毛者名騅彤赤也毛赤白兼雜毛者名騢即今之赭白馬也白馬黑鬣者名駱白馬黑脣者名駩喙口也黑喙者名騧一目白者名瞯二目白者名魚言似魚目也

相馬經馬頭為王欲得方目為丞相欲得光脊為將軍欲得强腹脇為城郭欲得張四下為令欲得長凡相馬之法先除三羸五駑乃相其餘大頭小頸一羸弱脊大腹二羸小頸大蹄三羸大頭緩耳一駑長頸不折二駑短上長下三駑大髂短脅四駑淺髖薄髀五駑騮馬驪肩鹿毛闋黄馬驒駱馬皆善馬也馬生墮地無毛行千里溺舉一脚行五百里相馬不藏法肝欲得小耳小則肝小肝小識人意肺欲得大鼻大則肺大肺大則能奔心欲得大目大則心大心大則猛利不驚目四驚則朝暮健腎欲得小腸欲得厚且長腸厚則腹下廣方而平脾欲得小膁腹小則脾小脾小則易養望之大就之小筋馬也望之小就之大肉馬也皆可乘致致瘦欲得見

其肉（謂前肩守肉）致肥欲得見其骨（骨謂頭顱）馬龍顱突目平脊大腹脞重有肉此三事備者亦千里馬也水火欲得分（水火在鼻兩孔間也）上脣欲急而方口中欲得紅而有光此馬千里馬上齒欲鉤鉤則壽下齒欲鋸鋸則怒頷下欲深下唇欲緩牙欲去齒一寸則四百里牙劒鋒則千里嗣骨欲廉如織杼而闊又欲長（頰下側八骨是）目欲滿而澤眶欲小上欲弓曲下欲直素中欲廉而張（素鼻孔上）陰中欲得平（股下）

主人欲小股裏上近前也陽裏欲高則怒股中上之主人額欲方而平八肉欲大而明耳下元中欲深耳下近牙耳欲小而鋭如削筒相去欲促懸欲載中骨高二寸懸中骨也易骨欲直眼下直下骨也頰欲開赤長膺下欲廣一尺以上名曰挾一作扶尺能久走鞅欲方頰前喉欲曲而深胸欲直而出髀間前向皃間欲開望視之如雙皃頸骨欲大肉次之鬐欲桎而厚且折季毛欲長多覆肝肺無病髮後毛是背欲短而方脊欲大而抗脢筋欲大夾脊筋也飛皃見者怒胸欲筋也三府欲齊兩髂及中骨也尻

欲頽而方尾欲減本欲大脅肋欲大而窪名曰上渠能久走龍趐欲廣而長升肉欲大而長髀外肉也輔肉欲大而明前腳下肉腸欲充腔小腔膁季肋欲張短肋懸薄欲厚而緩腳腔虎口欲開股肉腹下欲平滿善走名曰下渠日三百里陽肉欲上而高起髀外近前髀欲廣厚汗溝欲深明直肉欲方能久走髀後肉也輸一作翰鼠欲方直肉下也朐肉欲急髀裏也間筋欲急短而減善細走輸鼠下筋機骨欲舉上曲如懸匡馬頭欲高距骨欲出前間骨欲出前後臼外皃臨蹄骨也附蟬欲大

前後目夜眼股欲薄而博善能走後髀前骨臂欲長而膝本欲起有力前腳膝上句前肘後欲開能走膝欲方而痺髀骨欲短兩肩骨欲深名曰前渠怒蹄欲厚三寸硬如石下欲深而明其後開如鷄翼能久走相馬從頭始頭欲得高峻如削成頭欲重宜少肉如剝兎頭壽骨欲得大如緜絮苞圭石壽骨者髮所生處也白從額上入口名俞膺一名的顱奴乘客死主乘棄市大凶馬也馬眼欲得高眶欲得端正骨欲得成三角睛欲得如懸鈴紫艷光目不四滿下唇

急不愛人又踐不健食目中縷貫瞳子者五百里下上徹者千里睫亂者傷人目下而多白畏驚瞳子前後肉不滿皆凶惡若旋毛眼眶上壽四十年值眶骨中三十年值中眶下十八年在目下者不借睛却轉後白不見者喜旋而不前目睛欲得黄目欲大而光目皮欲得厚目上白中有横筋五百里上下徹者千里目中白縷者老馬子目赤睫亂齧人反睫者善奔傷人目下有横毛不利人目有火字在者壽四十年目偏長一寸三百里

目欲長大旋毛在目下名曰承泣不利人目中五采盡具五百里壽九十年良多血氣也駑多赤青肝氣也走多黃腸氣也材知多白骨氣也材多黑腎氣也駑用策乃使訛也白馬黑目不利人目多白却視有態畏物喜驚馬耳欲得相近而前竪小而厚一寸三百里三寸千里耳欲得小而前竦耳欲得短殺者良植者駑小而長者亦駑耳欲得小而促狀如斬竹筒耳方者千里如斬筒七百里如雞距者五百里鼻孔欲得大鼻頭文如王

火字欲得明鼻上文如王公五十歲如火四十歲如天三十歲如小一十歲如今十八歲如四八歲如宅七歲鼻如水文二十歲鼻欲得廣而方脣不覆齒少食上脣欲得急下脣欲得緩上脣欲得方下脣欲得厚而多理故曰脣如板鞮御者啼黃馬白喙不利人口中色欲得紅白如火光為善材多氣良且壽即黑不鮮明上盤不通明為惡材少氣不壽一曰相馬氣發口中欲見紅白色如穴中看此皆老壽一曰口中欲正赤上理文欲使通直勿令斷錯口中青者三十歲如虹腹下皆不盡壽駒齒死矣口吻欲得長口中色欲得鮮好旋毛在物後為御禍不利人剌芻欲竟骨端（剌芻者齒間肉）齒左右蹉不相當難御齒不周密不久疾不滿不原不能久走一歲上下生乳齒各二二歲上下生齒各四三歲上下生齒各六四歲上下生成齒二（成齒皆背三入四方生也）五歲上下著成齒四六歲上下著成齒六（兩廂黃生區受麻子也）七歲齒兩邊黃各缺區平受米八歲上下盡區如一受麥九歲下中央兩

齒臼受米十歲下中央四齒臼十一歲下六齒盡臼十二歲下中央兩齒平十三歲下中央四齒平十四歲下中央六齒平十五歲上中央兩齒臼十六歲上中央四齒臼（若看上齒依下齒次第者）十七歲上中央六齒皆臼十八歲上中央兩齒平十九歲上中央四齒平二十歲上中央六齒平二十一歲下中央兩齒黃二十二歲下中央四齒黃二十三歲下中央六齒盡黃二十四歲上中央二齒黃二十五歲上中央四齒黃二十六歲上中央六齒盡

黃二十七歲下中二齒白二十八歲下中四齒白二十九歲下中盡白三十歲上中央二齒白三十一歲上中央四齒白三十二歲上中盡白頸欲得䏰而長頸欲得重頷欲折胸欲出臆欲廣頸項欲厚而强迴毛在頸不利人白馬黑毛不利人肩肉欲寧寧者却也雙鳬欲大而上雙鳬胸兩邊肉如鳬脊欲得平而廣能負重背欲得平而方鞍下有迴毛名負尸不利人從後數其脇肋得十者良凡馬十一者二百里十二者千里過十三者天馬萬乃一有

耳一云十三肋五百里十五肋千里也腋下有迴毛名曰挾尸不利人左脇有白毛直下名曰帶刀不利人腹下欲平有八字腹下毛欲前向腹欲大而垂結脉欲多大道筋欲大而直大道筋從腸下抵股者是腹下陰前兩邊生逆毛入腸帶者行千里一尺者五百里三封欲得齊如一三封者即尻上三骨也尾骨欲高而垂尾本欲大尾下欲无尾汗溝欲得深尻欲多肉莖欲得麤大蹄欲得厚而大踠欲得細而促骼骨欲得大而長尾本欲大而張膝骨欲圓而長大如杯盂溝上通尾本者蹹殺人馬有雙腳脛亭行六百里迴毛起踠膝是也脛欲得圓而厚裏肉生馬後腳欲曲而立臂欲大而短骹欲小而長腕欲促而大其間纔容靬烏頭欲高烏頭後足外節後足輔骨欲大輔足骨者後足骹之後骨後左右足白不利人白馬四足黑不利人黃馬白喙不利人後左右足白殺婦相馬視其四蹄後兩足白老馬子前兩足白駒馬子白毛者老馬也四蹄欲厚且大四蹄顛倒若墜履不可畜

齊民要術久步即生筋勞筋勞則發蹄痛凌氣一曰生骨則發癰腫一曰發蹄生癰也久立則發骨勞骨勞則發癰腫久汗不乾則生皮勞皮勞者驟而不振汗未善燥而飼飲之則生氣勞氣勞者即驟而不起驅馳無節則生血勞血勞則發强行何以察五勞終日驅馳舍而視之不驟者筋勞也驟而不時起者骨勞也起而不振者皮勞也振而不噴者氣勞也噴而不溺者血勞也筋勞者兩絆却行三十步而已一曰筋勞者輒起而絆之徐行三十里而已骨勞者令人牽之起

從後笞之起而已皮勞者夾脊摩之熱而已氣勞者緩繫之櫪上遠餧草噴而已血勞者高繫無飲食之大溺而已飲食之節食有三芻飲有三時何謂也一曰惡芻二曰中芻三曰善芻善謂飢時與惡芻飽時與善芻引之令食食常飽則無不肥剉草麤雖是豆穀亦不肥充細剉無節簁而食之者令馬肥不啌自然好矣何謂三時一曰朝飲少之二曰晝飲則胸饜水三曰暮極飲之一日夏汗冬寒皆當節飲諺曰旦起騎穀日中騎水斯言旦飲須節水也每飲食令行驟則消水小驟數百步亦佳十日一放令其陸梁舒展令馬硬實也夏即不汗冬即不寒汗而極乾

便民圖看馬捷法頭欲高峻面欲瘦而少肉眼下無肉多咬人胸堂欲濶肋骨過十二條者良三山骨欲平則易肥四蹄欲注實則能負重腹下兩邊生逆毛到膝者良

又馬者火畜也其性惡濕利居高燥之地日夜餵飼仲春羣蓋順其性也季春必啗恐其退也盛夏午間必牽於水浸之恐其傷於暑也季冬稍遮蔽之恐其傷於寒也啗以猪膽犬膽和料餵之欲其肥也餵料時須擇新草節簸豆料若熟料用新汲水浸淘放冷方可餵飼一夜須二三次起餵草料若天熟時不宜加熟料止可用豌豆大麥之類生餵夏月自早至晚宜飲水三次秋冬只飲一次可也飲宜新水宿水能令馬病冬月飲畢亦宜緩騎數里卸鞍不宜當簷下風吹則成病

飼父馬令不鬬法多有父馬者別作一坊多置槽廐剉芻及穀頭各自別安唯著韁頭浪放不繫非直飲食遂性舒適自在至於黃溺自然一處不須掃除乾地眠臥不濕不汗百匹羣行亦不鬬也

飼征馬令硬實法細剉芻杈擲揚去葉專取剉和穀豆秣等置槽於迫地雖復雪寒仍令安

厩下一日一走令其肉熱馬則硬實而耐寒苦也

凡以猪槽飼馬以石灰泥馬槽馬汗繫著門此三事皆令馬落駒術曰常繫獼猴於馬坊令馬不辟惡消百病故也

治馬病疫氣方取獺屎煮以灌之獺皮及肝更良不能得肉肝只用屎耳

治馬患喉痺欲死方纏刀子露鋒刃一寸剌咽喉令潰破即愈不治必死也

治馬黑汗方取燥馬屎置瓦上以人頭亂髮覆之火燒馬屎及髮令烟出着馬鼻下熏之使烟入馬鼻中須臾即瘥也

又方取猪脊引脂雄黃亂髮凡三物著馬鼻下燒之使烟入馬鼻中須臾即瘥

治馬中熱方 煮大豆及熱飯啖馬三度愈也

治馬汗凌方 取美豉一升好酒一升夏著日中冬則溫熱浸豉使液以手搦之絞去滓以斗灌口汗出則愈矣

治馬疥方 用雄黃頭髮二物以臘月猪脂煎之髮消以指摶疥令赤及熱塗之即愈也

又方 湯洗疥拭令乾煮麵糊熱塗之即愈也

又方 燒柏脂塗之良

又方 研芥子塗之差六畜疥悉愈然柏瀝芥子並是燥藥其徧體患疥者宜歷落班駁以漸塗之待瘥更塗餘處一日之中頓塗徧體則無不死

治馬中水方 取驢著兩鼻中各如雞子黃許大捉鼻令馬眼中淚出乃止良也

治馬中穀方 手捉甲上長鬃向上提之令皮離肉如此數過以鈹刀子刺空中皮令突過以手當刺孔則有如風吹人手則是穀氣耳令人溺上又以鹽塗使人立乘數十步即愈耳

又方 取餳如雞子大打碎和草飼馬甚佳也

又方 取麥蘖末三升和穀飼馬亦良

治馬腳生附骨不治者入膝節令馬長跛方 取芥子熟擣如雞子黃許取巴豆三枚去皮留臍三枚亦擣熟以水和令相著和時用刀子不爾破人手當附骨上拔去毛骨外融密蠟周而擁之不爾恐藥燥瘡大著蠟罷以藥傅骨上取生布割兩頭作三道急裹之骨小者一宿便盡大者不過再宿然須要數看恐骨盡更傷好處看附骨盡取冷水淨洗瘡上刮取車軸頭脂作餅子著瘡上速以淨布急裹之三四日解去即生毛而無瘢此法甚良大勝灸者然瘡未瘥不得輒乘若瘡中出血便成大病也此方可治趼

治馬被刺腳方 用穬麥和小兒哺塗即愈

治馬炙瘡 未瘥不用令汗瘡白痂時慎風得瘥後從意騎耳

治馬瘙蹄方 以刀刺馬踠叢毛中使出血愈

又方 融羊脂塗瘡上以布裹之

又方 取鹹土兩石許以水淋取一石五斗釜中煎取二三斗剪去毛以泔清淨洗乾以鹹汁洗之三度即

愈

又方 以湯洗淨燥拭之嚼芥子塗之以布帛裹三度愈若不斷用穀塗五六度即愈

又方 剪去毛以鹽湯淨洗去痂燥拭於破瓦中煮人尿令沸熱塗之即愈

又方 以鋸子割所患蹄頭前正當中斜割之令上狹下濶如鋸齒形去之如剪箭括向深一寸許刀子摘令血出色必黑出五升許解放即愈

又方 先以酸泔清洗淨然後爛煮猪蹄取汁及熱洗之瘥

又方 取炊釜底湯淨洗以布拭水令盡取黍米一升作稠粥以故布廣三四寸長七八寸以粥糊布上厚裹蹄上瘡處以散麻纏之三日去之即當瘥也

又方 耕地中拾取禾茇東倒西倒者若東西橫地取南倒北倒者一壟取七科三壟凡取二十一科淨洗釜中煮取汁色黑乃止剪却毛泔水淨洗去痂以禾茇汁熱塗之一上即愈

又方 尿清羊糞令液取屋四角草就上燒令灰入鉢中研令熱用泔洗蹄以糞塗再三愈

又方 煮酸棗根取汁淨洗訖水和酒糟毛袋盛漬蹄沒瘡處數度即瘥也

又方 淨洗了擣杏仁和豬脂塗四五上即當愈

治馬大小便不通眠起欲死須急治之不治一日即死

以脂塗人手探穀道中去結屎以鹽納溺道中須臾得溺便當瘥也

治馬卒腹脹眠臥欲死方 用冷水五升鹽二觔研鹽令消以灌口中必愈

治馬發黃方 用黃栢雄黃木鼈子仁等分為末錯調塗瘡上紙貼之初見黃腫處便用針遍即塗藥

治馬疥瘍方 馬疥瘍及瘰痒用川芎大黃防風全蝎各一兩荊芥穗五兩為末分作五服白湯調冷灌之

治馬梁脊破方 成瘡不能騎坐如未破將馬脚下濕稀泥塗上乾即再易濕者三五次自消或只用溝中青鼻泥亦可已破成瘡者用黃丹枯白礬生薑燒存性人天靈蓋燒存性各等分為末入麝香少許瘡乾用麻油調若瘡濕有膿用漿水同葱白煎湯洗淨傅之立效

治馬中結方 穿山甲炒黃色大黃郁李仁各一兩風化石灰一合如無灰以朴硝代之共為末作一服用麻油四兩釅醋一升調勻灌之立效如灌藥不通用豬牙皂角為細末同麻油各四兩和勻塡糞門中再灌前藥一服即愈

常啖馬藥方 鬱金大黃甘草貝母山梔子白藥黃藥款花黃栢黃連知母桔梗各等分為末每服二兩以油蜜和灌之若駒則隨其大小量為加減啖後不得飲水至渴餵飼

治馬諸病方 用白鳳仙花連根葉熬成膏抹於馬眼角上汗出即愈

治馬諸瘡方 夜合花葉黃丹乾薑檳榔五倍子為末先以鹽水洗瘡後用麻油加輕粉調傅

治馬傷料方 用生蘿蔔三五個切作片子啖之效

治馬傷水方 用葱鹽油相和搓作團納鼻中以手掩其鼻令氣不通良久使淚出即愈

治馬錯水方 緣馳驟喘息未定即與水飲須臾兩耳幷鼻息皆冷或流冷涕即此證也先燒人亂髮燻兩鼻後用川烏草烏白芷豬牙皂角胡椒各等分麝香少許為細末用竹筒盛藥一字吹入鼻中立效又法葱一握鹽一兩用杵為泥罨兩鼻內須臾打通清水流出是其效也

治馬患眼方 用青鹽黃連馬牙硝蕤仁各等分同研為末用蜜煎入磁瓶內盛貯點時旋取多少以井水浸化點

治馬頰骨脹方 用羊蹄根草四十九個燒灰熨骨上冷即換之如無羊蹄根以楊柳枝如指頭大者炙熱熨之

治馬喉腫方 螺青川芎知母川鬱金牛蒡炒薄荷貝母同為末每服二兩蜜二兩用水煎沸候溫

調灌之

又方　取乾馬糞置瓶中以頭髮覆蓋燒烟熏其兩鼻

治馬舌硬方　用款冬花瞿麥山梔子地仙草青黛硼砂朴硝油烟墨等分為細末每用五錢許塗舌上立瘥

治馬傷脾方　川厚朴去麄皮為末同薑棗煎灌一應脾胃有傷不食水草褰唇似笑鼻中氣短宜速與此藥治之

治馬心熱方　甘草芒硝黄柏大黄山梔子瓜蔞為末水調灌一應心肺壅熱口鼻流血跳蹶煩燥宜急與此藥治之

治馬肺毒方　天門冬知母貝母紫蘇芒硝黄芩甘草薄荷葉同為末飯湯入少許醋調灌療肺毒熱極鼻中噴水

治馬肝壅方　朴硝黄連為末男子頭髮燒灰存性漿水調灌一應邪氣衝肝眼昏似睡忽然眩倒此方主治

治馬卒熱肚脹方　用藍汁二升井花水二升或冷水和灌之立效

治馬流沫方　當歸菖蒲白朮澤瀉赤石脂枳殼厚朴加甘草為末每服一兩半酒一升葱白三握水煎溫灌之

治馬氣喘方　玄參葶藶升麻牛蒡兜苓黄耆知母貝母同為末每服二兩漿水調草後灌之一應喘嗽皆治

治馬啌喘毛焦方　用大麻子揀淨一升餵之大效

治馬結糞方　皂角燒灰存性大黄枳殼麻子仁黄連厚朴為末清米泔調灌若腸突加蔓荆子末同調

治馬傷蹄方　大黄五靈脂木鼈子去油海桐皮甘草土黄芸薹子白芥菜子為末黄米粥和藥攤帛上裹之

治療馬結熱起臥戰不食水草方　黄連二兩杵末白鮮皮一兩杵末油五合猪脂四兩細切又以溫水一升半和藥調停灌下牽行拋糞即愈

治新生小駒子瀉肚方　藁本末三錢七大麻子研汁調灌下咽喉便效次以黄連末大麻汁解之

治馬氣藥方　青橘皮當歸桂心大黄芍藥木通郁李仁瞿麥白芷牽牛子右件一十味各等分同擣羅為末用溫酒調灌每匹馬藥末半兩

治馬急起臥方　取壁土多年石灰細杵羅用油酒調二兩用水灌之立效

治馬食槽內草結方　好白礬末一兩分為二服每貼和飲水後啖之不過三兩度即內消卻此法神驗

治馬脊擋方　烏藥芍藥當歸玄參山茵蔯白芷山藥杏仁秦艽每服一兩酒一大升同煎溫灌膈

日再灌

治馬尿血方 黃耆烏藥芍藥山茵蔯地黃兜苓枇杷為末漿水煎沸候冷調灌應卒熱尿血皆主療之

治馬結尿方 滑石朴硝木通車前子為末每服一兩溫水調灌隔時再服結時甚則加山梔子赤芍藥同末

治馬膈痛方 羌活白藥甜瓜子當歸沒藥芍藥為末春夏漿水加蜜秋冬小便調療膈痛低頭飢不食草

驢騾附

說文驢似馬長耳

又騾驢父馬母也 字本作驘

何承天纂文驢一曰漢驪其子曰騾

農桑通訣驢覆馬生騾則准常以馬覆驢所生騾者形容壯大彌復勝馬然選七八歲草驢骨口正大者母長則受駒父大則子壯草驢不產產無不死養草驢常須防勿令離羣也

治驢漏蹄方 鏨厚磚石令容驢蹄深二寸許熱燒磚令熱赤削驢蹄令出漏孔以蹄頓著磚孔中傾鹽酒醋令沸浸之牢捉勿令腳動待磚冷然後放之即愈入水遠行悉不發

治驢打磨破潰方 馬齒菜石灰一處搗為團曬乾後復搗羅為末先口含鹽漿水洗淨用藥末貼之驗

欽定授時通考卷七十

欽定四庫全書

欽定授時通考卷七十一

農餘

畜牧

羊

爾雅羊牡羒牝牂夏羊牡羭牝羖角不齊一觤角三觠羠羳羊黃腹未成羊羜絕有力奮

疏此別羊屬也牡名羒牝名牂夏羊黑羖攊也牡名

羭牝名羖羊角不齊一長一短名觤觠捲也角捲三匝名羠羊黃腹名羳新生未成名羜壯大有力名奮

便名圖羊者火畜也其性惡濕利居高燥作棚宜高常除糞穢若食秋露水草則生瘡

齊民要術常留臘月正月生羔為種者上十一月二月生者次之非此月數生者毛必焦卷骨髓細小所以然者是逢寒遇熱故也其八九十月生者雖值秋熟比至冬暮母乳已竭春草未吐是故不佳其三四月生者雖茂美而羔小未食常飲熱乳所以亦惡六七月生者兩熱相仍中之尤甚十一月及二月生者母既含重膚軀充儲草雖枯亦不羸瘦母乳適盡即得春草是以亦佳也大率十口一羝羝少則不孕羝多則亂羣不孕者必瘦瘦則非惟不蕃息經冬或死羝無角者更佳有角者喜相觝觸傷胎所由也供廚者宜剩之剩一作刺法十餘日用布裹齒槌碎也羊必須老人及心性宛順者起居以時調其宜適卜式云牧民何異於是者若使急性人及小兒者攔約不得必有打傷之災或勞戲不看則有狼犬之害懶不驅行無肥充之理將息失所有羔死之患也惟遠水為良二日一飲頻飲則傷水而鼻膿緩驅行勿停息息則不食而羊瘦急行則坌塵而羊顙也春夏早放秋冬晚出春夏氣軟所以宜早秋冬霜露所以宜晚養生經云春夏早起與雞俱興秋冬晏起必待日光此其義也夏月盛暑須得陰涼若日中不避熱則塵汗相漸秋

冬之間必致癬疥七月以後霜氣降後必須日出霜露晞解然後放之不爾則逢毒氣令羊口瘡腹脹也圈不厭近必須與人居相連開窗向圈所以然者羊性怯弱不能禦物狼一入圈或能絕羣也架北牆為廄為屋即復熱熱則疥癬且屋處慣煖冬月入田尤不耐寒圈中作臺開竇無令停水二日一除勿使糞穢穢則污毛停水則挾蹄眠濕則腹脹也圈內須並牆豎柴柵令周匝羊不揩土毛常自淨不豎柴者羊揩牆壁土鹹相得毛皆成氈又豎柵頭出牆者虎狼不敢踰也羊一千口者三四月中種大豆一頃雜穀并草留之不須鋤治八九月終刈作青茭若不種豆穀者初草實成時收刈雜草薄鋪使

乾勿令鬱浥豐豆胡豉蓬藜荆芥為上大小豆萁次之高麗豆萁尤有所便蘆薍二種則不種凡秋刈草非直為羊然大凡悉皆倍勝崔寔曰十月七日刈薍芟既至冬寒多饒風霜或春初雨落青草未生時則須飼不宜出放積芟之法於高燥之處豎桑棘木作兩圓柵各五六步許積芟著柵中高一丈亦無嫌任羊遶柵抷食竟日通夜口常不住終冬過春無不肥充若不作柵假有千車芟擲與十口羊亦不得飽羣羊踐躡而已不得一莖入口不收芟者初冬乘秋似如有膚羊羔乳食其母比至正月母皆瘦死羔小未能獨食水草尋亦俱死非直不滋息或滅羣斷種矣余昔有羊二百口芟豆既少無以飼一歲之中餓死過半假有在者亦瘦羸𦙶與死

不殊毛復短淺全無潤澤余初謂家自不宜又疑歲道疫病乃飢餓所致無他故也人家八月收穫之始多無廣假且買羊雇人所費既少所存者大傳曰三折臂始為良醫又曰亡羊治牢未為晚也世事畧皆如此安可不存意哉寒月生者須然火於其邊夜不然火必凍死凡初產者宜煮穀豆飼之白羊留母二三日即母子俱放白羊性狠不得獨留并母久住則令乳之羖羊但留母一日寒月者內羔子坑中日父母還而出之坑中煖不苦風寒地熱使眠如常飽者也十五日後方喫草乃放之白羊三月得草力毛牀動則鉸之鉸訖於河水之中淨洗羊則生白淨之毛也五月毛牀將落鉸取之鉸訖更洗如前八月初胡菜子未成時又鉸之鉸了亦洗如初其八月半後鉸者勿洗白露已降寒氣侵人洗即不益胡菜子成然後鉸者匪直著毛難治又歲稍晚比至寒時毛長不足令羊瘦損漠北塞之羊則八月不鉸鉸則不耐寒中國必須鉸不鉸則毛長相著作氊難成也

便民圖棧羊法向九月初買羖羯羊多則成百少則不過數十羫初來時與細切乾草少著糟米拌經五七日後漸次加磨破黑豆稠糟水拌之每羊少飼不可多與與多則不食可惜草料又兼不得肥勿與水與水則退羶溺多可一日六七次上草不可太飽則有傷少則不

飽不飽則退羶欄圈常要潔淨一年之中勿餵青草餵之則減羶破腹不肯食枯草矣

家政法養羊法當以瓦器盛一升鹽懸羊欄羊喜鹽自數還啖之不勞人收又羊有病輒相污欲令別病法當欄前作瀆深二尺廣四尺往還皆跳過者無病不能過者入瀆中行過便別之

龍魚河圖羊有一角食之殺人

農政全書牧養須已出未入不使沾星露之草則無耗

羊一羣擇其肶而大者而立之主一出一入使之倡先或圈於魚塘之岸草糞則每早掃於塘中以飼草魚而羊之糞又可飼鰱魚一舉三得矣露草上有緑色小蜘蛛羊食之即死故不宜早放

作氊法 春毛秋毛中半和用秋毛緊强春毛軟弱獨用太偏是以須雜三月桃花水氊第一凡作氊不須厚大惟緊薄均調乃佳耳二年敷臥小覺垢以九月十月賣作鞾氊明年四五月出氊時更買新者此為長存不穿敗若不數換非直垢汙穿冗之後便無所直虛成糜費此不朽之功豈可同年而語也

令氊不生蟲法 夏月敷席不臥上則不生蟲若氊多無人臥上者預收榷柴煠灰入五月中羅

灰偏著氊上厚五寸許卷束於風涼之處閣置蟲亦不生如其不爾無不生蟲

羝羊四月末五月初敍之 性不耐寒早敍寒則凍死雙生者多易為羣息性既豐乳有酥酪之饒毛堪酒袋兼繩索之利其潤益又過於白羊也

羊有疥者間别之不别相染汙或能合羣致死羊疥先著口者難治多死

治羊疥方 取藜蘆根㕮咀令破以泔浸之以瓶盛塞口於竈邊常令煖數日醋香便中用以磚瓦刮疥令赤若强硬痂厚者亦可以湯洗之去痂拭燥以藥汁塗之再上愈若多者日别漸漸塗之勿頓塗令偏羊皮不堪藥勢便死矣

又方 去痂如前洗燒葵根為灰煮醋澱熟塗之以灰厚傅再上愈寒時勿剪毛去即凍死矣

又方 臘月猪脂加熏黄塗之即愈

羊膿鼻眼不淨者皆以中水治方 以湯和鹽用杓研之極鹹塗之為佳更待冷接取清以小角受一雞子者灌兩鼻各一角非直水瘥永息天蟲五日後必飲以眼鼻淨為候不瘥更灌一如前法

羊膿鼻口頰生瘡如乾癬者名曰可妬運迭相染易著者多死或能絶羣治之方 豎長竿於圈中竿頭施横枝令獼猴上居數日自然差此獸辟惡常安於圈中亦好

治羊挾蹄方 取羝脂和鹽煎使熟燒熱令微赤著脂烙之著乾勿令水汎入七日自然瘥耳

凡羊經疥得差者至夏後初肥時宜賣易之不爾後年春疥發必死矣

治羊火蹄方 以羖羊脂煎熟去滓取鐵箆子燒熱將脂勻塗箆上烙之勿令入水次日即愈

豕

爾雅豕子豬豶豮幺幼奏者豱豕生三豵二師一特所寑檜四豴皆白豥其跡刻絶有力豟牝豝

疏此辨豕之種類也其子名豬豶一名豮謂豮犍豬

也幺幼豕之最後生者名也皮理腠蹙者名豱三豵二師一特郭云豬生子常多故別其少者之名豬臥處名橧四蹄皆白名豥其跡名刻絕有力名豟豕之牝者名豝

方言北燕朝鮮之間謂之豭關東西或謂之彘或謂之豕南楚謂之豨其子或謂之豚或謂之豯吳揚之間謂之豬子

齊民要術母豬取短喙無柔毛者良喙長則牙多三牙以上則不煩畜為難肥故有柔毛治難淨也牝者子母不同圈子母一圈喜聚不食則不能充肥不壯者同圈則無嫌圈不厭小圈小則肥疾處不厭穢泥穢得避暑亦須小廠以避雨雪春夏中生隨時放牧糟糠之屬當日別與八九十月放而不飼所有糟糠則畜待冬春初豬性甚便水生之草杷取水藻等近岸豬食之皆肥初產者宜煮穀飼之其子三日掐尾三日則不畏風凡死者皆尾風所致者犍不截尾則前大後小犍者骨細肉多不犍者骨麤肉少如犍牛法者無風死之患六十日後犍十二月子生者豚一宿蒸之蒸法索籠盛腦凍不合出旬便死所以然者豚性腦少寒盛則不能自煖故須煖氣攻之供食豚乳下者佳簡取別飼之愁其不肥共母圈粟豆難足宜理車輪為食場散粟豆於內小豚足食出入自由則肥速

農桑通訣江南水地多湖泊取近水諸物可以飼豬凡占山皆用橡食藥苗謂之山豬其肉為上江北陸地可種當約量多寡計畝數種之易活耐旱割之比終一畝其初已茂用之漸切以泔糟等水浸於大檻中令酸黃或拌麩糠雜飼之特為省力易得肥腯前後分別歲歲可鬻足供家費

四時類要閹豬了待瘡口乾平復後取巴豆兩粒去殼爛搗和麻籸糟糠之類飼之半日後當大瀉其後日見肥大

農政全書豬多總設一大圈細分為小圈每小圈止容一豬使不得鬧轉則易長也肥豬法用管仲三觔蒼术四兩黃豆一斗芝麻一升各炒熟共為末餌之十二日則肥

肥猪法麻子二升擣十餘杵鹽一升同煮和糠三升飼之立肥
治猪病法割去尾尖出血即愈若瘟疫用蘿蔔或及梓樹葉與食之不食難救

犬

爾雅犬生三猣二師一玂未成毫狗長喙獫短喙猲獢絕有力狣尨狗也

疏此別狗屬也犬生三子則曰猣二曰師一曰玂毫是乾毛犬子未生乾毛者名狗喙口也長口者名獫短口者名猲獢壯大絕有力者名狣尨即狗也

便民圖凡人家勿養高脚狗彼多喜上桌橙竈上養矮脚者便益純白者能為怪勿畜之凡黑犬四足白者凶後二足白頭黃者吉足黃招財尾白者大吉一足白者益家白犬黃頭吉背白者害人帶虎斑者吉黃犬前二足白者吉胸白者吉口黑者招官事四足俱白者凶青犬黃耳者吉犬生三子俱黃四子俱白八子俱黃五子六子俱青吉

治狗病方用水調平胃散灌之加赤殺巴豆尤妙

治狗卒死方用葵根塞鼻內即活

治狗癩方狗遍身膿癩用百部濃煎汁塗之狗蠅多者以香油遍身搽之立去

猫附

便民圖猫兒身短最為良眼用金銀尾用長面似虎威聲要嘁老鼠聞之自避藏露爪能翻瓦腰長會走家面長雞絕種尾大懶如蛇又法口中三坎者捉一季五坎者捉二季七坎捉三季九坎捉四季花朝口咬頭牲耳薄不畏寒毛色純白純黑純黃者不須揀若看花猫身

上有花又要四足及尾花纏得過者方好

治猫病方凡猫病用烏藥磨水灌之若煨火瘦悴用硫黃少許入猪湯中炮熟餵之或入魚湯中餵之亦可小猫誤被人踏死用蘇木濃煎湯濾去柤灌之

鵝鴨

爾雅舒雁鵝

註禮記曰出如舒雁今江東呼為鴚疏李巡曰野曰雁家曰鵝

又舒鳧鶩

註鴨也疏李巡曰野曰鳧家曰鴨

又鳧雁醜其足蹼

註腳指間有幕蹼屬相著

齊民要術鵝鴨并一歲再伏者為種（一伏者得時少三伏者冬寒雛亦多死也故取再伏）大率鵝三雌一雄鴨五雌一雄鵝初輩生子十餘鴨生數十後輩皆漸少矣（嘗足五穀飼之生子多不足者生子少）欲放廄屋之下作窠（以防猪犬狐狸驚恐之害）多著細草於窠中令煖先刻白木為卵形窠別著一枚以誑之（不爾不肯入窠東西浪生若獨著窠後有爭窠之患也）生時尋即收取別作一煖處以柔細草覆之（停置窠中凍即須死）伏時大鵝一十子大鴨二十子小者減之（多則不周）數起者不任為種（數起則凍死也）其貪伏不起者須五六日一與食起之令洗浴（久不起者飢羸身冷雖伏無熱）鵝鴨皆一月雛出量雛欲出時四五日內不用聞打鼓紡車大叫猪犬及舂聲又不用器淋灰不用輕見產婦（觸忌者雛多厭殺不能自出假令出亦尋死也）雛既出別作籠籠之先以粳米為粥糜一頓飽食之名曰塡嗉（不爾喜軒虛羌量而死）然後以粟飯切苦菜蕪菁英

為食以清水與之濁則易（不易壓塞鼻則死）入水中不用停久尋宜驅出（此既水禽不得水則死臍未合久在水中冷徹亦死）於籠中高處敷細草令寢處其上（雛小臍未合不欲冷也）十五日後乃出（早放者匪直乏力致鳥鴟災也又有寒冷兼）鵝惟食五穀稗子草采不食生蟲（葛洪方曰居射工之地常養鵝見此物食之故鶩輩此物也）鴨靡不食矣水稗成實時尤是所便噉此足得肥充供厨者子鵝百日以外子鴨六七十日佳過此肉硬大率鵝鴨六年以上老不復生伏矣宜去之少者初生伏又未能工惟數年之中乃佳耳

風土記鴨春季雛到夏五月則任啖故俗五六月則烹食之

便民圖凡相鵝鴨母其頭欲小口上齗有小珠滿五者生卵多滿三者為次

棧鵝易肥法（稻子或小米大麥不計煮熟先用磚蓋成小屋放鵝在內勿令轉側門中木棒簽定只令出頭喫食日餵三四次夜多與食勿令住口將去尾際毳衣如此三日加肥一觔）

養雌鴨法（每年五月五日不得放棲只乾餵不得與水則日日生卵不然或生或不生土硫黃飼之易肥）

作杭子法純取雌鴨無令雜雄足其粟豆常令肥飽一鴨便生百卵俗所謂谷生者此卵既非陰陽合生雖伏亦不成雛宜以供膳杭木皮爾雅曰杭魚毒郭璞注曰杭大木子似栗生南方皮厚汁赤中藏卵果無杭皮者虎杖根並作用爾雅曰荼虎杖郭璞注云似紅草麤大有細刺可染赤淨洗細莖剉煮取汁二斗及熱下鹽一升和之汁極冷內甕中熟則卵敗不堪久停浸鴨子一月煮食鹹徹則卵浮吳中多作者至十數斛久停彌善亦得經夏也

雞

爾雅雞大者蜀蜀子雓未成雞健絕有力奮

疏此別雞屬也雞者知時畜其大者名蜀蜀之雛子名雓雛之稍長未成雞者名健壯大絕有力者名奮

齊民要術雞種取桑落時生者良形小淺毛脚細短是也守窠少聲則無子春夏生者則不佳形大毛羽悅澤脚麤長者是遊蕩饒聲產乳易厭既不守窠則無緣蓄息也雞春夏雛二十日內無令出窠飼以燥飯出窠早不免烏鴟與濕飯則令臍膿雞棲宜據地為籠內著棧雖鳴聲不朗而安穩易肥又免狐狸之患若任之樹林一遇風寒大者損瘦小者或死燃柳柴雞雛小者死大者盲家政法養雞法二月先耕一畝作田秫粥灑之刈生芽覆上自生白蟲便買黃雌雞一隻雄一隻於地上作屋方廣丈五於屋下懸簀令雞宿上并作雞籠懸中夏月盛晝雞當還屋下息并於園中築作小屋覆雞得養子烏不得就

龍魚河圖畜雞白頭食之病人雞有六指者亦殺人雞有五色者亦殺人

養生論雞肉不可食小兒食令生蚘蟲又令消體瘦鼠肉味甘無毒令小兒消殺除寒熱炙食之良也

農政全書或設一大園四圍築墻中築垣分為兩所凡兩園墻下東西南北各置四大雞棲以為休息每一旬撥粥於園之左地覆以草二日盡化為蟲園右亦然俟左盡即驅之右如此代易則雞自肥而生卵不絕若遇瘟疫傳染即須以藍澱雞又口懸挂或移於樓閣上即免矣

養雞令速肥不杷屋不暴園不畏烏鴟狐狸法別築墻匡開小門作小廠令雞閑兩目雌雄皆斬去六翮無令得飛出園多收桃榫胡之類以養之亦作小槽以貯水荊藩為

棲去地一尺數拂去屎鑿墻為窠亦去地一尺惟冬天著草不茹則子凍春夏秋三時則不須直置匡上任其産伏留草則蜫蟲生雞出則著外許以罩籠之鵪鶉大還內墻匡中其供食者又別作墻匡蒸小麥飼之三七日便肥大矣

又穀産雞子供常食法 別取雌雄勿令與雄相雜墻匡斬翅荊棲土窠一法惟多與穀食之令竟冬肥盛自然穀産雞子矣一雞滋生至百餘卵不雛並食之無咎餅炙所須皆宜用此也

瀹雞子法 打破著沸湯中浮出即掠取生熟正得即加鹽醋也

炒雞子法 打破銅鐺中攪令黃白相雜細擘葱白下鹽米渾豉麻油炒之甚香美

棧雞易肥法 以油和麪捻成指尖大塊日與數十枚食之又以做成硬飯同土硫黃研細每次與

五分許同飯拌勻餵數日即肥

養雞不菢法 母雞下卵時日逐食內夾以麻子餵之則常生卵不菢

養生雞法 雞初來時即以淨溫水洗其足自然不走

治雞病方 凡雞雜病以真麻油灌之皆立愈若中蜈蚣毒則研茱萸解之

治鬬雞病方 以雄黃末搜飯飼之可去其胃蟲此藥性熱又可使其力健

魚

陶朱公養魚經治生之法有五水畜第一水畜魚也以六畝地為池池中有九州求懷子鯉魚長三尺者二十頭壯鯉魚長三尺者四頭以二月上庚日內池中令水無聲魚必生至四月內一神守六月內二神守八月內三神守神守者鼈也內鼈則魚不復飛去在池中周遶九州無窮自謂游江湖也至來年二月得魚長一尺者一萬五千三尺者五千枚二尺者萬枚直五千得錢一百二十五萬至明年一尺者十萬枚二尺者五萬枚三尺者五萬枚長四尺者四萬枚留長二尺者二千枚作種所餘皆賣得錢五百一千萬候至明年不可勝計所

以養鯉魚者不相食易長不貴也

農桑通訣凡育魚之所須擇泥土肥沃蘋藻繁盛為上然必名居人築舍守之仍多方設法以防獺害凡所居近數畝之湖如依陶朱法畜之可致速富今人但上江販魚取種塘內畜之飼以青蔬歲可及尺以供食用亦為便法

農圃四書魚種古法俱求懷子鯉魚納之池中但自涵育或在取近江湖藪澤陂泖水際之土數舟布底則二

年之内土中自有大魚宿子得水即生也今之俗惟購魚秧其秧也漁人汎大江乘潮而布網取之者初也如針鋒然乃飼之以雞鴨之卵黄或大麥之麩屑或炒大豆之末稍大則鬻魚池養之家閩録云仲春取子於江曰魚苗畜於小池稍大入萆塘曰萆鯇可尺計徙之廣池飼以草九月乃取有難長之秧曰艋艘其首黄色曰螺師青以其食螺師也故名爾雅翼曰鱒魚螺蚌是也其口尖期年而鼻竅始通不得通則死長至尺許乃易

大惟鯶魚為良其口濶而盆首似鯉而身圓謂之草魚食草而易長爾雅翼曰鯶魚食草白鰱乃魚之貴者白露左右始可納之池中或前一月或後一月皆不育漁人攜於舟若煎炙油氣觸之則目皆瞎京口録曰巨首細鱗池塘中多畜之鯔魚松之人於潮泥地鑿仲春潮水中捕盈寸者養之秋而盈尺腹背皆腴為池魚之最是食泥與百藥無忌京口録云頭匾而骨軟閩志云目赤而身圓口小而鱗黑吳王論魚以鯔為上也其魚至冬能牽被而自藏

又凡鑿池養魚必以二有三善焉可以畜水鬻時可去大而存小可以解汎此池汎可入彼池不可以漚麻一日即汎魚遭鴿糞則汎以圊糞解之魚之自糞多而返復食之則汎亦以圊糞解之池不宜太深深則水寒而難長魚食雞鴨卵之黄則中寒而不子故魚秧皆不子魚之行遊晝夜不息有洲島環轉則易長池之傍樹以芭蕉則滴露而可以解汎樹楝木則落子池中可以飽魚樹葡

萄架子於上可以免鳥糞種芙蓉岸周可以辟水獺魚食楊花則病亦以糞解之食蟋蟀嫩草食稗子池之正北後宜特深魚必聚焉則三面有日而易長飼之草亦宜此方一日而兩番須有定時魚小時草必細食至冬則不食凡魚嘯子必沿水痕雖乾涸十年遇水即生其長甚易其嘯子也以五月鯉魚以五月下惟銀魚鱠殘魚嘯子於冰冰解三日乃生也飼魚不可撩水草恐有黑魚鮎魚等子在草上是能食魚黑魚者鱧魚也夜則

仰首而戴斗鮎魚者鮧魚也即鯷魚也大首方口背青黑而無鱗是多涎池中不可著鹹水石灰能令魚汎凡池之瓻相傳一夜生七子太密則魚皆鬱死必去其半乃佳

便民圖凡魚遭毒翻白急疏去毒水別引新水入池多取芭蕉葉擣碎置新水來處使吸之則解或以溺澆池面亦佳

農政全書江西養魚法掘小池方一丈深八尺底又作小池方五尺深二尺用杵築實畜水至清明前後出時買鰱魚鯶魚苗長一寸上下者每池鰱六百鯶二百每日以水荇帶草喂之無草時可用鹹蛋殼與食之常時積下至時用之冬月尤宜用之令魚并泥食之不散游至五月五日後五更時用夏布袱於塘近邊釘四樁張布袱其上次以夏布兜撈魚苗傾袱内選去雜魚另置一水盆中其鰱鯶入水桶旋送入中池中池方二三丈每池可放七八百池中生栽荇草栽法於二三月舊魚

入大塘去水曬半乾栽荇草於内栽完放水長草以養新魚其中池移過大池之鯶魚每百日用草二擔則中池過塘時魚重一觔者至十月可得三四觔大塘者大小為魚多寡水宜深五尺以上每食魚只於大塘内取之中塘荇草盡再入之或用芷本草若大池面方二三十步以上者可得三四斤以上魚即與老草連根食之刮苧麻取下葉以廣蓋之勿曬乾至晚入池中當夜食盡又冬月大魚無食有一法常時積舊草薦置僻處使人溺其上久之至冬月剉細以稻泥或黃土和草成碗大團子曬乾置池中心深處大魚則并泥食之中池中魚剉草宜更細入水二三日和土成團冬月塘乾取起魚寄別處池内或入大桶速乾水起生泥壅池生泥只取爛泥勿取乾者池瘦傷魚令生虱取過泥速栽荇草放水入魚魚虱如小豆大似團魚凡山中暴雨入池帶惡蟲蛇氣亦令魚生虱則極瘦凡取魚見魚瘦宜細檢視之有則以松毛遍池中浮之則除凡小池宜在大池

之旁以便冬月寄魚小池過小魚於中中池即栽荇又作羊棬於塘岸上安羊每早掃其糞於塘中以飼草魚而草魚之糞又可以飼連魚如是可以損人打草但魚害有微滯耳水畜之利須擇背山面湖山聚水曲之處起造住宅先置田地山場凡僕從即便播穀種蔬樹植蠶繅以為衣食之源然後掘築方圓大塘以收水利塘內有九州八谷如同江湖納蝦鱉螺螄為神守使魚相忘若白以為江湖之中日夜游戲而不息矣

蜜蜂附

農桑通訣人家多於山野古窯中收取蜂蜜蓋小房或編荊囤兩頭泥封開一二小竅使通出入另開一小門泥封時時開却掃除常淨不令他物所侵及於家院掃除蛛網及關防山蜂土蜂不使相傷秋花彫盡留冬月可食蜜脾餘者割取作蜜蠟至春三月掃除如前常於蜂窠前置水一器不致渴損春月蜂盛一窠止留一王其餘摘之其有蜂王分窠羣蜂飛去用碎土撒而收之別置一窠其蜂即止春夏合蜜及蠟每窠可得大絹一疋有收養生息分百窠者不必他求而可致富也

經世民事十月割蜜天氣漸寒百花已盡宜開蜂窶後門用艾燒烟微薰其蜂自然飛向前去若怕蜂螫用薄荷葉嚼細塗在手面其蜂自然不螫或用紗帛蒙頭及身上截或皮套五指尤妙約量冬至春其蜂食之餘者揀大蜜脾用利刀割下却封其窶將蜜絞淨不見火者為白沙蜜見火者為紫蜜入窶盛頓將絞下蜜柤入鍋

內慢火煎熬候融化掏出絞柤再熬預先安排錫鏇或瓦盆各盛冷水次傾蠟水在內凝定自成黃蠟以柤內蠟盡為度要知其年收蜜多寡則看當年雨水何如若雨水調勻花木茂盛其蜜必多若雨水少花木稀其蜜必少或蜜不敷蜜蜂食用宜以草雞或一隻或二隻退毛不用肚腸懸掛窶內其蜂自然食之又力倍常至春來二月門開其封止存雞骨而已

農政全書冬月割蜜過多則蜂飢飢時可將嫩雞白煮

置房側令食之

欽定授時通考卷七十一

欽定四庫全書

欽定授時通考卷七十二

蠶事

彙考

書經禹貢桑土既蠶

傳桑土宜桑之土既蠶者可以蠶桑也

詩經豳風蠶月條桑

傳蠶月治蠶之月也

禮記月令季春之月后妃齋戒親東鄉躬桑禁婦女毋觀省婦使以勸蠶事

注后妃親採桑示帥先天下也東鄉者鄉時氣也是明其不常留養蠶也留養者所卜夫人與世婦婦謂世婦及諸臣之妻也女外內子女也毋觀去容飾也婦使縫線組紃之事

周禮內宰中春詔后帥外內命婦始蠶於北郊以為祭服歲終稽其功事佐后而受獻功者比其大小麤良

注蠶於北郊婦人以純陰為尊郊必有公桑蠶室焉
又地官凡庶民不蠶者不帛
疏不蠶者不帛蠶者則得帛孟子云五十者可以衣帛以不蠶故身不得衣帛
又夏官馬質掌質馬禁原蠶者
注原再也天文辰為馬蠶書蠶為龍精與馬同氣物莫能兩大禁再蠶者為傷馬與
史記天官書正月上甲風從東方宜蠶
淮南子攝提格之歲歲早水晚旱蠶不登寅在甲曰閼逢單閼之歲歲和蠶昌卯在乙曰旃蒙執徐之歲歲早旱晚水蠶閉辰在丙曰柔兆大荒落之歲歲蠶小登巳在丁曰强圉敦牂之歲歲大旱蠶登午在戊曰著雝協洽之歲歲蠶登未在巳曰屠維涒灘之歲歲和蠶登申在庚曰上章作鄂之歲歲蠶不登酉在辛曰重光掩茂之歲歲蠶不登戌在壬曰玄黓大淵獻之歲歲蠶開困敦之歲歲蠶昌亥在癸曰昭陽赤奮若之歲歲旱水蠶不出
又蠶食而不飲二十二日而化
又原蠶一歲可再登非不利也然王者法禁之為其殘桑也
又蠶經云黃帝元妃西陵氏始蠶蓋黃帝制作衣裳因此始也
東方朔占正月旦竟日不風清明宜蠶
物類相感志蠶過小滿則無絲
蠶書卧種之日升香以禱天駟先蠶也割雞設醴以禱婦人寓氏公主蓋蠶神也毋治堰毋誅草毋沃灰毋室入外人四者神實惡之
烏程縣志清明日晚育蠶之家設祭以禳白虎門前用石灰畫灣弓之狀蓋祛蠶祟也
東陽縣志三月廿五赤豆棗栗之類和米煮之謂之蠶花粥云食之利養蠶
茅亭客話蜀有蠶市每正月至三月州城及屬縣一十

五處耆舊傳聞古蠶叢氏為蜀主民無定居隨蠶叢所在致市居此其遺風也

宋蘇轍詩序眉之二月望日鬻蠶器於市因作樂從觀謂之蠶市

方輿勝覽成都古蠶叢之國其民重蠶事故一歲之中二月望日鬻花木蠶器號蠶市在大慈寺前

順慶府志蜀有樂山在渠縣北每歲人日邑人將鼓笛酒食登此娛樂以祈蠶事

蠶經蠶有六德衣被天下生靈仁也食其食死其死以荅主恩義也身不辭湯火之厄忠也必三眠三起而熟信也象物以成繭色必黃素智也繭而蛹蛹而蛾蛾而卵卵而蠶蠶而復繭神也

齊民要術五行書曰欲知蠶善惡常以三月三日天陰如無日不見雨蠶大善

田家五行清明午前晴早蠶熟午後晴晚蠶熟

西吴枝乘吴興以四月為蠶月家家閉户官府勾攝征收及里閈往來慶弔皆罷不行謂之蠶禁

農桑通訣繭館皇后親蠶之所古公桑蠶室也齋戒享先蠶以勸蠶事后躬桑始將一條執筐受桑將三條女尚書跪曰可止執筐者以桑授蠶母以桑適金室前漢文帝紀詔皇后親桑以奉祀服景帝詔后親桑為天下先元帝王皇后為太后幸繭館率皇后及列夫人桑明帝時皇后諸侯夫人蠶魏文帝黃初中皇后蠶於北郊遵周典也晉武帝太康中立蠶宮皇后躬桑依漢魏故事宋孝武立蠶觀后親桑循晉禮也北齊置蠶宮皇后

躬桑於所後周制皇后至蠶所桑隋制皇后親桑於位唐太宗貞觀元年皇后親蠶顯慶元年皇后武氏先天二年皇后王氏乾元二年皇后張氏並見親蠶禮玄宗開元中命宮中食蠶親自臨視宋開寶通禮郊祀錄並有后親蠶祝詞此歷代后妃親蠶之事采之史編昭然可見玆特冠於篇首

蠶論木各有所宜土惟桑無不宜桑無不宜故蠶無不

可事豳風之詩曰女執懿筐遵彼微行爰求柔桑則豳可蠶將仲子之詩曰無折我樹桑則鄭可蠶車鄰之詩曰阪有桑隰有楊則秦可蠶氓之詩曰桑之未落其葉沃若桑之落矣其黃而隕桑中之詩曰期我乎桑中則衛可蠶皇矣之詩曰攘之剔之其檿其柘桑柔之詩曰菀彼桑柔其下侯旬則周可蠶禹貢兖州桑土既蠶厥篚織文則曾可蠶青州厥篚檿絲管子亦曰五粟之土其檿其桑則齊可蠶荆州厥篚玄纁則楚可蠶孟子告

梁惠王曰五畝之宅樹之以桑十畝之詩曰十畝之間桑者閑閑則梁可蠶蠶叢都蜀衣青衣教民蠶桑則蜀可蠶猶農夫之於五穀非龍堆狐塞極寒之區猶可耕且穫也

制居

禮記祭義天子諸侯必有公桑蠶室近川而為之築宮仞有三尺棘牆而外閉之

疏公桑蠶室者設官家之桑於其處築養蠶之室

又卜三宮之夫人世婦之吉者使入蠶於蠶室

雜五行書二月上壬取土泥屋四角宜蠶吉

齊民要術屋欲四面開窗紙糊厚為籬屋內四角着火

又三月清明節令蠶妾治蠶室塗隙穴

又蠶之性喜靜而惡喧故宜靜室喜煖而惡濕故宜版室室靜可以避人聲之喧鬧室密可以避南風之襲吹室版可以避地氣之蒸鬱

蠶書居蠶欲溫居繭欲涼

務本新書蠶屋忌近臭穢夜間無令燈火光忽射蠶屋窗孔不得將烟火紙燃於蠶房內吹滅蠶初生忌屋內掃塵忌蠶房內哭泣叫喚忌穢語淫辭忌不潔淨人入蠶屋

又凡養秋蠶初生時去三伏猶近暑氣仍存蠶室多生濕潤須四通八達風氣往來

士農必用治火倉屋當中掘一阬濶狹深淺量屋大小謂如一二間四椽屋四方一面可濶四尺隨屋大小加減阬周圍塼坯接壘高二尺

長粘泥泥了通計深四尺細碎乾牛糞阬底上鋪攤一層厚三四指腊月所收𧂐碎者帶根節粗乾柴於糞上鋪一層（五寸以上徑者凡桑榆槐等堅硬者皆可）柴上又鋪糞一層於柴空隙處築得極實慎不可虛虛則火焰起傷屋又熟火不能長久糞柴相間栫阬滿上復用糞厚蓋約蠶生前七八日糞土上煨熟火黑黃烟五七日於蠶蟻生前日步開門出盡烟即閉其柴糞陷下已成熟火（蠶小喜煖怕烟不可用生火又生火或𤑺而或欲不能均匀此火既熟絕無烟氣一兩月不滅不動使如無火用柴枝則撥使烟氣熏騰也上必壘高二尺者欲使火氣上騰至室中散布均匀又防實夜人行誤陷入也）其屋乾透其壁皆煖諸蟲薰盡牛糞薰屋大宜蠶也（蠶喜牛糞牛喜蠶沙）糊窗時窗上故紙却用淨白紙替換（莫捲葦為旋拉故紙糊新紙不使熟氣外出）每一窗上嵌四大捲窗（宜密）

農桑通訣民間蠶室必選置蠶宅負陰抱陽地位平爽正室為上南西為次東又次之若室舊則當淨掃塵埃預期泥補若逼近臨時牆壁濕潤非所利也夫締構之制或草或瓦須內外泥飾材木以防火患復要間架寬敞可容𧂐箔窗戶虛明易辨眠起仍上於行椽各置照窗每臨早暮以助高明下就附地列置風竇令可啓閉以除濕鬱考之諸蠶書云蠶時先闢東間養蟻停眠前後撤去西窗宜遮西曬尤忌西南風起大傷蠶氣可外置牆壁四五步以禦所有蠶神室蠶神像宜於高空處安置凡一切忌惡之事邪穢之氣辟除蠲潔夙夜齋敬不致褻慢如能依上法自然宜蠶不必泥於陰陽家拘忌巫覡等誘惑至使回換門戶謟禱神祇虛費財用實無所益故表而出之以為業蠶者之戒

又養蠶蟻時先辟東間一間四角挫壘空龕狀如三星以均火候謂屋小則易收火氣也

農政全書士農必用曰蠶成螘時宜極煖是時天氣尚寒大眠後宜涼是時天氣已暄又風雨陰晴之不測朝暮晝夜之不同一或失宜蠶病即生惟蠶屋得法則可以應蠶屋之制周置捲窗中伏熟火謂如蠶欲煖而天氣寒閉苫窗撥火則外寒不入和氣內生若遇大寒屢

撥熟火不能勝其寒則外燒糞墼絕烟置屋中四隅和氣自然薰蒸寒退則去餘火蠶欲涼而天氣暄閉火而捲苫窗則火氣內息而涼氣外入若遇大熱盡捲苫窗不能解其熱則去其窗紙上捲照窗下開風眼窗外槌下灑潑新水涼氣自然透達熱退則糊補其窗閉塞風眼使其蠶自初及終不知有寒熱之苦病少繭成一室之功也然寒不可驟加煖熱當漸漸益火寒而驟熱則生黃蟆等疾熱不可驟加風涼當漸漸開窗熱而驟風涼則變殭此又不可不知也

火倉

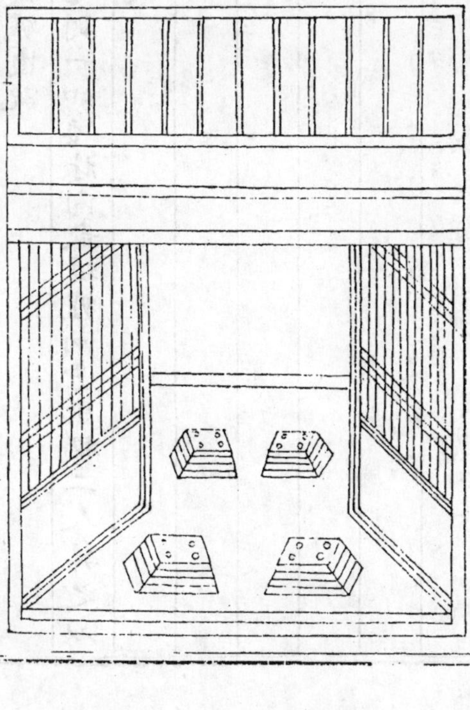

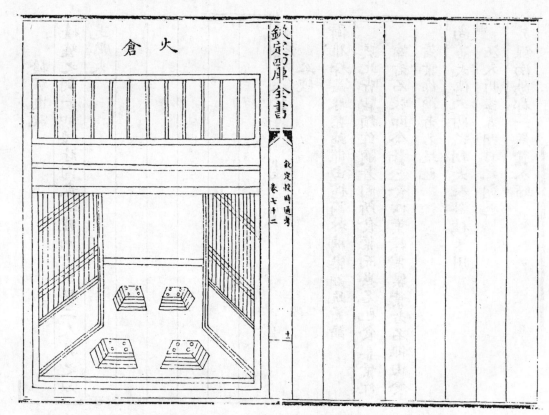

火倉圖說

火倉凡蠶生室内四壁挫壘室龕狀如三星務要玲瓏頓藏熟火以通煖氣四向勻停蠶家或用旋燒柴薪烟氣薰籠蠶緼熱毒多成黑蔫今制為擡爐先自外燒過薪糞舁入室内各籠約量頓火隨寒熱添減若寒熱不均後必眠起不齊

擡爐圖說

擡爐之制一如矮牀内嵌燒爐兩旁出柄二人舁之以送熟火

浴種

爾雅釋蟲蟓桑繭雔由樗繭棘繭欒繭蚢蕭繭

疏此皆蠶類作繭者因所食葉而異名也食桑葉作繭者名蟓即今蠶也食樗葉棘葉欒葉者名雔由食蕭葉作繭者名蚢也

尚書大傳大昕之朝夫人浴種于川

注大昕季春朔日之朝也

吳録南陽郡一歲蠶八績

廣志蠶有原蠶有冬蠶有野蠶

永嘉郡記永嘉有八輩蠶一曰蚢珍蠶三月績二曰柘蠶四月初績三曰蚢蠶四月績四曰愛珍蠶五月績五曰愛蠶六月末績六曰寒珍蠶七月績七曰四出蠶九月初績八曰寒蠶十月績

又凡蠶再熟者前輩皆謂之珍養蠶者少養之愛蠶者故蚢蠶種也蚢珍三月既績出蛾取卵七八月便剖卵蠶生多養之是為蚢蠶欲作愛者取蚢珍之卵藏內甖

中隨器大小亦可拾紙蓋覆器口安硎泉冷水中使冷氣折其出勢得三七日然後剖生養之謂為愛珍亦呼愛子績成繭出蛾卵卵七日又剖成蠶多養之此則愛蠶也藏卵時勿令人見應用二七赤豆安器底臘月桑柴二七枚以麻卵紙當令水高下與種相齊若外水高則卵死不復出若外水下卵則冷氣少不能折其出勢不能折其出勢則不得三七日不得三七日雖出不成也不成者謂徒績成繭出蛾生卵七日不復剖生至明年方生耳欲得陰樹下亦有泥器三七日亦有成者

雜五行書今世有三卧一生蠶四卧再生蠶白頭蠶頡石蠶楚蠶黑蠶有一生再生之異灰兒蠶秋母蠶秋中蠶老秋兒蠶秋末老獬兒蠶錦兒蠶同繭蠶或二蠶三蠶共為一繭凡三卧四卧皆有絲綿之別

海寧縣志清明夜育蠶之家各裹蠶子於綿衣中卧身下謂蠶得人氣始生

又臘月十二日養蠶之家各以鹽滷茄灰薰揉蠶子藏

之穀殼中至廿四日則出之浴于川以待春至

士農必用夏蠶別是一等俗謂三蠶春養出夏種夏養出秋種秋養出來春種不可間缺缺則絕其種

又秋蠶一名原蠶採葉不無傷桑春蠶不幸過天災不得已養之以補歲計然不宜植宜稀也

徐光啓曰今人不養秋蠶止以夏蠶作來春種亦生

又云秋蠶以補歲計此言甚妙秋時多晴更比春蠶為穩今人先言二蠶不食頭葉致昧秋蠶補歲計之

理不知二蠶何故不食頭葉夏秋蠶俱要計其除蚊蠅

又農桑要旨曰清明後種初變輕和肥滿再變尖圓其中如春初柳色再變蟻周旋其中如遠山色此必收之種也若頂平焦乾及蒼黃赤色便不可養此不收之種也

又蠶為龍精月值大火則浴其種今人以鹽水沃其種謂之洗蠶蠶為上不浴者名火蠶蠶次之

又桑蠶直說曰欲疾生者頻舒捲捲之須虛慢欲遲生者少舒捲捲之須緊實

黃省曾曰臘月十二浸之于鹽滷中至二十四而出則利於繅絲或曰臘八日以桑柴灰或草灰淋汁以蠶連浸焉一日而出繼以雪水浸之懸乾或懸桑木之上以冒雨雪三宿而收之則耐養二月十二浴清明之曉則以綿紙裹之藏於廚內俟桑芽如茶匙大則綿絮裹之暮也覆以所服之煖衣晨也覆以所蓋之煖被既出也溫以火未出也禁以火焙其浸也用桑條之灰濕其連而後摻之掐而浸之于滷中即鹽化之水有分兩恐其浮也以磁器壓之其至二十四出也用河水滌去其灰或置之扁中而沃而後涼之掛之則至春生否者陰不至于費葉至二月十二浴以菜花野菜花韭花桃花白豆花揉之其中而浴之蛾之放子也一夜而止否則生蟻不齊

又人多收蠶種于簇中經天時雨溫熱蒸寒燠不時即

卷損浙人謂之蒸布言在卵布中已成其病其苗出必黃苗黃即不堪育矣譬之嬰兒在胎中受病出胎便病難以治也凡收蠶種之法以竹架疎疎垂之勿見風日又擘絲羃之勿使飛蝶綿蟲食之待臘日或臘月大雪即鋪蠶種于雪中令雪壓一日乃復攤之架上羃之如初至春候其欲生未生之間細研朱砂調溫水浴之水不可冷亦不可熱但如人體斯可矣以解其不祥也

又蠶未出時秤種寫記輕重于紙背及已出齊慎勿掃

多見人纔見蠶出便以帚刷或以雞鵝翎掃之夫以微渺如絲髮之弱其能禁帚刷之傷哉必細切葉別布白紙上務令勻薄却以出苗紙和紙覆其上蠶喜葉香自然下矣却再秤元種紙見所下多少約計自有葉看養寧葉多而蠶少即優裕而無窘迫之患今人不先計料至缺葉則典質貿鬻無所不至苦于蠶受飢餒狼藉損壞枉損物命多矣

又農桑輯要曰蠶子變色要在遲速由已勿致損傷自

變桑葉已生自辰巳間將甕內取出舒卷提掇亦無度數但要第一日變三分第二日變七分却用紙密糊封了還甕內收藏至第三日午時又出連舒卷須要變至十分

農桑通訣育蠶之法始于擇種收繭取簇之中向陽明淨厚實者蛾出第一日者名苗蛾末後出者名末蛾皆不可用次日以後出者取之鋪連于槌箔雄雌相配至暮拋去雄蛾將母蛾于連上勻布所生子環堆者皆不用生蠶數足更就連上令覆養三五日掛時須蠶子向外恐有風磨損其子

又冬至日及臘月八日浴時無令水極深浸浴取出比及月望數連一卷桑皮索繫定庭前立竿高掛以受臘天寒氣年節後甕內豎連須令玲瓏安十數日候日高時一出每陰雨後即便曬曝此蠶連浴養之法

務本新書清明將甕中所頓蠶連遷于避風溫室酌中處懸掛穀雨日將連取出通見風日那表為裏左捲者却右捲右捲者却左捲每日交換捲那捲罷依前收頓

比及蠶生均避風日生發勻齊

又農家下蟻多用桃枝翻連敲打蟻下之後却掃聚以紙包裹秤見分兩布在箔上已後節節病生多因此獎今後比及蟻生當勻鋪蓐草煻火內燒棗一二枚先將蠶紙秤見分兩次將細細摻在蓐上蟻要勻稀連必頓移生盡之後再秤空連便知蠶蟻分兩依此生蠶百無一損今時謂如下蟻二兩往往止布一席重疊密壓不

無損傷今後下蟻三兩決合勻布一箔慎勿貪多如已力止合放蟻三兩因為貪多便放四兩以致桑葉房屋椽箔人力柴薪俱各不給因而兩失

農政全書士農必用曰生蟻惟在涼暖知時開措得法使之莫有先後其法變灰色巳全以兩連相合鋪于一淨箔上緊捲兩頭繩束卓立于無烟淨涼房內第三日晚取出展箔蟻不出為上若有先出者掃去不用每三連虛捲為一卷放新煖蠶室內候東方白將連於院內

一箔上單鋪如有露于涼房中或棚下少項移連入蠶房就地一箔上單鋪少間黑蟻齊生并無一先一後和蟻秤連記寫分兩

又下蟻惟在詳款稀勻使不致驚傷而稠疊蟻生既齊取新葉用快利刀切極細用篩子篩于中薄篸紙上務要勻薄將連合于葉上蟻自緣葉上或多時不下連及緣上連背翻過又不下者並連棄了此殘病蟻也

又蠶事之本惟在謹於謀始使不為後日之患蠶眠起不齊由於變生之不一變生之不一由於收種之不得其法故曰惟在謹於謀始

又秦觀蠶書曰臘之日聚蠶種沃以牛溲浴于川毋傷其藉

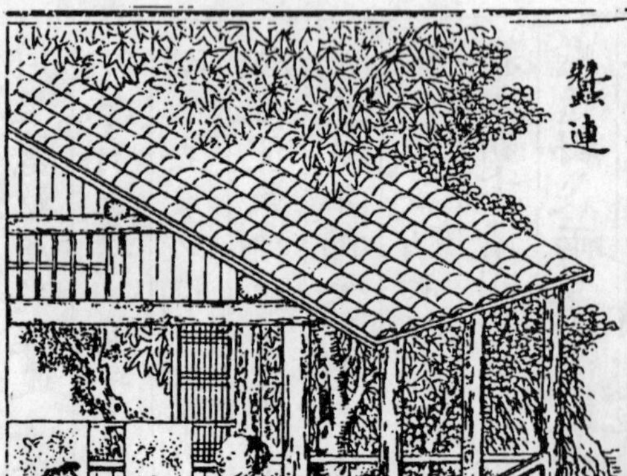
蠶連

蠶連圖說

蠶連蠶種紙也舊用連二大紙蛾生卵後又用綫長綴通作一連故因曰連匠者嘗别抄以鬻之務本新書云蠶連紙厚為上薄紙不禁浸浴如用小灰紙更妙連須以時浴之浴畢掛時令蠶子向外恐有風磨損冬至日及臘月八日浴時毋令水極深浸浴取出比及月望數連一卷桑皮索繫定

蠶連不得用麻繩繫掛如或不忌後多乾死不生本草

陳藏器云以苧麻近蠶種則不生當遠之

欽定授時通考卷七十二

欽定四庫全書

欽定授時通考卷七十三

蠶事

飼養

詩經衛風降觀于桑

傳桑木名可食蠶者

又爰求柔桑

箋柔桑稚桑也蠶始生宜稚桑

禮記祭義桑於公桑風戾以食之

疏戾乾也凌早採桑必帶露而濕蠶性惡濕故乾而食之

會稽志春蠶多四眠餘蠶皆三眠越人謂蠶眠為幼謂之幼一幼二幼三幼大

蠶經蠶有三光白光飼食青光厚飼皮皺為飢黃光以漸減食

齊民要術蠶小不宜見露氣採桑着懷中令暖然後切

之每飼蠶卷窗帷飼訖還下蠶見明則食食多則生長
蠶書蠶生明日桑或柘葉風戾以食之寸二十分晝夜五食九日不食一日一夜謂之初眠又七日再眠如初既食葉寸十分晝夜六食又七日三眠如再又七日若五日不食二日為之大眠食半葉晝夜八食又三日健食乃食全葉晝夜十食不三日遂繭凡眠已初食布葉勿擲擲則蠶驚毋食二葉
合璧事類蠶術曰眠眠時不食桑柘經一晝夜而脫殼

蠶有三眠者有四眠者
黄省曾曰蠶之自蟻而三眠也俱用切葉其飼火蠶也必勤葉盡則飼毋使蠶呑火氣而病
農桑輯要深秋桑葉未黄多廣收拾爆乾搗碎于無烟火處收頓春蠶眠後用
又臘八日新水浸菉豆薄攤曬乾又淨淘白米控乾以上二物皆陰處收頓以備大眠起用拌葉飼蠶
又初飼蠶法宜旋切細葉微篩不住頻飼一時辰約飼四頓一晝夜通飼四十八頓
又蠶必晝夜飼若頓數多者蠶必疾老少者遲老二十五日老一箔可得絲二十五兩二十八日老得絲二十兩若月餘或四十日老一箔止得絲十餘兩飼蠶者慎勿貪眠以懶為累每飼蠶後再宜遶箔看葉要均勻若值陰雨天寒比及飼蠶先用乾桑柴或去葉稈草一把點火遶箔照過逼出寒濕之氣然後飼之則蠶不生病一眠候十分眠纔可住食至十分起纔可投食若八九分起便投葉飼之直到老不齊又多損失停眠至大眠

蠶欲向眠時見黄光便住食抬食直候起齊慢飼葉宜薄摻厚則多傷慢食之病蓋因生蠶得食力須勤飼最忌露水濕葉并雨濕葉飼之則多生病
又大眠起燠宜頻除蠶宜頻飼或正南風起將門窗簾薦放下此際不宜抬解箔上布蠶須相去一指布蠶一箔取臘月所藏菉豆水微浸生芽曬乾磨作細麪臘月所藏白米蒸熟作粉亦可第四頓收食拌葉勻飼解蠶

熱毒絲多易繰堅韌有色如葉少去秋所收桑葉再擣爲末水灑新葉微濕摻末拌勻接鬭飼蠶又萵苣亦可接

士農必用飼蟻之法當宿澆其桑旋摘其葉宿澆則多液旋摘則不乾利刃以細切之疎篩以薄布之非利刃則無液非細切則蓋蠶非篩則不勻非勻則偏食然葉渣之微液不能久存少頃之間即成枯涸故須旋切而頻篩也第一日飼一復時可至四十九頓第二日飼至

三十頓葉微加厚第三日飼至二十餘頓又稍加厚宜極暖極暗大凡初蟻宜暗眠起宜微明向食宜明

又初飼蟻法宜旋切細葉微篩一時辰約飼四頓一晝夜通飼四十九頓或三十六頓懶者頗疑頻冗予曰新蟻止食桑葉脂脉若頓數不多譬如乳嬰兒小時失乳後必羸弱病生蟻初生須隔夜採東南枝肥葉甕中另頓旋取細切

又抽飼斷眠法蠶向眠時量黃白分數抽減所飼之葉漸次細切薄摻頻飼候十分黃光不問陰晴早夜急須抬過抬時住食起齊時投食此爲抽飼斷眠之法謂抽減眠蠶之葉不致覆壓專飼未眠之蠶使之速眠不惟眠起得齊且無葉罨燠熱之病

農桑通訣蠶有十體寒熱飢飽稀密眠起緊慢

緊慢謂飼時緊慢也

又蠶忌食濕葉忌食熱葉蠶初生忌煎煿魚肉忌側近舂擣忌敲擊有聲之物未滿月產婦不宜作蠶母忌帶

酒人將桑飼蠶及抬解布蠶蠶生至老大忌烟薰忌放刀于竈上箔上竈前忌熱湯潑灰忌產婦孝子入家忌燒皮毛亂髮忌酒醋五辛羶魚麝香等物忌當日迎風窗忌西照日忌正熱著猛風暴寒忌正寒忽令過熱忌不潔人入蠶室蠶室忌臭穢

又擘黑法第三日帶燠揭蟻款手擘如小碁子大布于中箔可盈滿漸漸加葉飼早晴可捲東窗苫及當日背風窗漸漸變色隨色加減食至純黃則不飼是謂頭眠

抬頭一復時可六頓次日可漸漸加葉可開捲窗一半初向黄時宜極暖眠定宜暖起齊宜微暖抬停眠起齊頭食宜薄一復時可四頓次日可漸加葉或開捲窗初向黄時宜暖眠定宜微暖起齊宜温抬大眠起齊投食一復時可三頓第一頓宜薄但可覆臼第二頓比前又薄第三頓如第一頓此三頓食如不短則其蠶至老食慢次日可漸加葉可全開捲窗照窗初向黄時宜微暖眠定宜温齊宜涼正食時每飼後可挾蠶筐繞槌巡之

但見有斑黎處即摻葉補合拌米粉至第七八頓食後于巳午間將切下葉攤在箔上新水灑拌極勻待少時納羅白粉子拌令極勻每葉一筐用新水一升粉子四兩如無止用新葉一筐可飼一箔拌桑麪切葉灑拌新水極勻羅桑麪拌勻于大眠後間飼三五頓蠶欲老飼之宜細薄宜頻宜微暖

又蠶有不齊頻飼以督其後者使之相及而各取其齊蠶眠不齊病原于初今既然矣當從此治之如于純黄之中雜見其退白而向黄者是與純黄不相遠頻飼以督之則猶得相及頻飼則可遠其眠如已見純黄又多青白此與純黄既遠雖飼之頻亦莫及蓋蠶之變色為之小小其眠則絶食退膚為變之大也為蛹為蛾則變之尤大而至于化也凡至純黄則結嘴不食而眠如人之大病周身之血氣一為變換一晝夜不大則眠為得所今以青白者尚多飼而亂之動而蹂之則眠而失其所矣此其青白者變黄而向眠則此已通眠而動起動起之初欲得少食亦如人之病起欲得少食以接氣血

也以後者方眠勒其食而不投以困以餓又必待後者動起而飼之多病少絲端為可惜故蠶經云眠起不齊絲減少良謂此也

又蠶初生色黑漸漸加食三日後漸變白則向食宜少加厚變青則正食宜益加厚復變白則慢食宜少減變黄則短食宜愈減純黄則停食謂之正眠眠起自黄而白自白而青自青復白自白而黄又一眠也每眠例如

此候之以加減食凡葉不可帶雨露及風日所乾或浥臭者食之令生諸病常收三日葉以備霖雨則蠶常不食濕葉且不失飢採葉歸必待熱氣退乃與食蠶時晝夜之間大槩亦分四時朝暮類春秋正晝如夏夜深如冬寒煊不一雖有熟火各合斟酌多少不宜一例自初生至兩眠正要温暖蠶母須着單衣以體為測身寒則蠶必寒便添熟火身熱則蠶亦熱約量去火一眠之後但天氣晴明巳午之間時暫揭窗薦以通風日南風則

捲北窗北風則捲南窗放入倒溜風氣則不傷蠶大眠起後飼三頓前開紙窗透風日必不頓驚生病大眠後捲簾薦去紙窗天氣炎熱門口置甕旋添新水以生涼氣如遇風雨夜涼即下簾薦

農政全書蠶火類也宜用火以養之用火之法須別作一爐令可抬舁出入蠶既鋪葉餵矣待其循葉而上乃始進火火須任燒令熟以穀灰蓋之即不暴烈生焰纔食了即退火鋪葉然後進火每每如此則蠶無傷火之患若蠶飢而進火即傷火若纔鋪葉蠶猶在葉下未能循援葉上而進火即下為糞薙所蒸上為葉蔽遂有熟蒸之病

又士農必用曰正熟猛着寒便禁口不食即用鏊子盛無烟熟牛糞火用叉托火鏊于槌箔下往來辟去寒氣蠶自食葉

蠶槌

蠶槌圖說

禮季春之月具曲植植即槌也務本直言云穀雨日豎槌立木四莖各過梁柱之高夫槌隨屋每間豎之其立木外傍刻如鋸齒而深各莖掛桑皮繞繩四角按二長椽椽上平鋪葦箔稍下槌之凡槌十懸中間離九寸以居蠶飼之間皆可移之上下農桑直說云每槌上中下間鋪三箔上承塵埃下隔濕潤中備分擡

蠶筐

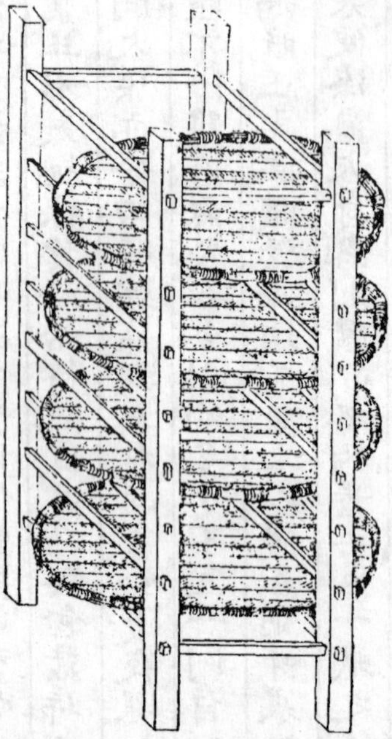

蠶筐圖說

蠶筐古承幣帛竹器今用育蠶其名亦同蓋形制相類圓而稍長淺而有緣適可居蠶蟻及蠶分居時用之閣以竹架易於擡飼梅聖俞前蠶箔詩云相與為蠶曲還殊作筥筐北簇南筐皆為蠶具然彼此論之若南蠶大時用箔北蠶小時用筐庶得其宜兩不偏也

蠶盤

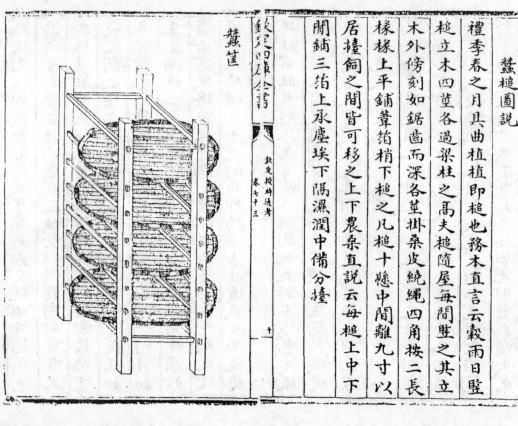

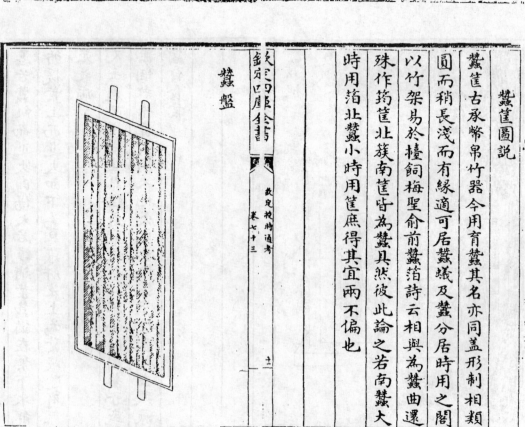

蠶盤圖說

蠶盤盛蠶器也秦觀蠶書云種變方尺及乎將繭乃方尺四織萑葦範以蒼筤竹長七尺廣五尺以為筐懸筐中間九寸凡槌十懸以居食蠶今呼為盤又有以木為框以疏簟為底架以木槌用與上同

蠶架

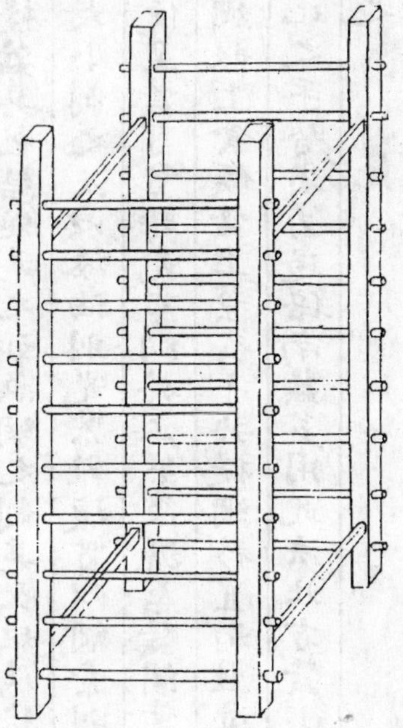

蠶架圖說

蠶架擱蠶盤筐具也以細枋四莖豎之高可八九尺上下以竹通作横桄十層層每皆擱養蠶盤筐隨其大小蓋筐用小架盤用大架此南方盤筐有架猶北方椽箔之有槌也

蠶網

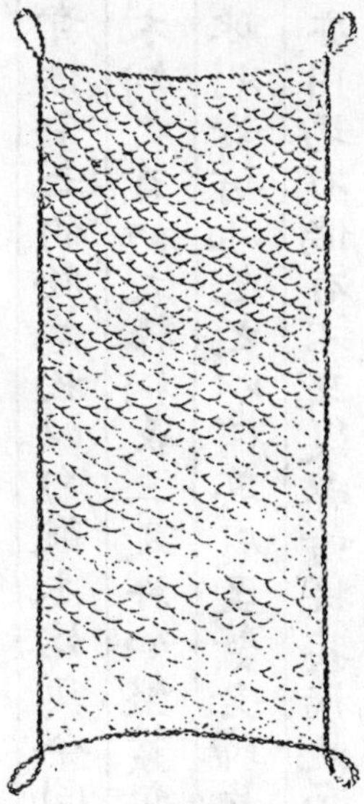

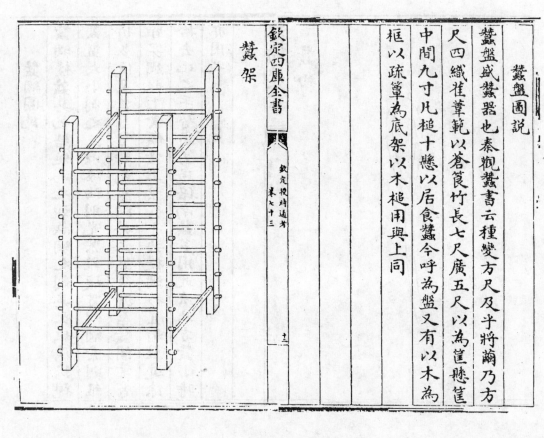

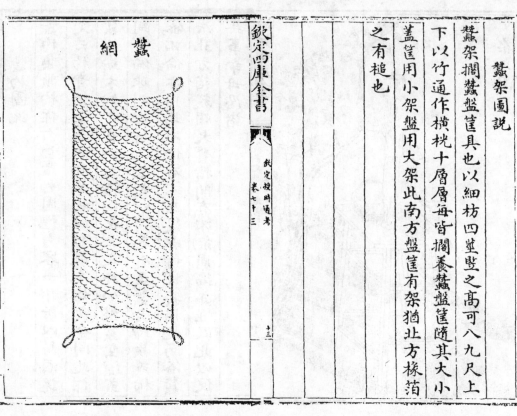

蠶網圖說

蠶網擡蠶具也結繩為之如魚網之制其長短廣狹視蠶盤大小制之沃以漆油則光緊難壞貫以網索則維持多便至蠶可替時先布網於上然後灑桑蠶聞葉香皆穿網眼上食俟蠶上葉齊手共提網移置別盤遺餘拾去比之手替省力過倍南蠶多用此法北方蠶小時亦用之

蠶杓

蠶杓圖說

蠶杓集韻杓作勺量器也周禮勺容一升所以斟酒說文曰杓音標今云酌物為杓以勺從木姑與今同此作蠶杓斲木刳之首如大棒柄長三尺許如盤蠶空隙或飼葉偏踈則必持此送之以補其處至蠶老歸簇或稀密不倫亦用均布倘有不及復以竹接其柄此南俗蠶法北方蒚簇頗大臂指間有不能周徧亦宜假此以便其事幸毋忽諸

桑几圖

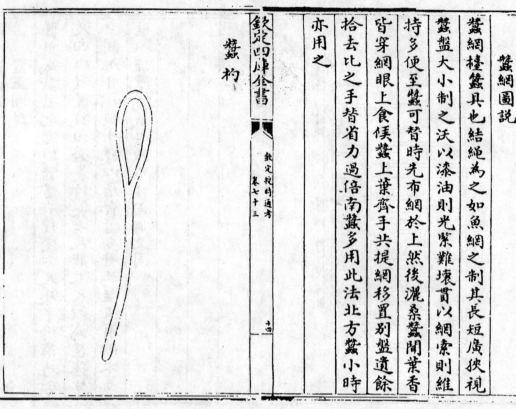

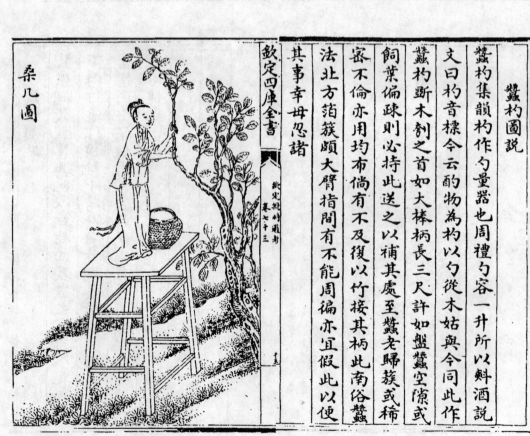

桑几圖說

桑几狀如高凳平穿二桄就作登級几柔桑不勝梯附須登几上乃易得葉齊民要術云採桑必須高几士農必用云擔負高几遶樹上下今蠶家採彼女桑茲為便器

桑梯

桑梯圖說

梯木階也夫桑之稺者用几採擇其桑之高者須梯剝斫梯若不長未免攀附勞條不還則鳩脚多亂樛枝折垂則乳液旁出必欲趁手高下隨意去留須梯長可也齊明要術云採桑必須長梯梯不長則高枝折正謂此也

桑斧
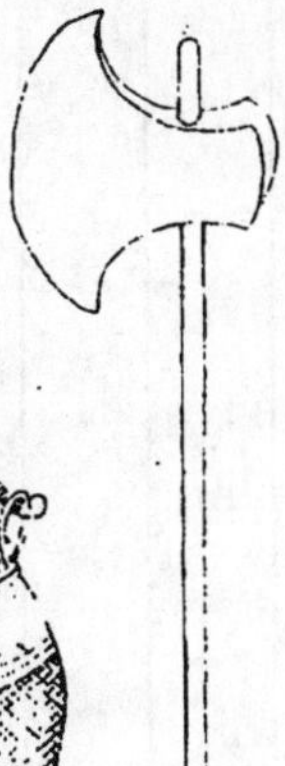

桑籠
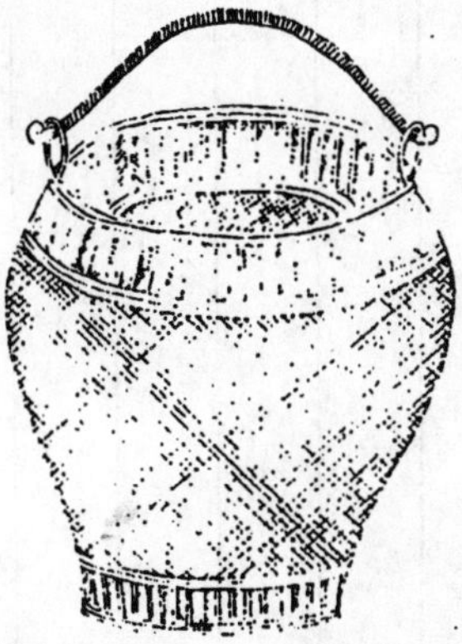

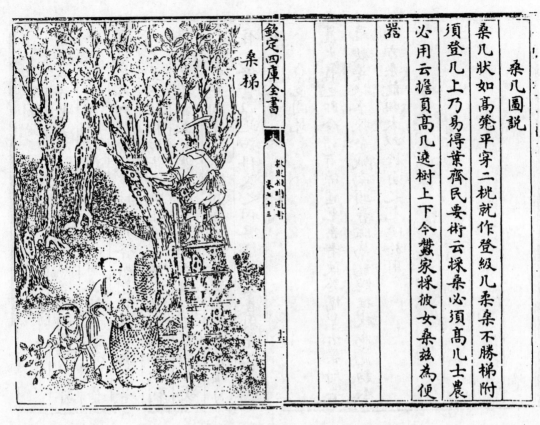

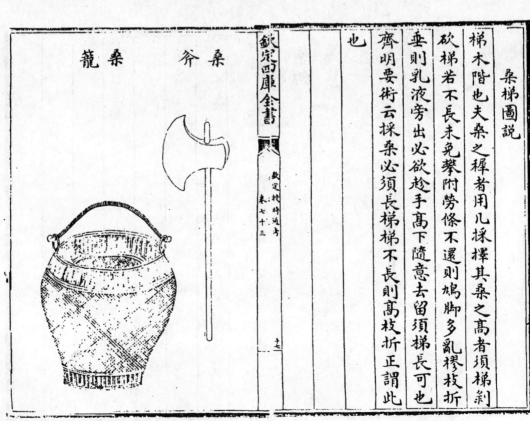

桑斧圖說

桑斧斫斧也其斧銎匾而刃濶與樵斧不同詩謂蠶月條桑取彼斧斨以伐遠揚士農必用云轉身運斧條葉偃落於外即謂以伐遠揚也凡斧所剶斫不煩再刃者為上至遇枯枝勁節不能拒過又為上如剛而不缺利而不之尤為上也然用斧有法必須轉腕回刃向上砍之枝查既順津脉不出則葉必復茂故農語云斧頭自有一倍葉以此知科斫之利勝惟在夫善用斧之效也

桑籠圖說

籠大篝也即今謂有係筐也桑者便於攜挈古樂府云羅敷善採桑採桑城南頭青絲為籠繩桂枝為籠鉤今南方桑籠頗大以擔負之尤便於用

桑鉤

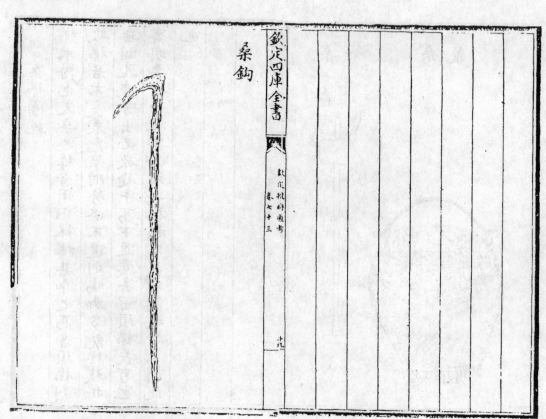

桑鉤圖說

桑鉤採桑具也凡桑者欲得遠揚枝葉引近就摘故用鉤木以代臂指攀援之勞昔者親蠶皆用筐鉤採桑唐上元初獲定國寶十三内有採桑鉤一以此知古之採桑皆用鉤也然北俗伐桑而少採南人採桑而少伐歲歲伐之則樹木易衰久久採之則枝條多結欲南北隨宜採斫互用則桑斧桑鉤各有所施故兩及之

劖刀

切刀

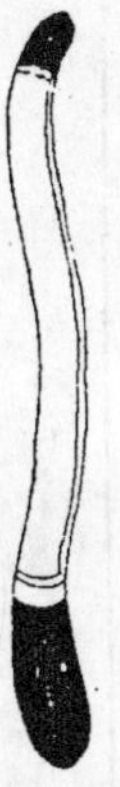

劖刀圖說

劖刀剗桑刀也刀長尺餘濶約二寸木柄一握南人斫桑劖桑俱用此刀北人斫桑用斧劖桑用鐮鐮刃雖利終非本器殆不若劖刀之輕且順也若南人斫桑用斧北人劖桑用刀去短就長兩為便也

切刀圖說

切刀斷桑刀也蠶蟻時用小刀蠶漸大時用大刀或用漫鍘蠶多者又用兩端有柄長刀切之名曰懶刀（懶刀如皮

匠刮刀長三尺許兩端有短木柄以手按刀半裁半切斷葉雲積可供十蠶）先於長凳上鋪葉勻厚人於其上俯按此刀左右切之一刃之利可桑百箔

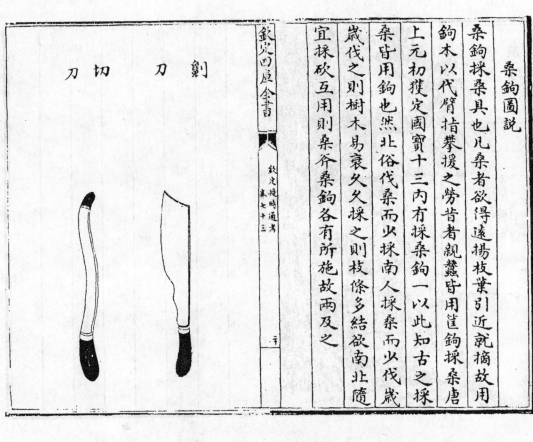

桑碪

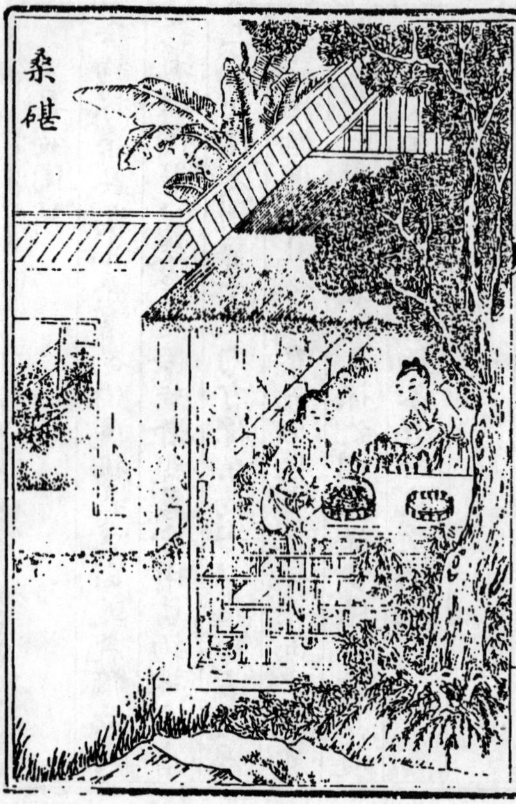

桑碪圖說

爾雅曰碪謂之椹郭璞曰椹木櫍也碪從石椹從木即木碪也碪截木為碢圓形竪理切物乃不拒刃此北方蠶小時用刀切葉碪上或用几或用夾南方蠶無大小切桑俱用碪也

徐光啓曰木碪傷葉吴中用麥秸造者為佳

桑夾

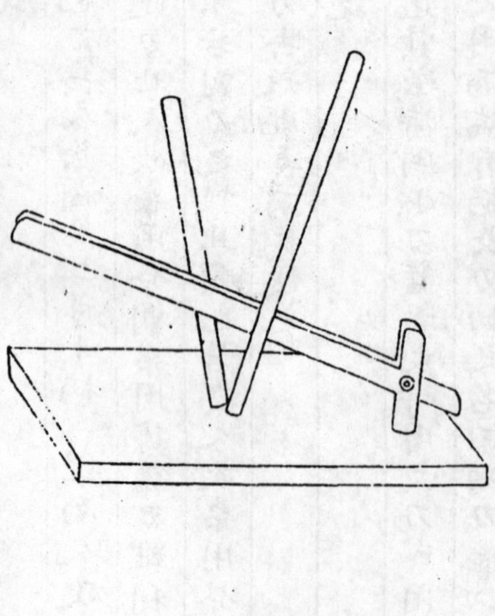

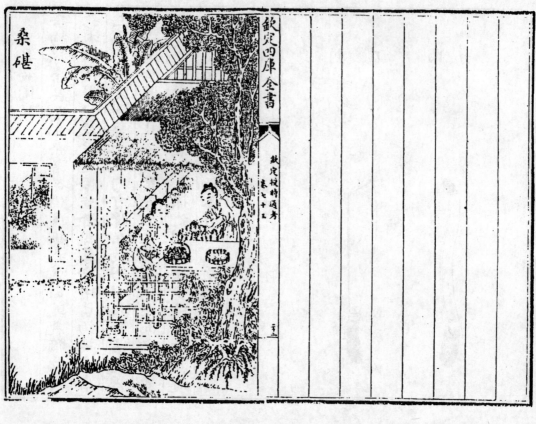

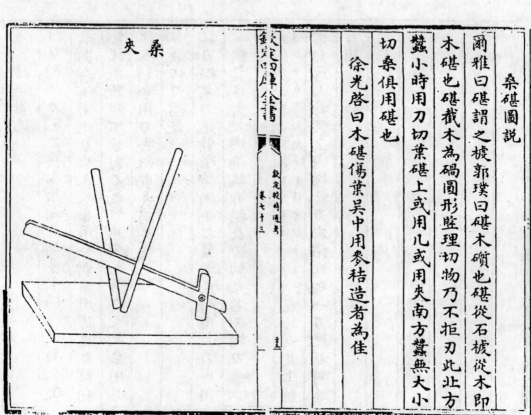

桑夾圖說

桑夾挾桑具也用木碩上仰置叉股高可二三尺於上順置鍘刀在手茹葉右手按刀切之此夾之小者若蠶多之家乃用長椽二莖駢豎壁前中寬尺許乃實納桑葉高可及丈人則躡梯上之兩足後踏屋壁以胸前向壓住兩手緊按長刀向下裁切此桑夾之大者南方切葉惟用刀碪不識此桑具故特歷說庶傚用之以廣其利

乾隆御覽之寶

欽定授時通考卷七十三

欽定授時通考卷七十四

蠶事

分箔

齊民要術蠶眠常須三箔中箔上安蠶上下空置（下箔障土氣上箔防塵埃）

務本新書蠶初生即要涼快以陳稈草作薦勿用麥稭一日一擡失擡多生白醭擡蠶必衆手疾擡若箕內

堆聚多時蠶身有汗後必病損漸漸隨擡減耗縱有老者簇內多作薄皮蠶沙宜頻除不除則久而發熱熱氣熏蒸後多白殭每擡之後箔上蠶宜稀布稠則强者得食弱者不得食必繞箔遊走又風氣不通忽遇倉卒開門暗值賊風後多紅殭布蠶須要手輕不高從高摻下遞相擊撞蠶多不旺已後簇內懶老翁赤蛹是也

農桑要旨底箔須鋪二領蠶蟻生後每日高捲出一領曬至日斜復布於生蠶箔底明日又將底箔撤出曬曝

如前番覆鋪使受自然陽和之氣停眠起食後然後撒去如蠶有白殭是小時陰氣蒸損天晴急用簸箕三四具轉蠶中庭使日氣煦照擡一箔則復布一箔得日氣則盡解矣野語云蠶燠乾松者其蠶無病蠶燠成片濕潤白積者蠶為有病速宜擡解如正可擡却遇陰雨風冷則不敢擡用茅草細切如豆每一箔可用一斗或二升勻撒蠶上上再摻葉移時蠶因食葉沿上茅草能隔燠沙天晴再擡如無茅草稈草次之

士農必用一箔蓐上下蟻三兩蠶至老可分三十箔每蟻一錢可老蠶一箔也係長一丈濶二尺之箔如箔小可減蟻下蟻多則蠶稠為後患也養蠶過三十箔者可更加下蟻箔養蠶少者用筐可也

又擘黑法第三日巳午時間於別槌上安三箔微帶燠薄掲蟻欵手擘如小碁子布於中箔　擡頭眠別槌上布四箔薄帶沙燠掲蠶分如大碁子大布滿中二箔飽食分如小錢大布滿三箔　擡停眠分如小錢微大布滿六箔飽食蠶可撥可摻不須分掲可布滿十二箔擡大眠分如折二錢大布滿二十五箔眠齊落蓐可分至三十箔　分擡之便惟在頻欵稀勻使不致先濕損傷也蠶滋多必須分之沙燠厚必須擡之失分則不勝稠疊失擡則不勝蒸濕故須頻蠶者柔輭之物不禁觸夷小而分之猶能愛護大而擡之莫能顧惜久堆亂積遠擲高拋生病損傷實由於此故宜安欵而稀勻也

桑蠶直說四眠蠶別是一種與養春蠶同但第三眠止

擡開十五箔擡飽食二十箔大眠擡三十箔

農桑通訣每槌上下鋪三箔上承塵埃下隔濕潤鋪砌碎稈草於上中箔以備分擡用細切搗輭稈草勻鋪為蓐黏成一片鋪蓐上安蠶

農政全書黄省曾曰其替擡也用糠礱之灰摻馬則蠶體快而無疾或布網而替擡

蠶箔

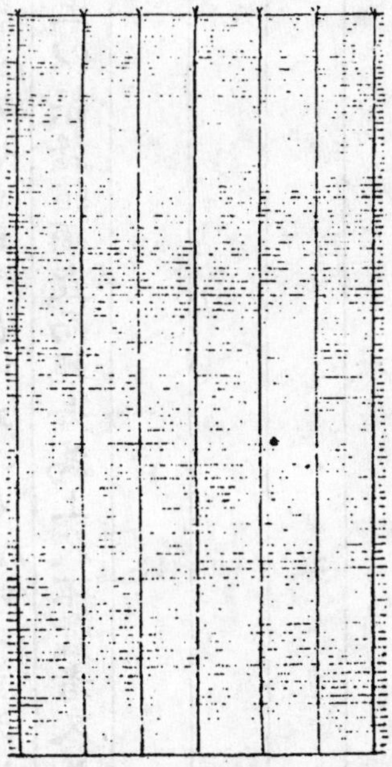

蠶箔圖說

蠶箔曲薄承蠶具也禮具曲植曲即箔也周勃以織薄曲為生顔師古注云葦薄為曲北方養蠶者多農家宅院後或園圃間多種萑葦以為箔材秋後芟取皆能自織方可四丈以二椽棧之懸於槌上至蠶分擡去蓐時取具舒卷易用南方萑葦甚多農家尤宜用之以廣蠶事

蠶椽

蠶椽圖說

蠶椽架蠶箔木也或用竹長一丈二尺皆以二茎為偶控於槌上以架蠶箔須直而輕者為上久不蠹者又為上

入簇

農書簇箔宜以杉木解枋長六尺濶三尺以箭竹作馬眼槅插茅踈密得中復以無葉竹篠縱横搭之又簇背鋪以蘆箔而以箴透背面縛之即蠶可駐足無跌墜之患且其中深穩稠密旋旋放蠶其上初略欹斜以俟其糞盡微以熟灰火温之待入網漸漸加火不宜中輟稍冷即游絲亦止繅之即斷絶多煮爛作絮不能一緒抽盡矣

齊民要術蠶老值雨則壞繭宜於屋裏簇之薄布薪於箔上散蠶訖又薄以薪覆之一槌得安十箔又法以大蓬蒿為薪散蠶令遍懸之於梁柱或垂繩鉤弋鶚爪龍牙上下數重所在皆得懸訖薪下微生炭火以暖之得煖則作速傷寒則作遲數入候看熱則去火蓬蒿生凉無鬱浥之憂死蠶旋墜無汚繭之患沙屎不住無瘢痕之疵鬱浥則難繅繭汚則絲散瘢痕則無用蓬蒿簇亦良其外簇者晚遇天寒則全不作繭用火易繅而絲明白曝死者雖白而濇脆膁練長衣著幾將倍矣甚者虛

實失歲功堅脆懸絶資生要理安可不知哉

務本新書簇蠶地宜高平内宜通風匀布柴草布蠶宜稀密則熱熱則繭難成絲亦難繅東北位並養六畜處樹下阬上糞惡流水之地並不得簇

士農必用治簇之方惟在乾暖使内無寒濕蠶欲老可簇地盤燒令極乾除埽灰淨於上置簇

又簇中繭病有六一簇汚二落簇三遊走四變赤蛹五

變殭六黑色汚簇之病蠶老食葉不淨其葉蒸濕帶葉入簇故繭亦濕潤此為簇汚其餘五病皆地濕天寒所致

韓氏直說安圓簇於高阜處打成簇脚一簇可六箔蠶十分中有九分老者宜少摻葉就箔上用簸箕般去宜款手摻於簇上務令稀勻上復覆蒿梢或豆藉復摻蠶如前至三箔覆梢倒根在上自後蠶可近上摻至六箔覆蒿令簇圓上用箔圍苫繳簇頂如亭子様至晚又用

苫將簇從下繳至上苫相接日出高時捲去至晚復繳三日外繭成不用馬頭簇亦依上苫繳柴薪要廣簇又玲瓏中間宜架起蠶多者宜馬頭簇放脚宜南北又曬簇上蠶後第三日辰巳時間開苫箔日曬至未時復苫蓋如前如當日過熱上搭單箔遮日色又翻簇上蠶時被雨霑濕雨纔止纔晴即選一簇地盤不以成繭不成繭翻騰還移别簇封苫如前小雨則不須但可曝曬又一法臨簇有雨只於蠶屋中木槌下地面上安簇閉門窗使透風氣早夜或陰雨變寒則閉門窗添牛糞火比翻簇之法又為妙也又一法槌箔上虛撒蒿槌周圍簇梢與蒿箔苫為之蠶自作繭猶勝於雨中簇也

又十蠶九老方可就箔上撥蠶入簇如是則無簇汚蒸熱之患繭必早作而多絲

黄省曾曰簇以稻草為之殺疏之必潔則不牵絲乃握而束之厚藉以所殺疏之草㲉可以禦地濕可以

承墜蠶乃以握許登之勿覆以紙至次日少以稻稈摻馬以屬其所綴之未成者勿用菜其善絆擾而溥繭七日而摘半月而蛾生凡蠶色之青也為老之候其在簇而有雷則以退紙覆之以護其畏

農桑通訣南方例皆屋簇北方例皆外簇然南簇在屋以其蠶少易辦多則不任北方蠶多露簇率多損壓壅閼南北簇法俱未得中今有善蠶者一説南北之間蠶少疏開窗户屋簇之則可蠶多選於院內構長春草厦

內御蠶簇周以木架平鋪蒿梢布蠶於上用蓆箔圍護
自無簇病實良策也
農政全書蓬蒿簇勝令簇遠甚而人不用之何故簇地
盤是北法南方正值梅天萬難作此所以皆須屋內簇
定須着火

團簇

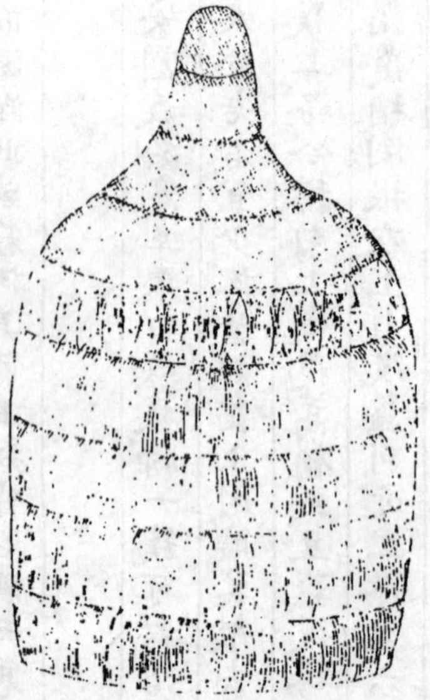

團簇圖說

簇用蒿梢叢柴苫席等也凡作簇先立簇心用長椽五
莖上撮一處繫定外以蘆箔繳合是為簇心仍周圍匀
豎蒿梢布蠶簇訖復用箔圍及苫繳簇頂如圓亭比此
團簇也

馬頭簇

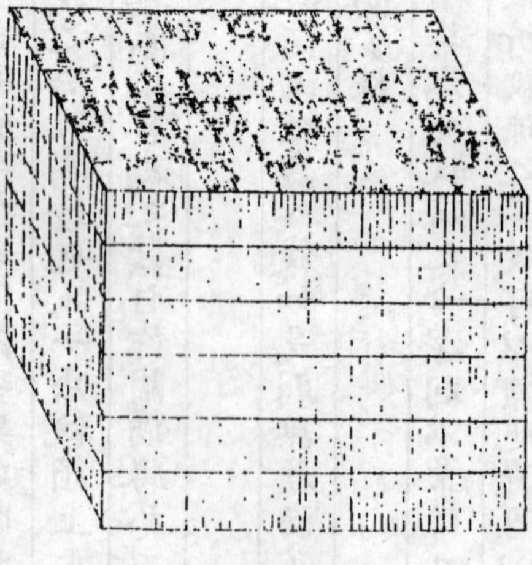

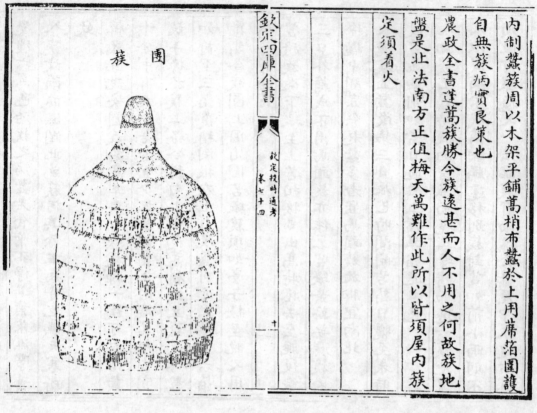

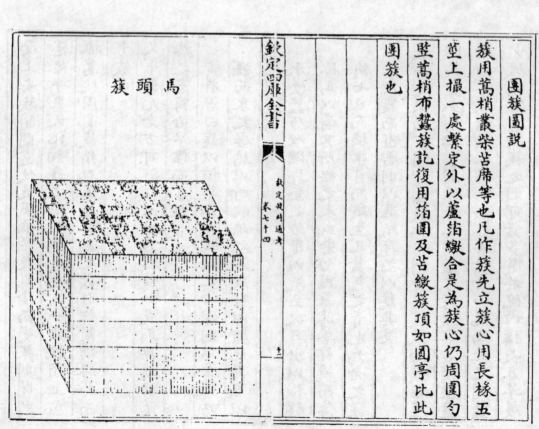

馬頭簇圖說

馬頭長簇兩頭植柱中架横梁兩傍以細椽相搭為簇心餘如常法此横簇皆北方蠶簇法也嘗見南方蠶簇止就屋内蠶盤上布短草簇之人既省力蠶亦無損又按南方蠶書云簇箔以杉木解枋長六尺濶三尺以箭竹作馬眼槅插茅疎密得中復以竹篠縱横搭之簇背鋪以蘆箔而竹篾透背面縛之此皆南簇較之上文北簇則蠶有多少故簇有大小難易之不同也然嘗論之

南北簇法俱未得中何哉夫南簇蠶少規制狹小殆若戲技故獲利亦薄北簇雖大其獘頗多蒿薪積疊不無覆壓之患風雨浸浥亦有翻倒之虞復外内寒燠之不匀或高下稀密之易所以致簇病内生繭少皆出此故習俗既久未能遽革今聞善蠶者約量本家育蠶多少選於院内空地就添椽木苫草等物作連脊厦屋尋常別用至蠶老時置簇於内隨其短長先構簇心空直如洞就地握成長槽隨宜濶狹旁可人行以備火患外則用以層架隨層卧布蒿梢以均蠶居既畢用重箔圍之若蠶少屋多疏開窗户就内簇之亦可如此則上有覆庇下無濕潤架既寛平蠶乃自若又揔簇用火便于照料南北之間去短就長制此良法宜皆用之則始終無慊矣

擇繭

齊民要術收取種繭必取居簇中者近上則絲薄近下則子不生

農書下箔即急剝去繭衣免致蒸壞如多即以鹽藏之蛾乃不出且絲柔靭潤澤也藏繭之法先曬繭令燥埋大甕地上甕中先鋪竹簀次以大桐葉覆之乃鋪繭一重以十斤為率摻鹽二兩上又以桐葉平鋪如此重重隔之以至滿甕然後密蓋以泥封之

務本新書養蠶之法繭種為先今時摘繭一槩併堆箔上或因繰絲不及有蛾出者便就出種疊壓熏蒸因熱而生決無完好其母病則子病誠由此也今後繭種開

簇時須擇近上向陽或在苫草上者此乃強良好繭另摘出於通風涼房內淨箔上一一單排日數既足其蛾自生免熏罨鑽延之苦

又繭宜併手忙擇涼處薄攤蛾自遲出免使抽繅相逼

黃省曾曰繭長而瑩白者細絲之繭大而晦色青葱者麤絲之繭皆擣去其蒙戎之衣其內潰而漬濕者謂之陰繭及薄而雜者綿之繭可為麤絲不可以經日經日則絲爛而難抽不可以焚香焚香則蛆穴而

難抽大者謂之麤工

韓氏直說蠶成繭硬紋理麤者必繅快此等繭可以蒸餾繅冷盆絲其繭薄紋理細者必繅不快不宜蒸餾此宜繅熱盆絲也其蒸餾之法用籠三扇用軟草札一圈加於釜口以籠兩扇坐於上其籠不以大小籠內匀鋪繭厚三四指許頻於繭上以手背試之如手不禁熱可取去底扇續添一扇在上亦不要蒸得過了過了則軟了絲頭亦不要蒸得不及不及則蛾必鑽了如手背不禁熱恰得合宜於蠶房槌箔上從頭合籠內繭在上用手微撥動如箔上繭滿打起更攤一箔候冷定上用細柳梢微覆其繭只於當日卻要蒸盡如蒸不盡來日必定蛾出

農桑通訣為繭多不及繅故即以鹽藏之蛾乃不出此南方淹繭法用甕頗多嘗讀北方農桑直說云生繭即繅為上如人手不及殺繭慢慢繅者殺繭法有三一曰日曬二曰鹽浥三曰籠蒸籠蒸最好人多不解日曬損

繭鹽浥甕藏者穩

農政全書鹽著於繭到底浥濕令人只於甕中藏繭另用紙或箬或荷葉包鹽一二兩置繭上亦可但只須甕口密封不走氣耳此必鹽泥乃可

繭甕

繭甕圖說

繭甕藏繭器也為繭多繰不及稍遲則蛾穿繭出故藏之以緩蛾變古詩云盤中水晶鹽井上梧桐葉陶器固泥封窖繭過旬決正謂此也

繭籠

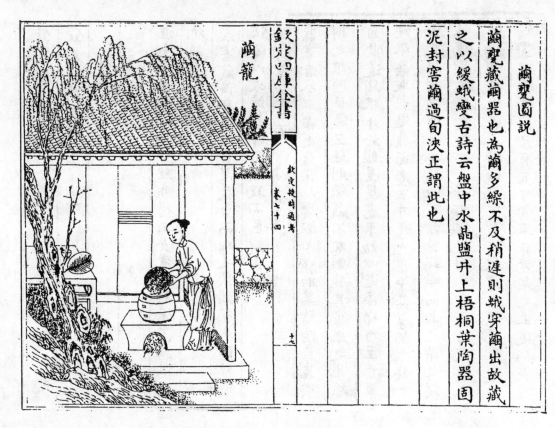

繭籠圖說

以鹽泥藏繭終憂浥濕置繭於籠蒸之蛾自不出有一般快釜湯內用鹽二兩油一兩令所蒸繭不致乾了絲頭如鍋小繭多油鹽旋入

欽定授時通考卷七十四

欽定四庫全書

欽定授時通考卷七十五

蠶事

繅絲

淮南子繭之性為絲然非得工女煑以熱湯而抽其統紀則不能成絲

農書藏繭甕中七日之後出而繅之頻頻換水即絲明快隨以火焙乾即不黰戮而色鮮潔也

蠶書常令煑繭之鼎湯如蟹眼必以筯其緒附於先引謂之餵頭毋過三絲則絲麤不及則脆其審舉之凡絲自鼎道錢眼升於鏁星星應車動以過添梯乃至于車錢眼為版長過鼎面廣三寸厚九黍中其厚插大錢一出其端横之鼎耳後鎮以石緒總錢眼而上之謂之錢眼鏁星為三蘆管管長四寸樞以圓木建兩竹夾鼎耳縳樞於竹中管之轉以車下直錢眼謂之鏁星車之左端置環繩其前尺有五寸當車牀左足之上建柄長寸

有半匾柄為鼓鼓生其寅以受環繩繩應車運如環無端鼓因以旋鼓上為魚魚半出鼓其出之中建柄半寸上承添梯添梯者二尺五寸片竹也其上揉竹為鉤以防絲竅左端以應柄對鼓為耳方其穿以閑添梯故車運以牽環繩繩簇鼓鼓以舞魚魚振添梯故絲不過偏而制車如轆轤必活其兩輻以利脫絲

士農必用繅絲之訣惟在細圓勻緊無使褊慢節核麤惡不勻熱釜釜要大置於竈上釜上大盆甑接口添水

至甑中八分滿甑中用一板攔斷可容二人對繅也繭少者止可用一小甑水須熱宜旋旋下繭冷盆盆要大先泥其外用時添水八九分釜要小用突竈半破甑坏圓壘一遭中空其高比繅絲人身一半其圓徑相盆之大小當中壘一小臺坐串盆于小臺上其盆要比圓壘高一唇靠圓壘安打絲頭小釜竈比圓壘低一半拚火透圓壘竈後火煙過處名拚火與拚火相對圓壘西近上開煙突口做一卧突長七八尺以上先於安突一面壘一臺比突口微低又相去七八尺外安一臺高五尺用長一丈椽二條斜磴在二臺上二椽相去濶一甎坏許用甎坏泥成一卧突如二椽上平鋪甎坏一層兩邊側立上復平蓋泥了便成一卧突也須與竈口相背謂如竈口向南突口向北是也繅盆居中火衝盆底與盆下臺煙焰違盆過煙出卧突中故得盆水常溫又勻也又得煙火與繅盆相遠繅絲人不為煙火所逼故得安詳也

又熱釜可繅麤絲單繳者雙繳亦可但不如冷盆所繅

者潔淨光明也冷盆可繅全繳細絲中等繭可繅雙繳比熱釜者有精神而又堅韌雖曰冷盆亦是大溫也

又軠車牀高與盆齊軸長二尺中徑四寸兩頭三寸或四角或六角臂通長一尺五寸須脚踏又繰車竹筒宜細鐵條子串筒兩樁子亦須鐵也

又打絲頭用一人小釜內添水九分滿竈下燃麤乾柴候水大熱下繭于熱水內用筯輕剔撥令繭滾轉遍勻挑惹起囊頭手捻住於水面上輕提掇數度復提起其

囊頭下即是清絲摘去囊頭一手撮捻清絲一手用漏杓綽繭款送入溫水盆內將清絲掛在盆外邊絲老翁上盆邊釘插一椵子名絲老翁又繰絲用一人將絲老翁上清絲約十五絲之上總為一處穿過錢眼繳過筩頭蛾眉杖子上兩繳杖子下兩繳掛於軖上又取絲老翁上清絲如前掛於軖上右脚踏軖右轉長切照覷撥掠兩絲窩于內有繭絲先盡蛹子沉了者繭絲斷了繭浮出絲窩者其絲窩減小即取清絲約量添加務要兩絲窩大小長均

黄省曾曰繰之不可及也淹而甕之泥之每大缸用鹽四兩荷葉包之於缸甕之口又塞實荷葉至七日而蛾死泥之也仍數視之有少罅則蛾生凡拈絲綿之線一分銀是拈一兩其為綿也蛾口為最上岸次之黄繭又次也繭衣者最下蛾口者出蛾之繭也上岸者繰湯無緒撈而出者也繭衣繭外之蒙茸纇初作繭而營者也

農政全書愚意繰絲要作連冷盆釜俱改用砂鍋或銅鍋比鐵釜絲必光亮以一鍋專煮湯供絲頭釜二具串盆二具繰車二乘五人共作一鍋二釜共一竈門火烟入於卧突以熱串盆一人執爨以供二釜二盆之水為溝以瀉之為門以啟閉之二人直釜專打絲頭二人直盆主繰即五人一竈可操繭三十斤勝於二人一車一竈繰絲十斤也是五人當六人之功一竈當三繰之薪矣

南繅車

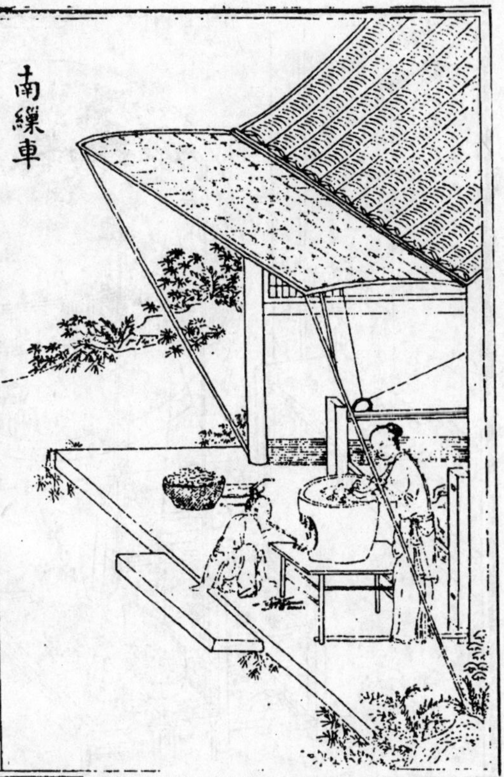

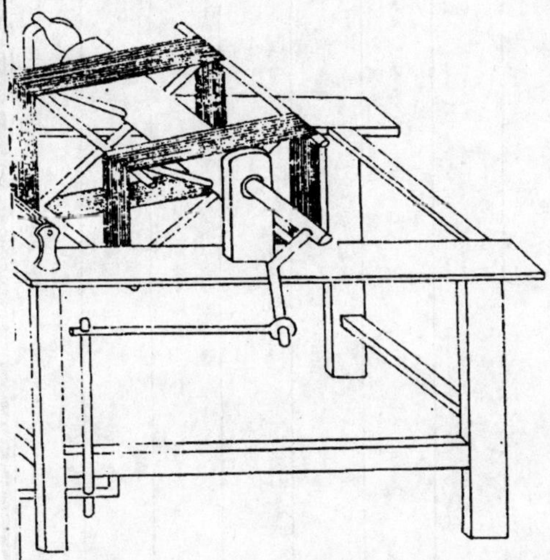

北繅車

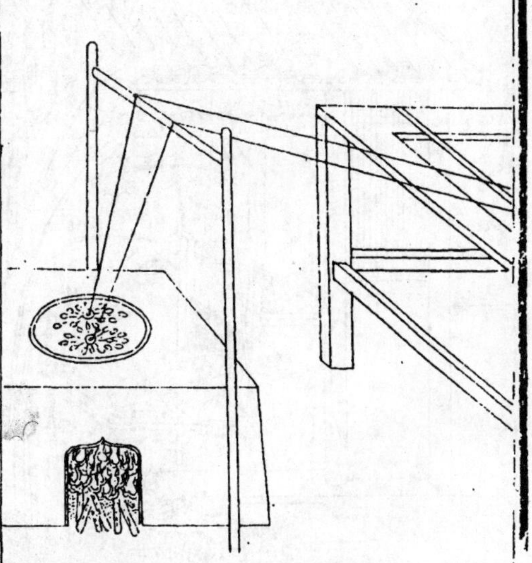

繅車圖說

繅車繅絲自鼎面引絲以貫錢眼升繅於星星應車動以過添梯乃至於軠方成繅車秦觀蠶書載繅車之制今呼車為軠軠必以牀以承軠軸軸之一端以鐵為梟掉復用曲木擐作活軸右足踏動軠即隨轉自下引絲上軠總名曰繅車

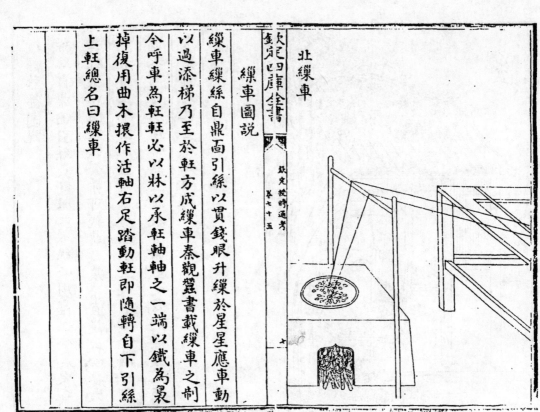

熱釜圖說

繰絲自鼎面引絲直錢眼此繰絲必用鼎也今農家象其深大以盤甑接釜亦可代鼎故農桑直說云釜要大置於竈上釜上大盤甑接口添水至甑中八分滿可容兩人對繰水須常熱宜旋旋下繭繰之多則煮損凡繭多者宜用此釜以趨速效

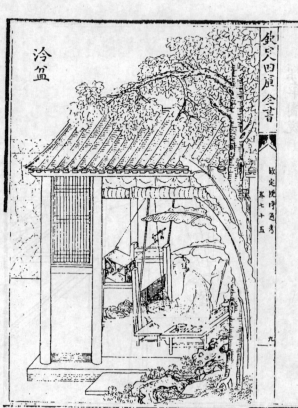

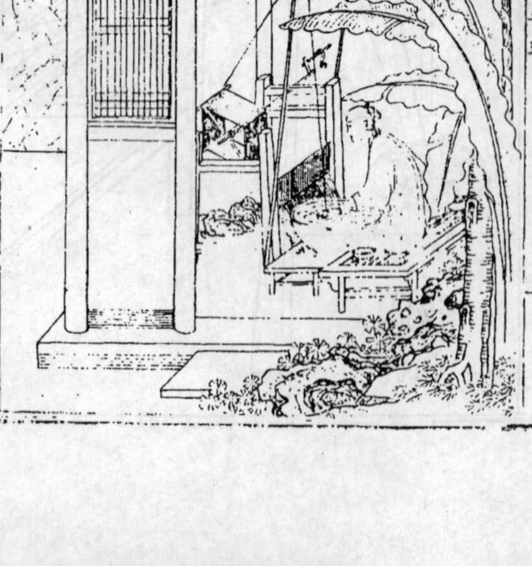

冷盆圖說

冷盆用溫水南北各有所宜通訣云南州誇冷盆冷盆繳絲何輕勻北俗尚熱釜熱釜絲圓儘多緒即今南北均所長熱釜冷盆俱此軒軒頭轉機須足踏錢眼添梯絲度滑非絃非管聲咿軋村北村南響相答

織染

書經禹貢荊州厥篚玄纁

蔡傳周禮染纁玄纁絳色幣也

大全鄭氏曰染纁者三入而成又再染以黑則為緅又再染以黑則為緇玄色在緅緇之間其六入者是染玄纁之法也此州染玄纁善故貢之

徐州厥篚玄纖縞

蔡傳玄赤黑色幣也纖縞皆繒也禮曰及期而大祥素縞麻衣中月而禫禫而纖記曰有虞氏縞衣而養老則知纖縞皆繒之名也曾氏曰玄赤而有黑色以之為衮所以祭也以之為端所以齋也以之為冠以為首服也黑經白緯曰纖纖也縞也皆去凶即吉之服也

禮記月令蠶事既登分繭稱絲效功以共郊廟之服毋有敢惰

注登成也分繭分布于衆婦之繅者稱絲效功以多

寡為功之上下

又季夏之月命婦官染采黼黻文章必以法故無或差貸黑黃倉赤莫不質良毋敢詐偽以給郊廟祭祀之服以為旗章以別貴賤等級之度

疏于此月之時命掌婦功之官染此五色之采白與黑謂之黼黑與青謂之黻青與赤謂之文赤與白謂之章染此等之物必以舊法故事無得有參差貸變必以此月染之者以其盛暑濕染帛為宜也

周禮天官太宰之職以九職任萬民七曰嬪婦化治絲枲

注謂國中婦人有德行者變化絲枲以為布帛之等也

又染人掌染絲帛凡染春暴練夏纁玄秋染夏冬獻功

注暴練練其素而暴之纁謂絳也夏大也秋乃大染

又冬官㡛氏湅帛以欄為灰渥淳其帛實諸澤器淫之以蜃清其灰而盝之而揮之而沃之而盝之而塗之而宿之明日沃而盝之晝暴諸日夜宿諸井七日七夜是謂水湅

注沃以欄木之灰漸釋其帛也澤器謂滑澤之器蜃蛤也淫薄粉之令帛白清澄也於灰澄而出盝晞之晞而揮去其蜃更渥淳之朝更沃至夕盝之又更沃至旦盝之亦七日如漚絲也

漢書食貨志冬民既入婦人同巷相從夜績女工一月得四十五日必相從者所以省費燎火同巧拙而合習

欽定四庫全書　欽定授時通考　卷七十五　十三

俗也

隋書地理志豫章之俗頗同吳中一年蠶四五熟勤于紡績亦有夜浣紗而旦成布者俗呼鷄鳴布

管子女貢織帛

又女有常事一女不織民有為之寒者

又善為國者使女勤于織微而織歸于府

又一女不織民或為之寒故事再其本則無賣其子者事三其本則衣食足事四其本則正籍給事五其本則

遠近通死得藏

墨子染于蒼則蒼染于黃則黃五入則為五色不可不慎

又婦人夙興夜寐紡績織紝此其分事也

淮南子黼黻之美在于杼軸

齊民要術六月命女工織縑練可燒灰染青紺雜色

又四月繭既入簇趨繰剖線具機杼敬經絡

崔寔曰八月擘絲治絮製新浣故及韋履賤好預買

以備冬寒

又八月涼風戒寒趣練縑帛染綵色

農桑通訣織紝婦人所親之事傳曰一女不織民有寒者古謂庶士以下各衣其夫秋而賦事烝而獻功慆則有辟是也凡紡絡經緯之有數梭榷機杼之有法雖一絲之緒一綜之交各有倫叙皆須積勤而得累工而至日夜精思不致差悞絲絲可成幅疋如閨閫之屬務之不惟防閑驕逸又使知其祓服之所自不敢易也

籰

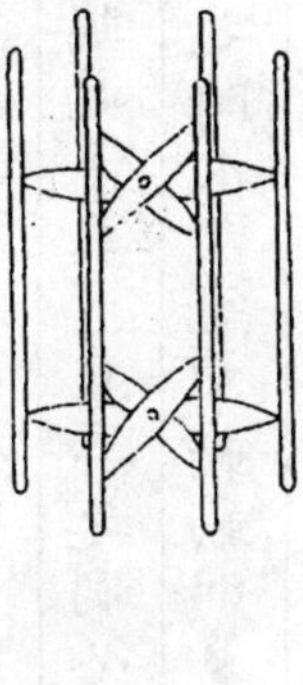

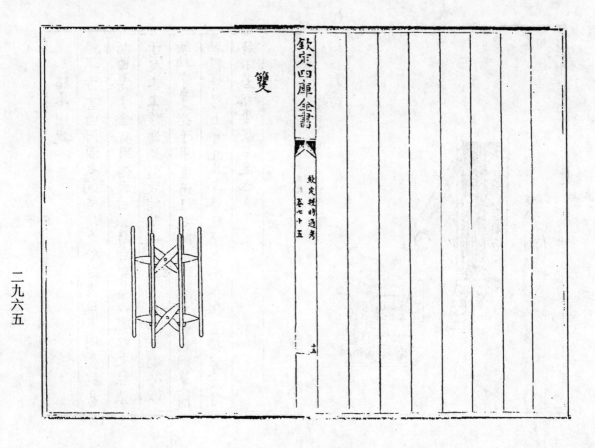

絲簍圖說

絲簍絡絲具也方言曰援兖豫河濟之間又謂之𨍏說文曰簍収絲者也或作⿰角間從角間今字從竹又從矍竹器從人持之矍矍然此簍之義也然必竅貫以軸乃適於用為理絲之先具也

絡車

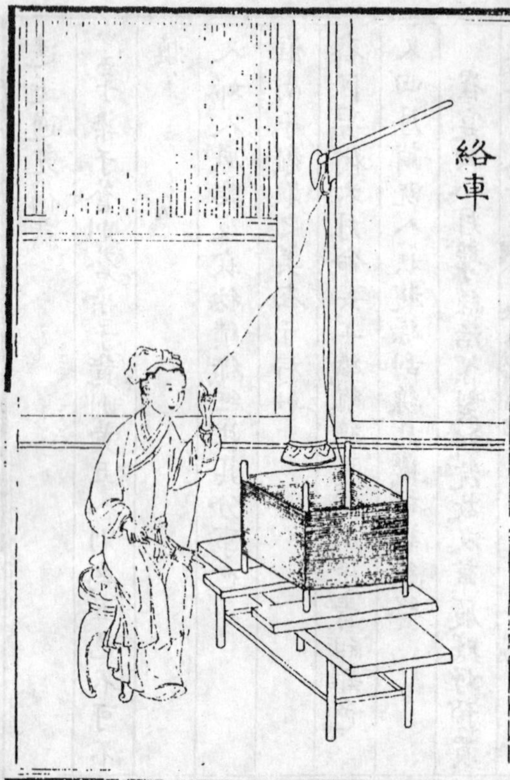

絡車圖說

絡車方言曰河濟之間絡謂之給說文曰車樹為柅易姤曰繫于金柅通俗文曰張絲曰柅蓋以脫軖之絲張于柅上上作懸鉤引致緒端逗于車上其車之制必以細軸穿簍措于車座兩柱之間人既繩牽軸動則簍隨軸轉絲乃上簍此北方絡絲車也南人但習掉簍取絲終不若絡車安且速也

經架

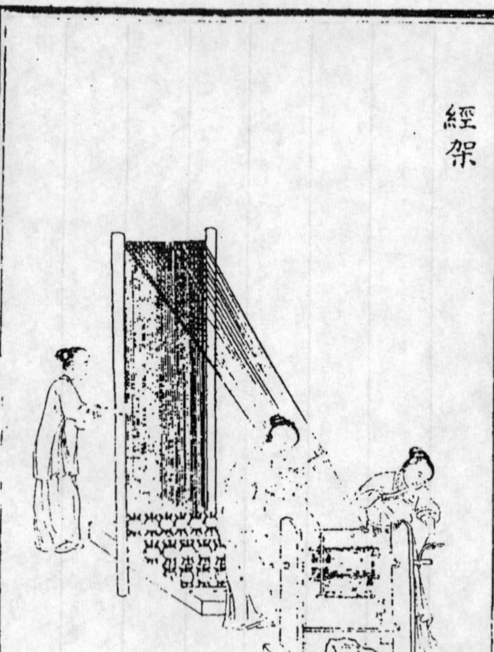

經架圖說

經架牽絲具也先排絲籰于下上架橫竹列環以引衆緒總于架前經牌一人往來挽而歸之紖軸然後授之機杼

緯車

緯車圖說

緯車方言曰趙魏之間謂之歷鹿車東齊海岱之間謂之道軌今又謂緯車通俗文曰織纖謂之維受緯曰筟其樹上立柱置輪輪之上近以鐵條中貫細筒乃周輪與筒繚環繩右手掉綸則筒隨輪轉左手引絲上筒遂成絲維以充織緯

織機

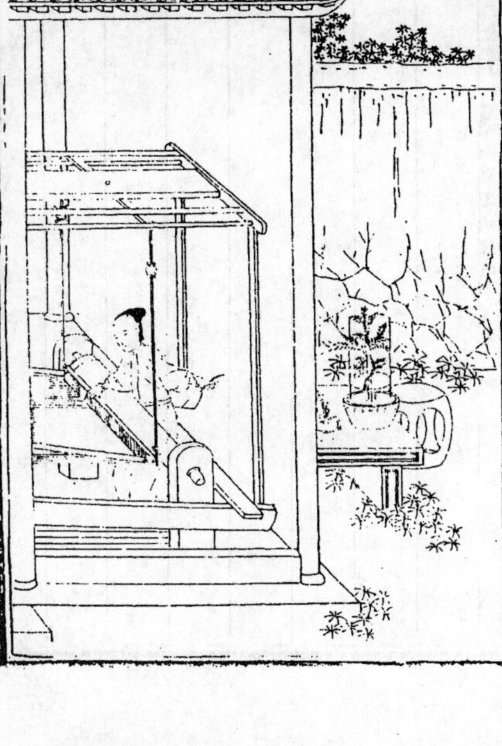

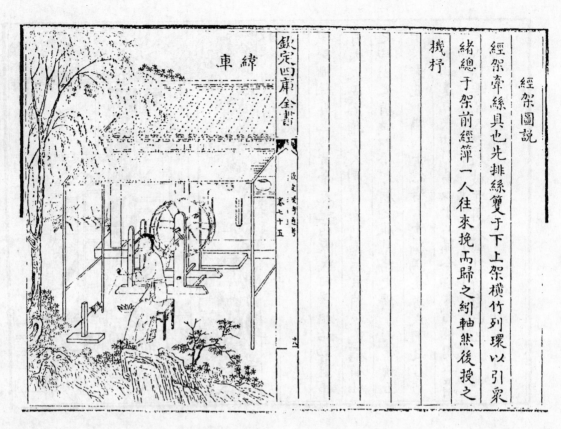

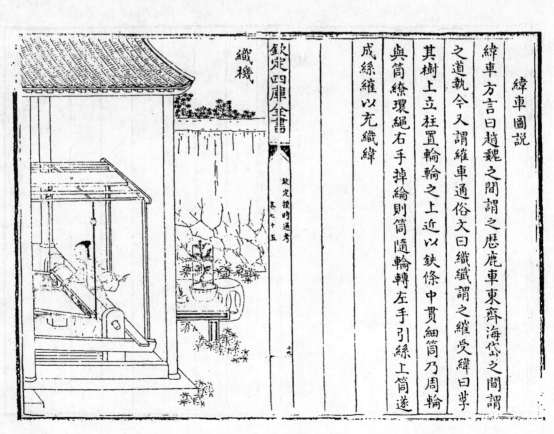

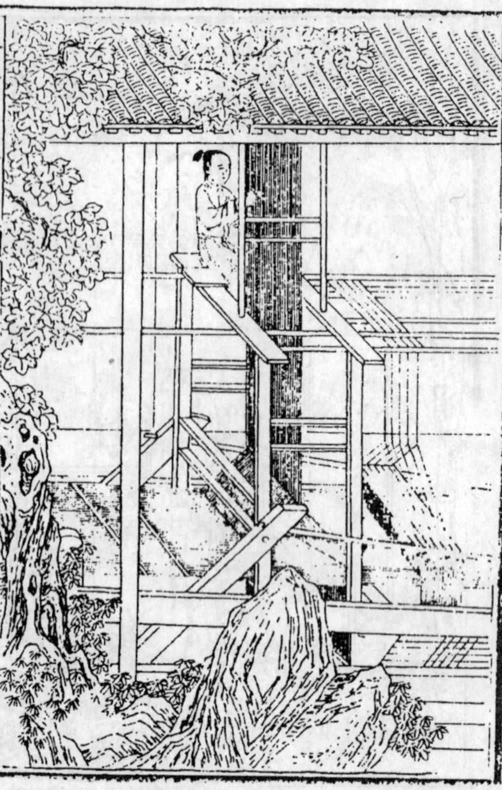

織機圖說

織機織絲具也按黄帝元妃西陵氏曰儽祖始勸蠶事月大火而浴種夫人副禕而躬桑乃獻繭絲遂稱織紝之功因之廣織以給郊廟之服見路史傳子曰舊機五十綜者五十躡六十綜者六十躡馬生者天下之名巧也患其遺日喪功乃易以十二躡今紅女繒惟用二躡又為簡要凡人之衣被于身者皆其所自出也

梭

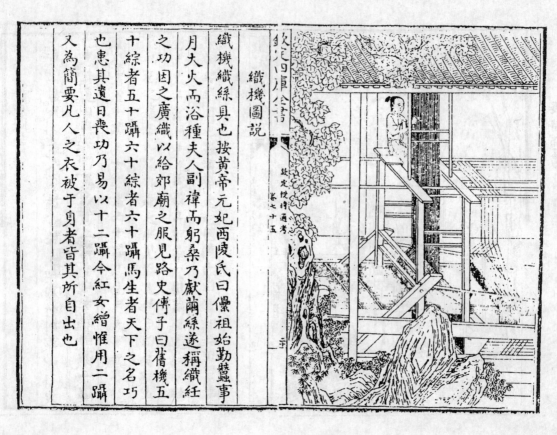

梭圖說

梭通俗文曰織具也所以行緯之莎

砧杵圖說

砧杵擣練具也東宫舊事曰太子納妃有石砧一枚又擣衣杵十荆州記曰秭歸縣有屈原宅女嬃廟擣衣石蓋古之女子對立各執一杵上下擣練于砧其丁東之聲互相應荅合亦作臥杵對坐擣之又便且速易成帛也

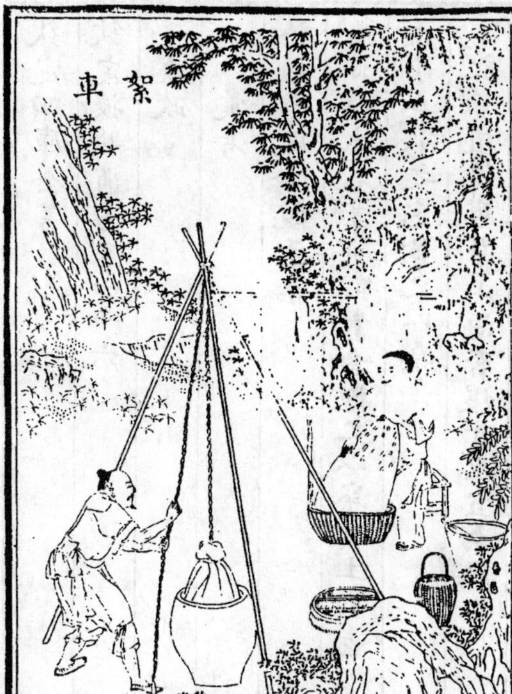

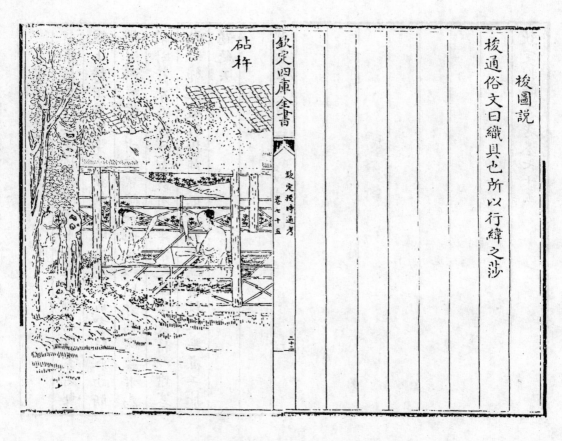

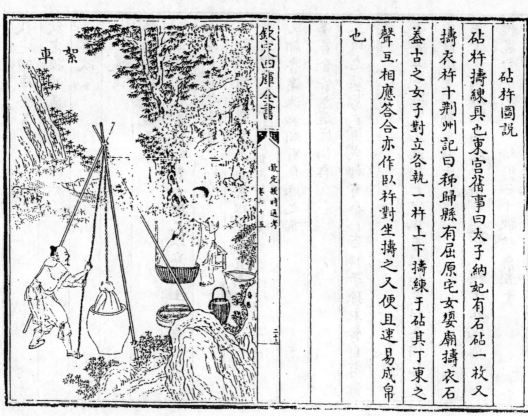

絮車圖説

絮車構木作架上控鉤繩滑車下置煮繭湯甕絮者掣繩上轉下滑徹甕内鉤繭出沒灰湯漸成絮段莊子所謂洴澼絖者古者纊絮綿一也今以精者為綿麤者為絮因蠶家退繭造絮故有此車煮之法常民藉以禦寒次于綿也彼有擣繭為胎謂之牽縭者較之車煮工拙懸絶矣

欽定授時通考卷七十五

欽定四庫全書

欽定授時通考卷七十六

桑政

彙考

詩經鄘風降觀于桑

注桑木名葉可飼蠶者觀之以察其土宜也

孟子五畝之宅樹之以桑

史記貨殖傳齊帶山海膏壤千里宜桑麻

又鄒魯濱洙泗頗有桑麻之業

漢書食貨志還廬樹桑

三國志諸葛亮傳成都有桑八百株子孫衣食自有餘饒

晉書王宏傳宏為汲郡太守撫百姓如家耕桑樹藝屋宇阡陌莫不躬自教示

梁書沈瑀傳瑀為建德令教民一丁種十五株桑

魏書食貨志一人給田二十畝種桑五十

隨書食貨志每丁給永業二十畝為桑田其中種桑五十株

北史蘇綽傳三農之隙及陰雨之暇當教人種桑

舊唐書憲宗本紀勅天下州府民户每田一畝種桑二樹

又武宗本紀勅勸課種桑

宋史太祖本紀禁伐桑棗

又食貨志諭民有能廣植桑棗墾開荒田者止輸舊租

又中書議勸民栽桑

又都省言淮民復業宜先勸課農桑令丞植桑三萬株至六萬株守倅部内植二萬株以上並論賞有差

元史食貨志仁宗以苗好謙所至植桑皆有成效於是風示諸道命以為式是年十一月命各社出地共蒔桑苗以社長領之

又姜彧傳彧知濱州時課民種桑歲餘新桑徧野人名爲太守桑

尚書緯桑者箕星之精木蟲食葉為文章

種類

書經厥篚檿絲

傳檿桑蠶絲中琴瑟絃

爾雅釋木桑辨音片有葚梔

疏説文云葚桑實也郭云辨半也舍人曰桑樹一半有葚半無葚為梔

又女桑桋桑

注今俗呼桑樹小而條長者為女桑疏女桑一名桋桑

又檿桑山桑

郭橐駝種樹書雞脚桑葉花而薄得繭薄而絲少

又白桑葉大如掌而厚得繭厚而堅絲每倍常桑葉生黄衣而皺者號曰金桑非特蠶不食而木亦將槁腐矣

又先葚而後葉者葉必少

齊民要術種取黑魯葚黄魯葚不耐久諺曰魯桑百豐

絲帛言其桑好功省用多

農桑要旨平原淤壤土肥地虛荆葉魯桑種之俱可若地連山陵土脉赤硬止宜荆桑

農桑通訣桑種甚多不可偏舉世所名者荆與魯也荆桑多葚魯桑少葚葉薄而尖其邊有瓣者荆桑也凡枝榦條葉堅勁者皆荆桑類也葉圓厚而多津者魯桑也凡枝榦條葉豐腴者皆魯之類也荆之類根固而心實能久遠宜為樹魯之類根不固心不實不能久遠宜為

地桑然荆之條葉不如魯葉之茂盛當以魯葉條接之則能久遠而又盛茂也魯為地桑而有壓桑之法傳轉無窮是亦可以久遠也荆桑所飼蠶其絲堅韌中紗羅用禹貢稱厥篚檿絲注曰檿山桑也此荆之美而尤者也魯桑之類宜飼大蠶荆桑宜飼小蠶

又齊民要術載收葚之黑者剪去兩頭惟取中間一截蓋兩頭者其子差細種則成雞桑花桑中間一截其子堅栗則枝榦堅强而葉肥厚

農政全書韓氏直說曰地桑須於近井園内栽之有草則鋤無雨則澆比及蠶生可澆三次其葉自然早生桑種自有早生者遲生者須擇其早生為地桑則可

又鍾化民曰桑有二種一種有桑葚即以桑葚植地一二月即出一種將桑樹柔條攀至於地以泥壓於其上每以桑眼即發一枝待至二三尺長其桑有根用剪剪下移種于地上即成桑樹

又黄省曾藝桑總論曰有地桑出於南潯有條桑出於

杭之臨平其鬻之時以正月之中上旬其鬻之地以北新關内之江漲橋旭旦時擔而至陳於梁之左右午而散大者株以二釐其長八尺

又凡擇桑之本也皺皮者其葉必小而薄白皮而節疎芽大者為柿葉之桑其葉必大而厚是堅韌而多絲

又高而白者宜山岡之地或墻隅而籬畔

又短而青者宜水鄉之地

又其青桑無子而葉不甚厚者是宜初蠶

又望海之桑種之術與白桑同
又紫藤之桑其種高大
又博聞錄曰白桑少子壓枝種之若有子可便種須用
地陰處則其葉厚大得繭重實絲每倍常
栽植
氾勝之書種桑法五月取椹著水中即以手潰之以水
灌洗取子陰乾治肥田十畝荒田久不耕者尤善好耕
治之每畝以黍椹子各三升合種之黍桑當俱生鋤之

桑令稀疏調適黍熟獲之桑生正與黍高平因以利鐮
摩地刈之曝令燥後有風調放火燒之常逆風起火桑
至春生一畝食三箔蠶
齊民要術桑柘熟時收黑魯葚即日以水淘取子曬燥
仍畦種治畦下水一如葵法常薅令淨明年正月移而
栽之仲春季春亦得率五尺一根不用耕故凡栽桑不得者無他故正爲犂撥耳是以須概
犂者心雖慎率多死矣且概則長疾大都種甚長遲不如壓枝之速無栽者乃種甚也其下常劚
掘種菉豆小豆二豆良美潤澤栽後二年慎勿采沐小采者長倍遲大

如臂許正月中移之亦不須犂率十步一樹陰相接者則妨禾豆行欲
小掎角不用正相當相當者則妨犂須取栽者正月二月中以
鉤弋壓下枝令著地條葉生高數寸仍以燥土壅之土濕
則爛明年正月中截取而種之住宅上及園畔固宜即定其田中種者亦如種甚法
先概種一二年然後更移之
又凡耕桑田不用近樹傷桑破犂所謂兩失其犂不著處劚斷令
起斫去浮根以蠶矢糞之去浮根不妨耕犂
又種椹而後移栽移栽而後布行

又剝桑十二月為上時正月次之二月為下大抵桑多
者宜苦斫少者宜省剝
郭橐駝種樹書種桑取甚子水淘淨暴乾熟耕地畦種
又撒子種桑不若壓條而分根莖
又浙間植桑斬其葉而植之謂之稼桑却以螺殼覆其
頂恐梅雨侵損其皮故也二年即盛
又午日不得鋤桑園
農桑通訣齊民要術載收甚之黑者將種之時先以柴

灰淹糅次日水淘去輕浮不實者曬令水脉才乾種乃易生

士農必用　種子宜新不宜陳（新甚種之為上隔年春種多不生蔭畦搭棚為上簇麻次之黍苗又次之）桑芽出間令相去五七寸（營造尺寸也他倣此）頻澆過伏可長至三尺（割去簇麻）至十月內附地割了撒亂草走火燒過（火不可大恐損根）糞草蓋至來春把樓去糞草澆每一科自出芽三數箇留旺者一條（已成根則不須蔭可頻澆）至秋魯桑可長五七尺荊桑可長三四尺（魯桑可移為地桑荊桑可入園養之）

又地桑之功惟在治之如法不致荒燥（無樹桑之家純用地桑則人力倍省有樹桑兼地桑之家樹桑既成地桑可止而勿用加澆鋤之功使之滋長至其蠶大眠之後或樹桑不能時至則可縣取地桑使晚蠶至終者不至缺食）

又布地桑法墻園成園將園內地或牛犁或钁劚熟方五尺內掘一坑（每地一畝合栽二百四十科）方深各二尺坑內下熟糞三升（生糞不中壯地少用）和土勻下水一桶調成稀泥將畦內種成魯桑連根掘出一科自根上留身六七寸其餘截去截斷處火鏊上烙過每一坑栽一根將根坐於泥中（欲疾見功者栽二根）按至坑底提三五次（欲令根須皆順）按桑身頂與地平擁周圍熟土令坑滿次日築實（匝坑四邊築下土至半坑根下土自實不實則根土不相著多懸死）上半坑擁熟土輕築令平滿（附身土不宜築實實則芽難生）用虛土封堆如大鏊子樣可厚五七寸周圍自成環池水澆於內芽出於土四五指每一根止留一二條（澆鋤如法當年長五尺餘）可次年附根割條葉飼蠶（須用厚背刚鐮一割要斷鈍鐮一割不能斷則條楂不齊雨浸傷根地桑不要放出身只要條從土中長出身出土名為脚高身上所長條不旺又多被風雨擺折）割過處每一根盤周圍數芽出每一科可許留

四五條餘者間去年年附地割之根漸旺留條漸多野魯桑根科栽之亦可（全如前法也桑三年後正長旺五年後根相交根交則不旺春時將相交根砍斷掘去添上糞土或澆過或得雨即復長旺次後斟酌其根欲大將壓成栽子園別園如前法栽之三年後新桑茂盛養蠶斫桑時將舊桑根上只留一條隔年自成一根分出栽為行桑如此傳轉無有盡期然魯桑斫飼蠶其絲少堅韌可斟酌栽荊桑樹於大眠後以葉間飼之）

又種藝之宜惟在審其時月又合地方之宜使之不失其中春分前後十日十月內並為上時春分前後以及發生也十月號陽月又曰小春木氣生長之月故宜栽

培以養元氣此洛陽方左千里之所宜其他地方隨時
取中可也又曰桑者易生之物除十一月不生活餘月
皆可仍須於園内稀種穄或蘇黍為陰每歲三月三日
晴雨卜桑之貴賤
又養桑法墻圍成園大小隨人所欲將園内地耕劚熟
方三尺許掘一坑坑之方澤下糞水與栽地桑法同將畦内種出荆桑
全條連根掘出栽培亦如前法但所築實土與地平上
復用土封身一二尺周圍自成環池無雨則澆待桑身長至

一大人高割去梢子則横條自長任令滋長休科去新條當春不宜科科了
數年不旺十二月内或次年正月科則不妨如澆治有功至秋可長大如壯
椽十月内或次年春可移為行桑若不如此於園内養成從小便栽為行桑
者多被風雨孳畜損傷野荆桑不成身者移根於園内養之亦同
栽培如地桑法芽出留旺者一條長至如大人高具科養法如前
又春氣初透時將地桑邊旁一條梢頭折了三五寸屈
倒於地空處多用栽子多屈幾條隨人所欲地上先兜一渠可深五指
餘卧條於内用鈎橛子即釘住條短則二個長則三個

懸空不令著土其後芽條向上生如細把齒狀横條上
約五寸留一芽其餘剥去可飼小蠶至四五月内晴天巳午
時間横條兩邊取熟漕土壅横條上成壟横條即為卧
根至晚澆其根科當夜卧根生鬚至秋其芽苗為條身至十月
或次年春分前後際卧根二頭截斷取出土隨間空處斫斷一
根拐子樣每一根為一栽此法出引栽子無窮
又插條法墻圍成園掘坑如地桑法大葉魯桑條上青
眼動時科條長一尺之上截斷兩頭烙過每一坑内微

斜插三二條待芽出封堆虛土三五寸每一根科止留
一條至秋可長數尺次年割條葉飼蠶止怕當年三伏日澆蔭不缺無
不活者畦内插亦可如當處無可采之條預於他處摘下大葉魯
桑臘月割條藏於土穴如藏花果法接頭透風則乾了候至桑樹條上
青眼動時開穴藏條上眼亦動截烙栽培用度如前
又園内養成荆魯桑小樹如轉盤時於臘月内可去不
便枝梢小樹近上留三五條碗口以上樹留十餘條長
一尺以上餘者皆科去至來春桑眼動時連根掘來於

漫地内澗八步一行行内相去四步一樹相對栽之栽培灌澆如前法桑行内種在闊八步牛耕一擻地也行内相去四步一樹破地四步已爽可成大樹相對則可以横耕故田不廢墾桑不致荒荊棘圍護當年横枝上所長條至臘月科令稀勻得所至來年春便可養蠶

又科斫樹桑惟在稀科時斫依時斫也使其條葉豐腴而早發不致蠶之稺也稀則條自豐葉自肥今年科不過時則長條豐美明年之葉自然早發而又腴潤也

又科斫之利惟在不留中心之枝容立人於其内轉身運斧條葉偃落於外比之擔負高几遠樹上下科有心之樹者一人可敵數人之功條不可冗冗則費芟科之功葉薄而無味是故科斫為蠶事之先務時人不知預治於農隙之時而徒費功力於蠶忙之日人則倍勞蠶則失所如得其法使樹頭易得其條條上易得其葉蠶不待食葉以時至又其葉潤厚農語云鋤頭自有三寸澤斧頭自有一倍桑秦中之法名曰剝桑臘月中悉去其冗所存之條甚踈又於所存條根之上僅留四眼餘皆去之其所留者明年則為柯其眼中所發青條可長三數尺其葉倍常光潤如沃蠶通者而手捋之獨留一向外之條滋養及秋其長以至尋丈臘月復科之如前歲久則所留之科重煩復又從下斫去既周而復始洛陽河東亦同山東河朔則異於是必留萌條疑風土所宜然欲一試此剝桑之法而未果也

又斫樹法自移栽時長五七尺髙便割去梢既不留中心其

條自向外長樹長大中心可容立一人如長成樹者當中有身及枝者亦可斫去也科條法凡可科者有四等一瀝水條向下垂者一刺身條向裏生者一駢指條相併生者選去其一一冗脞條雖順生却稠冗臘月為上正月次之臘月津液未上又農隙人家春科只圖容易剝皮却損了津液也欲用桑皮將臘月正月科下條向陽土内培了至二月中取之自可剝

務本新書四月種葚東西掘畦熟糞和土耦平下水水宜濕透然後布子或和黍子同種葚藉水力易為生發又遮日色或預於畦南畦西種檾後藉檾蔭遮映夏日長至二三寸旱則澆之若不雜黍種須旋搭矮棚於上以箔覆蓋晝舒夜捲處暑之後不須遮蓋至十月之後桑與黍楷同時刈倒順風燒之仍摻糞土蔽灰春燒榮茂次年移栽

又一法熟地先耩黍一壟另捲草索截約一托以水浸輭麵飯湯更妙索兩頭各歇三四寸中間勻抹濕葚子十餘粒將索臥於黍壟内索兩頭以厚土壓中間摻土薄覆隔一步或兩步依上臥一索四面取齊成行久旱

宜澆十月刈燒加糞如前冬春擁雪蓋糞清明前後掃
去霖雨時覷稀稠移補比之畦種旋移特省力決活早
二年得力如舊有葚春種更妙後宜築園墻固護或慮
索煩碎以黍葚相和於葫蘆内點種過處用箒掃勻或
慮天旱宜就黍隴内撥土平均順隴作區下水種之
又又法春月先於熟地内東西成行勻稀種穄次將桑
葚與蠶沙相和或炒黍穀亦可趁逐雨後於穄北單耩
或點種比之搭矮棚與黍同種緣穄陰高密又透風露

雖種十餘畝亦不甚委曲費力
又夫地桑本出魯桑須以魯桑萌條如法栽培揀肥旺
者約留四五條鋤治添糞條有定數葉不煩多衆葉脂
膏聚於一葉其葉自大即是地桑栽地桑法秋時於熟
白地内深耕一園如壟加糞撥土為區如無斗摳區亦
可春分前後取臘月所埋桑條揀有萌芽處各盤七八
寸或一尺鍬區下水臥條栽之覆土約厚三四指深厚
則難生以手按勻區東南西種穄五七粒五月之後芽

葉漸高旋添糞土已後條高便作地桑或揀魯桑箪兒
秋間埋頭深栽更疾得力
又桑生一二年脂脉根株亦必微嫩春分之後掘區移
栽區北直上下栽成土壁壁底旁鍬其土下水三四升
將桑箪兒靠壁栽立根科須得勻舒以土堅覆土壁地
區地約高三二寸大抵一切草木根科新栽之後皆惡
摇擺故用土壁遮禦北風迎合日色也今時移栽小桑
微帶根鬚上無寸土但經路遠風日耗竭脂脉栽後難

活縱活亦不榮旺却稱地法不宜此係拙謬今後應栽
小樹若路遠移多約十餘樹通為一束於根鬚上蘸沃
稀泥泥上摻土上以草包（或葦蒲包）包内另用淳泥固塞仍
擘夾車箱兩頭不透風日中間順臥樹身上以蓆草覆
蓋預於栽所掘區下糞樹到之時即便下水依法栽培
秋栽法平昔栽桑多於春月全樹移栽春多大風吹擺
加之春雨艱得又天氣漸熱芽葉難禁故多不活（活亦遲得）
力若是斫去原幹再長樹身桑間鐵腥愈旺地桑是其

驗也迤南地分十月埋栽河朔地氣頗寒故宜秋栽霖雨內為上時區深一尺之上平地約留樹身一二指餘者斫去栽罷地須堅築以土封瘢比及地凍於上約量添糞春暖之後就糞撥為土盆雨則可聚旱則可澆樹南春先種穄比及霖雨以來芽條叢茂就作地桑或削去細條存留旺者一二枝次年便可成樹或是就壓傍條一樹又引十餘比之全樹栽者樹樹必活桑亦榮茂也十月木迷宜栽埋頭桑截去桑身栽如秋栽冬月根脉下行乘春併發

一年之間長過原樹栽二年之上桑穀雨其間但有芽葉不旺者以硬木貼樹身去地半指一斧截斷快鏟更妙椽土封其樹瘢樹南種黍五七粒十餘日始出芽條旱則頻澆立夏之後不宜此法大暑則不能一歲之中除大寒時分不能移栽其餘月分皆可

又壓條法寒食之後將二年之上桑全樹用撧橛壓定掘地成渠條上已成小枝者出露土上其餘條樹以土全覆樹根週圍撥作土盆旱宜頻澆如無元樹止就桑下脚窠依上掘渠埋壓六月不宜全壓又栽條桑法秋暮農隙時分預掘下區藉地氣經冬藏濕又分減栽時併忙區方深各二尺以上熟糞一二升與土相和納於區內土宜北高南下以留冬春雨雪餘區准此臘月內揀肥長魯桑條三二枝通連為一窠快斧斫下即將楂頭於火內微微燒過每四十五條與稈草相間作一束臥於向陽坑內坑深長三四尺當預掘下防冬深地凍難掘以土厚覆春分已後取出却將原區刨開下水三四升布栗二三十粒將條

盤曲以草索繫定臥栽區內覆土約厚三四指如或出露條尖三二寸覆土宜厚尺餘俱當堅築仍以虛土另封條尖已後芽生虛土自脫先於區南種穄地宜陰濕時時澆之若全卧栽者已後逐旋添土芽條長高斫去傍枝三年可以成樹或就作地桑栽桑梢遽埋頭栽桑斫下桑梢相連二三枝為一窠栽如前法或於蘿蔔內穿過一枝假借氣力更妙掘區堅埋依前法攏種桑條秋耕熟地二月再擺勻東西起畛約量遠近撥土為區

將臘月元埋桑條栽依前法或是單根肥長桑條依上
栽之亦可栽種桑條者若舊桑多處可以多斫萌條若
是少處又慮斫伐太過次年悞蠶故具種桑甚壓條栽
條之法三者擇而行之

又假有一村兩家相合低築園墻四面各一百步若户多地寬更甚省力一家皆築二百步墻内空地計一萬步每一步
一桑計一萬株一家計分五千株若一家孤另一轉築
墻二百步内空地止二千五百步依上一步一桑法止

得二千五百株其功之不侔如此恐起爭端當於園心以籬界
斷比之獨力築墻不止桑多一倍亦通相藉力容易勾
當

農政全書四時類要曰種桑土不得厚厚即不生待高
一尺又上糞土一遍

又鍾化民曰種桑在正二月至八月亦可種根要理直
泥要挨緊當以水糞澆灌方有生意徐光啓曰初種不用糞

又黄省曾藝桑總論其種也耨地而糞之截其枝謂之
嫁留近本之枝尺餘許深埋之出土也寸焉培而高之
以泄水墨其瘢或覆以螺殻或塗以蠟而灑青煎油封
之是防梅雨之所侵糞其周圍使其根四達若直灌其
本則聾而死未活也不可灌水灌以和水之糞二年而
盛其在土也月一鋤焉或二起斸一二尺許灌以純糞
遍沃於桑之地使及其根之引蔓至摘葉也三年則其
發茂禁損其枝之畜者桑之下草木不留則茂蠶之時
其摘也必潔淨遂剪焉必於交湊之處空其榦焉則來

年條滋而葉厚歲歲剪條則盛禁原蠶之飼飼則來年
枝纖而葉薄桑之壅也以糞以蠶沙以稻草之灰以溝
地之泥以肥地其初藝之壅也以水藻以棉花之子壅
其本則煖而易發徐光啓曰以豆餅以棉餅以麻餅以猪羊牛馬之糞初春而脩
也去其枝之枯者樹之低小者啓其根而糞泥壅之不
然則葉遲而薄

又其壓也濕土則條爛焦土則根生撒子而種不若條
而壓其為桑之害也有桑牛尋其穴桐油抹之則死或

以蒲母草草之狀也如竹葉其桑葉之癩也以草煮汁而沃之桑之下可以蓺蔬其蓺桑之圃不可以蓺楊蓺之多楊甲之蟲是食桑皮而子化其中焉徐光啓曰楊不可絕宜勤捕之

又望海之桑種之術與白桑同是皆臘月開塘而加糞即壅之以土泥或二或三六七月之間乃去其壅開塘加糞壅土宜遲紫藤之桑其種高大是不用剪其葉厚大尤早種之也宜通於竈屋不必開塘而糞壅惟幼稺之時待冬而糞或二或三以臘月為佳

又農桑要旨曰凡新栽桑斫科采葉須得宜初栽後成科時中心長條上葉勿采其餘在傍脚科止捋其葉且勿剌斫蓋令枝條煩密就為藩蔽以防牛畜啁咬掣攞拖挽之患後中心枝既麤即可剌斫在旁科條本根既盛脂脈盡歸中心枝便可長成大樹堅久茂盛不生糖心

接博

郭橐駝種樹書榖樹上接桑其葉肥大

士農必用接換之妙荆桑根株接魯桑條也惟在時之和融手之審密封繫之固擁包之厚使不踈淺而寒凝也春分前十日為上時前後五日為中時然取其條眼襯青為時尤妙此不以地方遠近皆可準也然必待晴暖之日以藉其陽和也接不密則氣液難通擁包不固厚則風寒入而害之也果之一生者質小而味惡既一接之則質碩大而味美桑亦如是故接換之接時取遠處有者預先取下可節氣內割取其條其採取培養之法全如採條桑內所說如取接萌處過遠者可與未曾盛油新抪篗中與蒲包裹一處裝了外密封不透雖行千里不致凍損果木宜三年條其藏及接法亦同徐光啓曰莫如當年條為妙三年之說不然也且接時必待月暗自下弦至上弦皆可晦尤妙自上弦至下弦皆忌望尤險

劈接法先附地平鋸去身榦於砧盤旁向下一寸半皮肉上用快刀子尖向上左右斜批豁兩道至平面其下尖比上闊一指中間批豁斷者剔去其批豁了處如一鵝嘴様渠子也兩壁有斜面無平底其尖淺向上漸深至平面可深至半指許接頭可長五寸其麤細如一指許者於根頭一寸半內量留一半將其外一半左右削兩刀子成蕎麥楞様令尖頭口內含養温煖嵌於砧盤旁所批渠子內極要緊密須使老樹肌肉與接頭肌

肉相對著於一砧盤上如此接至數箇（斟酌砧盤大小）用新牛糞和土成泥封泥其接頭周遭又用新桑皮纏繳牢固又用牛糞土泥封泥了所繳桑皮然後用濕土封堆接頭上可厚五寸（大小斟酌其樹盤）周圍棘刺遮護接頭生條芽出土長高一二尺約量留三二條用依柱如前（徐光啓曰渠子淺深量樹大小及接頭麤細其緊要處只在皮對皮骨對骨耳更緊要處在縫對縫）又接大桑宜劈接插接小桑宜搭接壓接附地接者封泥擁培如前半身截成砧盤接者但其縫罅上用紙封又用破蓆片

包繫如仰盆子樣內盛潤土培養其接頭勿令透風（用無底瓦礶盆子代蓆片亦可）土乾則灑水所包土上條芽長出其所包土亦休取去至秋條長成接頭長定所包土不用也（如接頭都活則酌量橫枝多少樹之氣力留之）壓接者可就於橫枝上截了留一尺許（然尺寸不可定惟取樹勢圓也）於接頭上眼前方半寸刀尖割斷皮肉至骨欵接下帶眼皮肉一方片（其眼底骨上一小心子如米粒此是一芽生氣之根揭時用指甲尖剗起令其小心子帶於皮肉之上）口含少時取出印濕痕於橫枝上復含養之用刀尖依濕痕四圍刻斷皮肉

揭去露骨將接頭上壓皮嵌貼上（其眼向上勿令顛倒）上下兩頭用新細薄桑皮繫了（斟酌其緊慢太緊則生氣不通太慢則不相附著俱難活也）用牛糞和泥眼四邊泥了其所貼之壓多少可量其樹之大小又接小芽條（可用搭接法）就畦內將已種出荆桑隔年芽條去地二寸許向上削成馬耳狀將一般麤細魯桑接頭亦削成馬耳狀兩馬耳相搭細桑皮繫了牛糞泥封濕土擁培其芽條出土可留一二芽至秋長如大人高明年可移入園中養之其法如前（全要大小一般令其縫對縫）取

藏接頭側近有接頭者土中種之其高原山田土厚水深之處多掘深坑中種桑柘者隨坑深淺或一丈丈五直上出坑乃扶疎四散此樹條直異於常樹十年之後無所不任

務本新書凡桑果以接博為妙凡接枝條必擇其美（宜用宿條向陽者庶氣壯而茂嫩條陰弱而難成）根株各從其類（然荆桑亦可接魯桑梅可接杏桃可接李）接博其法有六一曰身接二曰根接三曰皮接四曰枝接五曰壓接六曰搭接（詳見農餘門）

藝桑總論二月而接也有插接有劈接有壓接有搭接有換接穀而接桑也其葉肥大桑而接梨也則脆美桑而接楊梅也則不酸

欽定授時通考卷七十六

欽定授時通考卷七十七

桑餘

柘

書經厥貢檿絲

傳檿柘也

詩經攘之剔之其檿其柘

禮記季春之月命野虞毋伐桑柘

唐書南詔傳自曲靖州至滇池人水耕食蠶以柘蠶生閱二旬而繭織錦縑精緻

齊民要術種柘法耕地令熟耬耩作壟柘子熟時多收以水淘汰令淨曝乾散訖之草生拔却勿令荒没又柘樹葉食蠶可作琴瑟等絃清鳴響徹勝於凡絲遠矣

農政全書柘葉叢生幹疎而直葉豐而厚春蠶食之其絲以冷水繅之謂之冷水絲柘蠶先出先起而先繭柘葉隔年不採春生必毒蠶如不採夏月皆打落方無毒

又柘木北土處處有之其木堅勁皮紋細密上多白點
枝多刺葉比桑小而薄色黄淡葉梢皆三叉亦堪飼蠶

奴柘

本草綱目樹如柘而小有刺葉亦如柞葉而小可飼蠶

蒿

詩經豳風春日遲遲采蘩祁祁
傳蘩白蒿也所以生蠶

柘

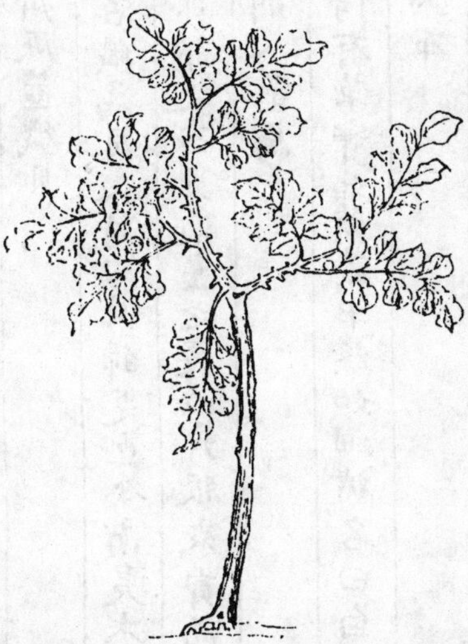

柘

埤雅云柘宜山石柘之從石取此義寇宗奭曰柘木裏
有紋亦可旋為器李時珍曰其實狀如桑子而圓粒如
椒其木染黄赤色謂之柘黄

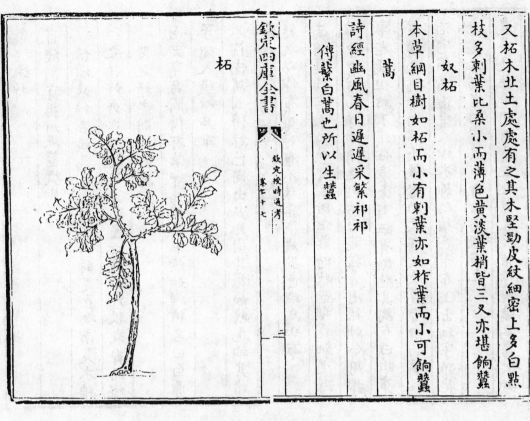

木棉

書經禹貢揚州厥篚織貝

傳織貝錦名織為貝文詩曰貝錦是也今南夷木棉之精好者亦謂之吉貝海島之夷以卉服來貢而織貝之精者則入篚焉

南史高昌國傳有草實如繭繭中絲如細纑名曰白疊子國人織以為布

又海南諸國傳林邑國出古貝樹其花如鵝毳抽其緒紡之以作布與紵布不殊亦染成五色織為斑布

南州異物志木棉吉貝木所生熟時狀如鵝毳細過絲綿中有核如珠珣用之則治出其核昔用輥軸今用攪車尤便但紡不績任意牽引無有斷絶其為布曰斑布繁縟多巧者曰城次麄者曰文縟又次麄者曰烏驎

泊宅編南海蠻人以木棉紡績為布布上出細字雜花卉尤工巧名曰吉貝布即古白氎布也

農桑通訣中國自桑土既蠶之後惟以繭纊為務不知木棉之為用夫木棉產自海南諸種藝制作之法駸駸北來江淮川蜀既獲其利至南北混一之後商販於北服被漸廣按裴淵廣州記云蠻夷不蠶採木棉為絮又諸番雜志云木棉吉貝木所生占城闍婆諸國皆有之今已為中國珍貨且比之蠶桑無採養之勞有必收之效埒之枲苧免績緝之工得禦寒之益可謂不麻而布不繭而絮列製造之具庶遠近滋習農務助桑麻之用華夏兼蠻夷之利將自此始矣

農桑輯要種木棉法擇兩和不下濕肥地於正月地氣透時深耕三遍擺蓋調熟然後作成畦畛每畦長八步闊一步内半步作畦面半步作畦背不劚二遍用耙耬平起出覆土於畦背上堆積至穀雨前後揀好天氣日下種先一日將已成畦畛連澆三次用水淘過子粒堆於濕地上次日取出用小灰搓得伶俐看稀稠撒于澆過畦内將元起之土覆厚一指再勿澆待六七日苗出齊時旱則澆溉鋤治常要潔淨穊則移栽稀則不須每

步只留兩苗稠則不結實苗長高二尺上打去衝天心旁條長尺半亦打去心葉葉不空開花結實直待棉欲落時為熟旋熟旋摘隨即攤於箔上日曝夜露待粒子乾取下用鐵杖長二尺麄如指兩端漸細若趕麪杖樣用梨木板長三尺闊五寸厚二寸做作牀逐旋取棉子置於板上用鐵杖回旋趕出子粒即為淨棉撚織毛絲或裝棉衣服特為輕煖

便民圖纂木棉穀雨前後種之立秋時隨穫隨收其花

黃如葵其根獨而直其樹不貴乎高長其枝幹貴乎繁衍不由宿根而出以子撒種而生所種之子初收者未實近霜者不生惟中間時月收者為上須經日晒燥帶棉收貯臨種時再晒旋碾即下其種本海南諸國所產後福建諸縣皆有近江東陜右亦多滋茂繁盛與本土無異種之則深荷其利

又秋時帶棉收貯臨種再曬旋碾即下此慮冬月碾子收藏風日所侵恐致油浥若受水濕仍當鬱爛故也余聞老農云棉種必於冬月碾取謂碾必須晒秋冬生氣收斂曬曝不傷萌芽春間生意出發不宜大曬二說皆有理今余意創一法不論冬碾春碾收藏旋買但臨種時用水浥濕過半刻淘汰之其秕者遠年者火焙者油者鬱者皆浮其堅實不損者皆沈沈者可種也

又棉子用臘雪水浸過不蛀亦能旱或云鰻魚汁浸之

凡種皆然種棉須土實漫種者既覆土用木磟碡實之穴種者覆土後以足踐之

種法種棉在清明穀雨節以霜氣既止也或生地用糞耕蓋後種或花苗到鋤三遍每根苗邊用熟糞半升培植鋤非六七遍盡去草茸不可苗初頂兩葉時止剗去草顆宜密留以備損傷再鋤尚宜稍密三鋤則定苗顆宜疎不宜密大約每苗一顆相距八九寸遠斷不可兩顆連並苗之去葉心在伏中晴日三伏各一次有苗未長大者隨時去之花性忌燥燥則濕烝而桃易脫落花忌苗並並則直起而無旁枝中下少桃種不宜晚晚則

秋寒早則桃多不成實即成時亦不甚大花軟無絨去心不宜于雨暗日雨暗去心則灌聾而多空幹此北方種花法也北方高寒尚宜若此況南方濕燥何可不以北法行之徐光啟曰張五典山東信陽人萬歷乙卯按吳行部至海上時六月初祭視田間花苗多稀弱三五為族根以上尺許無梧蕾恨其密曰江左賦繁役重全賴田收而樹藝無法歲得半入此傷農之大者極論其理甚詳悉手書此則刻而傳之

羣芳譜種棉花不可種別物恐分地力又不宜密種如肥田密種即青酣不實又易生蟲元倉子曰立苗有行

故速長強弱不相害故速大正其行通其中疏為冷風則有收而多功又云樹肥無使扶疎樹磽不欲專生而獨居夫苗其弱也欲孤其長也欲相與俱其熟也欲相與扶扶疎且不可況逼迫耶若數寸一株長枝布葉株百餘子畝二三百斤豈不力省而利倍哉

又凡田來年擬種稻者可種麥擬棉者勿種諺曰歇田當一熟言息地力即古代田之義若人稠地狹萬不得已可種大麥或稞麥仍以糞壅力補之決不可種小麥

凡高仰田可棉可稻者種棉二年翻稻一年即草根潰爛土氣肥厚蟲螟不生多不得過三年過則生蟲三年而無力種稻者收棉後周田作岸積水過冬入春凍解放水候乾耕鋤如法可種棉不生蟲又花既曝乾碾去種子彈使熟細便可紡線農桑通訣所載紡車容三維若傚其製而效之尤易為力或曰北地風高細紡不易令肅寧之布幾同松之中品聞其鄉多穿地窖深數尺作屋其上簷高地二尺許作窻以通日光人居其中就濕地紡緝便得緊細與南土無異若陰雨蒸濕不妨移

就平地而南人寓都下者多朝夕就露下紡日中陰雨亦紡則安在北地風高不便細紡也

農政全書木棉一步留兩苗三尺一株此相傳古法依此則能耐雨耐旱肥而多收圖纂作於近代云一尺一穴者太密此邇來稠種少收之弊又吳人云千稭萬稭不如密花此言最害事稀不如密者就至下瘠田言之所謂瘠田欲稠也不知田之肥瘠在糞多寡人勤惰耳

齊魯人種棉者既壅田下種率三尺留一顆苗長後籠乾糞視苗之瘠者輒壅之畝収二百三百斤以為常餘姚海堧之人種棉極勤亦二三尺一科亦畝収二三百斤其為畦廣丈許中高旁下畦間有溝深廣各二三尺秋葉落積溝中爛壞冬則就溝中起生泥壅田歲種蠶豆至春翻掩作壅地虛行根極易又極深則能久雨能久旱能大風此皆稀種故能肥能肥故能収若如吾鄉之密種而又用齊魯之糞肥餘姚之草肥安得不青酣

不蟲蠹耶

又吉貝遇大水淹沒七日以下水退尚能發生若淹過八九日水退必須翻種矣遇大旱戽水潤之但戽水後一兩日得雨復損苗須較量陰晴方可車戽若能稀種行根深遠即車後得雨亦無妨也

又棉田秋根為良穫稻後即用人耕又不宜耙細須大墢岸起令其凝沍來年湅釋土脈細潤正月初轉耕或用牛轉二月初再轉此二轉必令細清明前作畦畛土欲細畦欲潤溝欲深既作畦便於白地上鋤三四次雨後鋤為良則土細而草除鋤白一當鋤青二去草自其芽蘗也

又凡棉田於清明前先下壅或糞或灰或豆餅或生泥多寡量田肥瘠太肥則虛長不實實亦生蟲若依古法苗間三尺不妨一再倍也有種晚棉用黄花苕饒草底壅者田擬種棉秋則種草來年刈草壅稻留草根耕轉之若草不甚盛加別壅欲厚壅即並草掩覆之或種大

麥蠶豆等並掩覆之皆草壅法也草壅之収有倍他壅者惟生泥棉所最急故姚江之畦間有溝最為良法凡水土氣寒糞力峻熱生泥能解水土之寒糞力之熱使實繁而不蠹諺曰生泥好棉花廿國老但下糞須在壅泥前泥上加糞並泥無力

又凡種植以早為良吳濱海多患風潮若比常時先種十許日到八月潮信有旁根成實數顆即小収矣但早種過寒苗出多死今得一法於舊冬新春初耕後畝下

大麥種數升臨種棉轉耕並麥苗掩覆之麥根在上棉根遇之即不畏寒

又棉田溝側勿種豆畦中尺寸空餘少待即枝條森接補豆一簇並害旁苗十數赤豆害棉尤甚利其微獲者是下農夫也

又令人種麥雜棉者多苦遲亦有一法預於舊冬耕熟地穴種麥來春就麥隴中穴種棉但能穴種麥即漫種棉亦可刈麥

又苗高二尺打去衝天心者令旁生枝則子繁也旁枝尺半亦打去心者勿令花枝相揉傷花實也摘時視苗遲早早者大暑前後摘遲者立秋摘秋後勢定勿摘矣摘亦不復生枝

又農桑輯要言一步留兩苗又言旁枝長尺半亦打去心此為每科相去皆三尺古法也便民圖纂言每一尺作一穴此為每科相去皆一尺近法也今或相去二三寸一二寸乃至三五成簇是謂無法自取薄收又言苗長二尺打去衝天心此亦古法須三伏者方盛長時令旁生枝也南方知去心者百有一二然非早種稀留肥壅亦自無由高大去心何益北土用熟糞者堆積乾糞罨覆踰時熱烝已過用之勢緩而力厚雖多無害南土用水糞豆餅草薉生泥水糞積過半年以上與熟糞同如用新糞畝不得過十石過則青酣一為糞性熱一為花科密也豆餅亦熱畝不得過十餅過則與糞多同病若能稀種科間一尺此二物可加一倍間二尺可加三

倍間三尺可加五倍更能於冬春下壅後耕蓋之可加至十倍既不傷苗二三年後尚有餘力草壅甚熱過於糞餅糞亦因水解餅可勻細草壅難勻當其多處峻熱傷苗故有時倍收有時耗損用此一物特宜詳慎生泥者或開挑溝底或罱取草泥罨烝去熱此種最良凡先下糞餅草薉用此覆之大能緩其勢益其力姚江法用草壅加以生泥科間二尺方之吾鄉畝收數倍蓋生泥中具有水土草薉和合醇熟其水土能制草薉之熱草

蔵能調水土之寒故良農重之有國老之稱也

又按柱史所疏種棉法異南土者有三一曰稀二曰肥三曰早稀則耐肥而能為利余既備論之今特論所云早者按吾鄉北極三十度山東濟南三十六度相去六度寒暖懸絕柱史云其邑俱於清明前種木棉無過穀雨者但清明前霜信未絕苗出土經霜則萎令定于清明前五日為上時後五日為中時穀雨為下時斷不宜過穀雨葢早種即早實早收縱經風潮之年亦有近根

之實不至全荒舊傳早種一法擬種棉地先耕種大麥轉耕並麥苗掩覆之耙蓋下種餘姚亦早種棉却先種蠶豆轉耕掩覆之二法畧同皆令地虛苗得深遠行根便能寒且能風雨旱且隨地翻罨草壅必勻勝刈他草下壅餘姚罨豆後仍上生泥泥不止去草熱亦令草少蟲少種豋地花者不可不知令括之以四言曰精揀核早下種深根短幹稀科肥壅

又棉花密種者有四害苗長不作蓓蕾花開不作子一也開花結子雨後欝蒸一時墮落二也行根淺近不能風與旱三也結子暗蛀四也

又種棉不熟之故有四病一秕二密三瘠四蕪秕者種不實密者苗不孤瘠者糞不多蕪者鋤不數

又種棉有漫種者易種難鋤下種宜密鋤時簡別而痛芟之令絕殊穴種者穴四五核鋤時簡別留不得過二留二者高五六寸則以塊亞其中而平分之使根幹相去面面生枝終不如孤生者良老農云一二次鋤去大

葉者此大核少棉種也三鋤後去小葉者此秕不實種也或實而油浥病種也若純用黑核等佳種精擇之自無諸弊

又鋤棉須七次以上又須夏至前多鋤為佳諺曰鋤花要趁黃梅信鋤頭落地長三寸

又鋤棉者功須極細昔有人傭力鋤者密埋錢于苗根鋤者貪覓錢深細爬梳棉則大熟

又農桑輯要作於元初當時便云木棉種陝右行之其

他州郡多以風土不宜為解獨孟祺苗好謙暢師文王禎之屬能排貶其説至今率土享其利始信諸君子不我欺也

木棉

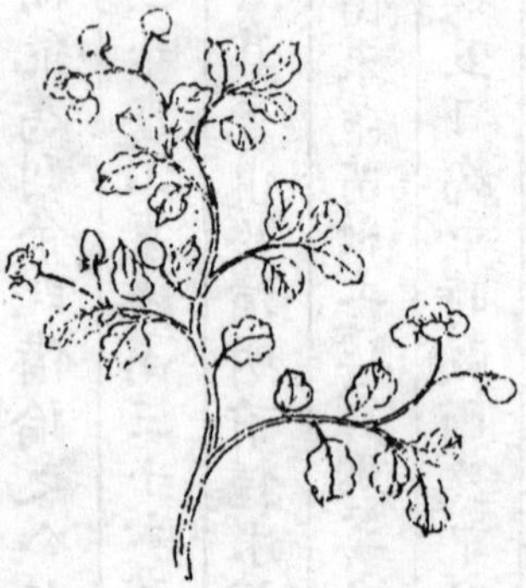

木棉

中國所傳木棉亦有多種江花出楚中棉不甚重二十兩得五性强緊北花出畿輔山東柔細中紡織棉稍輕二十兩得四或得五浙花出餘姚中紡織棉稍重二十兩得七吴下種大都類此更有數種稍異者一曰黄蒂穰蒂有黄色如粟米大棉重一曰青核核青細於他種棉重一曰黑核核亦細純黑色棉重一曰寛大衣核白而穰浮棉重此四種皆二十兩得九黄蒂稍强緊餘皆柔細中紡織堪為種又一種紫花浮細而核大棉輕二十兩得四其布製衣頗樸雅市中遂染色以售不如本色者良

又嘉種遺稙亦有漸變者如吉貝子色黑者漸白棉重者漸輕然其所由變者大半因種法不合間因天時水旱其緣地方而變者十有一二耳

又南方用糊有二法其一先將棉維作絞糊盆度過復於撥車轉輪作維次用輕車縈迴作紝吴人謂之漿紗

其一先將綿維入輕車成絍次入糊盆度過竹木作架兩端用絆急維竹帚痛刷候乾上機吳人謂之刷紗南布之佳者皆刷紗也今肅寧尚未作此亦緣風土高燥塵沙至起法當如前作窖令長二三十丈廣三四丈冒以長廊循檐作窻櫺開闔以避風日就中經刷或輕陰無風纖塵不起亦不妨移向平地若如此紡織其成布當盛吳下農桑通訣所載攪車用兩人今止用一人紡車容三維今吳下猶用之間有容四維者江西樂安至容五維往見樂安人轉索其器未得更不知五維向一手間何處安置也

木棉攪車

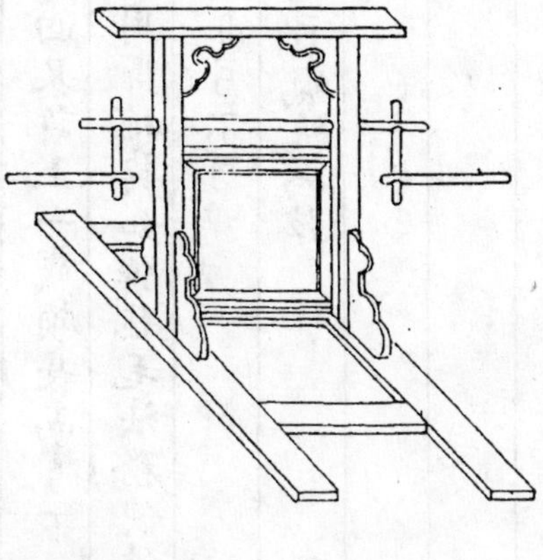

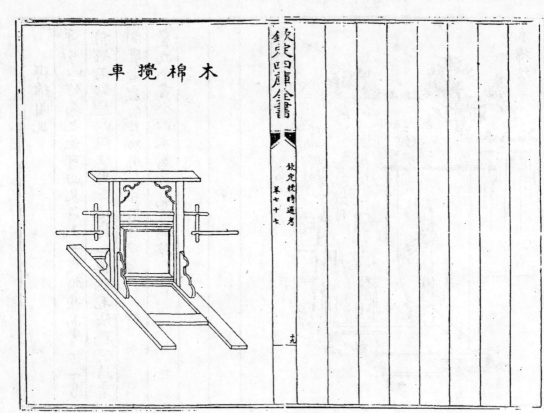

攪車圖說

攪車用四木作框上立二小柱高約尺五上以方木管之立柱各通一軸軸端俱用掉拐軸末柱竅不透二人掉軸一人喂上棉英二軸相軋則子落於内棉出於外比用碾軸工利數倍

彈棉

彈棉圖說

彈弓以竹為之長可四尺許上一截頗長而彎下一截稍短而勁控以繩絃用彈棉英如彈氊毛法務使結者開實者虛假其功用非弓不可

農政全書今以木為弓蠟絲為弦

木棉紡車

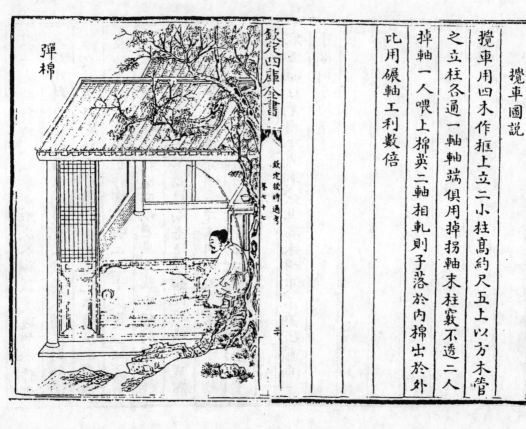

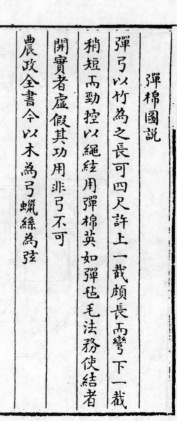

紡車圖說

紡車之制比麻苧紡車頗小夫輪動弦轉莩維隨之紡人左手握其棉筒不過二三續於莩維牽引漸長右手均撚俱成緊縷就繞維上欲作線織置車在左再將兩維棉線合紡可為棉線

擦條

擦條圖說

擦條淮民用蜀黍梢莖取其長而滑今他處多用無節竹條代之其法先將棉毳條於几上以此莛捲而扞之遂成棉筒隨手抽莛每筒牽紡易為勻細皆捲莛之效也

木棉經牀

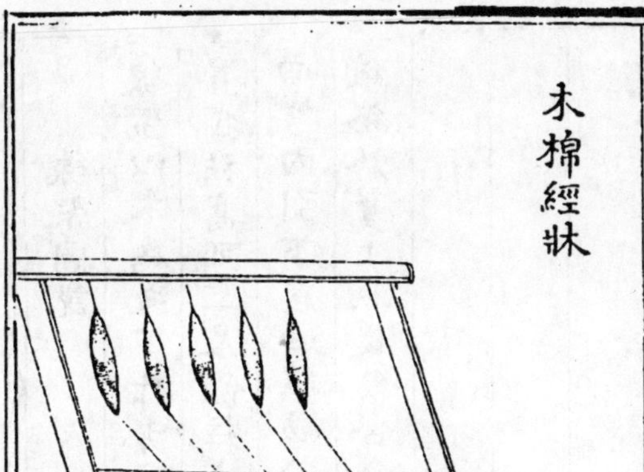

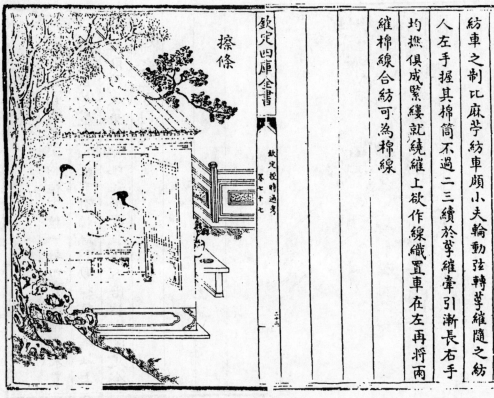

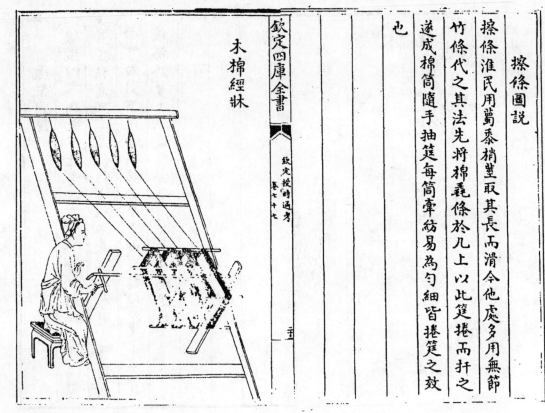

經牀圖說

經牀其制如所坐交椅但下控一軠四股軠軸之末置一掉枝上椅豎列八維下引棉絲轉動掉枝分絡軠上絲絍既成次第脫卸比之撥車日得八倍始出閩建今欲傳之他方同趨省便

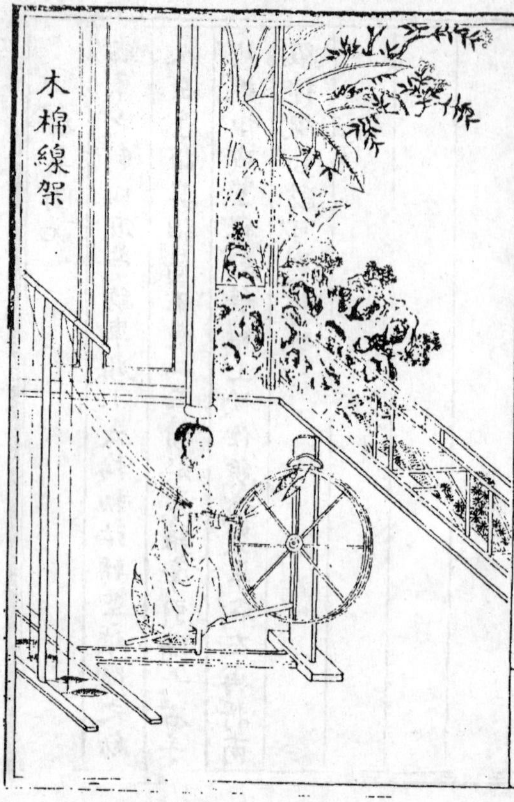
木棉線架

線架圖說

線架以木為之下作方座長闊尺餘臥列四維座上鑿置獨柱高可二尺餘柱上橫木長可二尺用竹篾均列四彎內引下座四維紡於車上即成棉線舊法先將此維絡於籰上然後紡合今得此制甚為速妙

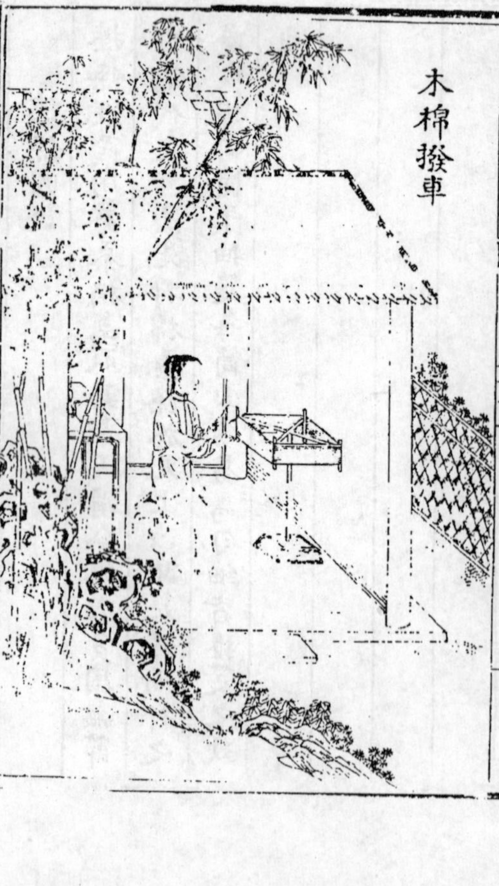
木棉撥車

撥車圖說

撥車其制頗肖麻苧繙車但以竹為之方圓不等特更輕便按舊說先將紡訖棉維於稀糊盆内度過稍乾然後將棉維頭縷撥於車上遂成棉絍

欽定授時通考卷七十七

欽定四庫全書

欽定授時通考卷七十八

桑餘

麻

書經禹貢青州岱畎絲枲

傳枲麻也

又豫州厥貢漆枲絺紵

周禮典枲掌布緦縷紵之麻草之物以待時頒功而授

齎

疏王昭禹曰麻未緝者為枲典枲所掌其物非一獨以枲名官蓋麻為女功之正也

又夏官職方氏河南曰豫州其利林漆絲枲

疏王昭禹曰禹貢豫州厥貢漆枲絺紵則林漆絲枲固豫之所產也

又考工記治絲麻以成之謂之婦功

詩經王風丘中有麻

疏麻縠名子可食皮可績為布者
又齊風蓺麻如之何衡從其畝
箋樹麻者必先耕治其田然後樹之
又陳風東門之池可以漚麻
傳漚柔也箋於池中柔麻使可緝績作衣服也
又東門之池可以漚紵
傳紵麻屬
又不績其麻

箋績麻者婦人之事也
又豳風八月載績
傳載績絲事畢而麻事起矣
禮記禮運治其麻絲以為布帛
集説湅涤之類也
爾雅黂枲實
注苴麻麻之有藴者苧麻是也陶弘景曰苧麻今績
苧麻是也

又枲麻
注枲即大麻也可為布
又莩麻母
注苴麻也可為布喪服所用俗謂之黄麻
吕氏春秋得時之麻必芒以長疎節而色揚小本而莖
堅厚
管子五沃之土樹之五麻若高若下不擇疇所
説文苧麻草也可績為繩

齊民要術凡種大麻用白麻子白麻子為雄麻顏色雖白齧破枯燋不膏潤者秕子也亦不中種市糴者口含少時顏色如舊者佳變黑者浥麻欲得良田不用故墟故墟亦良有點葉夭折之患不任作布地薄者糞之糞宜熟無熟糞者用小豆底亦得耕不厭熟縱橫七遍以上則麻無葉田欲歲易拋子種則節高良田一畝用子三升薄田二升穊則細而不長稀則粗而成惡夏至前十日為上時至日為中時至後十日為下時麥黃種麻麻黃種麥亦良候也澤多者先漬麻子令芽生取雨水浸之生芽疾用井水則生遲浸法著水中如炊兩石米頃出著席上布令厚三四寸數攪之令均得地氣一宿則芽出水若滂沛十日亦不生待地白背耬耩漫

種子空曳勞（截雨脚即種者地濕麻生瘦待白背者麻生肥）澤少者暫浸即出不得待芽生耬頭中下之（不勞曳撻）麻生數日常驅雀（葉青即止）布葉而鋤勃如灰便刈（刈拔各隨鄉俗）束欲小也（小束縛欲薄為其易乾）一宿輒翻之得霜露（則皮壞）穫欲淨（有葉者易爛）漚欲清水生熟合宜（濁水則黑水少則脆生則難剝大爛則不任）

又氾勝之書曰種枲太早則剛堅厚皮多節晚則不堅寧失於早不失於晚穫麻之法穗勃勃如灰拔之

又凡種麻地須耕五六遍倍蓋之以夏至前十日下子

亦鋤兩遍仍須用心細意抽拔凡細弱不堪留者即去却但依此法除蟲災外小旱亦不至全損

又種苧麻法止取實者種斑黑麻子（斑黑者饒實）耕須再遍一畝用子二升種法與大麻同三月種者為上時四月為中時五月初為下時大率二尺留一科（穊則不成）鋤常令淨（荒則少實）既放勃拔去雄（若未放勃去雄者則不子實）

又種麻預調和田二月下旬三月上旬傍雨種之麻生布葉鋤之率九尺一樹樹高一尺以蠶矢糞之樹三升無蠶矢以溷中熟糞糞之樹一升天旱以流水澆之無流水用井水須少曝以殺其寒氣雨澤適時勿澆澆不欲數霜下實成速斫之其樹大者以鋸鋸之

農桑輯要種苧麻法三四月種子者初用沙薄地為上兩和地為次園圃內種之如無園瀕河近井處亦得斸土一兩遍然後作畦濶半步長四步再斸一遍用脚浮躡或杴背浮按稍實再耙平隔宿用水飲畦明旦細齒耙浮耬起土再耙平隨用潤土半升麻子一合和勻一

合子可撒六七畦撒畢不用覆土覆土則不出用極細稍杖三四根撥刺令平可畦搭棚二三尺高加細箔遮蓋五六月炎熱時箔上加苫重蓋不則曬死未生芽或苗初出不可澆水用炊箒細灑水於棚上常令其下濕潤每夜及天陰去箔以受露氣苗出有草即拔苗高三指不須用棚如地稍乾用水輕澆約長三寸擇稍壯地別作畦移栽隔宿先將有苗地澆過明旦亦將空畦澆過帶土掀出移栽相離四寸頻鋤三五日一澆二十日

後十日半月一澆至十月後用牛驢馬生糞蓋厚一尺
農政全書苧初種用子種後宿根自生數年後根多糾
結即須分栽今安慶建寧諸處亦多掘根分栽無種子
者亦如壓條栽桑趣易速效然無根處遠致為難即宜
用種子之法凡苗長數寸即用糞和半水澆之割後旋
澆澆必以夜或陰天在日下澆有繡瘢最忌猪糞又曰
苧月月可栽但須地濕

又十耕蘿蔔九耕麻地宜肥熟須冬月開墾凍過則土
酥來春鋤成竹壠正月半前後種其子取斑黑者為上
撒後以灰蓋之密則細踈則粗布葉後以水糞澆灌不
可立行壠上恐踏實不長七月間収子麻布包之懸掛
則易出
又檾麻與黃麻同時熟刈作小束池内漚之爛去青皮
取其麻片潔白如雪耐水爛可織為毯被及作汲綆牛
索或作牛衣雨衣草覆等具農家歲歲不可無者
又種檾麻法地宜肥濕早者四月種遲者六月亦可緊
密處芟去則長
又蘇恭曰檾麻宜九十月採陰乾為佳
羣芳譜移栽苧麻法苧已盛時宜於周圍掘得新科如
法移栽則本科長茂新栽又多或如代園種竹法於四
五年後將根科冣盛者開一畦移栽一畦截根分栽或
壓條滋生此畦既盛又掘彼畦如此更代繁植無窮預
選秋耕熟肥地更用細糞糞過來春移栽地氣動為上
時萌芽為中時苗長為下時周圍離一尺五寸作區移

栽擁土畢以水湮之若夏秋須趁雨後地濕連土於近
地栽亦可
又移時用刀將根截斷約長三四指作區相去一尺五
寸每區卧栽三二根擁土畢方澆水三五日復澆苗高
勤鋤旱則澆之若地遠者須根帶原土蒲包封裹外仍
用席掩合勿透風日雖移栽數百里外亦活初年長約
一尺便割一鐮二年方可再割麻即堪績用每年十月
將割過根楂用牛馬糞蓋厚二月初耙去糞令苗出三

年根科稠密不移不旺即再依前法分栽
士農必用刈苧麻法每歲可割三鐮割時須根旁小芽
高五六分大麻即可割大麻既割其小芽榮長即二次
麻也若小芽過高大麻不割芽既不旺又損大麻約五
月初割一鐮六月半或七月初割二鐮八月半或九月
初割三鐮諺曰頭苧見秧二苧見糠三苧見霜惟二鐮
長疾麻亦最好割後即以糞細擁之旋用水澆澆忌在
日下

又剝苧麻法刈倒時隨用竹刀或鐵刀從梢分開剝下
皮即以刀刮白瓤其浮上皺皮自脫得其裏如筋者煮
之若於冬月剝麻用溫水潤濕易為分劈首苧粗勁堪
為粗布二苧稍柔細惟三苧甚佳堪為細布
又漚苧麻法縛作小束搭房上夜露晝曬五七日自然
潔白若值陰雨屋底風道處搭晾經雨即黑一云績既
成纑作纓子於水盆內浸一宿紡車紡訖用桑柴灰淋
水浸一宿撈出每纑五兩用淨水一盞細石灰拌勻停
一宿至來日擇去石灰却用黍稭灰淋水煮過自然白
輭曬乾再用清水煮一度別用水擺淨曬乾逗成纓鋪
經織造與常法同一云紡成纑用乾石灰拌和夏三冬
五春秋酌中抖去別用石灰煮熟待冷於清水中濯淨
然後用蘆簾平鋪水面攤纑於上半浸半曬過夜收起
瀝乾次日如前候纑極白方可織布此池漚之法　又
曰漚麻者但如法漚訖方績作纑經緯成布非先績後
漚也亦有用本色績纑者夜露晝曬數日便績成纑待

成布後方練白色如治葛者刈後即蒸熟剝之不復練
矣用此作布更柔而且韌
又收苧麻種法收苧作種須頭苧者佳九月霜降後收
子曬乾以濕沙土拌勻盛筐內用草蓋覆若凍損則不
生二苧三苧子皆不成不堪作種種時以水試之取沈
者用
又農桑通訣揀一色白苧麻水潤分成縷纑細任意旋
緝旋搓本俗於腿上搓作纑逗成鋪不必車紡亦勿熱

浥只經生纑論帖穿苧如常法以發生稀糊調細豆麪刷過更用油水刷之於天氣濕潤時不透風處或地窨子中灑地令潤經織為佳若風日高燥則纑縷乾脆難織每織必先以油水潤苧及潤纑經織成生布於好灰水中浸蘸濾乾再蘸再曬如此二日不得揉搓再蘸濕了於乾灰内周徧滲浥兩時久納於熱水灰内浸濕於甑中蒸之文武火養二三日頻頻翻覷要識灰性及火候緊慢次用淨水澣濯天晴再三帶水搭曬如前不計

次數惟以潔白為度灰須上等白者落梨桑柴豆稭等灰入少許炭灰妙　鐵勒布法將揀下雜色苧麻水潤分縷隨緝隨搓經織皆如前法水煮過便是先將生苧麻折作二尺五寸長不斷曬乾蒸過帶濕剝下去麤皮如常法水潤緝搓如前　麻鐵黎布法將雜色老火麻帶濕曲折作二尺五寸長曬乾收之欲用時旋於木甑中蒸過趁濕剝下曬乾以木棹子兩箇夾麻順歷數次至麻性頗輭堪緝為度水潤緝績紡作纑生織成布水煮便是　又此布妙處惟在不搓揉了麻之骨力好灰水蘸曬布子潔白而已雖曰蘸曬頗煩而省纆縈熟纑等工亦多比之南布或有價高數倍者真良法也

麻

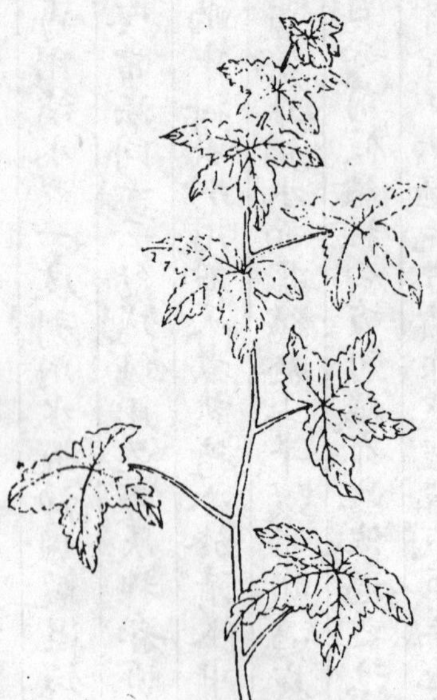

麻

麻績麻也有二種一種紫麻一種白苧出荆揚閩蜀江浙今中州亦有之皮可績布苗高七八尺葉如楮葉而無叉面或青或紫背白有短毛花青如白楊而長夏秋間著細穗一朶數千穗白色子熟茶褐色根黄白而輕虛一科數十莖宿根在土中到春自生不須栽種荆揚間每歲三刈每畝得麻三十斤少亦不下二十斤每斤三百文過常麻數倍又有一種山苧頗相似

刈刀　漚池

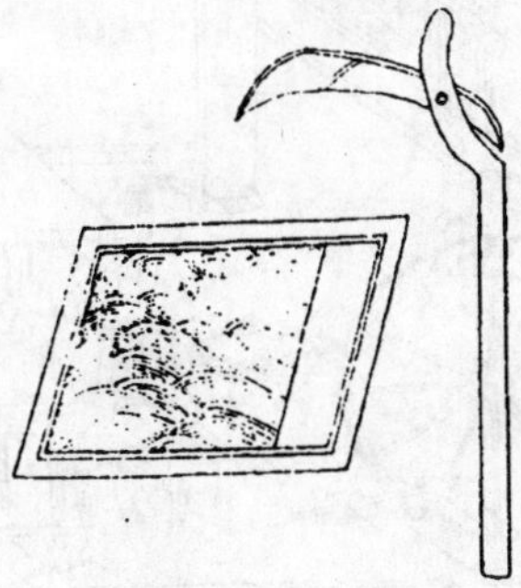

刈刀圖說

刈刀穫麻刀也或作兩刃但用鐮梮旋插其刃俯身控刈取其平穩便易北方種麻頗多或至連頃另有刀工各具其器割刈根莖劖削梢葉甚有速效南東惟用拔取頗費工力故録此篇首

漚池圖說

漚浸漬也池猶泓也凡藝麻之鄉如無水處則當掘地成池或甃以磚石蓄水於內用作漚所大凡北方治麻刈倒即束之臥置池內水要寒煖得宜麻亦生熟有節須人體測得法則麻皮潔白柔韌可績細布南方但連根拔麻遇用則旋浸旋剝其麻片黄皮麤厚不任細績雖南北習尚不同然北方隨刈即漚於池可為上法

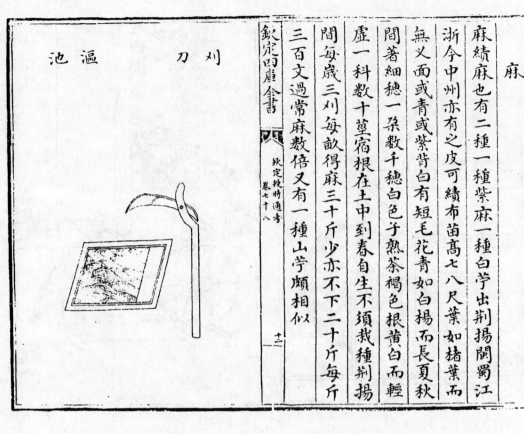

小紡車

紡

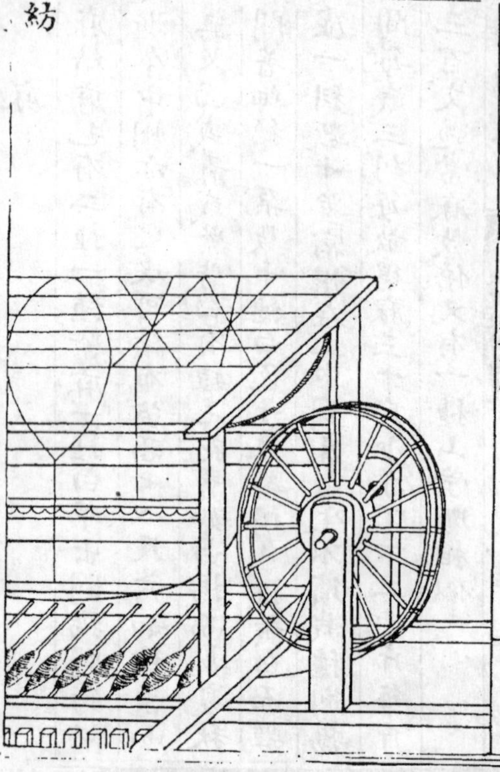

車

小紡車圖說

此車之制凡麻苧之鄉在在有之

大紡車圖說

其制長餘二丈濶約五尺先造地柎木框四角六柱各高五尺中穿横枕上架枋木其枋木兩頭山口卧受捲纑長軖鐵軸次於前地柎上立長木座座上列臼以承鑪底鐵簨（夫鑪用木車成筩子長一尺二寸圍一尺二寸計三十二枚內受績纑）鑪上俱用杖頭鐵環以拘鑪軸又於額枋前排置小鐵叉分勒

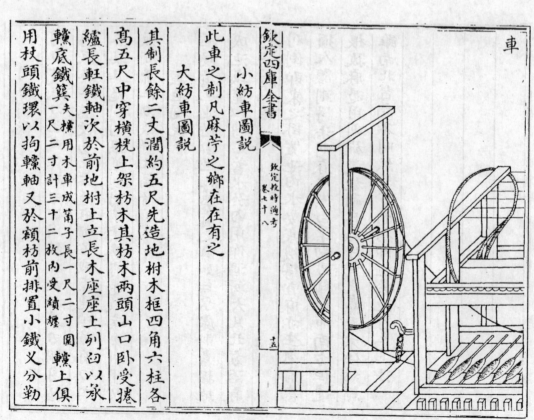

績條轉上長軖仍就左右別架車輪兩座通絡皮弦下經列軖上撈轉軖旋鼓或人或畜轉動左邊大輪弦隨輪轉衆機皆動使績條成緊纏於軖上晝夜紡績百斤

蟠車

蟠車圖說

蟠車纆纑具也又謂之撥車南人謂撥柎又云車柎

布機

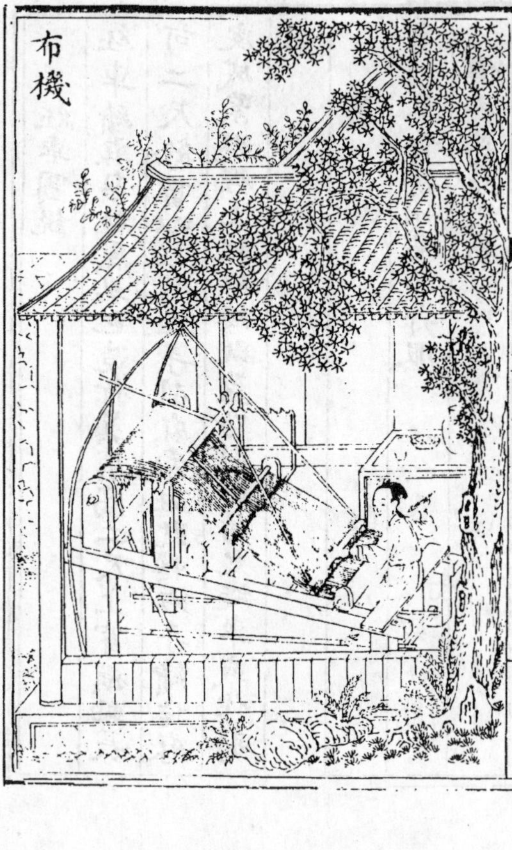

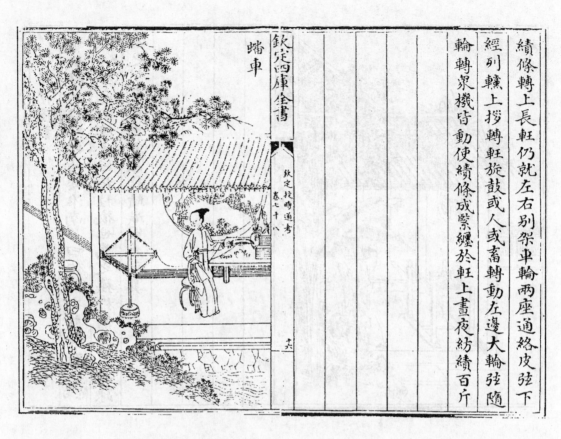

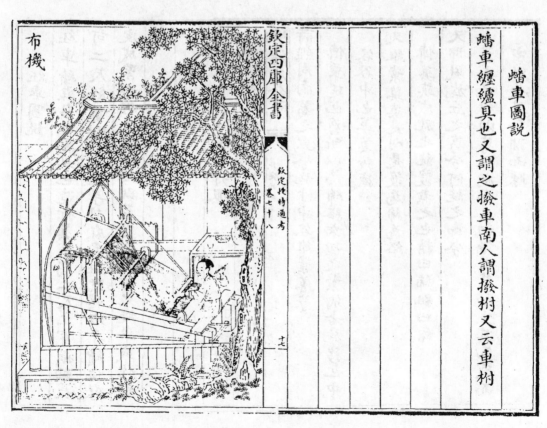

布機圖說

布機釋名曰布列諸縷淮南子曰伯餘之初作布也伯餘黃帝臣也紲麻索縷手經指挂後世為之機杼幅匹廣長疎密之制存焉農家春秋績織最為要具

紝車

紝車圖說

紝車績麻臬紝緊具也造作簨簴高二尺上穿橫軸長可二尺餘貫以軠轂左手引麻牽軠既轉右手續接麻皮成緊縱纏上軠紝纑既盈乃脫軠付之繩車或作別用

葛

書經禹貢揚州島夷卉服

傳卉葛越之屬

詩經周南葛之覃兮施于中谷維葉萋萋

傳覃延也葛所以為絺綌女功之繁縟者施移也中谷谷中也萋萋茂盛貌

又維葉莫莫是刈是濩為絺為綌

傳莫莫成就之貌濩煑之也精曰絺粗曰綌

又邶風旄丘之葛兮何誕之節兮

箋土氣緩則葛生闊節呂祖謙曰葛初生其節蹙而密既長其節闊而疎

又鄘風蒙彼縐絺

傳縐絺絺之蹙蹙者當暑之服也或曰蒙謂加絺綌於褻衣之上所謂表而出之也

又王風綿綿葛藟在河之滸

傳綿綿長不絕之貌水厓曰滸

周禮地官掌葛掌以時徵絺綌之材于山農凡葛征徵草貢之材于澤農

注草貢出澤萌紵之屬可緝績者疏所以徵絺綌於

山農者以其葛出於山也

農政全書葛一名黃斤一名鹿藿（鹿食九草此其一種故名）一名雞齊處處有之江浙尤多有野生有家種春生苗引藤蔓一二丈紫色取治可作絺綌其根外紫內白大如臂長者七八尺葉有三尖如楓葉而長面青背淡七月著花紅紫色纍纍成穗曬乾可煠食其英如小黃豆宜七八月採之

羣芳譜採葛夏月葛成嫩而短者留之一丈上下者連根取謂之頭葛如太長看近根有白點者不堪用無白點者可截七八尺謂之二葛

又練葛採後即挽成綱緊火煮爛熟指甲剥看麻白不粘青即剥下長流水邊捶洗淨風乾露一二宿尤白安陰處忌日色紡之以織

葛

葛
花同小豆花乾為末酒服飲酒不醉金瘡出血挼葉敷
之燒蔓研水服治卒然喉痺
又洗葛衣清水揉梅葉洗經夏不脆或用梅葉搗碎泡
湯入磁盆内洗之忌用木器則黑

芭蕉

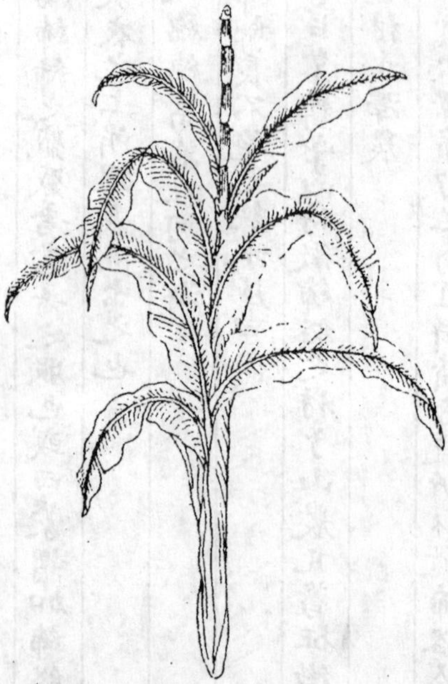

芭蕉
南方草木狀芋乳蕉其根解散如絲以灰練之可紡績
為絺綌謂之蕉葛
異物志水蕉白花不結實人取其莖以灰練之可紡績
女工以為絺綌即今交阯葛也

桐

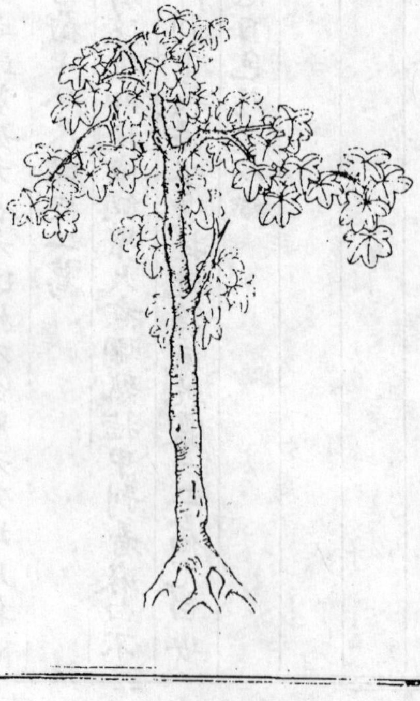

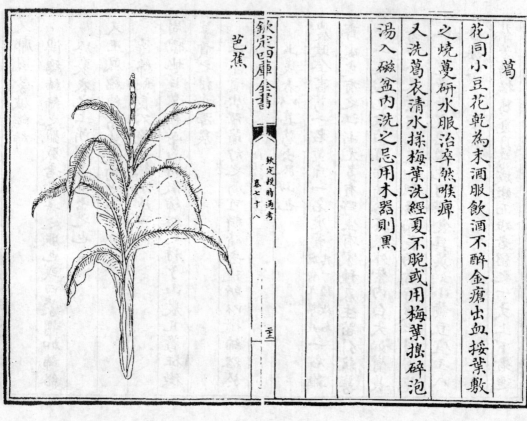

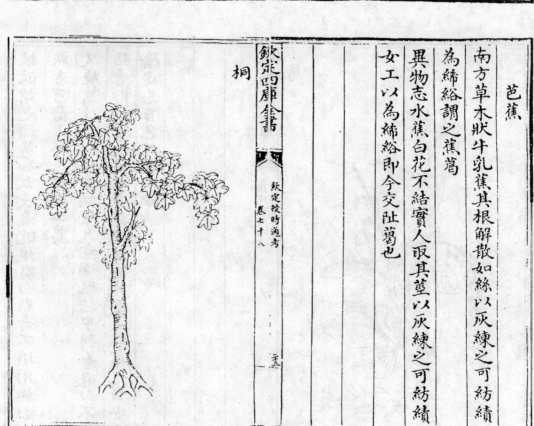

桐

廣志驃國有白桐木其葉有白毳取其毳淹漬緝織以為布

華陽國志益州有梧桐木其華采如絲人績以為布名白華布

欽定授時通考卷七十八

臣惟遂初之紀聖皇迭興易茹毛衣羽而為火化絲枲者固日用之椎輪億朞所祖述也若中古以來民事大備務在震動恪共為天下先而詩書所誌重民依念本計若無逸之稱三宗及豳風豳頌由成王以溯后稷先後相望代祇數君已炳耀乎千百載焉欽惟我

皇上率育蒼黎

淵衷在宥凡

勤民之大政皆

法

祖之鴻規敬緬

聖祖仁皇帝周悉民隱

命繪抒吟

世宗憲皇帝元音繼振載廸阜康

高宗純皇帝實思繩承益宏樂利布在授時通考之書

垂為本朝不刊之典

聖心勤㪅莫麗宣光所以仰述
三聖俯綏兆人申景鑠於
宸藻者煥乎四十有六章於田夫紅女茅蒲襏襫鱗隰
胼胝之形籧篨曲植蠶館機絲之狀宣著
丹豪纖悉若繪誠所謂化工之肖萬物而闡繹
睿旨往復周詳
聖人之辭則丁寧乎里閈也
聖人之情則寅惕乎旰宵也夫以含哺挾纊之世

思艱求寧猶恐一民飢一民寒禀
列聖之懿綱醲化
勤修而綿續之
歲耤加推
疊躅庸賦
觀弄田啟蠶舍朝野共覩家喻而戶曉者時時皆
祗適
成憲俾重熙累洽之象溥遍海隅是以被之

瓊篇奮之
藻笈
後
先一揆流露自然伊古重民務本之朝垂光載籍所稱保
世滋大者有如是之槼相周槼相襲哉且謹按授
時通考分門有八首天時土宜次穀種力作次勸
課蓄聚次農餘蠶桑今
御什標題析目之大一循

前制由浸種至祭神其間敬授人時簡器修政辨五土分
百穀洛力穡勗蓋藏法制品節足使農有功而授
衣一事由浴蠶至成衣胥與農候相準蓋六門大
指已寓目次之中於以檃括全書刋示奕葉我
高宗純皇帝命纂成集彙載
天題之旨表裏洞見而
聖
聖相承繼述之大度越萬古者自茲益彰將見

仁澤涵濡愈久愈永薄海内外守農桑婦子之經以致
盈寧康樂之慶於無疆矣臣等不勝忭誦悦服之
至臣戴衢亨臣趙秉沖臣英和拜手稽首恭跋